# 分数阶神经网络的定性分析与控制

于永光　王　虎　张　硕　谷雅娟　著

科 学 出 版 社
北　京

## 内 容 简 介

本书介绍了分数阶微积分学的基本知识与数值计算方法，改进了分数阶 Lyapunov 直接法，通过减弱原方法的条件，扩大适用范围，进而增加找到合适 Lyapunov 函数的可能性．并给出了多时滞线性分数阶系统的稳定性结果，以及分数阶时滞系统的比较原理，从而为论证非线性分数阶时滞系统的稳定性提供了有力的工具．针对不连续的分数阶系统，给出了连续不可微的 Lyapunov 函数的 Caputo 和 Riemann-Liouville 分数阶微分不等式，为分析不连续的分数阶系统提供了理论工具．以分数阶系统稳定性理论为基础，研究了分数阶神经网络的稳定性与控制问题，包括分数阶神经网络的全局稳定性、带有有界扰动的分数阶神经网络的有界性和吸引性，以及分数阶不连续神经网络的动力学性质；时滞分数阶神经网络的稳定性，即中心结构和环结构的时滞分数阶神经网络的稳定性及时滞分数阶神经网络的全局一致和一致渐近稳定性．研究了分数阶神经网络的同步问题，其中有完全同步、延迟同步、反向同步、射影同步、广义同步、鲁棒同步，分数阶竞争神经网络的同步，分数阶惯性神经网络同步；基于忆阻器的分数阶带有参数不确定的神经网络鲁棒稳定性，参数扰动下的一致稳定性．并研究了基于忆阻器分数阶神经网络的同步问题，其中有鲁棒同步、滞后同步、射影同步；分数阶复值神经网络的全局渐近稳定性．并通过大量的数值仿真验证了理论结果的正确性和有效性．

本书可供高等院校的理工科高年级本科生、研究生使用，也可供相关专业的教师和研究者参考．

**图书在版编目(CIP)数据**

分数阶神经网络的定性分析与控制/于永光等著．—北京：科学出版社，2021.7

ISBN 978-7-03-069335-8

Ⅰ.①分…　Ⅱ.①于…　Ⅲ.①积分-应用-神经网络-研究　Ⅳ.①Q811.1

中国版本图书馆 CIP 数据核字（2021）第 138650 号

责任编辑：胡庆家　贾晓瑞／责任校对：彭珍珍
责任印制：吴兆东／封面设计：无极书装

科学出版社 出版
北京东黄城根北街 16 号
邮政编码：100717
http://www.sciencep.com

北京九州迅驰传媒文化有限公司 印刷
科学出版社发行　各地新华书店经销

*

2021 年 7 月第 一 版　开本：720 × 1000　B5
2022 年 1 月第二次印刷　印张：22 3/4　彩插：5
字数：455 000

**定价：168.00 元**

（如有印装质量问题，我社负责调换）

# 前　言

分数阶微积分是研究任意阶微分和积分的理论, 是普通的整数阶微分和积分向非整数阶的推广. 而分数阶系统与传统的整数阶系统相比, 分数阶导数和积分为描述不同事物的记忆性和遗传性提供了有力的工具. 因此, 分数阶微积分有潜力取得一些整数阶微积分无法达成的结果和更广阔的应用. 注意到, 神经网络是一门新兴交叉学科, 是人工智能研究的重要组成部分, 已成为脑科学、神经科学、认知科学、心理学、计算机科学、数学和物理学等共同关注的焦点. 人工神经网络是模拟人脑神经系统, 具有学习、联想、记忆和模式识别等智能信息处理功能的非线性系统.

分数阶微分有助于神经元高效的信息处理, 并可以触发神经元的振荡频率的独立转变. 另外, 分数阶微积分模型提出了新的实验和测量方法, 可以动态地揭示生物系统结构和意义. 因此, 在神经细胞组织中, 通过应用分数阶微积分, 可以瓦解单个分子膜的固有复杂性, 这提供了对生物系统的功能和行为的一种整体理解. 因此分数阶微积分能很好地应用于神经网络的研究. 其次, 忆阻器作为第四种电路基本元件, 具有时间记忆特性, 这与生物大脑中神经突触的工作原理类似. 因此, 分数阶忆阻器神经网络具有更高的智能学习水平, 具有重大的研究价值与应用潜力. 另一方面, 混沌同步的应用领域广泛, 涉及物理学、力学、光学、电子学、化学、信息科学、生物学和动力系统保护等领域. 尤其分数阶神经网络的混沌同步在保密通信、图像处理、模式识别等领域表现突出, 具有广阔的应用前景. 本书主要研究了分数阶神经网络及基于忆阻器分数阶神经网络、时滞分数阶神经网络等, 结合了分数阶微积分和神经网络的两个重要的研究方向, 并考虑了时滞、变时滞及忆阻器等热点的研究问题.

本书系统地总结了本团队近几年来在分数阶神经网络稳定性与控制的研究成果, 包括分数阶微积分的一些基本理论成果. 本书主要研究了分数阶神经网络的稳定性和同步问题, 包括了分数阶神经网络的全局稳定性、带有有界扰动分数阶神经网络的有界性和吸引性, 以及分数阶不连续神经网络的动力学性质; 时滞分数阶神经网络的稳定性问题, 即中心结构和环结构的时滞分数阶神经网络的稳定性问题, 时滞分数阶神经网络的全局一致和一致渐近稳定性; 分数阶神经网络的同步问题, 其中有完全同步、延迟同步、反向同步、射影同步、广义同步、鲁棒同步、分数阶竞争神经网络的同步、分数阶惯性神经网络同步; 基于忆阻器分数阶参数不确定的神经网络鲁棒稳定性, 参数扰动下的一致稳定性, 基于忆阻器分数阶神经网络的同步问题, 其中有鲁棒同步、滞后同步、射影同步; 分数阶复值神经网络的全局渐近稳定性.

本书的具体结构和内容如下:

第 1 章, 简要地介绍了本书所用到的分数阶微积分的基本概念和基本性质.

第 2 章, 首先介绍了求解非时滞分数阶微分方程与时滞分数阶微分方程预估校正解法; 其次, 基于拉格朗日插值公式结合预估校正解法求解时变时滞分数阶微分方程, 给出了算法的稳定性分析.

第 3 章, 首先给出了一些分数阶微积分的基本理论方法. 改进了分数阶 Lyapunov 直接法, 通过减弱原方法的条件, 扩大适用函数范围, 进而增加找到合适 Lyapunov 函数的可能性. 推广了分数阶 Lyapunov 方法, 并提出了三种分析方法. 给出了分数阶系统线性矩阵不等式 (LMI) 条件, 包括非时滞和时滞的非线性系统及一般非线性系统. 并讨论了时滞系统的稳定性, 给出判断一般时滞分数阶线性系统的稳定性条件. 给出了时滞分数阶系统的 Lyapunov 比较原理, 该方法可以有效地处理时滞分数阶系统的稳定性问题. 此外, 还给出了连续不可微的 Lyapunov 函数的分数阶微分不等式, 为分析不连续的分数阶系统提供了有力的理论工具, 该章的理论成果为分析分数阶神经网络稳定性和同步提供了理论依据.

第 4 章, 主要研究了分数阶神经网络的稳定性, 包括分数阶神经网络的全局稳定性、带有有界扰动分数阶神经网络的有界性和吸引性, 以及分数阶不连续神经网络的动力学性质.

第 5 章, 主要研究了神经网络的同步问题, 包括完全同步、延迟同步、反向同步、射影同步、广义同步、鲁棒同步、分数阶竞争神经网络的同步、分数阶惯性神经网络同步等各种各样的同步问题.

第 6 章, 研究了时滞分数阶神经网络的稳定性, 包括局部稳定性、全局渐近稳定、全局一致稳定. 首先, 基于时滞分数阶系统的稳定性定理, 讨论二维时滞分数阶神经网络的稳定性. 此外, 研究了两类环结构的时滞分数阶神经网络模型稳定性, 得到了其相应的稳定条件. 其次, 研究了中心结构的时滞分数阶神经网络的稳定性, 给出了稳定性条件. 并通过数值仿真分析了在所给的稳定条件下, 初始条件变得复杂 (包括随机和周期函数, 中心结构) 的时滞分数阶神经网络在给定的稳定性条件下依然稳定. 最后, 讨论了时滞分数阶神经网络的全局一致渐近稳定性, 基于比较定理和 Lyapunov 稳定定理, 给出了时滞分数阶神经网络全局一致渐近稳定的条件, 并证明了平衡解的存在唯一性. 运用比较定理和时滞系统的稳定性定理给出了带有有界扰动的时滞分数阶神经网络全局一致稳定条件.

第 7 章, 研究了基于忆阻器神经网络的稳定性和同步问题. 首先讨论了分数阶忆阻器神经网络的稳定性. 因为忆阻结构是不连续的, 故分析了其 Filippov 解的动力学性质, 保证其 Filippov 解的存在性, 并得到了其稳定性、有界性和吸引性条件. 接着考虑了基于忆阻器的分数阶参数不确定的神经网络的模型, 利用压缩映射的不动点定理方法, 进一步证明了系统在 Filippov 意义下的解的存在唯一性, 并给出了系统实现稳定的相关条件. 此外, 考虑了外界干扰, 讨论了该系统在外界干扰下的一致稳定性, 然后利用一个全局渐近稳定的系统估计了该系统的收敛范围. 其次, 研究了基于忆阻器分数阶神经网络的同步问题, 包括鲁棒同步、滞后同步、射影同步等. 最后, 研究了参数未知分数阶忆阻器神经网络的同步问题, 得到了系统的同步条件, 同时估计了未知参数.

第 8 章, 研究了复值神经网络的稳定性. 首先, 证明了在参数未知条件下系统平衡点的存在唯一性, 并得到了全局渐近稳定性条件. 其次, 证明了复值传递函数在有界这一条件下, 系统的局部渐近稳定性. 最后, 研究了基于忆阻器的时滞分数阶复值神经网络解的存在唯一性, 并讨论了其解的渐近稳定性.

本书的出版得到一些分数阶领域著名的学者的帮助和支持, 包括美国加利福尼亚大学莫赛德分校的陈阳泉教授, 斯洛伐克希策工业大学 Iorg Podlubny 教授, 土耳其詹卡亚大学 Dumitru Baleanu 教授, 上海大学李常品教授, 东北大学薛定宇教授, 中国科学技术大学王永教授, 内江师范大学吴国成研究员, 特在此表示深深的谢意.

感谢国家自然科学基金 (No.61772063, No.61903386, No.11902252)、北京市自然科学基金重点项目 (Z180005)、陕西省自然科学基金 (2019JQ-164) 对本书的研究工作和出版的大力支持.

由于作者水平有限, 书中难免有一些疏漏和不足之处, 敬请读者批评指正.

作　者

2020 年 9 月

# 目　　录

# 主 要 符 号

| | |
|---|---|
| $R$ | 全体实数 |
| $R^+$ | 全体正实数 |
| $Z$ | 全体整数 |
| $Z^+$ | 全体正整数 |
| $N$ | 全体自然数 |
| $N^+$ | 全体正自然数 |
| $R^n$ | $n$ 维实向量 |
| $R^{n\times m}$ | $n\times m$ 维实矩阵 |
| $\|x\|$ | 实数 $x$ 的绝对值 |
| $\\|x\\|$ | $n$ 维实向量 $x$ 的 2 范数 |
| $\mathrm{sign}\,(a)$ | 实数 $a$ 的符号函数, 当 $a>0$ 时, $\mathrm{sign}\,(a)=1$; 当 $a=0$ 时, $\mathrm{sign}\,(a)=0$; 当 $a<0$ 时, $\mathrm{sign}\,(a)=-1$ |
| $\arg(\cdot)$ | 复数的辐角主值 |
| $A^{\mathrm{T}}$ | 矩阵 $A$ 的转置 |
| $\det\,(A)$ | 矩阵 $A$ 的行列式 |
| $\mathrm{rank}\,(A)$ | 矩阵 $A$ 的秩 |
| $A\succeq 0$ | 矩阵 $A$ 半正定 |
| $A\succ 0$ | 矩阵 $A$ 正定 |
| $A\prec 0$ | 矩阵 $A$ 负定 |
| $\lambda_{\min}\,(A)$ | 矩阵 $A$ 的最小特征值 |
| $\lambda_{\max}\,(A)$ | 矩阵 $A$ 的最大特征值 |
| $\lambda_i\,(A)$ | 矩阵 $A$ 的第 $i$ 个特征值 |
| $\mathrm{diag}\,\{d_1,d_2,\cdots,d_n\}$ | 以 $d_1,d_2,\cdots,d_n$ 为对角线元素的对角矩阵 |
| $\Gamma(\cdot)$ | Gamma 函数 |
| $B(\cdot,\cdot)$ | Beta 函数 |
| $C\,([a,b])$ | 定义于区间 $[a,b]$ 的所有连续函数组成的集合 |

| | |
|---|---|
| $C^n([a,b])$ | 定义于区间 $[a,b]$ 的所有具有 $n$ 阶连续导数的函数组成的集合 |
| $f * g$ | 函数 $f$ 与函数 $g$ 的卷积 |
| $\mathrm{co}[f,g]$ | 集合 $[f,g]$ 的闭包 |
| $\mathcal{L}\{f(t);s\}$ | 对函数 $f(t)$ 作 Laplace 变换 |
| a.e. | 几乎处处 |

# 第 1 章　分数阶微积分基础知识

分数阶微分和积分有各种各样的定义, 本章主要介绍常见的分数阶微分和积分的定义与性质, 本书以常见的分数阶微分和积分的定义作为研究基础, 更多的内容可参考分数阶著作 [1—6].

## 1.1　一些特殊函数的定义和性质

本节给出本书用到的一些特殊函数及其基本性质.

### 1.1.1　Gamma 函数

Gamma 函数是分数阶微分和积分定义的基本组成函数, 也是数值计算必须考虑的重要函数.

**定义 1.1.1**　含参积分

$$\Gamma(z) = \int_0^{+\infty} x^{z-1} e^{-x} dx, \quad \mathrm{Re}(z) > 0 \tag{1.1}$$

称为 Gamma 函数, $z$ 为复数, 其中 $\mathrm{Re}(z)$ 为其实部.

Gamma 函数的极限形式为

$$\Gamma(z) = \lim_{n\to\infty} \frac{n!n^z}{z(z+1)(z+2)\cdots(z+n)}, \quad z \neq -n. \tag{1.2}$$

由分部积分, 可得如下递推公式:

$$\Gamma(z+1) = z\Gamma(z), \quad \mathrm{Re}(z) > 0. \tag{1.3}$$

Gamma 函数的基本性质:

(1) $\Gamma(n+1) = n!$, 其中 $\Gamma(0) = 1$;

(2) $\Gamma(1) = \Gamma(2) = 1$, $\Gamma\left(\frac{1}{2}\right) = \sqrt{\pi}$;

(3) 余元公式 $\Gamma(1-z)\Gamma(z) = \frac{\pi}{\sin \pi z}$, 由余元公式可得

$$\Gamma(-z)\Gamma(z) = \frac{-\pi}{z \sin \pi z}, \quad \Gamma(1-z)\Gamma(1+z) = \frac{z\pi}{\sin \pi z};$$

(4) Legendre 公式 $\Gamma(z)\Gamma\left(z+\frac{1}{2}\right) = 2^{1-2z}\sqrt{z}\Gamma(2z)$.

### 1.1.2　Beta 函数

**定义 1.1.2**　含参积分

$$B(z,w)=\int_0^1 x^{z-1}(1-x)^{w-1}dx,\quad \mathrm{Re}(z)>0,\mathrm{Re}(w)>0 \tag{1.4}$$

称为 Beta 函数.

Beta 函数和 Gamma 函数的关系为

$$B(z,w)=\frac{\Gamma(z)\Gamma(w)}{\Gamma(z+w)}. \tag{1.5}$$

Beta 函数的基本性质:

(1) $B(z,w)=B(w,z)$, $B(z,w)=B(z+1,w)+B(z,w+1)$;

(2) $B(z,w)=\dfrac{w-1}{w+z-1}B(z,w-1)\ \ (z>0,w>1)$,

$B(z,w)=\dfrac{z-1}{w+z-1}B(z-1,w)\ \ (z>1,w>0)$,

$B(z,w)=\dfrac{(w-1)(z-1)}{(w+z-1)(w+z-2)}B(z-1,w-1)\ \ (z>1,w>1)$;

(3) $B(1,1)=1,\ B\left(\dfrac{1}{2},\dfrac{1}{2}\right)=\pi,\ B(m,n)=\dfrac{1}{n\mathrm{C}_{n+m-1}^{m-1}},m,n\in Z_+$.

### 1.1.3　Mittag-Leffler 函数

Mittag-Leffler 函数在分数阶系统里有着重要的作用, 它是指数函数的推广. 关于 Mittag-Leffler 函数的性质及其应用可见 [7]. 单参数的 Mittag-Leffler 的定义如下.

**定义 1.1.3**

$$E_\alpha(z)=\sum_{k=0}^{\infty}\frac{z^k}{\Gamma(\alpha k+1)},$$

其中 $\alpha>0,\ z\in C$.

**定义 1.1.4**　带有双参数的 Mittag-Leffler 函数定义如下:

$$E_{\alpha,\beta}(z)=\sum_{k=0}^{\infty}\frac{z^k}{\Gamma(\alpha k+\beta)},$$

其中 $\alpha>0,\beta>0,z\in C$.

Mittag-Leffler 函数的基本性质:

(1) $E_1(z)=E_{1,1}(z)=\sum\limits_{k=0}^{\infty}\dfrac{z^k}{\Gamma(k+1)}=\sum\limits_{k=0}^{\infty}\dfrac{z^k}{k!}=e^z$;

(2) $E_2(z)=E_{2,1}(z)=\sum\limits_{k=0}^{\infty}\dfrac{z^k}{\Gamma(2k+1)}=\sum\limits_{k=0}^{\infty}\dfrac{(\sqrt{z})^{2k}}{(2k)!}=\cosh\sqrt{z}$;

(3) $E_{1,2}(z)=\sum\limits_{k=0}^{\infty}\dfrac{z^k}{\Gamma(k+2)}=\sum\limits_{k=0}^{\infty}\dfrac{z^{k+1}}{(k+1)!}\dfrac{1}{z}=\dfrac{e^z-1}{z}$;

(4) $E_{1,3}(z)=\sum\limits_{k=0}^{\infty}\dfrac{z^k}{\Gamma(k+3)}=\sum\limits_{k=0}^{\infty}\dfrac{z^{k+2}}{(k+2)!}\dfrac{1}{z^2}=\dfrac{e^z-z-1}{z^2}$;

(5) $E_{1,n}(z)=\sum\limits_{k=0}^{\infty}\dfrac{z^k}{\Gamma(k+n)}=\sum\limits_{k=0}^{\infty}\dfrac{z^{k+n-1}}{(k+n-1)!}\dfrac{1}{z^{n-1}}=\dfrac{1}{z^{n-1}}\left(e^z-\sum\limits_{k=0}^{n-2}\dfrac{z^k}{k!}\right)$;

(6) $E_{2,2}(z)=\sum\limits_{k=0}^{\infty}\dfrac{z^k}{\Gamma(2k+2)}=\sum\limits_{k=0}^{\infty}\dfrac{\sqrt{z}^{2k+1}}{2(k+1)!}\dfrac{1}{\sqrt{z}}=\dfrac{\sinh(\sqrt{z})}{\sqrt{z}}$;

(7) $E_{2,1}(z^2)=\sum\limits_{k=0}^{\infty}\dfrac{z^{2k}}{\Gamma(2k+1)}=\sum\limits_{k=0}^{\infty}\dfrac{z^{2k}}{(2k)!}=\cosh z$;

(8) $E_{2,2}(z^2)=\sum\limits_{k=0}^{\infty}\dfrac{z^{2k}}{\Gamma(2k+2)}=\sum\limits_{k=0}^{\infty}\dfrac{z^{2k+1}}{(2k+1)!}\dfrac{1}{z}=\dfrac{\sinh z}{z}$;

(9) $E_{\alpha,\beta}(z)+E_{\alpha,\beta}(-z)=2E_{2\alpha,\beta}(z^2), E_{\alpha,\beta}(z)-E_{\alpha,\beta}(-z)=2zE_{2\alpha,\alpha+\beta}(z^2)$;

(10) $\dfrac{d^n}{dz^n}E_{\alpha,\beta}(z)=n!E_{\alpha,\beta+n\alpha}^{n+1}(z)=\sum\limits_{k=0}^{\infty}\dfrac{(k+n)!z^k}{k!\Gamma(\alpha k+\beta+n\alpha)}, n=0,1,\cdots$;

(11) $\dfrac{d^n}{dz^n}(z^{\beta-1}E_{\alpha,\beta}(z^\alpha))=z^{\beta-n-1}E_{\alpha,\beta-n}(z^\alpha), n=1,2,\cdots$.

## 1.2 分数阶导数的定义和性质

分数阶微积分是整数阶微积分向非整数阶 (任意阶) 微积分推广后所得到的基本算子. 目前已知分数阶微积分的最早历史源自 1695 年 Leibniz 和 L'Hospital 的学术讨论, 在两人的信中提到了二分之一阶导数的意义[9]. 在随后的三百多年的时间里, 由于缺少准确的物理意义和实际的应用背景, 分数阶微积分的研究仅仅停留在纯理论的数学基础上. 如 1819 年, Lacroix 提出了一个简单的分数阶导数的结论; 1823 年, Abel 在求解 Voherra 型积分时使用了分数阶算子的定义; 19 世纪中叶, 分数阶微积分定义在 Riemann、Liouville、Grünwald 等的研究下有了系统性的结论. 直到 Mandelbort 在 1983 年第一次发现并提出在自然界和很多科技领域中含有广泛的分数维实例, 并且论证了整数和分数部分之间存在的自相似现象[10], 分数阶微积分才又一次得到了国内外学术界的广泛关注, 其作为分形几何和分数维的动力学基础, 也成为目前国际上的热点科研项目.

此外, 注意到越来越多的学者指出, 分数阶微分与积分更适于描述真实材料的特性. 与传统的整数阶模型相比, 分数阶微分模型提供了一种能够描述实际材料与过程中内在记忆与遗传特性的有效工具[2-4]. 现今, 分数阶动力系统已在电磁波[12,13]、电解质极化[14-16]、黏弹性系统[17-21]、经济[22-26]、生物[27-29]、系统控制[30-34]、医学[35,36]等领域中得到广泛应用. 分数阶微积分有潜力取得一些整数阶微积分无法达成的结果和更广阔的应用. 分数阶系统与传统的整数阶系统相比, 分数阶导数和积分为描述不同事物的记忆性和遗传性提供了有力的工具. 事实上, 现实世界中的过程一般或最有可能的是分数阶系统. “数学是给予万物高深莫测的别名的艺术, 而‘分数阶微积分’这一美丽的、乍听起来有些神秘的名称正是这些别名中的一个, 它同时也是数学理论的精华”(Igor Podlubny). 并且分数阶本身作为参数, 在传统整数阶的基础上提高了一个维度 (自由度). 因此, 现实世界中的过程, 尤其是复杂过程, 更有可能是分数阶系统. 当很多问题无法用整数阶系统准确刻画时, 利用分数阶系统往往能简洁高效地拟合实际情况. 分数阶微积分有着超越整数阶传统经典的巨大潜力, 甚至展现出一些开创性的结果和应用价值. 因此, 越来越多的国内外学者开始关注和研究分数阶微积分, 并在不同领域做出了很多贡献, 验证了分数阶模型在很多方向上都比经典的整数阶模型更胜一筹.

本节简要介绍 Grünwald-Letnikov 分数阶微分和积分的定义、Riemann-Liouville 分数阶微分和积分的定义及 Caputo 分数阶微分定义, 本书主要用这三种分数阶微积分的定义.

### 1.2.1 Grünwald-Letnikov 分数阶微积分定义

Grünwald-Letnikov 分数阶微积分定义为离散的形式, 是由整数阶的导数扩展而得到的.

整数阶导数的定义:

$$\frac{d^n f(x)}{d(x)^n} = \lim_{h\to 0} h^{-n}\sum_{r=0}^{n}(-1)^r\binom{n}{r}f(x-rh), \tag{1.6}$$

其中

$$\binom{n}{r} = \frac{n(n-1)(n-2)\cdots(n-r+1)}{r!}.$$

将 $n$ 扩展为任意实数 $q$ 时, 有

$$\binom{q}{r} = \frac{q(q-1)(q-2)\cdots(q-r+1)}{r!} \quad (q\in R),$$

将上式用 Gamma 函数表示可得

$$\binom{q}{r} = \frac{\Gamma(q+1)}{\Gamma(r+1)\Gamma(q-r+1)} \quad (q\in R).$$

**定义 1.2.1** Grünwald-Letnikov (G-L) 分数阶微积分定义如下:

$$
\begin{aligned}
{}_a^G D_t^q f(t) &= \frac{d^q f(t)}{d(t-a)^q} \\
&= \lim_{h\to 0} h^{-q} \sum_{r=0}^{[\frac{t-a}{h}]} (-1)^r \binom{q}{r} f(t-rh),
\end{aligned} \tag{1.7}
$$

其中 $[\cdot]$ 表示不比其大的最大整数. 若 $q>0$, 上式为 G-L 分数阶微分定义; 若 $q<0$, 上式为 G-L 分数阶积分定义.

G-L 分数阶微积分有如下的性质.

(1) 令 $f(t)=(t-a)^p$, 则 ${}_a^G D_t^q f(t) = \dfrac{\Gamma(p+1)}{\Gamma(p-q+1)}(t-a)^{p-q}$, 其中 $q<0, p>-1$ 或 $0\leqslant m\leqslant q<m+1, p>m$.

(2) G-L 分数阶微积分运算的连续性, 即

$$
\lim_{q\to q_0} {}_a^G D_t^q f(t) = {}_a^G D_t^{q_0} f(t).
$$

(3) G-L 分数阶微积分算子是线性算子, 即对任意的常数 $\alpha_1$, $\alpha_2$, 有

$$
{}_a^G D_t^q(\alpha_1 f(t) + \alpha_2 g(t)) = \alpha_1 {}_a^G D_t^q f(t) + \alpha_2 {}_a^G D_t^q g(t).
$$

(4) G-L 分数阶微积分算子的交换性质:

(I) 当 $p<0$ 时, 对于任意的实数 $q$, 都有

$$
{}_a^G D_t^p[{}_a^G D_t^q f(t)] = {}_a^G D_t^{p+q} f(t);
$$

(II) 当 $0\leqslant m<p<m+1$, 且 $f^{(k)}(a)=0, k=0,1,2,\cdots,m-1$ 时, 对任意实数 $q$, 都有

$$
{}_a^G D_t^p[{}_a^G D_t^q f(t)] = {}_a^G D_t^{p+q} f(t);
$$

(III) 当 $0\leqslant m<p<m+1$, $0\leqslant n<q<n+1$, 且 $f^{(k)}(a)=0, k=0,1,2,\cdots,r-1$, 其中 $r=\max\{n,m\}$, 则有

$$
{}_a^G D_t^p[{}_a^G D_t^q f(t)] = {}_a^G D_t^q[{}_a^G D_t^p f(t)] = {}_a^G D_t^{p+q} f(t)
$$

(IV) 当 $p=n$ 时, 对于任意的 $q>0$, 都有

$$
\frac{d^n}{dt^n}[{}_a^G D_t^q f(t)] = {}_a^G D_t^q \frac{f^{(n)}(t)}{dt^n} + \sum_{k=0}^{n-1} \frac{f^{(k)}(a)(t-a)^{-q-n+k}}{\Gamma(-q-n+k+1)},
$$

特别地, 当有 $f^{(k)}(a)=0, k=0,1,2,\cdots,m-1$ 时, 则有

$$
\frac{d^n}{dt^n}[{}_a^G D_t^q f(t)] = {}_a^G D_t^q \frac{f^{(n)}(t)}{dt^n} = {}_a^G D_t^{q+n} f(t).
$$

**注 1.2.2** 这里只给出 G-L 分数阶微积分的基本性质, 关于性质的证明可见 [1,5], 关于 G-L 分数阶微积分算法可参考 [6].

### 1.2.2 Riemann-Liouville 分数阶微积分定义

Riemann-Liouville (R-L) 分数阶微积分定义是研究分数阶系统常用的定义之一, 本节主要介绍 R-L 分数阶积分定义和微分定义及一些基本性质.

1. R-L 分数阶积分定义

如果将积分看作微分的逆定义, 则整数阶积分可以写成如下形式

$$ {}_a^R D_t^{-1} f(t) = \int_a^t f(\tau) d\tau. $$

如果积 $n$ 重可知

$$ {}_a^R D_t^{-n} f(t) = \frac{1}{(n-1)!} \int_a^t (t-\tau)^{n-1} f(\tau) d\tau. $$

将 $n$ 扩展为任意正实数 $q$ 时, 即可得到 R-L 分数阶积分定义.

**定义 1.2.3**

$$ {}_a^R D_t^{-q} f(t) = \frac{1}{\Gamma(q)} \int_a^t (t-\tau)^{q-1} f(\tau) d\tau, $$

其中 $q>0$, $\Gamma(\cdot)$ 为 Gamma 函数.

2. R-L 分数阶导数的定义

整数阶导数和分数阶积分算子复合运算就得到了 R-L 分数阶导数的定义, 具体如下.

**定义 1.2.4**

$$ \begin{aligned} {}_a^R D_t^{q} f(t) &= \frac{d^q f(t)}{d(t-a)^q} \\ &= \frac{1}{\Gamma(n-q)} \frac{d^n}{dt^n} \int_a^t \frac{f(\tau)}{(t-\tau)^{q-n+1}} d\tau, \end{aligned} \tag{1.8} $$

其中 $n$ 为正整数, $n-1 \leqslant q < n$.

当 $0<q<1$ 时, R-L 分数阶导数变为

$$ {}_a^R D_t^{q} f(t) = \frac{1}{\Gamma(1-q)} \frac{d}{dt} \int_a^t \frac{f(\tau)}{(t-\tau)^q} d\tau. $$

由文献 [1] 可知, G-L 分数阶积分与 R-L 分数阶积分具有等价性. 并且在闭区间 $[a,T]$ 内, 若函数 $f(t)$ 满足 $n-1$ 阶连续可微且 $f^{(n)}(t)$ 可积, 则 G-L 分数阶微分与 R-L 分数阶微分也具有等价性, 即

$$ {}_a^G D_t^q f(t) = {}_a^R D_t^q f(t) = \sum_{k=0}^{m-1} \frac{f^{(k)}(a)(t-a)^{k-q}}{\Gamma(-q+k+1)} + \frac{1}{\Gamma(m-q)} \int_a^t (t-\tau)^{m-q-1} f^{(m)}(\tau) d\tau, $$

其中 $0 \leqslant m-1 \leqslant q < m \leqslant n,\ a < t < T$.

下面给出 R-L 分数阶积分的 Laplace 变换 (G-L 情况下亦可得到):

$$ \mathcal{L}\{{}_a^R D_t^{-q} f(t);\ s\} = \mathcal{L}\{{}_0^G D_t^{-q} f(t);\ s\} = s^{-q} F(s); $$

R-L 分数阶微分的 Laplace 变换

$$ \mathcal{L}\left\{{}_a^R D_t^q f(t);\ s\right\} = s^q F(s) - \sum_{k=0}^{n-1} s^k {}_a^R D_t^{q-k-1} f(t)|_{t=a}, \tag{1.9} $$

其中 $F(s) = \mathcal{L}\{f(t);\ s\}$.

3. R-L 分数阶微积分的基本性质

(1) R-L 分数阶微积分的平移性质

$$ {}_a^R D_t^q f(t) = {}_0^R D_s^q f(s), $$

其中 $s = t - a$.

(2) 令 $f(t) = (t-a)^p$, 若 $n-1 \leqslant q < n$, 则 ${}_a^R D_t^q f(t) = \dfrac{\Gamma(p+1)}{\Gamma(p-q+1)}(t-a)^{p-q}$, 其中 $p > -1$; 若 $n-1 \leqslant -q < n$, 则 ${}_a^R D_t^q f(t) = \dfrac{\Gamma(p+1)}{\Gamma(p-q+1)}(t-a)^{p-q}$, 其中 $p > 0$.

令 $f(t) = e^{\lambda t}$, 则

$$ {}_a^R D_t^q f(t) = (t-a)^{-q} E_{1,1-q}(\lambda(t-a)). $$

(3) 若 $f(t)$ 有 $n+1$ 阶的连续导数, 则

$$ \lim_{q \to (n-1)^+} {}_a^R D_t^q f(t) = \frac{d^{n-1}}{dt^{n-1}} f(t), $$

$$ \lim_{q \to n^-} {}_a^R D_t^q f(t) = \frac{d^n}{dt^n} f(t). $$

(4) R-L 分数阶微积分算子是线性算子, 即对任意的常数 $\alpha_1, \alpha_2$, 有

$$ {}_a^R D_t^q (\alpha_1 f(t) + \alpha_2 g(t)) = \alpha_1 {}_a^R D_t^q f(t) + \alpha_2 {}_a^R D_t^q g(t). $$

(5) 常数 $C \neq 0$ 的 R-L 分数阶微分非零:

$$ {}_a^R D_t^q C = \frac{C}{\Gamma(1-q)}(t-a)^{-q}, \quad q > 0. $$

显然当 $C=0$ 时, ${}_a^RD_t^q0=0$.

(6) R-L 分数阶积分算子的交换性质: 当 $p<0$ 和 $q<0$ 时, 都有

$$ {}_a^RD_t^p[{}_a^RD_t^qf(t)]={}_a^RD_t^q[{}_a^RD_t^pf(t)]={}_a^RD_t^{p+q}f(t). $$

(7) R-L 分数阶积分算子与微分算子的交换性质:

(I) 若 $q>0$, $n$ 为正整数, 则

$$ {}_a^RD_t^{-q-n}[{}_a^RD_t^nf(t)]={}_a^RD_t^{-q}f(t)-\sum_{k=0}^{n-1}\frac{(t-a)^{k+q}}{\Gamma(q+k+1)}f^{(k)}(a); $$

(II) 若 $q>0$, $n$ 为正整数, 则

$$ {}_a^RD_t^n[{}_a^RD_t^{-q}f(t)]={}_a^RD_t^{-q}[{}_a^RD_t^nf(t)]+\sum_{k=0}^{n-1}\frac{(t-a)^{q-n+k}}{\Gamma(q-n+k+1)}f^{(k)}(a), $$

特别地, 若 $q>n$, 则有

$$ {}_a^RD_t^n[{}_a^RD_t^{-q}f(t)]={}_a^RD_t^{n-q}f(t); $$

(III) 若 $q>0,\ p>0$, 且 R-L 分数阶积分算子 ${}_a^RD_t^{p-q}$ 存在, 则

$$ {}_a^RD_t^p[{}_a^RD_t^{-q}f(t)]={}_a^RD_t^{p-q}f(t), $$

特别地, 若 $f(t)$ 有 $n$ 阶连续的偏导数, $n-1\leqslant q<n$, 则

$$ {}_a^RD_t^q[{}_a^RD_t^{-q}f(t)]=f(t); $$

(IV) 若 $q>0,\ p>0$, 且 $f(t)$ 有 $n=[q]+1$ 阶连续的偏导数, 则

$$ {}_a^RD_t^{-q}[{}_a^RD_t^pf(t)]={}_a^RD_t^{p-q}f(t)-\sum_{k=0}^{n}[{}_a^RD_t^{p-k}f(t)]_{t=a}\frac{(t-a)^{q-k}}{\Gamma(q-k+1)}, $$

若 $f(t)$ 有 $n$ 阶连续的偏导数, $n-1<q\leqslant n$, 则

$$ {}_a^RD_t^{-q}[{}_a^RD_t^qf(t)]=f(t)-\sum_{k=0}^{n}[{}_a^RD_t^{q-k}f(t)]_{t=a}\frac{(t-a)^{q-k}}{\Gamma(q-k+1)}. $$

(8) R-L 分数阶微分算子的交换性质:

(I) 若 $m-1\leqslant q<m$, $n$ 为任意正整数, 则

$$ {}_a^RD_t^nD_t^qf(t)={}_a^RD_t^{n+q}f(t); $$

(II) 若 $m-1\leqslant q<m$, $n$ 为任意正整数, 则

$$
{}_a^RD_t^q\,{}_a^RD_t^n f(t)={}_a^RD_t^{q+n}f(t)-\sum_{k=0}^{n-1}\frac{f^{(k)}(a)(t-a)^{k-q-n}}{\Gamma(1+k-q-n)},
$$

特别地, 若 $n=1$, 则

$$
{}_a^RD_t^q\,{}_a^RD_t^1 x(t)={}_a^RD_t^{q+1}f(t)-\frac{f(a)(t-a)^{-q-1}}{\Gamma(-q)}={}_a^RD_t^{q+1}f(t)-{}_a^RD_t^{q+1}f(a);
$$

(III) 若 $0\leqslant m-1<p<m$, $0\leqslant n<q<n+1$, 则

$$
{}_a^RD_t^p\,{}_a^RD_t^q f(t)={}_a^RD_t^{p+q}f(t)-\sum_{k=0}^{n-1}{}_a^RD_t^{q-n+k}f(a)\frac{(t-a)^{k-n-p}}{\Gamma(k-n-p+1)};
$$

(IV) 若 $0\leqslant m-1<p<m$, $0\leqslant n<q<n+1$, 则

$$
{}_a^RD_t^q\,{}_a^RD_t^p f(t)={}_a^RD_t^{q+p}f(t)-\sum_{k=0}^{m-1}{}_a^RD_t^{p-m+k}f(a)\frac{(t-a)^{k-m-p}}{\Gamma(k-m-q+1)},
$$

特别地, 当 $f^{(k)}(a)=0, k=0,1,2,\cdots,r$, $f^{(k)}(a)=0, k=0,1,2,\cdots,r-1$, $r=\max\{m,n\}$ 时, 有

$$
{}_a^RD_t^p\,{}_a^RD_t^q f(t)={}_a^RD_t^q\,{}_a^RD_t^p f(t)={}_a^RD_t^{p+q}f(t).
$$

**注 1.2.5** 这里只给出 R-L 分数阶微积分的一些常见的性质及本书用到的一些性质, 关于性质的证明可见 [1,5,8], 关于 R-L 分数阶微积分算法可参考 [6].

下面我们将给出由性质 (7) 和性质 (8) 得到的两个引理, 它们对于研究 R-L 定义的分数阶惯性神经网络模型有重要作用.

**引理 1.2.6** 若 $f(t)\in R$ 在原点附近的小邻域 $[0,\delta]$ 内连续, 且 $0<q<1, n-1<p<n$, 则

$$
{}_0^RD_t^p\,{}_0^RD_t^q f(t)={}_0^RD_t^{p+q}f(t). \tag{1.10}
$$

**证明** 根据性质 (8), 当 $n-1<p<n$, $0<q<1$ 时, 有

$$
{}_0^RD_t^p\,{}_0^RD_t^q f(t)={}_0^RD_t^{p+q}f(t)-{}_0^RD_t^{q-1}f(t)|_{t=0}\frac{t^{-1-p}}{\Gamma(-p)}.
$$

下面, 我们将证明 ${}_0^RD_t^{q-1}f(t)|_{t=0}=0$.

根据 R-L 分数阶积分定义, 得到

$$
{}_0^RD_t^{q-1}x(t)=\frac{1}{\Gamma(1-q)}\int_0^t\frac{f(s)}{(t-s)^q}ds.
$$

由于 $f(t)$ 在原点附近的小邻域 $[0,\delta]$ 内连续可微, 于是 $f(t)$ 在原点附近的小邻域 $[0,\delta]$ 内有界, 即存在 $\theta>0$, 使得 $|f(t)|\leqslant\theta$.

于是

$$\begin{aligned}\left|{}_0^RD_t^{q-1}f(t)\right| &= \left|\frac{1}{\Gamma(1-q)}\int_0^t\frac{f(s)}{(t-s)^q}ds\right|\\ &\leqslant \left|\frac{\theta}{\Gamma(1-q)}\int_0^t\frac{1}{(t-s)^q}ds\right| \leqslant \frac{\theta}{\Gamma(2-q)}t^{1-q}.\end{aligned}$$

由于 $0<q<1$, 显然, 当 $t\to 0$ 时, $\dfrac{\theta}{\Gamma(2-q)}t^{1-q}\to 0$. 根据极限的两边夹法则, 可以得到结论 ${}_0^RD_t^{q-1}f(t)|_{t=0}=0$. 引理得证.

类似地, 可以证明下面的引理.

**引理 1.2.7** 若 $f(t)\in R$ 在原点的小邻域 $[0,\delta]$ 内连续可微, 且 $0<q<1$, $n-1\leqslant p<n$, 则

$$ {}_0^RD_t^{-p}\,{}_0^RD_t^{q}f(t)={}_0^RD_t^{-p+q}f(t), \tag{1.11}$$

特别地, ${}_0^RD_t^{-q}\,{}_0^RD_t^{q}f(t)=f(t)$, $0<q<1$.

4. 乘积函数的 R-L 分数阶积分与微分运算

(1) 设 $q>0$ , 函数 $f(t)$ 分数阶积分存在, 则有

$$\left[{}_0^RD_t^{-q}t^nf(t)\right]=\sum_{k=0}^{n}\binom{-q}{k}D^kt^n\,{}_0^RD_t^{-q-k}f(t).$$

(2) 设 $q>0$ , 函数 $f(t)$ 在区间 $[0,A]$ 上连续, 若对于所有的 $t\in[0,A]$, $g(t)$ 任意阶可导, 则

$$\left[{}_0^RD_t^{-q}f(t)g(t)\right]=\sum_{k=0}^{\infty}\binom{-q}{k}{}_0^RD_t^{k}g(t)\,{}_0^RD_t^{-q-k}f(t).$$

(3) 设 $q>0$ , 函数 $f(t)$ 有 $[q]$ 阶可导, 则有

$$\left[{}_0^RD_t^{q}t^nf(t)\right]=\sum_{k=0}^{n}\binom{q}{k}D^kt^n\,{}_0^RD_t^{q-k}f(t).$$

(4) 设 $q>0$ , 函数 $f(t)$, $g(t)$ 在区间 $[0,A]$ 任意阶可导, 则

$$\left[{}_0^RD_t^{q}f(t)g(t)\right]=\sum_{k=0}^{\infty}\binom{q}{k}g^{(k)}(t)\,{}_0^RD_t^{q-k}f(t).$$

### 1.2.3 Caputo 分数阶微分定义

由 R-L 分数阶微分的 Laplace 变换要求函数 $f(t)$ 的分数阶导数具有 $t=a$ 时的初值条件, 而该条件没有明确的、可测量的物理意义, 因此这在一定程度上限制了 R-L 分数阶微分的实际应用范围, 而 Caputo 分数阶微分则克服了这一缺点. 下面给出 Caputo 分数阶导数的定义和一些基本性质.

1. Caputo 分数阶导数的定义

**定义 1.2.8** Caputo 分数阶微分定义如下:

$$ {}_a^C D_t^q f(t) = \frac{1}{\Gamma(n-q)} \int_a^t \frac{f^{(n)}(\tau)}{(t-\tau)^{q-n+1}} d\tau, \tag{1.12} $$

其中阶数 $q>0$, $n$ 是正整数且满足 $n-1<q<n$.

Caputo 分数阶微分的 Laplace 变换为

$$ \mathcal{L}\left\{ {}_a^C D_t^q f(t); s \right\} = s^q F(s) - \sum_{k=0}^{n-1} s^{q-k-1} f^{(k)}(a). \tag{1.13} $$

特别地, 当初始条件 $f^{(k)}(a)=0,\ k=0,1,\cdots,n-1$ 时, 上式简化为

$$ \mathcal{L}\{ {}_a^C D_t^q f(t); s \} = s^q F(s). $$

2. Caputo 分数阶导数的基本性质

(1) Caputo 分数阶导数满足线性运算性质:

$$ {}_a^C D_t^q (uf(t)+vg(t)) = u\ {}_a^C D_t^q f(t) + v\ {}_a^C D_t^q g(t), $$

其中 $u,v\in R$.

(2) 常数 $K\neq 0$ 的 Caputo 分数阶微分为零:

$$ {}_a^C D_t^q K = 0, \quad q>0. $$

(3) 若 $f(t)$ 有 $n+1$ 阶的连续导数, 则

$$ \lim_{q\to(n-1)^+} {}_a^C D_t^q f(t) = f^{(n-1)}(t) - f^{(n-1)}(a), $$

$$ \lim_{q\to n^-} {}_a^C D_t^q f(t) = f^{(n)}(t). $$

显然 Caputo 分数阶导数的定义在 $(n-1)^+$ 并不能退化到整数阶的, 这与 R-L 分数阶导数定义不同. 由 R-L 分数阶微积分性质 (3), 可知 R-L 分数阶导数定

义在 $f^{(n-1)}(t)$ 和 $f^{(n)}(t)$ 之间建立了一种连续变化的关系, 是可以退化到整数阶的情形的. 事实上, 当 $q$ 为任意实数的时候, R-L 分数阶导数在 $(-\infty,+\infty)$ 建立了联系, 可以看作一个整数阶到任意阶的一个连续的变化.

(4) 令 $f(t)=(t-a)^p$, 若 $n-1<q\leqslant n$, 则 ${}_a^CD_t^qf(t)=\dfrac{\Gamma(p+1)}{\Gamma(p-q+1)}(t-a)^{p-q}$, 其中 $p>0$; 特别地, 当 $f(t)=(t-a)^k$ 时 ${}_a^CD_t^qf(t)=0,\ k=0,1,2,\cdots,n-1$.

(5) 若 $f(t)\in C([0,T])$, $q,p\in R^+$, $q+p\leqslant 1$, 则 ${}_a^CD_t^q{}_a^CD_t^pf(t)={}_0^CD_t^{q+p}f(t)$.

(6) 若 $m-1<q\leqslant m$, $n$ 为任意正整数, 则

$$
{}_a^CD_t^qD_t^nf(t)={}_a^CD_t^{n+q}f(t).
$$

(7) 令 $\Omega=[a,b]$, $a,b\in R$, 若 $f(t)\in C^n([a,b])$, 则

$$
{}_a^RD_t^{-q}{}_a^CD_t^qf(t)=f(t)-\sum_{k=0}^{n-1}\frac{f^{(k)}(a)}{k!}(t-a)^k,\quad n-1<q<n.
$$

特别地, 当 $0<q<1$ 时, $f(t)\in C([0,b])$, ${}_0^RD_t^{-q}{}_0^CD_t^qx(t)=x(t)-x(0)$.

3. 三种分数阶导数的定义之间的关系

本书主要介绍了 G-L 分数阶微积分定义、R-L 分数阶微积分定义和 Caputo 分数阶微分定义. 因 Caputo 分数阶积分的定义与 R-L 分数阶积分定义相同, 故关于分数阶积分的定义, 可以用 G-L 分数阶积分、R-L 分数阶积分定义, 本书分数阶积分的定义主要用 R-L 分数阶积分定义. 下面讨论这三个分数阶微积分定义的联系和区别.

(1) G-L 与 R-L 和 Caputo 分数阶导数定义的关系.

如果函数 $f(t)$ 在区间 $[a,t]$ 上有 $n$ 阶连续导数, 则对 $0<n-1\leqslant q<n$, G-L 分数阶导数定义可写为

$$
\begin{aligned}
{}_a^GD_t^qf(t)&=\sum_{r=0}^{[\frac{t-a}{h}]}(-1)^r\binom{q}{r}f(t-rh)\\
&=\sum_{k=0}^{n}\frac{f^{(k)}(a)(t-a)^{k-q}}{\Gamma(1+k-q)}+\frac{1}{\Gamma(n-q+1)}\int_a^t\frac{f^{(n+1)}(\tau)}{(t-\tau)^{q-n}}d\tau.
\end{aligned}\tag{1.14}
$$

如果 $f(t)$ 具有至少 $n$ 阶连续导数, 则 G-L 与 R-L 分数阶导数定义是等价的, 否则两者是不等价的.

由式 (1.14) 可知 G-L 分数阶导数定义和 Caputo 分数阶导数定义的关系为: 如果 $f(t)$ 在区间 $[a,t]$ 上有 $n$ 阶连续导数, 并且有 $f^{(k)}(a)=0, k=0,1,2,\cdots,n-1$, 则 G-L 分数阶导数定义和 Caputo 分数阶导数定义是等价的.

(2) R-L 与 Caputo 分数阶导数定义的关系.

对于 R-L 定义下的分数阶导数, 连续运用积分的求导公式, 其定义可进一步写为

$$\begin{aligned} {}_a^RD_t^q f(t) &= \frac{1}{\Gamma(n-q)}\frac{d^n}{dt^n}\int_a^t \frac{f(\tau)}{(t-\tau)^{q-n+1}}d\tau \\ &= \sum_{k=0}^{n}\frac{f^{(k)}(a)(t-a)^{k-q}}{\Gamma(1+k-q)} + \frac{1}{\Gamma(n-q)}\int_a^t \frac{f^{(n)}(\tau)}{(t-\tau)^{q-n+1}}d\tau. \end{aligned} \tag{1.15}$$

特别地, 当 $0 < q < 1$ 时, 则可知

$${}_a^CD_t^q f(t) = {}_a^RD_t^q f(t) - \frac{f(a)}{\Gamma(1-q)}(t-a)^{-q},$$

由此可以看出, 当函数 $f(t)$ 具有齐次初始条件时, R-L 分数阶微分定义与 Caputo 分数阶微分定义是等价的.

## 1.3 本章小结

本书中, 主要用的是 R-L 和 Caputo 定义的分数阶神经网络, 对于 $q > 0$, $q$ 重 R-L 分数阶积分算子记为 ${}_a^RD_t^{-q}$, $q$ 阶 R-L 分数阶微分算子记为 ${}_a^RD_t^q$, $q$ 阶 Caputo 分数阶微分算子记为 ${}_a^CD_t^q$.

目前研究分数阶系统的文献中, 分数阶积分定义一般采用 R-L 积分定义, 而分数阶微分定义一般采用 Caputo 微分定义或 R-L 微分定义, 这两种分数阶微分定义各有优势. R-L 分数阶导数的 Laplace 变换中含有分数阶导数项, 而 Caputo 分数阶导数的 Laplace 变换中是整数阶的导数. 在工程等实际应用中, 分数阶的初值很难得到, 并且其几何和物理意义也不明确, 而整数阶的导数初值容易给定且意义比较明确, 所以 Caputo 分数阶微分定义在描述现实模型, 更具有实际意义; 另一个方面, Caputo 分数阶微分定义对 $f(t)$ 要求较高, 要求 $f(t)$ 至少 $n$ 阶可微, 而 R-L 分数阶微分定义仅要求 $f(t)$ 连续, 因此, R-L 分数阶微分定义更适合理论研究. 此外, 由 R-L 分数阶微积分的定义可知若 $m-1 \leqslant q < m$, $n$ 为任意正整数, 则 ${}_a^RD_t^n D_t^q f(t) = {}_a^RD_t^{n+q} f(t)$, 因此, 在构造 Lyapunov 函数时, 用非负函数的分数阶积分作为 Lyapunov 函数, 进而引入整数阶导数, 这样可以用整数阶 Lyapunov 方法及相关理论方法, 研究分数阶神经网络, 可以更好地研究分数阶神经网络的稳定性及控制问题.

注意到分数阶导数的定义远不止这常见的三种, 目前出现了有很多新的分数阶导数的定义, 根据具体问题可以定义新的分数阶导数, 例如, 分数阶不满足乘积

函数求导法则, 因此定义了新的分数阶导数来研究此问题[37,38]; Caputo 和 Fabrizio 给出了一种具有光滑核函数的新分数阶导数的定义来表示时间和空间变量. 第一种定义是处理时间变量, 因此很适合使用 Laplace 变换. 第二种定义与空间变量有关, 采用非局部分式导数, 这一方法更方便使用 Fourier 变换. 这种新的分数阶导数定义可以很好地刻画材料非均匀性和不同尺度涨落能力[39]; Arran 和 Dumitru 等给出了一般分数阶导数的定义, 通过用一般的核函数来表示分数阶导数, 由核函数的不同形式来定义不同的分数导数[40]. 还有其他很多不同分数阶导数的定义, 各种各样的分数阶导数的定义, 必然给建立分数阶微积分理论的公理化带来了困难, 甚至很难建立统一形式的分数阶理论. 因为不同的分数阶导数并不完全等价, 甚至用不同的分数阶导数得到的结论完全不同. 整数阶微积分理论已经基本完备, 建立了公理化体系, 所以理论分析比较严密, 得到了广泛的应用. 而分数阶微积分的理论没有统一的理论基础, 但是世界是多样性的, 而分数阶微积分定义也是多样性的, 这给刻画这个世界多了一种可能, 而这种可能具有针对性, 可以更好地刻画这个世界. 统一带来的只是方便化, 而多样性才是这个世界的本质, 分数阶理论为完美刻画世界多样性提供了可能.

# 第 2 章　分数阶微分方程的求解算法

分数阶微分方程的求解像常微分方程求解一样, 通常是很困难的. 传统的求解分数阶微分方程的方法有 Laplace 变换法、幂级数法、梅林变换法、正交多项式法等[1], 但这些方法通常只能求解某一类特殊分数阶微分方程. 对于不同定义下的分数阶微分算子, 分数阶微分方程的数值仿真方法是不同的. 当函数 $f(t)$ 足够光滑时, G-L 和 R-L 定义下的分数阶微积分具有等价性[1]. 因此, G-L 和 R-L 定义下的分数阶微分方程的数值仿真方法都基于 G-L 的离散格式. 故求解 R-L 定义下的分数阶微积分, 也可以用 G-L 离散公式来近似. 对于 Caputo 定义下的分数阶微分方程, 目前常用的是预估校正解法[41-43], 这种方法能够求得一般分数阶微分方程的数值近似解. 下面分别介绍求解非时滞分数阶微分方程与时滞分数阶微分方程, 以及时变时滞分数阶微分方程的预估校正解法. 本章所用的分数阶定义为 Caputo 分数阶导数, 为了方便记号, 本章简记为 ${}_0D_t^q$.

## 2.1　分数阶微分方程的预估校正解法

考虑微分方程

$$\begin{cases} {}_0D_t^q x(t) = f(t, x(t)), \quad 0 \leqslant t \leqslant T, \\ x^k(0) = x_0^{(k)}, \quad k = 0, 1, \cdots, m-1, \quad m = \lceil q \rceil. \end{cases} \tag{2.1}$$

其中 $q > 0$, $m = \lceil q \rceil$ 表示 $m$ 为不小于 $q$ 的最小正整数. 与方程 (2.1) 等价的 Volterra 积分方程为

$$x(t) = \sum_{k=0}^{m-1} \frac{t^k}{k!} x_0^{(k)} + \frac{1}{\Gamma(q)} \int_0^t (t-\tau)^{q-1} f(\tau, x(\tau)) d\tau. \tag{2.2}$$

令 $h = T/N$, $N \in Z$, $t_n = nh$, $n = 0, 1, 2, \cdots, N$, $x_h(t) \approx x(t)$ 为方程 (2.1) 的近似解. 运用预估校正解法得

$$\begin{aligned} x_h(t_{n+1}) = & \sum_{k=0}^{m-1} \frac{t_{n+1}^k}{k!} x_0^{(k)} + \frac{h^q}{\Gamma(q+2)} f(t_{n+1}, x_h^P(t_{n+1})) \\ & + \frac{h^q}{\Gamma(q+2)} \sum_{j=0}^{n} a_{j,n+1} f(t_j, x_h(t_j)), \end{aligned}$$

其中

$$a_{j,n+1}=\begin{cases} n^{q+1}-(n-q)(n+1)^{q+1}, & j=0,\\ (n-j+2)^{q+1}+(n-j)^{q+1}-2(n-j+1)^{q+1}, & 1\leqslant j\leqslant n, \end{cases} \tag{2.3}$$

$$x_h^P(t_{n+1})=\sum_{k=0}^{m-1}\frac{t_{n+1}^k}{k!}x_0^{(k)}+\frac{1}{\Gamma(q)}\sum_{j=0}^{n}b_{j,n+1}f(t_j,x_h(t_j)), \tag{2.4}$$

$$b_{j,n+1}=\frac{h^q}{q}((n-j+1)^q-(n-j)^q),\quad 0\leqslant j\leqslant n. \tag{2.5}$$

设 $q>0$ 且对于某个 $T$ 满足 $D^q\in C^2([0,T])$, 则有误差估计

$$\max_{j=0,1,\cdots,N}|x(t_j)-x_h(t_j)|=O(h^p),\quad p=\min\{2,1+q\}.$$

## 2.2　时滞分数阶微分方程的预估校正解法

考虑时滞微分方程

$$\begin{cases} {}_0D_t^q x(t)=f(t,x(t),x(t-\tau)), & 0\leqslant t\leqslant T,\quad 0<q\leqslant 1,\\ x(t)=g(t), & t\in[-\tau,0]. \end{cases} \tag{2.6}$$

其中 $q>0$, $m=\lceil q\rceil$ 表示 $m$ 为不小于 $q$ 的最小正整数, $\tau>0$ 为时间延迟. 令 $h=T/N$, $k=\tau/h$, $k,N\in Z$, $t_n=nh$, $n=-k,-k+1,\cdots,-1,0,1,\cdots,N$. 记方程 (2.6) 的近似解为 $x_h(t)\approx x(t)$. 那么, 方程 (2.6) 的初值满足

$$x_h(t_j)=g(t_j),\quad j=-k,-k+1,\cdots,-1,0.$$

方程 (2.6) 含有时间延迟的近似解为

$$x_h(t_j-\tau)=x_h(jh-kh)=x_h(t_{j-k}),\quad j=0,1,\cdots,N.$$

对方程 (2.6) 积分可得

$$x(t_{n+1})=g(0)+\frac{1}{\Gamma(q)}\int_0^{t_{n+1}}(t_{n+1}-\xi)^{q-1}f(\xi,x(\xi),x(\xi-\tau))d\xi. \tag{2.7}$$

对方程 (2.7) 应用复合梯形求积公式得

$$\begin{aligned} x_h(t_{n+1})=&\,g(0)+\frac{h^q}{\Gamma(q+2)}f(t_{n+1},x_h(t_{n+1}),x_h(t_{n+1}-\tau))\\ &+\frac{h^q}{\Gamma(q+2)}\sum_{j=0}^{n}a_{j,n+1}f(t_j,x_h(t_j),x_h(t_j-\tau)) \end{aligned}$$

$$
\begin{aligned}
&= g(0) + \frac{h^q}{\Gamma(q+2)} f(t_{n+1}, x_h(t_{n+1}), x_h(t_{n+1-k})) \\
&\quad + \frac{h^q}{\Gamma(q+2)} \sum_{j=0}^{n} a_{j,n+1} f(t_j, x_h(t_j), x_h(t_{j-k})),
\end{aligned} \tag{2.8}
$$

其中 $a_{j,n+1}$ 见 (2.3) 式. 由于方程 (2.8) 左右两边都有 $x_h(t_{n+1})$, 并且函数 $f$ 具有非线性性, 很难求得方程 (2.8) 的解 $x_h(t_{n+1})$. 因此, 用 $x_h^P(t_{n+1})$ 替代方程 (2.8) 右边的项 $x_h(t_{n+1})$, 称 $x_h^P(t_{n+1})$ 为解 $x_h(t_{n+1})$ 的预估项. 对方程 (2.7) 应用复合矩形规则, 可得预估项

$$
\begin{aligned}
x_h^P(t_{n+1}) &= g(0) + \frac{1}{\Gamma(q)} \sum_{j=0}^{n} b_{j,n+1} f(t_j, x_h(t_j), x_h(t_j - \tau)) \\
&= g(0) + \frac{1}{\Gamma(q)} \sum_{j=0}^{n} b_{j,n+1} f(t_j, x_h(t_j), x_h(t_{j-k})),
\end{aligned}
$$

其中 $b_{j,n+1}$ 见式 (2.5).

## 2.3 时变时滞分数阶微分方程的预估校正解法

本节给出时变时滞分数阶微分方程的预估校正法, 用拉格朗日插值公式结合预估校正解法求解时变时滞分数阶微分方程. 此外, 讨论了算法误差的稳定性, 并基于时变时滞分数阶神经网络, 比较了向下取整、向上取整及四舍五入取整法, 得到所给方法的有效性, 本节内容可见 [44].

### 2.3.1 算法建立

考虑如下时变时滞分数阶微分方程:

$$
\begin{cases}
{}_0D_t^q x(t) = f(t, x(t), x(t-\tau(t))), \quad t \in [0, T], \\
x(t) = g(t), \quad t \in [-\tau, 0], \quad \tau(t) > 0, \quad \tau = \max\limits_{0 \leqslant t \leqslant T} \{\tau(t)\}, \\
0 < q \leqslant m, \quad m \in N,
\end{cases}
$$

其中 $q > 0$, $m = \lceil q \rceil$ 表示 $m$ 为不小于 $q$ 的最小正整数, $\tau > 0$ 为时间延迟. 令 $h = T/N$, $k = \tau/h$, $k$, $N \in Z$, $t_n = nh$, $n = -k, -k+1, \cdots, -1, 0, 1, \cdots, N$. 令

$$
x_h(t_j) = g(t_j), \quad j = -k, -k+1, \cdots, -1, 0
$$

及

$$
x_h(t_j - \tau(t_j)) = v_h(t_j), \quad j = 0, 1, \cdots, N. \tag{2.9}
$$

$x_h(t_n)$ 表示为 $x(t_n)$ 对应的数值解.

在整数点处作如下近似:

$$x_h(t_j) \approx x(t_{j-k}), \quad j = -k, -k+1, \cdots, -1, 0, 1, \cdots, n. \tag{2.10}$$

下面可得 $x_h(t_{n+1})$ 计算公式

$$x(t_{n+1}) = \sum_{j=0}^{\lceil q \rceil -1} g_0^{(j)} \frac{t_{n+1}^j}{j!} + \frac{1}{\Gamma(q)} \int_0^{t_{n+1}} (t_{n+1} - \nu)^{q-1} f(\nu, x(\nu), x(\nu - \tau(\nu))) d\nu. \tag{2.11}$$

由预估校正解法可知[41, 42]

$$\begin{aligned} x_h(t_{n+1}) &= \sum_{j=0}^{\lceil q \rceil -1} g_0^{(j)} \frac{t_{n+1}^j}{j!} + \frac{h^q}{\Gamma(q+2)} f(t_{n+1}, x_h^P(t_{n+1}), x_h(t_{n+1} - \tau(t_{n+1}))) \\ &\quad + \frac{1}{\Gamma(q)} \sum_{j=0}^{n} a_{j,n+1} f(t_j, x_h(t_j), x_h(t_j - \tau(t_j))) \\ &= \sum_{j=0}^{\lceil q \rceil -1} g_0^{(j)} \frac{t_{n+1}^j}{j!} + \frac{h^q}{\Gamma(q+2)} f(t_{n+1}, x_h^P(t_{n+1}), v_h(t_{n+1})) \\ &\quad + \frac{1}{\Gamma(q)} \sum_{j=0}^{n} a_{j,n+1} f(t_j, x_h(t_j), v_h(t_j)), \end{aligned} \tag{2.12}$$

其中

$$a_{j,n+1} = \frac{h^q}{q(q+1)} \begin{cases} n^{q+1} - (n-q)(n+1)^{q+1}, & j = 0, \\ (n-j+2)^{q+1} + (n-j)^{q+1} - 2(n-j+1)^{q+1}, & 1 \leqslant j \leqslant n, \\ 1, & j = n+1. \end{cases}$$

对方程 (2.12) 应用复合梯形求积公式得

$$\begin{aligned} x_h^P(t_{n+1}) &= \sum_{j=0}^{\lceil q \rceil -1} g_0^{(j)} \frac{t_{n+1}^j}{j!} + \frac{1}{\Gamma(q)} \sum_{j=0}^{n} b_{j,n+1} f(t_j, x_h(t_j), x_h(t_j - \tau(t_j))) \\ &= \sum_{j=0}^{\lceil q \rceil -1} g_0^{(j)} \frac{t_{n+1}^j}{j!} + \frac{1}{\Gamma(q)} \sum_{j=0}^{n} b_{j,n+1} f(t_j, x_h(t_j), v_h(t_j)), \end{aligned} \tag{2.13}$$

其中

$$b_{j,n+1} = \frac{h^q}{q}((n-j+1)^q - (n-j)^q), \quad 0 \leqslant j \leqslant n.$$

如果 $\tau(t_j)$ 为一常数, 则为常时滞分数阶微分方程, 可以参考 2.2 节.

这里考虑时滞为变时滞 $v_h(t_j), j=0,1,\cdots,N$. 因为 $\tau(t)>0$, 则存在一个正常数 $m(t_j)$, 使得满足 $(m(t_j)-1)h\leqslant\tau(t_j)\leqslant m(t_j)h$, 即

$$(j-m)h\leqslant t_j-\tau(t_j)\leqslant(j-m+1)h.$$

记 $\kappa_j=t_j-\tau(t_j)$, 由拉格朗日插值, 可得

$$u(\kappa_j)=\prod_{i=-k,i\neq j}^{n}\frac{\kappa_j-t_i}{t_j-t_i}.$$

$v_h(t_j)$ 近似可得

$$v_h(t_j)=\sum_{i=-k}^{n}u(\kappa_j)x_h(t_i).$$

若 $j=n+1$, 则有

$$v_h(t_{n+1})=\sum_{i=-k}^{n}u(\kappa_{n+1})x(t_i)+u(\kappa_{n+1})x_h^P(t_{n+1}).$$

因此, 时变时滞分数阶微分方程预估校正解法为

$$\begin{aligned}x_h(t_{n+1})=&\sum_{j=0}^{\lceil q\rceil-1}g_0^{(j)}\frac{t_{n+1}^j}{j!}+\frac{1}{\Gamma(q)}\sum_{j=0}^{n}a_{j,n+1}f\left(t_j,x_h(t_j),\sum_{i=-k}^{n}u(\kappa_j)x_h(t_i)\right)\\&+\frac{h^q}{\Gamma(q+2)}f\left(t_{n+1},x_h^P(t_{n+1}),\sum_{i=-k}^{n}u(\kappa_{n+1})x_h(t_i)+u(\kappa_{n+1})x_h^P(t_{n+1})\right),\end{aligned}\tag{2.14}$$

预估项为

$$x_h^P(t_{n+1})=\sum_{j=0}^{\lceil q\rceil-1}g_0^{(j)}\frac{t_{n+1}^j}{j!}+\frac{1}{\Gamma(q)}\sum_{j=0}^{n}b_{j,n+1}f\left(t_j,x_h(t_j),\sum_{i=-k}^{n}u(\kappa_j)x_h(t_i)\right).\tag{2.15}$$

误差为

$$\max_{j=0,1,\cdots,N}|x(t_j)-x_h(t_j)|=O(h^p),\quad p=\min\{2,1+q\}.$$

误差详细证明结果在下节给出.

### 2.3.2 算法稳定性分析

**引理 2.3.1**[42] (i) 若 $x(t)\in C^1([0,T])$, 则

$$\left|\int_0^{t_{k+1}}(t_{k+1}-t)^{q-1}x(t)dt-\sum_{j=0}^{k}b_{j,k+1}x(t_j)\right|\leqslant\frac{1}{q}\|x'\|_\infty t_{k+1}^q h.$$

(ii) 若 $x(t)=t^p$, $p\in(0,1)$, 则

$$\left|\int_0^{t_{k+1}}(t_{k+1}-t)^{q-1}x(t)dt-\sum_{j=0}^{k}b_{j,k+1}x(t_j)\right|\leqslant\ C_{q,p}^{Re}t_{k+1}^{q+p-1}h,$$

其中 $C_{q,p}^{Re}$ 为与 $q$ 和 $p$ 有关的常数.

**引理 2.3.2**[42]　(i) 若 $x(t)\in C^2([0,T])$, 则

$$\left|\int_0^{t_{k+1}}(t_{k+1}-t)^{q-1}x(t)dt-\sum_{j=0}^{k+1}a_{j,k+1}x(t_j)\right|\leqslant C_q^{Tr}\|x''\|_\infty t_{k+1}^q h,$$

其中 $C_q^{Tr}$ 为仅与 $q$ 有关的常数.

(ii) 若 $x(t)\in C^1([0,T])$ 和 $x'$ 对阶数 $\mu\in(0,1)$ 满足 Lipschitz 条件, 则

$$\left|\int_0^{t_{k+1}}(t_{k+1}-t)^{q-1}x(t)dt-\sum_{j=0}^{k+1}a_{j,k+1}x(t_j)\right|\leqslant B_{q,\mu}^{Tr}M(x,\mu)t_{k+1}^q h^{1+\mu},$$

其中 $B_{q,\mu}^{Tr}$ 为仅与 $q$ 和 $\mu$ 有关的常数; $M(x,\mu)$ 为仅与 $x$ 和 $\mu$ 有关的常数.

(iii) 若 $x(t)=t^p$ 且 $p\in(0,2)$ 与 $\varrho=\min\{2,p+1\}$, 则

$$\left|\int_0^{t_{k+1}}(t_{k+1}-t)^{q-1}z(t)dt-\sum_{j=0}^{k+1}a_{j,k+1}x(t_j)\right|\leqslant\ C_{q,p}^{Tr}t_{k+1}^{q+p-\varrho}h,$$

其中 $C_{q,p}^{Tr}$ 为仅与 $q$ 和 $p$ 有关的常数.

**定理 2.3.3**　如果 $x(t)$ 为满足初始条件的解, 并满足如下条件:

$$\left|\int_0^{t_{k+1}}(t_{k+1}-t)^{q-1}D_t^q x(t)dt-\sum_{j=0}^{k}b_{j,k+1}D_t^q x(t_j)\right|\leqslant C_1 t_{k+1}^{\gamma_1}h^{\delta_1}$$

和

$$\left|\int_0^{t_{k+1}}(t_{k+1}-t)^{q-1}D_t^q x(t)dt-\sum_{j=0}^{k+1}a_{j,k+1}D_t^q x(t_j)\right|\leqslant C_2 t_{k+1}^{\gamma_2}h^{\delta_2}$$

且 $\delta_1\geqslant0$, $\delta_2\geqslant0$, $\gamma_1\geqslant0$ 及 $\gamma_2\geqslant0$. 选择合适的 $T>0$, 则有

$$\max_{0\leqslant j\leqslant n}\mid x(t_j)-x_h(t_j)\mid=O(h^\alpha),$$

其中 $\alpha=\min\{\delta_1+q,\delta_2\}$ 和 $N=\lfloor T/h\rfloor$, $x_h(t_j)$ 表示 $x(t_j)$ 的数值解.

**证明**　本证明主要基于数学归纳法, 对充分小的步长 $h$ 有结论:

$$|x(t_j)-x_h(t_j)|\leqslant Ch^\alpha,\tag{2.16}$$

其中 $j \in \{0,1,\cdots,N\}$, $C$ 为一个常数. 当 $j=0$ 时, 方程 (2.16) 成立. 假设 $j=0,1,\cdots,n$ 方程 (2.16) 成立, 证明方程 (2.16) 在 $j=n+1$ 成立.

因 $f(t,x,y)$ 为 Lipschitz 连续, 则

$$
\begin{aligned}
&|f(t_j,x(t_j),x(t_j-\tau(t_j)))-f(t_j,x_h(t_j),v_h(t_j))|\\
=&\left|f(t_j,x(t_j),x(t_j-\tau(t_j)))-f(t_j,x_h(t_j),x(t_j-\tau(t_j)))\right.\\
&+f(t_j,x_h(t_j),x(t_j-\tau(t_j)))\\
&\left.-f\left(t_j,x_h(t_j),\sum_{i=-k}^{n}u(\kappa_j)x_h(t_i)\right)\right|\\
\leqslant&|f(t_j,x(t_j),x(t_j-\tau(t_j)))-f(t_j,x_h(t_j),x(t_j-\tau(t_j)))|\\
&+\left|f(t_j,x_h(t_j),x(t_j-\tau(t_j)))-f\left(t_j,x_h(t_j),\sum_{i=-k}^{n}u(\kappa_j)x_h(t_i)\right)\right|\\
\leqslant&L_1|x(t_j)-x_h(t_j)|+L_2\left|x(t_j-\tau(t_j))-\sum_{i=-k}^{n}u(\kappa_j)x_h(t_i)\right|.
\end{aligned}
\tag{2.17}
$$

令 $R_j=\left|x(t_j-\tau(t_j))-\sum\limits_{i=-k}^{n}u(\kappa_j)x_h(t_i)\right|$, 由拉格朗日误差公式可知

$$
R_j=|x(t_j-\tau(t_j))-v_h(t_j)|=\left|\frac{x^{(n+k)}}{(n+k)!}\omega_n(t_j)\right|,\quad 0\leqslant j\leqslant n,
$$

其中 $\omega_n(t_j)=(\kappa_j-t_{-k})(\kappa_j-t_{-k+1})\cdots(\kappa_j-t_n)$, 用 $(j-m)h\leqslant t_j-\tau(t_j)\leqslant(j-m+1)h$, 可知

$$
|\omega_n(t_j)|\leqslant|(j-m+1-k)(j-m-k)\cdots(j-m+1-n)|h^{n+k}.
$$

则可得

$$
\frac{|\omega_n(t_j)|}{(n+k)!}\leqslant h^{n+k}.
$$

假设 $|x^{(n+k)}|\leqslant M$, 则式 (2.17) 变为

$$
|f(t_j,x(t_j),x(t_j-\tau(t_j)))-f(t_j,x_h(t_j),v_h(t_j))|\leqslant L_1Ch^{\alpha}+L_2Mh^{n+k-\alpha}h^{\alpha}.
\tag{2.18}
$$

考虑预估项的误差:

$$
|x(t_{n+1})-x_h^P(t_{n+1})|
$$

$$
\begin{aligned}
&=\frac{1}{\Gamma(q)}\left|\int_0^{t_{n+1}}(t_{n+1}-t)^{q-1}f(t,x(t),x(t-\tau(t)))dt-\sum_{j=0}^{n}b_{j,n+1}f(t_j,x_h(t_j),v_h(t_j))\right| \\
&\leqslant\frac{1}{\Gamma(q)}\left|\int_0^{t_{n+1}}(t_{n+1}-t)^{q-1}D_t^qx(t)dt-\sum_{j=0}^{n}b_{j,n+1}D_t^qx(t_j)+\sum_{j=0}^{n}b_{j,n+1}D_t^qx(t_j)\right. \\
&\quad\left.-\sum_{j=0}^{n}b_{j,n+1}f(t_j,x_h(t_j),v_h(t_j))\right| \\
&\leqslant\frac{1}{\Gamma(q)}\left|\int_0^{t_{n+1}}(t_{n+1}-t)^{q-1}D_t^qx(t)dt-\sum_{j=0}^{n}b_{j,n+1}D_t^qx(t_j)\right| \\
&\quad+\frac{1}{\Gamma(q)}\left|\sum_{j=0}^{n}b_{j,n+1}D_t^qx(t_j)-\sum_{j=0}^{n}b_{j,n+1}f(t_j,x_h(t_j),v_h(t_j))\right| \\
&\leqslant\frac{1}{\Gamma(q)}\left|\int_0^{t_{n+1}}(t_{n+1}-t)^{q-1}D_t^qx(t)dt-\sum_{j=0}^{n}b_{j,n+1}D_t^qx(t_j)\right| \\
&\quad+\frac{1}{\Gamma(q)}\left|\sum_{j=0}^{n}b_{j,n+1}\{f(t_j,x(t_j),x(t_j-\tau(t_j)))-f(t_j,x_h(t_j),v_h(t_j))\}\right| \\
&\leqslant\frac{1}{\Gamma(q)}\left|\int_0^{t_{n+1}}(t_{n+1}-t)^{q-1}D_t^qx(t)dt-\sum_{j=0}^{n}b_{j,n+1}D_t^qx(t_j)\right| \\
&\quad+\frac{1}{\Gamma(q)}\left|\sum_{j=0}^{n}b_{j,n+1}\{f(t_j,x(t_j),x(t_j-\tau(t_j)))-f(t_j,x_h(t_j),x(t_j-\tau(t_j)))\right. \\
&\quad\left.+f(t_j,x_h(t_j),x(t_j-\tau(t_j)))-f(t_j,x_h(t_j),v_h(t_j))\}\right| \\
&\leqslant\frac{1}{\Gamma(q)}\left|\int_0^{t_{n+1}}(t_{n+1}-t)^{q-1}D_t^qx(t)dt-\sum_{j=0}^{n}b_{j,n+1}D_t^qx(t_j)\right| \\
&\quad+\frac{1}{\Gamma(q)}\left|\sum_{j=0}^{n}b_{j,n+1}\right|\{|f(t_j,x(t_j),x(t_j-\tau(t_j)))-f(t_j,x_h(t_j),x(t_j-\tau(t_j)))| \\
&\quad+|f(t_j,x_h(t_j),x(t_j-\tau(t_j)))-f(t_j,x_h(t_j),v_h(t_j))|\}.
\end{aligned}\tag{2.19}
$$

由引理 2.3.1 和式 (2.17), 可得

$$
\begin{aligned}
&|x(t_{n+1})-x_h^P(t_{n+1})| \\
&\leqslant\frac{1}{\Gamma(q)}C_1t_{k+1}^{\gamma_1}h^{\delta_1}+\frac{1}{\Gamma(q)}\sum_{j=0}^{n}b_{j,n+1}(CL_1+L_2Mh^{n+k-\alpha})h^{\alpha}.
\end{aligned}\tag{2.20}
$$

用 $b_{j,n+1}$, 可知

$$\sum_{j=0}^{n} b_{j,n+1} = \int_0^{t_{n+1}} (t_{n+1}-t)^{q-1}dt$$
$$= \sum_{j=0}^{n} \int_{jh}^{h(j+1)} (t_{n+1}-t)^{q-1}dt = \frac{1}{q}t_{n+1}^q \leqslant \frac{1}{q}T^q. \tag{2.21}$$

则

$$|x(t_{n+1}) - x_h^P(t_{n+1})|$$
$$\leqslant \frac{1}{\Gamma(q)}C_1T^{\gamma_1}h^{\delta_1} + \frac{1}{\Gamma(q+1)}(CL_1 + L_2Mh^{n+k-\alpha})T^q h^\alpha. \tag{2.22}$$

同理, 用 $a_{j,n+1}$, 可得

$$\sum_{j=0}^{n} a_{j,n+1} \leqslant \frac{h^q}{q(q+1)} \sum_{j=0}^{n} [(n-j+2)^{q+1} + (n-j)^{q+1} - 2(n-j+1)^{q+1}]$$
$$= \frac{h^q}{q(q+1)} \sum_{j=0}^{n} \{[(n-j+2)^{q+1} - (n-j+1)^{q+1}]$$
$$- [(n-j+1)^{q+1} - (n-j)^{q+1}]\}$$
$$= \frac{1}{q}\left\{\int_0^{t_{n+1}} (t_{n+2}-t)^q dt - \int_0^{t_{n+1}} (t_{n+1}-t)^q dt\right\}$$
$$= \frac{1}{q(q+1)}\{((t_{n+2}-t_{n+1})^{q+1} - t_{n+2}^{q+1}) + t_{n+1}^{q+1}\}$$
$$= \frac{1}{q(q+1)}\{(h^{q+1} - (n+2)h^{q+1}) + t_{n+1}^{q+1}\}$$
$$\leqslant \frac{1}{q(q+1)} t_{n+1}^{q+1}$$
$$\leqslant \frac{1}{q(q+1)} T^{q+1}. \tag{2.23}$$

基于式 (2.19) 和 (2.23), 可得

$$|x(t_{n+1}) - x_h(t_{n+1})|$$
$$= \frac{1}{\Gamma(q)}\left| \int_0^{t_{n+1}} (t_{n+1}-t)^{q-1} f(t, x(t), x(t-\tau(t)))dt\right.$$
$$- \sum_{j=0}^{n} a_{j,n+1} f(t_j, x_h(t_j), v_h(t_j))$$

$$
\begin{aligned}
&- a_{n+1,n+1}f(t_{n+1},x_h^P(t_{n+1}),v_h(t_{n+1}))\Bigg| \\
\leqslant &\frac{1}{\Gamma(q)}\Bigg|\int_0^{t_{n+1}}(t_{n+1}-t)^{q-1}D_t^q x(t)dt \\
&-\sum_{j=0}^{n+1}a_{j,n+1}D_t^q x(t_j)+\sum_{j=0}^{n+1}a_{j,n+1}D_t^q x(t_j) \\
&-\sum_{j=0}^{n}a_{j,n+1}f(t_j,x_h(t_j),v_h(t_j))-a_{n+1,n+1}f(t_{n+1},x_h^P(t_{n+1}),v_h(t_{n+1}))\Bigg| \\
\leqslant &\frac{1}{\Gamma(q)}\Bigg|\int_0^{t_{n+1}}(t_{n+1}-t)^{q-1}D_t^q x(t)dt-\sum_{j=0}^{n+1}a_{j,n+1}D_t^q x(t_j)\Bigg| \\
&+\frac{1}{\Gamma(q)}\Bigg|\sum_{j=0}^{n}a_{j,n+1}D_t^q x(t_j)-\sum_{j=0}^{n}a_{j,n+1}f(t_j,x_h(t_j),v_h(t_j))\Bigg| \\
&+\frac{1}{\Gamma(q)}|a_{n+1,n+1}D_t^q x(t_{n+1})-a_{n+1,n+1}f(t_{n+1},x_h^P(t_{n+1}),v_h(t_{n+1}))| \\
\leqslant &\frac{1}{\Gamma(q)}\Bigg|\int_0^{t_{n+1}}(t_{n+1}-t)^{q-1}D_t^q x(t)dt-\sum_{j=0}^{n+1}a_{j,n+1}D_t^q x(t_j)\Bigg| \\
&+\frac{1}{\Gamma(q)}\Bigg|\sum_{j=0}^{n}a_{j,n+1}\Bigg||f(t_j,x(t_j),x(t_j-\tau(t_j)))-f(t_j,x_h(t_j),v_h(t_j))| \\
&+\frac{1}{\Gamma(q)}a_{n+1,n+1}|f(t_{n+1},x(t_{n+1}),x(t_{n+1}-\tau(t_{n+1}))) \\
&-f(t_{n+1},x_h^P(t_{n+1}),v_h(t_{n+1}))| \\
\leqslant &\frac{1}{\Gamma(q)}\Bigg|\int_0^{t_{n+1}}(t_{n+1}-t)^{q-1}D_t^q x(t)dt-\sum_{j=0}^{n+1}a_{j,n+1}D_t^q x(t_j)\Bigg| \\
&+\frac{1}{\Gamma(q)}\sum_{j=0}^{n}a_{j,n+1}\{|f(t_j,x(t_j),x(t_j-\tau(t_j)))-f(t_j,x_h(t_j),x(t_j-\tau(t_j)))| \\
&+|f(t_j,x_h(t_j),x(t_j-\tau(t_j)))-f(t_j,x_h(t_j),v_h(t_j))|\} \\
&+\frac{h^q}{\Gamma(q+2)}\{|f(t_{n+1},x(t_{n+1}),x(t_{n+1}-\tau(t_{n+1}))) \\
&-f(t_{n+1},x_h^P(t_{n+1}),x(t_{n+1}-\tau(t_{n+1})))| \\
&+|f(t_{n+1},x_h^P(t_{n+1}),x(t_{n+1}-\tau(t_{n+1}))) \\
&-f(t_{n+1},x_h^P(t_{n+1}),v_h(t_{n+1}))|\}.
\end{aligned}
\tag{2.24}
$$

由引理 2.3.2 和 (2.17), 可得

$$
\begin{aligned}
&|x(t_{n+1})-x_h(t_{n+1})|\\
\leqslant&\frac{1}{\Gamma(q)}\left|\int_0^{t_{n+1}}(t_{n+1}-t)^{q-1}D_t^q x(t)dt-\sum_{j=0}^{n+1}a_{j,n+1}D_t^q x(t_j)\right|\\
&+\frac{1}{\Gamma(q)}\sum_{j=0}^{n}a_{j,n+1}|f(t_j,x(t_j),x(t_j-\tau(t_j)))-f(t_j,x_h(t_j),x(t_j-\tau(t_j)))|\\
&+\frac{1}{\Gamma(q)}\sum_{j=0}^{n}a_{j,n+1}|f(t_j,x_h(t_j),x(t_j-\tau(t_j)))-f(t_j,x_h(t_j),v_h(t_j))|\\
&+\frac{h^q}{\Gamma(q+2)}|f(t_{n+1},x(t_{n+1}),x(t_{n+1}-\tau(t_{n+1})))\\
&-f(t_{n+1},x_h^P(t_{n+1}),x(t_{n+1}-\tau(t_{n+1})))|\\
&+\frac{h^q}{\Gamma(q+2)}|f(t_{n+1},x_h^P(t_{n+1}),x(t_{n+1}-\tau(t_{n+1})))-f(t_{n+1},x_h^P(t_{n+1}),v_h(t_{n+1}))|\\
\leqslant&\frac{1}{\Gamma(q)}C_2t_{k+1}^{\gamma_2}h^{\delta_2}+\frac{CL_1T^{q+1}}{\Gamma(q+2)}h^{\alpha}+\frac{CL_2T^{q+1}Mh^{n+k-\alpha}}{\Gamma(q+2)}h^{\alpha}+\frac{L_1C_1T^{\gamma_1}h^{\delta_1}}{\Gamma(q)\Gamma(q+2)}h^q\\
&+\frac{(CL_1^2+L_1L_2Mh^{n+k-\alpha})T^qh^q}{\Gamma(q+1)\Gamma(q+2)}h^{\alpha}\\
&+\frac{h^q}{\Gamma(q+2)}L_2|x(t_{n+1}-\tau(t_{n+1}))-v_h(t_{n+1})|.
\end{aligned}
$$

用下式

$$
\begin{aligned}
&|x(t_{n+1}-\tau(t_{n+1}))-v_h(t_{n+1})|\\
=&\left|x(t_{n+1}-\tau(t_{n+1}))-\sum_{i=-k}^{n+1}u(\kappa_{n+1})x(t_i)+\sum_{i=-k}^{n+1}u(\kappa_{n+1})x(t_i)-v_h(t_{n+1})\right|\\
\leqslant&\left|x(t_{n+1}-\tau(t_{n+1}))-\sum_{i=-k}^{n+1}u(\kappa_{n+1})x(t_i)\right|+\left|\sum_{i=-k}^{n+1}u(\kappa_{n+1})x(t_i)-v_h(t_{n+1})\right|\\
\leqslant&Mh^{n+k+1-\alpha}h^{\alpha}+\frac{1}{\Gamma(q)}C_1T^{\gamma_1}h^{\delta_1}+\frac{1}{\Gamma(q+1)}(CL_1+L_2Mh^{n+k-\alpha})T^qh^{\alpha},\quad(2.25)
\end{aligned}
$$

可得

$$
\begin{aligned}
&|x(t_{n+1})-x_h(t_{n+1})|\\
\leqslant&\frac{1}{\Gamma(q)}C_2T_{k+1}^{\gamma_2}h^{\delta_2}+\frac{CL_1T^{q+1}}{\Gamma(q+2)}h^{\alpha}+\frac{CL_2T^{q+1}Mh^{n+k-\alpha}}{\Gamma(q+2)}h^{\alpha}+\frac{L_1C_1T^{\gamma_1}h^{\delta_1}}{\Gamma(q)\Gamma(q+2)}h^q
\end{aligned}
$$

$$
\begin{aligned}
&+\frac{(CL_1^2+L_1L_2Mh^{n+k-\alpha})T^qh^q}{\Gamma(q+1)\Gamma(q+2)}h^\alpha\\
&+\frac{h^q}{\Gamma(q+2)}L_2\left(Mh^{n+k+1-\alpha}h^\alpha+\frac{1}{\Gamma(q)}C_1T^{\gamma_1}h^{\delta_1}\right.\\
&\left.+\frac{1}{\Gamma(q+1)}(CL_1+L_2Mh^{n+k-\alpha})\right)T^qh^\alpha\\
=&\frac{1}{\Gamma(q)}C_2T_{k+1}^{\gamma_2}h^{\delta_2}+\frac{CL_1T^{q+1}}{\Gamma(q+2)}h^\alpha+\frac{CL_2T^{q+1}Mh^{n+k-\alpha}}{\Gamma(q+2)}h^\alpha+\frac{L_1C_1T^{\gamma_1}h^{\delta_1}}{\Gamma(q)\Gamma(q+2)}h^q\\
&+\frac{(CL_1^2+L_1L_2Mh^{n+k-\alpha})T^qh^q}{\Gamma(q+1)\Gamma(q+2)}h^\alpha\\
&+\frac{L_2Mh^{n+k+1-\alpha}h^q}{\Gamma(q+2)}h^\alpha+\frac{L_2C_1T^{\gamma_1}h^q}{\Gamma(q+2)\Gamma(q)}h^{\delta_1}+\frac{(CL_1+L_2Mh^{n+k-\alpha})T^qh^q}{\Gamma(q+1)\Gamma(q+2)}L_2h^\alpha\\
=&\frac{1}{\Gamma(q)}C_2T_{k+1}^{\gamma_2}h^{\delta_2}+\frac{L_1C_1T^{\gamma_1}h^{\delta_1}}{\Gamma(q)\Gamma(q+2)}h^q+\frac{L_2C_1T^{\gamma_1}h^q}{\Gamma(q+2)\Gamma(q)}h^{\delta_1}\\
&+\frac{CL_1T^{q+1}}{\Gamma(q+2)}h^\alpha+\frac{CL_2T^{q+1}Mh^{n+k-\alpha}}{\Gamma(q+2)}h^\alpha+\frac{(CL_1^2+L_1L_2Mh^{n+k-\alpha})T^qh^q}{\Gamma(q+1)\Gamma(q+2)}h^\alpha\\
&+\frac{(CL_1^2+L_1L_2Mh^{n+k-\alpha})T^qh^q}{\Gamma(q+1)\Gamma(q+2)}h^\alpha+\frac{L_2Mh^{n+k+1-\alpha}h^q}{\Gamma(q+2)}h^\alpha\\
&+\frac{(CL_1+L_2Mh^{n+k-\alpha})T^qh^q}{\Gamma(q+1)\Gamma(q+2)}L_2h^\alpha,
\end{aligned}\tag{2.26}
$$

其中 $\gamma_1$ 和 $\gamma_2$ 为非负常数, 而 $\delta_2 \leqslant \alpha$ 及 $\delta_1+q \leqslant \alpha$. 选择足够小的 $T$ 使得上式不超过 $C$, 故可知当 $j=n+1$ 时也成立 $Ch^\alpha$, 即

$$|x(t_{n+1})-x_h(t_{n+1})| \leqslant Ch^\alpha.$$

定理得证.

在定理 2.3.3 中, 要求方程的解 $x(t)$ 足够光滑 ($n$ 阶可导). 因此当 $q>1$ 或 $0<q<1$, 有如下结果.

**定理 2.3.4** 如果 $x \in C^2([0,T])$, 且 $x(t)$ 为满足初始条件的解, 则

(1) 当 $0<q<1$ 时,

$$\max_{0\leqslant j\leqslant n}|x(t_j)-x_h(t_j)|=O(h^{1+q});$$

(2) 当 $q \geqslant 1$ 时,

$$\max_{0\leqslant j\leqslant n}|x(t_j)-x_h(t_j)|=O(h^2).$$

### 2.3.3 数值分析

用数学软件 MATLAB, 给出一个二维的时变时滞分数阶神经网络作为数值分析的例子, 步长选 $h=0.01$. 考虑了时变时滞分数阶神经网络不同的参数的数值解, 比较了向下取整、向上取整及四舍五入取整法, 得到所给方法的有效性.

**例 2.3.5** 考虑二维时变时滞分数阶神经网络:

$$\begin{cases} {}_0D_t^q x_1(t) = -x_1(t) + a_{11}\tanh(x_1(t)) + a_{12}\tanh(x_2(t)) + b_{11}\sin(x_1(t-\tau(t))) \\ \qquad\qquad + b_{12}\sin(x_2(t-\tau(t))), \\ {}_0D_t^q x_2(t) = -x_2(t) + a_{21}\tanh(x_1(t)) + a_{22}\tanh(x_2(t)) + b_{21}\sin(x_1(t-\tau(t))) \\ \qquad\qquad + b_{22}\sin(x_2(t-\tau(t))). \end{cases} \tag{2.27}$$

神经网络 (2.27) 参数选择 $q=0.99$, $\tau(t)=\dfrac{e^t}{1+e^t}$, $a_{11}=-2.1$, $a_{12}=-0.5$, $a_{21}=-1.9$, $a_{22}=-1.8$, $b_{11}=-1.5$, $b_{12}=0.9$, $b_{21}=1.4$, $b_{22}=-1.2$. 初始条件为 $x_1(t)=-0.6$ 和 $x_2(t)=1.2$, $t\in[-1,0]$, 则神经网络 (2.27) 数值解见图 2.1, 其中图 2.1(a) 为 $x_1(t)$, $x_2(t)$ 的响应曲线, 图 2.1(b) 为 $x_1(t)$-$x_2(t)$ 的相图.

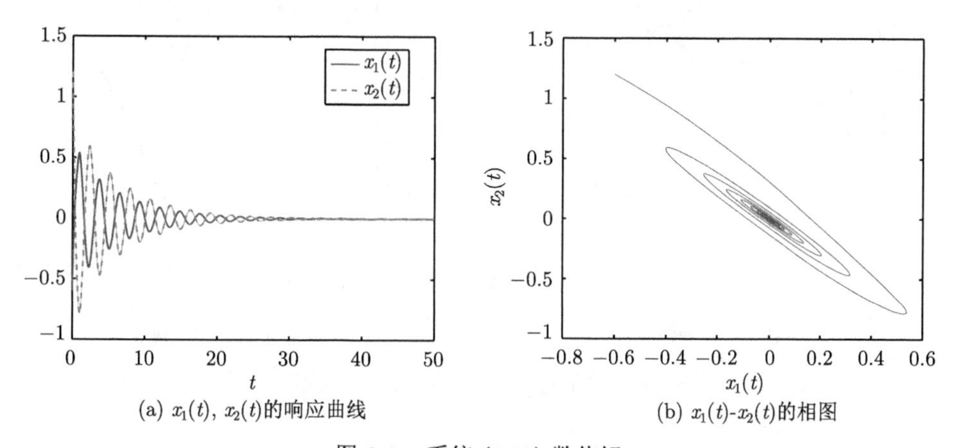


(a) $x_1(t)$, $x_2(t)$的响应曲线　(b) $x_1(t)$-$x_2(t)$的相图

图 2.1 系统 (2.27) 数值解

下面考虑神经网络 (2.27) 中的时变时滞 $t-\tau(t)$, 在取离散形式时分别用向下取整、向上取整和四舍五入取整. 因为 $\tau(t)>0$, 则存在某个正整数 $m(t_j)$, 使得 $(m(t_j)-1)h\leqslant\tau(t_j)\leqslant m(t_j)h$, 则

$$(j-m)h\leqslant t_j-\tau(t_j)\leqslant(j-m+1)h.$$

向下取整 $(t_j-\tau(t_j))$: $t_j-\tau(t_j)$ 离散后取 $(j-m)h$, 则 $v_h(t_j)=x_h(t_j-\tau(t_j))=x_h(t_{j-m})$;

向上取整 $(t_j-\tau(t_j))$: $t_j-\tau(t_j)$ 离散后取 $(j-m+1)h$, 则 $v_h(t_j)=x_h(t_j-\tau(t_j))=x_h(t_{j-m+1})$;

四舍五入取整 $(t_j-\tau(t_j))$: 记 $l=\text{round}((t_j-\tau(t_j))/h)$(“round” 为四舍五入取整函数), $t_j-\tau(t_j)$ 离散后取 $l\cdot h$, 则 $v_h(t_j)=x_h(t_j-\tau(t_j))=x_h(t_l)$.

$t_j-\tau(t_j)$ 用拉格朗日插值法与 $t_j-\tau(t_j)$ 离散后分别用向下取整、向上取整、四舍五入取整比较, 经过比较, 拉格朗日插值法明显优于其他三种算法. 用拉格朗日插值法与向下取整、向上取整求解神经网络 (2.27) 的数值解 $x_1(t)$ 由图 2.2(a) 给出, 图 2.2(b) 为图 2.2(a) 在 $t=16$ 的局部放大图. 由图 2.2 可知, 基于拉格朗日插值法, 时变时滞分数阶神经网络的数值解明显比向下取整、向上取整要更精确一些. 因为用四舍五入取整与拉格朗日插值法更加接近, 所以这里单独比较这两种方法得到的数值解. 用拉格朗日插值法与四舍五入取整求解神经网络 (2.27) 的数值解 $x_1(t)$ 由图 2.3(a) 给出, 图 2.3(b) 为图 2.3(a) 在 $t=13$ 的局部放大图. 同理, 由图 2.3 可知, 基于拉格朗日插值法, 时变时滞分数阶神经网络的数值解比四舍五入取整要更精确一些.

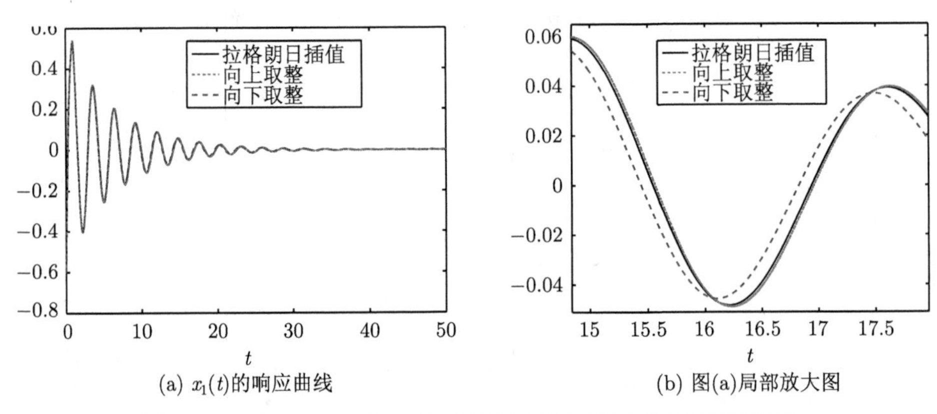


(a) $x_1(t)$的响应曲线　　(b) 图(a)局部放大图

图 2.2　系统 (2.27) 的 $x_1(t)$ 在不同方法的数值解 (文后附彩图)

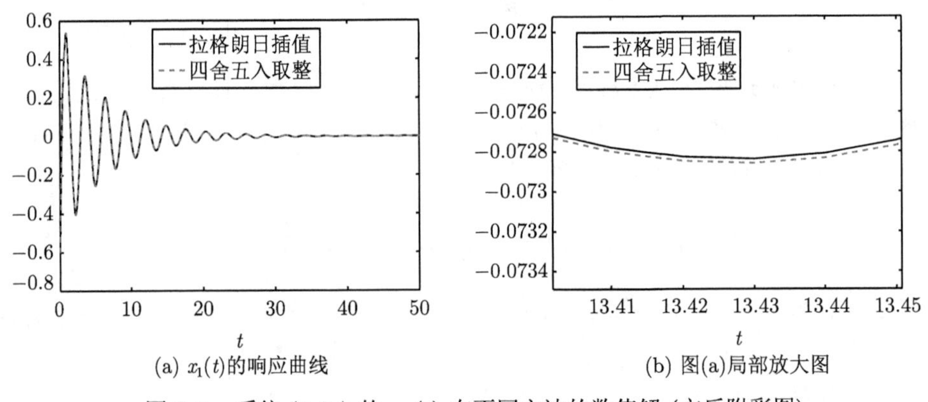


(a) $x_1(t)$的响应曲线　　(b) 图(a)局部放大图

图 2.3　系统 (2.27) 的 $x_1(t)$ 在不同方法的数值解 (文后附彩图)

同理下面给出解神经网络 (2.27) 的数值解 $x_2(t)$, 用拉格朗日插值法与向下取整、向上取整求解神经网络 (2.27) 的数值解 $x_2(t)$ 由图 2.4(a) 给出, 图 2.4(b) 为

图 2.4(a) 在 $t = 13$ 的局部放大图. 用拉格朗日插值法与四舍五入取整求解神经网络 (2.27) 的数值解 $x_2(t)$ 由图 2.5(a) 给出, 图 2.5(b) 为图 2.5(a) 在 $t = 9$ 的局部放大图. 同理, 由图 2.5 可知, 基于拉格朗日插值法, 时变时滞分数阶神经网络的数值解比四舍五入取整要更精确一些.

总之, 基于拉格朗日插值法, 时变时滞分数阶神经网络的数值解明显比向下取整、向上取整和四舍五入取整要更精确一些. 但是 $t_j - \tau(t_j)$ 用向上取整、向下取整和四舍五入取整依然可得方程的数值解. 四舍五入取整方法更加接近拉格朗日插值法求得数值解.

如果神经网络 (2.27) 参数选择 $a_{11} = 1.1$, $a_{12} = -0.5$, $a_{21} = -1.9$, $a_{22} = 0.8$, $b_{11} = -0.5$, $b_{12} = 0.9$, $b_{21} = -1.9$, $b_{22} = -1.2$. 初始条件为 $x_1(t) = -0.6$ 和 $x_2(t) = 1.2$, $t \in [-1, 0]$, 则神经网络 (2.27) 数值解见图 2.6, 其中图 2.6(a) 为 $x_1(t)$, $x_2(t)$ 的响应曲线, 图 2.6(b) 为 $x_1(t)$-$x_2(t)$ 的相图.

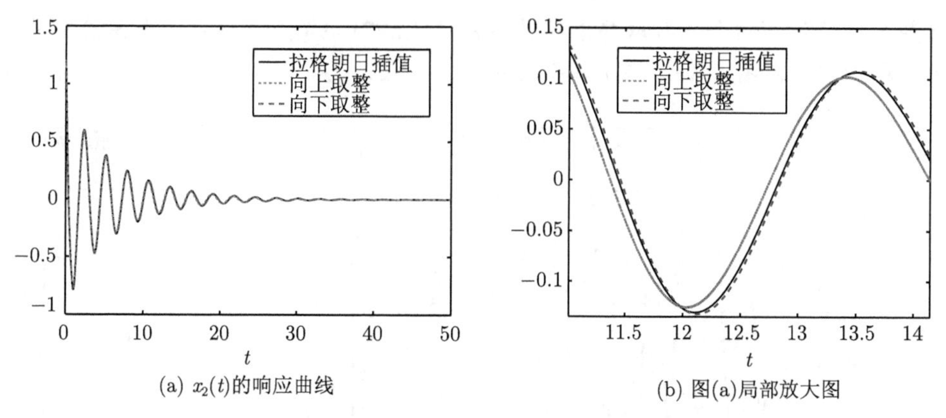


(a) $x_2(t)$的响应曲线　　(b) 图(a)局部放大图

图 2.4　系统 (2.27) 的 $x_2(t)$ 在不同方法的数值解 (文后附彩图)

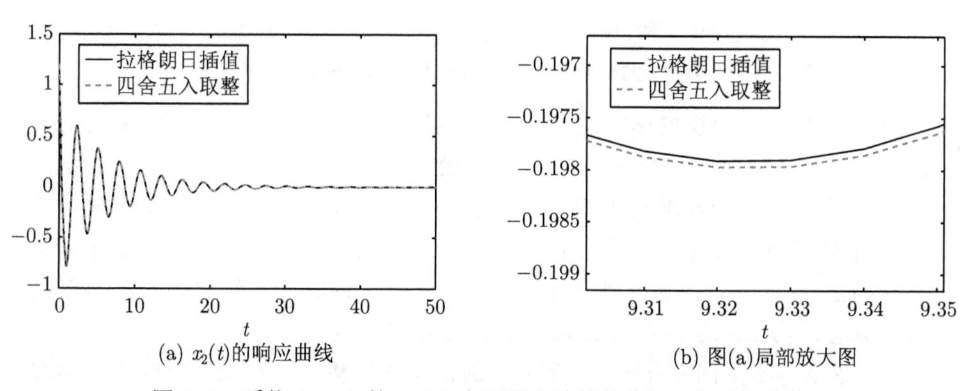


(a) $x_2(t)$的响应曲线　　(b) 图(a)局部放大图

图 2.5　系统 (2.27) 的 $x_2(t)$ 在不同方法的数值解 (文后附彩图)

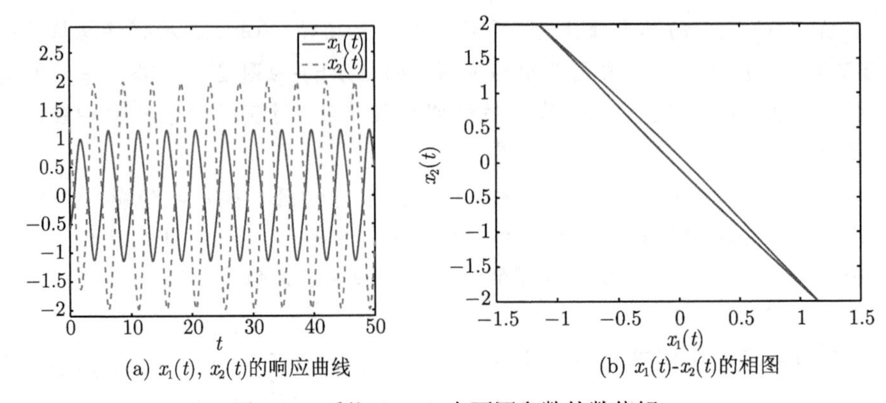

(a) $x_1(t)$, $x_2(t)$的响应曲线　　(b) $x_1(t)$-$x_2(t)$的相图

图 2.6　系统 (2.27) 在不同参数的数值解

类似地, 用拉格朗日插值法与向下取整、向上取整求解神经网络 (2.27) 的数值解 $x_1(t)$ 由图 2.7(a) 给出, 图 2.7(b) 为图 2.7(a) 在 $t=6$ 的局部放大图. 用拉格朗日插值法与四舍五入取整求解神经网络 (2.27) 的数值解 $x_1(t)$ 由图 2.8(a) 给出, 图 2.8(b) 为图 2.8(a) 在 $t=6$ 的局部放大图.

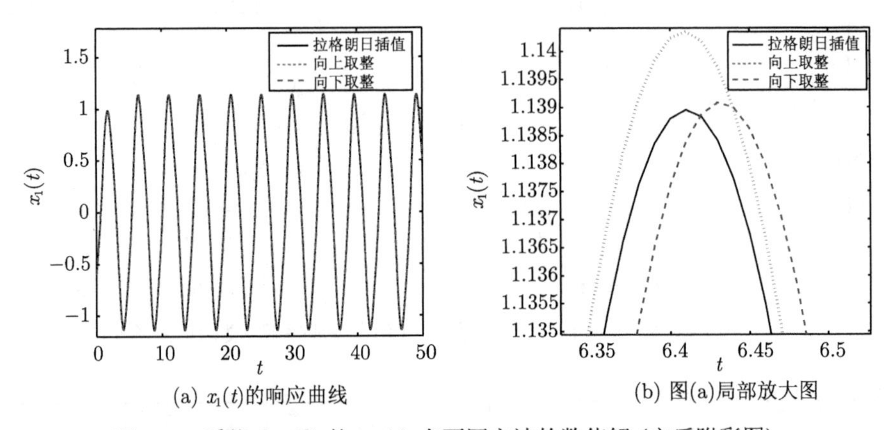

(a) $x_1(t)$的响应曲线　　(b) 图(a)局部放大图

图 2.7　系统 (2.27) 的 $x_1(t)$ 在不同方法的数值解 (文后附彩图)

同理下面给出神经网络 (2.27) 的数值解 $x_2(t)$, 用拉格朗日插值法与向下取整、向上取整求解神经网络 (2.27) 的数值解 $x_2(t)$ 由图 2.9(a) 给出, 图 2.9(b) 为图 2.9(a) 在 $t=4$ 的局部放大图. 用拉格朗日插值法与四舍五入取整求解神经网络 (2.27) 的数值解 $x_2(t)$ 由图 2.10(a) 给出, 图 2.10(b) 为图 2.10(a) 在 $t=4$ 的局部放大图. 同理, 基于拉格朗日插值法, 时变时滞分数阶神经网络的数值解明显比向下取整、向上取整和四舍五入取整要更精确一些.

**注 2.3.6**　由上例可知 $t_j-\tau(t_j)$ 分别用向下取整、向上取整、四舍五入取整也可得到时变时滞分数阶系统的数值解, 其中四舍五入取整要比向上取整和向下取整更精确一些. 如果 $x(t)\in C^2([0,T])$ 及 $0<q<1$, 采用四舍五入取整得到数值解误差为

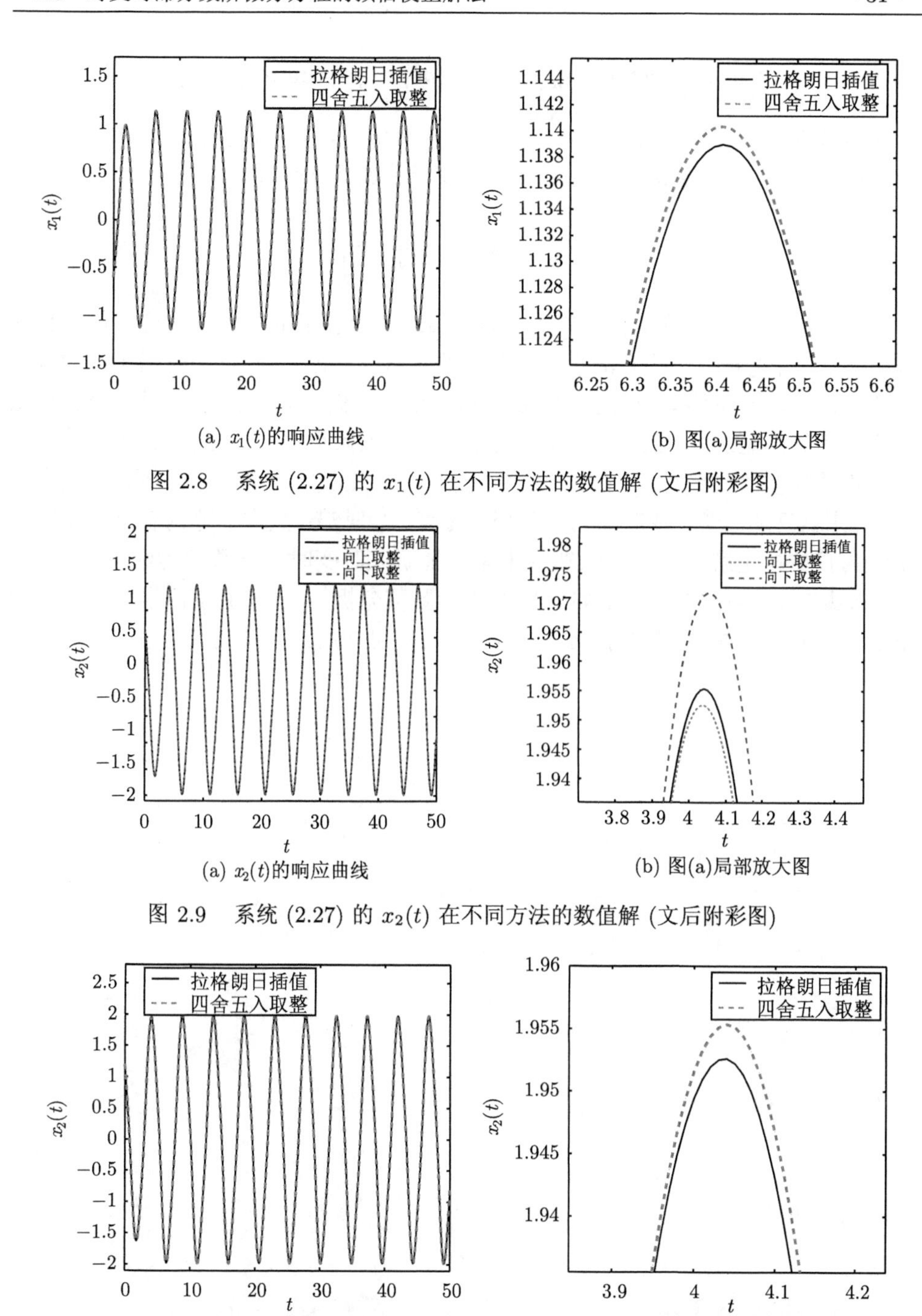


图 2.8　系统 (2.27) 的 $x_1(t)$ 在不同方法的数值解 (文后附彩图)

图 2.9　系统 (2.27) 的 $x_2(t)$ 在不同方法的数值解 (文后附彩图)

图 2.10　系统 (2.27) 的 $x_2(t)$ 在不同方法的数值解 (文后附彩图)

$$\max_{j=0,1,\cdots,N}|x(t_j)-x_h(t_j)|=O(h^p),\quad p=\min\{2,1+q\}.$$

因为四舍五入取整计算时间会比用拉格朗日插值法计算时间少，如果精度要求不是很高，四舍五入取整是求解时变时滞分数阶系统很好的选择.

## 2.4 本章小结

本章给出了分数阶微分方程的求解 Caputo 定义下的分数阶微分方程的预估校正解法，首先介绍了非时滞系统的预估校正解法. 其次，介绍了时滞系统的预估校正解法. 基于拉格朗日插值法，我们将预估校正解法推广到时变时滞分数阶微分方程系统，得到了 Caputo 定义下时变时滞分数阶微分方程数值解. 此外，讨论了该算法误差的稳定性，给出证明. 注意到文献 [43] 只给出时滞分数阶系统的误差，并未做证明. 当时变时滞为常值时，就是一般时滞. 故本部分内容推广了时滞系统的预估校正解法. 本书虽然并未系统地研究时变时滞分数阶神经网络，但是 2.3 节以二维的时变时滞分数阶神经网络为数值分析，比较了时变时滞项离散时向下取整、向上取整，以及四舍五入取整，经比较可知所给方法的有效性.

# 第 3 章 分数阶系统稳定性理论

随着分数阶微积分的发展，非线性分数阶动力系统的稳定性分析已成为控制领域内的重要问题．这类问题的突破，将为非线性控制的应用研究提供关键的理论依据．本章将介绍线性分数阶自治系统的稳定性定理[45]、非线性分数阶系统的 Lyapunov 方法[46-48] 与多时滞的线性分数阶系统的稳定性定理[49]．其次，推广了分数阶 Lyapunov 方法，并提出了三种分析方法，包括改进的分数阶 Lyapunov 直接法、分数阶 Lyapunov 有界性方法，以及分数阶 Lyapunov 吸引性方法．上述三种方法分别用于分析非线性分数阶系统的全局稳定性、有界性和吸引性．并且提出了一个分数阶不等式，在分数阶 Lyapunov 推广方法中起到了桥梁的作用．进一步给出了分数阶性矩阵不等式 (LMI) 方法和多时滞线性分数阶系统的稳定性结果．最后，给出了时滞分数阶系统的比较原理及求解连续不可微的 Lyapunov 函数的 Caputo 和 R-L 分数阶微分不等式．本章所得的结果为分析分数阶神经网络的稳定性和同步提供了有力的工具．

## 3.1 线性分数阶系统稳定性定理

本节将介绍目前最为常用并被广泛认可的线性自治分数阶系统稳定性充分必要条件[45]．非线性自治分数阶系统也可运用此结果分析其局部稳定性条件．

对于如下的 $n$ 维线性自治分数阶系统:

$$
{}_{0}^{R,C}D_{t}^{q}x(t)=Ax(t),
$$

其中 ${}_{0}^{R,C}D_{t}^{q}$ 表示 R-L 或 Caputo 定义的分数阶微分算子，$0<q<2$ 是其阶数，$x(t)\in R^{n}$ 表示状态向量，系统矩阵 $A\in R^{n\times n}$ 为常系数矩阵．

**定理 3.1.1**[45] 上述线性自治分数阶系统渐近稳定的充分必要条件是

$$
|\arg(\lambda)|>\frac{q\pi}{2},\quad \forall\lambda\in\Lambda(A),
$$

其中 $\arg(\cdot)$ 表示辐角主值，$\Lambda(A)$ 是矩阵 $A$ 所有特征值 $\lambda$ 的集合．

**推论 3.1.2** 当 $0<q<1$ 时，上述线性自治分数阶系统渐近稳定的充分必要条件等价于

$$
|\mathrm{Im}(\lambda)|>\mathrm{Re}(\lambda)\tan\frac{q\pi}{2},\quad \forall\lambda\in\Lambda(A),
$$

其中 $\mathrm{Re}(\cdot)$ 和 $\mathrm{Im}(\cdot)$ 分别表示复数的实部和虚部．

定理 3.1.1 同样可以用于分析非线性自治分数阶系统的局部稳定性. 如考虑如下的非线性自治分数阶系统:

$$ {}_{0}^{R,C}D_t^q x(t) = f(x(t)), \tag{3.1} $$

其中 $x(t) \in R^n$ 表示状态向量, $f : R^n \to R^n$ 是一个非线性函数. 对于非线性分数阶系统, 主要研究其平衡点的稳定性. 因此我们给出平衡点的定义.

**定义 3.1.3** 如果存在一个常向量 $\bar{x}$ 使得非线性自治分数阶系统 (3.1) 满足 $f(\bar{x}) = 0$ , 则 $\bar{x}$ 称为系统 (3.1) 的一个平衡点.

**定理 3.1.4** 假设上述非线性自治分数阶系统存在一个平衡点 $\bar{x}$, 则平衡点 $\bar{x}$ 局部渐近稳定的充分条件是

$$ |\arg(\lambda)| > \frac{q\pi}{2}, \quad \forall \lambda \in \Lambda(J(\bar{x})), $$

其中 $J(\bar{x})$ 是 $f$ 在 $\bar{x}$ 处的 Jacobian 矩阵, 即

$$ J(\bar{x}) = Df(\bar{x}) = \begin{pmatrix} \dfrac{\partial f_1(\bar{x})}{\partial x_1} & \dfrac{\partial f_2(\bar{x})}{\partial x_1} & \cdots & \dfrac{\partial f_n(\bar{x})}{\partial x_1} \\ \dfrac{\partial f_1(\bar{x})}{\partial x_2} & \dfrac{\partial f_2(\bar{x})}{\partial x_2} & \cdots & \dfrac{\partial f_n(\bar{x})}{\partial x_2} \\ \vdots & \vdots & & \vdots \\ \dfrac{\partial f_1(\bar{x})}{\partial x_n} & \dfrac{\partial f_2(\bar{x})}{\partial x_n} & \cdots & \dfrac{\partial f_n(\bar{x})}{\partial x_n} \end{pmatrix}. $$

**注 3.1.5** 定理 3.1.4 只能得到非线性自治分数阶系统平衡点的局部稳定性条件. 至于如何得到其全局稳定性条件, 常用的方法是分数阶 Lyapunov 直接法, 将在下节给出具体介绍.

## 3.2 分数阶 Lyapunov 方法及推广

### 3.2.1 分数阶 Lyapunov 直接法

非线性科学在工程控制中有很多的应用, 3.1 节探讨了非线性自治分数阶系统的局部稳定性条件. 而对于非线性分数阶系统的全局稳定性分析, 分数阶 Lyapunov 直接法 (或 Lyapunov 第二方法) 是一个简单直观的方法. 本节着重介绍这种方法的内容和优缺点.

下面介绍 Mittag-Leffler 稳定的定义, 考虑如下的具有零向量平衡点的非线性分数阶 Caputo 系统:

$$ {}_{0}^{C}D_t^q x(t) = f(t, x(t)), \tag{3.2} $$

其中 $x(t) \in R^n$ 表示状态向量, $f: R^+ \times R^n \to R^n$ 是一个非线性函数且满足 $f(t,0)=0$.

如上分数阶系统解的存在唯一性条件和整数阶系统类似[4], 如下所示.

**定理 3.2.1**[4] 若 $f(t,x)$ 关于 $x$ 满足局部 Lipschitz 条件, 则系统 (3.2) 的解是存在唯一的.

**定义 3.2.2** 如果系统 (3.2) 以平衡点 0 的邻域内 $x_0$ 为初值的解 $x(t)$ 满足

$$\|x(t)\| \leqslant [m(x_0)E_q(-\lambda t^q)]^b,$$

其中 $\lambda > 0, b > 0$, $\|\cdot\|$ 表示任意的范数, $m(x) \geqslant 0$ $(m(0)=0)$ 对任意的 $x \in R^n$ 满足以 $m_0$ 为系数的局部 Lipschitz 条件, 则系统 (3.2) 的 0 解是 Mittag-Leffler 稳定的.

**注 3.2.3** Mittag-Leffler 稳定属于渐近稳定, 且能得到如下等式

$$\lim_{t \to +\infty} \|x(t)\| = 0.$$

李岩、陈阳泉、Podlubny 给出了非线性分数阶系统 Mittag-Leffler 稳定的充分条件, 即分数阶 Lyapunov 直接法 (或 Lyapunov 第二方法)[46,47]. 类似于整数阶 Lyapunov 直接法的数学形式, 分数阶 Lyapunov 直接法简单直观, 为分析非线性分数阶系统的全局稳定性提供了很好的思路和工具.

**定理 3.2.4**[47] 如果非线性分数阶系统 (3.2) 含有一个平衡点 $\bar{x}=0$, 且存在正数 $\alpha_1, \alpha_2, \alpha_3, a, b$ 以及一个连续可微的函数 $V(t,x(t))$ 满足

$$\begin{aligned}
&\alpha_1\|x\|^a \leqslant V(t,x(t)) \leqslant \alpha_2\|x\|^{ab},\\
&{}_0^C D_t^q V(t,x(t)) \leqslant -\alpha_3\|x\|^{ab},
\end{aligned}$$

其中 $t \geqslant 0$, $q \in (0,1)$, $V(t,x(t)): [0,\infty) \times D \to R$ 关于 $x$ 满足局部 Lipschitz 条件, $D \subset R^n$ 是一个包含原点的区域, 则 $\bar{x}=0$ 在区域 $D$ 上是 Mittag-Leffler 稳定的. 若 $D=R^n$, 则 $\bar{x}=0$ 是全局 Mittag-Leffler 稳定的.

**注 3.2.5** 定理 3.2.4 是分数阶 Lyapunov 直接法针对 Caputo 分数阶系统的一个常见表述. 实际上其还有一些在条件上或强或弱的形式. 另外对于 R-L 分数阶系统, 也有类似的方法和证明, 详见文献 [46, 47].

**注 3.2.6** 定理 3.2.4 在形式上非常简单, 但在运用时其有一个缺点致使其在提出后的一段时间内没有得到推广和应用. 定理 3.2.4 要求存在连续可微的函数 $V$ 使其同时满足上述两个不等式, 这对于高维非线性分数阶系统很难实现. 原因是分数阶微分并不像整数阶微分一样满足 Leibniz 法则, 即

$$\frac{d}{dt}\left[f(t)g(t)\right] = g(t)\frac{d}{dt}f(t) + f(t)\frac{d}{dt}g(t),$$

$$\frac{d^q}{dt^q}\left[f(t)\,g(t)\right]\neq g(t)\,\frac{d^q}{dt^q}f(t)+f(t)\,\frac{d^q}{dt^q}g(t),\quad q\neq 1,$$

$$\frac{d^q}{dt^q}\left[f(t)\,g(t)\right]=\sum_{k=0}^{\infty}\left(\begin{array}{c}q\\k\end{array}\right)f^{(k)}(t)\frac{d^{q-k}}{dt^{q-k}}g(t).$$

因此分数阶 Lyapunov 直接法很难直接运用. 而为了能够将其运用到分数阶系统分析甚至是分数阶神经网络分析, 本章对分数阶 Lyapunov 直接法的条件进一步放宽, 并阐述其推广和应用的方法.

### 3.2.2 分数阶 Lyapunov 方法的推广

3.2.1 节介绍了分数阶 Lyapunov 直接方法, 但同时也在注 3.2.6 中指出其在使用中的局限性. 本节将针对这一局限性对分数阶 Lyapunov 方法进行一定程度上的改进和推广, 并进一步得出相应有界性和吸引性方法, 使其可以更大程度地运用于分析和解决非线性分数阶系统的动力学问题.

$${}_0^CD_t^qx(t)=f(t,x(t)),\tag{3.3}$$

其中 $x(t)\in R^n$ 表示状态向量, $f:R^+\times R^n\to R^n$ 是一个非线性函数.

本节将介绍一个分数阶不等式, 其可以和分数阶 Lyapunov 方法配合使用, 用以分析非线性分数阶系统的动力学性质, 本节内容可见 [50].

**定理 3.2.7** 若函数 $h(t)\in C^1([0,+\infty),R)$ 是连续可微的, 则如下的不等式成立

$${}_0^CD_t^q|h(t^+)|\overset{\text{a.e.}}{\leqslant}\operatorname{sgn}(h(t)){}_0^CD_t^qh(t),\tag{3.4}$$

其中 $0<q<1$, $h(t^+)\triangleq\lim\limits_{\tau\to t^+}h(\tau)$.

**证明** 由于 $h(t)\in C^1([0,+\infty),R)$ 是连续可微的, 则 $|h(t)|$ 在除集合 $\Phi=\{t\mid h(t)=0,\ h'(t)\neq 0\}$ 外连续可微. 因此 $\dfrac{d|h(t)|}{dt}$ 是按段连续的, 且对任意 $t\in[0,\infty)$, 极限 $\lim\limits_{\tau\to t^+}\dfrac{d|h(\tau)|}{d\tau}$ 存在. 首先证明集合 $\Phi$ 的测度为 0.

对任意的 $T\in[0,+\infty)$, 区间 $[0,T]$ 可以被分成相同长度的 $n\in N^*$ 个部分. 当 $n\to+\infty$ 时, 每个分开小区间内最多有一个点属于集合 $\Phi$. 否则, 存在这样长度为 $\dfrac{T}{n}\to 0$ 的小区间, 该区间内部至少有两个点 $t_1,t_2\in\Phi$ 且

$$\lim_{t_2-t_1\to 0}\frac{h(t_2)-h(t_1)}{t_2-t_1}=0,$$

这与 $h'(t_1)\neq 0$ 相矛盾. 因此 $\Phi$ 是可列的且测度为 0, 即 $|h(t)|$ 是几乎处处可微的.

下面将证明不等式 (3.4) 在除 $\Phi$ 外成立. 不失一般性, $|h(t)|$ 的轨迹可如图 3.1 中所描述. 简化后, 先讨论图 3.2 中的简化模型, 实线 $|h(t)|$ 的轨迹被 $\min\{t, t\in\Phi\}$ (点 $P_3$ ) 和 $\max\{t, t\in\Phi\}$ (点 $P_5$) 分成三部分 Part $A$, Part $B$, Part $C$. 假设 $A$ 和 $B$ 中都只有一个极点分别为 $P_2$ 和 $P_4$, $A$ 中的轨线被 $P_2$ 分为 $Tb_1$ 点和 $Tb_2$ 点, $P_1$ 点是 $|h(0)|$ 的初始状态. 虚线是 $-|h(t)|$ 的轨迹, $(x_P, y_P)$ 表示 $P$ 点相应的坐标. 在图 3.2 中, 当 $t\notin\Phi$ 时有

$$\begin{aligned}{}_0^C D_t^q|h(t^+)| &= \frac{1}{\Gamma(1-q)}\int_0^t \frac{|h(\tau^+)|'}{(t-\tau)^q}d\tau\\ &= \frac{1}{\Gamma(1-q)}\left(\int_0^{x_{P_3}} + \int_{x_{P_3}}^{x_{P_5}} + \int_{x_{P_5}}^t \frac{|h(\tau)|'}{(t-\tau)^q}d\tau\right),\end{aligned}$$

以及

$$\operatorname{sgn}(h(t)){}_0^C D_t^q h(t) = \frac{1}{\Gamma(1-q)}\left(\int_0^{x_{P_3}} + \int_{x_{P_3}}^{x_{P_5}} + \int_{x_{P_5}}^t \frac{(\operatorname{sgn}(h(t))h(\tau))'}{(t-\tau)^q}d\tau\right).$$

在 $A$ 中, 若 $\operatorname{sgn}(h(t))h(\tau) = |h(\tau)|$, 可得

$$\int_0^{x_{P_3}} \frac{|h(\tau)|'}{(t-\tau)^q}d\tau = \int_0^{x_{P_3}} \frac{(\operatorname{sgn}(h(t))h(\tau))'}{(t-\tau)^q}d\tau,$$

若 $\operatorname{sgn}(h(t))h(\tau) = -|h(\tau)|$, 则有

$$\begin{aligned}\int_0^{x_{P_3}} \frac{|h(\tau)|'}{(t-\tau)^q}d\tau &= \int_0^{x_{P_2}} \frac{|h(\tau)|'}{(t-\tau)^q}d\tau + \int_{x_{P_2}}^{x_{P_3}} \frac{|h(\tau)|'}{(t-\tau)^q}d\tau\\ &< \frac{1}{(t-x_{P_2})^q}\int_0^{x_{P_2}} |h(\tau)|'d\tau + \frac{1}{(t-x_{P_2})^q}\int_{x_{P_2}}^{x_{P_3}} |h(\tau)|'d\tau\\ &= \frac{-y_{P_1}}{(t-x_{P_2})^q} \leqslant 0.\end{aligned}$$

根据 $\operatorname{sgn}(h(t))h(\tau) = -|h(\tau)|$ 得到

$$\int_0^{x_{P_3}} \frac{(\operatorname{sgn}(h(t))h(\tau))'}{(t-\tau)^q}d\tau = -\int_0^{x_{P_3}} \frac{|h(\tau)|'}{(t-\tau)^q}d\tau > 0 > \int_0^{x_{P_3}} \frac{|h(\tau)|'}{(t-\tau)^q}d\tau.$$

在 $B$ 中, 若 $\operatorname{sgn}(h(t))h(\tau) = |h(\tau)|$, 即得

$$\int_{x_{P_3}}^{x_{P_5}} \frac{|h(\tau)|'}{(t-\tau)^q}d\tau = \int_{x_{P_3}}^{x_{P_5}} \frac{(\operatorname{sgn}(h(t))h(\tau))'}{(t-\tau)^q}d\tau,$$

若 $\operatorname{sgn}(h(t))h(\tau) = -|h(\tau)|$, 可得

$$\int_{x_{P_3}}^{x_{P_5}} \frac{|h(\tau)|'}{(t-\tau)^q}d\tau = \int_{x_{P_3}}^{x_{P_4}} \frac{|h(\tau)|'}{(t-\tau)^q}d\tau + \int_{x_{P_4}}^{x_{P_5}} \frac{|h(\tau)|'}{(t-\tau)^q}d\tau$$

$$
\begin{aligned}
&< \frac{1}{(t-x_{P_4})^q}\int_{x_{P_3}}^{x_{P_4}} |h(\tau)|' d\tau + \frac{1}{(t-x_{P_4})^q}\int_{x_{P_4}}^{x_{P_5}} |h(\tau)|' d\tau \\
&= \frac{y_{P_5}-y_{P_3}}{(t-x_{P_4})^q} = 0.
\end{aligned}
$$

根据 $\operatorname{sgn}(h(t))h_i(\tau) = -|h(\tau)|$ 得到

$$
\int_{x_{P_3}}^{x_{P_5}} \frac{(\operatorname{sgn}(h(t))h(\tau))'}{(t-\tau)^q} d\tau = -\int_{x_{P_3}}^{x_{P_5}} \frac{|h(\tau)|'}{(t-\tau)^q} d\tau > 0 > \int_{x_{P_3}}^{x_{P_5}} \frac{|h(\tau)|'}{(t-\tau)^q} d\tau.
$$

在 $C$ 中, 无论 $h(t)>0$ 或 $h(t)<0$, 都有 $\operatorname{sgn}(h(t))h(\tau) = |h(\tau)|$ 成立. 因此

$$
\int_{x_{P_5}}^{t} \frac{|h(\tau)|'}{(t-\tau)^q} d\tau = \int_{x_{P_5}}^{t} \frac{(\operatorname{sgn}(h(t))h(\tau))'}{(t-\tau)^q} d\tau.
$$

综上所述, 对任意的 $t \notin \Phi$ ($P_3$ 和 $P_5$), 都有

$$
{}_0^C D_t^q |h(t^+)| \leqslant \frac{1}{\Gamma(1-q)} \int_0^t \frac{(\operatorname{sgn}(h(t))h(\tau))'}{(t-\tau)^q} d\tau = \operatorname{sgn}(h(t)) {}_0^C D_t^q h(t).
$$

又由于 $\Phi$ 的测度为 0, 所以不等式 (3.4) 几乎处处成立.

在更一般的图 3.1 中, $|h(t)|$ 的 $B$ 被一些正方形的实点分成了 10 段, 类似于图 3.2 的分析方法, 分别在区间 $T_1T_{10}$, $T_2T_3$, $T_4T_9$, $T_5T_6$, $T_7T_8$ 积分即可得到类似的结果. 定理得证.

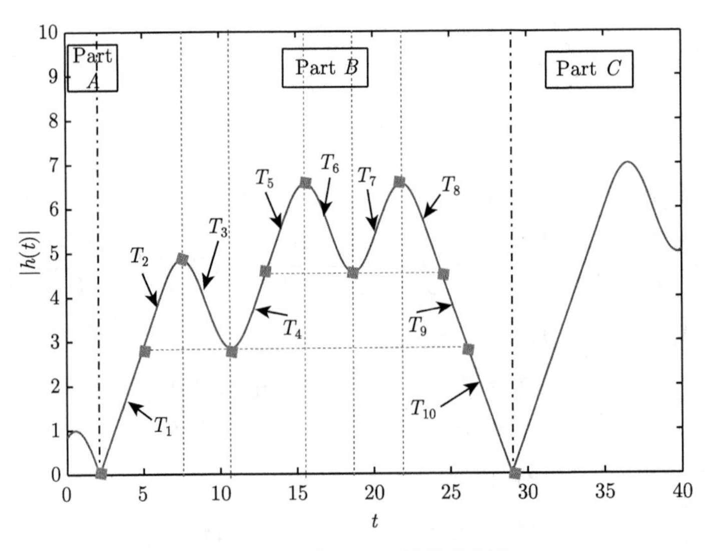


图 3.1　一个 $|h(t)|$ 轨迹的例子

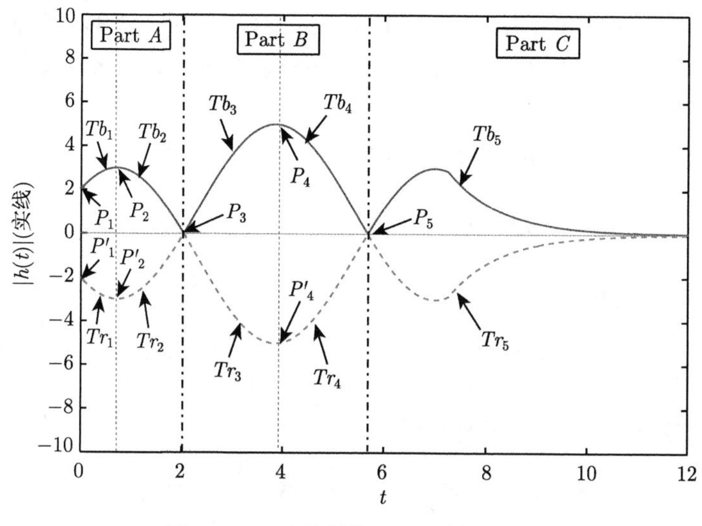


图 3.2 一个简单的 $|h(t)|$ 轨迹例子

**注 3.2.8** 定理 3.2.7 的条件可以进一步弱化, 如果 $h'(t)$ 存在, 亦可得不等式 (3.4) 几乎处处成立.

**注 3.2.9** 定理 3.2.7 建立了 ${}_0^CD_t^q|h(t^+)|$ 和 ${}_0^CD_t^q h(t)$ 的联系, 这对于构建如 1 范数等 Lyapunov 函数具有建设性的作用, 其将会在神经网络的稳定性分析中被广泛运用.

**注 3.2.10** 在某些文献中[51], 用到了如下不等式

$$
{}_0^CD_t^q|e(t)| = \text{sgn}(e(t)){}_0^CD_t^q e(t).
$$

其结论是不严谨的. 定理 3.2.7 给出了严密的结论和证明.

定理 3.2.4 (分数阶 Lyapunov 直接法) 给出了分析分数阶非线性系统稳定性的方法. 然而注 3.2.6 中提到, 该方法对于高维分数阶非线性系统很难适用, 原因是找不到符合定理条件的 Lyapunov 函数. 因此, 进一步提出改进的分数阶 Lyapunov 直接法, 通过减弱原方法的条件, 扩大适用函数范围, 进而增加找到合适 Lyapunov 函数的可能性.

**定理 3.2.11** 如果非线性分数阶系统 (3.3) 含有一个平衡点 $\bar{x}=0$, 且存在正数 $\alpha_1, \alpha_2, \alpha_3, a, b$ 以及一个连续的函数 $V(t,x(t))$ 满足

$$
\alpha_1\|x(t)\|^a \leqslant V(t,x(t)) \leqslant \alpha_2\|x(t)\|^{ab}, \tag{3.5}
$$

$$
{}_0^CD_t^q V(t^+,x(t^+)) \overset{\text{a.e.}}{\leqslant} -\alpha_3\|x(t)\|^{ab}, \tag{3.6}
$$

其中 $t \geqslant 0$, $q\in(0,1)$, $D\subset R^n$ 是一个包含原点的区域, $V(t,x(t)):[0,\infty)\times D\to R$ 关于 $x$ 满足局部 Lipschitz 条件, $\dot{V}(t,x(t))$ 按段连续并且 $\lim\limits_{\tau\to t^+}\dot{V}(\tau,x(\tau))$ 对任

意 $t \in [0,\infty)$ 存在, 且 $V(t^+, x(t^+)) \triangleq \lim\limits_{\tau\to t^+} V(\tau, x(\tau))$, 则分数阶系统 (3.3) 的平衡点 $\bar{x}=0$ 在 $D$ 上是 Mittag-Leffler 稳定的. 若 $D=R^n$, 则 $\bar{x}=0$ 是全局 Mittag-Leffler 稳定的.

**证明** 由不等式 (3.5) 和 (3.6) 可得

$$
{}_0^C D_t^q V(t^+, x(t^+)) \overset{\text{a.e.}}{\leqslant} -\frac{\alpha_3}{\alpha_2} V(t, x(t)).
$$

即存在一个非负函数 $m(t)$ 满足

$$
{}_0^C D_t^q V(t^+, x(t^+)) + m(t) \overset{\text{a.e.}}{=} -\frac{\alpha_3}{\alpha_2} V(t, x(t)). \tag{3.7}
$$

式 (3.7) 两端进行 Laplace 变换得到

$$
s^q V^+(s) - V(0^+)s^{q-1} + M(s) = -\frac{\alpha_3}{\alpha_2} V(s), \tag{3.8}
$$

在式 (3.8) 的符号中 $V(0^+)=\lim\limits_{\tau\to 0^+} V(\tau, x(\tau))$, $V^+(s)=\mathcal{L}\{V(t^+, x(t^+))\}$, $V(s)=\mathcal{L}\{V(t,x(t))\}$, $M(s)=\mathcal{L}\{m(t)\}$. 由于 $V(t,x(t))$ 的连续性以及式 (3.8), 能够得出 $V(t^+, x(t^+))=V(t,x(t))$, $V^+(s)=V(s)$, 以及

$$
V(s) = \frac{V(0)s^{q-1} - M(s)}{s^q + \dfrac{\alpha_3}{\alpha_2}}.
$$

若系统 (3.3) 的初值 $x(0)=0$, 则 $V(0)=0$, 则系统 (3.3) 的解为 $x=0$. 若 $x(0)\neq 0$, 则 $V(0)>0$, 又因为 $V(t,x(t))$ 关于 $x$ 满足局部 Lipschitz 条件, 则由定理 3.2.1, $V(t)$ 存在唯一解. 由上式的 Laplace 逆变换可得式 (3.7) 的唯一解为

$$
V(t) = V(0)E_q\left(-\frac{\alpha_3}{\alpha_2}t^q\right) - m(t) * \left[t^{q-1}E_{q,q}\left(-\frac{\alpha_3}{\alpha_2}t^q\right)\right].
$$

由 $t^{q-1}$ 和 $E_{q,q}\left(-\dfrac{\alpha_3}{\alpha_2}t^q\right)$ 的非负性可得

$$
V(t) \leqslant V(0)E_q\left(-\frac{\alpha_3}{\alpha_2}t^q\right). \tag{3.9}
$$

将 (3.9) 代入 (3.5) 可得

$$
\|x(t)\| \leqslant \left[\frac{V(0)}{\alpha_1}E_q\left(-\frac{\alpha_3}{\alpha_2}t^q\right)\right]^{\frac{1}{a}},
$$

其中 $\dfrac{V(0)}{\alpha_1} > 0$ $(x(0)\neq 0)$.

令 $m^*=\dfrac{V(0)}{\alpha_1}\geqslant 0$, 则有

$$\|x(t)\|\leqslant\left[m^*E_q\left(-\frac{\alpha_3}{\alpha_2}t^q\right)\right]^{\frac{1}{a}},$$

其中 $m^*=0$ 当且仅当 $x(0)=0$ 时成立, 且 $m^*=\dfrac{V(0)}{\alpha_1}$ 关于 $x(0)$ 满足局部 Lipschitz 条件, 即 $\bar{x}=0$ 在 $D$ 上是 Mittag-Leffler 稳定的. 定理得证.

**注 3.2.12** 定理 3.2.11 是对定理 3.2.4 的改进和推广, 其条件比分数阶 Lyapunov 直接法要弱, 从而可以选择更多的函数去构造 Lyapunov 函数. 如 $x$ 的 1 范数 (其分数阶微分不满足处处存在) 在定理 3.2.4 的条件下不能成为 Lyapunov 函数, 而在定理 3.2.11 的条件下却可以. 在第 5 章中, 将以分数阶神经网络为例具体阐述其应用方法.

上一部分给出了改进的分数阶 Lyapunov 直接法, 其目的是寻求分析分数阶非线性系统的稳定性方法. 然而在实际应用中, 对于一些受噪声干扰或不够光滑的系统, 其稳定性很难得到, 而对于这类系统的动力学行为分析需要有其他的方法和标准, 有界性分析即是其中一种方法. 本节通过已有的分数阶 Lyapunov 直接法, 结合整数阶 Lyapunov 方法的思想, 提出了分数阶 Lyapunov 有界性方法, 并予以证明.

**定理 3.2.13** 如果存在正数 $\alpha_1$, $\alpha_2$, $\alpha_3$, $\alpha_4$, $a$, $b$ 以及一个连续的函数 $V(t, x(t))$ 满足

$$\alpha_1\|x(t)\|^a\leqslant V(t,x(t))\leqslant\alpha_2\|x(t)\|^{ab}, \tag{3.10}$$

$${}_0^CD_t^qV(t^+,x(t^+))\overset{\text{a.e.}}{\leqslant}-\alpha_3\|x(t)\|^{ab}+\alpha_4, \tag{3.11}$$

其中 $t$, $q$, $D$, $V(t,x(t))$ 的条件与定理 3.2.11 相同, 则分数阶系统 (3.3) 的任意解在区域 $D$ 上一致有界, 且对任意 $0<\epsilon\ll 1$, 存在一个常数 $T\geqslant 0$, 当 $t\geqslant T$ 时, 系统 (3.3) 的所有解 $x(t)$ 满足

$$\|x(t)\|\leqslant\left(\frac{\alpha_2\alpha_4}{\alpha_1\alpha_3}+\frac{\epsilon}{\alpha_1}\right)^{\frac{1}{a}}.$$

**证明** 由不等式 (3.10) 和 (3.11) 可得

$${}_0^CD_t^qV(t^+,x(t^+))\overset{\text{a.e.}}{\leqslant}-\frac{\alpha_3}{\alpha_2}V(t,x(t))+\alpha_4.$$

令 $z(t)=V(t^+,x(t^+))-\dfrac{\alpha_2\alpha_4}{\alpha_3}$, 且由 $V(t,x(t))$ 的连续性和 Caputo 分数阶微分性质可得

$${}_0^CD_t^qz(t)\leqslant-\frac{\alpha_3}{\alpha_2}z(t).$$

即存在一个非负函数 $m(t)$ 满足

$$
{}_0^C D_t^q z(t) + m(t) = -\frac{\alpha_3}{\alpha_2} z(t).
$$

对上式两端进行 Laplace 变换, 可得

$$
s^q Z(s) - z(0)s^{q-1} + M(s) = -\frac{\alpha_3}{\alpha_2} Z(s), \tag{3.12}
$$

其中 $Z(s) = \mathcal{L}\{z(t)\}$, $M(s) = \mathcal{L}\{m(t)\}$. 即有

$$
Z(s) = \frac{z(0)s^{q-1} - M(s)}{s^q + \dfrac{\alpha_3}{\alpha_2}}.
$$

又因为 $-\dfrac{\alpha_3}{\alpha_2} z(t)$ 关于 $z(t)$ 满足局部 Lipschitz 条件, 则由定理 3.2.1, $z(t)$ 存在唯一解. 由上式的 Laplace 逆变换可得式 (3.12) 的唯一解为

$$
z(t) = z(0) E_q\left(-\frac{\alpha_3}{\alpha_2} t^q\right) - m(t) * \left[t^{q-1} E_{q,q}\left(-\frac{\alpha_3}{\alpha_2} t^q\right)\right],
$$

其中 $*$ 是卷积的符号. 由 $t^{q-1}$ 和 $E_{q,q}\left(-\dfrac{\alpha_3}{\alpha_2} t^q\right)$ 的非负性可得

$$
z(t) \leqslant z(0) E_q\left(-\frac{\alpha_3}{\alpha_2} t^q\right) \to 0, \quad t \to +\infty.
$$

因此, 对任意的 $\epsilon > 0$, 存在一个 $T \geqslant 0$, 使得对于所有的 $t \geqslant T$, $V(t, x(t))$ 的解满足

$$
V(t, x(t)) - \frac{\alpha_2 \alpha_4}{\alpha_3} = V(t^+, x(t^+)) - \frac{\alpha_2 \alpha_4}{\alpha_3} \leqslant \epsilon.
$$

即得

$$
\alpha_1 \|x(t)\|^a = V(t, x(t)) \leqslant \frac{\alpha_2 \alpha_4}{\alpha_3} + \epsilon,
$$

则

$$
\|x(t)\| \leqslant \left(\frac{\alpha_2 \alpha_4}{\alpha_1 \alpha_3} + \frac{\epsilon}{\alpha_1}\right)^{\frac{1}{a}},
$$

因此, 分数阶系统 (3.3) 的解是一致有界的. 定理得证.

**注 3.2.14** 根据定理 3.2.13, 由 $\epsilon$ 的任意性可得, 当 $\epsilon \to 0$ 时存在足够大的 $T$, 当 $t > T$ 时有

$$
\|x(t)\| \leqslant \left(\frac{\alpha_2 \alpha_4}{\alpha_1 \alpha_3} + \frac{\epsilon}{\alpha_1}\right)^{\frac{1}{a}} \to \left(\frac{\alpha_2 \alpha_4}{\alpha_1 \alpha_3}\right)^{\frac{1}{a}}, \quad t \to +\infty.
$$

一致有界的结论对研究带有有界噪声系统的动力学行为分析和控制有着很大的帮助, 具体以分数阶神经网络为例介绍其应用方法.

在分数阶非线性系统很难实现稳定的情况下 (存在扰动或不够光滑), 分数阶 Lyapunov 吸引性方法提供了实现系统状态收敛的另一种思路. 从动力学上分析, 吸引性的要求比有界性要强, 但弱于渐近稳定性.

**定理 3.2.15** 如果存在正数 $\alpha_1$, $\alpha_2$, $\alpha_3$, $a$, $b$, $\gamma$, $\eta$, 一个连续函数 $V(t,x(t))$ 和一个按段光滑的 $h(t):[0,\infty)\to R$ 满足

$$\alpha_1\|x\|^a \leqslant V(t,x(t)) \leqslant \alpha_2\|x\|^{ab}, \tag{3.13}$$

$${}_0^C D_t^q V(t^+,x(t^+)) \overset{\text{a.e.}}{\leqslant} -\alpha_3\|x\|^{ab}+h(t), \tag{3.14}$$

$$\int_0^{+\infty}|h(t)|dt=\gamma<+\infty, \tag{3.15}$$

$$\lim_{\tau\to 0^+}|h(t)|\tau^p<\eta, \tag{3.16}$$

其中 $t, q, D, V(t,x(t))$ 的条件与定理 3.2.11 相同, 且 $p<q$, 则分数阶系统 (3.3) 的解在区域 $D$ 上是吸引的, 即对任意初值 $x(0)\in D$, 分数阶系统 (3.3) 的解满足

$$\lim_{t\to+\infty}x(t)=0.$$

**证明** 由不等式 (3.13) 和 (3.14) 可得

$${}_0^C D_t^q V(t^+,x(t^+)) \overset{\text{a.e.}}{\leqslant} -\frac{\alpha_3}{\alpha_2}V(t,x(t))+h(t).$$

所以存在一个非负函数 $m(t)$ 满足

$${}_0^C D_t^q V(t^+,x(t^+))+m(t) \overset{\text{a.e.}}{=} -\frac{\alpha_3}{\alpha_2}V(t,x(t))+h(t).$$

对上式两端做 Laplace 变换得

$$s^qV^+(s)-V(0^+)s^{q-1}+M(s)=-\frac{\alpha_3}{\alpha_2}V(s)+H(s).$$

其中 $H(s)=\mathcal{L}\{h(t)\}$, 其他符号和定理 3.2.11 相同. 由 $V(t,x(t))$ 的连续性可得

$$V(s)=\frac{V(0)s^{q-1}-M(s)+H(s)}{s^q+\dfrac{\alpha_3}{\alpha_2}}.$$

由定理 3.2.1, $V(t)$ 存在唯一解, 则由上式的 Laplace 逆变换得出

$$V(t)=V(0)E_q\left(-\frac{\alpha_3}{\alpha_2}t^q\right)+[h(t)-m(t)]*\left[t^{q-1}E_{q,q}\left(-\frac{\alpha_3}{\alpha_2}t^q\right)\right].$$

由 $t^{q-1}$ 和 $E_{q,q}\left(-\frac{\alpha_3}{\alpha_2}t^q\right)$ 的非负性可得

$$V(t)\leqslant V(0)E_q\left(-\frac{\alpha_3}{\alpha_2}t^q\right)+h(t)*\left[t^{q-1}E_{q,q}\left(-\frac{\alpha_3}{\alpha_2}t^q\right)\right]. \tag{3.17}$$

在式 (3.17) 中有

$$\lim_{t\to+\infty}V(0)E_q\left(-\frac{\alpha_3}{\alpha_2}t^q\right)=0,$$

所以只要证明

$$\lim_{t\to+\infty}h(t)*\left[t^{q-1}E_{q,q}\left(-\frac{\alpha_3}{\alpha_2}t^q\right)\right]=0$$

即可.

为方便起见, 设

$$\varphi(t)\triangleq t^{q-1}E_{q,q}\left(-\frac{\alpha_3}{\alpha_2}t^q\right).$$

由于

$$\lim_{t\to+\infty}\varphi(t)=0,$$

所以对任意的 $\frac{\epsilon_1}{3\gamma}>0$, 存在 $N_1>0$, 使得当 $t\geqslant N_1$ 时, 下式成立

$$0\leqslant\varphi(t)<\frac{\epsilon_1}{3\gamma}.$$

根据式 (3.15) 可得对任意的 $t\geqslant N_1$ 有如下结果

$$\begin{aligned}|h(t)*\varphi(t)|&\leqslant\int_0^t|h(t-\tau)|\varphi(\tau)d\tau\\&=\int_0^{N_1}|h(t-\tau)|\varphi(\tau)d\tau+\int_{N_1}^t|h(t-\tau)|\varphi(\tau)d\tau\\&\leqslant\int_0^{N_1}|h(t-\tau)|\varphi(\tau)d\tau+\frac{\epsilon_1}{3\gamma}\int_{N_1}^t|h(t-\tau)|d\tau\\&\leqslant\int_0^{N_1}|h(t-\tau)|\varphi(\tau)d\tau+\frac{\epsilon_1}{3\gamma}\int_0^{t-N_1}|h(\xi)|d\xi\\&\leqslant\int_0^{N_1}|h(t-\tau)|\varphi(\tau)d\tau+\frac{\epsilon_1}{3}.\end{aligned}\tag{3.18}$$

此外, 根据式 (3.16) 可得, 存在一个常数 $\delta$, 且

$$0<\delta=\left(\frac{\epsilon_1(q-p)\Gamma(q)}{4\eta}\right)^{\frac{1}{q-p}}\ll 1,$$

使得对任意的 $t \in [0,+\infty)$ 和 $\tau \in (0,\delta)$ 有 $|h(t)|\tau^p < \eta$ 成立. 再考虑到 $E_q\left(-\frac{\alpha_3}{\alpha_2}t^q\right)$ 的收敛性可得

$$\begin{aligned}|h(t)*\varphi(t)| &\leqslant \int_0^{\delta}|h(t-\tau)|\varphi(\tau)d\tau+\int_{\delta}^{N_1}|h(t-\tau)|\varphi(\tau)d\tau+\frac{\epsilon_1}{3}\\ &\leqslant \frac{\eta}{(q-p)\Gamma(q)}\delta^{q-p}+o(\delta^{q-p})+\int_{\delta}^{N_1}|h(t-\tau)|\varphi(\tau)d\tau+\frac{\epsilon_1}{3}\\ &\leqslant \int_{\delta}^{N_1}|h(t-\tau)|\varphi(\tau)d\tau+\frac{2\epsilon_1}{3}.\end{aligned}$$

由于 $\varphi(t)$ 在 $t\in[\delta,N_1]$ 上连续且收敛, 那么其在 $t\in[\delta,N_1]$ 上的最大值存在, 且定义为

$$M(\delta,N_1)=\max\{\varphi(t)|t\in[\delta,N_1]\}.$$

由式 (3.15) 可得对任意的 $\frac{\epsilon_1}{3M(\delta,N_1)}>0$, 存在 $N_2>0$ 使得对任意 $t\geqslant N_2$ 满足

$$\int_t^{+\infty}|h(t)|dt<\frac{\epsilon_1}{3M(\delta,N_1)}.$$

因此对任意 $t\geqslant N_1+N_2$, 下式成立

$$\begin{aligned}|h(t)*\varphi(t)| &\leqslant \int_{\delta}^{N_1}|h(t-\tau)|\varphi(\tau)d\tau+\frac{2\epsilon_1}{3}\leqslant M(\delta,N_1)\int_{\delta}^{N_1}|h(t-\tau)|d\tau+\frac{2\epsilon_1}{3}\\ &\leqslant M(\delta,N_1)\int_{t-N_1}^{t-\delta}|h(s)|ds+\frac{2\epsilon_1}{3}<\epsilon_1.\end{aligned}$$

再根据式 (3.13) 和 (3.17) 可得

$$\lim_{t\to+\infty}h(t)*\left[t^{q-1}E_{q,q}\left(-\frac{\alpha_3}{\alpha_2}t^q\right)\right]=0,$$

以及

$$\lim_{t\to+\infty}\alpha_1\|x(t)\|^a\leqslant\lim_{t\to+\infty}V(t)=0.$$

即得系统的吸引性

$$\lim_{t\to+\infty}x(t)=0.$$

定理得证.

**注 3.2.16** 不等式 (3.16) 是分数阶微积分定义中常用的一个条件[1], 其可以用来保证 $V(t,x(t))$ 解的存在性. 定理 3.2.15 的条件可以进一步加强并简化, 即得到如下的推论.

**推论 3.2.17**　如果存在正数 $\alpha_1, \alpha_2, \alpha_3, a, b, \gamma$, 一个连续函数 $V(t,x(t))$, 一个按段光滑的 $h(t):[0,\infty)\to R$ 满足式 (3.13)—(3.15) 并且

$$\lim_{t\to+\infty} h(t)=0, \tag{3.19}$$

其中 $t, q, D, V(t,x(t))$ 的条件与定理 3.2.11 相同, 则分数阶系统 (3.3) 的解在区域 $D$ 上是吸引的, 即对任意初值 $x(0)\in D$, 分数阶系统 (3.3) 的解满足

$$\lim_{t\to+\infty} x(t)=0.$$

**证明**　根据式 (3.19) 可知对任意的 $\dfrac{\epsilon_1}{2\displaystyle\int_0^{N_1}\varphi(\tau)d\tau}>0$, 存在 $N_3>0$ 使得对任意的 $t\geqslant N_3$ 满足

$$|h(t)|<\frac{\epsilon_1}{2\displaystyle\int_0^{N_1}\varphi(\tau)d\tau}.$$

代入式 (3.18) 可得对任意的 $t\geqslant N_1+N_3$ 满足

$$\begin{aligned}|h(t)*\varphi(t)|&\leqslant\int_0^{N_1}|h(t-\tau)|\varphi(\tau)d\tau+\frac{\epsilon_1}{3}\\&\leqslant\frac{\epsilon_1}{2\displaystyle\int_0^{N_1}\varphi(\tau)d\tau}\int_0^{N_1}\varphi(\tau)d\tau+\frac{\epsilon_1}{3}<\epsilon_1,\end{aligned}$$

因此即得

$$\lim_{t\to+\infty} h(t)*\left[t^{q-1}E_{q,q}\left(-\frac{\alpha_3}{\alpha_2}t^q\right)\right]=0,$$

以及

$$\lim_{t\to+\infty}\alpha_1\|x(t)\|^a\leqslant\lim_{t\to+\infty}V(t)=0.$$

即

$$\lim_{t\to+\infty} x(t)=0.$$

推论得证.

**推论 3.2.18**　如果存在正数 $\alpha_1, \alpha_2, \alpha_3, a, b, \gamma$, 一个连续函数 $V(t,x(t))$ 和一个连续可微的 $h(t):[0,\infty)\to R$, 在区域 $D$ 上满足式 (3.13)—(3.15), 则分数阶系统 (3.3) 的解在区域 $D$ 上是吸引的, 即对任意初值 $x(0)\in D$, 分数阶系统 (3.3) 的解满足

$$\lim_{t\to+\infty} x(t)=0.$$

**证明** 由于 $h(t)$ 是连续可微的, 另由式 (3.15) 可得

$$\lim_{t\to+\infty} h(t)=0.$$

根据推论 3.2.17 得证.

**注 3.2.19** 对于整数阶系统的吸引性研究, 文献 [52] 给出了相应的整数阶结果

$$\begin{aligned}&\alpha_1\|x\|^a\leqslant V(t,x(t))\leqslant\alpha_2\|x\|^{ab},\\&\dot V(t,x(t))\leqslant-\alpha_3\|x\|^{ab}+h(t),\\&\int_0^{+\infty}|h(t)|dt=\gamma<+\infty.\end{aligned}$$

其可以看作推论 3.2.18 在 $q=1$ 时的特例.

## 3.3 时滞线性分数阶稳定性定理

本节主要讨论时滞分数阶线性系统的稳定性, 包括时滞分数阶 ${}_0^CD_t^q=Bx(t-\tau)$ 和 ${}_0^CD_t^q=Ax(t)+Bx(t-\tau)$ 线性系统, 并得到了时滞线性系统稳定性条件.

考虑 $n$ 维多时滞的线性分数阶系统

$$\left\{\begin{aligned}&{}^CD_t^{q_1}x_1(t)=b_{11}x_1(t-\tau_{11})+b_{12}x_2(t-\tau_{12})+\cdots+b_{1n}x_n(t-\tau_{1n}),\\&{}^CD_t^{q_2}x_2(t)=b_{21}x_1(t-\tau_{21})+b_{22}x_2(t-\tau_{22})+\cdots+b_{2n}x_n(t-\tau_{2n}),\\&\qquad\vdots\\&{}^CD_t^{q_n}x_n(t)=b_{n1}x_1(t-\tau_{n1})+b_{n2}x_2(t-\tau_{n2})+\cdots+b_{nn}x_n(t-\tau_{nn}),\end{aligned}\right.\tag{3.20}$$

其中 $q_i\in(0,1)$ 为分数阶求导的阶数, $x(t)=(x_1(t),x_2(t),\cdots,x_n(t))^{\mathrm T}$ 为状态向量, $\tau_{ij}>0$ 为时间延迟, $x_i(t)=\phi_i(t)$, $-\max\tau_{ij}=-\tau_{\max}\leqslant t\leqslant 0$, $i,j=1,2,\cdots,n$ 为系统 (3.20) 的初始条件, $B=[b_{ij}]_{n\times n}\in R^{n\times n}$ 为系统 (3.20) 的系数矩阵. 对系统 (3.20) 进行 Laplace 变换, 可得

$$\Delta(s)\cdot Y(s)=d(s),$$

其中 $Y(s)=(Y_1(s),Y_2(s),\cdots,Y_n(s))^{\mathrm T}$ 为状态向量 $x(t)=(x_1(t),x_2(t),\cdots,x_n(t))^{\mathrm T}$ 的 Laplace 变换, $d(s)=(d_1(s),d_2(s),\cdots,d_n(s))^{\mathrm T}$ 为剩余的非线性项, 并且系统 (3.20) 的特征矩阵为

$$\Delta(s)=\begin{pmatrix}s^{q_1}-b_{11}e^{-s\tau_{11}}&-b_{12}e^{-s\tau_{12}}&\cdots&-b_{1n}e^{-s\tau_{1n}}\\-b_{21}e^{-s\tau_{21}}&s^{q_2}-b_{22}e^{-s\tau_{22}}&\cdots&-b_{2n}e^{-s\tau_{2n}}\\\vdots&\vdots&&\vdots\\-b_{n1}e^{-s\tau_{n1}}&-b_{n2}e^{-s\tau_{n2}}&\cdots&s^{q_n}-b_{nn}e^{-s\tau_{nn}}\end{pmatrix}.$$

**定理 3.3.1**[49] 如果特征方程 $\det(\Delta(s))=0$ 的所有根均有负实部, 那么系统 (3.20) 的零解为 Lyapunov 全局渐近稳定.

**定理 3.3.2**[49] 当 $q_1=q_2=\cdots=q_n=q\in(0,1)$ 时, 如果系数矩阵 $B$ 的所有特征值 $\lambda$ 均满足 $|\arg(\lambda)|>q\pi/2$, 且特征方程 $\det(\Delta(s))=0$ 对任意的 $\tau_{ij}>0$, $i, j=1, 2, \cdots, n$ 无纯虚根, 那么系统 (3.20) 的零解为 Lyapunov 全局渐近稳定.

当 $\tau_{ij}=\tau_j(i=1,2,\cdots,n)$ 和 $q_1=q_2=\cdots=q_n=q\in(0,1)$ 时, 方程 (3.20) 可以写成

$$
{}^{C}D_t^q x(t)=Bx(t-\tau). \tag{3.21}
$$

其中 $B=(b_{ij})_{n\times n}$, $x(t)=(x_1(t), x_2(t), \cdots, x_n(t))^{\mathrm{T}}$ 和 $x(t-\tau)=(x_1(t-\tau_1), x_2(t-\tau_2), \cdots, x_n(t-\tau_n))^{\mathrm{T}}$.

考虑如下系统

$$
\begin{cases}
{}^{C}D_t^{q_1}x_1(t)=a_{11}x_1(t)+a_{12}x_2(t)+\cdots+a_{1n}x_n(t)+b_{11}x_1(t-\tau_{11})\\
\qquad\qquad +b_{12}x_2(t-\tau_{12})+\cdots+b_{1n}x_n(t-\tau_{1n}),\\
{}^{C}D_t^{q_2}x_2(t)=a_{21}x_1(t)+a_{22}x_2(t)+\cdots+a_{2n}x_n(t)+b_{21}x_1(t-\tau_{21})\\
\qquad\qquad +b_{22}x_2(t-\tau_{22})+\cdots+b_{2n}x_n(t-\tau_{2n}),\\
\qquad\qquad\vdots\\
{}^{C}D_t^{q_n}x_n(t)=a_{n1}x_1(t)+a_{n2}x_2(t)+\cdots+a_{nn}x_n(t)+b_{n1}x_1(t-\tau_{n1})\\
\qquad\qquad +b_{n2}x_2(t-\tau_{n2})+\cdots+b_{nn}x_n(t-\tau_{nn}).
\end{cases} \tag{3.22}
$$

当 $\tau_{ij}=\tau_j(i=1,2,\cdots,n)$ 和 $q_1=q_2=\cdots=q_n=q\in(0,1)$ 时, 方程 (3.22) 可以写成

$$
{}^{C}D_t^q x(t)=Ax(t)+Bx(t-\tau). \tag{3.23}
$$

其中 $A=(a_{ij})_{n\times n}$ , $B=(b_{ij})_{n\times n}$ , $x(t)=(x_1(t), x_2(t), \cdots, x_n(t))^{\mathrm{T}}$ 和 $x(t-\tau)=(x_1(t-\tau_1), x_2(t-\tau_2), \cdots, x_n(t-\tau_n))^{\mathrm{T}}$.

对于系统 (3.22), 定理 3.3.2 的条件不能使系统 (3.22) 达到稳定, 因为当系统 (3.22) 的系数矩阵 $A+B$ 的所有特征值 $\lambda$ 均满足 $|\arg(\lambda)|>q\pi/2$, 且特征方程 $\det(\Delta(s))=0$ 对任意的 $\tau_{ij}>0(i, j=1, 2, \cdots, n)$ 无纯虚根, 那么系统 (3.22) 的零解有不稳定的情况.

同理可计算系统 (3.22) 的特征矩阵为

$$
\Delta(s)=\begin{pmatrix}
s^q-b_{11}e^{-s\tau_{11}}-a_{11} & -b_{12}e^{-s\tau_{12}}-a_{12} & \cdots & -b_{1n}e^{-s\tau_{1n}}-a_{1n}\\
-b_{21}e^{-s\tau_{21}}-a_{21} & s^q-b_{22}e^{-s\tau_{22}}-a_{22} & \cdots & -b_{2n}e^{-s\tau_{2n}}-a_{2n}\\
\vdots & \vdots & & \vdots\\
-b_{n1}e^{-s\tau_{21}}-a_{21} & s^q-b_{n2}e^{-s\tau_{22}}-a_{22} & \cdots & -b_{nn}e^{-s\tau_{2n}}-a_{2n}
\end{pmatrix}.
$$

如果 $\tau_{ij}=0$, 方程 (3.22) 的系数矩阵为

$$M=A+B.$$

故可得如下定理.

**定理 3.3.3** 如果 $q\in(0,1)$, $\det(\Delta(s))=0$ 的所有特征根都有负实部, 则方程 (3.22) 的零平衡点是 Lyapunov 渐近稳定的.

**证明** 方程 (3.22) 所有特征根都有负实部, 即满足 $|\arg(\lambda)|>\frac{\pi}{2}>\frac{q\pi}{2}(q\in(0,1))$, 方程 (3.22) 满足稳定性条件, 则知方程 (3.22) 的零平衡点是 Lyapunov 渐近稳定的. 定理得证.

**定理 3.3.4** 如果 $q\in(0,1)$, $M$ 的所有特征根满足 $|\arg(\lambda)|>\frac{\pi}{2}$, $\Delta(s)$ 的特征方程对所有的 $\tau_{ij}>0$ 没有纯虚根, 那么方程 (3.22) 的零平衡点是 Lyapunov 渐近稳定的.

**证明** 定理 3.3.4 与整数阶的相似, 可以参考文献 [53]. 这里给出一个简要的证明, 如果 $\tau_{ij}=0$ , 方程 (3.22) 的系数矩阵 $M$ 的所有特征值满足 $|\arg(\lambda)|>\frac{\pi}{2}$, 即系数矩阵 $M$ 的所有特征根具有负实部, 当 $\tau_{ij}\neq 0$ 时, 方程 (3.22) 的特征矩阵 $\Delta(s)$ 的特征值关于 $\tau_{ij}$ 连续变化, 特征多项式 $\det(\Delta(s))=0$ 的特征根对所有的 $\tau_{ij}>0, i,j=1,\cdots,n$ 没有纯虚根, 可知特征根具有负实部, 故可知零解是 Lyapunov 渐近稳定的. 定理得证.

下面给出一个反例, 说明系统 (3.22) 满足定理 3.3.2 的条件, 但是系统 (3.22) 的零解有不稳定的情况. 线性系统关于分数阶 $0<q<1$ 的稳定区域可见图 3.3, 稳定区域包括 $D$ 和阴影区域 $D'$, 其中 $D$ 为系数矩阵 $M$ 的特征值满足条件 $|\arg(\lambda)|>\frac{\pi}{2}$, $D'$ 为系数矩阵 $M$ 的特征值满足条件 $\frac{q\pi}{2}<|\arg(\lambda)|\leqslant\frac{\pi}{2}$. 下面给出一个时滞线性分数阶自治系统, 当在阴影区域 $D'$ 中满足定理 3.3.2 的条件时, 所给系统的零解有稳定和不稳定的情况.

考虑如下时滞线性分数阶系统

$$\begin{cases} {}^{C}D_t^q x(t)=a_{11}x(t)+a_{12}y(t)+cx(t-\tau), \\ {}^{C}D_t^q y(t)=a_{12}x(t)+a_{22}y(t), \\ x(t)=x(0), \quad y(t)=y(0), \quad t\in[-\tau,0]. \end{cases} \tag{3.24}$$

对于系统 (3.24), 如果 $q\in(0,1)$, $\delta^2-4\omega<0$, $\frac{4\omega-\delta^2}{\delta}>\tan\frac{q\pi}{2}$, $a_{11}+a_{22}+c>0$ 和 $\bar{b}-4y-2\bar{c}+\frac{\bar{b}^3-4\bar{b}\bar{c}+8\bar{d}}{\sqrt{8y+\bar{b}^2-4\bar{c}}}<0$ 或 $\bar{b}-4y-2\bar{c}-\frac{\bar{b}^3-4\bar{b}\bar{c}+8\bar{d}}{\sqrt{8y+\bar{b}^2-4\bar{c}}}<0$,

则系数矩阵 $M$ 的特征根满足 $\frac{q\pi}{2} < |\arg(\lambda)| \leqslant \frac{\pi}{2}$, 并且特征方程 $\det(\Delta(s)) = 0$, 对于任意的 $\tau$ 没有纯虚根, 其中 $y$ 是方程 $8y^3 - 4\overline{c}y^2 + (2\overline{bd} - 8\overline{e})y + \overline{e}(4\overline{c} - \overline{b}^2) - \overline{d}^2 = 0$ 的任一实根, $\omega = a_{11} + a_{22} + c$, $\delta = a_{22}(a_{11} + c) - a_{12}a_{21}$, $\overline{b} = -2(a_{11}+a_{22})\left(\cos q\pi \cos\frac{q\pi}{2} + \sin(\pm q\pi)\sin\left(\pm\frac{q\pi}{2}\right)\right)$, $\overline{c} = (a_{11}+a_{22}) + 2(a_{11}a_{22} - a_{12}a_{21})\cos q\pi - c^2$, $\overline{d} = 2c^2a_{22}\cos\frac{q\pi}{2} - 2(a_{11}+a_{22})(a_{11}a_{22} - a_{12}a_{21})\cos\frac{q\pi}{2}$ 和 $\overline{e} = (a_{11}a_{22} - a_{12}a_{21})^2 - c^2a_{22}^2$.

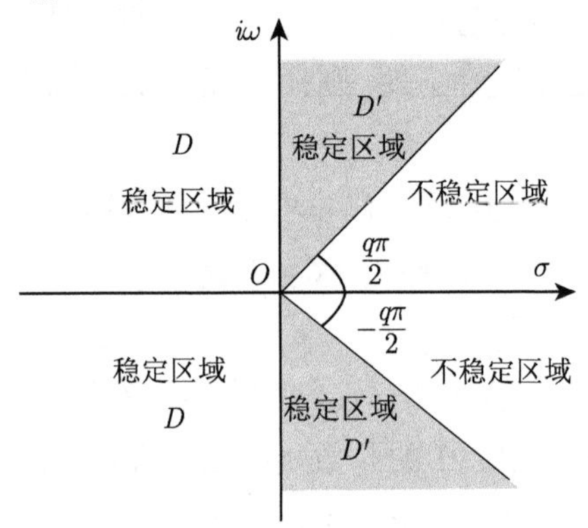


图 3.3　分数阶系统关于 $q$ $(0 < q < 1)$ 稳定区域

选择系统 (3.24) 的参数为 $a_{11} = a_{22} = 1$, $a_{12} = 128.5$, $a_{21} = -0.5$, $\tau = 0.1(\tau = 0.2)$, $x(0) = 0.1$, $y(0) = 0.2$, 分别取 $q = 0.9$ 和 $q = 0.94$. 可以验证所取参数使得系数矩阵 $M$ 的特征值满足 $\frac{q\pi}{2} < |\arg(\lambda)| \leqslant \frac{\pi}{2}$, 特征方程 $\det(\Delta(s)) = 0$ 对任意的 $\tau$ 无纯虚根. 当 $q = 0.9$, $\tau$ 分别取 $\tau = 0$ 和 $\tau = 0.1(0.2)$ 时, 系统 (3.24) 的零解是渐近稳定的, 可见图 3.4. 当取 $q = 0.94$ 和 $\tau = 0$ 时, 系统 (3.24) 的

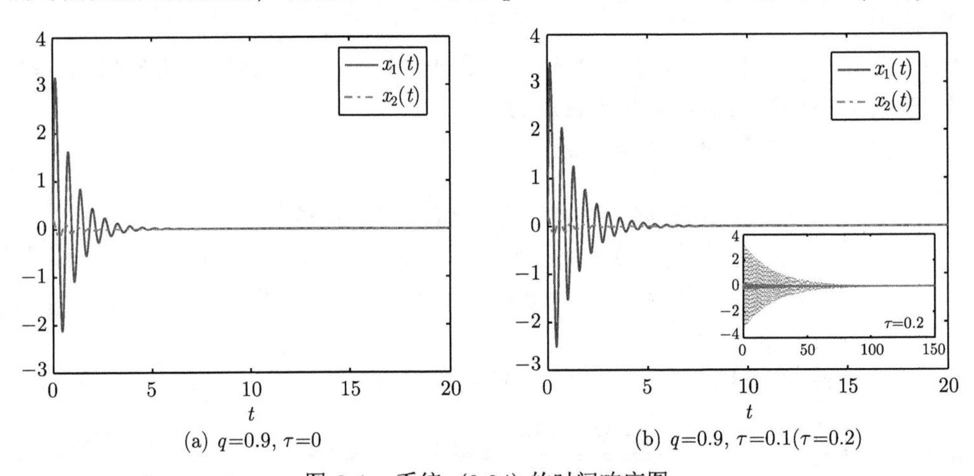


图 3.4　系统 (3.24) 的时间响应图

零解是渐近稳定的, 可见图 3.5(a), 然而当取 $\tau = 0.2$ 时, 系统 (3.24) 的零解是不稳定的, 可见图 3.5(b), 故可知系统 (3.24) 满足定理 3.3.2 的条件, 但是系统 (3.24) 的零解有不稳定的情况.

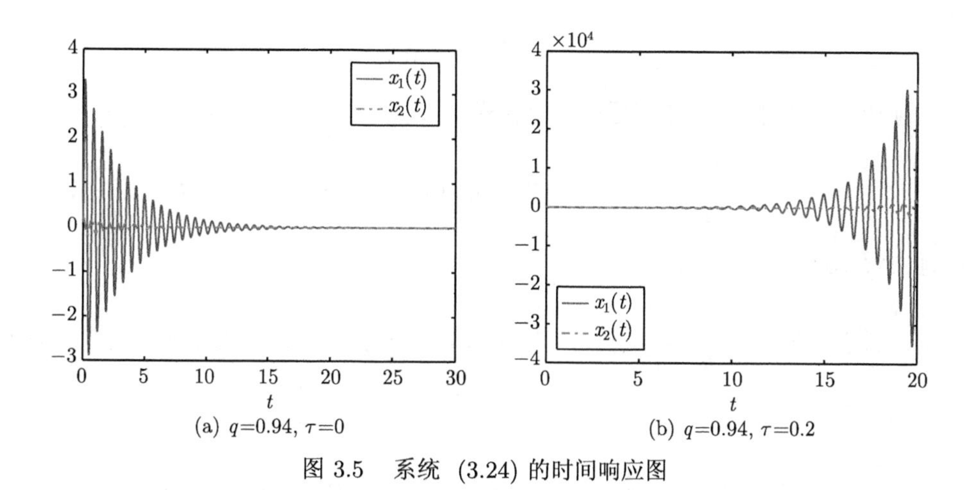


图 3.5 系统 (3.24) 的时间响应图

**注 3.3.5** 本章主要应用定理 3.3.4 , 如果分数阶 $q = 1$, 定理 3.3.4 与整数阶多时滞系统是一致的.

## 3.4 时滞分数阶 Lyapunov 方法

本节首先给出时滞系统的比较原则, 得到时滞分数阶系统的 Lyapunov 方法比较原理, 该方法可以有效地得到时滞分数阶系统的稳定性和一致渐近稳定性条件.

**引理 3.4.1** 时滞分数阶系统比较定理, 考虑如下两个时滞系统:

$$\begin{cases} {}^{C}D_t^q x(t) = f_1(t, x(t)) + g_1(t, x(t-\tau)), & 0 < q \leqslant 1, \\ x(t) = h(t), \quad t \in [-\tau, 0] \end{cases} \tag{3.25}$$

和

$$\begin{cases} {}^{C}D_t^q y(t) = f_2(t, y(t)) + g_2(t, y(t-\tau)), & 0 < q \leqslant 1, \\ y(t) = h(t), \quad t \in [-\tau, 0], \end{cases} \tag{3.26}$$

其中数量值函数 $f_1(t, x(t))$ 和 $f_2(t, y(t))$ 在 $[0, +\infty) \times G(G \subset R)$ 上连续, 且对 $x(t)$ 和 $y(t)$ 满足 Lipschitz 条件. $g_1(t, x(t-\tau))$ 和 $g_2(t, y(t-\tau))$ 在 $[-\tau, +\infty) \times G(G \subset R)$ 上连续, 且对 $x(t-\tau)$ 和 $y(t-\tau)$ 满足 Lipschitz 条件, 并设方程 (3.25)-(3.26) 的解在区间 $[0, +\infty)$ 上存在.

若

$$f_1(t,x(t)) \leqslant f_2(t,y(t)), \quad g_1(t,x(t-\tau)) \leqslant g_2(t,y(t-\tau)), \quad \forall t \in [0,+\infty),$$

则有

$$x(t) \leqslant y(t), \quad \forall t \in [0,+\infty).$$

**证明** 方程 (3.25) 可以写成积分形式

$$x(t) = h_0 + \frac{1}{\Gamma(q)}\int_0^t (t-s)^{q-1}[f_1(s,x(s)) + g_1(s,x(s-\tau))]ds. \tag{3.27}$$

同理方程 (3.26) 可以写成

$$y(t) = h_0 + \frac{1}{\Gamma(q)}\int_0^t (t-s)^{q-1}[f_2(s,y(s)) + g_2(s,y(s-\tau))]ds. \tag{3.28}$$

由式 (3.28)−(3.27) 可得

$$\begin{aligned} y(t)-x(t) =& \frac{1}{\Gamma(q)}\int_0^t (t-s)^{q-1}[f_2(s,y(s)) - f_1(s,x(s)) \\ &+ g_2(s,y(s-\tau)) - g_1(s,x(s-\tau))]ds. \end{aligned}$$

记 $m_1(t) = f_2(t,y(t)) - f_1(t,x(t))$, $m_2(t-\tau) = g_2(t,y(t-\tau)) - g_1(t,x(t-\tau))$, 则上式变为

$$y(t)-x(t) = \frac{1}{\Gamma(q)}\int_0^t (t-s)^{q-1}m_1(t)ds + \frac{1}{\Gamma(q)}\int_0^t (t-s)^{q-1}m_2(s-\tau)ds.$$

因此, 对 $\forall t \in [0,+\infty)$, 存在一个充分小的 $\varepsilon > 0$ 有

$$\begin{aligned} y(t)-x(t) =& \frac{1}{\Gamma(q)}\int_0^{t-\varepsilon} (t-s)^{q-1}m_1(t)ds + \frac{1}{\Gamma(q)}\int_{t-\varepsilon}^t (t-s)^{q-1}m_1(t)ds \\ &+ \frac{1}{\Gamma(q)}\int_0^{t-\varepsilon} (t-s)^{q-1}m_2(s-\tau)ds \\ &+ \frac{1}{\Gamma(q)}\int_{t-\varepsilon}^t (t-s)^{q-1}m_2(s-\tau)ds \\ =& m_1(t^*)\frac{1}{\Gamma(q)}\int_0^{t-\varepsilon} (t-s)^{q-1}ds + \frac{1}{\Gamma(q)}\int_{t-\varepsilon}^t (t-s)^{q-1}m_1(t)ds \\ &+ m_2(t^{**}-\tau)\frac{1}{\Gamma(q)}\int_0^{t-\varepsilon} (t-s)^{q-1}ds \\ &+ \frac{1}{\Gamma(q)}\int_{t-\varepsilon}^t (t-s)^{q-1}m_2(s-\tau)ds \end{aligned}$$

$$\begin{aligned}&\geqslant m_1(t^*)\frac{1}{\Gamma(q)}\int_0^{t-\varepsilon}(t-s)^{q-1}ds+m_2(t^{**}-\tau)\frac{1}{\Gamma(q)}\int_0^{t-\varepsilon}(t-s)^{q-1}ds\\&=(m_1(t^*)+m_2(t^{**}-\tau))\frac{t^q-\varepsilon^q}{\Gamma(q+1)}\\&\geqslant 0,\end{aligned}$$

故有 $x(t)\leqslant y(t),\forall t\in[0,+\infty)$, 结论成立. 引理得证.

**定理 3.4.2** 考虑如下时滞分数阶微分不等式:

$$\begin{cases}{}^CD_t^q x(t)\leqslant -ax(t)+bx(t-\tau), & 0<q\leqslant 1,\\ x(t)=h(t), & t\in[-\tau,0]\end{cases}\tag{3.29}$$

和时滞分数阶线性系统:

$$\begin{cases}{}^CD_t^q y(t)= -ay(t)+by(t-\tau), & 0<q\leqslant 1,\\ y(t)=h(t), & t\in[-\tau,0],\end{cases}\tag{3.30}$$

其中 $x(t)$ 和 $y(t)$ 在 $(0,+\infty)$ 为连续非负函数, 且 $h(t)\geqslant 0,t\in[-\tau,0]$.

当 $a>0$ 且 $b>0$ 时, 有

$$x(t)\leqslant y(t),\quad \forall t\in[0,+\infty).$$

**证明** 由系统 (3.29), 存在一个非负函数 $m(t)$ 满足

$$\begin{cases}{}^CD_t^q x(t)= -ay(t)+bx(t-\tau)-m(t), & 0<q\leqslant 1,\\ x(t)=h(t), & t\in[-\tau,0].\end{cases}\tag{3.31}$$

由参考文献 [54] 可知, 方程 (3.31) 在区间 $[0,k\tau]$ 内有唯一解, 记 $x(t)=x_{i\tau}(t)$, 且

$$\begin{aligned}x_{i\tau}(t)=&\int_0^t(t-s)^{q-1}E_{q,q}(-a(t-s)^q)\phi_{i\tau}ds\\&+c_{i\tau}E_{q,1}(-at^q),\quad 0<q\leqslant 1,\quad t\in[(i-1)\tau,i\tau],\end{aligned}\tag{3.32}$$

其中 $c_{i\tau}$ 为一个常数, $i=1,2,\cdots,k$($k$ 为足够大的正整数).

$x_{0\tau}(t)=h(t)$ 和 $\phi_{i\tau}$ 可以表示为

$$\phi_{i\tau}(t)=\begin{cases}bx_{0\tau}(t-\tau)-m(t), & 0<t\leqslant\tau,\\ bx_{\tau}(t-\tau)-m(t), & \tau<t\leqslant 2\tau,\\ \quad\vdots & \\ bx_{(k-1)\tau}(t-\tau)-m(t), & (k-1)\tau<t\leqslant k\tau.\end{cases}\tag{3.33}$$

因为 $t^{q-1}$ 和 $E_{q,q}(-at^q)$ 为非负函数[55], 且 $x(t)=x_{i\tau}(t)$ 和 $m(t)\geqslant 0$, 方程 (3.32) 可以写为

$$x_{i\tau}(t)\leqslant\int_0^t(t-s)^{q-1}E_{q,q}(-a(t-s)^q)bx_{i\tau}(s-\tau)ds\\+c_{i\tau}E_{q,1}(-at^q),\quad 0<q\leqslant 1,\quad t\in[(i-1)\tau,i\tau].\tag{3.34}$$

相似地, 系统 (3.30) 的解可写为

$$y_{i\tau}(t)=\int_0^t(t-s)^{q-1}E_{q,q}(-a(t-s)^q)by_{i\tau}(s-\tau)ds\\+c_{i\tau}E_{q,1}(-at^q),\quad 0<q\leqslant 1,\quad t\in[(i-1)\tau,i\tau].\tag{3.35}$$

下面对 $k$ 用归纳法证明 $x(t)\leqslant y(t),t\in[(i-1)\tau,i\tau],i=1,2,\cdots,k$.

首先考虑当 $k=1$ 时, $x(t)\leqslant y(t)$ 成立. 若 $t\in[0,\tau]$, 则 $t-\tau\in[-\tau,0]$ 且 $x(t-\tau)=y(t-\tau)=h(t-\tau)$.

由方程 (3.34) 和 (3.35), 可得

$$x_\tau(t)\leqslant\int_0^t(t-s)^{q-1}E_{q,q}(-a(t-s)^q)bh(s-\tau)ds+c_\tau E_{q,1}(-at^q)=y_\tau(t).$$

注意到方程 (3.30) 和 (3.31), 由解的存在唯一性可知 $c_\tau=h(0)$. 因此, 当 $k=1$ 时, $x(t)\leqslant y(t)$ 成立.

假设 $x(t)\leqslant y(t)$ 对 $k$ 成立, 即在区间 $t\in[(k-1)\tau,k\tau]$ 有

$$x_{i\tau}(t)\leqslant y_{i\tau}(t),\quad i=1,2,\cdots,k.$$

下证 $x(t)\leqslant y(t)$ 对 $k+1$ 成立即可.

如果 $t\in[k\tau,(k+1)\tau]$, 系统 (3.34) 可化为

$$\begin{aligned}x(t)&\leqslant\int_0^t(t-s)^{q-1}E_{q,q}(-a(t-s)^q)bx(s-\tau)ds+c_{(k+1)\tau}E_{q,1}(-at^q)\\&=\int_0^\tau(t-s)^{q-1}E_{q,q}(-a(t-s)^q)bx_\tau(s-\tau)ds\\&\quad+\sum_{j=2}^k\int_{(j-1)\tau}^{j\tau}(t-s)^{q-1}E_{q,q}(-a(t-s)^q)bx_{j\tau}(s-\tau)ds\\&\quad+\int_{k\tau}^t(t-s)^{q-1}E_{q,q}(-a(t-s)^q)bx_{(k+1)\tau}(s-\tau)ds\\&\quad+c_{(k+1)\tau}E_{q,1}(-at^q).\end{aligned}\tag{3.36}$$

当 $s \in [k\tau, t]$ 时, $s-\tau \in [(k-1)\tau, t-\tau] \subset [(k-1)\tau, k\tau]$. 根据假设条件, 可得 $x(s-\tau) \leqslant y(s-\tau)$.

由方程 (3.36), 可得 $x(t) \leqslant y(t), t \in [k\tau, (k+1)\tau]$, 结论成立. 定理得证.

**注 3.4.3** 在方程 (3.31) 和 (3.35) 中 $c_{i\tau}$ 选择相同的初值, 这是因为 $c_{i\tau}$ 仅仅依赖于初值 (可见参考文献 [4] 中定理 5.15 及参考文献 [54]).

该定理可以推广到多时滞系统, 故可有如下定理.

**定理 3.4.4** 考虑如下两个带有多时滞的 1 维分数阶系统

$$\begin{cases} {}_0^C D_t^q V(x(t)) \leqslant -\rho V(x(t)) + \sum\limits_{i=1}^{m} k_i V(x(t-\tau_i)), \\ x(t) = \phi(t), \quad t \in [-\tau, 0], \end{cases}$$

以及

$$\begin{cases} {}_0^C D_t^q V(y(t)) = -\rho V(y(t)) + \sum\limits_{i=1}^{m} k_i V(y(t-\tau_i)), \\ y(t) = \phi(t), \quad t \in [-\tau, 0], \end{cases}$$

其中 $q \in (0,1)$, $x(t)$ 和 $y(t) \in R^n$ 在 $[0,+\infty)$ 上连续, $V(x)$ 和 $V(y)$ 是分别关于 $x$ 和 $y$ 的函数. $\phi(t)$ 在 $[-\tau, 0]$ 上连续. 若对所有的 $i=1,2,\cdots,m$, 满足 $\rho, k_i, \tau_i > 0$, 则下式成立

$$V(x(t)) \leqslant V(y(t)), \quad \forall t \in [0,+\infty).$$

具体证明过程可见 [56,57].

对于一般的时滞线性系统和多时滞系统, 由比较原理可得相应的稳定性条件和一些重要的结论. 这些结论将在分析时滞分数阶神经网络的稳定性和同步时有着重要的应用.

$$\begin{cases} {}_0^C D_t^q x(t) = -\rho x(t) + kx(t-\tau), \\ x(t) = \phi(t), \quad t \in [-\tau, 0], \end{cases} \tag{3.37}$$

其中 $\rho, k > 0$.

**定理 3.4.5** 若常数 $q$, $\rho$, $k$ 满足

$$k < \rho \sin\left(\frac{q\pi}{2}\right), \quad q \in (0,1),$$

则系统 (3.37) 的零解是 Lyapunov 渐近稳定的.

对于多时滞线性系统

$$\begin{cases} {}_0^C D_t^q x(t) = -\rho x(t) + \sum\limits_{i=1}^{m} k_i x\left(t - \tau_i\right), \\ x(t) = \phi(t), \quad t \in [-\tau, 0], \end{cases} \tag{3.38}$$

其中 $0 < q < 1$, 时滞 $\tau_1, \tau_2, \cdots, \tau_m > 0$, $\tau = \max\{\tau_1, \tau_2, \cdots, \tau_m\} (m < +\infty)$ 是时滞的数量, 常数 $\rho, k_1, k_2, \cdots, k_m \geqslant 0$, 初值 $\phi(t)$ $(t \in [-\tau, 0])$ 是一个连续函数.

对式 (3.38) 两端同时进行 Laplace 变换, 可得

$$s^q X(s) - s^{q-1}\phi(0) = -\rho X(s) + \sum_{i=1}^{m} k_i e^{-s\tau_i}\left(X(s) + \int_{-\tau_i}^{0} e^{-st}\phi(t)\, dt\right),$$

其中 $X(s)$ 是 $x(t)$ 的 Laplace 变换式, 即 $X(s) = \mathcal{L}(x(t))$. 由上式可得

$$\Delta(s) X(s) = d(s),$$

其中 $\Delta(s) = s^q + \rho - \sum\limits_{i=1}^{m} k_i e^{-s\tau_i}$, $d(s) = s^{q-1}\phi(0) + \sum\limits_{i=1}^{m} k_i e^{-s\tau_i} \int_{-\tau_i}^{0} e^{-st}\phi(t)\, dt$.

由定理 3.3.4, 可知系统 (3.38) 有如下结论.

**定理 3.4.6**　若对于任意的 $\tau_1, \tau_2, \cdots, \tau_m > 0$, 特征方程 $\det(\Delta(s)) = 0$ 都没有纯虚根, 且满足

$$\left|\arg\left(-\rho + \sum_{i=1}^{m} k_i\right)\right| > \frac{q\pi}{2},$$

则系统 (3.38) 的零解是 Lyapunov 渐近稳定的.

下面给出如下带有多时滞分数阶系统 (3.38) 的稳定性定理.

**定理 3.4.7**　若常数 $q$, $\rho$, $k_1, \cdots, k_m$ 满足

$$\sum_{i=1}^{m} k_i < \rho \sin\left(\frac{q\pi}{2}\right), \quad q \in (0, 1).$$

则系统 (3.38) 的零解是 Lyapunov 渐近稳定的.

**证明**　当 $0 < q < 1$ 时, 可得 $0 < \sin\left(\dfrac{q\pi}{2}\right) < 1$. 则满足

$$-\rho + \sum_{i=1}^{m} k_i < 0.$$

系统 (3.37) 的特征方程为

$$\det(\Delta(s)) = s^q + \rho - \sum_{i=1}^{m} k_i e^{-s\tau_i}.$$

假设 $\Delta(s)$ 有一个纯虚数的根定义为

$$s = wi = |w|\left(\cos\left(\frac{\pi}{2}\right) + i\sin\left(\pm\frac{\pi}{2}\right)\right),$$

其中 $w$ 是一个实数, 且当 $w>0$ $(w<0)$ 时取 $i\sin\left(\frac{\pi}{2}\right)$ $\left(i\sin\left(-\frac{\pi}{2}\right)\right)$. 将其代入 $\det(\Delta(s))$ 可得

$$\det(\Delta(wi)) = (wi)^q + \rho - \sum_{i=1}^{m} k_i e^{-\tau_i wi} = 0.$$

又由

$$|(wi)^q + \rho|^2 = \left|\sum_{i=1}^{m} k_i e^{-\tau_i wi}\right|^2,$$

可得

$$\begin{aligned}
&|w|^{2q} + 2\rho\cos\left(\frac{q\pi}{2}\right)|w|^q + \rho^2 \\
=&\left(\sum_{i=1}^{m} k_i \cos w\tau_i\right)^2 + \left(\sum_{i=1}^{m} k_i \sin(\pm w\tau_i)\right)^2 \\
=&\sum_{i=1}^{m}\sum_{j=1}^{m}\left(k_i k_j\left(\cos w\tau_i \cos w\tau_j + \sin(\pm w\tau_i)\sin(\pm w\tau_j)\right)\right) \\
=&\sum_{i=1}^{m}\sum_{j=1}^{m}\left(k_i k_j \cos(\pm w\tau_i \mp w\tau_j)\right) \\
\leqslant&\sum_{i=1}^{m}\sum_{j=1}^{m} k_i k_j = \left(\sum_{i=1}^{m} k_i\right)^2.
\end{aligned}$$

然而由于 $\sum\limits_{i=1}^{m} k_i < \rho\sin\left(\frac{q\pi}{2}\right)$, 可得

$$\begin{aligned}
&|w|^{2q} + 2\rho\cos\left(\frac{q\pi}{2}\right)|w|^q + \rho^2 \\
=&\left(|w|^q + \rho\cos\left(\frac{q\pi}{2}\right)\right)^2 + \rho^2\sin^2\left(\frac{q\pi}{2}\right) > \left(\sum_{i=1}^{m} k_i\right)^2,
\end{aligned}$$

这与 $|w|^{2q} + 2\rho\cos\left(\frac{q\pi}{2}\right)|w|^q + \rho^2 \leqslant \left(\sum\limits_{i=1}^{m} k_i\right)^2$ 矛盾. 故 $\det(\Delta(wi)) = 0$ 没有解, 且 $\det(\Delta(s)) = 0$ 没有纯虚根. 根据定理 3.4.6 可得系统 (3.38) 的零解是 Lyapunov 渐近稳定的. 定理得证.

**注 3.4.8** 在文献 [57] 中, 针对系统 (3.38) 提出了如下的稳定性定理

$$\sqrt{2}\sum_{i=1}^{m} k_i < \rho.$$

其结论并不与定理 3.4.7 完全相符. 定理 3.4.5, 定理 3.4.7 的证明更加严格, 且对分数阶阶数和稳定性关系的诠释更加合理.

## 3.5 分数阶线性矩阵不等式条件

本节主要介绍有关分数阶神经网络稳定性判定的线性矩阵不等式 (LMI) 条件, 其是基于分数阶 Lyapunov 方法的应用结论之一. 线性矩阵不等式是一种用于分析整数阶线性系统稳定性的工具, 其形式简单且便于计算操作, 因此得到广泛的关注和应用. 而对于分数阶系统的线性矩阵不等式的研究还处于初级阶段, 相关的结果很少. 在文献 [58] 中给出了一个针对线性分数阶系统的线性矩阵不等式方法. 对如下线性分数阶系统

$$^{C}D_t^q x = Ax, \quad 0 < q < 2,$$

其线性矩阵不等式条件为存在一个正定的矩阵 $P$ 使得下式成立

$$\left(-(-A)^{\frac{1}{2-q}}\right)^{\mathrm{T}} P + P\left(-(-A)^{\frac{1}{2-q}}\right) \prec 0.$$

上述条件在形式和证明上都相对复杂. 本节将利用 Lyapunov 稳定方法以及分数阶不等式工具, 给出一套简单有效的线性矩阵不等式方法, 进而用于判定分数阶神经网络模型以及其时滞模型的稳定性.

### 3.5.1 一般模型的线性矩阵不等式条件

本节将讨论一般分数阶系统的线性矩阵不等式条件. 以分数阶神经网络为非线性系统的例子, 可以得到分数阶神经网络的线性矩阵不等式条件. 为了论证有关系统的线性矩阵不等式条件, 首先给出如下定理[59], 其在本书的相关证明中有重要的作用.

**定理 3.5.1**[59] 设 $x(t) \in R$ 是一个连续且可微的函数, 则对于任意时间 $t \geqslant 0$, 下式成立

$$\frac{1}{2}\,{}_0^C D_t^q x^2(t) \leqslant x(t)\,{}_0^C D_t^q x(t), \quad \forall q \in (0,1).$$

进一步地, 若 $x(t) \in R^n$ 是一个连续且可微的向量函数, 则下式成立

$$\frac{1}{2}\,{}_0^C D_t^q x^{\mathrm{T}}(t)x(t) \leqslant x^{\mathrm{T}}(t)\,{}_0^C D_t^q x(t), \quad \forall q \in (0,1).$$

**引理 3.5.2**[60] 若 $g(t)$ 为连续可微函数, 则于任意常数 $h$ 与 $t \in [0,\infty)$,

$$ {}_0^C D_t^{\alpha}(g(t)-h)^2 \leqslant 2(g(t)-h){}_0^C D_t^{\alpha} g(t), \quad 0<\alpha \leqslant 1. $$

**注 3.5.3** 本章中, $n\times n$ 的矩阵 $A \succ (\succeq) 0$ 表示 $A$ 是正定 (半正定) 的, 即对于任意 $x \in R^n$ 以及 $x \neq 0$, 满足 $x^{\mathrm{T}}Ax > (\geqslant) 0$. $A \prec (\preceq) 0$ 表示 $A$ 是负定 (半负定) 的, 即对于任意 $x \in R^n$ 以及 $x \neq 0$, 满足 $x^{\mathrm{T}}Ax < (\leqslant) 0$. $\lambda_{\max}(A)$ $(\lambda_{\min}(A))$ 代表 $A$ 特征值的最大 (最小) 值. $\|x\|_2 = \sqrt{x^{\mathrm{T}}x}$ 表示 $x \in R^n$ 的 2 范数.

为了更好地分析分数阶神经网络的线性矩阵不等式条件, 先考虑一个 $n$ 维线性 Caputo 分数阶方程

$$ \begin{cases} {}_0^C D_t^q x(t) = Ax(t), \\ x(0) = x_0, \end{cases} \tag{3.39} $$

其中 $0<q<1$, $A \in R^{n\times n}$ 是一个常数矩阵. 则其线性矩阵不等式稳定条件可如下表出.

**定理 3.5.4** 如果存在一个 $n\times n$ 的矩阵 $P \succ 0$ 满足

$$ A^{\mathrm{T}}P + PA \prec 0, $$

则系统 (3.39) 的平衡点 $\bar{x}=0$ 是全局 Mittag-Leffler 稳定的.

**证明** 构建 Lyapunov 函数

$$ V(t,x(t)) = x^{\mathrm{T}}Px. $$

显然上述 Lyapunov 函数满足如下不等式

$$ \lambda_{\min}(P)\|x\|_2^2 \leqslant x^{\mathrm{T}}Px \leqslant \lambda_{\max}(P)\|x\|_2^2. $$

再由 $P \succ 0$, 存在矩阵 $P^{\frac{1}{2}} \succ 0$ 使得 $\left(P^{\frac{1}{2}}\right)^2 = P$. 根据定理 3.5.1, 对于任意 $x \in R^n$ 可得

$$ \begin{aligned} {}_0^C D_t^q V(t,x(t)) &= {}_0^C D_t^q (P^{\frac{1}{2}}x)^{\mathrm{T}}(P^{\frac{1}{2}}x) \\ &\leqslant (P^{\frac{1}{2}}x)^{\mathrm{T}}\, {}_0^C D_t^q (P^{\frac{1}{2}}x) + [{}_0^C D_t^q (P^{\frac{1}{2}}x)]^{\mathrm{T}}(P^{\frac{1}{2}}x) \\ &= x^{\mathrm{T}}P\, {}_0^C D_t^q x + [{}_0^C D_t^q x]^{\mathrm{T}}Px \\ &= x^{\mathrm{T}}PAx + x^{\mathrm{T}}A^{\mathrm{T}}Px \\ &= x^{\mathrm{T}}(PA + A^{\mathrm{T}}P)x \\ &\leqslant \lambda_{\max}(A^{\mathrm{T}}P + PA)x^{\mathrm{T}}x \end{aligned} $$

$$=\lambda_{\max}(A^{\mathrm{T}}P+PA)\|x\|_2^2.$$

由于 $A^{\mathrm{T}}P+PA\prec 0$, $\lambda_{\max}(A^{\mathrm{T}}P+PA)<0$, 根据定理 3.2.4, 系统 (3.39) 的平衡点 $\bar{x}=0$ 是全局 Mittag-Leffler 稳定的. 定理得证.

**注 3.5.5** 对于整数阶方程 $\dot{x}(t)=Ax(t)$, 定理 3.5.4 的线性矩阵不等式条件仍成立, 即整数阶方程属于 $q=1$ 时定理 3.5.4 的特例.

对于 $n$ 维非线性 Caputo 分数阶方程, 考虑如下模型

$$\begin{cases} {}_0^C D_t^q x(t)=Ax(t)+Bg(x(t)), \\ x(0)=x_0, \end{cases} \tag{3.40}$$

其中 $0<q<1$, $A,B\in R^{n\times n}$ 是常数矩阵, $g(x(t)):R^n\to R^n$ 是非线性向量函数.

**条件 3.5.6** $g(x)$ 连续且在 $R^n$ 上满足 Lipschitz 条件, 即存在一个 $n\times n$ 的矩阵 $L_g\succ 0$ 使得对于所有的 $x,y\in R^n$ 满足

$$\|g(y)-g(x)\|_2\leqslant\|L_g(y-x)\|_2,$$

此外, 假设 $g(0)=0$, 即保证 $\bar{x}=0$ 是系统 (3.40) 的平衡点.

**定理 3.5.7** 若条件 3.5.6 成立, 且存在常数 $\gamma>0$ 和一个 $n\times n$ 的矩阵 $P\succ 0$ 满足

$$A^{\mathrm{T}}P+PA+\gamma PBB^{\mathrm{T}}P+\gamma^{-1}L_g^2\prec 0,$$

则系统 (3.40) 的平衡点 $\bar{x}=0$ 是全局 Mittag-Leffler 稳定的.

**证明** 根据条件 3.5.6 可得 $\bar{x}=0$ 为系统 (3.40) 的一个平衡点. 构建 Lyapunov 函数

$$V(t,x(t))=x^{\mathrm{T}}Px. \tag{3.41}$$

根据定理 3.5.1, 对于任意 $x\in R^n$ 可得

$$\begin{aligned}
{}_0^C D_t^q V(t,x(t)) &\leqslant x^{\mathrm{T}}P\,{}_0^C D_t^q x+[{}_0^C D_t^q x]^{\mathrm{T}}Px \\
&=x^{\mathrm{T}}PAx+x^{\mathrm{T}}A^{\mathrm{T}}Px+2x^{\mathrm{T}}PBg(x) \\
&\leqslant x^{\mathrm{T}}PAx+x^{\mathrm{T}}A^{\mathrm{T}}Px+\gamma x^{\mathrm{T}}PBB^{\mathrm{T}}Px+\gamma^{-1}g^{\mathrm{T}}(x)g(x) \\
&=x^{\mathrm{T}}PAx+x^{\mathrm{T}}A^{\mathrm{T}}Px+\gamma x^{\mathrm{T}}PBB^{\mathrm{T}}Px+\gamma^{-1}\|g(x)-g(0)\|_2^2 \\
&\leqslant x^{\mathrm{T}}PAx+x^{\mathrm{T}}A^{\mathrm{T}}Px+\gamma x^{\mathrm{T}}PBB^{\mathrm{T}}Px+\gamma^{-1}x^{\mathrm{T}}L_g^2x \\
&=x^{\mathrm{T}}[PA+A^{\mathrm{T}}P+\gamma PBB^{\mathrm{T}}P+\gamma^{-1}L_g^2]x \\
&\leqslant\lambda_{\max}(PA+A^{\mathrm{T}}P+\gamma PBB^{\mathrm{T}}P+\gamma^{-1}L_g^2)\|x\|_2^2.
\end{aligned}$$

由于 $PA+A^{\mathrm{T}}P+\gamma PBB^{\mathrm{T}}P+\gamma^{-1}L_g^2 \prec 0$, $\lambda_{\max}(PA+A^{\mathrm{T}}P+\gamma PBB^{\mathrm{T}}P+\gamma^{-1}L_g^2) < 0$, 根据定理 3.2.4, 系统 (3.40) 的平衡点 $\bar{x}=0$ 是全局 Mittag-Leffler 稳定的. 定理得证.

根据已得到的线性矩阵不等式结论, 下面分析分数阶神经网络模型的相应条件. 考虑如下 $n$ 维 Caputo 分数阶神经网络

$$
{}_0D_t^q x_i(t) = -c_i x_i(t) + \sum_{j=1}^{n} b_{ij} f_j(x_j(t)) + I_i,
$$

其中 $i=1,2,\cdots,n$, $n$ 表示神经网络中神经元的个数, 其阶数满足 $0<q<1$, 参数的具体含义详见第 4 章分数阶神经网络的稳定性分析.

上述系统的向量形式为

$$
{}_0D_t^q x(t) = -Cx(t) + Bf(x(t)) + I, \tag{3.42}
$$

其中 $x(t)=(x_1(t),x_2(t),\cdots,x_n(t))^{\mathrm{T}}$, $C=\mathrm{diag}\{c_1,c_2,\cdots,c_n\}$, $B=(b_{ij})_{n\times n}$, $I=(I_1,I_2,\cdots,I_n)^{\mathrm{T}}$, $f(x(t))=(f_1(x_1),f_2(x_2),\cdots,f_n(x_n))^{\mathrm{T}}$.

**条件 3.5.8** 激励函数 $f_i$ 是连续的且在 $R$ 上满足 Lipschitz 条件, 即存在 Lipschitz 常数 $l_i>0$, 使得对所有的 $x,y\in R$, $i=1,2,\cdots,n$, 满足

$$
|f_i(y)-f_i(x)| \leqslant l_i|y-x|.
$$

其向量形式如下, 存在矩阵 $L=\mathrm{diag}\{l_1,l_2,\cdots,l_n\}\succ 0$ 对所有 $x,y\in R^n$ 满足

$$
\|f(y)-f(x)\|_2 \leqslant \|L(y-x)\|_2.
$$

**条件 3.5.9** 矩阵 $C$ 可逆且存在常数 $0\leqslant\theta<1$ 满足

$$
B^{\mathrm{T}}(C^{-1})^{\mathrm{T}}C^{-1}B \preceq \theta(L^{-1})^2.
$$

**定理 3.5.10** 如果条件 3.5.8, 条件 3.5.9 成立, 则系统 (3.42) 有且只有一个平衡点.

**证明** 根据条件 3.5.9, 矩阵 $C$ 是可逆的, 故可定义映射 $\Xi(\omega):R^n\to R^n$, 其中 $\omega=(\omega_1,\omega_2,\cdots,\omega_n)^{\mathrm{T}}$, 且

$$
\Xi(\omega) = C^{-1}Bf(\omega) + C^{-1}I.
$$

由条件 3.5.8 可得, 对任意两个向量 $\varphi,\psi\in R^n$ 满足

$$
\begin{aligned}
\|\Xi(\varphi)-\Xi(\psi)\|_2^2 &= \|C^{-1}B(f(\varphi)-f(\psi))\|_2^2 \\
&= (f(\varphi)-f(\psi))^{\mathrm{T}}B^{\mathrm{T}}(C^{-1})^{\mathrm{T}}C^{-1}B(f(\varphi)-f(\psi)) \\
&\leqslant (f(\varphi)-f(\psi))^{\mathrm{T}}\theta(L^{-1})^2(f(\varphi)-f(\psi))
\end{aligned}
$$

$$
\begin{aligned}
&=\sum_{i=1}^{n}\theta l_i^{-2}(f_i(\varphi)-f_i(\psi))^2\\
&\leqslant\theta\|\varphi-\psi\|_2^2.
\end{aligned}
$$

即

$$\|\Xi(\varphi)-\Xi(\psi)\|_2\leqslant\sqrt{\theta}\|\varphi-\psi\|_2,$$

其中 $0\leqslant\sqrt{\theta}<1$. 因此映射 $\Xi$: $R^n\to R^n$ 在 $R^n$ 上是紧的, 故存在一个唯一的不动点 $\bar{\omega}\in R^n$ 使得 $\Xi(\bar{\omega})=\bar{\omega}$, 即

$$\bar{\omega}=C^{-1}Bf(\bar{\omega})+C^{-1}I.$$

继而可得

$$-C\bar{\omega}+Bf(\bar{\omega})+I=0,$$

其中 $\bar{\omega}$ 是上式唯一的 0 解. 定理得证.

**定理 3.5.11**　如果条件 3.5.8, 条件 3.5.9 成立, 且存在常数 $\gamma>0$ 和 $n\times n$ 的矩阵 $P\succ0$ 满足

$$-C^{\mathrm{T}}P-PC+\gamma PBB^{\mathrm{T}}P+\gamma^{-1}L^2\prec0.$$

则系统 (3.42) 的唯一平衡点是全局 Mittag-Leffler 稳定的.

**证明**　根据定理 3.5.10, 系统 (3.42) 存在唯一平衡点 $\bar{x}$. 定义变换 $y(t)=x(t)-\bar{x}$, 则系统 (3.42) 可转化成

$$
\begin{aligned}
{}_0^CD_t^qy(t)&=-C(y(t)+\bar{x})+Bf(y(t)+\bar{x})+I\\
&=-Cy(t)+B[f(y(t)+\bar{x})-f(\bar{x})]-C\bar{x}+Bf(\bar{x})+I\\
&=-Cy(t)+B[f(y(t)+\bar{x})-f(\bar{x})]\\
&=-Cy(t)+Bg(y(t)),
\end{aligned}
\tag{3.43}
$$

其中 $g(y(t))\triangleq f(y(t)+\bar{x})-f(\bar{x})$, 并且 $g(0)=0$, $g(y)$ 在 $R^n$ 上满足 Lipschitz 条件, 即对所有的 $x,y\in R^n$ 满足

$$\|g(y)-g(x)\|_2\leqslant\|L(y-x)\|_2.$$

因而系统 (3.43) 满足条件 3.5.6, 且根据定理 3.5.7, 系统 (3.43) 的平衡点 $\bar{y}=0$ 是全局 Mittag-Leffler 稳定的. 即得系统 (3.42) 的唯一平衡点 $\bar{x}$ 是全局 Mittag-Leffler 稳定的. 定理得证.

**例 3.5.12**　对于系统 (3.42), 考虑带有 3 个神经元的神经网络模型. 选取 $x=(x_1,x_2,x_3)^{\mathrm{T}}$, $f(x)=(\sin(x_1),\sin(x_2),\sin(x_3))^{\mathrm{T}}$, $I=(5,1,-3)^{\mathrm{T}}$, $C=\mathrm{diag}\{6,7,5.5\}$,

$$B=\begin{pmatrix}3 & 1 & -2.5\\ -1 & 1.5 & 2\\ -2.5 & 2 & -1\end{pmatrix}.$$

于是系统 (3.42) 可表示为

$$\begin{cases}{}_0^C D_t^q x_1=-6x_1+3\sin(x_1)+\sin(x_2)-2.5\sin(x_3)+5,\\ {}_0^C D_t^q x_2=-7x_2-\sin(x_1)+1.5\sin(x_2)+2\sin(x_3)+1,\\ {}_0^C D_t^q x_3=-5.5x_3-2.5\sin(x_1)+2\sin(x_2)-\sin(x_3)-3.\end{cases}\tag{3.44}$$

取 $L=\operatorname{diag}\{1,1,1\}\succ 0$, $\theta=0.6$, 则满足

$$B^{\mathrm{T}}(C^{-1})^{\mathrm{T}}C^{-1}B\approx\begin{pmatrix}0.4770 & -0.1126 & -0.1665\\ -0.1126 & 0.2059 & -0.0743\\ -0.1665 & -0.0743 & 0.2883\end{pmatrix}\preceq\theta(L^{-1})^2.$$

因此条件 3.5.8, 条件 3.5.9 均满足. 另外选取 $\gamma=0.1>0$, $P=\operatorname{diag}\{1,1,2\}\succ 0$, 使得

$$-C^{\mathrm{T}}P-PC+\gamma PBB^{\mathrm{T}}P+\gamma^{-1}L^2=\begin{pmatrix}-0.375 & -0.35 & -1.4\\ -0.35 & -3.27 & -0.3\\ -1.4 & -0.3 & -7.5\end{pmatrix}\prec 0.$$

根据定理 3.5.10, 定理 3.5.11, 系统 (3.44) 有且只有一个平衡点 $\bar{x}$, 经计算可得 $\bar{x}\approx(1.6246,-0.2958,-0.9567)^{\mathrm{T}}$, 且 $\bar{x}$ 是全局 Mittag-Leffler 稳定的. 图 3.6 表示系统 (3.44) 在不同阶数和初值下的解的时间历程图. 当时间大于 40 时, 系统 (3.44) 的解均随时间增加收敛于 $\bar{x}\approx(1.6246,-0.2958,-0.9567)^{\mathrm{T}}$, 即验证了定理 3.5.10, 定理 3.5.11 的结论.

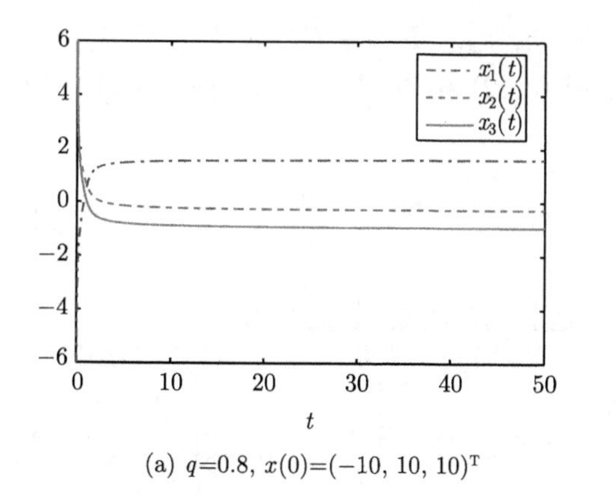


(a) $q$=0.8, $x(0)=(-10, 10, 10)^{\mathrm{T}}$

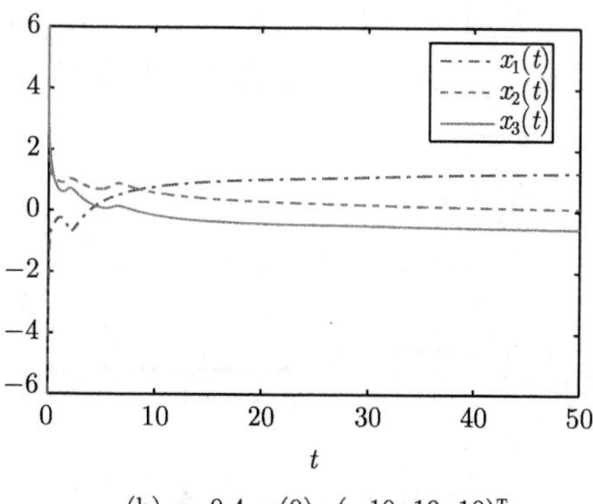


(b) $q$=0.4, $x(0)=(-10, 10, 10)^{\mathrm{T}}$

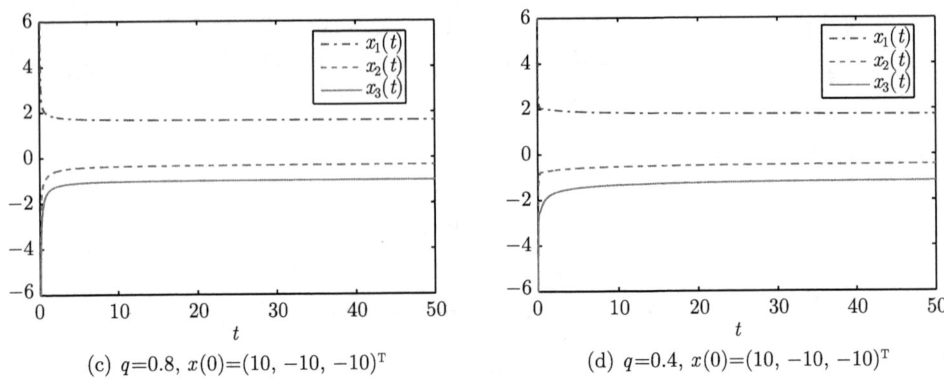


(c) $q$=0.8, $x(0)=(10, -10, -10)^{\mathrm{T}}$　　(d) $q$=0.4, $x(0)=(10, -10, -10)^{\mathrm{T}}$

图 3.6　系统 (3.44) 解的时间历程图

### 3.5.2　时滞模型的线性矩阵不等式条件

理论和实践证实, 时滞是客观存在的, 同时时滞对系统的稳定性带来影响, 产生振荡行为或其他不稳定现象甚至出现混沌现象 [61-63], 故可知研究时滞系统是非常必要和有实际意义的. 本节即在时滞分数阶系统的比较定理的基础上, 进一步运用分数阶 Lyapunov 方法, 从而给出一组适用于时滞分数阶神经网络模型的线性矩阵不等式条件.

**定理 3.5.13**[64]　对于 $n$ 维向量 $x$ 和 $y$, 以及一个 $n\times n$ 正定阵 $Q\succ 0$, 有下式成立

$$2x^{\mathrm{T}}y\leqslant x^{\mathrm{T}}Qx+y^{\mathrm{T}}Q^{-1}y.$$

考虑如下的 $n$ 维带有多时滞的分数阶神经网络

$$\begin{cases}{}_0^CD_t^qx(t)=-Cx(t)+Bf(x(t))+\displaystyle\sum_{i=1}^{m}B_{(i)}f_{(i)}(x(t-\tau_i))+I,\\ x(t)=\phi(t),\quad t\in[-\tau,0],\end{cases}\tag{3.45}$$

其中对所有的 $i=1,2,\cdots,m$, $B_{(i)}\in R^{n\times n}$, $f_{(i)}:R^n\to R^n$, $\tau_i$ 是时滞项, $\tau=\max\{\tau_1,\tau_2,\cdots,\tau_m\}$, 其他参数变量与系统 (3.42) 相同. 简单起见, 将 (3.45) 化成如下的系统

$$\begin{cases}{}_0^CD_t^qx(t)=-Cx(t)+h(x(t),x(t-\tau_1),x(t-\tau_2),\cdots,x(t-\tau_m)),\\ x(t)=\phi(t),\quad t\in[-\tau,0],\end{cases}\tag{3.46}$$

其中 $q\in(0,1)$, $h:\underbrace{R^n\times\cdots\times R^n}_{m+1}\to R^n$ 是非线性函数, 且定义为

$$h(x(t),x(t-\tau_1),x(t-\tau_2),\cdots,x(t-\tau_m))\triangleq Bf(x(t))+\sum_{i=1}^{m}B_{(i)}f_{(i)}(x(t-\tau_{(i)}))+I.$$

因此, 对多时滞的分数阶神经网络模型只需研究系统 (3.46) 即可. 而首先还是要分析系统 (3.46) 平衡点的存在条件.

**条件 3.5.14** 存在 $n\times n$ 矩阵 $L_0,\cdots,L_m\succeq 0$, 使对所有的 $x_0,\cdots,x_m$, $y_0,\cdots,y_m\in R^n$, 下式成立

$$\|h(y_0,y_1,\cdots,y_m)-h(x_0,x_1,\cdots,x_m)\|_2^2\leqslant\sum_{i=0}^{m}\|L_i(y_i-x_i)\|_2^2.$$

**定理 3.5.15** 若条件 3.5.14 成立, 且存在常数 $\theta_1>\theta_2>0$ 满足

$$C^{\mathrm{T}}C\succeq\theta_1 I\succ\theta_2 I\succeq\sum_{i=0}^{m}L_i^2,\tag{3.47}$$

则系统 (3.46) 存在唯一的平衡点.

**证明** 由于 $C^{\mathrm{T}}C\succeq\theta_1 I$, 故 $C$ 是一个可逆矩阵. 定义映射 $\Psi(x):R^n\to R^n$, 其中 $x=(x_1,x_2,\cdots,x_n)^{\mathrm{T}}$, 并且

$$\Psi(x)=C^{-1}h(\underbrace{x,\cdots,x}_{m+1}).$$

根据条件 3.5.14, 对于任意两个向量 $u,v\in R^n$, 下式成立

$$\begin{aligned}\|\Psi(u)-\Psi(v)\|_2^2&=\|C^{-1}[h(\underbrace{u,\cdots,u}_{m+1})-h(\underbrace{v,\cdots,v}_{m+1})]\|_2^2\\&\leqslant\frac{1}{\theta_1}\|[h(\underbrace{u,\cdots,u}_{m+1})-h(\underbrace{v,\cdots,v}_{m+1})]\|_2^2\\&\leqslant\frac{1}{\theta_1}\sum_{i=0}^{m}(u-v)^{\mathrm{T}}L_i^2(u-v)\leqslant\frac{\theta_2}{\theta_1}\|u-v\|_2^2.\end{aligned}$$

又由于 $0<\sqrt{\dfrac{\theta_2}{\theta_1}}<1$, 则根据上式 $\|\Psi(u)-\Psi(v)\|_2\leqslant\sqrt{\dfrac{\theta_2}{\theta_1}}\|u-v\|_2$, 可知映射 $\Psi$: $R^n\to R^n$ 在 $R^n$ 上是紧的. 因此存在唯一的不动点 $\bar{x}\in R^n$ 使得 $\Psi(\bar{x})=\bar{x}$, 即

$$\bar{x}=C^{-1}h(\underbrace{\bar{x},\cdots,\bar{x}}_{m+1}).$$

由上式可得

$$-C\bar{x}+h(\underbrace{\bar{x},\cdots,\bar{x}}_{m+1})=0,$$

其中 $\bar{x}$ 是系统 (3.46) 唯一的平衡点. 定理得证.

下面证明其平衡点的稳定性.

**定理 3.5.16**　若条件 3.5.14 和不等式 (3.47) 成立, 且对于所有的 $i=1,\cdots,m$, 存在 $n\times n$ 的矩阵 $P,Q\succ 0$ 和常数 $\eta>0$, $\theta_{1i}>\theta_{2i}>0$, $\beta_i>0\left(\sum\limits_{i=1}^{m}\beta_i\leqslant 1\right)$, 满足

$$\beta_i\sin\frac{q\pi}{2}[C^{\mathrm{T}}P-PC-PQP-\eta L_0^2]\succeq\theta_{1i}P\succ\theta_{2i}P\succeq\eta L_i^2,\quad Q^{-1}\preceq\eta I, \tag{3.48}$$

或者

$$\beta_i\sin\frac{q\pi}{2}[C^{\mathrm{T}}P+PC-Q-\eta L_0^2]\succeq\theta_{1i}P\succ\theta_{2i}P\succeq\eta L_i^2,\quad PQ^{-1}P\preceq\eta I, \tag{3.49}$$

则系统 (3.46) 唯一的平衡点 $\bar{x}$ 是全局渐近稳定的.

**证明**　由证明的相似性, 只证明不等式 (3.48) 成立的情况. 由定理 3.5.15 可得, 系统 (3.46) 有唯一的平衡点 $\bar{x}$. 定义变换 $y(t)=x(t)-\bar{x}$ 可得 (3.46) 转化为如下系统

$$\begin{cases}{}_0^CD_t^qy(t)=-Cy(t)+h(x(t),x(t-\tau_1),x(t-\tau_2),\cdots,x(t-\tau_m))\\ \qquad\qquad\quad -h(\underbrace{\bar{x},\cdots,\bar{x}}_{m+1}),\\ y(t)=\phi(t)-\bar{x},\quad t\in[-\tau,0].\end{cases} \tag{3.50}$$

简便起见令

$$H(t)\triangleq h(x(t),x(t-\tau_1),x(t-\tau_2),\cdots,x(t-\tau_m))-h(\underbrace{\bar{x},\cdots,\bar{x}}_{m+1}).$$

选取 Lyapunov 函数

$$V(t,y(t))=y^{\mathrm{T}}(t)Py(t).$$

根据定理 3.5.1, 定理 3.5.13 和条件 3.5.14 可得对任意的 $x\in R^n$, 满足

$$\begin{aligned}{}_0^CD_t^qV(t,y(t))&\leqslant y^{\mathrm{T}}(t)[PQP-C^{\mathrm{T}}P-PC]y(t)+H^{\mathrm{T}}(t)Q^{-1}H(t)\\&\leqslant y^{\mathrm{T}}(t)[PQP-C^{\mathrm{T}}P-PC]y(t)+\eta\|H(t)\|_2^2\\&\leqslant y^{\mathrm{T}}(t)[PQP-C^{\mathrm{T}}P-PC+\eta L_0^2]y(t)\\&\quad+\eta\sum_{i=1}^{m}y^{\mathrm{T}}(t-\tau_i)L_i^2y(t-\tau_i)\\&\leqslant\sum_{i=1}^{m}\{\beta_iy^{\mathrm{T}}(t)[PQP-C^{\mathrm{T}}P-PC+\eta L_0^2]y(t)\\&\quad+\eta y^{\mathrm{T}}(t-\tau_i)L_i^2y(t-\tau_i)\}\end{aligned}$$

$$\leqslant -\Theta V(y(t))+\sum_{i=1}^{m}\theta_{2i}V(y(t-\tau)), \tag{3.51}$$

其中 $\Theta=\dfrac{1}{\sin\dfrac{q\pi}{2}}\sum\limits_{i=1}^{m}\theta_{1i}$.

考虑上式对应的等式如下

$$ {}_0^C D_t^q V(z(t))=-\Theta V(z(t))+\sum_{i=1}^{m}\theta_{2i}V(z(t-\tau)). \tag{3.52}$$

再根据定理 3.4.7 即得系统 (3.51) 的零平衡点是全局渐近稳定的, 即

$$\lim_{t\to+\infty}V\left(z(t)\right)=0.$$

再根据分数阶比较定理 (定理 3.4.4), 比较系统 (3.50) 和系统 (3.51), 在初值相同时满足

$$V\left(y(t)\right)\leqslant V\left(z(t)\right),\quad t\geqslant 0.$$

故可得

$$\lim_{t\to+\infty}V\left(y(t)\right)=0,$$

即

$$\lim_{t\to+\infty}y(t)=\lim_{t\to+\infty}x(t)-\bar{x}=0.$$

则系统 (3.46) 唯一的平衡点 $\bar{x}$ 是全局渐近稳定的. 定理得证.

以上考虑的分数阶神经网络均是自治的, 下面考虑非自治的神经网络. 考虑如下 $n$ 维非自治多时滞的分数阶神经网络

$$\begin{cases} {}_0^C D_t^q x(t)=-C(t)x(t)+h(t,x(t),x(t-\tau_1),x(t-\tau_2),\cdots,x(t-\tau_m)), \\ x(t)=\phi(t),\quad t\in[-\tau,0], \end{cases} \tag{3.53}$$

其中 $q\in(0,1)$, $C(t):[0,+\infty)\to R^{n\times n}$ 是时变的, $h:[0,+\infty)\times\underbrace{R^n\times\cdots\times R^n}_{m+1}\to R^n$ 是非线性函数. 又由于系统 (3.53) 是非自治系统, 其在一般条件下没有平衡点. 故在此假定

$$h(t,\underbrace{0,\cdots,0}_{m+1})=0,$$

即系统 (3.53) 有零平衡点. 在此条件下, 下面考虑系统 (3.53) 零平衡点的线性矩阵不等式条件.

**条件 3.5.17** 对任意的 $t \in [0, +\infty)$ 以及 $x_0, \cdots, x_m, y_0, \cdots, y_m \in R^n$, 存在 $n \times n$ 矩阵 $L_0(t), \cdots, L_m(t) \succeq 0$, 使得下式成立

$$\|h(t, y_0, y_1, \cdots, y_m) - h(t, x_0, x_1, \cdots, x_m)\|_2^2 \leqslant \sum_{i=0}^{m} \|L_i(t)(y_i - x_i)\|_2^2.$$

**定理 3.5.18** 若条件 3.5.17 成立, 且对于所有的 $i = 1, \cdots, m$ 以及 $t \in [0, +\infty)$, 存在 $n \times n$ 的矩阵 $P, Q \succ 0$ 和常数 $\eta > 0$, $\theta_{1i} > \theta_{2i} > 0$, $\beta_i > 0 \left(\sum\limits_{i=1}^{m} \beta_i \leqslant 1\right)$, 满足

$$\beta_i \sin\frac{q\pi}{2}[C^{\mathrm{T}}(t)P - PC(t) - PQP - \eta L_0^2(t)] \succeq \theta_{1i}P \succ \theta_{2i}P \succeq \eta L_i^2(t), \quad Q^{-1} \preceq \eta I,$$

或者

$$\beta_i \sin\frac{q\pi}{2}[C^{\mathrm{T}}(t)P + PC(t) - Q - \eta L_0^2(t)] \succeq \theta_{1i}P \succ \theta_{2i}P \succeq \eta L_i^2(t), \quad PQ^{-1}P \preceq \eta I,$$

则系统 (3.53) 的零平衡点是全局渐近稳定的.

**证明** 定理 3.5.18 的证明可以参考定理 3.5.16, 故此处省略.

**例 3.5.19** 针对系统 (3.46), 考虑如下 2 维 2 时滞自治分数阶神经网络. 取 $q = 0.8$, $\tau_1 = 1$, $\tau_2 = 2$,

$$C = \begin{pmatrix} 4 & 1 \\ -2 & 5 \end{pmatrix},$$

且

$$\begin{aligned} & h\left(x\left(t\right), x\left(t-1\right), x\left(t-2\right)\right) \\ = & \begin{pmatrix} \tanh(x_1(t)) + \cos(x_1(t-1)) + e^{-x_2^2(t-2)} \\ \sin(x_2(t)) + \arctan(x_1(t-1) + x_2(t-1)) + \sqrt[3]{1 + x_1^2(t-2)} \end{pmatrix}. \end{aligned}$$

则系统 (3.46) 可表示为

$$\begin{cases} {}_0^C D_t^{0.8} x_1(t) = -4x_1(t) - x_2(t) + \tanh(x_1(t)) + \cos(x_1(t-1)) + e^{-x_2^2(t-2)}, \\ {}_0^C D_t^{0.8} x_2(t) = 2x_1(t) - 5x_2(t) + \sin(x_2(t)) + \arctan(x_1(t-1) + x_2(t-1)) \\ \qquad\qquad + \sqrt[3]{1 + x_1^2(t-2)}, \\ x_1(t) = \phi_1(t), \quad t \in [-2, 0], \\ x_2(t) = \phi_2(t), \quad t \in [-2, 0]. \end{cases} \tag{3.54}$$

进一步选取

$$L_1^2 = \begin{pmatrix} 3 & 0 \\ 0 & 3 \end{pmatrix}, \quad L_2^2 = \begin{pmatrix} 0.75 & 0 \\ 0 & 2.43 \end{pmatrix}, \quad L_3^2 = \begin{pmatrix} 6 & 3 \\ 3 & 3 \end{pmatrix}.$$

则存在 $\theta_1 = 16.2 > \theta_2 = 12.2$ 满足

$$C^{\mathrm{T}}C \succeq \theta_1 I_{2\times 2} \succ \theta_2 I_{2\times 2} \succeq \sum_{i=0}^{2} L_i^2.$$

根据定理 3.5.15 可得, 系统 (3.54) 存在唯一的平衡点 $\bar{x} = (\bar{x}_1, \bar{x}_2)^{\mathrm{T}} \neq 0$. 令 $P = I_{2\times 2}$, $Q = 4I_{2\times 2}$, 则可得存在 $\eta = 0.25$, $\beta_1 = 7.5$, $\beta_2 = 2.5$, $\theta_{11} = 2.02 > \theta_{21} = 1.97$, $\theta_{12} = 0.67 > \theta_{22} = 0.61$, 满足如下线性矩阵不等式

$$\beta_1 \sin\frac{0.8\pi}{2}[C^{\mathrm{T}}P + PC - PQP - \eta L_0^2] \succeq \theta_{11}P \succ \theta_{21}P \succeq \eta L_1^2, \quad Q^{-1} \preceq \eta I_{2\times 2},$$

$$\beta_2 \sin\frac{0.8\pi}{2}[C^{\mathrm{T}}P + PC - PQP - \eta L_0^2] \succeq \theta_{12}P \succ \theta_{22}P \succeq \eta L_2^2.$$

根据定理 3.5.16 可得, 系统 (3.54) 唯一的平衡点 $\bar{x} = (\bar{x}_1, \bar{x}_2)^{\mathrm{T}}$ 是全局渐近稳定的. 图 3.7 展示了系统 (3.54) 在不同初值下 $(0,0)^{\mathrm{T}}, (\pm 1, \pm 1)^{\mathrm{T}}, (\pm 2, \pm 2)^{\mathrm{T}}, \cdots, (\pm 6, \pm 6)^{\mathrm{T}}$ $(t \in [-2, 0])$, 其状态的时间历程图. 当时间大于 30 时, 系统 (3.54) 的状态均收敛于 $\bar{x} \approx (0.3378, 0.6083)^{\mathrm{T}}$, 这亦验证了定理 3.5.15 和定理 3.5.16 的结论.

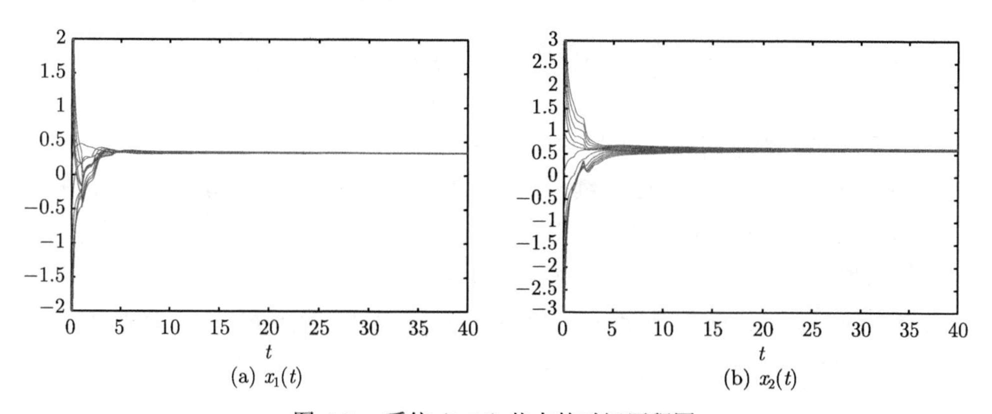


图 3.7　系统 (3.54) 状态的时间历程图

## 3.6 分数阶不连续系统的 Lyapunov 条件

本节主要给出讨论不连续系统的 Lyapunov 方法, 求解连续不可微的 Lyapunov 函数的 Caputo 分数阶微分不等式和连续不可微的 Lyapunov 函数的 R-L 分数阶微分不等式, 为分析不连续的分数阶系统提供了有力的理论工具.

### 3.6.1 Caputo 分数阶微分不等式

注意到定理 3.5.1 要求 $x(t)$ 是连续可微的函数, 实际上这个条件并不总是成立的. 下面, 我们将给出连续不可微的 Lyapunov 函数的 Caputo 分数阶微分不等式.

**定理 3.6.1** 假设 $x(t) \in R$ 连续且分段光滑, $x'(t)$ 分段连续, 则对于任意 $t>0$,

$$
{}_0^C D_t^q \frac{1}{2} x^2(t^-) \leqslant x(t) {}_0^C D_t^q x(t^-), \quad 0<q \leqslant 1, \tag{3.55}
$$

其中 $x(t^-)=\lim\limits_{s \to t^-} x(s)$.

**证明** 假设 $x'(t)$ 在 $[0,+\infty)$ 上存在可数个跳跃间断点 $\{t_1, t_2, \cdots, t_n, \cdots\}$, 其中 $0<t_1<t_2<\cdots<t_n<\cdots$. 根据 Caputo 分数阶微分定义, 我们有

$$
\begin{aligned}
& x(t) {}_0^C D_t^q x(t^-) - {}_0^C D_t^q \frac{1}{2} x^2(t^-) \\
= & \frac{x(t)}{\Gamma(1-q)} \int_0^t \frac{x'(\tau)}{(t-\tau)^q} d\tau - \frac{1}{\Gamma(1-q)} \int_0^t \frac{x(\tau) x'(\tau)}{(t-\tau)^q} d\tau \\
= & \frac{1}{\Gamma(1-q)} \int_0^t \frac{(x(t)-x(\tau)) x'(\tau)}{q(t-\tau)^q} d\tau,
\end{aligned}
$$

则不等式 (3.55) 等价于

$$
\int_0^t \frac{(x(t)-x(\tau)) x'(\tau)}{(t-\tau)^q} d\tau \geqslant 0, \quad 0<q \leqslant 1. \tag{3.56}
$$

下面根据 $t$ 的不同取值分别进行讨论:

(i) 若 $0<t<t_1$, $x(t)$ 是连续可微的, 则根据定理 3.5.1, 不等式 (3.55) 成立.

(ii) 若 $t=t_1$, $x'(\tau)$ 在 $[0, t_1)$ 上连续.

定义辅助变量 $y(\tau)=x(t_1)-x(\tau)$, 则 $y'(\tau)=-x'(\tau)$.

令 $u=\frac{1}{2} y^2(\tau)$, $du=y(\tau) y'(\tau) d\tau$, $v=(t-\tau)^{-q}$, $dv=q(t-\tau)^{-q-1} d\tau$, 通过分部积分, 不等式 (3.56) 等价于

$$
\begin{aligned}
& \int_0^{t_1} \frac{(x(t_1)-x(\tau)) x'(\tau)}{(t_1-\tau)^q} d\tau \\
= & -\int_0^{t_1} \frac{y(\tau) y'(\tau)}{(t_1-\tau)^q} d\tau \\
= & -\left.\frac{y^2(\tau)}{2(t_1-\tau)^q}\right|_{\tau=t_1} + \frac{y_0^2}{2 t_1^q} + \frac{q}{2} \int_0^{t_1} \frac{y^2(\tau)}{(t_1-\tau)^{q+1}} d\tau \\
\geqslant & 0.
\end{aligned} \tag{3.57}
$$

运用 L'Hospital 法则, 有

$$
\left.\frac{y^2(\tau)}{2(t_1-\tau)^q}\right|_{\tau=t_1} = \lim_{\tau \to t_1^-} \frac{(x(t_1)-x(\tau))^2}{2(t_1-\tau)^q} = \lim_{\tau \to t_1^-} \frac{x^2(t_1)+x^2(\tau)-2x(t_1)x(\tau)}{2(t_1-\tau)^q}
$$

$$= \lim_{\tau\to t_1^-} \frac{(x(t_1)-x(\tau))x'(\tau)}{q(t_1-\tau)^{q-1}} = \lim_{\tau\to t_1^-} \frac{(x(t_1)-x(\tau))x'(\tau)(t_1-\tau)^{1-q}}{q} = 0,$$

则 (3.57) 简化为

$$\int_0^{t_1} \frac{(x(t_1)-x(\tau))x'(\tau)}{(t_1-\tau)^q} d\tau = \frac{y_0^2}{2t_1^q} + \frac{q}{2}\int_0^{t_1} \frac{y^2(\tau)}{(t_1-\tau)^{q+1}} d\tau \geqslant 0, \tag{3.58}$$

不等式 (3.58) 显然成立, 即不等式 (3.55) 成立.

(iii) 若 $t_1 < t < t_2$, 根据 (i) 和 (ii) 的方法和结果, 可以得到

$$x(t){}_0^C D_t^q x(t^-) - {}_0^C D_t^q \frac{1}{2}x^2(t^-) = \frac{1}{\Gamma(1-q)}\int_0^t \frac{(x(t)-x(\tau))x'(\tau)}{(t-\tau)^q} d\tau$$

$$= \frac{1}{\Gamma(1-q)}\left\{\int_0^{t_1} \frac{(x(t)-x(\tau))x'(\tau)}{(t-\tau)^q} d\tau + \int_{t_1}^t \frac{(x(t)-x(\tau))x'(\tau)}{(t-\tau)^q} d\tau\right\} \geqslant 0.$$

下面, 根据数学归纳法证明

$${}_0^C D_t^q \frac{1}{2}x^2(t^-) \leqslant x(t){}_0^C D_t^q x(t^-), \quad t\in[t_k, t_{k+1}), \quad k=1,2,\cdots,n,\cdots. \tag{3.59}$$

已经证明, 当 $k=1$ 时, 不等式 (3.59) 成立. 假设不等式 (3.59) 对 $k$ 成立, 即 $t\in[t_k, t_{k+1}]$,

$$x(t){}_0^C D_t^q x(t^-) - {}_0^C D_t^q \frac{1}{2}x^2(t^-) = \frac{1}{\Gamma(1-q)}\int_0^t \frac{(x(t)-x(\tau))x'(\tau)}{(t-\tau)^q} d\tau$$

$$= \frac{1}{\Gamma(1-q)}\left\{\int_0^{t_k} \frac{(x(t)-x(\tau))x'(\tau)}{(t-\tau)^q} d\tau + \int_{t_k}^t \frac{(x(t)-x(\tau))x'(\tau)}{(t-\tau)^q} d\tau\right\} \geqslant 0.$$

接下来, 将证明不等式 (3.59) 对 $k+1$ 成立.

若 $t\in[t_{k+1}, t_{k+2})$,

$$\begin{aligned}
&x(t){}_0^C D_t^q x(t^-) - {}_0^C D_t^q \frac{1}{2}x^2(t^-)\\
=&\frac{1}{\Gamma(1-q)}\int_0^t \frac{(x(t)-x(\tau))x'(\tau)}{(t-\tau)^q} d\tau\\
=&\frac{1}{\Gamma(1-q)}\int_0^{t_k} \frac{(x(t)-x(\tau))x'(\tau)}{(t-\tau)^q} d\tau + \frac{1}{\Gamma(1-q)}\int_{t_k}^{t_{k+1}} \frac{(x(t)-x(\tau))x'(\tau)}{(t-\tau)^q} d\tau\\
&+ \frac{1}{\Gamma(1-q)}\int_{t_{k+1}}^t \frac{(x(t)-x(\tau))x'(\tau)}{(t-\tau)^q} d\tau.
\end{aligned}$$

用 (ii) 中的方法可以证明

$$\int_0^{t_k} \frac{(x(t)-x(\tau))x'(\tau)}{(t-\tau)^q} d\tau \geqslant 0,$$

$$\int_{t_k}^{t_{k+1}} \frac{(x(t)-x(\tau))x'(\tau)}{(t-\tau)^q} d\tau \geqslant 0,$$

$$\int_{t_{k+1}}^{t} \frac{(x(t)-x(\tau))x'(\tau)}{(t-\tau)^q} d\tau \geqslant 0.$$

因此不等式 (3.59) 对于 $k+1$ 成立. 综上所述, 不等式 (3.55) 成立. 定理得证.

### 3.6.2 R-L 分数阶微分不等式

目前, 有关分数阶神经网络的研究文献, 大多基于 Caputo 分数阶微分定义, 少数基于 R-L 分数阶微分定义, 这两种分数阶微分定义各有优势, 两种分数阶系统的研究方法也并不相同. 文献 [65,66] 给出了 Lyapunov 函数的 R-L 分数阶微分不等式, 为应用 Lyapunov 方法分析 R-L 分数阶系统的稳定性提供了重要的理论工具, 具有至关重要的作用. 注意到这个分数阶微分不等式要求 Lyapunov 函数是连续可微的, 仅适用于连续的分数阶系统. 而对于不连续的分数阶系统, 理论工具缺乏. 本节给出了连续不可微的 Lyapunov 函数的 R-L 分数阶微分不等式, 完善了不连续的分数阶系统的分析方法, 从而可以通过 Lyapunov 方法得到不连续的 R-L 型分数阶系统的稳定性结果.

**引理 3.6.2**[65] 若 $x(t) \in R$ 连续可微, 则

$${}_0^R D_t^q \frac{1}{2} x^2(t) \leqslant x(t) {}_0^R D_t^q x(t), \quad 0 < q \leqslant 1. \tag{3.60}$$

**引理 3.6.3**[65] 若 $x(t) \in R^n$ 是连续可微的向量函数, 且 $x'(t)$ 是连续的向量函数, 则

$$\frac{1}{2}\, {}_0^R D_t^q (x^{\mathrm{T}}(t) K x(t)) \leqslant x^{\mathrm{T}}(t) K {}_0^R D_t^q x(t), \quad 0 < q \leqslant 1, \tag{3.61}$$

其中 $K \in R^{n\times n}$ 是实对称正定矩阵.

注意到引理 3.6.2 要求 $x(t)$ 是连续可微函数, 这一条件比较严苛, 下面我们将给出定理 3.6.4.

**定理 3.6.4** 若 $x(t) \in R$ 连续且分段光滑, $x'(t)$ 分段连续, 则

$${}_0^R D_t^q \frac{1}{2} x^2(t^-) \leqslant x(t^-) {}_0^R D_t^q x(t^-), \quad 0 < q \leqslant 1, \tag{3.62}$$

其中 $x(t^-) = \lim\limits_{s\to t^-} x(s)$.

**证明** 假设 $x'(t)$ 在 $[0,+\infty)/\{t_1, t_2, \cdots, t_n, \cdots\}$ 上连续, 其中 $t_i$ 是跳跃间断点, 而且满足 $0 < t_1 < t_2 < \cdots < t_n < \cdots$.

只需要证明

$$x(t) {}_0^R D_t^q x(t^-) - {}_0^R D_t^q \frac{1}{2} x^2(t^-) \geqslant 0, \quad 0 < q \leqslant 1. \tag{3.63}$$

根据 Newton-Leibniz 公式, 有

$$x(t^-) = x(0) + \int_0^t x'(u^-)du = x(0) + {}_0^R D_t^{-1} x'(t^-),$$

其中 $x'(u^-) = \lim\limits_{s\to u^-} x'(s), x'(t^-) = \lim\limits_{s\to t^-} x'(s)$.

根据 R-L 分数阶微积分的定义及性质, 可以得到

$$\begin{aligned} {}_0^R D_t^q x(t^-) &= {}_0^R D_t^q x(0) + {}_0^R D_t^{q-1} x'(t^-) \\ &= \frac{1}{\Gamma(1-q)} \left\{ \frac{x(0)}{t^q} + \int_0^t (t-u)^{-q} x'(u^-) du \right\}. \end{aligned} \tag{3.64}$$

因此

$$x(t){}_0^R D_t^q x(t^-) = \frac{1}{\Gamma(1-q)} \left\{ \frac{x(t)x(0)}{t^q} + \int_0^t (t-u)^{-q} x(t) x'(u^-) du \right\}. \tag{3.65}$$

类似地,

$${}_0^R D_t^q \frac{1}{2} x^2(t^-) = \frac{1}{\Gamma(1-q)} \left\{ \frac{x^2(0)}{2t^q} + \int_0^t (t-u)^{-q} x(u) x'(u^-) du \right\}. \tag{3.66}$$

(3.65) 式减去 (3.66) 式, 则 (3.63) 式可以等价为

$$\frac{1}{\Gamma(1-q)} \left\{ \frac{2x(t)x(0) - x^2(0)}{2t^q} + \int_0^t (t-u)^{-q} (x(t) - x(u)) x'(u^-) du \right\} \geqslant 0. \tag{3.67}$$

下面分情况证明:

(i) 若 $0 < t < t_1$, $x(t)$ 连续可微, 则根据引理 3.6.2, 不等式 (3.62) 成立.

(ii) 若 $t = t_1$, $x'(u)$ 在 $[0, t_1)$ 上连续. 通过分部积分, 可得

$$\begin{aligned} &\int_0^t (t-u)^{-q} (x(t) - x(u)) x'(u^-) du \\ =& -\frac{1}{2} \int_0^t (t-u)^{-q} d(x(t) - x(u))^2 \\ =& -\left.\frac{(x(t_1) - x(u))^2}{2(t_1-u)^q}\right|_{u=t_1} + \frac{(x(t_1) - x(0))^2}{2t_1^q} + \frac{1}{2} \int_0^{t_1} (x(t_1) - x(u))^2 d(t_1 - u)^{-q} \\ =& -\left.\frac{(x(t_1) - x(u))^2}{2(t_1-u)^q}\right|_{u=t_1} + \frac{(x(t_1) - x(0))^2}{2t_1^q} + \frac{q}{2} \int_0^{t_1} \frac{(x(t_1) - x(u))^2}{(t_1-u)^{q+1}} du. \end{aligned}$$

第一项在 $u = t_1$ 处不连续, $x'(t)$ 在 $[0, t_1)$ 上连续. 运用 L'Hospital 法则, 可得

$$\left.\frac{(x(t_1) - x(u))^2}{2(t_1-u)^q}\right|_{u=t_1}$$

$$
\begin{aligned}
&= \lim_{u\to t_1^-} \frac{(x(t_1)-x(u))^2}{2(t_1-u)^q} \\
&= \lim_{u\to t_1^-} \frac{x^2(t_1)+x^2(u)-2x(t_1)x(u)}{2(t_1-u)^q} \\
&= \lim_{u\to t_1^-} \frac{x(t_1)-x(u)x'(u)}{q(t_1-u)^{q-1}} \\
&= \lim_{u\to t_1^-} \frac{(x(t_1)-x(u))x'(u)(t_1-u)^{1-q}}{q} \\
&= 0.
\end{aligned}
$$

于是, (3.67) 可以化简为

$$
\frac{1}{\Gamma(1-q)}\left\{\frac{x^2(t_1)}{2t_1^q}+\frac{q}{2}\int_0^{t_1}\frac{(x(t_1)-x(u))^2}{(t_1-u)^{q+1}}du\right\}\geqslant 0. \tag{3.68}
$$

若 $t=t_1$, (3.68) 式显然成立, 则 (3.67) 式, (3.62) 式成立.

(iii) 若 $t_1<t<t_2$, 运用同样的方法, 可得

$$
x(t){}_0^RD_t^qx(t^-)-{}_0^RD_t^q\frac{1}{2}x^2(t^-)=\frac{1}{\Gamma(1-q)}\left\{\frac{x^2(t)}{2t^q}+\frac{q}{2}\int_0^t\frac{(x(t)-x(u))^2}{(t-u)^{q+1}}du\right\}\geqslant 0.
$$

接下来, 运用数学归纳法证明

$$
{}_0^RD_t^q\frac{1}{2}x^2(t^-)\leqslant x(t){}_0^RD_t^qx(t^-),\quad t\in[t_k,t_{k+1}),\quad k=1,2,\cdots,n,\cdots. \tag{3.69}
$$

当 $k=1$ 时, (3.69) 式成立. 假定 (3.69) 式对 $k$ 成立, 即 $t\in[t_k,t_{k+1})$,

$$
x(t){}_0^RD_t^qx(t^-)-{}_0^RD_t^q\frac{1}{2}x^2(t^-)=\frac{1}{\Gamma(1-q)}\left\{\frac{x^2(t)}{2t^q}+\frac{q}{2}\int_0^t\frac{(x(t)-x(u))^2}{(t-u)^{q+1}}du\right\}\geqslant 0.
$$

下面证明 (3.69) 式对 $k+1$ 也成立. 若 $t\in[t_{k+1},t_{k+2})$, 则

$$
\begin{aligned}
&x(t){}_0^RD_t^qx(t^-)-{}_0^RD_t^q\frac{1}{2}x^2(t^-)=\frac{1}{\Gamma(1-q)}\left\{\frac{x^2(t)}{2t^q}+\frac{q}{2}\int_0^t\frac{(x(t)-x(u))^2}{(t-u)^{q+1}}du\right\} \\
&=\frac{1}{\Gamma(1-q)}\left\{\frac{x^2(t)}{2t^q}+\frac{q}{2}\int_0^{t_k}\frac{(x(t)-x(u))^2}{(t-u)^{q+1}}du+\frac{q}{2}\int_{t_k}^t\frac{(x(t)-x(u))^2}{(t-u)^{q+1}}du\right\}\geqslant 0.
\end{aligned}
$$

所以, (3.69) 式对 $k+1$ 成立. 综上所述, (3.62) 式成立, 定理得证.

类似地, 引理 3.6.3 可以推广为定理 3.6.6, 为了证明定理 3.6.6, 首先给出引理 3.6.5.

**引理 3.6.5**[67] 若 $K \in R^{n\times n}$ 是实对称正定矩阵, 则存在一个正交矩阵 $W \in R^{n\times n}$ 和一个对角矩阵 $\Lambda = \mathrm{diag}\{\lambda_{11}, \lambda_{22}, \cdots, \lambda_{nn}\}$, 其中 $\lambda_{ii} > 0, i = 1, 2, \cdots, n$, 使得

$$K = W\Lambda W^{\mathrm{T}}.$$

**定理 3.6.6** 若 $x(t) \in R^n$ 是连续的分段光滑的向量函数, 且 $x'(t)$ 分段连续, 则

$$\frac{1}{2}{}_0^R D_t^q (x^{\mathrm{T}}(t^-)Kx(t^-)) \leqslant x^{\mathrm{T}}(t^-)K{}_0^R D_t^q x(t^-), \quad 0 < q \leqslant 1, \tag{3.70}$$

其中 $K \in R^{n\times n}$ 是实对称正定矩阵.

**证明** 由于 $K$ 是对称矩阵, 根据引理 3.6.5, 存在一个正交矩阵 $W \in R^{n\times n}$ 和一个对角矩阵 $\Lambda \in R^{n\times n}$ 使得

$$\frac{1}{2}x^{\mathrm{T}}(t^-)Kx(t^-) = \frac{1}{2}x^{\mathrm{T}}(t^-)W\Lambda W^{\mathrm{T}}x(t^-) = \frac{1}{2}(W^{\mathrm{T}}x(t^-))^{\mathrm{T}}\Lambda(W^{\mathrm{T}}x(t^-)). \tag{3.71}$$

引入一个辅助变量 $y(t) = W^{\mathrm{T}}x(t)$, 则

$$\frac{1}{2}x^{\mathrm{T}}(t^-)Kx(t^-) = \frac{1}{2}y^{\mathrm{T}}(t^-)\Lambda y(t^-) = \frac{1}{2}\sum_{i=1}^{n}\lambda_{ii}y_i^2(t^-). \tag{3.72}$$

于是

$$\frac{1}{2}{}_0^R D_t^q (y^{\mathrm{T}}(t^-)\Lambda y(t^-)) = \frac{1}{2}{}_0^R D_t^q \sum_{i=1}^{n}\lambda_{ii}y_i^2(t^-) = \frac{1}{2}\sum_{i=1}^{n}\lambda_{ii}{}_0^R D_t^q y_i^2(t^-). \tag{3.73}$$

根据定理 3.6.4 以及 $\lambda_{ii} > 0$,

$$\frac{1}{2}{}_0^R D_t^q (y^{\mathrm{T}}(t^-)\Lambda y(t^-)) \leqslant \sum_{i=1}^{n}\lambda_{ii}y_i(t^-){}_0^R D_t^q y_i(t^-) = y^{\mathrm{T}}(t^-)\Lambda{}_0^R D_t^q y(t^-). \tag{3.74}$$

把 $y(t) = W^{\mathrm{T}}x(t)$ 代入 (3.74) 得到

$$\frac{1}{2}{}_0^R D_t^q ((W^{\mathrm{T}}x(t^-))^{\mathrm{T}}\Lambda W^{\mathrm{T}}x(t^-)) \leqslant (W^{\mathrm{T}}x(t^-))^{\mathrm{T}}\Lambda{}_0^R D_t^q (W^{\mathrm{T}}x(t^-)). \tag{3.75}$$

把 $K = W\Lambda W^{\mathrm{T}}$ 代入 (3.75) 得到

$$\frac{1}{2}{}_0^R D_t^q (x^{\mathrm{T}}(t^-)Kx(t^-)) \leqslant x^{\mathrm{T}}(t^-)K{}_0^R D_t^q x(t^-), \quad 0 < q \leqslant 1.$$

定理得证.

下面给出两个引理, 将在第 7 章和第 8 章分析基于忆阻器神经网络稳定性与同步中起重要作用.

**引理 3.6.7**[68] 若 $x(t) \in R$ 一致连续且 $\lim\limits_{t\to+\infty}\int_{t_0}^{t} x(u)du$ 有界, 则 $\lim\limits_{t\to+\infty} x(t) = 0$.

**引理 3.6.8**[69] 若 $H(x): R^n \to R^n$ 是连续函数并且满足条件:

(1) $H(x)$ 在 $R^n$ 单射;

(2) $\lim\limits_{\|x\|\to\infty} \|H(x)\| \to \infty$,

那么 $H(x)$ 在 $R^n$ 上同态.

## 3.7 本章小结

本章主要给出了分数阶系统定性分析所得的成果, 为分数阶神经网络的稳定性分析、分数阶神经网络的控制与同步提供了理论基础. 并且所得理论方法具有一般性, 也可以用于一般的分数阶系统的研究.

首先, 介绍了目前最为常用并被广泛认可的线性自治分数阶系统稳定性充分必要条件. 非线性自治分数阶系统也可运用此结果分析其局部稳定性条件, 还介绍了分数阶 Lyapunov 直接方法, 但注意到该方法具有一定的使用局限性. 本章针对这一局限性对分数阶 Lyapunov 方法进行了一定程度上的改进和推广, 并进一步得出相应的有界性和吸引性方法, 使其可以更大程度地运用于分析和解决非线性分数阶系统的动力学问题. 然而该方法对于高维分数阶非线性系统很难适用, 原因是找不到符合定理条件的 Lyapunov 函数. 因此, 进一步提出改进的分数阶 Lyapunov 直接法, 通过减弱原方法的条件, 扩大适用函数范围, 进而增加找到合适 Lyapunov 函数的可能性.

其次, 推广了分数阶 Lyapunov 方法, 并提出了三种分析方法, 包括改进的分数阶 Lyapunov 直接法、分数阶 Lyapunov 有界性方法, 以及分数阶 Lyapunov 吸引性方法. 上述三种方法分别用于分析非线性分数阶系统的全局稳定性、有界性和吸引性, 为非线性分数阶系统的全局动力学分析提供了有力的理论工具, 从而可以将其应用于分数阶神经网络的全局动力学研究. 此外, 提出了一个分数阶不等式, 其在分数阶系统的动力学分析和分数阶 Lyapunov 推广方法中起到了桥梁的作用, 能够有效地结合两者并得到相应的动力学结论.

在实际应用中, 对于一些受噪声干扰或不够光滑的系统, 其稳定性很难得到, 而对于这类系统的动力学行为分析需要有其他的方法和标准, 有界性分析即是其中一种方法. 通过已有的分数阶 Lyapunov 直接法, 结合整数阶 Lyapunov 方法的思想, 给出了分数阶 Lyapunov 有界性方法, 并予以证明.

注意到线性矩阵不等式 (LMI) 方法对分析非线性系统的稳定性非常有效, 且该条件是一种简单有效的稳定性方法, 但关于分数阶系统的有关结果非常有限.

因此结合分数阶 Lyapunov 方法, 提出了针对分数阶神经网络的线性矩阵不等式条件, 对一般和时滞分数阶神经网络均以线性矩阵不等式的形式提出相应的平衡点存在唯一条件, 并且给出了零平衡点条件下非自治分数阶神经网络的线性矩阵不等式条件.

众所周知, 时滞现象在实际的动力系统中是普遍存在且很难避免的, 其会引起系统的振荡甚至导致系统的不稳定. 因此, 本章给出了带有多时滞线性分数阶系统的稳定性结果. 给出了时滞分数阶系统的比较原理, 从而为论证非线性时滞分数阶系统的稳定性提供了有力的工具.

最后, 注意到前面讨论的是连续系统的 Lyapunov 方法, 因此针对不连续的分数阶系统, 我们讨论了不连续系统的 Lyapunov 方法, 给出了求解连续不可微的 Lyapunov 函数的 Caputo 分数阶微分不等式和连续不可微的 Lyapunov 函数的 R-L 分数阶微分不等式, 为分析不连续的分数阶系统提供了有力的理论工具.

# 第 4 章　分数阶神经网络的稳定性分析

分数阶微分方程的数值求解问题[70-77]、混沌[78-85] 及稳定性[86-94] 和控制与同步[95-111] 等方面的研究是非线性热点研究课题. 最近, 研究人员发现, 分数阶微积分能很好地应用于神经系统的研究, 即分数阶微分有助于神经元高效地处理信息, 并可以触发神经元振荡频率的独立转变[112]. 本章主要研究分数阶神经网络的稳定性, 包括分数阶神经网络的全局稳定性和带有有界扰动的分数阶神经网络的动力学分析, 其中有界扰动包括参数扰动和外部输入扰动. 最后研究了分数阶不连续神经网络, 得到解的存在性和稳定性条件.

## 4.1　分数阶神经网络的建模过程

连续的整数阶 Hopfield 型神经元[113] 如图 4.1 所示, 假设一个 Hopfield 网络由 $n$ 个如图 4.1 所示的神经元相互连接组成 $(i = 1, 2, \cdots, n)$. 并行的电阻器 $R_{i0}$ 和电容器 $C_i$ 用以模拟生物神经元的延时特性. 电阻 $R_{ij}$ $(i, j = 1, 2, \cdots, n)$ 和 op 放大器 $\varphi_i$ 分别用来刻画生物神经元的突触和非线性的特征. 则 $n$ 维整数阶 Hopfield 网络的系统方程可以表示为

$$C_i \frac{dP_i}{dt} = \sum_{j=1}^{n} W_{ij} V_j - \frac{P_i}{R_i} + I_i, \qquad P_i = \left(\frac{1}{\lambda}\right) \varphi_i^{-1}(V_i), \tag{4.1}$$

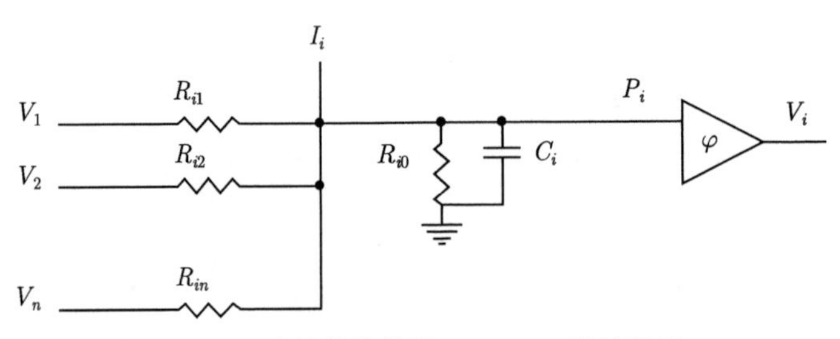


图 4.1　连续的整数阶 Hopfield 型神经元

其中 $P_i(t)$ 和 $V_i(t)$ 分别是第 $i$ 个神经元的 op 放大器在时间 $t$ 的输入和输出. $I_i$ 是外部输入, $\lambda$ 表示学习率, $W_{ij}$ 是第 $i$ 个神经元和第 $j$ 个神经元之间的电导系

数, 并满足

$$W_{ij}=\frac{1}{R_{ij}},\quad \frac{1}{R_i}=\frac{1}{R_{i0}}+\sum_{j=1}^{n}W_{ij}.$$

2008 年, Boroomand 首次使用分抗 (一种分数阶电路元件, 如图 4.2 所示) 替换传统整数阶 Hopfield 神经网络中的电容器, 并提出分数阶 Hopfield 神经网络[114], 即

$$C_i\frac{d^qP_i}{dt^q}=\sum_{j=1}^{n}W_{ij}V_j-\frac{P_i}{R_i}+I_i, \tag{4.2}$$

其中分数阶阶数 $0<q<1$, 其他相应的参数与式 (4.1) 相同. 而在此后的文献中更多将上式表示成如下形式:

$${}_0^CD_t^qx_i(t)=-c_ix_i(t)+\sum_{j=1}^{n}b_{ij}f_j(x_j(t))+I_i, \tag{4.3}$$

其中 $i=1,2,\cdots,n$, $n$ 表示神经网络中神经元的个数, 阶数满足 $0<q<1$, $x_i(t)$ 是第 $i$ 个神经元在时刻 $t$ 时的状态, $f_j$ 是第 $j$ 个神经元的激励函数, $b_{ij}$ 表示第 $j$ 个神经元在第 $i$ 个神经元上的连接权重, $c_i>0$ 表示第 $i$ 个神经元在无任何连接情况下恢复到静息状态的速率, $I_i$ 是常数的外部输入.

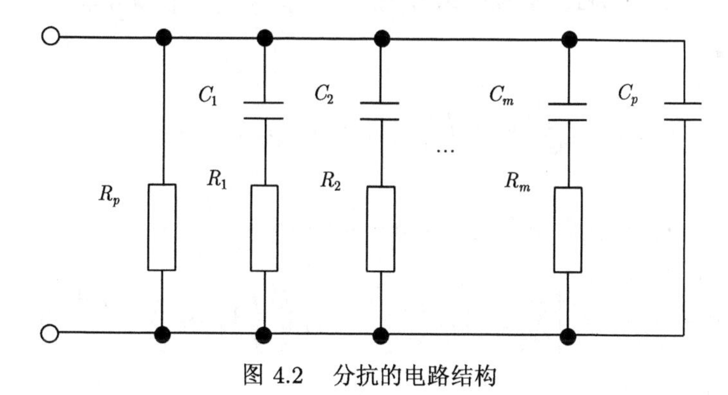


图 4.2 分抗的电路结构

系统 (4.3) 的向量形式为

$${}_0^CD_t^qx(t)=-Cx(t)+Bf(x(t))+I, \tag{4.4}$$

其中 $x(t)=(x_1(t),x_2(t),\cdots,x_n(t))^{\mathrm{T}}$, $C=\mathrm{diag}\{c_1,c_2,\cdots,c_n\}$, $B=(b_{ij})_{n\times n}$, $I=(I_1,I_2,\cdots,I_n)^{\mathrm{T}}$, $f(x(t))=(f_1(x_1),f_2(x_2),\cdots,f_n(x_n))^{\mathrm{T}}$. 其动力学分析方法和结果将在下文中具体展开表述.

## 4.2　分数阶神经网络的全局稳定性

本节将分析分数阶神经网络 (4.3) 的全局稳定性, 其作为非线性分数阶系统, 需要先判断平衡点的存在唯一性, 再进一步分析其唯一平衡点的全局稳定性.

**条件 4.2.1**　*激励函数 $f_j$ 连续且满足全局的 Lipschitz 条件, 即对任意的 $x, y \in R$, 存在 Lipschitz 常数 $l_j > 0$ 使得*

$$|f_j(x) - f_j(y)| \leqslant l_j|x - y|.$$

**注 4.2.2**　*若条件 4.2.1 成立, 则由定理 3.2.1, 系统 (4.3) 在 $R^n$ 上存在唯一的解.*

**条件 4.2.3**　*存在正常数 $d_i$ $(i = 1, 2, \cdots, n)$ 满足*

$$d_i = c_i - \sum_{j=1}^{n} |b_{ji}|l_i > 0. \tag{4.5}$$

**定理 4.2.4**　*若条件 4.2.1 和条件 4.2.3 同时满足, 则系统 (4.3) 在 $R^n$ 上有且只有一个平衡点.*

**证明**　定义一个映射 $H(p) = (H_1(p), \cdots, H_n(p))^{\mathrm{T}}$, 其中 $p = (p_1, \cdots, p_n)^{\mathrm{T}}$ 并且

$$H_i(p) = \sum_{j=1}^{n} b_{ij} f_j\left(\frac{p_j}{c_j}\right) + I_i, \quad i = 1, 2, \cdots, n.$$

由条件 4.2.1 可得对任意两个向量 $p, q \in R^n$ 满足

$$|H_i(p) - H_i(q)| = \left|\sum_{j=1}^{n} b_{ij}\left[f_j\left(\frac{p_j}{c_j}\right) - f_j\left(\frac{q_j}{c_j}\right)\right]\right| \leqslant \sum_{j=1}^{n} \frac{|b_{ij}|l_j}{c_j}|p_j - q_j|.$$

再由条件 4.2.3 可得

$$\begin{aligned}
\|H(p) - H(q)\|_1 &= \sum_{i=1}^{n} |H_i(p) - H_i(q)| \leqslant \sum_{i=1}^{n}\sum_{j=1}^{n} \frac{|b_{ij}|l_j}{c_j}|p_j - q_j| \\
&= \sum_{i=1}^{n}\left(\sum_{j=1}^{n} \frac{|b_{ji}|l_i}{c_i}\right)|p_i - q_i| \\
&< \kappa\|p - q\|_1,
\end{aligned}$$

其中 $\kappa=\max\left\{1-\dfrac{d_i}{c_i}\,\middle|\, i=1,\cdots,n\right\}<1$. 因此, 映射 $H$: $R^n\to R^n$ 是在 $R^n$ 上的紧集, 故存在唯一的不动点 $\bar{p}\in R^n$ 使得 $H(\bar{p})=\bar{p}$, 即

$$\bar{p}_i=\sum_{j=1}^{n}b_{ij}f_j\left(\frac{\bar{p}_j}{c_j}\right)+I_i,\quad i=1,2,\cdots,n.$$

定义 $\bar{x}_i=\dfrac{\bar{p}_i}{c_i}$, 则

$$-c_i\bar{x}_i+\sum_{j=1}^{n}b_{ij}f_j(\bar{x}_j)+I_i=0,\quad i=1,2,\cdots,n.$$

因此 $\bar{x}=(\bar{x}_1,\bar{x}_2,\cdots,\bar{x}_n)^{\mathrm{T}}$ 是系统的唯一平衡点. 定理得证.

**定理 4.2.5** 若条件 4.2.1 和条件 4.2.3 同时满足, 则系统 (4.3) 在 $R^n$ 的唯一平衡点是全局 Mittag-Leffler 稳定的.

**证明** 设 $x(t)=(x_1(t),\cdots,x_n(t))^{\mathrm{T}}$ 和 $y(t)=(y_1(t),\cdots,y_n(t))^{\mathrm{T}}$ 是系统 (4.3) 不同初值下的两个解, 另设 $e(t)=(e_1(t),e_2(t),\cdots,e_n(t))^{\mathrm{T}}=y(t)-x(t)$, 则有

$${}_0^CD_t^q e_i(t)=-c_ie_i(t)+\sum_{j=1}^{n}b_{ij}(f_j(y_j(t))-f_j(x_j(t))),\quad i=1,2,\cdots,n,\tag{4.6}$$

$e_i(t)\in C^1([0,+\infty),R)$ 是连续可微的, 即 $\dfrac{d|e_i(t)|}{dt}$ 是分段连续的, 且 $\lim\limits_{\tau\to t^+}\dfrac{d|e_i(\tau)|}{d\tau}$ 对任意的 $t\in[0,\infty)$ 存在.

构造 Lyapunov 函数如下

$$V(t,e(t))=\|e(t)\|_1=\sum_{i=1}^{n}|e_i(t)|.\tag{4.7}$$

运用定理 3.2.11, 显然 Lyapunov 函数 (4.7) 满足不等式 (3.5). 根据定理 3.2.7 以及条件 4.2.1 和条件 4.2.3, 则有

$$\begin{aligned}{}_0^CD_t^qV(t^+,e(t^+))&=\sum_{i=1}^{n}{}_0^CD_t^q|e_i(t^+)|\overset{\text{a.e.}}{\leqslant}\sum_{i=1}^{n}\operatorname{sgn}(e_i(t)){}_0^CD_t^qe_i(t)\\&=\sum_{i=1}^{n}\operatorname{sgn}(e_i(t))\left[-c_ie_i(t)+\sum_{j=1}^{n}b_{ij}(f_j(y_j(t))-f_j(x_j(t)))\right]\\&\overset{\text{a.e.}}{\leqslant}\sum_{i=1}^{n}\left[-c_i|e_i(t)|+\sum_{j=1}^{n}l_j|b_{ij}||e_j(t)|\right]\end{aligned}$$

$$
\begin{aligned}
&= \sum_{i=1}^{n}\left[-c_i|e_i(t)| + \sum_{j=1}^{n} l_i|b_{ji}||e_i(t)|\right] \\
&= -\sum_{i=1}^{n}\left[c_i - \sum_{j=1}^{n} l_i|b_{ji}|\right]|e_i(t)| \\
&\leqslant -d\|e(t)\|,
\end{aligned}
$$

其中 $d = \min\{d_1, d_2, \cdots, d_n\}$. Lyapunov 函数 (4.7) 满足不等式 (3.6), 根据定理 3.2.11, 系统 (4.6) 的零平衡点是全局 Mittag-Leffler 稳定的, 即

$$
\|e(t)\| \leqslant V(0, e(0))E_q(-ct^q).
$$

由定理 4.2.4, $\bar{x}$ 是系统 (4.3) 的唯一平衡点, 则系统 (4.3) 的任意解都有

$$
\|x(t) - \bar{x}\| \leqslant V(0, x(0) - \bar{x})E_q(-ct^q).
$$

即证系统 (4.3) 在 $R^n$ 的唯一平衡点是全局 Mittag-Leffler 稳定的. 定理得证.

**例 4.2.6** 针对系统 (4.3), 考虑一个含有 3 个神经元的环形神经网络[115], $x(t) = (x_1(t), x_2(t), x_3(t))^{\mathrm{T}}$, $f_j(x_j) = \sin(x_j)$, $l_j = 1$, $j = 1, 2, 3$, $c_1 = 6$, $c_2 = 5$, $c_3 = 8$, $I_1(t) = \pi - 4$, $I_2(t) = 2$, $I_3(t) = 3 - 4\pi$,

$$
B = (b_{ij})_{3\times 3} = \begin{pmatrix} 2 & 1 & -3 \\ -2 & -0.4 & 1 \\ 1 & -2.5 & 3.5 \end{pmatrix}.
$$

则系统 (4.3) 可写成

$$
\begin{cases}
{}_0^C D_t^q x_1(t) = -6x_1(t) + 2\sin(x_1(t)) + \sin(x_2(t)) - 3\sin(x_3(t)) + \pi - 4, \\
{}_0^C D_t^q x_2(t) = -5x_2(t) - 2\sin(x_1(t)) - 0.4\sin(x_2(t)) + \sin(x_3(t)) + 2, \\
{}_0^C D_t^q x_3(t) = -8x_3(t) + \sin(x_1(t)) - 2.5\sin(x_2(t)) + 3.5\sin(x_3(t)) + 3 - 4\pi.
\end{cases} \tag{4.8}
$$

条件 4.2.1 和条件 4.2.3 均成立, 根据定理 4.2.4 和定理 4.2.5, 系统 (4.3) 存在唯一的平衡点 $\bar{x} = \left(\frac{\pi}{6}, 0, -\frac{\pi}{2}\right)^{\mathrm{T}}$, 且其平衡点是全局 Mittag-Leffler 稳定的. 图 4.3 展示了针对不同阶数 $q$ 和初值的系统 (4.8) 解的时间历程图, 在时间 20 之后, 系统 (4.8) 的解收敛到全局的平衡点 $\bar{x} = \left(\frac{\pi}{6}, 0, -\frac{\pi}{2}\right)^{\mathrm{T}}$.

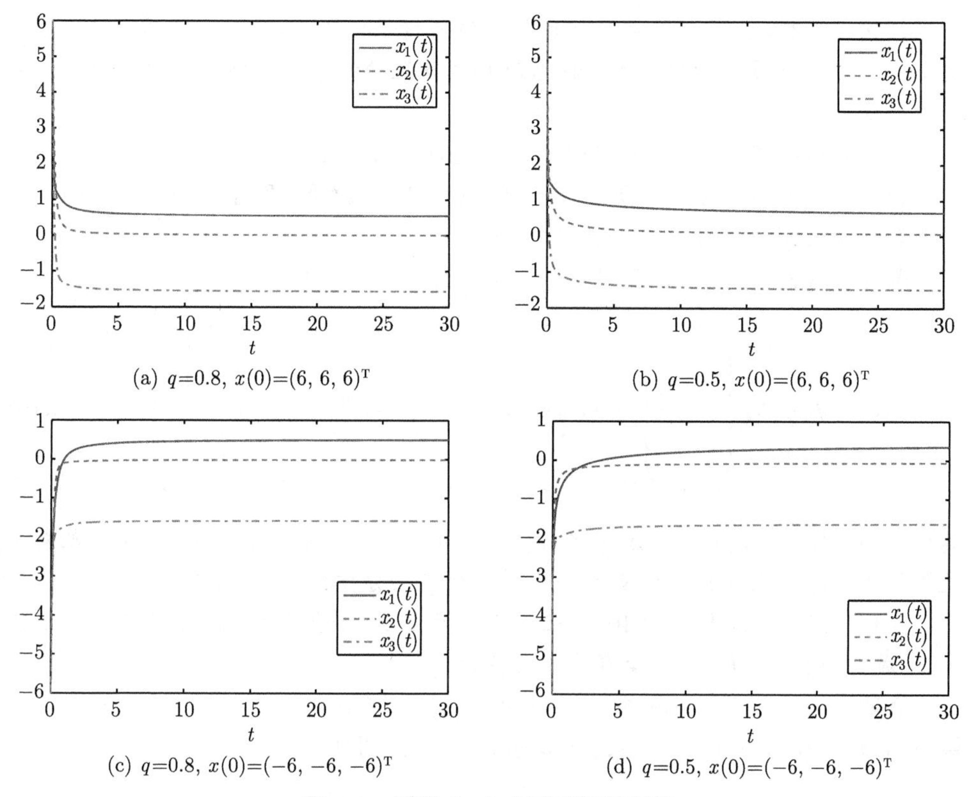


(a) $q$=0.8, $x(0)$=(6, 6, 6)$^{\mathrm{T}}$ (b) $q$=0.5, $x(0)$=(6, 6, 6)$^{\mathrm{T}}$

(c) $q$=0.8, $x(0)$=(−6, −6, −6)$^{\mathrm{T}}$ (d) $q$=0.5, $x(0)$=(−6, −6, −6)$^{\mathrm{T}}$

图 4.3 系统 (4.8) 解的时间历程图

# 4.3 带有有界扰动的分数阶神经网络的动力学分析

在实际中, 网络系统会受到内部或外部的干扰从而形成扰动. 本节主要介绍两种带有有界扰动的分数阶神经网络, 并分析其动力学性质.

## 4.3.1 参数扰动模型

本节研究带有内部扰动的分数阶神经网络的动力学行为. 当网络系统内部受到温度、湿度等因素的干扰时, 其内部会出现扰动, 其数学模型表现为系统参数的扰动.

考虑如下的带有参数扰动的 $n$ 维分数阶神经网络

$$ {}_{0}^{C}D_{t}^{q}x(t) = -(C + \Delta C(t))x(t) + (B + \Delta B(t))f(x(t)) + I, \tag{4.9} $$

其中 $\Delta C(t) = \mathrm{diag}\{\Delta c_1(t), \Delta c_2(t), \cdots, \Delta c_n(t)\}$ 和 $\Delta B(t) = (\Delta b(t)_{ij})_{n\times n}$ 是时变的矩阵扰动, 其他变量与系统 (4.4) 相同.

**定义 4.3.1**　如果带有参数扰动的分数阶神经网络 (4.9) 有一个平衡点, 并且这个平衡点是全局渐近稳定的, 则称带有参数扰动的分数阶神经网络 (4.9) 是全局鲁棒稳定的.

为了分析系统 (4.9) 的鲁棒稳定性, 给出如下条件.

**条件 4.3.2**　参数扰动矩阵 $\Delta C(t)$ 和 $\Delta B(t)$ 是有界的, 即存在常数 $M_C, M_B > 0$ 使得 $\|\Delta C(t)\|_1 \leqslant M_C$, $\|\Delta B(t)\|_1 \leqslant M_B$.

**条件 4.3.3**　存在正常数 $\lambda$ 和 $\beta_i$ $(i=1,2,\cdots,n)$ 使得

$$(C-L|B|^{\mathrm{T}})\begin{pmatrix}\beta_1\\\beta_2\\\vdots\\\beta_n\end{pmatrix}\geqslant(M_C\|\beta\|_1+M_B\|L\|_1\|\beta\|_1+\lambda)\begin{pmatrix}1\\1\\\vdots\\1\end{pmatrix},\tag{4.10}$$

其中 $|B|=(|b_{ij}|)_{n\times n}$, $\beta=\mathrm{diag}\{\beta_1,\beta_2,\cdots,\beta_n\}$, $L=\mathrm{diag}\{l_1,l_2,\cdots,l_n\}$ 其元素满足条件 4.2.1, $\geqslant$ 表示前后向量的每个对应位置的分量都有 $\geqslant$ 的关系.

**定理 4.3.4**　若系统 (4.9) 存在一个平衡点 $\bar{x}$, 且条件 4.2.1, 条件 4.3.2, 条件 4.3.3 成立, 则系统 (4.9) 是全局鲁棒稳定的.

**证明**　设 $x(t)$ 和 $y(t)$ 分别是系统 (4.9) 不同初值下的两个解. 设其误差向量 $e(t)=(e_1(t),e_2(t),\cdots,e_n(t))^{\mathrm{T}}=y(t)-x(t)$, 则有

$${}_0^C D_t^q e(t)=-(C+\Delta C(t))e(t)+(B+\Delta B(t))(f(y(t))-f(x(t))).\tag{4.11}$$

构建 Lyapunov 函数

$$V(t,e(t))=\sum_{i=1}^n\beta_i|e_i(t)|.\tag{4.12}$$

运用定理 3.2.11, 显然 Lyapunov 函数 (4.12) 满足不等式 (3.5). 根据定理 3.2.7 以及条件 4.2.1, 条件 4.3.2 和条件 4.3.3, 则有

$$\begin{aligned}
&{}_0^C D_t^q V(t,e(t))\\
=&\sum_{i=1}^n\beta_i\,{}_0^C D_t^q|e_i(t)|\overset{\text{a.e.}}{\leqslant}\sum_{i=1}^n\beta_i\mathrm{sgn}(e_i(t))\,{}_0^C D_t^q e_i(t)\\
\overset{\text{a.e.}}{\leqslant}&\sum_{i=1}^n\beta_i\left[-c_i|e_i(t)|+|\Delta c_i(t)||e_i(t)|+\sum_{j=1}^n l_j(|b_{ij}|+|\Delta b_{ij}(t)|)|e_j(t)|\right]\\
=&\sum_{i=1}^n\beta_i(-c_i|e_i(t)|+|\Delta c_i(t)||e_i(t)|)+\sum_{i=1}^n\sum_{j=1}^n\beta_j l_i(|b_{ji}|+|\Delta b_{ji}(t)|)|e_i(t)|
\end{aligned}$$

$$
\begin{aligned}
&= -\sum_{i=1}^{n}\left(c_i\beta_i - \sum_{j=1}^{n}|b_{ji}|\beta_j l_i - |\Delta c_i(t)|\beta_i - \sum_{j=1}^{n}|\Delta b_{ji}(t)|\beta_j l_i\right)|e_i(t)| \\
&\leqslant -\lambda\sum_{i=1}^{n}|e_i(t)| = -\lambda\|e(t)\|_1.
\end{aligned} \tag{4.13}
$$

根据定理 3.2.11, 系统 (4.11) 的零平衡点是全局 Mittag-Leffler 稳定的, 即

$$
\|e(t)\|_1 \leqslant V(0, e(0))E_q(-\lambda t^q).
$$

又由于系统 (4.11) 有一个平衡点 $\bar{x}$, 则对系统 (4.11) 的任意解 $x(t)$ 有

$$
\|x(t) - \bar{x}\|_1 \leqslant V(0, x(0) - \bar{x})E_q(-\lambda t^q).
$$

定理得证.

**例 4.3.5** 对系统 (4.11) 考虑一个含有 3 个神经元的中心结构神经网络[115]. 令 $f(x) = (\sin(x_1), \tanh(x_2), \tanh(x_3))^{\mathrm{T}}$, $\Delta C(t) = \mathrm{diag}\{0, 0.6\sin(t), 0.4\cos(t)\}$, $I = (8\pi, 0, 0)^{\mathrm{T}}$,

$$
B = \begin{pmatrix} 3 & -2 & -2 \\ 1 & 1 & 0 \\ 1 & 0 & 1 \end{pmatrix}, \qquad \Delta B(t) = \begin{pmatrix} 0 & 0 & 0.8\sin(t) \\ 0.5\arctan(t) & 1.2\cos(t) & 0 \\ 0.4\cos(t) & 0 & 0.5\cos(t) \end{pmatrix}.
$$

系统 (4.11) 即可改写为

$$
\begin{cases}
{}_0^C D_t^q x_1 = -c_1 x_1 + 3\sin(x_1) - 2\tanh(x_2) - (2 - 0.8\sin(t))\tanh(x_3) + 8\pi, \\
{}_0^C D_t^q x_2 = -(c_2 + 0.6\sin(t))x_2 + (1 + 0.5\arctan(t))\sin(x_1) \\
\qquad\qquad + (1 + 1.2\cos(t))\tanh(x_2), \\
{}_0^C D_t^q x_3 = -(c_3 + 0.4\cos(t))x_3 + (1 + 0.4\cos(t))\sin(x_1) \\
\qquad\qquad + (1 + 0.5\cos(t))\tanh(x_3).
\end{cases}
$$

可以求得 $L = \mathrm{diag}\{1, 1, 1\}$ 以及 $\|L\|_1 = 1$. 当 $c_1 = 5$, $c_2 = c_3 = 4$ 时, 图 4.4 展示了以 $(-2, 6, -3)^{\mathrm{T}}$ 为初值的系统的时间历程图, 当时间在 30 时, 系统仍不稳定. 当 $c_1 = c_2 = c_3 = 7$ 时, 可取 $\beta = \mathrm{diag}\{2, 1, 1\}$, $\|\beta\|_1 = 2$, 存在 $\lambda = 0.2$ 使得条件 4.2.1, 条件 4.3.2, 条件 4.3.3 均成立. 根据定理 4.3.4, 系统 (4.11) 的平衡点 $\bar{x} = (\pi, 0, 0)^{\mathrm{T}}$ 是全局鲁棒稳定的. 图 4.5 展示了以 $(-2, 6, -3)^{\mathrm{T}}$ 为初值的系统的时间历程图, 当时间在 25 以后, 系统逐渐收敛到 $\bar{x} = (\pi, 0, 0)^{\mathrm{T}}$.

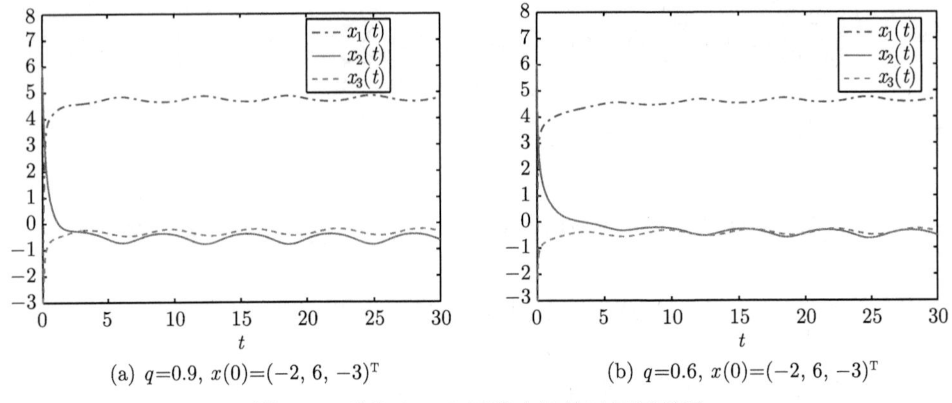


(a) $q$=0.9, $x(0)=(-2, 6, -3)^{\mathrm{T}}$　　(b) $q$=0.6, $x(0)=(-2, 6, -3)^{\mathrm{T}}$

图 4.4　系统 (4.11) 不稳定解的时间历程图

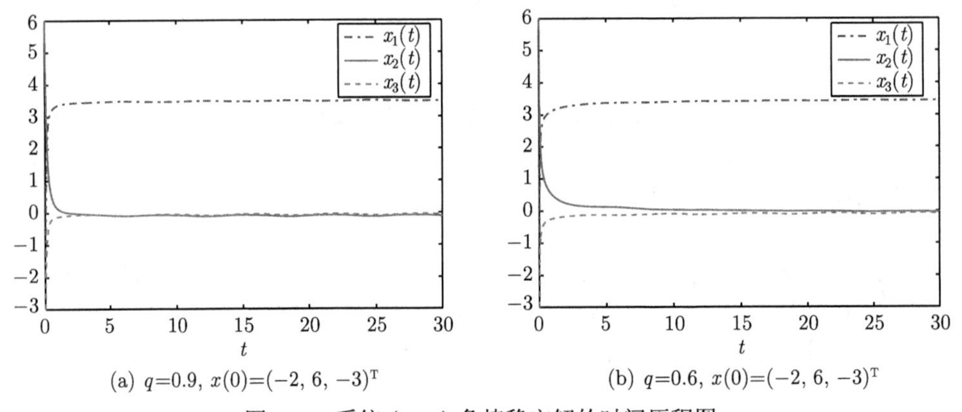


(a) $q$=0.9, $x(0)=(-2, 6, -3)^{\mathrm{T}}$　　(b) $q$=0.6, $x(0)=(-2, 6, -3)^{\mathrm{T}}$

图 4.5　系统 (4.11) 鲁棒稳定解的时间历程图

### 4.3.2　外部输入扰动模型

在系统 (4.3) 中, 外部输入 $I_i$ 可能因为噪声的干扰而在实际上呈现时变的特性. 本节将分析此类带有外部输入扰动的神经网络的动力学性质.

考虑如下带有外部输入扰动的分数阶神经网络

$$
{}_0^C D_t^q x_i(t) = -c_i x_i(t) + \sum_{j=1}^{n} b_{ij} f_j(x_j(t)) + I_i(t), \tag{4.14}
$$

其中外部输入 $I_i(t)$ 是有界时变的, 且满足 $|I_i(t)| \leqslant M_i$. 由于 $I_i(t)$ 的时变性, 系统 (4.14) 很难存在平衡点. 但可以讨论其解的有界性和吸引性.

**定理 4.3.6**　若条件 4.2.1 和条件 4.2.3 同时满足, 则系统 (4.14) 在 $R^n$ 上一致有界, 且对任意的 $\epsilon > 0$, 存在一个 $T \geqslant 0$, 使得对于所有的 $t \geqslant T$, 系统 (4.14) 的

解 $x(t)$ 满足

$$\|x(t)\| \leqslant \frac{W}{d} + \epsilon,$$

其中 $d = \min\{d_1, d_2, \cdots, d_n\}$, $W = \sum\limits_{i=1}^{n} \left( \sum\limits_{j=1}^{n} |b_{ij}||f_j(0)| + M_i \right)$.

**证明** 针对系统 (4.14) 的解 $x(t)$, 构造如下的 Lyapunov 函数

$$V(t, x(t)) = \|x(t)\|_1 = \sum_{i=1}^{n} |x_i(t)|.$$

根据定理 3.2.7 以及条件 4.2.1 和条件 4.2.3, 则有

$$\begin{aligned}
&{}_0^C D_t^q V(t^+, x(t^+)) \\
&= \sum_{i=1}^{n} {}_0^C D_t^q |x_i(t^+)| \overset{\text{a.e.}}{\leqslant} \sum_{i=1}^{n} \operatorname{sgn}(x_i(t)) {}_0^C D_t^q x_i(t) \\
&= \sum_{i=1}^{n} \operatorname{sgn}(x_i(t)) \left[ -c_i x_i(t) + \sum_{j=1}^{n} b_{ij}(f_j(x_j(t)) - f_j(0) + f_j(0)) + I_i(t) \right] \\
&\overset{\text{a.e.}}{\leqslant} \sum_{i=1}^{n} \left[ -c_i |x_i(t)| + \sum_{j=1}^{n} l_j |b_{ij}||x_j(t)| + \sum_{j=1}^{n} |b_{ij}||f_j(0)| + |I_i(t)| \right] \\
&= \sum_{i=1}^{n} \left[ -c_i |x_i(t)| + \sum_{j=1}^{n} l_i |b_{ji}||x_i(t)| + \sum_{j=1}^{n} |b_{ij}||f_j(0)| + |I_i(t)| \right] \\
&\leqslant -\sum_{i=1}^{n} \left[ c_i - \sum_{j=1}^{n} l_i |b_{ji}| \right] |x_i(t)| + \sum_{i=1}^{n} \left( \sum_{j=1}^{n} |b_{ij}||f_j(0)| + M_i \right) \\
&\leqslant -d\|x(t)\|_1 + W.
\end{aligned}$$

根据定理 3.2.13 可得, 系统 (4.14) 在 $R^n$ 上一致有界, 且对任意的 $\epsilon > 0$, 存在一个 $T \geqslant 0$, 使得对于所有的 $t \geqslant T$, 系统 (4.14) 的解 $x(t)$ 满足

$$\|x(t)\| \leqslant \frac{W}{d} + \epsilon.$$

定理得证.

**例 4.3.7** 考虑例 4.2.6 中外部输入为时变的情况. 取 $I_1(t) = 0.8\cos(t)$, $I_2(t) = -0.2\sin(t)$, $I_3(t) = \dfrac{t-1}{t+1}$. 则系统 (4.14) 可写成

$$\begin{cases} {}_0^C D_t^q x_1(t) = -6x_1(t) + 2\sin(x_1(t)) + \sin(x_2(t)) - 3\sin(x_3(t)) \\ \qquad\qquad\quad + 0.8\cos(t), \\ {}_0^C D_t^q x_2(t) = -5x_2(t) - 2\sin(x_1(t)) - 0.4\sin(x_2(t)) \\ \qquad\qquad\quad + \sin(x_3(t)) - 0.2\sin(t), \\ {}_0^C D_t^q x_3(t) = -8x_3(t) + \sin(x_1(t)) - 2.5\sin(x_2(t)) \\ \qquad\qquad\quad + 3.5\sin(x_3(t)) + \dfrac{t-1}{t+1}. \end{cases} \tag{4.15}$$

条件 4.2.1 和条件 4.2.3 均成立, 根据定理 4.3.6, 系统 (4.15) 是一致有界的, 且存在 $T \geqslant 0$ 使得 $t \geqslant T$ 时其解满足 $|x_i(t)| \leqslant \|x(t)\|_1 \leqslant 4.1\left(\dfrac{W}{d} = 4,\ \epsilon = 0.1\right)$. 图 4.6 是系统 (4.15) 解的时间历程图, 当时间 $t > 15$ 时, 系统 (4.15) 的解满足 $|x_i(t)| \leqslant \|x(t)\|_1 \leqslant 4.1$, $i = 1, 2, 3$.

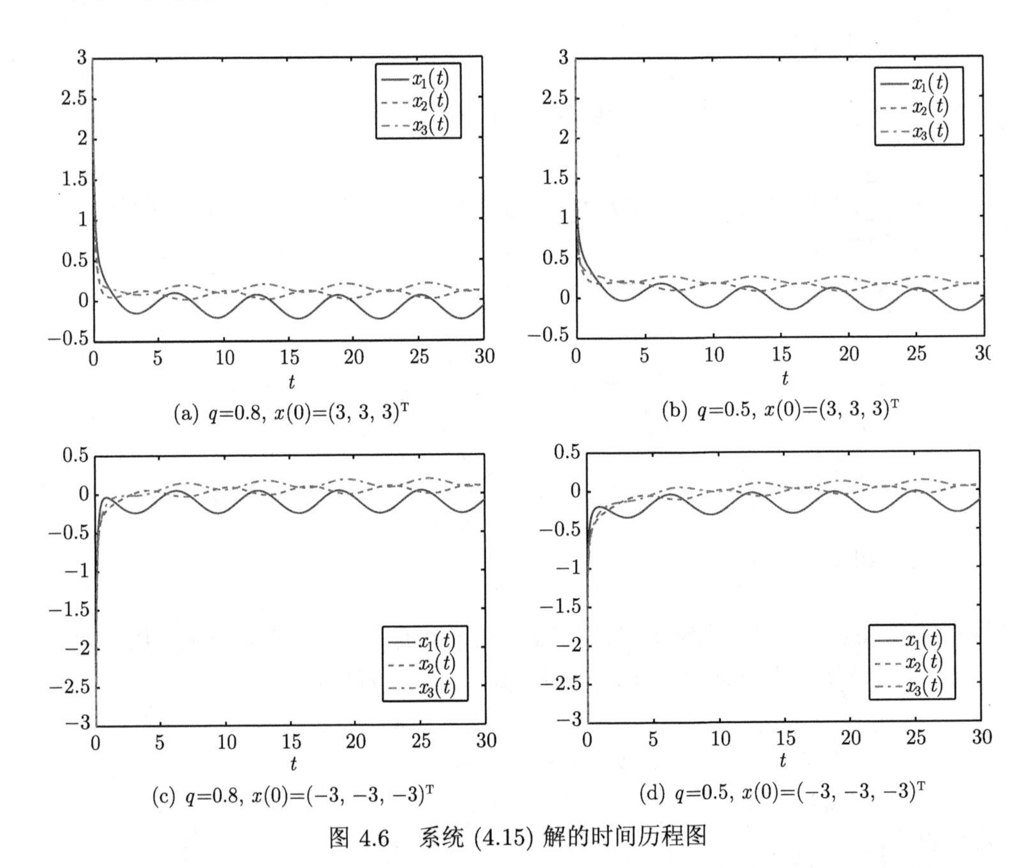


图 4.6　系统 (4.15) 解的时间历程图

下面进行带有外部输入扰动的分数阶神经网络的吸引性分析. 考虑系统 (4.14) 的

向量形式

$$ {}_0^C D_t^q x(t) = -Cx(t) + Bf(x(t)) + I(t). \tag{4.16} $$

为实现其吸引性给出如下假设.

**条件 4.3.8**　存在正数 $\beta_i$ $(i=1,2,\cdots,n)$ 使得

$$ \begin{pmatrix} d_1 \\ d_2 \\ \vdots \\ d_n \end{pmatrix} = (C - L|B|^{\mathrm{T}}) \begin{pmatrix} \beta_1 \\ \beta_2 \\ \vdots \\ \beta_n \end{pmatrix} \geqslant 0, $$

其中 $L=\mathrm{diag}\{l_1,l_2,\cdots,l_n\}$, $|B|=(|b_{ij}|)_{n\times n}$, $\geqslant$ 表示前后向量的每个分量都有 $\geqslant$ 的关系.

**条件 4.3.9**　$I(t)$ 按段光滑, 且存在一个常向量 $\hat{I}=(\hat{I}_1,\hat{I}_2,\cdots,\hat{I}_n)^{\mathrm{T}}$ 以及一个常数 $\gamma\geqslant 0$ 使得

$$ \int_0^{+\infty} \|I(t)-\hat{I}\|_1 dt = \gamma < +\infty. $$

**条件 4.3.10**　存在常数 $p<\beta$ 和 $\eta>0$ 使对任意的 $t\geqslant 0$ 满足

$$ \lim_{\tau\to 0^+} \|I(t)-\hat{I}\|_1 \tau^p < \eta. $$

**定理 4.3.11**　若条件 4.2.1, 条件 4.3.8—条件 4.3.10 成立, 则系统 (4.16) 的解 $x(t)$ 全局吸引于点 $\hat{x}$, 即

$$ \lim_{t\to+\infty} x(t) = \hat{x}, $$

其中 $\hat{x}$ 是 $-Cx(t)+Bf(x(t))+\hat{I}=0$ 的唯一解.

**证明**　首先说明 $-Cx(t)+Bf(x(t))+\hat{I}=0$ 存在唯一的解, 设为 $\hat{x}$. 其证明可参考定理 4.2.4, 此处不再赘述.

定义变换 $y(t)=(y_1(t),y_2(t),\cdots,y_n(t))^{\mathrm{T}}=x(t)-\hat{x}$, 系统 (4.16) 可变换为

$$ \begin{aligned} {}_0^C D_t^q y(t) &= -C(y(t)+\hat{x}) + Bf(y(t)+\hat{x}) + I(t) \\ &= -Cy(t) + B[f(y(t)+\hat{x}) - f(\hat{x})] - A\hat{x} + Bf(\hat{x}) + I(t) \\ &= -Cy(t) + B[f(y(t)+\hat{x}) - f(\hat{x})] + I(t) - \hat{I}. \end{aligned} \tag{4.17} $$

构造 Lyapunov 函数

$$ V(t,y(t)) = \sum_{i=1}^n \beta_i |y_i(t)|, $$

其满足不等式 (3.13). 根据条件 4.2.1, 条件 4.3.8 以及定理 3.2.7 可得

$$\begin{aligned}
&{}_0^C D_t^q V(t^+, y(t^+)) \\
=& \sum_{i=1}^n \beta_i \, {}_0^C D_t^q |y_i(t^+)| \overset{\text{a.e.}}{\leqslant} \sum_{i=1}^n \beta_i \operatorname{sgn}(y_i(t)) \, {}_0^C D_t^q y_i(t) \\
=& \sum_{i=1}^n \beta_i \operatorname{sgn}(y_i(t)) \left[ - c_i y_i(t) + I_i(t) - \hat{I}_i + \sum_{j=1}^n b_{ij}(f_j(y_j(t) + \hat{x}_j) - f_j(\hat{x}_j)) \right] \\
\overset{\text{a.e.}}{\leqslant}& \sum_{i=1}^n \beta_i \left[ - c_i |y_i(t)| + |I_i(t) - \hat{I}_i| + \sum_{j=1}^n l_j |b_{ij}||y_j(t)| \right] \\
=& \sum_{i=1}^n \beta_i(-c_i|y_i(t)| + |I_i(t) - \hat{I}_i|) + \sum_{i=1}^n \sum_{j=1}^n \beta_j l_i |b_{ji}||y_i(t)| \\
=& -\sum_{i=1}^n \left( c_i\beta_i - \sum_{j=1}^n l_i|b_{ji}|\beta_j \right) |y_i(t)| + \sum_{i=1}^n \beta_i |I_i(t) - \hat{I}_i| \\
\leqslant& -d_{\min} \sum_{i=1}^n |y_i(t)| + \beta_{\max} \sum_{i=1}^n |I_i(t) - \hat{I}_i| \\
=& -d_{\min}\|y(t)\|_1 + \beta_{\max}\|I(t) - \hat{I}\|_1,
\end{aligned} \tag{4.18}$$

其中 $d_{\min} = \min\{d_1, d_2, \cdots, d_n\}$, $\beta_{\max} = \max\{\beta_1, \beta_2, \cdots, \beta_n\}$.

由上述不等式, 再根据条件 4.3.9, 条件 4.3.10, 定理 3.2.15 可得系统 (4.17) 的吸引性

$$\lim_{t \to +\infty} y(t) = 0,$$

亦即系统 (4.16) 的全局吸引性

$$\lim_{t \to +\infty} x(t) = \hat{x}.$$

定理得证.

根据推论 3.2.17, 推论 3.2.18 的结果可得到如下两个推论.

**推论 4.3.12**　若条件 4.2.1, 条件 4.3.8, 条件 4.3.9 成立, 且 $I(t)$ 满足条件

$$\lim_{t \to +\infty} I(t) = \hat{I},$$

则系统 (4.16) 的解 $x(t)$ 全局吸引于点 $\hat{x}$, 即

$$\lim_{t \to +\infty} x(t) = \hat{x},$$

其中 $\hat{x}$ 是 $-Cx(t) + Bf(x(t)) + \hat{I} = 0$ 的唯一解.

**推论 4.3.13** 若条件 4.2.1, 条件 4.3.8, 条件 4.3.9 成立, 且 $I(t)$ 是连续可微的, 则系统 (4.16) 的解 $x(t)$ 全局吸引于点 $\hat{x}$, 即

$$\lim_{t\to+\infty} x(t) = \hat{x},$$

其中 $\hat{x}$ 是 $-Cx(t)+Bf(x(t))+\hat{I}=0$ 的唯一解.

**例 4.3.14** 对于系统 (4.16), 考虑如下带有时变外部输入的例子. 设 $f(x)=(\sin(x_1),\sin(x_2),\sin(x_3))^{\mathrm{T}}$, $I(t)=\left(\dfrac{1-t^2}{1+t^2},\exp(-t),\operatorname{sgn}(t-5)\right)^{\mathrm{T}}$, $C=\operatorname{diag}\{5,7,5\}$,

$$B=\begin{pmatrix} 2 & -1 & 2 \\ 1 & -2.5 & 1 \\ -1.5 & 3 & -1.5 \end{pmatrix}.$$

则系统 (4.16) 可被改写成

$$\begin{cases} {}_0^C D_t^q x_1 = -5x_1 + 2\sin(x_1) - \sin(x_2) + 2\sin(x_3) + \dfrac{1-t^2}{1+t^2}, \\ {}_0^C D_t^q x_2 = -7x_2 + \sin(x_1) - 2.5\sin(x_2) + \sin(x_3) + \exp(-t), \\ {}_0^C D_t^q x_3 = -5x_3 - 1.5\sin(x_1) + 3\sin(x_2) - 1.5\sin(x_3) + \operatorname{sgn}(t-5). \end{cases} \tag{4.19}$$

可以算出 $\hat{I}=(-1,0,1)^{\mathrm{T}}$, 且满足

$$\lim_{t\to+\infty} I(t)=\hat{I}, \quad \int_0^{+\infty}\|I(t)-\hat{I}\|dt<+\infty.$$

选取 $\beta_i=1, l_i=1, i=1,2,3$, 则条件 4.2.1, 条件 4.3.8, 条件 4.3.9 均成立. 根据推论 4.3.12, 可求得 $\hat{x}=(-0.2,0,0.2)^{\mathrm{T}}$, 且 $\lim\limits_{t\to+\infty} x(t)=\hat{x}$. 图 4.7 是系统 (4.19) 解的时间历程图, 时间在 40 之后, 系统 (4.19) 的解逐渐收敛于 $\hat{x}=(-0.2,0,0.2)^{\mathrm{T}}$, 其验证了推论 4.3.12 的正确性.

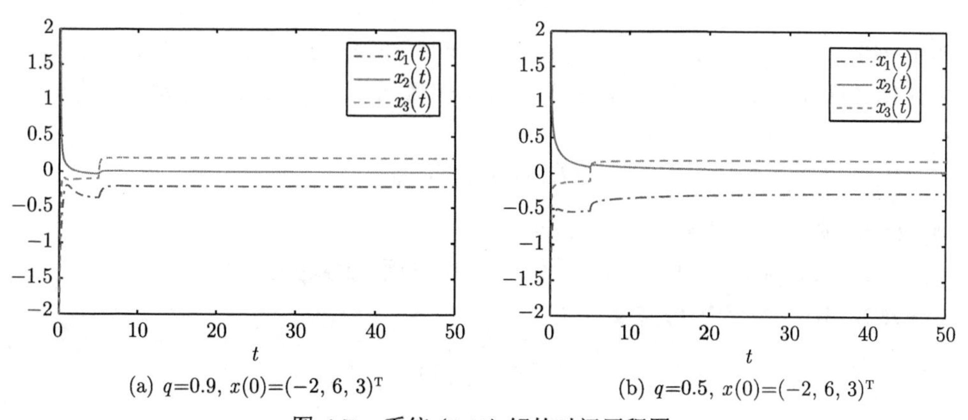


(a) $q$=0.9, $x(0)=(-2, 6, 3)^{\mathrm{T}}$　(b) $q$=0.5, $x(0)=(-2, 6, 3)^{\mathrm{T}}$

图 4.7 系统 (4.19) 解的时间历程图

## 4.4　分数阶不连续神经网络动力学分析

在前几节中, 条件 4.2.1 (Lipschitz 条件) 是不可或缺的, 其被用以保证分数阶神经网络解的存在唯一性. 然而, 在现实中, 神经网络的激励函数更多是不连续的, 经典的 Hopfield 神经网络最初的假设的情况是逼近于不连续函数的[113]. Lipschitz 连续条件下的神经网络通常是人工光滑处理后的结果.

本节将讨论分数阶不连续神经网络动力学性质, 分为两种不连续类型: 不连续激励函数模型和忆阻器模型. 在没有 Lipschitz 条件的情况下, 需要首先论证系统解的存在性.

考虑如下的神经网络

$$ {}_0^C D_t^q x(t) = -Cx(t) + Bf(x(t)) + I, \tag{4.20} $$

除不连续激励函数 $f$ 外, 其他符号与式 (4.4) 相同. 对于不连续激励函数模型 (4.20), 假设所有的激励函数 $f_i(\cdot)$ $(i = 1, 2, \cdots, n)$ 是不连续的, 其不连续时间点仅限于一些孤立的点 $\{t_{ik}\}$, 且其左极限和右极限 $f_i(t_{ik}^-)$ 和 $f_i(t_{ik}^+)$ 都存在.

由于 $f_i(\cdot)$ 的不连续性, 故无法保证系统 (4.20) 解的存在唯一性. 因此下面介绍一种特殊解的定义——Filippov 解[116]. 其经常用于定义整数阶右端不连续微分方程的解, 故将其引申到分数阶微分方程中来.

**定义 4.4.1**　对于如下的 $n$ 维分数阶微分方程

$$ {}_0^C D_t^q x(t) = f(t, x), \tag{4.21} $$

其中 $f(t, x)$ 关于 $x$ 是不连续的. 定义映射集 $\mathcal{F} : R \times R^n \to R^n$ 为

$$ \mathcal{F}(t, x) = \bigcap_{\delta > 0} \bigcap_{\mu(N)=0} \mathrm{co}[f(t, B(x, \delta)/N)], $$

其中 $B(x, \delta) = \{y : \|y - x\| \leqslant \delta\}$, $\mu(N)$ 表示集合 $N$ 的 Lebesgue 测度. 对于一个非退化区间 $I \subset R$, 如果 $x(t)$ 在 $I$ 上任意子区间 $[t_1, t_2]$ 上绝对连续, 且对 $t \in I$, $x(t)$ 几乎处处满足

$$ {}_0^C D_t^q x(t) \in \mathcal{F}(t, x), $$

则 $x(t)$ 即为系统 (4.21) 的 Filippov 解.

而在 Filippov 解的意义下, 系统 (4.21) 平衡点的定义如下.

**定义 4.4.2**　若常向量 $\bar{x}$ 满足

$$ 0 \in \mathcal{F}(t, \bar{x}), $$

则 $\bar{x}$ 称为系统 (4.21) 的一个平衡点.

由上述定义, 设系统 (4.20) 的映射集为

$$F(x) \triangleq \mathrm{co}[f(x)] = (\mathrm{co}[f_1(x_1)], \cdots, \mathrm{co}[f_n(x_n)]).$$

根据 $f_i(\cdot)$ 的条件可得

$$\mathrm{co}[f_i(x_i)] = [\min\{f_i(x_i^-), f_i(x_i^+)\},\ \ \max\{f_i(x_i^-), f_i(x_i^+)\}],$$

其中 $i = 1, 2, \cdots, n$. 则系统 (4.20) 的 Filippov 解的定义如下.

**定义 4.4.3** 如果 $x(t)$ 在任意 $[0, T)$ 的紧区间内绝对连续, 且满足

$$ {}_0^C D_t^q x(t) \in -Cx(t) + BF(x(t)) + I \tag{4.22}$$

在 $t \in [0, T)$ 上几乎处处成立; 等价地说存在有个可测函数 $\gamma = (\gamma_1, \gamma_2, \cdots, \gamma_n)^{\mathrm{T}}$ : $[0, T) \to R^n$, 使得 $\gamma(t) \in F(x(t))$, 且

$$ {}_0^C D_t^q x(t) = -Cx(t) + B\gamma(t) + I \tag{4.23}$$

在 $t \in [0, T)$ 上几乎处处成立, 其中单值函数 $\gamma$ 即为 $F$ 中的可测函数元素. 则 $x(t)$ 即为 $[0, T)$ 上系统 (4.20) 的 Filippov 解.

下面介绍一个不等式定理[117,118], 其在后面证明 Filippov 解存在性时会用到.

**定理 4.4.4**[117,118] 设 $a(t)$ 是一个非负、非减, 且在 $0 \leqslant t < T$ (某一 $T \leqslant +\infty$) 上局部可积的函数, $b(t) \leqslant M$ 是一个定义在 $0 \leqslant t < T$ 上非负、非减的连续函数, $M$, $\beta > 0$ 是常数. 如果 $u(t)$ 非负且在 $0 \leqslant t < T$ 上局部可积, 且满足

$$u(t) \leqslant a(t) + b(t) \int_0^t (t-s)^{\beta-1} u(s) ds,$$

则有下式成立

$$u(t) \leqslant a(t) E_\beta(b(t)\Gamma(\beta)t^\beta).$$

为了保证系统 (4.20) 的 Filippov 解的存在性, 给出如下条件.

**条件 4.4.5** $F$ 满足如下增长条件: 存在常数 $k_i > 0$ 和 $h_i \geqslant 0$, 使得

$$|F_i(x_i)| \triangleq \sup_{\xi \in F_i(x_i)} |\xi| \leqslant k_i |x_i| + h_i, \quad i = 1, 2, \cdots, n.$$

**定理 4.4.6** 若条件 4.4.5 满足, 对任意初值 $x(0)$, 系统 (4.20) 存在至少一个 Filippov 解.

**证明** 由于 $x(t) \hookrightarrow -Cx(t) + BF(x(t)) + I$ 于非空紧的凸值处上半连续, 故其解的局部存在性可以保证.

根据定义 4.4.3 和条件 4.4.5, 对于 a.e. $t \in [0, +\infty)$, 满足

$$\begin{aligned}\|-Cx(t)+BF(x(t))+I\|_p &\leqslant \|C\|_p\|x(t)\|_p+\|B\|_p(K\|x(t)\|_p+H)+\|I\|_p \\ &\leqslant (\|C\|_p+\|B\|_pK)\|x(t)\|_p+\|B\|_pH+\|I\|_p \\ &= \overline{K}\|x(t)\|_p+\overline{H},\end{aligned} \tag{4.24}$$

其中 $K=\max\{k_1,k_2,\cdots,k_n\}$, $H=\max\{h_1,h_2,\cdots,h_n\}$, $\overline{K}=\|C\|_p+\|B\|_pK$, $\overline{H}=\|B\|_pH+\|I\|_p$.

由分数阶系统解的积分表达式可得

$$\begin{aligned}\|x(t)\|_p &\leqslant \|x(0)\|_p+\left\|\frac{1}{\Gamma(q)}\int_0^t (t-\tau)^{q-1}[-Cx(\tau)+BF(x(\tau))+I]d\tau\right\|_p \\ &\leqslant \|x(0)\|_p+\frac{1}{\Gamma(q)}\int_0^t (t-\tau)^{q-1}(\overline{K}\|x(\tau)\|_p+\overline{H})d\tau \\ &= \|x(0)\|_p+\frac{\overline{H}}{q\Gamma(q)}t^q+\frac{\overline{K}}{\Gamma(q)}\int_0^t (t-\tau)^{q-1}\|x(\tau)\|_p d\tau.\end{aligned}$$

由上式和定理 4.4.4 可得

$$\|x(t)\|_p \leqslant \left(\|x(0)\|_p+\frac{\overline{H}}{q\Gamma(q)}t^q\right)E_q(\overline{K}t^q).$$

因此, 对任意给定的 $t \in [0, +\infty)$, $x(t)$ 均是有界的, 这也保证了系统 (4.20) Filippov 解的存在性. 定理得证.

下面分析系统 (4.20) Filippov 解的有界性.

**条件 4.4.7** 对所有不连续的激励函数 $f_i$, 存在常数 $l_i > 0$ 和 $m_i \geqslant 0$, 使得对任意的 $x, y \in R^n$, $i = 1, 2, \cdots, n$ 满足

$$|f_i(x)-f_i(y)| \leqslant l_i|x-y|+m_i.$$

**定理4.4.8** 若条件 4.2.3, 条件 4.4.5, 条件 4.4.7 均成立, 则系统 (4.20) 的 Filippov 解是一致有界的, 且对任意的 $\epsilon > 0$, 存在 $T \geqslant 0$, 使得对所有的 $t \geqslant T$ 和其解 $x(t)$ 满足

$$\|x(t)\|_1 \leqslant \frac{M}{d}+\epsilon,$$

其中 $d=\min\{d_1,d_2,\cdots,d_n\}$, $M=\sum\limits_{i=1}^n\left(|I_i|+\sum\limits_{j=1}^n|b_{ij}|(m_j+|f_j(0)|)\right)$.

**证明** 证明方法和过程与定理 4.3.6 类似, 此处不再赘述.

**注 4.4.9** 当条件 4.4.7 中 $m_i = 0\ (i = 1, 2, \cdots, n)$ 时, $f_i$ 即为 Lipschitz 连续的, 其是定理 4.4.8 的特例. 若 $m_i = I_i = f_i(0) = 0\ (i = 1, 2, \cdots, n)$, 则系统 (4.20) 存在 Mittag-Leffler 稳定的平衡点 $\bar{x} = 0$, 其也可认为是定理 4.4.8 的一个特例.

为了进一步分析系统 (4.20) 的吸引性, 给出两个条件.

**条件 4.4.10** 对于 $f_i$, 存在常数 $p_i > 0$ 和 $r > \dfrac{M}{d}$, 使得对任意 $x, y \in [-r, r]$ 和 $i = 1, 2, \cdots, n$, 满足

$$|f_i(x) - f_i(y)| \leqslant p_i |x - y|,$$

其中 $d$ 和 $M$ 如定理 4.4.8 中定义.

**条件 4.4.11** 对于 $i = 1, 2, \cdots, n$, 存在正常数 $\delta_i$, 使得

$$\delta_i = c_i - \sum_{j=1}^{n} |b_{ji}| p_i > 0.$$

**定理 4.4.12** 若条件 4.2.3, 条件 4.4.5, 条件 4.4.7, 条件 4.4.10, 条件 4.4.11 成立, 且系统 (4.20) 存在一个平衡点 $\bar{x}$, 则该平衡点 $\bar{x}$ 必是系统 (4.20) 唯一的平衡点且满足 $\|\bar{x}\|_1 \leqslant \dfrac{M}{d}$.

**证明** 由条件 4.2.3, 条件 4.4.5, 条件 4.4.7 及定理 4.4.8 可得系统 (4.20) 的解有界, 即对任意的 $\epsilon > 0$, 存在 $T \geqslant 0$, 使得对所有的 $t \geqslant T$, 满足

$$\|x(t)\|_1 \leqslant \frac{M}{d} + \epsilon.$$

$\bar{x}$ 是系统 (4.20) 的平衡点, 所以其是系统 (4.20) 的解, 则满足 $\|\bar{x}\|_1 \leqslant \dfrac{M}{d}$. 下面证其唯一性.

设系统 (4.20) 有另一个平衡点 $\bar{y}$, 且满足 $-C\bar{y} + Bf(\bar{y}) + I = 0$ 以及 $\|\bar{y}\|_1 \leqslant \dfrac{M}{d} < r$. 则有

$$\|C(\bar{y} - \bar{x})\|_1 = \|B(f(\bar{y}) - f(\bar{x}))\|_1.$$

根据条件 4.4.10 和条件 4.4.11, 可得

$$\begin{aligned}
\|B(f(\bar{y}) - f(\bar{x}))\|_1 &\leqslant \sum_{i=1}^{n} \sum_{j=1}^{n} |b_{ij}| |f(\bar{y}_j) - f(\bar{x}_j)| \\
&\leqslant \sum_{i=1}^{n} \sum_{j=1}^{n} p_j |b_{ij}| |\bar{y}_j - \bar{x}_j| = \sum_{i=1}^{n} \left( \sum_{j=1}^{n} p_i |b_{ji}| \right) |\bar{y}_i - \bar{x}_i|
\end{aligned}$$

$$< \sum_{i=1}^{n} c_i|\bar{y}_i - \bar{x}_i| = \|C(\bar{y} - \bar{x})\|_1,$$

这和 $\|C(\bar{y} - \bar{x})\|_1 = \|B(f(\bar{y}) - f(\bar{x}))\|_1$ 矛盾. $\bar{x}$ 唯一性得证.

**定理 4.4.13** 若条件 4.2.3, 条件 4.4.5, 条件 4.4.7, 条件 4.4.10, 条件 4.4.11 成立, 且系统 (4.20) 存在一个平衡点 $\bar{x}$, 则该平衡点 $\bar{x}$ 是全局吸引的, 即

$$\lim_{t \to +\infty} x(t) = \bar{x}.$$

**证明** 根据定理 4.4.12, 系统 (4.20) 的解是有界的. 取 $\epsilon \ll r - \dfrac{M}{c}$, 存在一个 $T \geqslant 0$ 使得对所有 $t \geqslant T$ 满足

$$\|x(t)\|_1 \leqslant \frac{M}{c} + \epsilon,$$

根据定理 4.4.12, $\bar{x}$ 是系统 (4.20) 唯一的平衡点且满足 $\|\bar{x}\|_1 \leqslant \dfrac{M}{d}$. 设 $y(t) = x(t) - \bar{x}$, 则系统 (4.20) 可写成

$$ {}_0^C D_t^q y(t) = -Cy(t) + B(f(x(t)) - f(\bar{x})). \tag{4.25}$$

构建 Lyapunov 函数

$$V(t, y(t)) = \|y(t)\|_1 = \sum_{i=1}^{n} |y_i(t)|.$$

当 $t \geqslant T$ 时, 任意解 $\|x(t)\|_1 < r$. 根据条件 4.4.10, 条件 4.4.11 以及定理 3.2.7 可得对任意的 $t \in [T, +\infty)$:

$$\begin{aligned}
{}_0^C D_t^q V(t^+, y(t^+)) &= \sum_{i=1}^{n} {}_0^C D_t^q |y_i(t^+)| \overset{\text{a.e.}}{\leqslant} \sum_{i=1}^{n} \operatorname{sgn}(y_i(t)) {}_0^C D_t^q y_i(t) \\
&= \sum_{i=1}^{n} \operatorname{sgn}(y_i(t)) \left[ -c_i y_i(t) + \sum_{j=1}^{n} b_{ij}(f_j(x_j(t)) - f_j(\bar{x}_j)) \right] \\
&\overset{\text{a.e.}}{\leqslant} \sum_{i=1}^{n} \left[ -c_i|y_i(t)| + \sum_{j=1}^{n} p_j|b_{ij}||y_j(t)| \right] \\
&= \sum_{i=1}^{n} \left[ -c_i|y_i(t)| + \sum_{j=1}^{n} p_i|b_{ji}||y_i(t)| \right] \\
&= -\sum_{i=1}^{n} \left[ c_i - \sum_{j=1}^{n} p_i|b_{ji}| \right] |y_i(t)|
\end{aligned}$$

$$\leqslant -\delta\|y(t)\|_1,$$

其中 $\delta = \min\{\delta_1, \delta_2, \cdots, \delta_n\}$. 由上式可得, 当 $t \in [0, +\infty)$ 时, 满足

$$ {}_0^C D_t^q V(t^+, y(t^+)) \overset{\text{a.e.}}{\leqslant} -\delta\|y(t)\|_1 + h(t, x(t)), \tag{4.26}$$

其中 $h(t, x(t))$ 是一个待定的函数, 且当 $t \in [T, +\infty)$ 时满足 $h(t, x(t)) = 0$. 再由 $x(t)$ 和 $h(t, x(t))$ 的有界性可得

$$\int_0^{+\infty} |h(t, x(t))| dt < +\infty.$$

根据推论 3.2.17 即得 $\lim\limits_{t\to+\infty} y(t) = \lim\limits_{t\to+\infty} x(t) - \bar{x} = 0$, 即为 $\lim\limits_{t\to+\infty} x(t) = \bar{x}$. 定理得证.

**例 4.4.14** 考虑一个二元不连续神经网络[119]. 针对系统 (4.20) 选取参数如下

$$q = 0.8, \quad C = \mathrm{diag}\{3, 3\}, \quad B = (b_{ij})_{2\times 2} = \begin{pmatrix} 0.3 & -0.6 \\ 0.6 & 0.3 \end{pmatrix},$$

$$f_i(x_i) = \begin{cases} \tanh(x_i) - x_i + 1, & x_i > 0, \\ \tanh(x_i) - x_i - 1, & x_i \leqslant 0, \end{cases} \quad i = 1, 2.$$

于是系统 (4.20) 可写成

$$\begin{cases} {}_0^C D_t^{0.8} x_1(t) = -3x_1(t) + 0.3 f_1(x_1(t)) - 0.6 f_2(x_2(t)) + I_1, \\ {}_0^C D_t^{0.8} x_2(t) = -3x_2(t) + 0.6 f_1(x_1(t)) + 0.3 f_2(x_2(t)) + I_2. \end{cases} \tag{4.27}$$

由于 $f_i(0^+) \neq f_i(0^-)$, 激励函数 $f_i(x_i)$, $i = 1, 2$ 是不连续的. 图 4.8 展示了不连续激励函数 $f_i(x_i)$, $i = 1, 2$ 以及其闭包 $\mathrm{co}[f_i(x_i)]$. 下面将根据 $I$ 取值的不同, 分情况讨论系统 (4.27) 的动力学性质.

**情况 1** $I = (0, 0)^{\mathrm{T}}$.

选取 $l_1 = l_2 = 2$, $m_1 = m_2 = 2$, $f_1(0) = f_2(0) = 1$, $d_1 = d_2 = 1.2$, $M = 5.4$, 则条件 4.2.3, 条件 4.4.5, 条件 4.4.7 均成立, 根据定理 4.4.8, 系统 (4.27) 是一致有界的. 计算得 $\dfrac{M}{d}$=4.5, 另取 $\epsilon = 0.0001$, 即得存在 $T \geqslant 0$, 对任意的 $t \geqslant T$, 有 $\|x(t)\|_1 \leqslant 4.5001$. 图 4.9 展现了情况 1 下系统 (4.27) 解的时间历程图, 当 $t \geqslant 10$ 时, 系统 (4.27) 的解满足 $\|x(t)\|_1 \leqslant 4.5001$, 即验证了定理 4.4.8 的正确性. 图 4.10 展示了相应激励函数凸闭包 $\mathrm{co}[f_i(x_i(t))]$, $i = 1, 2$ 的时间历程图, 从图上可看出, 在时间大于 10 时, 激励函数 $f_i(x_i(t))$ 一直在高频度的变化.

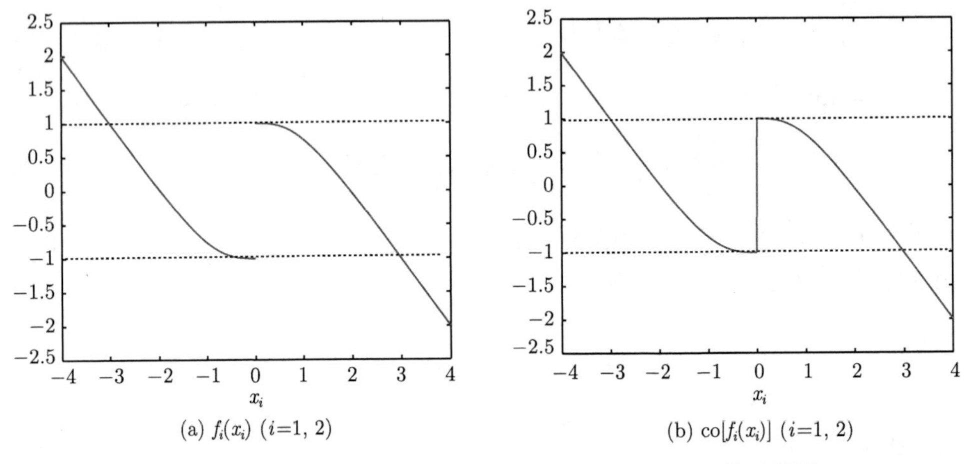


(a) $f_i(x_i)$ $(i=1, 2)$　　(b) $\mathrm{co}[f_i(x_i)]$ $(i=1, 2)$

图 4.8　系统 (4.27) 中 $f_i(x_i)$ 和 $\mathrm{co}[f_i(x_i)]$ $(i=1,2)$ 的函数图

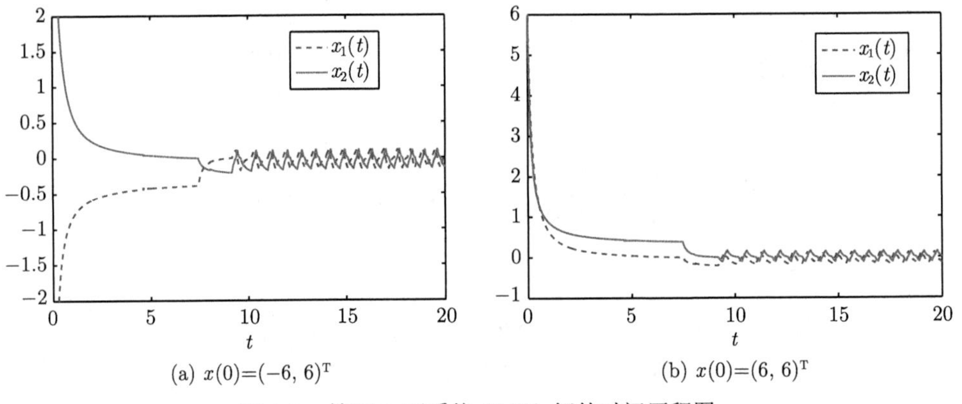


(a) $x(0)=(-6, 6)^{\mathrm{T}}$　　(b) $x(0)=(6, 6)^{\mathrm{T}}$

图 4.9　情况 1 下系统 (4.27) 解的时间历程图

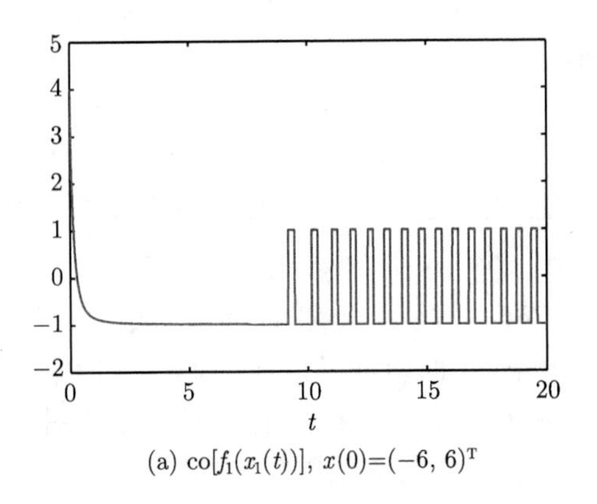


(a) $\mathrm{co}[f_1(x_1(t))]$, $x(0)=(-6, 6)^{\mathrm{T}}$

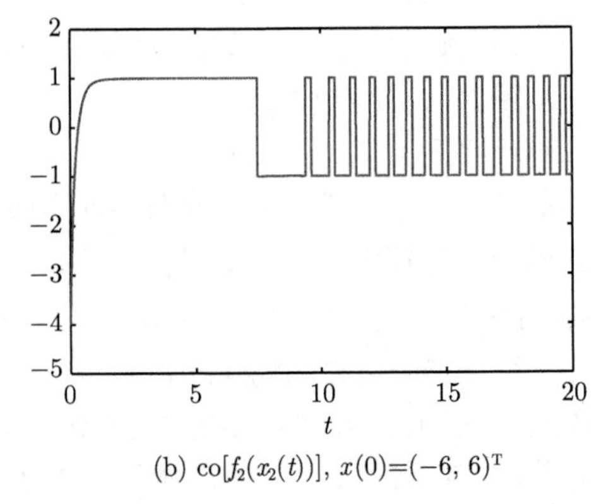


(b) $\mathrm{co}[f_2(x_2(t))]$, $x(0)=(-6, 6)^{\mathrm{T}}$

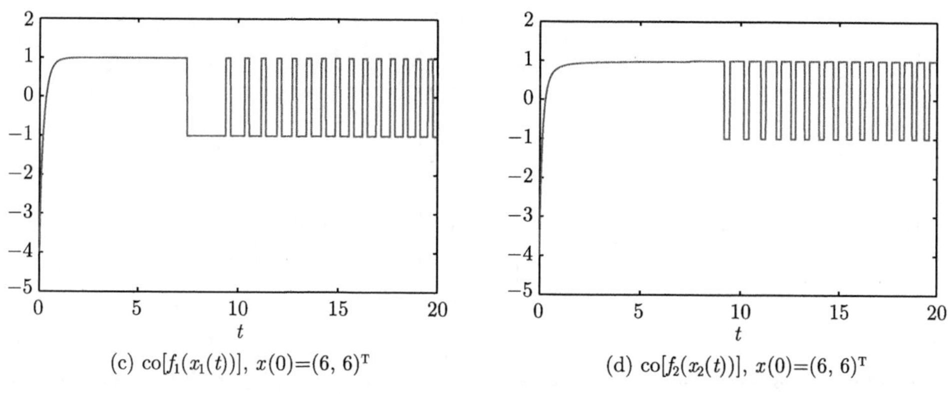


(c) $\mathrm{co}[f_1(x_1(t))]$, $x(0)=(6, 6)^{\mathrm{T}}$ (d) $\mathrm{co}[f_2(x_2(t))]$, $x(0)=(6, 6)^{\mathrm{T}}$

图 4.10 情况 1 下系统 (4.27) 中 $\mathrm{co}[f_i(x_i)]$ $(i=1,2)$ 的时间历程图

**情况 2** $I=(27.9,-22.2)^{\mathrm{T}}$.

可求得 $M=55.5$, 为了简单起见, 对系统 (4.27) 做如下变换 $y(t)=x(t)-(7,-8)^{\mathrm{T}}$ 可得

$$\begin{cases} {}_{0}^{C}D_{t}^{0.8}y_1(t)=-3y_1(t)+0.3g_1(y_1(t))-0.6g_2(y_2(t)), \\ {}_{0}^{C}D_{t}^{0.8}y_2(t)=-3y_2(t)+0.6g_1(y_1(t))+0.3g_2(y_2(t)), \end{cases} \tag{4.28}$$

其中

$$g_1(y_1)=\begin{cases} \tanh(y_1+7)-y_1+1, & y_1>-7, \\ \tanh(y_1+7)-y_1-1, & y_1\leqslant -7, \end{cases}$$

$$g_2(y_2)=\begin{cases} \tanh(y_2-8)-y_2+1, & y_2>8, \\ \tanh(y_2-8)-y_2-1, & y_2\leqslant 8. \end{cases}$$

显然 $g_1(-7^+)\neq g_1(-7^-)$, $g_2(8^+)\neq g_2(8^-)$, 图 4.11 展示了其闭包 $\mathrm{co}[g_i(y_i)]$, $i=1,2$. 针对系统 (4.28) 取 $l_1=l_2=2$, $m_1=m_2=2$, $f_1(0)=f_2(0)\approx 2.0000$, $d_1=d_2=1.2$, $M=7.2$, $r=7>\dfrac{M}{d}=6$, $p_1=p_2=2$. 则通过上面参数的计算可得, 条件 4.2.3, 条件 4.4.5, 条件 4.4.7, 条件 4.4.10, 条件 4.4.11 都满足, 根据定理 4.4.13, 系统 (4.28) 的解是全局吸引的, 即

$$\bar{y}=\bar{x}-(7,-8)^{\mathrm{T}}\approx(0.5600,0.0800)^{\mathrm{T}}.$$

即

$$\lim_{t\to+\infty}x(t)=\bar{x}\approx(7.5600,-7.9200)^{\mathrm{T}}.$$

图 4.12 展示了系统 (4.28) 的解收敛于 $\bar{x}\approx(7.5600,-7.9200)^{\mathrm{T}}$ 的状态, 从而验证了定理 4.4.13 的正确性. 图 4.13 是 $\mathrm{co}[f_i(x_i(t))]$, $i=1,2$ 的时间历程图, 其只在 $t\approx 0.2$ 时是不光滑的.

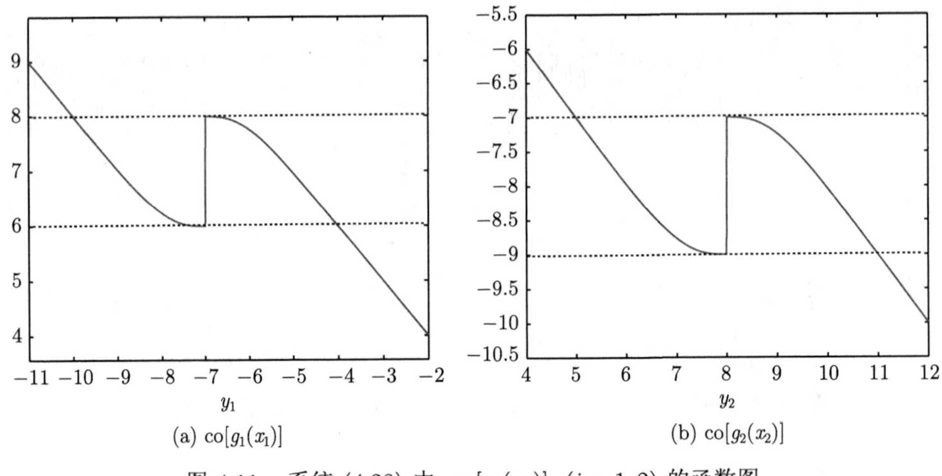


(a) $\text{co}[g_1(x_1)]$　　(b) $\text{co}[g_2(x_2)]$

图 4.11　系统 (4.28) 中 $\text{co}[g_i(x_i)]$ $(i=1,2)$ 的函数图

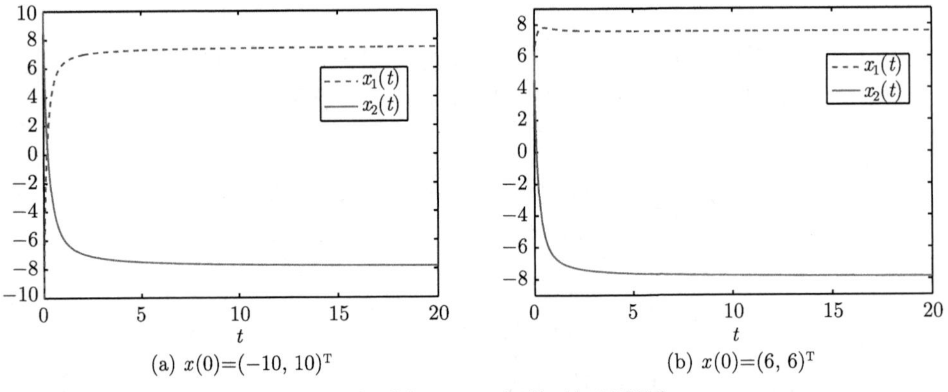


(a) $x(0)=(-10, 10)^{\mathrm{T}}$　　(b) $x(0)=(6, 6)^{\mathrm{T}}$

图 4.12　系统 (4.28) 解的时间历程图

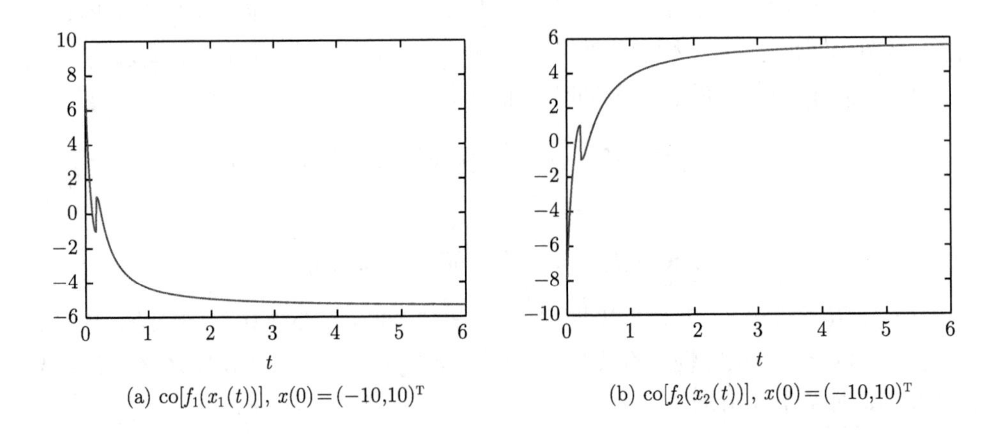


(a) $\text{co}[f_1(x_1(t))]$, $x(0)=(-10,10)^{\mathrm{T}}$　　(b) $\text{co}[f_2(x_2(t))]$, $x(0)=(-10,10)^{\mathrm{T}}$

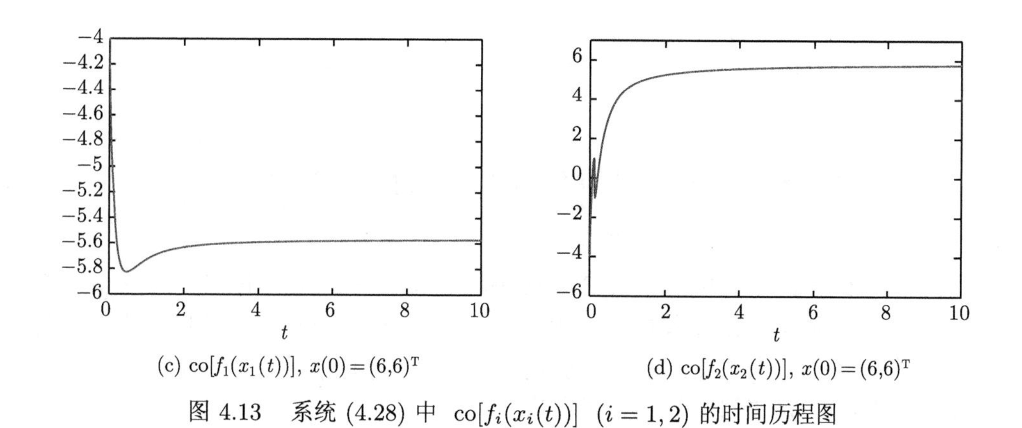


(c) $\mathrm{co}[f_1(x_1(t))]$, $x(0)=(6,6)^{\mathrm{T}}$ (d) $\mathrm{co}[f_2(x_2(t))]$, $x(0)=(6,6)^{\mathrm{T}}$

图 4.13 系统 (4.28) 中 $\mathrm{co}[f_i(x_i(t))]$ $(i=1,2)$ 的时间历程图

## 4.5 本 章 小 结

本章主要利用第 3 章所得相关结论及其推广结论, 分别研究了分数阶神经网络的全局稳定性、带有有界扰动网络的有界性和吸引性, 以及分数阶不连续神经网络的动力学性质. 由此可知, 所得理论结果的正确性, 也很好地解决了分数阶神经网稳定性问题.

首先, 分析分数阶神经网络的全局稳定性, 证明了平衡点的存在唯一性, 再进一步分析了其唯一平衡点的全局稳定性. 此外, 对于不同的网络模型分析其解的存在性质以及平衡点的特征, 并给出相应条件. 其次, 在实际中, 网络系统会受到内部或外部的干扰从而形成扰动, 当网络系统内部受到温度、湿度等因素的干扰时, 其内部会出现扰动, 其数学模型表现为系统参数的扰动. 本章主要给出这两部分的稳定性分析, 当外界扰动为定常数时, 得到了全局一致渐近稳定, 但当外部扰动为时变函数时, 得到了解的有界性和吸引性条件. 另一方面, 对于带有参数扰动的分数阶神经网络, 得到了带有参数扰动的分数阶神经网络全局鲁棒稳定的条件.

最后, 注意到对于连续的分数阶神经网络的 Lipschitz 条件是不可或缺的, 其被用以保证分数阶神经网络解的存在唯一性. 然而, 在现实中, 神经网络的激励函数更多是不连续的, 经典的 Hopfield 神经网络最初的假设的情况是逼近于不连续函数的. Lipschitz 连续条件下的神经网络通常是人工光滑处理后的结果. 因此, 研究了分数阶不连续神经网络动力学性质, 当激励函数不连续时, 在不满足 Lipschitz 条件的情况下, 论证了系统解的存在性, 并得到了解的全局吸引性条件.

# 第 5 章　分数阶神经网络的同步研究

混沌系统的同步问题最早由 Pecora 和 Carroll 在 1990 年提出[120]. 因其在图像处理、安全通信以及过程控制等领域中的广泛应用, 混沌系统的同步现已成为非线性科学中的一个重要课题. 目前同步的类型有很多种, 包括完全同步、延迟同步、反向同步、射影同步、广义同步等.

21 世纪初, 随着分数阶神经网络混沌现象的陆续研究和发现 [115,121-123], 分数阶混沌神经网络的同步问题也越来越受到人们的关注 [51,60,125-129]. 随着分数阶神经网络稳定性研究的发展, 实现其同步问题的理论方法也得到了逐渐的完善[60,124,128-134], 甚至有些学者会在其文献中给出稳定性结果之后便提出和验证相应的同步方法[51,125,127,135,136]. 本章主要研究神经网络的各种各样的同步问题.

## 5.1　分数阶神经网络的同步

分数阶神经网络同步问题的模型针对两个分数阶混沌神经网络. 驱动系统为

$$
{}_0^C D_t^q x(t) = -C_d x(t) + B_d f_d(x(t)) + I_d,
$$

响应系统为

$$
{}_0^C D_t^q y(t) = -C_r y(t) + B_r f_r(y(t)) + I_r + u(t),
$$

其中 $x(t), y(t) \in R^n$ 为驱动和响应系统的状态向量, $u(t) = (u_1(t), \cdots, u_n(t))^{\mathrm{T}}$ 表示控制器.

对于不同的初值 $x_0, y_0 \in R^n$, 若定义某种误差向量函数 $e(t) = g(x(t), y(t))$ 收敛于 0, 即

$$
\lim_{t \to +\infty} \|e(t)\| = 0.
$$

则称上述驱动–响应分数阶混沌神经网络是全局渐近同步的. 以误差向量的定义形式 $e(t) = g(x(t), y(t))$ 区分, 同步的类型分为很多种, 表 5.1 列出了其中一部分. 本章将第 3 章的结论, 应用于分数阶神经网络的同步问题中, 针对不同的同步类型, 设计相应的同步控制器, 并在理论和实验中验证其有效性.

**表 5.1 同步类型和其对应误差定义**

| 同步类型 | 误差定义 $e(t)=g(x(t),y(t))$ |
|---|---|
| 完全同步 | $e(t)=y(t)-x(t)$ |
| 延迟同步 | $e(t)=y(t)-x(t-r),\ r\in R^{+}$ |
| 反向同步 | $e(t)=y(t)+x(t)$ |
| 射影同步 | $e(t)=y(t)-kx(t),\ k\in R$ |
| 广义同步 | $e(t)=y(t)-K(x(t)),\ K:R^n\to R^n$ |

### 5.1.1 分数阶神经网络的完全同步

完全同步是最简单的同步类型之一, 考虑如下两个分数阶 Hopfield 混沌神经网络

$$ {}_0^CD_t^q x_i(t)=-c_ix_i(t)+\sum_{j=1}^{n}b_{ij}f_j(x_j(t))+I_i(t), \tag{5.1}$$

$$ {}_0^CD_t^q y_i(t)=-c_iy_i(t)+\sum_{j=1}^{n}b_{ij}f_j(y_j(t))+I_i(t)+u_i(t), \tag{5.2}$$

其中 $I_i(t),i=1,2,\cdots,n$ 表示外部输入, 且驱动系统和响应系统的外部输入相同. $u_i(t)=-k_i(y_i(t)-x_i(t))$ 是第 $i$ 个控制器分量, 其中 $k_i$ 是正常数. 其他变量参数与系统 (4.3) 相同.

**定义 5.1.1** 若在控制后误差向量 $e(t)=y(t)-x(t)$ 收敛于 0, 即

$$\lim_{t\to+\infty}\|e(t)\|=\lim_{t\to+\infty}\|y(t)-x(t)\|=0,$$

则系统 (5.1) 和系统 (5.2) 实现了完全同步.

**定理 5.1.2** 如果条件 4.2.1 成立, 且存在正常数 $d_i\ (i=1,2,\cdots,n)$ 满足

$$d_i=k_i+a_i-\sum_{j=1}^{n}|b_{ji}|l_i>0,$$

则系统 (5.1) 和系统 (5.2) 即能实现完全同步.

**证明** 由系统 (5.1) 和系统 (5.2) 可得其误差系统为

$$ {}_0^CD_t^q e_i(t)=-(k_i+a_i)e_i(t)+\sum_{j=1}^{n}b_{ij}(f_j(y_j(t))-f_j(x_j(t))),\quad i=1,2,\cdots,n. \tag{5.3}$$

仿照定理 4.2.4, 定理 4.2.5 的证明可得系统 (5.3) 有唯一的平衡点 $\bar{e}=0$, 且 $\bar{e}=0$ 是全局 Mittag-Leffler 稳定的, 即

$$\lim_{t\to+\infty}\|e(t)\|=0.$$

定理得证.

**例 5.1.3** 对于系统 (5.1) 和系统 (5.2), 考虑如下带有三个神经元的分数阶混沌神经网络[51], 选取 $q = 0.98$, $f_j(x_j) = \tanh(x_j)$, $l_j = 1$, $c_i = 1$, $I_i(t) = e^{-t}$, $j = 1, 2, 3$,

$$B = (b_{ij})_{3\times 3} = \begin{pmatrix} 2 & -1.2 & 0 \\ 1.8 & 1.71 & 1.15 \\ -4.75 & 0 & 1.1 \end{pmatrix}.$$

则驱动–响应系统可表示为

$$\begin{cases} {}_0^C D_t^{0.98} x_1(t) = -x_1(t) + 2\tanh(x_1(t)) - 1.2\tanh(x_2(t)) + e^{-t}, \\ {}_0^C D_t^{0.98} x_2(t) = -x_2(t) + 1.8\tanh(x_1(t)) + 1.71\tanh(x_2(t)) \\ \qquad\qquad + 1.15\tanh(x_3(t)) + e^{-t}, \\ {}_0^C D_t^{0.98} x_3(t) = -x_3(t) - 4.75\tanh(x_1(t)) + 1.1\tanh(x_3(t)) + e^{-t}. \end{cases} \tag{5.4}$$

$$\begin{cases} {}_0^C D_t^{0.98} y_1(t) = -y_1(t) + 2\tanh(y_1(t)) - 1.2\tanh(y_2(t)) + e^{-t} - k_1 e_1(t), \\ {}_0^C D_t^{0.98} y_2(t) = -y_2(t) + 1.8\tanh(y_1(t)) + 1.71\tanh(y_2(t)) \\ \qquad\qquad + 1.15\tanh(y_3(t)) + e^{-t} - k_2 e_2(t), \\ {}_0^C D_t^{0.98} y_3(t) = -y_3(t) - 4.75\tanh(y_1(t)) + 1.1\tanh(y_3(t)) + e^{-t} - k_3 e_3(t). \end{cases} \tag{5.5}$$

进一步选取控制参数 $k_1 = 8$, $k_2 = 3$, $k_3 = 2$, 则定理 5.1.2 的条件均满足, 即可得系统 (5.4) 和系统 (5.5) 能实现完全同步. 图 5.1 是系统 (5.4) 和系统 (5.5) 误差的时间历程图, 当 $t > 5$ 时, 误差状态均趋向于 0, 即实现系统 (5.4) 和系统 (5.5) 间的完全同步. 图 5.2 是系统 (5.4) 和系统 (5.5) 状态的相图, 其混沌吸引子和同步效果亦得以展示出来.

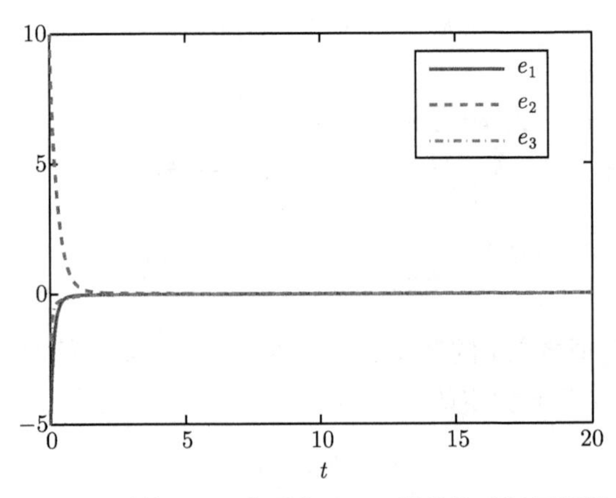


图 5.1 系统 (5.4) 和系统 (5.5) 误差的时间历程图

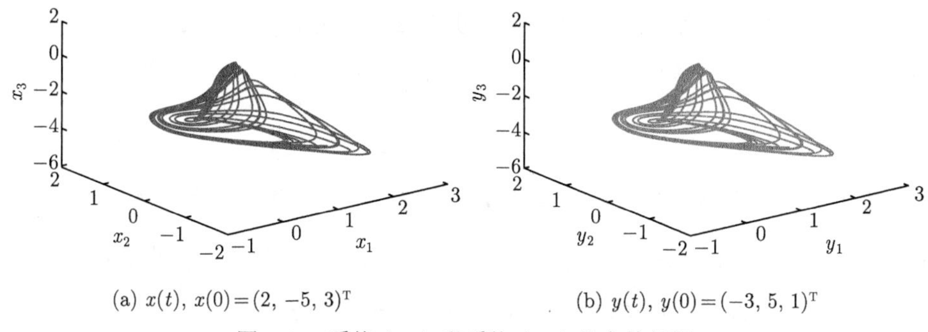


(a) $x(t)$, $x(0)=(2, -5, 3)^{\mathrm{T}}$ (b) $y(t)$, $y(0)=(-3, 5, 1)^{\mathrm{T}}$

图 5.2 系统 (5.4) 和系统 (5.5) 状态的相图

### 5.1.2 分数阶神经网络的准同步

准同步是一种特殊的控制方法, 和 5.1.1 节完全同步不同的是, 准同步只要求驱动–响应系统间的误差渐渐趋于一个有界区域即可, 并不要求其收敛于 0. 其经常会被应用于控制一些带有未知扰动的系统, 从而降低控制的难度, 增强实用性.

考虑两个带有不同外部输入的分数阶混沌神经网络

$$ {}_0^C D_t^q x_i(t) = -c_i x_i(t) + \sum_{j=1}^{n} b_{ij} f_j(x_j(t)) + I_i(t), \tag{5.6} $$

$$ {}_0^C D_t^q y_i(t) = -c_i y_i(t) + \sum_{j=1}^{n} b_{ij} f_j(y_j(t)) + J_i(t) + u_i(t), \tag{5.7} $$

其中 $|I_i(t)| \leqslant M_i$, $|J_i(t)| \leqslant N_i$, $i = 1, 2, \cdots, n$, $u_i(t) = -k_i(y_i(t) - x_i(t))$ 是第 $i$ 个控制器分量, 其中 $k_i$ 是正常数. 其他变量参数与系统 (4.3) 相同.

由系统 (5.6) 和系统 (5.7) 可得其误差系统为

$$ {}_0^C D_t^q e_i(t) = -(k_i + a_i) e_i(t) + \sum_{j=1}^{n} b_{ij}(f_j(y_j(t)) - f_j(x_j(t))) + J_i(t) - I_i(t). \tag{5.8} $$

由于两系统的外部输入不同, 因此 $\bar{e} = 0$ 不是系统 (5.8) 的平衡点, 故系统 (5.6) 和系统 (5.7) 的完全同步在当前的线性反馈控制器下无法实现. 下面定义并讨论其准同步的实现问题.

**定义 5.1.4** 若对于常数 $\varphi \geqslant 0$, 存在一个 $T \geqslant 0$, 使得对所有的 $t \geqslant T$, 满足

$$ \|e(t)\| = \|y(t) - x(t)\| \leqslant \varphi, $$

则称系统 (5.6) 和系统 (5.7) 实现了以 $\varphi$ 为界的准同步.

**定理 5.1.5**　如果条件 4.2.1 成立, 且存在正常数 $d_i$ $(i=1,2,\cdots,n)$ 满足

$$d_i = k_i + c_i - \sum_{j=1}^{n} |b_{ji}| l_i > 0,$$

则系统 (5.6) 和系统 (5.7) 即能实现以 $\varphi = \dfrac{\theta}{d} + \epsilon$ 为界的准同步, 其中 $d = \min\{d_1, d_2, \cdots, d_n\}$, $\theta = \sum\limits_{i=1}^{n} (M_i + N_i)$, $0 < \epsilon \ll 1$ 是一个任意小的常数.

**证明**　针对误差系统 (5.8), 构建 Lyapunov 函数

$$V(t, e(t)) = \|e(t)\|_1 = \sum_{i=1}^{n} |e_i(t)|.$$

则根据本定理条件以及定理 3.2.7 可得

$$\begin{aligned}
{}_0^C D_t^q V(t^+, e(t^+)) &= \sum_{i=1}^{n} {}_0^C D_t^q |e_i(t^+)| \overset{\text{a.e.}}{\leqslant} \sum_{i=1}^{n} \operatorname{sgn}(e_i(t)) {}_0^C D_t^q e_i(t) \\
&\overset{\text{a.e.}}{\leqslant} \sum_{i=1}^{n} \left[ -(k_i + a_i)|e_i(t)| + \sum_{j=1}^{n} l_j |b_{ij}| |e_j(t)| + M_i + N_i \right] \\
&= \sum_{i=1}^{n} \left[ -(k_i + a_i)|e_i(t)| + \sum_{j=1}^{n} l_i |b_{ji}| |e_i(t)| + M_i + N_i \right] \\
&= -\sum_{i=1}^{n} \left[ -(k_i + a_i) - \sum_{j=1}^{n} l_i |b_{ji}| \right] |e_i(t)| + \sum_{i=1}^{n} (M_i + N_i) \\
&\leqslant -d\|e(t)\|_1 + \theta.
\end{aligned}$$

再根据定理 3.2.13 可得对于任意的 $\epsilon > 0$, 存在 $T \geqslant 0$, 使得对所有的 $t \geqslant T$ 满足

$$\|e(t)\|_1 \leqslant \frac{\theta}{d} + \epsilon,$$

即系统 (5.6) 和系统 (5.7) 能实现以 $\varphi = \dfrac{\theta}{d} + \epsilon$ 为界的准同步. 定理得证.

**注 5.1.6**　由定理 5.1.5 可知, 若选择更大的控制参数 $k_i$ $(i=1,2,\cdots,n)$, 则误差的界 $\varphi = \dfrac{\theta}{d} + \epsilon$ 会更小. 因此, 准同步误差的界可以通过选取合适的控制参数使其缩小至实际要求的标准, 这在混沌同步的非线性控制中具有很重要的意义.

**例 5.1.7**　如例 5.1.3, 只改变例 5.1.3 中的外部输入. 并选取

$$I(t) = (0.4\cos(t), 0.8\cos(t), -1.2\cos(t))^{\mathrm{T}},$$

$$J(t) = (-0.6\sin(t), 0.9\sin(t), -1.1\sin(t))^{\mathrm{T}}.$$

故系统 (5.6) 和系统 (5.7) 可表示为

$$\begin{cases} {}_0^CD_t^{0.98}x_1(t) = -x_1(t) + 2\tanh(x_1(t)) - 1.2\tanh(x_2(t)) + 0.4\cos(t), \\ {}_0^CD_t^{0.98}x_2(t) = -x_2(t) + 1.8\tanh(x_1(t)) + 1.71\tanh(x_2(t)) \\ \qquad\qquad + 1.15\tanh(x_3(t)) + 0.8\cos(t), \\ {}_0^CD_t^{0.98}x_3(t) = -x_3(t) - 4.75\tanh(x_1(t)) + 1.1\tanh(x_3(t)) - 1.2\cos(t). \end{cases} \tag{5.9}$$

$$\begin{cases} {}_0^CD_t^{0.98}y_1(t) = -y_1(t) + 2\tanh(y_1(t)) - 1.2\tanh(y_2(t)) - 0.6\sin(t) - k_1e_1(t), \\ {}_0^CD_t^{0.98}y_2(t) = -y_2(t) + 1.8\tanh(y_1(t)) + 1.71\tanh(y_2(t)) \\ \qquad\qquad + 1.15\tanh(y_3(t)) + 0.9\sin(t) - k_2e_2(t), \\ {}_0^CD_t^{0.98}y_3(t) = -y_3(t) - 4.75\tanh(y_1(t)) + 1.1\tanh(y_3(t)) - 1.1\sin(t) - k_3e_3(t). \end{cases} \tag{5.10}$$

选择控制参数 $k_1 = 8.5$, $k_2 = 3.5$, $k_3 = 2.25$, 则根据定理 5.1.5 可得, 系统 (5.9) 和系统 (5.10) 即能实现以 $\varphi = 5.01$ 为界的准同步, 其中 $\dfrac{\theta}{d} = 5$, $\epsilon = 0.01$. 图 5.3 (a) 表示系统 (5.9) 和系统 (5.10) 误差的时间历程图, 当时间大于 5 时, 误差状态满足 $|e_i(t)| \leqslant \|e(t)\| \leqslant 5.01$, $i = 1, 2, 3$.

如果想实现误差准同步的界控制在 $\varphi = 0.501$, 根据定理 5.1.5 则可选控制参数 $k_1 = 18.5$, $k_2 = 13.5$, $k_3 = 11.25$. 图 5.3 (b) 表示系统 (5.9) 和系统 (5.10) 在上述控制参数下误差的时间历程图, 当时间大于 5 时, 误差状态满足 $|e_i(t)| \leqslant \|e(t)\| \leqslant 0.501$, $i = 1, 2, 3$. 两种控制情况的实验均验证了定理 5.1.5 的有效性.

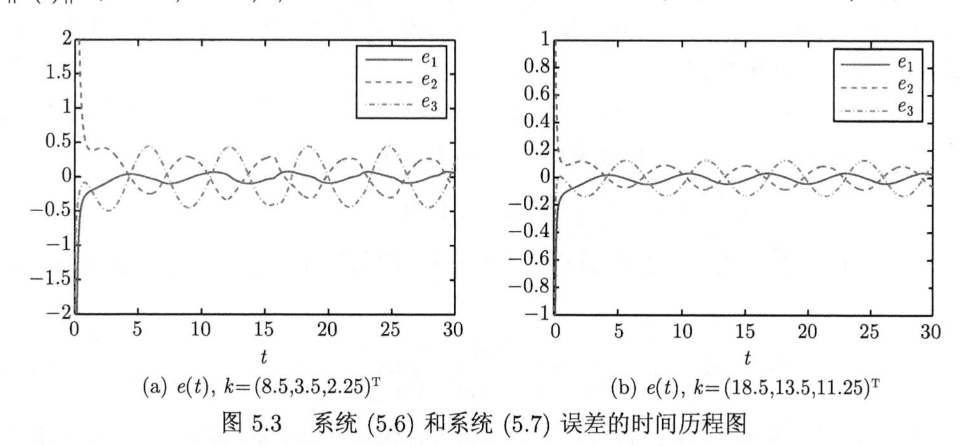


(a) $e(t)$, $k=(8.5,3.5,2.25)^{\mathrm{T}}$ (b) $e(t)$, $k=(18.5,13.5,11.25)^{\mathrm{T}}$

图 5.3 系统 (5.6) 和系统 (5.7) 误差的时间历程图

### 5.1.3 分数阶神经网络的鲁棒同步

5.1.2 节使用线性反馈控制器处理带扰动外部输入的神经网络, 其只能实现网络间的准同步. 本节将设计一种鲁棒控制器, 使得分数阶神经网络在内外部的扰动下仍能实现完全同步, 即控制器具有良好的鲁棒性.

考虑如下两个带有有界未知扰动的分数阶混沌神经网络

$$ {}_0^C D_t^q x(t) = -Cx(t) + Bf(x(t)) + w(t), \tag{5.11} $$

$$ {}_0^C D_t^q y(t) = -Cy(t) + Bf(y(t)) + \Delta g(t, y(t)) + d(t) + u(t), \tag{5.12} $$

其中 $w(t) = (w_1(t), \cdots, w_n(t))^{\mathrm{T}}$ 和 $d(t) = (d_1(t), \cdots, d_n(t))^{\mathrm{T}}$ 分别为系统 (5.11) 和系统 (5.12) 带有有界扰动的外部输入, $\Delta g(t, y(t)) = (\Delta g_1(t, y(t)), \cdots, \Delta g_n(t, y(t)))^{\mathrm{T}}$ 表示系统内部的有界未知扰动, $u(t) = (u_1(t), u_2(t), \cdots, u_n(t))^{\mathrm{T}}$ 是控制器, 其他参数变量与系统 (4.4) 相同.

**定义 5.1.8** 若设计的控制器 $u(t)$ 使得带有有界扰动的系统 (5.11) 和系统 (5.12) 的误差向量 $e(t) = y(t) - x(t)$ 收敛于 0, 即

$$ \lim_{t\to+\infty} \|e(t)\| = \lim_{t\to+\infty} \|y(t) - x(t)\| = 0, $$

则称系统 (5.11) 和系统 (5.12) 间实现了鲁棒同步, 控制器 $u(t)$ 具有鲁棒性.

在设计鲁棒控制器前, 先给出两个条件.

**条件 5.1.9** 存在正常数 $k$ 和 $\beta_i (i = 1, 2, \cdots, n)$, 满足

$$ (kI + C - L|B|^{\mathrm{T}}) \begin{pmatrix} \beta_1 \\ \beta_2 \\ \vdots \\ \beta_n \end{pmatrix} > 0, $$

其中 $|B| = (|b_{ij}|)_{n\times n}$, $L = \mathrm{diag}\{l_1, l_2, \cdots, l_n\}$ 满足条件 4.2.1, 上式中 $>0$ 表示左边向量的每个分量都大于 0.

**条件 5.1.10** 系统 (5.11) 和系统 (5.12) 的所有内外部未知扰动均是有界的, 且依赖于一个非线性的函数 $M(y): R^n \to R^+$, 即

$$ \|\Delta g(t, y(t))\| + \|d(t)\| + \|w(t)\| \leqslant M(y). $$

在条件 4.2.1, 条件 5.1.9, 条件 5.1.10 成立的前提下, 可以设计鲁棒控制器如下

$$ u(t) = -ke(t) - \frac{\theta M^2(y)\mathrm{sgn}(e(t))}{M(y)\sqrt{V(\mathrm{sgn}(e(t)))} + \sigma \exp(-rt)}, \tag{5.13} $$

其中 $\theta = \sqrt{\beta_1 + \cdots + \beta_n}$, $\mathrm{sgn}(e(t)) = (\mathrm{sgn}(e_1(t)), \cdots, \mathrm{sgn}(e_n(t)))^{\mathrm{T}}$, $\sigma$ 和 $r$ 是正常数, 控制器参数 $k$ 和 $M(y)$ 分别满足条件 5.1.9, 条件 5.1.10. $V(\mathrm{sgn}(e(t)))$ 的定义如下

$$ V(\mathrm{sgn}(e(t))) = \sum_{i=1}^{n} \beta_i |\mathrm{sgn}(e_i(t))|. $$

**定理5.1.11** 若条件 4.2.1, 条件 5.1.9, 条件 5.1.10 成立, 并使用控制器 (5.13), 则带有有界扰动的系统 (5.11) 和系统 (5.12) 间能实现鲁棒同步.

**证明** 系统 (5.11) 和系统 (5.12) 的误差系统可表示为

$$\begin{aligned}{}_0^C D_t^q e(t) = & -(kI+C)e(t) + B(f(y(t)) - f(x(t))) + \Delta g(t,y(t)) + d(t) \\ & -w(t) - \frac{\theta M^2(y)\mathrm{sgn}(e(t))}{M(y)\sqrt{V(\mathrm{sgn}(e(t)))} + \sigma\exp(-rt)}.\end{aligned} \tag{5.14}$$

构造 Lyapunov 函数

$$V(t,e(t)) = V(e(t)) = \sum_{i=1}^n \beta_i |e_i(t)|.$$

由条件 5.1.9, 存在常数 $\eta_i > 0,\ i = 1,2,\cdots,n$ 使得

$$\eta_i = (k+c_i)\beta_i - \sum_{j=1}^n l_i |b_{ji}| \beta_j > 0.$$

再根据条件 5.1.10 以及定理 3.2.7 可得

$$\begin{aligned}
& {}_0^C D_t^q V(t^+, e(t^+)) \\
= & \sum_{i=1}^n \beta_i \, {}_0^C D_t^q |e_i(t^+)| \overset{\text{a.e.}}{\leqslant} \sum_{i=1}^n \beta_i \mathrm{sgn}(e_i(t)) \, {}_0^C D_t^q e_i(t) \\
= & \sum_{i=1}^n \beta_i \mathrm{sgn}(e_i(t)) \Bigg[ -(k+c_i)e_i(t) + \sum_{j=1}^n b_{ij}(f_j(y_j(t)) - f_j(x_j(t))) \\
& + \Delta g_i(t,y(t)) + d_i(t) - w_i(t) - \frac{\theta M^2(y)\mathrm{sgn}(e_i(t))}{M(y)\sqrt{V(\mathrm{sgn}(e(t)))} + \sigma\exp(-rt)} \Bigg] \\
\overset{\text{a.e.}}{\leqslant} & \sum_{i=1}^n \beta_i \Bigg[ -(k+c_i)|e_i(t)| + \sum_{j=1}^n l_j |b_{ij}| |e_j(t)| + (|\Delta g_i(t,y(t))| \\
& + |d_i(t)| + |w_i(t)|)|\mathrm{sgn}(e_i(t))| - \frac{\theta M^2(y)\mathrm{sgn}^2(e_i(t))}{M(y)\sqrt{V(\mathrm{sgn}(e(t)))} + \sigma\exp(-rt)} \Bigg] \\
\leqslant & \sum_{i=1}^n \Bigg[ \beta_i(-(k+c_i)|e_i(t)|) + \sum_{j=1}^n \beta_j l_i |b_{ji}| |e_i(t)| + M(y)\beta_i |\mathrm{sgn}(e_i(t))| \Bigg] \\
& - \frac{\theta M^2(y) V(\mathrm{sgn}(e(t)))}{M(y)\sqrt{V(\mathrm{sgn}(e(t)))} + \sigma\exp(-rt)} \\
\leqslant & -\sum_{i=1}^n \left( (k+c_i)\beta_i - \sum_{j=1}^n l_i |b_{ji}| \beta_j \right) |e_i(t)| + M(y) V(\mathrm{sgn}(e(t)))
\end{aligned}$$

$$
\begin{aligned}
&- \theta[M(y)\sqrt{V(\mathrm{sgn}(e(t)))} - \sigma\exp(-rt)] \\
&\leqslant -\eta_{\min}\sum_{i=1}^{n}|e_i(t)| + \theta\sigma\exp(-rt) = -\eta_{\min}\|e(t)\|_1 + \theta\sigma\exp(-rt),
\end{aligned}
$$

其中 $\eta_{\min} = \min\{\eta_1, \eta_2, \cdots, \eta_n\}$. 令 $h(t) = \theta\sigma\exp(-rt)$, 则由推论 3.2.18 可得误差系统 (5.14) 是全局吸引的, 即

$$
\lim_{t\to+\infty} e(t) = 0.
$$

故系统 (5.11) 和系统 (5.12) 间能实现鲁棒同步. 定理得证.

**注 5.1.12**　在鲁棒控制器 (5.13) 中, 参数 $\sigma$ 和 $r$ 在不违背同步误差收敛性的前提下保证控制器的光滑性. 此外参数 $k$ 能直接影响误差系统 (5.14) 的收敛速度, 在可控范围内, $k$ 的取值越大, 其收敛速度越快.

**例 5.1.13**　对于系统 (5.11) 和系统 (5.12), 在例 5.1.3 的基础上加入有界未知内外部扰动. 取 $d(t) = (0.1\cos(t), 0.1\sin(t), -0.1\cos(t))^{\mathrm{T}}$, $w(t) = (0,0,0)^{\mathrm{T}}$, $\Delta g(t,y) = (-0.1\sin(t)y_1^2, 0.1\cos(t)y_2, 0.1\sin(t)y_3)^{\mathrm{T}}$.

则驱动–响应系统可表示为

$$
\begin{cases}
{}_0^C D_t^{0.98}x_1 = -x_1 + 2\tanh(x_1) - 1.2\tanh(x_2), \\
{}_0^C D_t^{0.98}x_2 = -x_2 + 1.8\tanh(x_1) + 1.71\tanh(x_2) + 1.15\tanh(x_3), \\
{}_0^C D_t^{0.98}x_3 = -x_3 - 4.75\tanh(x_1) + 1.1\tanh(x_3).
\end{cases} \tag{5.15}
$$

$$
\begin{cases}
{}_0^C D_t^{0.98}y_1 = -y_1 + 2\tanh(y_1) - 1.2\tanh(y_2) - 0.1\sin(t)y_1^2 + 0.1\cos(t) + u_1, \\
{}_0^C D_t^{0.98}y_2 = -y_2 + 1.8\tanh(y_1) + 1.71\tanh(y_2) + 1.15\tanh(y_3) \\
\qquad\qquad\quad + 0.1\cos(t)y_2 + 0.1\sin(t) + u_2, \\
{}_0^C D_t^{0.98}y_3 = -y_3 - 4.75\tanh(y_1) + 1.1\tanh(y_3) + 0.1\sin(t)y_3 - 0.1\cos(t) + u_3.
\end{cases} \tag{5.16}
$$

根据如上驱动–响应系统的性质, 选取 $\beta_1 = \beta_2 = \beta_3 = 1$, $l_1 = l_2 = l_3 = 1$, $k = 8$, $\sigma = 1$, $r = 0.1$, 则条件 4.2.1, 条件 5.1.9 成立. 由公式 (5.13) 可得

$$
u(t) = -ke(t) - \frac{\sqrt{3}M^2(y)\mathrm{sgn}(e(t))}{M(y)\sqrt{\|\mathrm{sgn}(e(t))\|} + \exp(-0.1t)}, \tag{5.17}
$$

其中 $M(y) = 0.1(y_1^2 + |y_2| + |y_3|) + 0.3$ 满足条件 5.1.10. 图 5.4 展示的是在没有控制 ($u(t) = 0$) 的情况下系统 (5.15) 和系统 (5.16) 误差的时间历程图. 而在使用控制器 (5.17) 的情况下, 根据定理 5.1.11, 系统 (5.15) 和系统 (5.16) 间能实现鲁棒同步. 图 5.5 即是在控制器 (5.17) 的控制下系统 (5.15) 和系统 (5.16) 误差的时间历程图. 图 5.5 (a) 选用的控制参数是 $k = 8$, $t = 0.5$ 后误差状态收敛于 0. 而图 5.5 (b) 选用的控制参数是 $k = 15$, $t = 0.3$ 后误差状态收敛于 0, 其收敛速度快

于 $k=8$ 的情况, 验证了注 5.1.12 . 图 5.6 是系统 (5.15) 和系统 (5.16) 受控下状态的相图, 其混沌吸引子和同步效果都能从图中很好地体现出来.

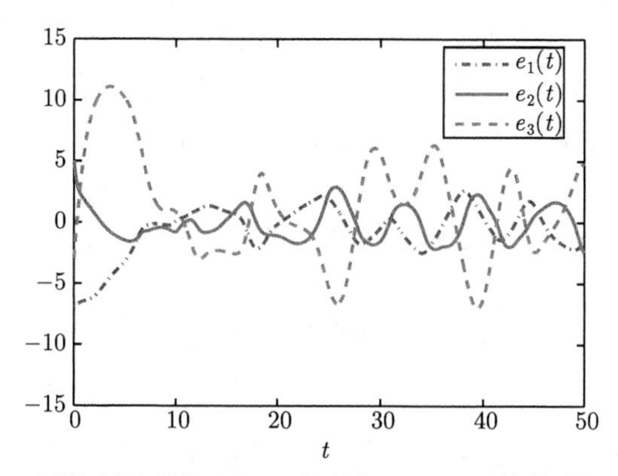


图 5.4 无控制下系统 (5.15) 和系统 (5.16) 误差的时间历程图

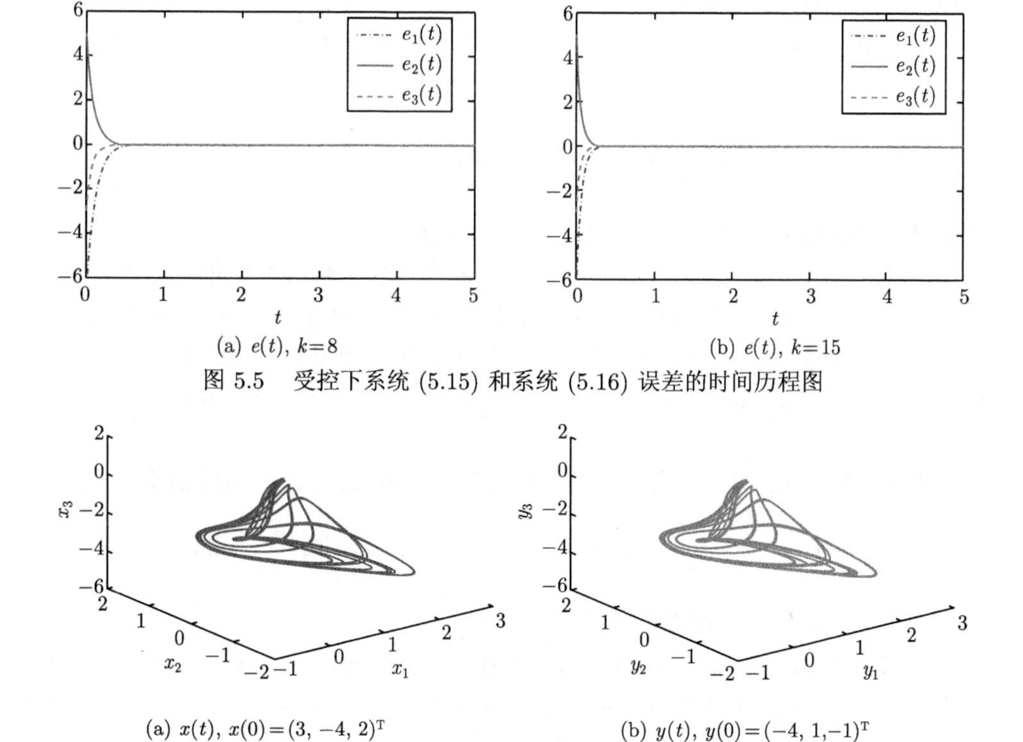


(a) $e(t)$, $k=8$

(b) $e(t)$, $k=15$

图 5.5 受控下系统 (5.15) 和系统 (5.16) 误差的时间历程图

(a) $x(t)$, $x(0)=(3, -4, 2)^{\mathrm{T}}$

(b) $y(t)$, $y(0)=(-4, 1,-1)^{\mathrm{T}}$

图 5.6 受控下系统 (5.15) 和系统 (5.16) 状态的相图

### 5.1.4 分数阶神经网络的广义同步

本节讨论分数阶混沌神经网络间的广义同步问题. 如本章开头表 5.1 所注, 广义同步是按驱动–响应系统间误差向量的定义所划分的一种同步类型, 其包含完全同步、反向同步、射影同步等诸多同步类型. 本节就分数阶混沌神经网络间的广义同步问题结合线性矩阵不等式方法, 设计一组有效的控制器, 进而从理论和实验上验证其有效性.

考虑如下两个分数阶混沌神经网络, 其中驱动系统为

$$
{}_0^C D_t^q x(t) = -Cx(t) + Bf(x(t)) + I, \tag{5.18}
$$

响应系统为

$$
{}_0^C D_t^q y(t) = -Cy(t) + Bf(y(t)) + I + u(t), \tag{5.19}
$$

其中 $x(t), y(t) \in R^n$ 分别是驱动–响应系统的状态向量, $u(t) = (u_1(t), \cdots, u_n(t))^{\mathrm{T}}$ 是控制器, 其他参数变量与系统 (4.4) 相同.

**定义 5.1.14** 对于一个常系数矩阵 $\Lambda \in R^{n\times n}$, 若受控下的系统 (5.18) 和系统 (5.19) 间的误差向量 $e(t) = y(t) - \Lambda x(t)$ 收敛于 0, 即

$$
\lim_{t\to+\infty} \|e(t)\| = \lim_{t\to+\infty} \|y(t) - \Lambda x(t)\| = 0,
$$

则称系统 (5.18) 和系统 (5.19) 间能实现广义同步.

**注 5.1.15** 在广义同步的定义中, $\Lambda$ 被称作广义映射系数矩阵. 很多同步类型都是 $\Lambda$ 不同取值下的特例. 例如, 当 $\Lambda = \sigma E$ 时 ( $\sigma \in R$ 是常数, $E$ 表示单位阵), 系统 (5.18) 和系统 (5.19) 间的同步即为射影同步; 当 $\Lambda = E$ 时, 系统 (5.18) 和系统 (5.19) 间的同步则为完全同步; 而当 $\Lambda = -E$, 其同步即为反向同步.

为实现系统 (5.18) 和系统 (5.19) 间的广义同步, 设计如下的控制器

$$
u(t) = Ke(t) + (C\Lambda - \Lambda C)\, x(t) + \Lambda Bf(x(t)) - Bf(\Lambda x(t)) + \Lambda I - I, \tag{5.20}
$$

其中 $K \in R^n$ 是线性反馈系数矩阵.

**定理 5.1.16** 若条件 3.5.8 成立, 且存在一个常数 $\gamma > 0$ 以及一个 $n \times n$ 的矩阵 $P \succ 0$, 使得控制器 (5.20) 的系数矩阵满足

$$
(K - C)^{\mathrm{T}} P + P(K - C) + \gamma PBB^{\mathrm{T}} P + \gamma^{-1} L^2 \prec 0,
$$

则系统 (5.18) 和系统 (5.19) 间能实现广义同步.

**证明** 由系统 (5.18) 和系统 (5.19) 以及控制器 (5.20) 可求得误差系统为

$$ {}_0^C D_t^q e(t) = (K - C)\, e(t) + B\left[f(y(t)) - f\left(\Lambda x(t)\right)\right]. \tag{5.21} $$

定义 $g(e(t)) = f(y(t)) - f(\Lambda x(t)) = f(e(t) + \Lambda x(t)) - f(\Lambda x(t))$, 然后再根据条件 3.5.8, $g(0) = 0$, 且 $g(e)$ 对任意的 $x, y \in R^n$ 满足

$$ \|g(y) - g(x)\|_2 \leqslant \|L(y - x)\|_2. $$

因此, 误差系统 (5.21) 满足条件 3.5.6, 且 $\bar{e} = 0$ 是误差系统 (5.21) 的平衡点. 根据定理 3.5.7 可得 $\bar{e} = 0$ 是全局 Mittag-Leffler 稳定的. 故而 $\lim\limits_{t \to +\infty} e(t) = 0$, 则系统 (5.18) 和系统 (5.19) 间能实现广义同步. 定理得证.

由注 5.1.15 可知, 一些同步类型实际上是广义同步的特殊情况. 因此当 $\Lambda = \sigma E$ 时, 同步类型为射影同步, 控制器 (5.20) 即变为如下形式

$$ u(t) = Ke(t) + \sigma Bf(x(t)) - Bf(\sigma x(t)) + (\sigma - 1)I. \tag{5.22} $$

**推论 5.1.17** 若条件 3.5.8 成立, 且存在一个常数 $\gamma > 0$ 以及一个 $n \times n$ 的矩阵 $P \succ 0$, 使得控制器 (5.22) 的系数矩阵满足

$$ (K - C)^{\mathrm{T}} P + P(K - C) + \gamma PBB^{\mathrm{T}} P + \gamma^{-1} L^2 \prec 0, \tag{5.23} $$

则系统 (5.18) 和系统 (5.19) 间能实现射影同步.

**证明** 推论 5.1.17 的证明是定理 5.1.16 的特例, 故不再赘述.

同样地, 当 $\Lambda = -E$ 时, 同步类型为反向同步, 控制器 (5.20) 可转化为

$$ u(t) = Ke(t) - Bf(x(t)) - Bf(-x(t)) - 2I. \tag{5.24} $$

**推论 5.1.18** 若条件 3.5.8 成立, 且存在一个常数 $\gamma > 0$ 以及一个 $n \times n$ 的矩阵 $P \succ 0$, 使得控制器 (5.24) 的系数矩阵满足线性矩阵不等式条件 (5.23), 则系统 (5.18) 和系统 (5.19) 间能实现反向同步.

**证明** 推论 5.1.18 的证明可参考定理 5.1.16.

而当 $\Lambda = E$ 时, 同步类型为完全同步, 控制器 (5.20) 即为

$$ u(t) = Ke(t). \tag{5.25} $$

**推论 5.1.19** 若条件 3.5.8 成立, 且存在一个常数 $\gamma > 0$ 以及一个 $n \times n$ 的矩阵 $P \succ 0$, 使得控制器 (5.25) 的系数矩阵满足线性矩阵不等式条件 (5.23), 则系统 (5.18) 和系统 (5.19) 间能实现完全同步.

**证明** 推论 5.1.19 的证明可参考定理 5.1.16.

**例 5.1.20** 参考例 5.1.3, 考虑带有 3 个神经元的分数阶神经网络. 选取 $q=0.98$, $x=(x_1,x_2,x_3)^{\mathrm{T}}$, $f(x)=(\tanh(x_1),\tanh(x_2),\tanh(x_3))^{\mathrm{T}}$, $I=(0,0,0)^{\mathrm{T}}$, $C=\mathrm{diag}\{1,1,1\}$,

$$B=\begin{pmatrix} 2 & -1.2 & 0 \\ 1.8 & 1.71 & 1.15 \\ -4.75 & 0 & 1.1 \end{pmatrix}.$$

则驱动–响应系统可以分别描述为

$$\begin{cases} {}_0^CD_t^{0.98}x_1=-x_1+2\tanh(x_1)-1.2\tanh(x_2), \\ {}_0^CD_t^{0.98}x_2=-x_2+1.8\tanh(x_1)+1.71\tanh(x_2)+1.15\tanh(x_3), \\ {}_0^CD_t^{0.98}x_3=-x_3-4.75\tanh(x_1)+1.1\tanh(x_3). \end{cases} \tag{5.26}$$

$$\begin{cases} {}_0^CD_t^{0.98}y_1=-y_1+2\tanh(y_1)-1.2\tanh(y_2)+u_1(t), \\ {}_0^CD_t^{0.98}y_2=-y_2+1.8\tanh(y_1)+1.71\tanh(y_2)+1.15\tanh(y_3)+u_2(t), \\ {}_0^CD_t^{0.98}y_3=-y_3-4.75\tanh(y_1)+1.1\tanh(y_3)+u_3(t). \end{cases} \tag{5.27}$$

进一步选择 $L=\mathrm{diag}\{1,1,1\}\succ 0$, 并定义误差向量 $e(t)=y(t)-\Lambda x(t)$. 根据式 (5.20) 可得控制器 $u(t)=(u_1(t),u_2(t),u_3(t))^{\mathrm{T}}$ 的形式如下

$$u(t)=Ke(t)+\Lambda Bf(x(t))-Bf(\Lambda x(t)), \tag{5.28}$$

其中 $\Lambda\in R^n$ 是广义映射系数矩阵, $K\in R^n$ 是线性反馈系数矩阵.

进一步选取相关参数 $\gamma=0.1$,

$$P=\begin{pmatrix} 2 & 1 & 0 \\ 1 & 2 & 0 \\ 0 & 0 & 1 \end{pmatrix}\succ 0, \quad \text{以及} \quad K=\begin{pmatrix} -6 & 1 & 0 \\ 0.5 & -7 & -0.3 \\ 0 & -1 & -5 \end{pmatrix},$$

则如下线性矩阵不等式成立

$$\begin{aligned} &(K-C)^{\mathrm{T}}P+P(K-C)+\gamma PBB^{\mathrm{T}}P+\gamma^{-1}L^2 \\ \approx &\begin{pmatrix} -3.8714 & -3.8277 & -0.7344 \\ -5.8277 & -15.5029 & -0.8222 \\ -1.4344 & -2.9222 & -1.7468 \end{pmatrix}\prec 0. \end{aligned}$$

根据定理 5.1.16, 在控制器 (5.28) 控制下, 系统 (5.26) 和系统 (5.27) 间能实现广义同步, 即 $\lim\limits_{t\to+\infty}e(t)=0$. 下面将分情况讨论不同的同步类型.

**情况 1** 广义同步. 广义映射系数矩阵为

$$\Lambda = \begin{pmatrix} 2 & 0 & 0 \\ 0 & -1 & 0 \\ 0.5 & -0.2 & 1 \end{pmatrix}. \tag{5.29}$$

图 5.7 是在没有控制 ($u(t) = 0$) 的情况下, 系统 (5.26) 和系统 (5.27) 误差的时间历程图. 在使用控制器 (5.28) 下, 根据定理 5.1.16, 系统 (5.26) 和系统 (5.27) 能实现广义同步. 图 5.8 展示了受控 (5.28) 状态下两系统间误差的时间历程图, 误差状态随时间收敛于 0. 此外, 图 5.9 和图 5.10 分别是系统 (5.26) 和系统 (5.27) 状态的时间历程图和相图, 都验证了广义同步的有效性.

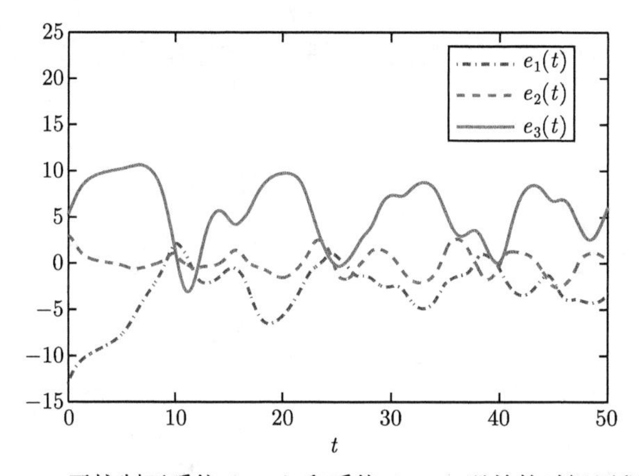


图 5.7 无控制下系统 (5.26) 和系统 (5.27) 误差的时间历程图

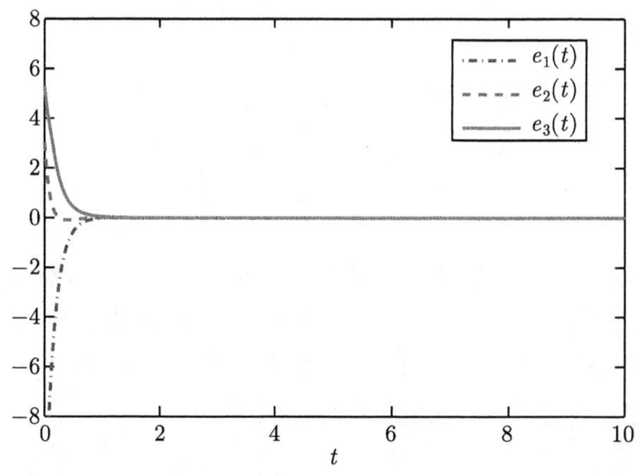


图 5.8 广义参数矩阵为 (5.29) 时, 系统 (5.26) 和系统 (5.27) 误差的时间历程图

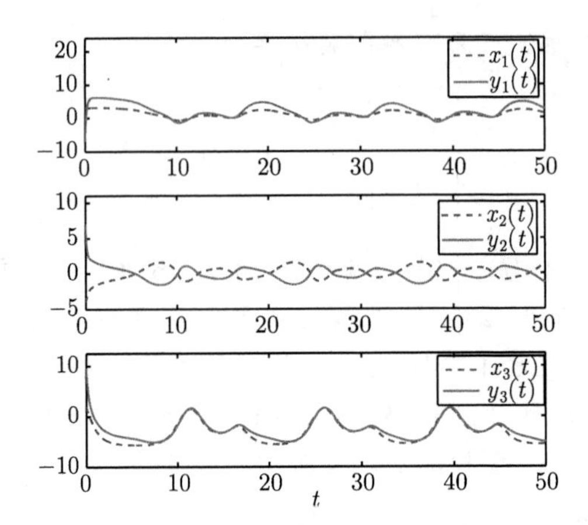


图 5.9　广义参数矩阵为 (5.29) 时, 受控下系统 (5.26) 和系统 (5.27) 状态的时间历程图

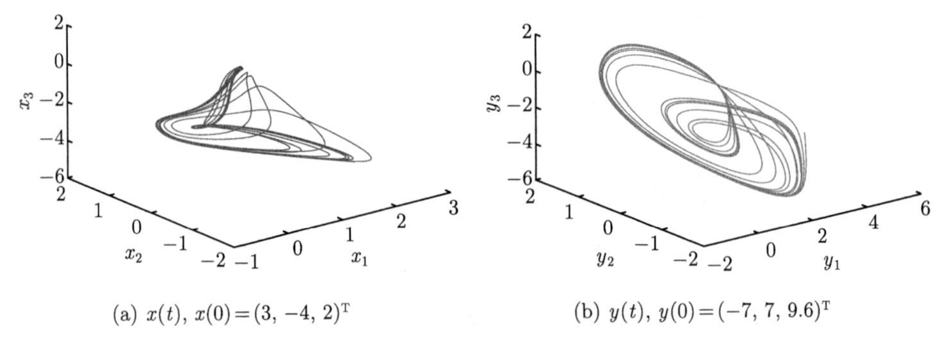


(a) $x(t)$, $x(0)=(3, -4, 2)^{\mathrm{T}}$　　(b) $y(t)$, $y(0)=(-7, 7, 9.6)^{\mathrm{T}}$

图 5.10　广义参数矩阵为 (5.29) 时, 受控下系统 (5.26) 和系统 (5.27) 状态的相图

**情况 2**　反向同步. 广义映射系数矩阵为

$$\Lambda = \begin{pmatrix} -1 & 0 & 0 \\ 0 & -1 & 0 \\ 0 & 0 & -1 \end{pmatrix}. \tag{5.30}$$

在使用控制器 (5.28) 下, 根据推论 5.1.18, 系统 (5.26) 和系统 (5.27) 能实现反向同步. 图 5.11 展示了受控 (5.28) 状态下两系统间误差的时间历程图, 误差状态随时间收敛于 0. 此外, 图 5.12 和图 5.13 分别是系统 (5.26) 和系统 (5.27) 状态的时间历程图和相图, 都验证了反向同步的有效性.

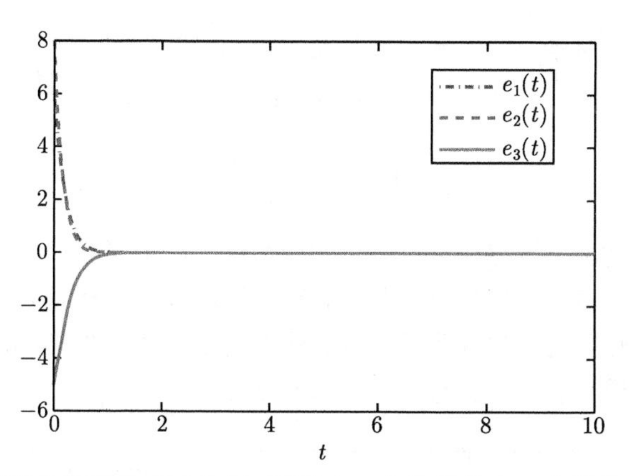


图 5.11 广义参数矩阵为 (5.30) 时, 系统 (5.26) 和系统 (5.27) 误差的时间历程图

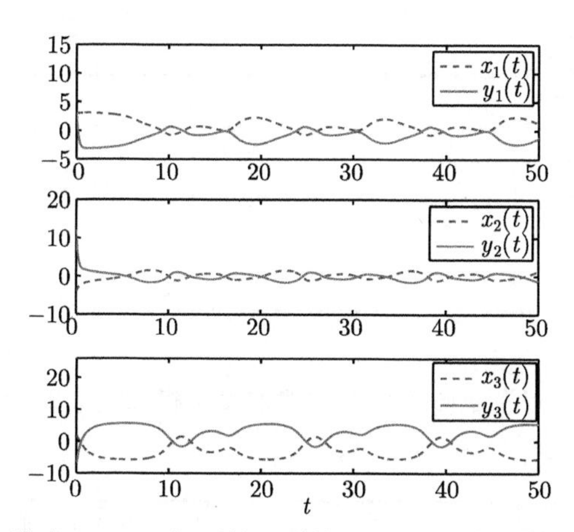


图 5.12 广义参数矩阵为 (5.30) 时, 受控下系统 (5.26) 和系统 (5.27) 状态的时间历程图

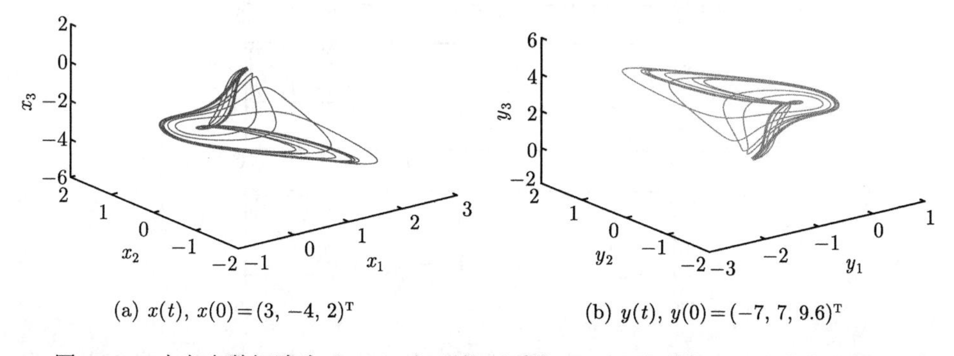


(a) $x(t)$, $x(0)=(3, -4, 2)^{\mathrm{T}}$ (b) $y(t)$, $y(0)=(-7, 7, 9.6)^{\mathrm{T}}$

图 5.13 广义参数矩阵为 (5.30) 时, 受控下系统 (5.26) 和系统 (5.27) 状态的相图

**情况 3**　完全同步. 广义映射系数矩阵为

$$\Lambda = \begin{pmatrix} 1 & 0 & 0 \\ 0 & 1 & 0 \\ 0 & 0 & 1 \end{pmatrix}. \tag{5.31}$$

在使用控制器 (5.28) 下, 根据推论 5.1.19, 系统 (5.26) 和系统 (5.27) 能实现完全同步. 图 5.14 展示了受控 (5.28) 状态下两系统间误差的时间历程图, 误差状态随时间收敛于 0. 此外, 图 5.15 和图 5.16 分别是系统 (5.26) 和系统 (5.27) 状态的时间历程图和相图, 都验证了完全同步的有效性.

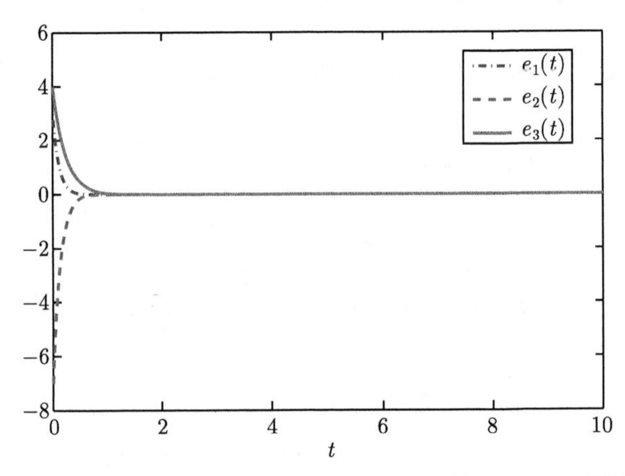


图 5.14　广义参数矩阵为 (5.31) 时, 系统 (5.26) 和系统 (5.27) 误差的时间历程图

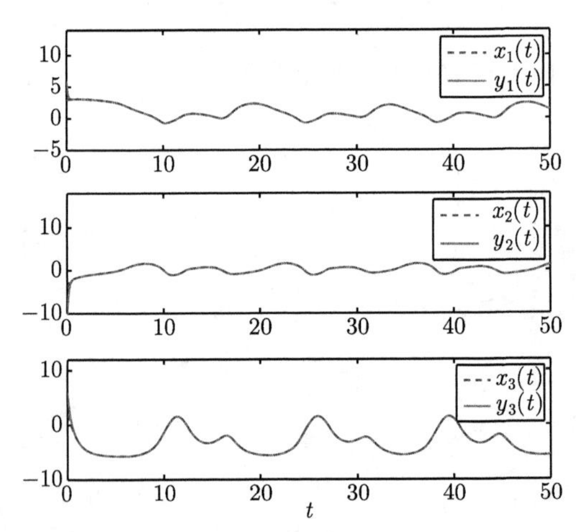


图 5.15　广义参数矩阵为 (5.31) 时, 受控下系统 (5.26) 和系统 (5.27) 状态的时间历程图 (文后附彩图)

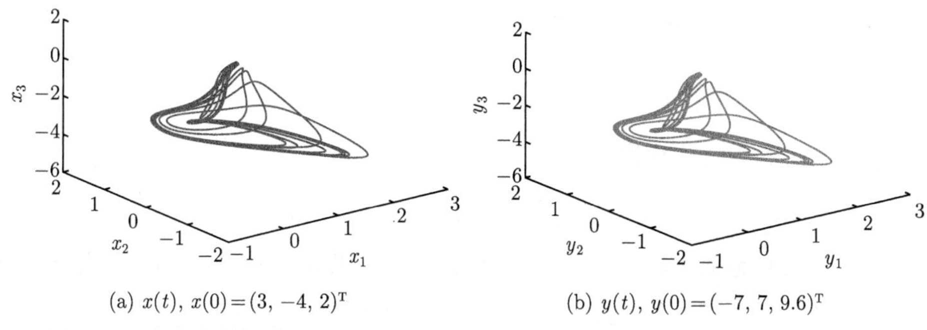


(a) $x(t)$, $x(0)=(3, -4, 2)^{\mathrm{T}}$ (b) $y(t)$, $y(0)=(-7, 7, 9.6)^{\mathrm{T}}$

图 5.16 广义参数矩阵为 (5.31) 时, 受控下系统 (5.26) 和系统 (5.27) 状态的相图

## 5.2 参数不确定的分数阶神经网络的同步

本节研究参数未知的 Caputo 型分数阶神经网络的同步问题, 假设分数阶神经网络的结构已知, 突触连接值未知, 以此系统作为驱动系统, 设计自适应控制器和参数更新律, 根据 Lyapunov 函数的 Caputo 分数阶微分不等式, 得到了驱动系统与响应系统的同步条件, 同时可以准确地估计神经网络的未知参数.

### 5.2.1 同步条件

考虑如下参数未知的 Caputo 型分数阶神经网络:

$$
{}_0^C D_t^q x_i(t) = -c_i x_i(t) + \sum_{j=1}^{n} b_{ij} f_j(x_j(t)) + I_i(t), \tag{5.32}
$$

其中 $q \in (0,1)$, 系统 (5.32) 的初始条件为 $x_i(0)$, 假设参数 $b_{ij}$ 是未知的.

根据自适应同步的方法, 设计响应系统的动力学方程为

$$
{}_0^C D_t^q y_i(t) = -c_i y_i(t) + \sum_{j=1}^{n} b_{ij}(t) f_j(y_j(t)) + I_i(t) + u_i(t), \tag{5.33}
$$

其中 $u_i(t)$ 是待设计的控制器, 用 $b_{ij}(t)$ 估计未知参数 $b_{ij}$.

根据 (5.32) 和 (5.33), 误差系统的动力学方程可以表示为

$$
\begin{aligned}
{}_0^C D_t^q e_i(t) &= {}_0^C D_t^q y_i(t) - {}_0^C D_t^q x_i(t) \\
&= -c_i e_i(t) + \sum_{j=1}^{n} (b_{ij}(t) f_j(y_j(t)) - b_{ij} f_j(x_j(t))) + u_i(t).
\end{aligned} \tag{5.34}
$$

**定理 5.2.1** 假设条件 4.2.1 成立, 设计自适应控制器:

$$
u_i(t) = \epsilon_i(t) e_i(t), \tag{5.35}
$$

其中控制强度 $\epsilon_i(t)$ 满足以下条件:

$$ {}_0^C D_t^q \epsilon_i(t) = -d_i e_i^2(t), $$

$b_{ij}(t)$ 满足以下参数更新律:

$$ {}_0^C D_t^q b_{ij}(t) = -\eta_{ij} e_i(t) f_j(y_j(t)), $$

其中 $d_i, \eta_{ij}$ 是任意正常数. 那么, 响应系统 (5.33) 将与驱动系统 (5.32) 实现同步, 同时响应系统的未知参数 $b_{ij}(t)$ 将渐近收敛于驱动系统的参数 $b_{ij}$.

**证明**　构造正定的 Lyapunov 函数:

$$ V_i(t) = \frac{1}{2} e_i^2(t) + \frac{1}{2d_i}(\epsilon_i(t) - p_i)^2 + \sum_{j=1}^{n} \frac{1}{2\eta_{ij}}(b_{ij}(t) - b_{ij})^2, \tag{5.36} $$

其中 $p_i$ 为待定常数.

沿着误差系统 (5.34) 的轨线计算 $V_i(t)$ 的分数阶导数, 根据定理 3.5.1 和引理 3.5.2, 可得

$$ \begin{aligned} & {}_0^C D_t^q V_i(t) \\ \leqslant & e_i(t) {}_0^C D_t^q e_i(t) + \frac{\epsilon_i(t) - p_i}{d_i} {}_0^C D_t^q \epsilon_i(t) + \sum_{j=1}^{n} \frac{b_{ij}(t) - b_{ij}}{\eta_{ij}} {}_0^C D_t^q b_{ij}(t) \\ = & e_i(t) \left\{ -c_i e_i(t) + \sum_{j=1}^{n} (b_{ij}(t) f_j(y_j(t)) - b_{ij} f_j(x_j(t))) + \epsilon_i(t) e_i(t) \right\} \\ & - (\epsilon_i(t) - p_i) e_i^2(t) - \sum_{j=1}^{n} (b_{ij}(t) - b_{ij}) e_i(t) f_j(y_j(t)) \\ = & - c_i e_i^2(t) + p_i e_i^2(t) + \sum_{j=1}^{n} b_{ij} (f_j(y_j(t)) - f_j(x_j(t))) e_i(t) \\ \leqslant & (-c_i + p_i) e_i^2(t) + \sum_{j=1}^{n} |b_{ij} L_j e_j(t) e_i(t)| \\ \leqslant & (-c_i + p_i) e_i^2(t) + \sum_{j=1}^{n} \frac{|b_{ij} L_j|}{2} (e_i^2(t) + e_j^2(t)) \\ \leqslant & (-c_i + p_i) e_i^2(t) + \sum_{j=1}^{n} \frac{|b_{ij} L_j| + |b_{ji} L_i|}{2} e_i^2(t) \\ = & - \left( c_i - p_i - \sum_{j=1}^{n} \frac{|b_{ij} L_j| + |b_{ji} L_i|}{2} \right) e_i^2(t), \end{aligned} $$

选择合适的参数 $p_i$ 使得

$$\lambda = c_i - p_i - \sum_{j=1}^{n} \frac{|b_{ij}L_j| + |b_{ji}L_i|}{2} > 0,$$

则

$$ {}_0^C D_t^q V_i(t) \leqslant -\lambda e_i^2(t) \leqslant 0. \tag{5.37}$$

根据 Caputo 分数阶导数的性质 (7) 以及 R-L 分数阶积分的定义, 有

$$V_i(t) - V_i(0) = {}_0^R D_t^{-q} {}_0^C D_t^q V_i(t) = \frac{1}{\Gamma(q)} \int_0^t (t-s)^{q-1} {}_0^C D_t^q V_i(s) ds \leqslant 0.$$

因此 $V_i(t) \leqslant V_i(0), t \geqslant 0$.

由于 $V_i(t)$ 在 $t \geqslant 0$ 上有界, 再根据 $V_i(t)$ 的表达式 (5.36) 可知 $e_i(t), e_i'(t)$ 有界. 根据 Caputo 分数阶微分的定义, 可得

$$ {}_0^C D_t^q e_i^2(t) = \frac{1}{\Gamma(1-q)} \int_0^t \frac{2e_i(s)e_i'(s)}{(t-s)^q} ds.$$

因此, ${}_0^C D_t^q e_i^2(t)$ 在 $t \geqslant 0$ 上有界, 即存在常数 $\theta \geqslant 0$ 满足

$$\left| {}_0^C D_t^q e_i^2(t) \right| \leqslant \theta. \tag{5.38}$$

接下来, 我们将通过反证法证明

$$\lim_{t \to \infty} e_i^2(t) = 0.$$

假设存在一个常数 $\epsilon > 0$ 和时间序列 $\{t_k\}$, $0 < t_1 < t_2 < \cdots < t_k < \cdots$, $\lim\limits_{k \to \infty} t_k = \infty$, 满足

$$e_i^2(t_k) > \epsilon, \quad k = 1, 2, \cdots. \tag{5.39}$$

令 $T = \left( \frac{\Gamma(1+q)\epsilon}{4M} \right)^{\frac{1}{q}} > 0$, 当 $t_k < t < t_k + T$ 时, 根据 Caputo 分数阶导数的性质 (7), 可得

$$\begin{aligned}
& \left| e_i^2(t) - e_i^2(t_k) \right| \\
= & \left| (e_i^2(t) - e_i^2(0)) - (e_i^2(t_k) - e_i^2(0)) \right| \\
= & \left| {}_0^R D_t^{-q} {}_0^C D_t^q e_i^2(t) - {}_0^R D_t^{-q} {}_0^C D_t^q e_i^2(t_k) \right| \\
= & \frac{1}{\Gamma(q)} \left| \int_0^t (t-s)^{q-1} {}_0^C D_t^q e_i^2(s) ds - \int_0^{t_k} (t_k - s)^{q-1} {}_0^C D_t^q e_i^2(s) ds \right|
\end{aligned}$$

$$
\begin{aligned}
&\leqslant\frac{1}{\Gamma(q)}\left|\int_0^{t_k}((t-s)^{q-1}-(t_k-s)^{q-1})_0^C D_t^q e_i^2(s)ds+\int_{t_k}^{t}(t-s)^{q-1}{}_0^C D_t^q e_i^2(s)ds\right|\\
&\leqslant\frac{M}{\Gamma(q)}\left\{\int_0^{t_k}((t_k-s)^{q-1}-(t-s)^{q-1})ds+\int_{t_k}^{t}(t-s)^{q-1}ds\right\}\\
&\leqslant\frac{\theta}{\Gamma(q+1)}\left\{t_k^q-t^q+2(t-t_k)^q\right\}\\
&\leqslant\frac{2\theta}{\Gamma(q+1)}(t-t_k)^q\\
&\leqslant\frac{2\theta}{\Gamma(q+1)}T^q\\
&=\frac{\epsilon}{2},
\end{aligned}
$$

这表明 $e_i^2(t)>\dfrac{\epsilon}{2}, t_k<t<t_k+T, k=1,2,\cdots$.

类似地, 对于 $t_k-T<t<t_k$,

$$
\begin{aligned}
&\left|e_i^2(t)-e_i^2(t_k)\right|\\
=&\left|(e_i^2(t)-e_i^2(0))-(e_i^2(t_k)-e_i^2(0))\right|\\
=&\left|{}_0^R D_t^{-q}{}_0^C D_t^q e_i^2(t)-{}_0^R D_t^{-q}{}_0^C D_t^q e_i^2(t_k)\right|\\
=&\frac{1}{\Gamma(q)}\left|\int_0^{t}(t-s)^{q-1}{}_0^C D_t^q e_i^2(s)ds-\int_0^{t_k}(t_k-s)^{q-1}{}_0^C D_t^q e_i^2(s)ds\right|\\
\leqslant&\frac{1}{\Gamma(q)}\left|\int_0^{t}((t-s)^{q-1}-(t_k-s)^{q-1})_0^C D_t^q e_i^2(s)ds+\int_{t}^{t_k}(t_k-s)^{q-1}{}_0^C D_t^q e_i^2(s)ds\right|\\
\leqslant&\frac{M}{\Gamma(q)}\left\{\int_0^{t}((t-s)^{q-1}-(t_k-s)^{q-1})ds+\int_{t}^{t_k}(t_k-s)^{q-1}ds\right\}\\
\leqslant&\frac{\theta}{\Gamma(q+1)}\left\{t^q-t_k^q+2(t_k-t)^q\right\}\\
\leqslant&\frac{2\theta}{\Gamma(q+1)}(t_k-t)^q\\
\leqslant&\frac{2\theta}{\Gamma(q+1)}T^q\\
=&\frac{\epsilon}{2},
\end{aligned}
$$

这表明 $e_i^2(t)>\dfrac{\epsilon}{2}, t_k-T<t<t_k, k=1,2,\cdots$.

因此

$$
e_i^2(t)>\frac{\epsilon}{2},\quad t_k-T<t<t_k+T,\quad k=1,2,\cdots. \tag{5.40}
$$

不失一般性, 假定这些区间互不相交, 而且 $t_1 - T > 0$, 则对任意 $k = 1, 2, \cdots$, 有

$$t_{k-1} + T < t_k - T < t_k + T < t_{k+1} - T.$$

当 $t_k - T < t < t_k + T, k = 1, 2, \cdots$ 时, 由 (5.37) 和 (5.40) 可得

$$ {}_0^C D_t^q V_i(t) \leqslant -\frac{\lambda\epsilon}{2}. \tag{5.41}$$

所以, 对于任意 $t_k^\star \in (t_k - T, t_k + T), k = 1, 2, \cdots$, $\lim\limits_{k\to\infty} t_k^\star = \infty$, 根据 Caputo 分数阶导数的性质 (7) 和 (5.41) 式, 可得

$$\begin{aligned}
&V_i(t_k^\star) - V_i(0)\\
=&\frac{1}{\Gamma(q)}\int_0^{t_k^\star}(t_k^\star - s)^{q-1}{}_0^C D_t^q V_i(s)ds\\
=&\frac{1}{\Gamma(q)}\left\{\int_0^{t_1-T} + \int_{t_1-T}^{t_1+T} + \int_{t_1+T}^{t_2-T} + \cdots + \int_{t_k-T}^{t_k^\star}\right\}(t_k^\star - s)^{q-1}{}_0^C D_t^q V_i(s)ds\\
\leqslant&\frac{1}{\Gamma(q)}\sum_{i=1}^{k-1}\left\{\int_{t_i-T}^{t_i+T}(t_k^\star - s)^{q-1}{}_0^C D_t^q V_i(s)ds\right\}\\
\leqslant&-\frac{\lambda\epsilon}{2\Gamma(q)}\sum_{i=1}^{k-1}\int_{t_i-T}^{t_i+T}(t_k^\star - s)^{q-1}ds\\
=&\frac{\lambda\epsilon}{2\Gamma(q+1)}\sum_{i=1}^{k-1}((t_k^\star - t_i - T)^q - (t_k^\star - t_i + T)^q).
\end{aligned}$$

所以

$$V_i(t) < V_i(0) + \frac{\lambda\epsilon}{2\Gamma(q+1)}\sum_{i=1}^{k-1}((t_k^\star - t_i - T)^q - (t_k^\star - t_i + T)^q),$$

可以推导出 $\lim\limits_{k\to\infty} V_i(t_k^\star) = -\infty$. 这与 $V_i(t) \geqslant 0$ 矛盾, 因此

$$\lim_{t\to\infty} e_i^2(t) = 0.$$

这表明驱动系统 (5.32) 和响应系统 (5.33) 在自适应控制器的作用下达成全局渐近同步.

当 $e_i(t) = 0$ 时, ${}_0^C D_t^q b_{ij}(t) = -\eta_{ij}e_i(t)f_j(y_j(t)) = 0$, 则 $b_{ij}(t)$ 为常数. 所以, 响应系统 (5.33) 的参数 $b_{ij}(t)$ 将收敛到某个固定值 $\bar{b}_{ij}$. 下面, 我们将根据线性代数理论及混沌系统的遍历性, 证明参数 $b_{ij}(t)$ 只能收敛于 $b_{ij}$, 即 $\bar{b}_{ij} = b_{ij}$.

当驱动系统 (5.32) 与响应系统 (5.33) 达成同步时, $x_i(t)=y_i(t)$, $b_{ij}(t)=\bar{b}_{ij}$, 根据 (5.34), 则

$$\sum_{j=1}^{n}(\bar{b}_{ij}-b_{ij})f_j(x_j(t))=0. \tag{5.42}$$

根据混沌系统的遍历性 [137], $x(t)=(x_1(t),x_2(t),\cdots,x_n(t))^{\mathrm{T}}$ 的轨迹将充满整个相空间 $X\in R^n$. 则存在 $x(t_1)=(x_1,x_2,\cdots,x_n)^{\mathrm{T}}\in X$ 和 $x(t_2)=(x_1^*,x_2,\cdots,x_n)^{\mathrm{T}}\in X$, 使得 $(f_1(x_1),f_2(x_2),\cdots,f_n(x_n))^{\mathrm{T}}=(k_1,k_2,\cdots,k_n)^{\mathrm{T}}$ 以及 $(f_1(x_1^*),f_2(x_2),\cdots,f_n(x_n))^{\mathrm{T}}=(k_1^*,k_2,\cdots,k_n)^{\mathrm{T}}$, 其中 $x_1^*\neq x_1$, $k_1^*\neq k_1$. 分别代入 (5.42) 得到

$$\sum_{j=1}^{n}(\bar{b}_{ij}-b_{ij})k_j=0, \tag{5.43}$$

$$(\bar{b}_{i1}-b_{i1})k_1^*+\sum_{j=2}^{n}(\bar{b}_{ij}-b_{ij})k_j=0. \tag{5.44}$$

根据 (5.43) 和 (5.44), 可以得到

$$(\bar{b}_{i1}-b_{i1})(k_1^*-k_1)=0. \tag{5.45}$$

由于 $k_1^*\neq k_1$, 所以 $\bar{b}_{i1}-b_{i1}=0$, 即 $\bar{b}_{i1}=b_{i1}$.

根据同样的方法可以证明 $\bar{b}_{ij}=b_{ij},i,j=1,2,\cdots,n$. 定理得证.

**注 5.2.2** 控制强度更新律和参数更新律中的正常数 $d_i,\eta_{ij}$ 可以控制驱动系统与响应系统的同步速度和参数识别的速度.

### 5.2.2 数值仿真

**例 5.2.3** 考虑一个由 3 个神经元组成的 Caputo 型分数阶神经网络:

$$\begin{cases} {}_0^CD_t^q x_1(t)=-c_1x_1(t)+b_{11}\tanh(x_1(t))+b_{12}\tanh(x_2(t))+b_{13}\tanh(x_3(t)),\\ {}_0^CD_t^q x_2(t)=-c_2x_2(t)+b_{21}\tanh(x_1(t))+b_{22}\tanh(x_2(t))+b_{23}\tanh(x_3(t)),\\ {}_0^CD_t^q x_3(t)=-c_3x_3(t)+b_{31}\tanh(x_1(t))+b_{32}\tanh(x_2(t))+b_{33}\tanh(x_3(t)), \end{cases} \tag{5.46}$$

其中 $q=0.98$, $c_1=c_2=c_3=1$,

$$B=\begin{pmatrix} b_{11} & b_{12} & b_{13}\\ b_{21} & b_{22} & b_{23}\\ b_{31} & b_{32} & b_{33}\end{pmatrix}=\begin{pmatrix} 2 & -1.2 & 0\\ 1.8 & 1.71 & 1.15\\ -4.75 & 0 & 1.1\end{pmatrix}.$$

激励函数 $f_j(\cdot)=\tanh(\cdot)$ 的 Lipschitz 常数 $L_j=1$. 系统 (5.46) 的初始条件为 $x(0)=(1,2,0.5)^{\mathrm{T}}$, 计算系统的最大 Lyapunov 指数为 $L_{\max}=0.0129>0$, 系统 (5.46) 有混沌吸引子, 如图 5.17 所示.

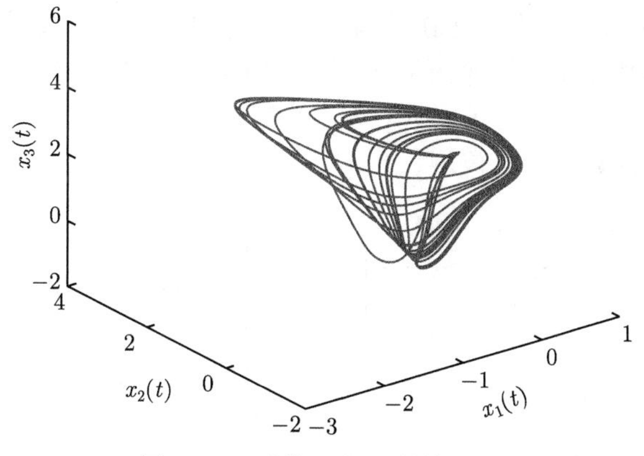


图 5.17　系统 (5.46) 的轨迹图

简单起见, 只假定三个参数 $b_{11}$, $b_{22}$, $b_{33}$ 未知. 响应系统的动力学方程为

$$\begin{cases} {}_0^C D_t^q y_1(t) = -c_1 y_1(t) + b_{11}(t)\tanh(y_1(t)) + b_{12}\tanh(y_2(t)) \\ \qquad\qquad + b_{13}\tanh(y_3(t)) + u_1(t), \\ {}_0^C D_t^q y_2(t) = -c_2 y_2(t) + b_{21}\tanh(y_1(t)) + b_{22}(t)\tanh(y_2(t)) \\ \qquad\qquad + b_{23}\tanh(y_3(t)) + u_2(t), \\ {}_0^C D_t^q y_3(t) = -c_3 y_3(t) + b_{31}\tanh(y_1(t)) + b_{32}\tanh(y_2(t)) \\ \qquad\qquad + b_{33}(t)\tanh(y_3(t)) + u_3(t), \end{cases} \tag{5.47}$$

其中

$$B(t) = \begin{pmatrix} b_{11}(t) & -1.2 & 0 \\ 1.8 & b_{22}(t) & 1.15 \\ -4.75 & 0 & b_{33}(t) \end{pmatrix}.$$

其他参数与系统 (5.46) 相同. 系统 (5.47) 的初始条件为 $y(0) = (0.2, 0.3, 3)^{\mathrm{T}}$.

根据定理 5.2.1, 设计自适应控制策略:

$$u_i(t) = \epsilon_i(t)(y_i(t) - x_i(t)) \tag{5.48}$$

和控制强度更新律及参数更新律:

$$\begin{cases} {}_0^C D_t^q \epsilon_1(t) = -(y_1(t) - x_1(t))^2, \\ {}_0^C D_t^q \epsilon_2(t) = -2(y_2(t) - x_2(t))^2, \\ {}_0^C D_t^q \epsilon_3(t) = -3(y_3(t) - x_3(t))^2, \\ {}_0^C D_t^q b_{11}(t) = -(y_1(t) - x_1(t))\tanh(y_1(t)), \\ {}_0^C D_t^q b_{22}(t) = -2(y_2(t) - x_2(t))\tanh(y_2(t)), \\ {}_0^C D_t^q b_{33}(t) = -(y_3(t) - x_3(t))\tanh(y_3(t)). \end{cases} \tag{5.49}$$

图 5.18 表明同步误差趋近 0, 即驱动系统 (5.46) 与响应系统 (5.47) 在自适应控制器 (5.48) 的作用下达成渐近同步. 图 5.19(a) 表明参数 $b_{11}(t), b_{22}(t), b_{33}(t)$ 分别收敛于 2, 1.71, 1.1, 这与 $b_{11}$, $b_{22}$, $b_{33}$ 的值一致. 另外, 图 5.19(b) 表明控制强度也在短时间内收敛到固定值.

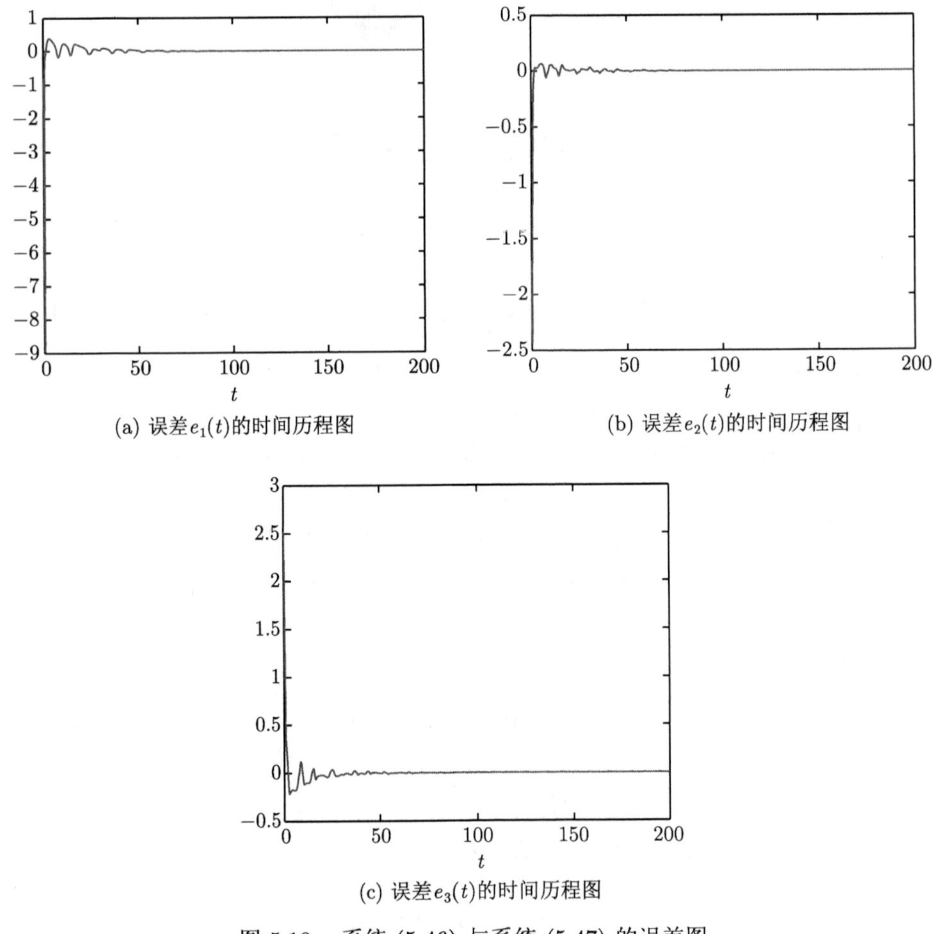

(a) 误差$e_1(t)$的时间历程图　(b) 误差$e_2(t)$的时间历程图

(c) 误差$e_3(t)$的时间历程图

图 5.18　系统 (5.46) 与系统 (5.47) 的误差图

**注 5.2.4**　为了研究分数阶阶数对于同步速度的影响, 对于系统 (5.46), 我们分别取 $q = 0.95$, $q = 0.96$, $q = 0.97$, $q = 0.98$, 其他参数保持不变. 分别计算最大 Lyapunov 指数为 $L_{\max} = 0.0071 > 0$, $L_{\max} = 0.0091 > 0$, $L_{\max} = 0.0128 > 0$, $L_{\max} = 0.0129 > 0$, 系统 (5.46) 都是混沌系统. 采用相同的控制器和参数更新律, 参数识别的过程如图 5.20 所示, 随着分数阶阶数 $q$ 增加, 参数识别的速度减慢.

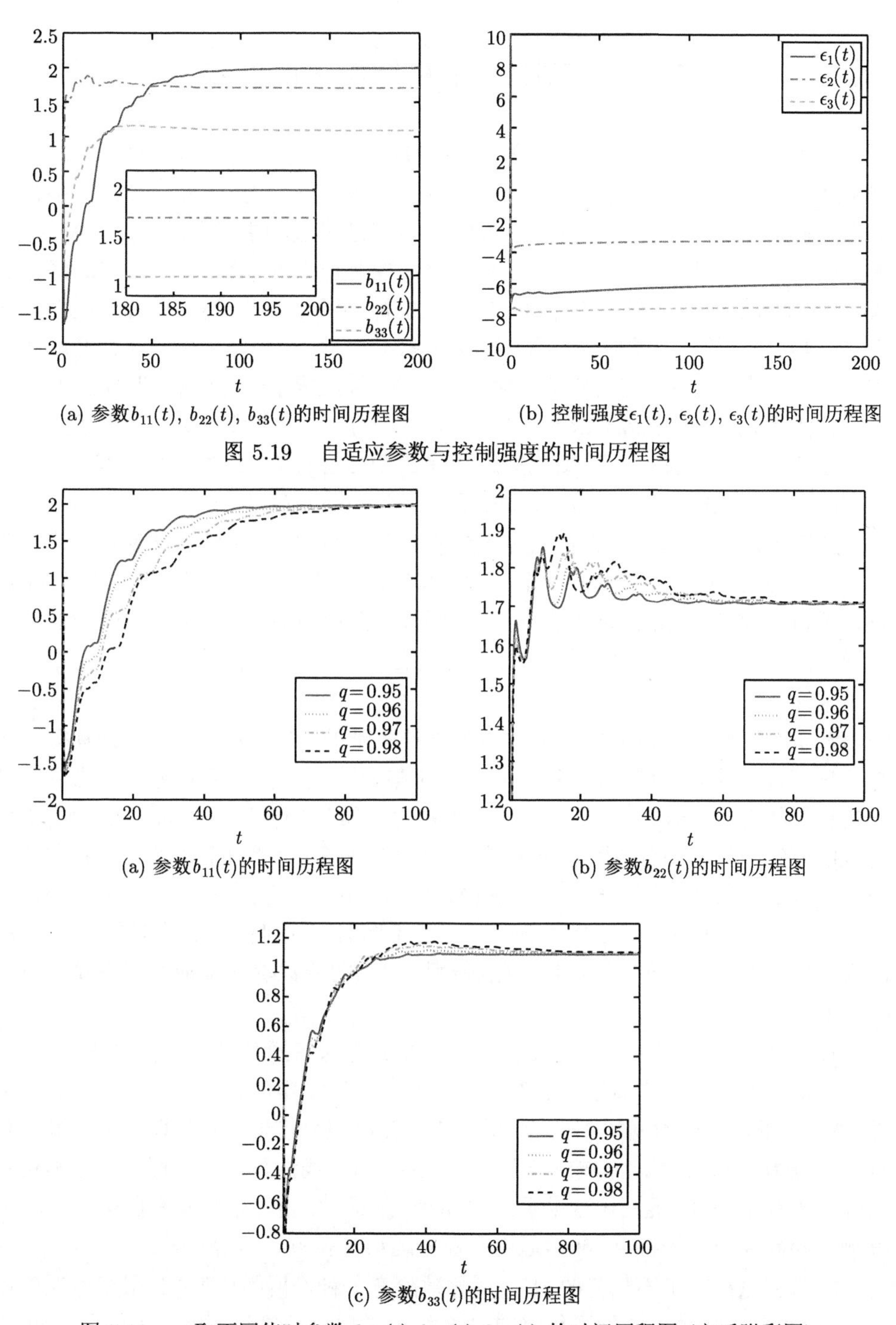


(a) 参数$b_{11}(t)$, $b_{22}(t)$, $b_{33}(t)$的时间历程图

(b) 控制强度$\epsilon_1(t)$, $\epsilon_2(t)$, $\epsilon_3(t)$的时间历程图

图 5.19 自适应参数与控制强度的时间历程图

(a) 参数$b_{11}(t)$的时间历程图

(b) 参数$b_{22}(t)$的时间历程图

(c) 参数$b_{33}(t)$的时间历程图

图 5.20 $q$ 取不同值时参数 $b_{11}(t), b_{22}(t), b_{33}(t)$ 的时间历程图 (文后附彩图)

## 5.3　分数阶竞争神经网络的同步

竞争神经网络是一种无监督学习型的神经网络，它可以模拟生物神经网络依据神经元之间的兴奋、协调与抑制、竞争的方式进行信息处理. 竞争神经网络输入节点与输出结点完全互联, 具有结构简单、运算速度快和学习算法简便等特点, 在图像处理、模式识别、信号处理、优化计算和控制理论中有着广泛的应用. Meyer-Bäse 等提出了一种具有不同时间尺度的竞争神经网络模型, 用于研究人类的大脑皮质认知地图[138]. 这类神经网络具有两类状态变量: 一类是用来描述神经网络状态变化的动力学行为, 这类变量变化比较频繁, 神经网络较为活跃, 其相应的记忆模式称为短期记忆 (Short-Term-Memory, STM); 另一类状态变量是描述由于外部刺激所引发的无指导下的细胞突触变化的动力学行为, 这类变化比较缓慢, 其相应的记忆模式称为长期记忆 (Long-Term-Memory, LTM).

到目前为止, 带有不同时间尺度的竞争神经网络的研究取得了很多成果[139-142]. 文献 [140, 142] 研究了带有不确定的混合扰动和时滞的竞争神经网络的延迟同步, 设计了自适应控制器, 实现了驱动–响应同步. 文献 [141] 研究了参数未知的带有不同时间尺度的时滞竞争神经网络, 通过自适应控制实现了驱动–响应同步, 并实现了未知参数识别.

竞争神经网络的研究成果多数是关于整数阶的, 由于分数阶微积分具有遗传与记忆特性, 因此, 分数阶竞争神经网络比整数阶竞争神经网络更适合描述神经元的记忆特性. 目前, 针对不同时间尺度的分数阶竞争神经网络的研究刚刚起步, 而且研究的是相容的分数阶竞争神经网络模型, 即 STM 和 LTM 的分数阶微分动力学方程的阶数相同[143,144]. 由于 STM 和 LTM 的记忆属性不同, 因此, 分数阶微分方程选择不同的阶数, 更适合研究带有不同时间尺度的分数阶竞争神经网络. 因此, 不相容的分数阶竞争神经网络模型比相容的分数阶竞争神经网络模型更具有一般性.

在混沌应用研究中, 混沌保密通信已经成为保密通信的一个新的发展方向. 首先, 混沌信号具有非周期性连续宽带频谱, 类似噪声的特点, 具有天然的隐蔽性. 其次, 混沌信号对初始条件的极端敏感, 使得混沌信号具有长期不可预测性和抗截获能力. 同时, 混沌系统本身具有确定性, 由非线性系统的方程、参数和初始条件完全决定, 使得混沌信号易于产生和复制. 因此, 混沌信号具有隐蔽性、不可预测性和高复杂度等特点, 非常适用于保密通信、扩频通信等领域.

本节首先给出了不相容的 R-L 型分数阶竞争神经网络模型, 利用线性误差反馈控制, 得到了参数已知的不相容的 R-L 型分数阶竞争神经网络的混沌同步条件, 进一步利用自适应控制方法研究了参数未知的不相容的 R-L 型分数阶竞争神经网络的混沌同步, 同时实现了对未知参数的估计. 最后将自适应同步控制方案应用于混沌保密通信领域.

### 5.3.1 参数已知的 R-L 型分数阶竞争神经网络的同步

为了得到分数阶神经网络的稳定条件及同步条件, 假设神经元激励函数满足以下条件.

**条件 5.3.1** $f_j(\cdot)$, $g_j(\cdot)$ 是 Lipschitz 连续的, 即对任何 $u, v \in R$, 存在正常数 $L_j, K_j$, $j = 1, 2, \cdots, n$, 使得

$$|f_j(u) - f_j(v)| \leqslant L_j|u - v|, \quad |g_j(u) - g_j(v)| \leqslant K_j|u - v|.$$

**条件 5.3.2** $f_j(\cdot)$, $g_j(\cdot)$ 是有界的, 即对任何 $x \in R$, 存在正常数 $M_j, N_j$, $j = 1, 2, \cdots, n$, 满足

$$|f_j(x)| \leqslant M_j, \quad |g_j(x)| \leqslant N_j.$$

研究如下不相容的 R-L 型分数阶竞争神经网络, 该系统包含两类神经元, 长记忆神经元和短记忆神经元, 且每类神经元的动力学方程如下所示:

$$\begin{cases} \text{STM}: \varepsilon {}_0^R D_t^q x_i(t) = -c_i x_i(t) + \sum\limits_{j=1}^{n} b_{ij} f_j(x_j(t)) + \sum\limits_{j=1}^{n} d_{ij} g_j(x_j(t - \tau_j)) \\ \qquad\qquad + B_i \sum\limits_{j=1}^{n} m_{ij}(t) \delta_j, \\ \text{LTM}: {}_0^R D_t^\beta m_{ij}(t) = -a_i m_{ij}(t) + \delta_i f_i(x_i(t)), \end{cases} \tag{5.50}$$

其中 $0 < q \leqslant 1, 0 < \beta \leqslant 1$, $x_i(t)$ 代表第 $i$ 个神经元在 $t$ 时刻的状态, $f_j(x_j(t))$ 代表 $t$ 时刻神经元的输出, $g_j(x_j(t - \tau_j))$ 代表 $t - \tau_j$ 时刻神经元的输出, $m_{ij}(t)$ 代表突触效率, $\delta_j$ 代表外部刺激, $c_i > 0$ 代表神经元常数, $a_i > 0$ 代表一次性比例常数, $\tau_i > 0$ 代表时滞, $b_{ij}$ 代表 $t$ 时刻第 $j$ 个神经元到第 $i$ 个神经元突触连接权重, $d_{ij}$ 是延迟反馈的突触权重, $B_i$ 是外部刺激的强度, $\varepsilon > 0$ 是 STM 变量的状态的时间尺度.

令 $s_i(t) = m_i^{\mathrm{T}}(t)\delta$, 其中 $\delta = (\delta_1, \delta_2, \cdots, \delta_n)^{\mathrm{T}}$, $m_i(t) = (m_{i1}(t), m_{i2}(t), \cdots, m_{in}(t))^{\mathrm{T}}$, 系统 (5.50) 可以改写为

$$\begin{cases} \text{STM}: \varepsilon {}_0^R D_t^q x_i(t) = -c_i x_i(t) + \sum\limits_{j=1}^{n} b_{ij} f_j(x_j(t)) + \sum\limits_{j=1}^{n} d_{ij} g_j(x_j(t - \tau_j)) + B_i s_i(t), \\ \text{LTM}: {}_0^R D_t^\beta s_i(t) = -a_i s_i(t) + ||\delta||^2 f_i(x_i(t)), \end{cases} \tag{5.51}$$

其中 $||\delta||^2 = \sum\limits_{i=1}^{n} \delta_i^2$. 不失一般性, 令 $||\delta||^2 = 1$, 则系统 (5.51) 可以简化为

$$\begin{cases} \text{STM}: \varepsilon {}_0^R D_t^q x_i(t) = -c_i x_i(t) + \sum_{j=1}^{n} b_{ij} f_j(x_j(t)) + \sum_{j=1}^{n} d_{ij} g_j(x_j(t-\tau_j)) + B_i s_i(t), \\ \text{LTM}: {}_0^R D_t^\beta s_i(t) = -a_i s_i(t) + f_i(x_i(t)), \end{cases} \tag{5.52}$$

系统初始条件为 $x_i(t) = \phi_i(t), s_i(t) = \varphi_i(t), t \in [-\tau_i, 0]$.

**注 5.3.3** 系统 (5.52) 中, $q, \beta \in (0,1]$, 且 $q$, $\beta$ 可以取任意值或整数 1.

(i) 若 $q = \beta = 1$, 系统 (5.52) 退化为带有不同时间尺度的整数阶竞争神经网络;

(ii) 若 $q = \beta < 1$, 系统 (5.52) 退化为带有不同时间尺度的相容的分数阶竞争神经网络;

(iii) 若 $q \neq \beta$, 系统 (5.52) 为带有不同时间尺度的不相容的分数阶竞争神经网络.

因此, 模型 (5.52) 更具一般性, 可以退化为整数阶系统或分数阶系统、相容系统或不相容系统.

将系统 (5.52) 作为驱动系统, 响应系统的动力学方程为

$$\begin{cases} \text{STM}: \varepsilon {}_0^R D_t^q y_i(t) = -c_i y_i(t) + \sum_{j=1}^{n} b_{ij} f_j(y_j(t)) + \sum_{j=1}^{n} d_{ij} g_j(y_j(t-\tau_j)) \\ \qquad\qquad + B_i r_i(t) + u_i(t), \\ \text{LTM}: {}_0^R D_t^\beta r_i(t) = -a_i r_i(t) + f_i(y_i(t)), \end{cases} \tag{5.53}$$

其中 $u_i(t)$ 是控制器.

根据 (5.52) 和 (5.53), 可以得到误差系统:

$$\begin{cases} \varepsilon {}_0^R D_t^q e_i(t) = \varepsilon {}_0^R D_t^q y_i(t) - \varepsilon {}_0^R D_t^q x_i(t) \\ \qquad = -c_i e_i(t) + \sum_{j=1}^{n} b_{ij} \Delta f_j + \sum_{j=1}^{n} d_{ij} \Delta g_j + B_i z_i(t) + u_i(t), \\ {}_0^R D_t^\beta z_i(t) = {}_0^R D_t^\beta r_i(t) - {}_0^R D_t^\beta s_i(t) = -a_i z_i(t) + \Delta f_i. \end{cases} \tag{5.54}$$

其中 $e_i(t) = y_i(t) - x_i(t)$, $z_i(t) = r_i(t) - s_i(t)$, $\Delta f_j = f_j(y_j(t)) - f_j(x_j(t))$, $\Delta g_j = g_j(y_j(t-\tau_j)) - g_j(x_j(t-\tau_j))$.

**定理 5.3.4** 假设条件 5.3.1 成立, 设计控制器

$$u_i(t) = l_i e_i(t), \tag{5.55}$$

响应系统 (5.53) 将与驱动系统 (5.52) 实现同步, 其中 $l_i$ 待定.

**证明** 构造正定的 Lyapunov 函数:

$$V_i(t) = \frac{\varepsilon}{2} {}_0^R D_t^{q-1} e_i^2(t) + \frac{\alpha_i}{2} {}_0^R D_t^{\beta-1} z_i^2(t) + \int_{t-\tau_i}^{t} m_i e_i^2(s) ds, \tag{5.56}$$

其中 $\alpha_i$ 和 $m_i$ 是待定的正常数.

沿着误差系统 (5.54) 的轨线计算 $\dot{V}_i(t)$, 根据 R-L 分数阶微积分的性质 (7) 及引理 3.6.2 可得

$$
\begin{aligned}
&\dot{V}_i(t)\\
=&\frac{\varepsilon}{2}{}_0^RD_t^q e_i^2(t)+\frac{\alpha_i}{2}{}_0^RD_t^\beta z_i^2(t)+m_ie_i^2(t)-m_ie_i^2(t-\tau_i)\\
\leqslant&\varepsilon e_i(t){}_0^RD_t^q e_i(t)+\alpha_iz_i(t){}_0^RD_t^\beta z_i(t)+m_ie_i^2(t)-m_ie_i^2(t-\tau_i)\\
=&e_i(t)\left\{-c_ie_i(t)+\sum_{j=1}^n b_{ij}\Delta f_j+\sum_{j=1}^n d_{ij}\Delta g_j+B_iz_i(t)+u_i(t)\right\}\\
&+\alpha_iz_i(t)\left\{-a_iz_i(t)+\Delta f_i\right\}+m_ie_i^2(t)-m_ie_i^2(t-\tau_i)\\
\leqslant&(-c_i+l_i+m_i)e_i^2(t)+\sum_{j=1}^n|b_{ij}L_je_j(t)e_i(t)|+\sum_{j=1}^n|d_{ij}K_je_j(t-\tau_j)e_i(t)|\\
&+B_ie_i(t)z_i(t)-a_i\alpha_iz_i^2(t)+L_i\alpha_i|z_i(t)e_i(t)|-m_ie_i^2(t-\tau_i).
\end{aligned}\tag{5.57}
$$

根据定理 3.5.13, 得到

$$
\begin{cases}
e_i(t)z_i(t)\leqslant\rho_ie_i^2(t)+\dfrac{1}{\rho_i}z_i^2(t),\\
e_i(t)e_j(t)\leqslant\dfrac{1}{2}e_i^2(t)+\dfrac{1}{2}e_j^2(t),\\
e_j(t-\tau_j)e_i(t)\leqslant\dfrac{1}{2}e_i^2(t)+\dfrac{1}{2}e_j^2(t-\tau_j),
\end{cases}\tag{5.58}
$$

其中 $\rho_i$ 是正数.

把 (5.58) 代入 (5.57) 得到

$$
\begin{aligned}
&\dot{V}_i(t)\\
\leqslant&(-c_i+l_i+m_i)e_i^2(t)+\sum_{j=1}^n\frac{|b_{ij}|}{2}L_j(e_i^2(t)+e_j^2(t))+\sum_{j=1}^n\frac{|d_{ij}|}{2}K_j(e_j^2(t-\tau_j)+e_i^2(t))\\
&+\frac{|B_i|}{\rho_i}z_i^2(t)+|B_i\rho_i|e_i^2(t)-a_i\alpha_iz_i^2(t)+\frac{L_i\alpha_i}{\rho_i}z_i^2(t)+L_i\alpha_i\rho_ie_i^2(t)-m_ie_i^2(t-\tau_i)\\
=&\left(-c_i+l_i+\frac{|b_{ij}L_j|+|b_{ji}L_i|}{2}+\sum_{j=1}^n\frac{|d_{ij}K_j|}{2}+|B_i\rho_i|+\alpha_iL_i\rho_i+m_i\right)e_i^2(t)\\
&+\left(\frac{|B_i|}{\rho_i}-a_i\alpha_i+\frac{L_i\alpha_i}{\rho_i}\right)z_i^2(t)-\left(m_i-\sum_{j=1}^n\frac{|d_{ji}K_i|}{2}\right)e_i^2(t-\tau_i).
\end{aligned}\tag{5.59}
$$

选择合适的参数 $l_i$, $\alpha_i$, $m_i$, $\rho_i$ 和 $\lambda$ 满足以下关系:

$$\begin{cases} \text{(i)}\quad -c_i+l_i+\sum\limits_{j=1}^{n}\dfrac{|b_{ij}L_j|+|b_{ji}L_i|}{2}+\sum\limits_{j=1}^{n}\dfrac{|d_{ij}K_j|}{2}+|B_i\rho_i|+\alpha_iL_i\rho_i+m_i\leqslant -\lambda, \\ \text{(ii)}\quad \dfrac{|B_i|}{\rho_i}-a_i\alpha_i+\dfrac{L_i\alpha_i}{\rho_i}\leqslant -\lambda, \\ \text{(iii)}\quad m_i-\sum\limits_{j=1}^{n}\dfrac{|d_{ji}K_i|}{2}\geqslant 0. \end{cases} \tag{5.60}$$

其中 $\alpha_i$, $m_i$, $\rho_i$ 和 $\lambda$ 是正数. 进而可以得到

$$\dot{V}_i(t)\leqslant -\lambda(e_i^2(t)+z_i^2(t))\leqslant 0. \tag{5.61}$$

从而可以得到 $e_i(t)\to 0$ 和 $z_i(t)\to 0$. 这说明在控制器 (5.55) 的作用下, 响应系统 (5.53) 可以与驱动系统 (5.52) 实现同步. 定理得证.

**例 5.3.5** 考虑如下的不相容的 R-L 型分数阶竞争神经网络:

$$\begin{cases} \text{STM}:\varepsilon{}_0^RD_t^qx_i(t)=-c_ix_i(t)+\sum\limits_{j=1}^{2}b_{ij}f_j(x_j(t))+\sum\limits_{j=1}^{2}d_{ij}g_j(x_j(t-\tau_j))+B_is_i(t), \\ \text{LTM}:{}_0^RD_t^{\beta}s_i(t)=-a_is_i(t)+f_j(x_i(t)),\quad i=1,2, \end{cases} \tag{5.62}$$

其中 $q=1$, $\beta=0.7$, $\varepsilon=1$, $\tau_1=\tau_2=3$, $c_1=c_2=1$, $b_{11}=3$, $b_{12}=1$, $b_{21}=-1$, $b_{22}=-1$, $d_{11}=3$, $d_{12}=-1$, $d_{21}=1$, $d_{22}=-1$, $B_1=B_2=-1$, $a_1=a_2=1$.

激励函数 $f_j(\cdot)=\tanh(\cdot)$ 与 $g_j(\cdot)=\sin(\cdot)$ 的 Lipschitz 常数为 $K_j=1$ 与 $L_j=1$. 系统 (5.62) 的初始条件为 $x(t)=(1.1,-0.3)^{\mathrm{T}}$, $s(t)=(0.4,0.7)^{\mathrm{T}},t\in[-3,0]$. 经计算, 系统 (5.62) 的最大 Lyapunov 指数 $L_{\max}=0.0204>0$, 系统 (5.62) 有混沌吸引子, 如图 5.21 所示.

对应的响应系统为

$$\begin{cases} \text{STM}:\varepsilon{}_0^RD_t^qy_i(t)=-c_iy_i(t)+\sum\limits_{j=1}^{2}b_{ij}f_j(y_j(t))+\sum\limits_{j=1}^{2}d_{ij}g_j(y_j(t-\tau_j)) \\ \qquad\qquad +B_ir_i(t)+u_i(t), \\ \text{LTM}:{}_0^RD_t^{\beta}r_i(t)=-a_ir_i(t)+f_j(y_i(t)),\quad i=1,2, \end{cases} \tag{5.63}$$

系统 (5.63) 的参数与系统 (5.62) 的取值相同. 系统 (5.63) 初始条件为 $y(t)=(-1.1,1.0)^{\mathrm{T}}$, $r(t)=(1.1,-1.2)^{\mathrm{T}},t\in[-3,0]$.

根据定理 5.3.4, 选择控制器 $u_i(t)=l_ie_i(t)$, 参数取值为 $m_1=3$, $m_2=2$, $\rho_1=\rho_2=10$, $\alpha_1=\alpha_2=1$, $\lambda=\dfrac{1}{2}$, $l_1=-80.25$ 和 $l_2=-70.1$, 驱动系统 (5.62) 与响应系统 (5.63) 可以实现同步, 如图 5.22 所示. 另外, 图 5.23 揭示了同步误差的变化.

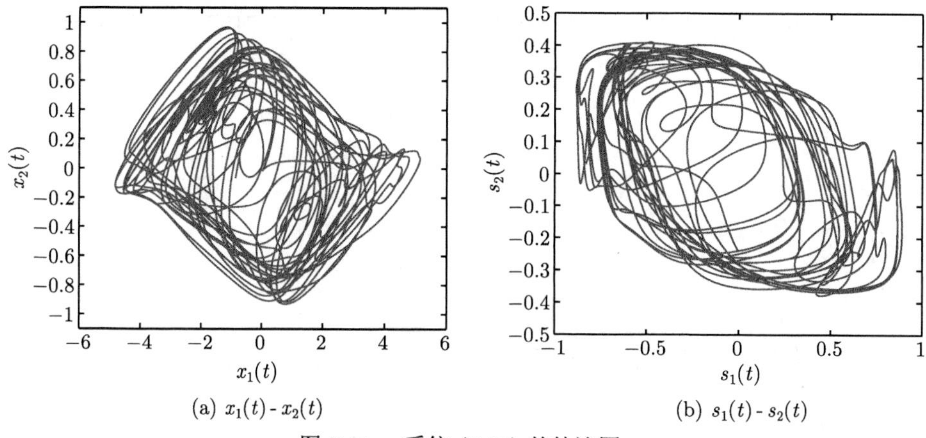


(a) $x_1(t)$ - $x_2(t)$ (b) $s_1(t)$ - $s_2(t)$

图 5.21 系统 (5.62) 的轨迹图

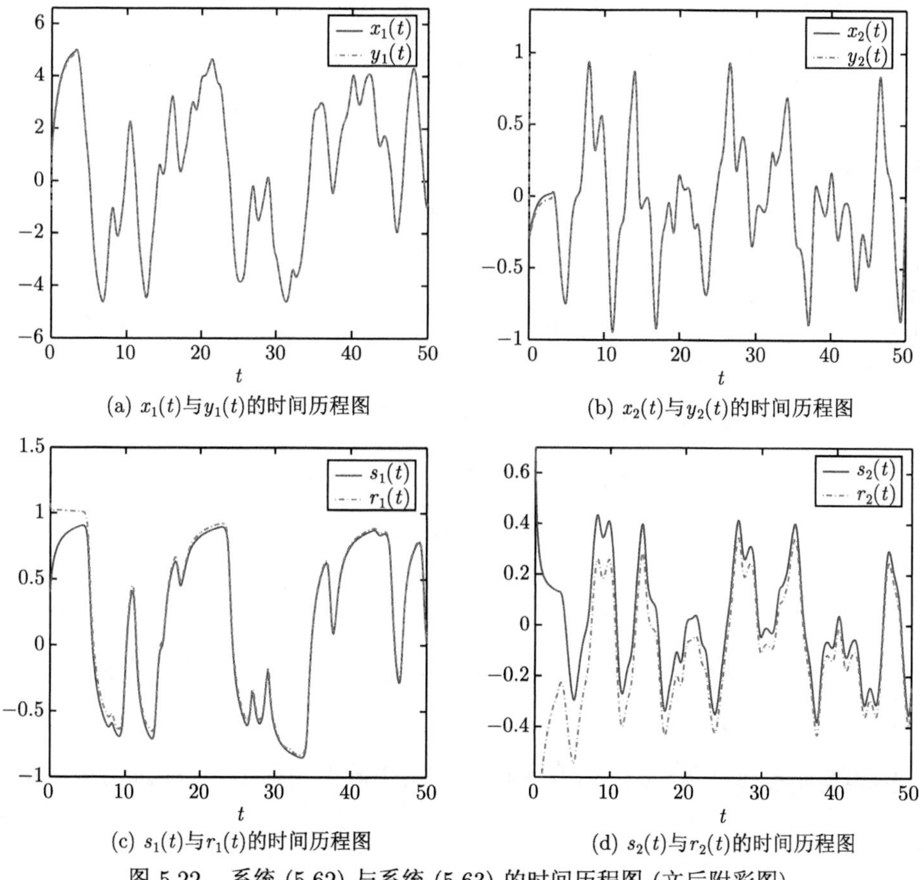


(a) $x_1(t)$与$y_1(t)$的时间历程图 (b) $x_2(t)$与$y_2(t)$的时间历程图

(c) $s_1(t)$与$r_1(t)$的时间历程图 (d) $s_2(t)$与$r_2(t)$的时间历程图

图 5.22 系统 (5.62) 与系统 (5.63) 的时间历程图 (文后附彩图)

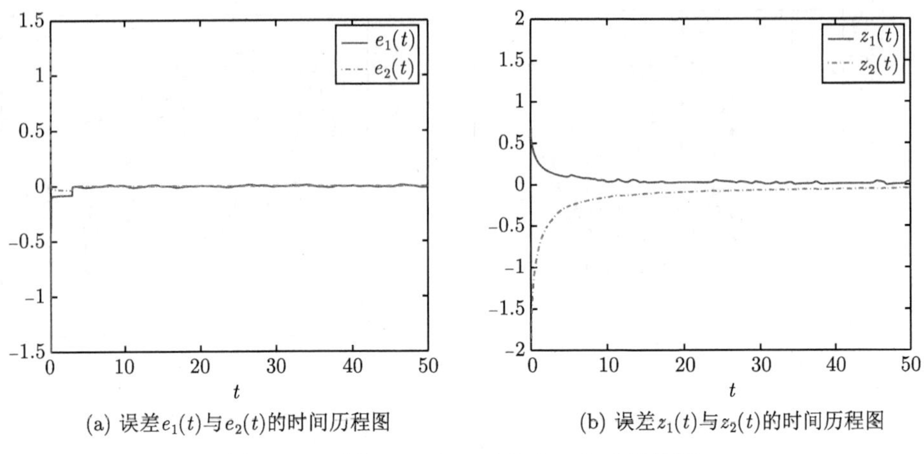


(a) 误差$e_1(t)$与$e_2(t)$的时间历程图 (b) 误差$z_1(t)$与$z_2(t)$的时间历程图

图 5.23 系统 (5.62) 与系统 (5.63) 的误差图

### 5.3.2 参数未知的 R-L 型分数阶竞争神经网络的同步

对于驱动系统 (5.52), 假设参数 $c_i, b_{ij}, d_{ij}, B_i, a_i$ 未知. 响应系统设计为

$$\begin{cases} \text{STM}: \varepsilon {}_0^R D_t^q y_i(t) = -c_i(t)y_i(t) + \sum\limits_{j=1}^{n} b_{ij}(t) f_j(y_j(t)) + \sum\limits_{j=1}^{n} d_{ij}(t) g_j(y_j(t-\tau_j)) \\ \qquad\qquad + B_i(t) r_i(t) + u_i(t), \\ \text{LTM}: {}_0^R D_t^\beta r_i(t) = -a_i(t) r_i(t) + f_i(y_i(t)), \end{cases} \tag{5.64}$$

其中 $q, \beta \in (0,1)$, $u_i(t)$ 是待设计的控制器, $c_i(t)$, $b_{ij}(t)$, $d_{ij}(t)$, $B_i(t)$, $a_i(t)$ 用于估计参数 $c_i$, $b_{ij}$, $d_{ij}$, $B_i$, $a_i$.

由驱动系统 (5.52) 与响应系统 (5.64), 可得误差系统:

$$\begin{cases} \varepsilon {}_0^R D_t^q e_i(t) = \varepsilon {}_0^R D_t^q y_i(t) - \varepsilon {}_0^R D_t^q x_i(t) \\ \qquad = -c_i e_i(t) - (c_i(t) - c_i) y_i(t) \\ \qquad\quad + \sum\limits_{j=1}^{n} b_{ij} \Delta f_j + \sum\limits_{j=1}^{n} (b_{ij}(t) - b_{ij}) f_j(y_j(t)) + u_i(t) \\ \qquad\quad + \sum\limits_{j=1}^{n} d_{ij} \Delta g_j + \sum\limits_{j=1}^{n} (d_{ij}(t) - d_{ij}) g_j(y_j(t-\tau_j)) + B_i z_i(t) \\ \qquad\quad + (B_i(t) - B_i) r_i(t), \\ {}_0^R D_t^\beta z_i(t) = {}_0^R D_t^\beta r_i(t) - {}_0^R D_t^\beta s_i(t) = -a_i(t) z_i(t) - (a_i(t) - a_i) r_i(t) + \Delta f_i. \end{cases} \tag{5.65}$$

其中 $e_i(t), z_i(t), \Delta f_j, \Delta g_j$ 与系统 (5.54) 相同.

**定理 5.3.6** 假设条件 5.3.1 与条件 5.3.2 成立, 设计自适应控制器

$$u_i(t)=\mu_i(t)e_i(t), \tag{5.66}$$

以及控制强度更新律和参数更新律:

$$\begin{cases} {}_0^RD_t^q(\mu_i(t)-\mu_i)=-p_ie_i^2(t),\\ {}_0^RD_t^q(c_i(t)-c_i)=\omega_ie_i(t)y_i(t),\\ {}_0^RD_t^q(b_{ij}(t)-b_{ij})=-\beta_{ij}e_i(t)f_j(y_j(t)),\\ {}_0^RD_t^q(d_{ij}(t)-d_{ij})=-\eta_{ij}e_i(t)g_j(y_j(t-\tau_j)),\\ {}_0^RD_t^q(B_i(t)-B_i)=-\xi_ie_i(t)r_i(t),\\ {}_0^RD_t^q(a_i(t)-a_i)=\gamma_iz_i(t)r_i(t), \end{cases} \tag{5.67}$$

响应系统 (5.64) 将与驱动系统 (5.52) 达成同步, 同时响应系统 (5.64) 的参数 $c_i(t)$, $b_{ij}(t)$, $d_{ij}(t)$, $B_i(t)$, $a_i(t)$ 将分别渐近收敛于驱动系统 (5.52) 的参数 $c_i$, $b_{ij}$, $d_{ij}$, $B_i$, $a_i$, 其中参数 $p_i$, $\omega_i$, $\beta_{ij}$, $\eta_{ij}$, $\xi_i$ 和 $\gamma_i$ 都是任意正常数, $\mu_i$ 待定.

**证明** 记 $\tilde{\mu}_i(t)=\mu_i(t)-\mu_i$, $\tilde{c}_i(t)=c_i(t)-c_i$, $\tilde{b}_{ij}(t)=b_{ij}(t)-b_{ij}$, $\tilde{d}_{ij}(t)=d_{ij}(t)-d_{ij}$, $\tilde{B}_i(t)=B_i(t)-B_i$, $\tilde{a}_i(t)=a_i(t)-a_i$.

构造正定的 Lyapunov 函数:

$$\begin{aligned} &V_i(t)\\ =&\frac{\varepsilon}{2}{}_0^RD_t^{q-1}e_i^2(t)+\frac{\alpha_i}{2}{}_0^RD_t^{\beta-1}z_i^2(t)+\frac{1}{2p_i}{}_0^RD_t^{q-1}\tilde{\mu}_i^2(t)\\ &+\frac{1}{2\omega_i}{}_0^RD_t^{q-1}\tilde{c}_i^2(t)+\sum_{j=1}^n\frac{1}{2\beta_{ij}}{}_0^RD_t^{q-1}\tilde{b}_{ij}^2(t)\\ &+\sum_{j=1}^n\frac{1}{2\eta_{ij}}{}_0^RD_t^{q-1}\tilde{d}_{ij}^2(t)+\frac{1}{2\xi_i}{}_0^RD_t^{q-1}\tilde{B}_i^2(t)+\frac{1}{\gamma_i}{}_0^RD_t^{\beta-1}\tilde{a}_i^2(t)+\int_{t-\tau_i}^t m_ie_i^2(s)ds, \end{aligned} \tag{5.68}$$

其中 $p_i$, $\omega_i$, $\beta_{ij}$, $\eta_{ij}$, $\xi_i$, $\gamma_i$ 是任意正常数, $\alpha_i$ 和 $m_i$ 是待定的正数.

沿着误差系统 (5.65) 的轨线计算 $\dot{V}_i(t)$, 根据 R-L 分数阶微积分的性质以及引理 3.6.2 可得

$$\begin{aligned} &\dot{V}_i(t)\\ \leqslant&\varepsilon e_i(t){}_0^RD_t^qe_i(t)+\alpha_iz_i(t){}_0^RD_t^\beta z_i(t)+\frac{\tilde{\mu}_i(t)}{p_i}{}_0^RD_t^q\tilde{\mu}_i(t) \end{aligned}$$

$$
\begin{aligned}
&+\frac{\tilde{c}_i(t)}{\omega_i}{}_0^RD_t^q\tilde{c}_i(t)+\frac{\tilde{b}_{ij}(t)}{\beta_{ij}}{}_0^RD_t^q\tilde{b}_{ij}(t)\\
&+\frac{\tilde{d}_{ij}(t)}{\eta_{ij}}{}_0^RD_t^q\tilde{d}_{ij}(t)+\frac{\tilde{B}_i(t)}{\xi_i}{}_0^RD_t^q\tilde{B}_i(t)+\frac{\tilde{a}_i(t)}{\gamma_i}{}_0^RD_t^\beta\tilde{a}_i(t)+m_ie_i^2(t)-m_ie_i^2(t-\tau_i)\\
=&e_i(t)\Bigg\{-c_ie_i(t)-(c_i(t)-c_i)y_i(t)+\sum_{j=1}^n b_{ij}\Delta f_j\\
&+\sum_{j=1}^n(b_{ij}(t)-b_{ij})f_j(y_j(t))+\sum_{j=1}^n d_{ij}\Delta g_j\\
&+\sum_{j=1}^n(d_{ij}(t)-d_{ij})g_j(y_j(t-\tau_j))+B_iz_i(t)+(B_i(t)-B_i)r_i(t)+\mu_i(t)e_i(t)\Bigg\}\\
&+\alpha_iz_i(t)\{-a_iz_i(t)+\Delta f_i-(a_i(t)-a_i)r_i(t)\}\\
&+(c_i(t)-c_i)e_i(t)y_i(t)-(B_i(t)-B_i)e_i(t)r_i(t)\\
&-\sum_{j=1}^n(b_{ij}(t)-b_{ij})e_i(t)f_j(y_j(t))-\sum_{j=1}^n(d_{ij}(t)-d_{ij})e_i(t)g_j(y_j(t-\tau_j))\\
&+(a_i(t)-a_i)z_i(t)r_i(t)+m_ie_i^2(t)-m_ie_i^2(t-\tau_i)-(\mu_i(t)-\mu_i)e_i^2(t).
\end{aligned}\tag{5.69}
$$

类似定理 5.3.4 的证明, 推导可得

$$
\begin{aligned}
&\dot{V}_i(t)\\
\leqslant&\left(-c_i+\sum_{j=1}^n\frac{|b_{ij}L_j|+|b_{ji}L_i|}{2}+\sum_{j=1}^n\frac{|d_{ij}K_j|}{2}+|B_i\rho_i|+\mu_i+\alpha_iL_i\rho_i+m_i\right)e_i^2(t)\\
&+\left(\frac{|B_i|}{\rho_i}-\alpha_ia_i+\frac{\alpha_iL_i}{\rho_i}\right)z_i^2(t)-\left(m_i-\sum_{j=1}^n\frac{|d_{ji}K_i|}{2}\right)e_i^2(t-\tau_i).
\end{aligned}\tag{5.70}
$$

类似定理 5.3.4 的证明, 选择合适的参数 $\mu_i$, $\alpha_i$, $m_i$, $\rho_i$, $\lambda$, 其中 $\alpha_i$, $m_i$, $\rho_i$ 和 $\lambda$ 为正数, 满足以下关系式:

$$
\begin{cases}
\text{(i)}\quad -c_i+\displaystyle\sum_{j=1}^n\frac{|b_{ij}L_j|+|b_{ji}L_i|}{2}+\sum_{j=1}^n\frac{|d_{ij}K_j|}{2}+|B_i\rho_i|+\mu_i+\alpha_iL_i\rho_i+m_i\leqslant-\lambda,\\
\text{(ii)}\quad \dfrac{|B_i|}{\rho_i}-a_i\alpha_i+\dfrac{L_i\alpha_i}{\rho_i}\leqslant-\lambda,\\
\text{(iii)}\quad m_i-\displaystyle\sum_{j=1}^n\frac{|d_{ji}K_i|}{2}\geqslant0,
\end{cases}\tag{5.71}
$$

进而可得

$$
\dot{V}_i(t)\leqslant-\lambda(e_i^2(t)+z_i^2(t)).\tag{5.72}
$$

令 $W_1(t)=\sum\limits_{i=1}^{n}e_i^2(t), W_2(t)=\sum\limits_{i=1}^{n}z_i^2(t), W(t)=W_1(t)+W_2(t)$, 则

$$\dot{V}(t)\leqslant -\lambda W(t).$$

可以证明 $\lim\limits_{t\to+\infty}e_i(t)=0$ 以及 $\lim\limits_{t\to+\infty}z_i(t)=0$. 这说明在控制定理得证器 (5.66) 的作用下, 驱动系统 (5.52) 与响应系统 (5.64) 可以达成全局渐近同步. 定理得证.

**注 5.3.7** 系统同步的速度以及参数识别的速度与控制强度更新律和参数更新律中的参数 $p_i, \omega_i, \beta_{ij}, \eta_{ij}, \xi_i$ 和 $\gamma_i$ 有关.

**例 5.3.8** 对于例 5.3.5 中的驱动系统 (5.62), 假设参数 $c_i, b_{ij}, d_{ij}, B_i, a_i$ 未知. 响应系统设计为

$$\begin{cases}\text{STM}:\varepsilon{}_0^RD_t^q y_i(t)=-c_i(t)y_i(t)+\sum\limits_{j=1}^{2}b_{ij}(t)f_j(y_j(t))+\sum\limits_{j=1}^{2}d_{ij}(t)g_j(y_j(t-\tau_j))\\ \qquad\qquad +B_i(t)r_i(t)+u_i(t),\\ \text{LTM}:{}_0^RD_t^\beta r_i(t)=-a_i(t)r_i(t)+f_j(y_i(t)),\quad i=1,2.\end{cases}\tag{5.73}$$

系统初始条件为 $y(t)=(-1.1,1.0)^{\mathrm{T}}, r(t)=(1.1,-1.2)^{\mathrm{T}}, t\in[-3,0]$.

设计自适应控制器: $u_i(t)=\mu_i(t)e_i(t)$, 控制强度的更新律和参数更新律如下:

$$\begin{cases}{}_0^RD_t^q(\mu_1(t)-\mu_1)=-19e_1^2(t),\\ {}_0^RD_t^q(\mu_2(t)-\mu_2)=-20e_2^2(t),\\ {}_0^RD_t^q(c_1(t)-c_1)=2e_1(t)y_1(t),\\ {}_0^RD_t^q(c_2(t)-c_2)=15e_2(t)y_2(t),\end{cases}$$

$$\begin{cases}{}_0^RD_t^q(b_{11}(t)-b_{11})=-17e_1(t)f_j(y_1(t)),\\ {}_0^RD_t^q(b_{12}(t)-b_{12})=-15e_1(t)f_j(y_2(t)),\\ {}_0^RD_t^q(b_{21}(t)-b_{21})=-19e_2(t)f_j(y_1(t)),\\ {}_0^RD_t^q(b_{22}(t)-b_{22})=-18e_2(t)f_j(y_2(t)),\end{cases}$$

$$\begin{cases}{}_0^RD_t^q(B_1(t)-B_1)=-19e_1(t)r_1(t),\\ {}_0^RD_t^q(B_2(t)-B_2)=-10e_2(t)r_2(t),\\ {}_0^RD_t^\beta(a_1(t)-a_1)=18z_1(t)r_1(t),\\ {}_0^RD_t^\beta(a_2(t)-a_2)=10z_2(t)r_2(t),\end{cases}$$

$$
\begin{cases}
{}_0^RD_t^q(d_{11}(t)-d_{11}) = -14e_1(t)\sin(y_1(t-\tau_1)),\\
{}_0^RD_t^q(d_{12}(t)-d_{12}) = -18e_1(t)\sin(y_2(t-\tau_2)),\\
{}_0^RD_t^q(d_{21}(t)-d_{21}) = -17e_2(t)\sin(y_1(t-\tau_1)),\\
{}_0^RD_t^q(d_{22}(t)-d_{22}) = -15e_2(t)\sin(y_2(t-\tau_2)).
\end{cases}
$$

根据定理 5.3.6, 驱动系统 (5.62) 与响应系统 (5.73) 将达成同步, 同时响应系统 (5.73) 中的 $c_i(t)$, $b_{ij}(t)$, $d_{ij}(t)$, $B_i(t)$, $a_i(t)$ 分别逼近于驱动系统 (5.62) 的参数 $c_i$, $b_{ij}$, $d_{ij}$, $B_i$, $a_i$. 图 5.24 是驱动系统 (5.62) 与响应系统 (5.73) 的时间历程图. 图 5.25 是驱动系统 (5.62) 与响应系统 (5.73) 的误差图, 图 5.26 是参数识别图, 控制强度 $\mu_i(t)$ 最终也收敛到固定值 $\mu_i$ $(i=1,2)$.

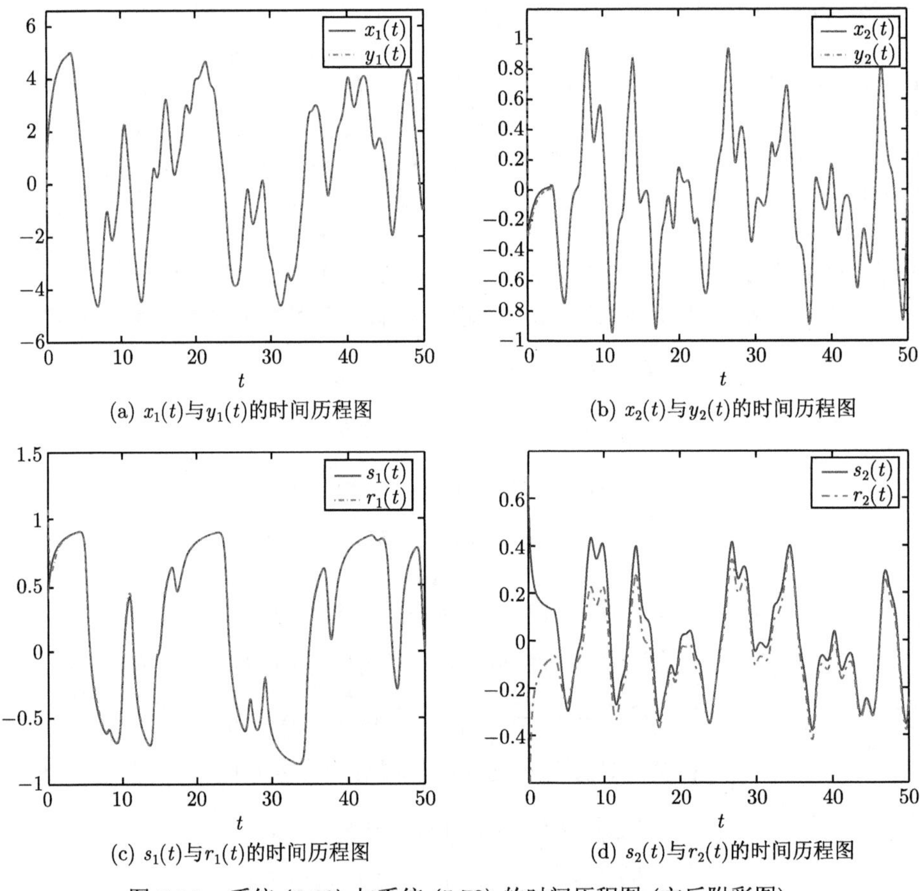


(a) $x_1(t)$与$y_1(t)$的时间历程图　(b) $x_2(t)$与$y_2(t)$的时间历程图

(c) $s_1(t)$与$r_1(t)$的时间历程图　(d) $s_2(t)$与$r_2(t)$的时间历程图

图 5.24　系统 (5.62) 与系统 (5.73) 的时间历程图 (文后附彩图)

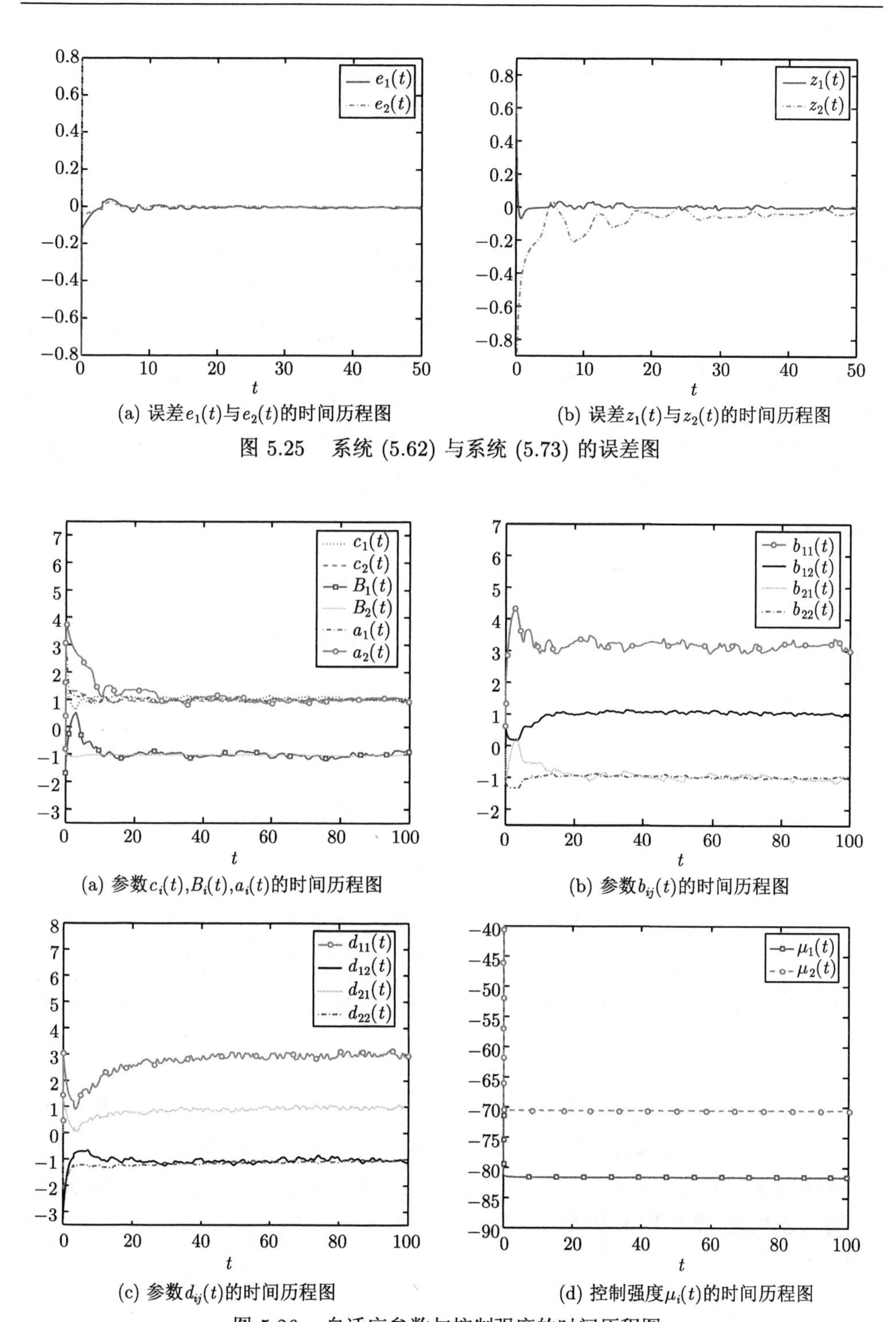


(a) 误差$e_1(t)$与$e_2(t)$的时间历程图

(b) 误差$z_1(t)$与$z_2(t)$的时间历程图

图 5.25 系统 (5.62) 与系统 (5.73) 的误差图

(a) 参数$c_i(t),B_i(t),a_i(t)$的时间历程图

(b) 参数$b_{ij}(t)$的时间历程图

(c) 参数$d_{ij}(t)$的时间历程图

(d) 控制强度$\mu_i(t)$的时间历程图

图 5.26 自适应参数与控制强度的时间历程图

### 5.3.3 安全通信领域中的应用

混沌信号具有非周期性连续宽带频谱, 类似噪声的特点, 具有天然的隐蔽性. 而且, 混沌信号对初始条件极端敏感, 使混沌信号具有长期不可预测性和抗截获能力. 同时, 混沌系统本身具有确定性, 由非线性系统的方程、参数和初始条件完全决定, 使混沌信号易于产生和复制. 混沌系统同步具有实时性强、保密性高、运算速度快的优势, 在保密通信、扩频通信等领域显示出强大的生命力和应用价值.

如图 5.27 所示, 安全通信系统由一个发射器 (驱动系统) 和一个接收器 (响应系统) 组成. 发射器产生混沌信号 $x(t)$, 将保密信号 $I(t)$ 采用一定的方式加载到混沌信号 $x(t)$, 得到传输信号 $T(t)$ 并在公共信道进行传播, 通过混沌同步控制方案, 接收器接收到信号并根据事先已知的密钥得到解密信号 $R(t)$. 为了实现混沌保密通信, 常用的信号加密方法有三种: 混沌掩蔽、混沌调制以及混沌掩蔽与混沌调制相结合[141, 145, 146].

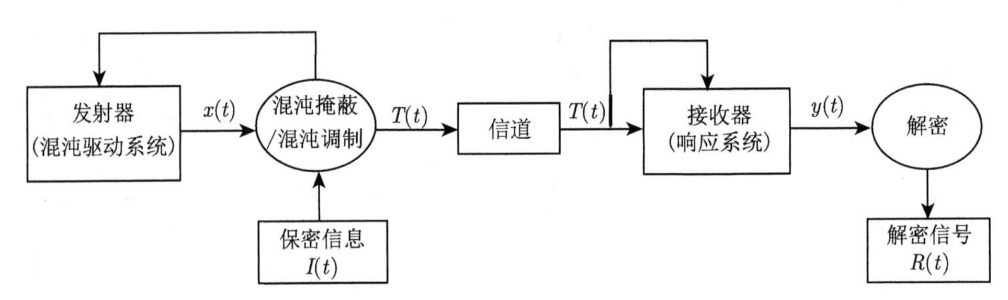


图 5.27 基于混沌同步的保密通信系统示意图

(1) 混沌掩蔽法.

混沌掩蔽法是指, 在发射端, 将保密信号与混沌信号直接叠加进行传播, 即 $T(t) = x(t) + \sigma I(t)$. 这种信道上的信号类似于噪声信号, 使得窃听者无法识别, 而在接收端, 应用混沌自同步技术, 去除混沌信号, 检出有用信号, 即完成了收发双方的保密通信.

(2) 混沌调制法.

混沌调制是指, 在发射端, 直接利用保密信号去调制发射系统中的某个状态变量, 利用该状态变量驱动混沌电路产生含有信息的混沌载波信号, 接收端的混沌电路在该混沌载波的驱动下与发送端的混沌电路实现混沌同步, 然后提取出相应的状态变量, 恢复出所发送的信息.

本节仅考虑采用混沌掩蔽法对保密信号进行加密, 发射器设计为

$$\begin{cases} \text{STM}: \varepsilon {}_0^R D_t^q x_i(t) = -c_i x_i(t) + \sum_{j=1}^{2} b_{ij} f_j(x_j(t)) + \sum_{j=1}^{2} d_{ij} g_j(x_j(t-\tau_j)) \\ \qquad\qquad + B_i s_i(t) + m_i(t), \\ \text{LTM}: {}_0^R D_t^\beta s_i(t) = -a_i s_i(t) + f_i(x_i(t)), \quad i=1,2, \end{cases} \tag{5.74}$$

其中 $m_1(t)=\sigma I(t)$, $I(t)$ 是保密信息. 简便起见, 假设 $m_2(t)=0$. 一般来讲, 为了达到良好的保密通信效果, 相对于混沌载波信号而言, 保密信号的强度要比混沌信号本身的强度小, 因此混沌掩蔽法中 $\sigma=0.05$.

接收器设计为

$$\begin{cases} \text{STM}: \varepsilon {}_0^R D_t^q y_i(t) = -c_i y_i(t) + \sum_{j=1}^{2} b_{ij} f_j(y_j(t)) + \sum_{j=1}^{2} d_{ij} g_j(y_j(t-\tau_j)) \\ \qquad\qquad + B_i r_i(t) + u_i(t) - y_i(t) + H_i(t), \\ \text{LTM}: {}_0^R D_t^\beta r_i(t) = -a_i r_i(t) + f_i(y_i(t)), \quad i=1,2, \end{cases} \tag{5.75}$$

其中 $H_1(t)=T(t)=x_1(t)+\sigma I(t)$, $H_2(t)=x_2(t)$, $u_i(t)$ 是控制器. 保密信号可以由 $R(t)=\sigma^{-1}[T(t)-y_1(t)]$ 进行解密. 数值模拟中, 参数、激励函数和初始条件都与例 5.3.5 中相同, 保密信息为 $I(t)=\cos(t)$. 如图 5.28 所示, 图 5.28(a) 代表保密信号 $I(t)$, 图 5.28(b) 代表传输信号 $T(t)$, 图 5.28(c) 代表解密信号 $R(t)$, 图 5.28(d) 代表解密信息 $R(t)$ 与保密信息 $I(t)$ 的误差. 通过数值模拟可以验证不相容的分数阶竞争神经网络的混沌同步在保密通信领域中的成功应用.

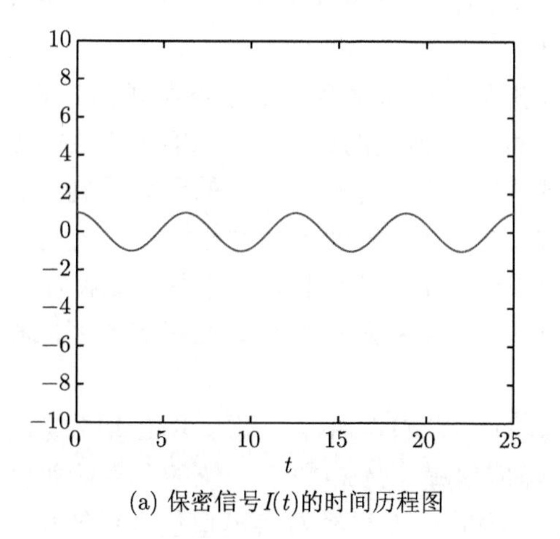

(a) 保密信号$I(t)$的时间历程图

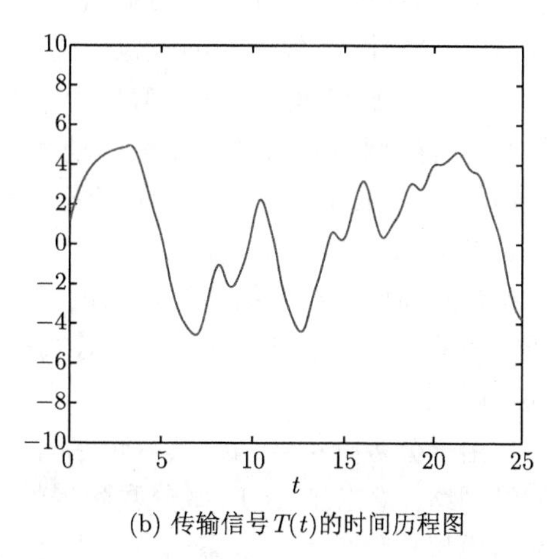

(b) 传输信号$T(t)$的时间历程图

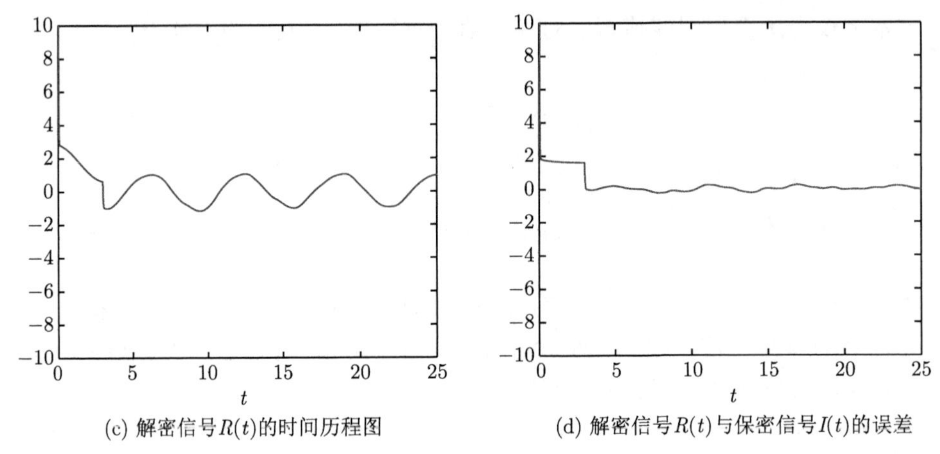

(c) 解密信号 $R(t)$ 的时间历程图　　(d) 解密信号 $R(t)$ 与保密信号 $I(t)$ 的误差

图 5.28　混沌掩蔽法在保密通信系统中的应用

## 5.4　分数阶惯性神经网络的同步

整数阶神经网络的早期研究模型仅包含系统状态的一阶导数项, 在 1987 年, Babcock 和 Westervelt 在模拟神经网络的电路中加上电感的影响, 产生了惯性项, 即系统的二阶导数项, 并得到了明显的混沌及分叉行为[147], 因此提出了整数阶惯性神经网络. 从生物学角度而言, 惯性项的增加有着很强的生物学背景, 如乌贼轴突在小信号范围内的临界行为可以看作是由电感或电容引起的[148]; 一些特殊神经元的膜, 例如脊椎动物耳蜗中的毛细胞, 某些鱼类 (如电鱼和软骨鱼纲鱼类) 的电感受器, 低等脊椎动物的视网膜等等, 都可以通过在模拟电路中加入电感来实现[149]. 即使一些非神经元细胞, 例如心肌的浦肯野纤维和单个骨骼肌纤维, 也表现出电气特性, 就像它们的膜包含电感一样[150].

整数阶惯性神经网络模型包含系统状态的一阶导数项和二阶导数项, 相较于传统的神经网络具有更加复杂的动力学特性. 在神经网络系统的实际应用中, 惯性项的加入有助于记忆的无序搜索. 因此, 近年来惯性神经网络的研究受到了越来越多的国内外学者的关注[151-158]. 例如, 文献 [151] 通过线性矩阵不等式得到了整数阶惯性神经网络的全局渐近稳定的条件和全局鲁棒稳定的条件. 文献 [152] 通过矩阵测度方法和 Halany 不等式技巧研究了整数阶惯性神经网络的周期性和同步问题.

由于分数阶神经网络具有记忆与遗传特性, 我们将惯性项引入 R-L 型分数阶神经网络, 给出了 R-L 型分数阶惯性神经网络模型. 相较于传统的分数阶神经网络模型只包含系统状态的 $q$ 阶导数项, 分数阶惯性神经网络模型包含系统状态的 $q$ 阶导数项及 $\beta$ 阶导数项, 对模拟复杂的生物神经网络有巨大的实际应用价值.

本节根据 Lyapunov 直接方法和误差反馈控制器得到了 R-L 型分数阶惯性神经网络的稳定条件和同步条件, 比文献 [151] 和文献 [152] 中的方法更加简洁和易于验证.

### 5.4.1 R-L 型时滞分数阶惯性神经网络的完全同步

R-L 型分数阶惯性神经网络模型如下:

$$
\begin{aligned}
{}_0^RD_t^q x_i(t) = & -a_i {}_0^RD_t^\beta x_i(t) - c_i x_i(t) + \sum_{j=1}^n b_{ij} f_j(x_j(t)) \\
& + \sum_{j=1}^n d_{ij} g_j(x_j(t-\tau_j)) + I_i(t), \quad t > 0,
\end{aligned} \tag{5.76}
$$

其中 $0 < \beta \leqslant 1$, $\beta < q \leqslant 1+\beta$, ${}_0^RD_t^q x_i(t)$ 为惯性项, $g_j(x_j(t-\tau_{ij}))$ 分别表示第 $j$ 个神经元在 $t-\tau_j$ 时刻的模式函数或传递函数, $d_{ij}$ 是常数, 分别表示第 $j$ 个神经元至第 $i$ 个神经元在 $t-\tau_j$ 时刻的突触传递强度, 其他参数的定义与系统 (5.32) 相同.

系统 (5.76) 的初始条件为

$$
x_i(s) = \varphi_i(s), \quad {}_0^RD_t^\beta x_i(t) = \psi_i(t), \quad -\tau_i \leqslant t \leqslant 0,
$$

其中 $\varphi_i(t)$ 和 $\psi_i(t)$ 连续且有界, $i = 1, 2, \cdots, n$.

**注 5.4.1** (i) 若 $q = \beta$, 则系统 (5.76) 简化为一般的时滞分数阶神经网络

$$
{}_0^RD_t^q x_i(t) = -\frac{c_i}{a_i+1} x_i(t) + \sum_{j=1}^n \frac{b_{ij}}{a_i+1} f_j(x_j(t)) + \sum_{j=1}^n \frac{d_{ij}}{a_i+1} g_j(x_j(t-\tau_j)) + \frac{I_i(t)}{a_i+1}. \tag{5.77}
$$

(ii) 若 $q < \beta$, 则系统 (5.76) 可以改写为

$$
{}_0^RD_t^\beta x_i(t) = -\frac{1}{a_i} {}_0^RD_t^q x_i(t) - \frac{c_i}{a_i} x_i(t) + \sum_{j=1}^n \frac{b_{ij}}{a_i} f_j(x_j(t)) + \sum_{j=1}^n \frac{d_{ij}}{a_i} g_j(x_j(t-\tau_j)) + \frac{I_i(t)}{a_i}. \tag{5.78}
$$

所以, 我们只需要研究 $q > \beta$ 的情形.

下面我们将根据 $q$ 与 $\beta$ 的关系, 分别给出时滞分数阶惯性神经网络的同步条件.

**情况 1** $0 < \beta < 1, \beta < q \leqslant 1 + \beta$.

作变量替换: $s_i(t) = \varepsilon_i {}_0^RD_t^\beta x_i(t) + x_i(t)$, 其中 $\varepsilon_i > 0$. 不失一般性, 令 $\varepsilon_i = 1$. 根据 R-L 分数阶微积分的性质 (5) 与性质 (7) 和引理 3.6.2, 可以得到

$$
{}_0^RD_t^{q-\beta} s_i(t) = {}_0^RD_t^{q-\beta}({}_0^RD_t^\beta x_i(t) + x_i(t)) = {}_0^RD_t^q x_i(t) + {}_0^RD_t^{q-\beta} x_i(t). \tag{5.79}
$$

系统 (5.79) 可以改写为

$$
\begin{cases}
{}_0^R D_t^{q-\beta} s_i(t) = -a_i s_i(t) - (c_i - a_i) x_i(t) + \sum_{j=1}^{n} b_{ij} f_j(x_j(t)) + \sum_{j=1}^{n} d_{ij} g_j(x_j(t-\tau_j)) \\
\qquad + {}_0^R D_t^{q-\beta} x_i(t) + I_i(t), \\
{}_0^R D_t^{\beta} x_i(t) = -x_i(t) + s_i(t), \quad i = 1,2,\cdots,n, \quad t > 0.
\end{cases}
\tag{5.80}
$$

将系统 (5.76) 作为驱动系统, 响应系统为

$$
{}_0^R D_t^{q} y_i(t) = -a_i {}_0^R D_t^{\beta} y_i(t) - c_i y_i(t) + \sum_{j=1}^{n} b_{ij} f_j(y_j(t)) + \sum_{j=1}^{n} d_{ij} g_j(y_j(t-\tau_j)) + I_i(t) + u_i(t),
\tag{5.81}
$$

其中 $u_i(t)$ 是控制器.

类似地, 作变量替换: $r_i(t) = {}_0^R D_t^{\beta} y_i(t) + y_i(t)$.

系统 (5.81) 可以改写为

$$
\begin{cases}
{}_0^R D_t^{q-\beta} r_i(t) = -a_i r_i(t) - (c_i - a_i) y_i(t) + \sum_{j=1}^{n} b_{ij} f_j(y_j(t)) + \sum_{j=1}^{n} d_{ij} g_j(y_j(t-\tau_j)) \\
\qquad + {}_0^R D_t^{q-\beta} y_i(t) + I_i(t) + u_i(t), \\
{}_0^R D_t^{\beta} y_i(t) = -y_i(t) + r_i(t), \quad i = 1,2,\cdots,n, \quad t > 0.
\end{cases}
\tag{5.82}
$$

由 (5.80) 式和 (5.82) 式可以得到误差系统:

$$
\begin{cases}
{}_0^R D_t^{q-\beta} z_i(t) = {}_0^R D_t^{q-\beta} r_i(t) - {}_0^R D_t^{q-\beta} s_i(t) \\
\qquad = -a_i z_i(t) - (c_i - a_i) e_i(t) + \sum_{j=1}^{n} b_{ij} \Delta f_j + \sum_{j=1}^{n} d_{ij} \Delta g_j \\
\qquad + {}_0^R D_t^{q-\beta} e_i(t) + u_i(t), \\
{}_0^R D_t^{\beta} e_i(t) = -e_i(t) + z_i(t),
\end{cases}
\tag{5.83}
$$

其中 $e_i(t) = y_i(t) - x_i(t), z_i(t) = r_i(t) - s_i(t), \Delta f_j = f_j(y_j(t)) - f_j(x_j(t)), \Delta g_j = g_j(y_j(t-\tau_j)) - g_j(x_j(t-\tau_j))$.

**定理 5.4.2** 假设条件 5.3.1 成立, 设计控制器

$$
u_i(t) = -l_i e_i(t) - k_i z_i(t) - {}_0^R D_t^{q-\beta} e_i(t),
\tag{5.84}
$$

响应系统 (5.82) 将与驱动系统 (5.80) 达成同步, 其中 $l_i$, $k_i$ 待定.

**证明** 选择正定的 Lyapunov 函数:

$$
V_i(t) = \frac{\alpha_i}{2} {}_0^R D_t^{\beta-1} e_i^2(t) + \frac{1}{2} {}_0^R D_t^{q-\beta-1} z_i^2(t) + \int_{t-\tau_i}^{t} m_i e_i^2(s) ds,
\tag{5.85}
$$

其中 $\alpha_i$ 和 $m_i$ 是待定的正常数.

类似定理 5.3.4 的证明, 选择合适的参数 $l_i$, $k_i$, $\alpha_i$, $m_i$ 和 $\lambda$, 其中 $\alpha_i, m_i, \lambda \in R^+$, 使下面的关系成立

$$\begin{cases} \text{(i)} -\alpha_i + m_i + \dfrac{|\alpha_i - c_i + a_i - l_i|}{2} + \sum\limits_{j=1}^{n} \dfrac{|b_{ji} L_i|}{2} \leqslant -\lambda, \\ \text{(ii)} -a_i - k_i + \dfrac{|\alpha_i - c_i + a_i - l_i|}{2} + \sum\limits_{j=1}^{n} \dfrac{|b_{ij} L_j| + |d_{ij} K_j|}{2} \leqslant -\lambda, \\ \text{(iii)} \sum\limits_{j=1}^{n} \dfrac{|d_{ji} K_i|}{2} - m_i \leqslant 0. \end{cases}$$

进一步可得

$$\dot{V}_i(t) \leqslant -\lambda(e_i^2(t) + z_i^2(t)) \leqslant 0.$$

这意味着在控制器 (5.83) 的作用下, 驱动系统 (5.80) 可以与响应系统 (5.82) 达成全局渐近同步. 定理得证.

**例 5.4.3** 考虑 R-L 型时滞分数阶惯性神经网络:

$$\begin{cases} {}_0^R D_t^q x_1(t) = -a_1 {}_0^R D_t^\beta x_1(t) - c_1 x_1(t) + \sum\limits_{j=1}^{2} b_{1j} f_j(x_j(t)) \\ \qquad\qquad + \sum\limits_{j=1}^{2} d_{1j} g_j(x_j(t-\tau_j)) + I_1(t), \\ {}_0^R D_t^q x_2(t) = -a_2 {}_0^R D_t^\beta x_2(t) - c_2 x_2(t) + \sum\limits_{j=1}^{2} b_{2j} f_j(x_j(t)) \\ \qquad\qquad + \sum\limits_{j=1}^{2} d_{2j} g_j(x_j(t-\tau_j)) + I_2(t), \end{cases} \tag{5.86}$$

其中 $q = 1.7, \beta = 0.7$ 和 $\tau_1 = \tau_2 = 3$, $a_1 = 1.1, a_2 = 0.8$, $c_1 = 1, c_2 = 1.7$, $b_{11} = 3$, $b_{12} = 3$, $b_{21} = -0.9$, $b_{22} = -0.9$, $d_{11} = 3$, $d_{12} = -1$, $d_{21} = 1$, $d_{22} = 2$, $I_1 = I_2 = 0$. 激励函数 $f_j(\cdot) = \tanh(\cdot)$ 和 $g_j(\cdot) = \sin(\cdot)$ 的 Lipschitz 常数分别是 $L_j = 1$ 和 $K_j = 1$.

系统 (5.86) 的初始条件为 $x_1(t) = 1.1$, $x_2(t) = -0.3$, $s_1(t) = 0.4$, $s_2(t) = 0.7$, $t \in [-3, 0]$. 计算可得, 最大 Lyapunov 指数为 $L_{\max} = 0.0552 > 0$, 系统 (5.86) 有混沌吸引子, 如图 5.29 所示.

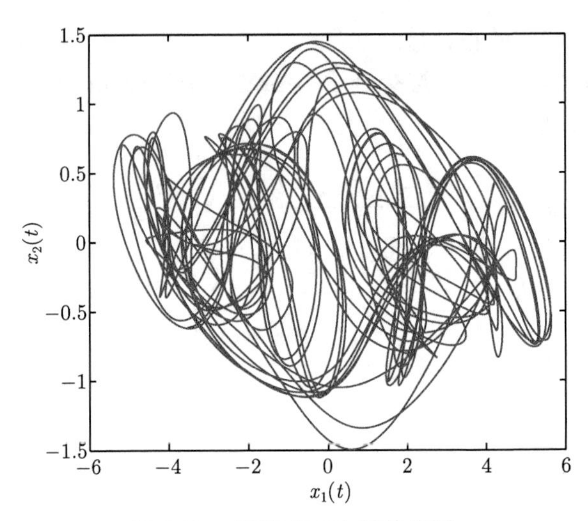


图 5.29　系统 (5.86) 的轨迹图

对应的响应系统为

$$\begin{cases} {}_0^RD_t^q y_1(t) = -a_1 {}_0^RD_t^\beta y_1(t) - c_1y_1(t) + \sum_{j=1}^{2} b_{1j}f_j(y_j(t)) \\ \qquad + \sum_{j=1}^{2} d_{1j}g_j(y_j(t-\tau_j)) + u_1(t), \\ {}_0^RD_t^q y_2(t) = -a_2 {}_0^RD_t^\beta y_2(t) - c_2y_2(t) + \sum_{j=1}^{2} b_{2j}f_j(y_j(t)) \\ \qquad + \sum_{j=1}^{2} d_{2j}g_j(y_j(t-\tau_j)) + u_2(t). \end{cases} \tag{5.87}$$

系统 (5.87) 的参数与系统 (5.86) 相同, 初始条件为 $y_1(t) = -1.1$, $y_2(t) = 1.0$, $r_1(t) = 1.1$, $r_2(t) = -1.2$, $t \in [-3, 0]$.

根据定理 5.4.2, 设计如下控制器:

$$u_i(t) = -l_ie_i(t) - k_iz_i(t) - {}_0^RD_t^{q-\beta}e_i(t),$$

参数取值为 $m_1 = 2$, $m_2 = 1.5$, $\alpha_1 = 6$, $\alpha_2 = 5$, $l_1 = 4$, $l_2 = 4$, $k_1 = 6$, $k_2 = 2$ 和 $\lambda = 0.3$, 驱动系统 (5.86) 和响应系统 (5.87) 可以实现全局渐近同步. 驱动系统 (5.86) 和响应系统 (5.87) 的时间历程图和误差图分别如图 5.30 和图 5.31 所示.

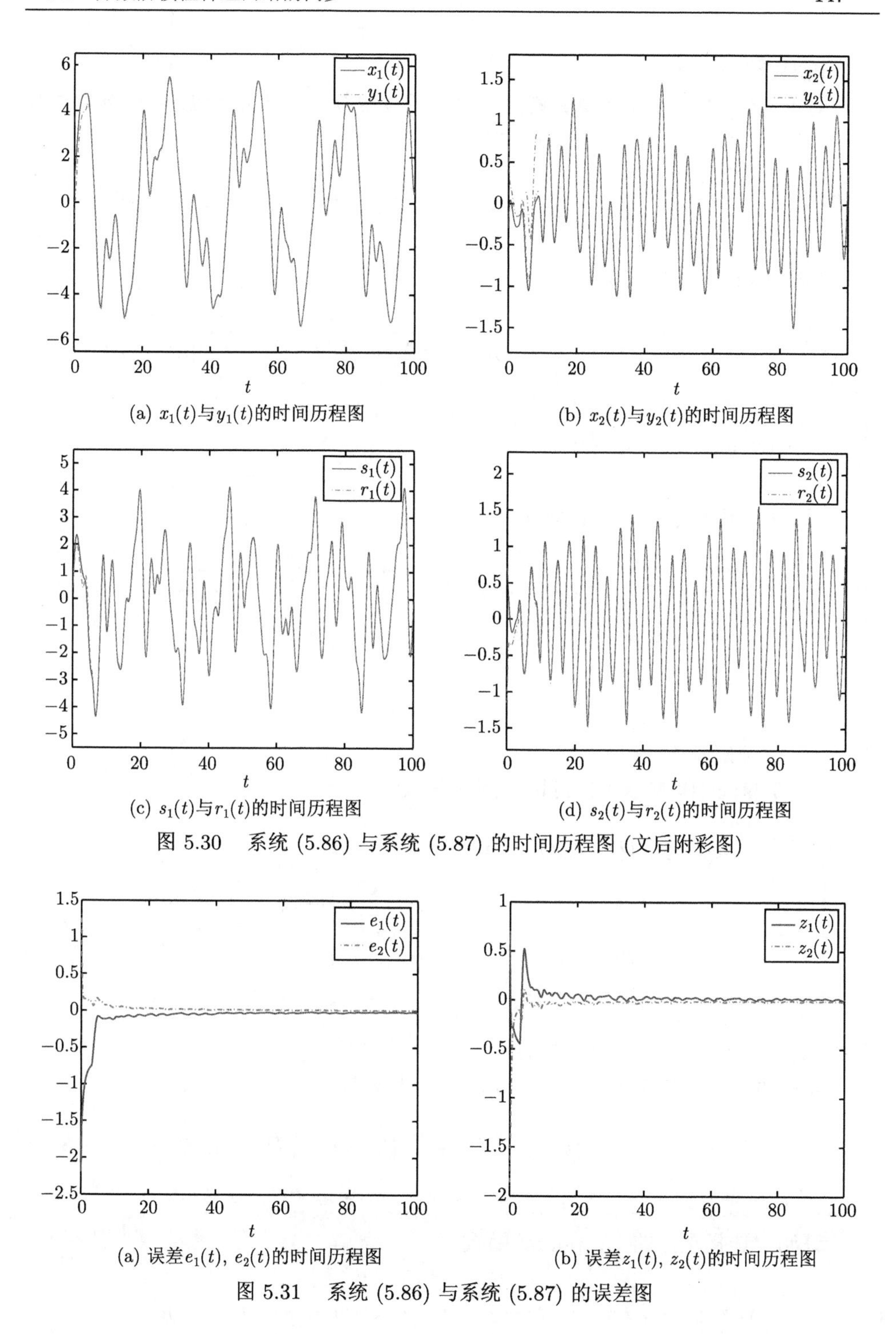


(a) $x_1(t)$与$y_1(t)$的时间历程图

(b) $x_2(t)$与$y_2(t)$的时间历程图

(c) $s_1(t)$与$r_1(t)$的时间历程图

(d) $s_2(t)$与$r_2(t)$的时间历程图

图 5.30 系统 (5.86) 与系统 (5.87) 的时间历程图 (文后附彩图)

(a) 误差$e_1(t)$, $e_2(t)$的时间历程图

(b) 误差$z_1(t)$, $z_2(t)$的时间历程图

图 5.31 系统 (5.86) 与系统 (5.87) 的误差图

**情况 2**　$\beta=1, 1<q<2.$

对于系统 (5.76), 作变量替换: $s_i(t)={}_0^RD_t^1x_i(t)+x_i(t)$. 根据 R-L 分数阶微积分的性质 (5) 和性质 (7), 可以得到

$$ {}_0^RD_t^{q-1}s_i(t)={}_0^RD_t^{q-1}({}_0^RD_t^1x_i(t)+x_i(t))={}_0^RD_t^qx_i(t)-{}_0^RD_t^qx_i(0)+{}_0^RD_t^{q-1}x_i(t). \tag{5.88} $$

系统 (5.88) 可以写为

$$ \begin{cases} {}_0^RD_t^{q-1}s_i(t)=-a_is_i(t)-(c_i-a_i)x_i(t)+\sum_{j=1}^n b_{ij}f_j(x_j(t))+\sum_{j=1}^n d_{ij}g_j(x_j(t-\tau_j)) \\ \qquad -{}_0^RD_t^qx_i(0)+{}_0^RD_t^{q-1}x_i(t)+I_i(t), \\ {}_0^RD_t^1x_i(t)=-x_i(t)+s_i(t). \end{cases} \tag{5.89} $$

类似地, 系统 (5.81) 可以表示为

$$ \begin{cases} {}_0^RD_t^{q-1}r_i(t)=-a_ir_i(t)-(c_i-a_i)y_i(t)+\sum_{j=1}^n b_{ij}f_j(y_j(t))+\sum_{j=1}^n d_{ij}g_j(y_j(t-\tau_j)) \\ \qquad +{}_0^RD_t^qy_i(0)+{}_0^RD_t^{q-1}y_i(t)+I_i(t)+u_i(t), \\ {}_0^RD_t^1y_i(t)=-y_i(t)+r_i(t), \end{cases} \tag{5.90} $$

其中 $u_i(t)$ 是控制器.

由 (5.89) 式和 (5.90) 式可以得到误差系统:

$$ \begin{cases} {}_0^RD_t^{q-1}z_i(t)={}_0^RD_t^{q-1}r_i(t)-{}_0^RD_t^{q-1}s_i(t) \\ \qquad =-a_iz_i(t)-(c_i-a_i)e_i(t)+\sum_{j=1}^n b_{ij}\Delta f_j+\sum_{j=1}^n d_{ij}\Delta g_j \\ \qquad -{}_0^RD_t^qe_i(0)+{}_0^RD_t^{q-1}e_i(t)+u_i(t), \\ {}_0^RD_t^1e_i(t)=-e_i(t)+z_i(t), \end{cases} \tag{5.91} $$

其中 $e_i(t), z_i(t), \Delta f_j, \Delta g_j$ 与 (5.83) 相同.

**定理 5.4.4**　假设条件 5.3.1 成立, 设计控制器

$$ u_i(t)=-l_ie_i(t)-k_iz_i(t)+{}_0^RD_t^qe_i(0)-{}_0^RD_t^{q-1}e_i(t), \tag{5.92} $$

响应系统 (5.90) 将与驱动系统 (5.89) 达成同步, 其中 $l_i$, $k_i$ 待定.

**证明**　选择正定的 Lyapunov 函数

$$ V_i(t)=\frac{\alpha_i}{2}{}_0^RD_t^{\beta-1}e_i^2(t)+\frac{1}{2}{}_0^RD_t^{q-\beta-1}z_i^2(t)+\int_{t-\tau_i}^t m_ie_i^2(s)ds, $$

其中 $\alpha_i$ 和 $m_i$ 是待定的正常数.

类似定理 5.3.4, 选择合适的常数 $l_i$, $k_i$, $\alpha_i$, $m_i$ 和 $\lambda$, 其中 $\alpha_i$, $m_i$ 和 $\lambda$ 都是正数, 满足以下关系

$$\begin{cases} \text{(i)} -\alpha_i + m_i + \dfrac{|\alpha_i - c_i + a_i - l_i|}{2} + \displaystyle\sum_{j=1}^{n} \dfrac{|b_{ji} L_i|}{2} \leqslant -\lambda, \\ \text{(ii)} -a_i - k_i + \dfrac{|\alpha_i - c_i + a_i - l_i|}{2} + \displaystyle\sum_{j=1}^{n} \dfrac{|b_{ij} L_j| + |d_{ij} K_j|}{2} \leqslant -\lambda, \\ \text{(iii)} \displaystyle\sum_{j=1}^{n} \dfrac{|d_{ji} K_i|}{2} - m_i \leqslant 0. \end{cases}$$

响应系统 (5.90) 将会与驱动系统 (5.89) 达成完全同步. 定理得证.

**情况 3** $0 < \beta \leqslant 1, q = 2\beta$.

对于如下的 R-L 型时滞分数阶惯性神经网络:

$$\begin{aligned} {}_0^R D_t^{2\beta} x_i(t) =& -a_i {}_0^R D_t^{\beta} x_i(t) - c_i x_i(t) + \sum_{j=1}^{n} b_{ij} f_j(x_j(t)) \\ &+ \sum_{j=1}^{n} d_{ij} g_j(x_j(t-\tau_j)) + I_i(t). \end{aligned} \tag{5.93}$$

作变量替换: $s_i(t) = {}_0^R D_t^{\beta} x_i(t) + x_i(t)$, 系统 (5.93) 可以表示为

$$\begin{cases} {}_0^R D_t^{\beta} s_i(t) = -(a_i - 1) s_i(t) - (c_i - a_i + 1) x_i(t) + \displaystyle\sum_{j=1}^{n} b_{ij} f_j(x_j(t)) \\ \qquad\qquad + \displaystyle\sum_{j=1}^{n} d_{ij} g_j(x_j(t-\tau_j)) + I_i(t), \\ {}_0^R D_t^{\beta} x_i(t) = -x_i(t) + s_i(t). \end{cases} \tag{5.94}$$

类似地, 响应系统可以表示为

$$\begin{aligned} {}_0^R D_t^{2\beta} y_i(t) =& -a_i {}_0^R D_t^{\beta} y_i(t) - c_i y_i(t) + \sum_{j=1}^{n} b_{ij} f_j(y_j(t)) \\ &+ \sum_{j=1}^{n} d_{ij} g_j(y_j(t-\tau_j)) + I_i(t) + u_i(t), \end{aligned} \tag{5.95}$$

其中 $u_i(t)$ 是控制器.

作变量替换: $r_i(t) = {}_0^R D_t^{\beta} y_i(t) + y_i(t)$, 系统 (5.95) 可以改写为

$$\begin{cases} {}_0^RD_t^{\beta}r_i(t) = -(a_i-1)r_i(t)-(c_i-a_i+1)y_i(t)+\sum_{j=1}^{n}b_{ij}f_j(y_j(t)) \\ \qquad +\sum_{j=1}^{n}d_{ij}g_j(y_j(t-\tau_j))+I_i(t)+u_i(t), \\ {}_0^RD_t^{\beta}y_i(t) = -y_i(t)+r_i(t). \end{cases} \tag{5.96}$$

根据 (5.94) 与 (5.96) 得到误差系统为

$$\begin{cases} {}_0^RD_t^{\beta}z_i(t) = -(a_i-1)z_i(t)-(c_i-a_i+1)e_i(t)+\sum_{j=1}^{n}b_{ij}\Delta f_j \\ \qquad +\sum_{j=1}^{n}d_{ij}\Delta g_j+u_i(t), \\ {}_0^RD_t^{\beta}e_i(t) = -e_i(t)+z_i(t), \end{cases} \tag{5.97}$$

其中 $e_i(t), z_i(t), \Delta f_j, \Delta g_j$ 与 (5.83) 相同.

**定理 5.4.5**　假设条件 5.3.1 成立, 设计误差反馈控制器

$$u_i(t) = -l_ie_i(t)-k_iz_i(t), \tag{5.98}$$

响应系统 (5.95) 将与驱动系统 (5.93) 达成完全同步, 其中 $l_i$, $k_i$ 待定.

**证明**　选择正定的 Lyapunov 函数

$$V_i(t) = \frac{\alpha_i}{2}{}_0^RD_t^{\beta-1}e_i^2(t)+\frac{1}{2}{}_0^RD_t^{q-\beta-1}z_i^2(t)+\int_{t-\tau_i}^{t}m_ie_i^2(s)ds,$$

其中 $\alpha_i$ 和 $m_i$ 是待定的正常数.

类似定理 5.3.4, 选择合适的参数 $l_i$, $k_i$, $\alpha_i$, $m_i$ 和 $\lambda$, 其中 $\alpha_i$, $m_i$ 和 $\lambda$ 是正数, 满足以下关系:

$$\begin{cases} \text{(i)}\ -\alpha_i+m_i+\dfrac{|\alpha_i-c_i+a_i-l_i-1|}{2}+\sum_{j=1}^{n}\dfrac{|b_{ji}L_i|}{2} \leqslant -\lambda, \\ \text{(ii)}\ -a_i-k_i+1+\dfrac{|\alpha_i-c_i+a_i-l_i-1|}{2}+\sum_{j=1}^{n}\dfrac{|b_{ij}L_j|+|d_{ij}G_j|}{2} \leqslant -\lambda, \\ \text{(iii)}\ \sum_{j=1}^{n}\dfrac{|d_{ji}K_i|}{2}-m_i \leqslant 0. \end{cases}$$

驱动系统 (5.93) 将与响应系统 (5.95) 达成完全同步. 定理得证.

**例 5.4.6** 考虑 R-L 型时滞分数阶惯性神经网络:

$$\begin{cases} {}_0^RD_t^{2\beta}x_1(t) = -a_1{}_0^RD_t^{\beta}x_1(t) - c_1x_1(t) + \sum\limits_{j=1}^{3} b_{1j}f_j(x_j(t)) \\ \qquad + \sum\limits_{j=1}^{3} d_{1j}g_j(x_j(t-\tau_j)) + I_1(t), \\ {}_0^RD_t^{2\beta}x_2(t) = -a_2{}_0^RD_t^{\beta}x_2(t) - c_2x_2(t) + \sum\limits_{j=1}^{3} b_{2j}f_j(x_j(t)) \\ \qquad + \sum\limits_{j=1}^{3} d_{2j}g_j(x_j(t-\tau_j)) + I_2(t), \\ {}_0^RD_t^{2\beta}x_3(t) = -a_3{}_0^RD_t^{\beta}x_3(t) - c_3x_3(t) + \sum\limits_{j=1}^{3} b_{3j}f_j(x_j(t)) \\ \qquad + \sum\limits_{j=1}^{3} d_{3j}g_j(x_j(t-\tau_j)) + I_3(t), \end{cases} \tag{5.99}$$

其中 $\beta = 0.91$, $a_1 = 2$, $a_2 = 3.8$, $a_3 = 2.1$, $c_1 = 2$, $c_2 = 3.9$, $c_3 = 2.7$, $\tau_1 = \tau_2 = \tau_3 = 3$, $I_1(t) = I_2(t) = I_3(t) = 0$,

$$B = \begin{pmatrix} b_{11} & b_{12} & b_{13} \\ b_{21} & b_{22} & b_{23} \\ b_{31} & b_{32} & b_{33} \end{pmatrix} = \begin{pmatrix} 11 & -2.5 & 4.2 \\ 3.9 & 3 & -3.2 \\ -6.1 & 8 & 3.3 \end{pmatrix},$$

$$D = \begin{pmatrix} d_{11} & d_{12} & d_{13} \\ d_{21} & d_{22} & d_{23} \\ d_{31} & d_{32} & d_{33} \end{pmatrix} = \begin{pmatrix} 3 & -1 & 2 \\ -1 & 3 & -3.9 \\ 8 & -2 & 12 \end{pmatrix}.$$

激励函数 $f_j(\cdot) = \tanh(\cdot)$ 和 $g_j(\cdot) = \sin(\cdot)$ 的 Lipschitz 常数分别为 $L_j = 1$ 和 $K_j = 1$.

系统 (5.99) 的初始条件为 $x_1(t) = 1.1$, $x_2(t) = -1.3$, $x_3(t) = 1$, $s_1(t) = -0.8$, $s_2(t) = 0.9$, $s_3(t) = -1.9$, $t \in [-3, 0]$. 经计算, 系统 (5.99) 的最大 Lyapunov 指数 $L_{\max} = 0.0129 > 0$, 系统 (5.99) 有混沌吸引子, 如图 5.32 所示.

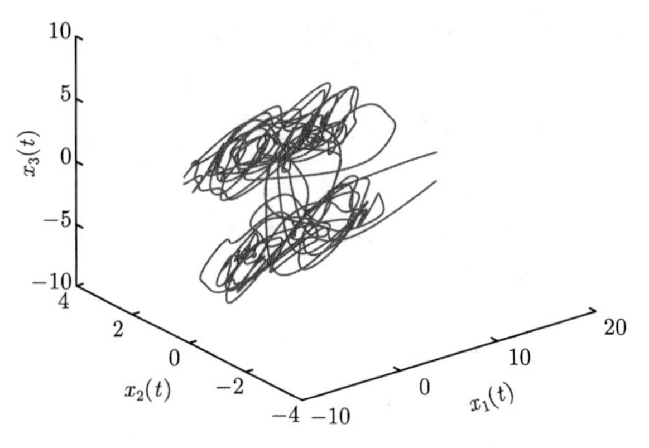


图 5.32　系统 (5.99) 的轨迹图

类似地, 响应系统为

$$
\begin{cases}
{}_0^R D_t^{2\beta} y_1(t) = -a_1 {}_0^R D_t^{\beta} y_1(t) - c_1 y_1(t) + \sum_{j=1}^{3} b_{1j} f_j(y_j(t)) \\
\qquad + \sum_{j=1}^{3} d_{1j} g_j(y_j(t-\tau_j)) + u_1(t), \\
{}_0^R D_t^{2\beta} y_2(t) = -a_2 {}_0^R D_t^{\beta} y_2(t) - c_2 y_2(t) + \sum_{j=1}^{3} b_{2j} f_j(y_j(t)) \\
\qquad + \sum_{j=1}^{3} d_{2j} g_j(y_j(t-\tau_j)) + u_2(t), \\
{}_0^R D_t^{2\beta} y_3(t) = -a_3 {}_0^R D_t^{\beta} y_3(t) - c_3 y_3(t) + \sum_{j=1}^{3} b_{3j} f_j(y_j(t)) \\
\qquad + \sum_{j=1}^{3} d_{3j} g_j(y_j(t-\tau_j)) + u_3(t),
\end{cases}
\tag{5.100}
$$

系统 (5.100) 的参数与系统 (5.99) 相同, 初始条件取为 $y_1(t) = 2.1$, $y_2(t) = -2.3$, $y_3(t) = 2$, $r_1(t) = 0.4$, $r_2(t) = 1.7$, $r_3(t) = -0.9$, $t \in [-3, 0]$.

根据定理 5.4.5, 设计控制器:

$$
u_i(t) = -l_i e_i(t) - k_i z_i(t),
$$

参数取值为 $m_1 = 6$, $m_2 = 3$, $m_3 = 9$, $\alpha_1 = 17$, $\alpha_2 = 11$, $\alpha_3 = 15$, $l_1 = 18$, $l_2 = 11.9$, $l_3 = 15.4$, $k_1 = 12$, $k_2 = 7$, $k_3 = 20$ 和 $\lambda = 0.5$, 则驱动系统 (5.99) 和响应系统 (5.100) 能够达成全局渐近同步. 驱动系统 (5.99) 和响应系统 (5.100) 的时间历程图和误差图分别如图 5.33 和图 5.34 所示.

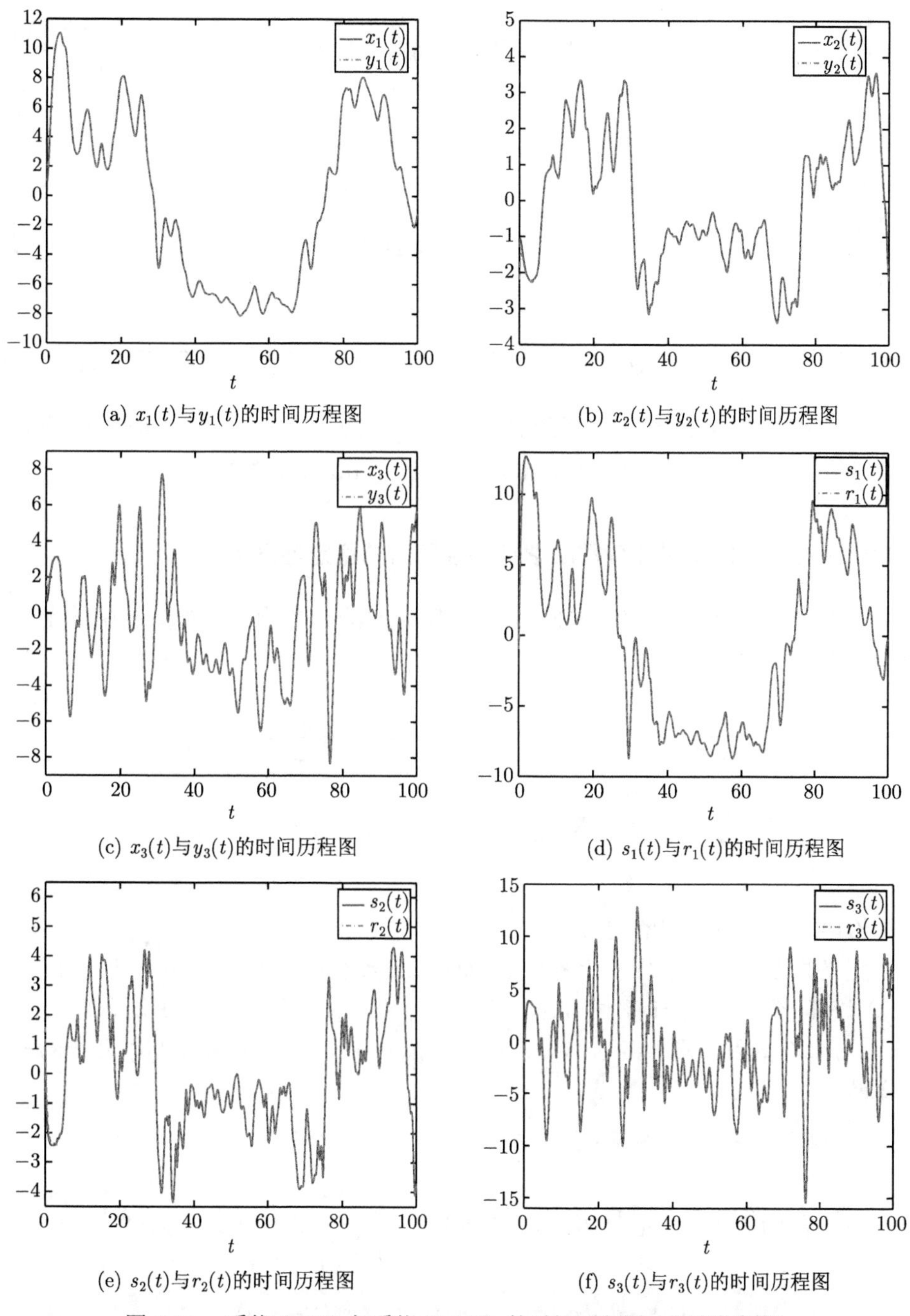


(a) $x_1(t)$与$y_1(t)$的时间历程图

(b) $x_2(t)$与$y_2(t)$的时间历程图

(c) $x_3(t)$与$y_3(t)$的时间历程图

(d) $s_1(t)$与$r_1(t)$的时间历程图

(e) $s_2(t)$与$r_2(t)$的时间历程图

(f) $s_3(t)$与$r_3(t)$的时间历程图

图 5.33 系统 (5.99) 与系统 (5.100) 的时间历程图 (文后附彩图)

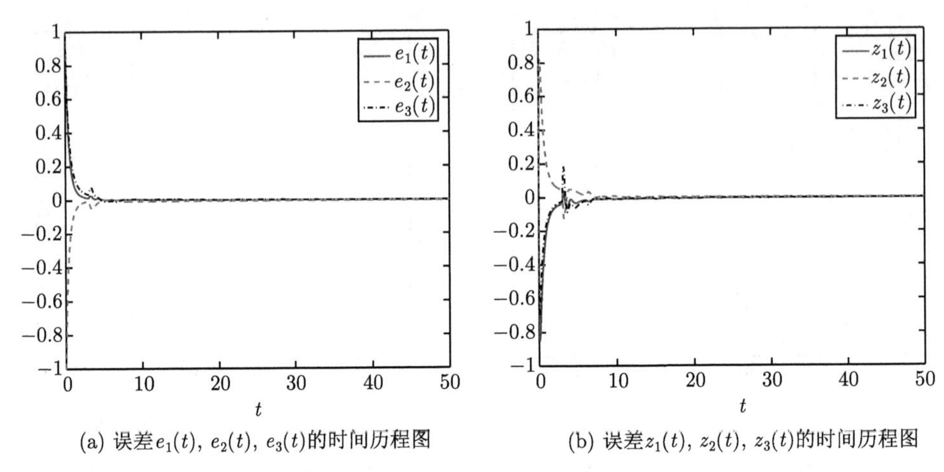


(a) 误差$e_1(t)$, $e_2(t)$, $e_3(t)$的时间历程图　　(b) 误差$z_1(t)$, $z_2(t)$, $z_3(t)$的时间历程图

图 5.34　系统 (5.99) 与系统 (5.100) 的误差图

### 5.4.2　一类 R-L 型时滞分数阶惯性神经网络的稳定性分析

本节讨论一类由 (5.93) 式描述的 R-L 型时滞分数阶惯性神经网络的全局一致稳定性.

$$
\begin{aligned}
{}_0^R D_t^{2\beta} x_i(t) = & -a_i {}_0^R D_t^{\beta} x_i(t) - c_i x_i(t) + \sum_{j=1}^{n} b_{ij} f_j(x_j(t)) \\
& + \sum_{j=1}^{n} d_{ij} g_j(x_j(t-\tau_j)) + I_i(t), \quad t > 0.
\end{aligned}
$$

首先给出全局一致稳定的定义.

**定义 5.4.7**　令 $x_i(t)$ 表示系统 (5.93) 在初始条件 $x_i(s) = \varphi_i(s)$, ${}_0^R D_t^{\beta} x_i(s) = \psi_i(s)$ 的解, 令 $\hat{x}_i(t)$ 表示系统 (5.93) 在初始条件 $\hat{x}_i(s) = \hat{\varphi}_i(s)$, ${}_0^R D_t^{\beta} \hat{x}(s) = \hat{\psi}_i(s)$, $-\tau_i \leqslant s \leqslant 0$ 的解. 若 $t \to \infty$ 时, $\hat{x}_i(t) - x_i(t) \to 0$, 则称系统 (5.93) 是全局一致稳定的.

令 $w_i(t) = \hat{x}_i(t) - x_i(t)$, 则

$$
\begin{aligned}
{}_0^R D_t^{2\beta} w_i(t) = & -a_i {}_0^R D_t^{\beta} w_i(t) - c_i w_i(t) + \sum_{j=1}^{n} b_{ij} (f_j(\hat{x}_j(t)) - f_j(x_j(t))) \\
& + \sum_{j=1}^{n} d_{ij} (g_j(\hat{x}_j(t-\tau_j)) - g_j(x_j(t-\tau_j))). \qquad (5.101)
\end{aligned}
$$

作变量替换 $v_i(t) = {}_0^R D_t^{\beta} w_i(t) + w_i(t)$, 则系统 (5.101) 可以改写为

$$\begin{cases} {}_0^RD_t^{\beta}v_i(t) = -(a_i-1)v_i(t)-(c_i-a_i+1)w_i(t)+\sum_{j=1}^{n}b_{ij}(f_j(\hat{x}_j(t))-f_j(x_j(t))) \\ \qquad +\sum_{j=1}^{n}d_{ij}(g_j(\hat{x}_j(t-\tau_j))-g_j(x_j(t-\tau_j))) \\ {}_0^RD_t^{\beta}w_i(t) = -w_i(t)+v_i(t). \end{cases} \tag{5.102}$$

**定理 5.4.8** 如果存在合适的正数 $m_i$, $\alpha_i$ 和 $\lambda$, 满足以下关系:

$$\begin{cases} \text{(i)} -\alpha_i+m_i+\dfrac{|\alpha_i-c_i+a_i-1|}{2}+\sum_{j=1}^{n}\dfrac{|b_{ji}L_i|}{2}\leqslant -\lambda, \\ \text{(ii)} -a_i+1+\dfrac{|\alpha_i-c_i+a_i-1|}{2}+\sum_{j=1}^{n}\dfrac{|b_{ij}L_j|+|d_{ij}K_j|}{2}\leqslant -\lambda, \\ \text{(iii)} \sum_{j=1}^{n}\dfrac{|d_{ji}K_i|}{2}-m_i\leqslant 0. \end{cases}$$

则系统 (5.93) 是全局一致稳定的.

**证明** 选择正定的 Lyapunov 函数:

$$V_i(t)=\frac{\alpha_i}{2}{}_0^RD_t^{\beta-1}w_i^2(t)+\frac{1}{2}{}_0^RD_t^{\beta-1}v_i^2(t)+\int_{t-\tau_i}^{t}m_iw_i^2(s)ds, \tag{5.103}$$

其中 $\alpha_i$ 和 $m_i$ 是待定正常数.

类似定理 5.3.4 可证.

**例 5.4.9** 考虑 R-L 型时滞分数阶惯性神经网络:

$$\begin{cases} {}_0^RD_t^{2\beta}x_1(t) = -a_1{}_0^RD_t^{\beta}x_1(t)-c_1x_1(t)+\sum_{j=1}^{3}b_{1j}f_j(x_j(t)) \\ \qquad +\sum_{j=1}^{3}d_{1j}g_j(x_j(t-\tau_j))+I_1(t), \\ {}_0^RD_t^{2\beta}x_2(t) = -a_2{}_0^RD_t^{\beta}x_2(t)-c_2x_2(t)+\sum_{j=1}^{3}b_{2j}f_j(x_j(t)) \\ \qquad +\sum_{j=1}^{3}d_{2j}g_j(x_j(t-\tau_j))+I_2(t), \\ {}_0^RD_t^{2\beta}x_3(t) = -a_3{}_0^RD_t^{\beta}x_3(t)-c_3x_3(t)+\sum_{j=1}^{3}b_{3j}f_j(x_j(t)) \\ \qquad +\sum_{j=1}^{3}d_{3j}g_j(x_j(t-\tau_j))+I_3(t), \end{cases} \tag{5.104}$$

其中 $\beta=0.95$, $\tau_1=\tau_2=\tau_3=2$,$a_1=5.5$, $a_2=6$, $a_3=7$,$c_1=12$, $c_2=12$, $c_3=14$,

$$B=\begin{pmatrix} b_{11} & b_{12} & b_{13} \\ b_{21} & b_{22} & b_{23} \\ b_{31} & b_{32} & b_{33} \end{pmatrix}=\begin{pmatrix} 1 & -1.5 & -2 \\ -1.5 & 2 & -0.5 \\ -2 & 0.5 & -1 \end{pmatrix},$$

$$D=\begin{pmatrix} d_{11} & d_{12} & d_{13} \\ d_{21} & d_{22} & d_{23} \\ d_{31} & d_{32} & d_{33} \end{pmatrix}=\begin{pmatrix} 1 & -0.2 & 0.3 \\ -1 & 0.4 & -0.6 \\ -1 & -0.6 & 0.9 \end{pmatrix}.$$

激励函数 $f_j(\cdot)=\tanh(\cdot)$ 和 $g_j(\cdot)=\sin(\cdot)$ 的 Lipschitz 常数为 $L_j=1$ 和 $K_j=1$. 参数 $\alpha_1=7.5$, $\alpha_2=7$, $\alpha_3=8$, $m_1=1.5$, $m_2=0.6$, $m_3=0.9$ 和 $\lambda=1$, 满足定理 5.4.8 的条件, 则 R-L 型时滞分数阶惯性神经网络 (5.104) 全局一致稳定. 图 5.35 揭示了, 当外部输入为 $I_1=2.5$, $I_2=0.8$, $I_3=-3$ 和 $I_1(t)=-3.1\sin(0.02t)+5$, $I_2(t)=2.5\sin(0.02t)$, $I_3(t)=-3.5\cos(0.02t)-2$ 时, 系统 (5.104) 在不同初始条件下的轨迹趋于一致.

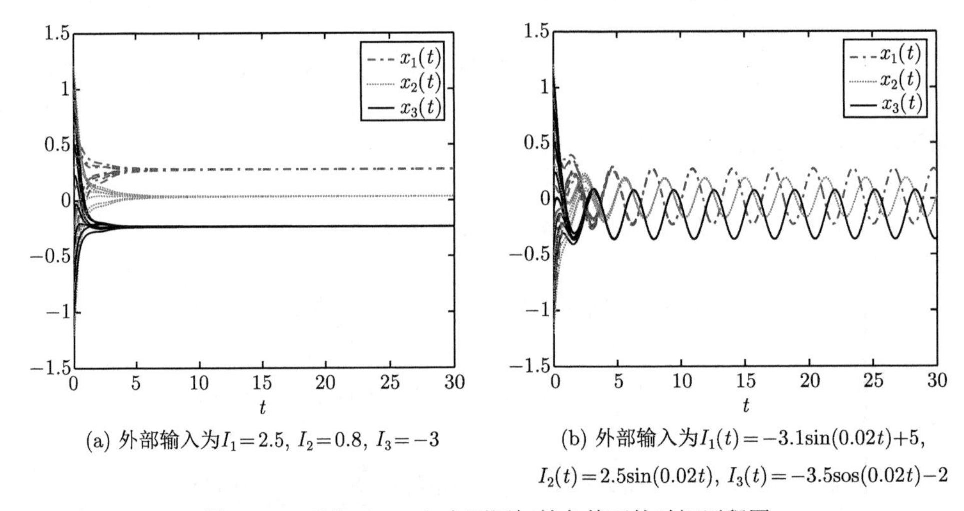


(a) 外部输入为$I_1=2.5$, $I_2=0.8$, $I_3=-3$　　(b) 外部输入为$I_1(t)=-3.1\sin(0.02t)+5$, $I_2(t)=2.5\sin(0.02t)$, $I_3(t)=-3.5\mathrm{sos}(0.02t)-2$

图 5.35　系统 (5.104) 在不同初始条件下的时间历程图

## 5.5 本章小结

本章主要研究分数阶神经网络的同步问题, 首先, 将前面所提出的理论结果应用于分数阶神经网络的同步问题中, 包括完全同步、延迟同步、反向同步、射影同步、广义同步. 通过针对性的控制器设计, 实现分数阶混沌神经网络不同类型的同步问题. 包括实现分数阶神经网络完全同步的线性反馈控制、带有有界扰动网络准同步的线性反馈控制、带有有界扰动网络鲁棒同步的鲁棒控制, 以及分数阶神经网络广义同步的线性矩阵不等式控制条件. 利用得到的分数阶神经网络相关动力学结论, 通过不同系统、不同同步类型间的比较和分析, 提出一套成熟的理论依据和控制方法, 从而应用并实现实际的同步问题. 对于不同类型的同步问题设计相应的控制器, 并从理论和实验两方面进行验证.

其次, 虽然分数阶神经网络的研究已经取得了非常多的成果. 但是, 这些研究都是假定系统的参数已知, 而实际情况中, 参数是不可能确切知道的, 这些不确定因素将会影响神经网络的建模, 甚至破坏系统的同步. 因此, 研究参数未知的分数阶神经网络, 在理论研究与实际应用中都具有非常重要的意义. 目前, 研究参数未知的分数阶神经网络, 主要有两种方法: 一种方法是基于人工智能算法的优化方法, 把未知参数看作独立变量, 再通过函数极值模型, 把参数估计转化成函数优化问题; 另一种方法是基于混沌系统的同步方法, 也就是本章使用的方法, 根据不同的系统, 设计有效的控制器与参数更新律, 实现驱动系统和响应系统的同步, 同时可以准确地估计神经网络的未知参数.

再次, 本章重点研究了带有不同时间尺度的 R-L 型分数阶竞争神经网络的同步问题, 考虑了分数阶不相容及时滞的影响. 考虑到 STM 与 LTM 的不同记忆特性, 首先, 给出了不相容的 R-L 型分数阶竞争神经网络模型, 比已有的整数阶模型及相容的分数阶模型更符合实际. 其次, 根据 R-L 分数阶微积分的性质, 构造了含有 R-L 积分项的 Lyapunov 函数, 得到了参数已知的不相容的 R-L 型分数阶竞争神经网络的同步的充分条件. 进一步地, 研究了参数未知的不相容的 R-L 型分数阶竞争神经网络的同步问题. 最后, 根据混沌掩蔽法, 将分数阶竞争神经网络的混沌同步应用于安全通信领域.

最后, 将惯性项引入 R-L 型分数阶神经网络, 给出了 R-L 型分数阶惯性神经网络模型, 以及其对应的动力学方程, 它包含系统状态的两个不同的分数阶导数项. 进一步地, 根据 R-L 分数阶微积分的性质, 进行恰当的变量替换, 将 R-L 型分数阶惯性神经网络模型转化成一般的分数阶神经网络, 进而得到了 R-L 型分数阶惯性神经网络的稳定条件及同步条件.

# 第 6 章　时滞分数阶神经网络的稳定性分析

时滞是物理系统的固有特性, 经常被用来描述在理想状态下工业传送过程中的滞后现象与惯性作用导致的滞后现象. 在各种各样的控制系统中, 时滞现象是普遍存在的. 比如, 在自动控制、经济效应、气液体管道传输、网络信号传输、各种化工生产过程以及加热温度控制等实际控制应用中都存在时滞现象[159-166]. 此外, 时滞系统已被大量用于描述传播、传输现象或人口动态模型等方面. 在经济系统中, 时滞以一种自然的方式通过一些时间区间出现在一些经济领域中, 如投资政策、商品市场演变等. 在信息或神经网络模型中, 在一条信息或信号传输的初始或结束时, 它总是伴随着一些非零的时间区间. 时滞神经网络是时滞大系统的一个重要组成部分, 具有十分丰富的动力学属性. 鉴于它在信号处理、动态图像处理以及全局优化等问题中的重要应用, 近年来时滞神经网络的动力学问题引起了学术界的广泛关注, 因此, 研究时滞分数阶神经网络是非常必要和具有实际意义的.

众所周知, 建立适当神经元网络, 协调的连接是至关重要的. 理论上, 高度和长远连接的神经元被称为“中心神经元”, 它是编排网络同步性的最有效的方式[167]. 在无标度网络中一些节点被称为“枢纽”. 它比其他节点有更多的连接, 且整个网络为幂律分布地连接到一个节点 (中心)[168,169]. 中心结构的存在是一种常见的特性, 在定义无标度网络的连通性和描述它们的动力学行为中发挥着根本性作用[170]. 此外, 各种各样的神经结构中都发现了环结构, 例如, 脑的海马体, 小脑, 皮层, 甚至在化学和电气工程中也有环结构的存在[115,171]. 事实上, 真正的皮层连接模式是非常稀少的, 大多数细胞与附近细胞之间的连接比较紧密, 而与远程的细胞连接变得越来越罕见. 环结构的神经网络模型刻画了这种连接结构, 因此通过研究环状神经网络可以洞察复杂网络的动力学行为[171]. 因此, 中心和环结构是常见和基本的神经网络. 通过研究这些简化连接结构, 研究人员可以洞察复杂网络的机制, 这将有助于研究更复杂的神经网络. 关于整数阶的中心和环结构神经网络已经有很多成果[172-176], 但分数阶中心和环结构神经网络的研究成果比较少, Kaslik 讨论了分数阶中心和环结构神经网络的稳定性、分岔及混沌[115], 但是没有考虑时滞作用.

本章主要研究了时滞分数阶 Hopfield 神经网络系统的稳定性, 包括时滞分数阶神经网络系统的稳定性、环结构和中心结构的时滞分数阶神经网络的稳定性, 并讨论了时滞分数阶神经网络的全局一致和一致渐近稳定性.

## 6.1 时滞分数阶神经网络的稳定性理论

本节考虑时滞分数阶 Hopfield 神经网络, Hopfield 神经网络是模仿生物神经元及其网络的主要特性, 利用模拟电路构造的一种动态神经网络, 其数学描述为

$$\begin{aligned}{}^{C}D_t^q x_i(t) =& -a_i x_i(t)+\sum_{j=1}^{n} b_{ij} f_j(x_j(t))\\ &+\sum_{j=1}^{n} c_{ij} g_j(x_j(t-\tau_{ij})),\quad i=1,2,\cdots,n,\quad t>0,\end{aligned}\tag{6.1}$$

其中 $q\in(0,1)$, $a_i>0$ 是神经元自动调节的参数, 与前面定义一样, $f_j(x_j(t))$, $g_j(x_j(t-\tau_{ij}))$ 分别表示第 $j$ 个神经元在 $t$ 和 $t-\tau_{ij}$ 时刻的模式函数或传递函数, $b_{ij}$, $c_{ij}$ 是常数, 分别表示第 $j$ 个神经元至第 $i$ 个神经元在 $t$ 和 $t-\tau_{ij}$ 时刻的突触传递强度.

**注 6.1.1** 根据文献 [177], 若传递函数 $f_j$ 和 $g_j$ 是 Lipschitz 连续的, 则方程 (6.1) 的解存在且唯一. 方程 (6.1) 中的传递函数 $f_j$ 和 $g_j$ 为连续可微的函数, 满足 Lipschitz 连续, 故方程 (6.1) 的解存在且唯一.

时滞分数阶 Hopfield 神经网络可写成向量的形式为

$${}^{C}D_t^q X(t) = -AX(t)+BF(X(t))+G(X(t_\tau)),\tag{6.2}$$

其中 $A=\mathrm{diag}\{a_1,a_2,\cdots,a_n\}\in R^{n\times n}$, $B=(b_{ij})_{n\times n}$, $C=(c_{ij})_{n\times n}$, $F(X(t))=(f_1(x_1(t)),f_2(x_2(t)),\cdots,f_n(x_n(t)))^{\mathrm{T}}$ 和 $G(X(t_\tau))=\Big(\sum\limits_{j=1}^{n} c_{1j}g_j(x_j(t-\tau_{1j})), \sum\limits_{j=1}^{n} c_{2j}g_j(x_j(t-\tau_{2j})),\cdots,\sum\limits_{j=1}^{n} c_{nj}g_j(x_j(t-\tau_{nj}))\Big)^{\mathrm{T}}$.

考虑方程 (6.2) 的线性形式:

$${}^{C}D_t^q X(t) = -AX(t)+BHX(t)+\overline{X}(t_\tau),\tag{6.3}$$

其中 $H$ 是 $F(X(t))$ 在平衡点处的 Jacobian 矩阵, 并且 $\overline{X}(t_\tau)=\Big(\sum\limits_{j=1}^{n} c_{1j}k_{1j}x_j(t-\tau_{1j}),\sum\limits_{j=1}^{n} c_{2j}k_{2j}x_j(t-\tau_{2j}),\cdots,\sum\limits_{j=1}^{n} c_{nj}k_{nj}x_j(t-\tau_{nj})\Big)^{\mathrm{T}}$ 是在 $G(X(t_\tau))$ 处的线性化形式.

记 $\overline{B}=BH$ 和 $\overline{C}=CK$, 方程 (6.2) 可以写成

$${}^{C}D_t^q X(t) = -AX(t)+\overline{B}X(t)+\overline{X}(t_\tau).\tag{6.4}$$

特别地, 当 $\tau_{ij}=\tau_j(i=1,2,\cdots,n)$ 时, 记 $\overline{C}=(c_{ij}k_{ij})_{n\times n}$, 方程 (6.4) 可以写成

$$
{}^{C}D_t^qX(t)=-AX(t)+\overline{B}X(t)+\overline{C}X(t-\tau). \tag{6.5}
$$

对方程 (6.4) 两边进行 Laplace 变换可以得到

$$
\begin{cases}
s^qY_1-s^{q-1}\phi_1(0)=\overline{c_{11}}e^{-s\tau_{11}}\left(Y_1(s)+\int_{-\tau_{11}}^{0}e^{-st}\phi_1(t)dt\right)\\
\qquad+\overline{c_{12}}e^{-s\tau_{12}}\left(Y_2(s)+\int_{-\tau_{12}}^{0}e^{-st}\phi_2(t)dt\right)\\
\qquad+\overline{b_{12}}Y_2+\cdots+\overline{c_{1n}}e^{-s\tau_{1n}}\left(Y_n(s)+\int_{-\tau_{1n}}^{0}e^{-st}\phi_n(t)dt\right)\\
\qquad+\overline{b_{1n}}Y_n+(\overline{b_{11}}-a_1)Y_1,\\
s^qY_2-s^{q-1}\phi_2(0)=\overline{c_{21}}e^{-s\tau_{21}}\left(Y_1(s)+\int_{-\tau_{21}}^{0}e^{-st}\phi_1(t)dt\right)\\
\qquad+\overline{c_{22}}e^{-s\tau_{22}}\left(Y_2(s)+\int_{-\tau_{22}}^{0}e^{-st}\phi_2(t)dt\right)\\
\qquad+\overline{b_{21}}Y_1+\cdots+\overline{c_{2n}}e^{-s\tau_{2n}}\left(Y_n(s)+\int_{-\tau_{2n}}^{0}e^{-st}\phi_n(t)dt\right)\\
\qquad+\overline{b_{2n}}Y_n+(\overline{b_{22}}-a_2)Y_2,\\
\qquad\vdots\\
s^qY_n-s^{q-1}\phi_n(0)=\overline{c_{n1}}e^{-s\tau_{n1}}\left(Y_1(s)+\int_{-\tau_{n1}}^{0}e^{-st}\phi_n(t)dt\right)\\
\qquad+\overline{c_{n2}}e^{-s\tau_{n2}}\left(Y_2(s)+\int_{-\tau_{n2}}^{0}e^{-st}\phi_2(t)dt\right)\\
\qquad+\overline{b_{n1}}Y_1+\overline{b_{n2}}Y_2+\cdots+\overline{c_{nn}}e^{-s\tau_{nn}}\left(Y_n(s)+\int_{-\tau_{nn}}^{0}e^{-st}\phi_n(t)dt\right)\\
\qquad+(\overline{b_{nn}}-a_n)Y_n,
\end{cases} \tag{6.6}
$$

其中 $Y_i(s)=\mathcal{L}(x_i(t)),1\leqslant i\leqslant n$ 为 $x_i(t)$ 的 Laplace 变换, $\phi_i(t)(1\leqslant i\leqslant n,t\in[-\tau,0])$ 是初始条件.

整理上式可得

$$
\Delta(s)\begin{pmatrix}Y_1(s)\\Y_2(s)\\\vdots\\Y_n(s)\end{pmatrix}=\begin{pmatrix}d_1(s)\\d_2(s)\\\vdots\\d_n(s)\end{pmatrix},
$$

其中

$$\begin{cases} d_1(s) = s^{q-1}\phi_1(0) + \overline{c_{11}}e^{-s\tau_{11}} \displaystyle\int_{-\tau_{11}}^{0} e^{-st}\phi_1(t)dt + \overline{c_{12}}e^{-s\tau_{12}} \displaystyle\int_{-\tau_{12}}^{0} e^{-st}\phi_2(t)dt \\ \qquad + \cdots + \overline{c_{1n}}e^{-s\tau_{1n}} \displaystyle\int_{-\tau_{1n}}^{0} e^{-st}\phi_n(t)dt, \\ d_2(s) = s^{q-1}\phi_2(0) + \overline{c_{21}}e^{-s\tau_{21}} \displaystyle\int_{-\tau_{21}}^{0} e^{-st}\phi_1(t)dt + \overline{c_{22}}e^{-s\tau_{22}} \displaystyle\int_{-\tau_{22}}^{0} e^{-st}\phi_2(t)dt \\ \qquad + \cdots + \overline{c_{2n}}e^{-s\tau_{2n}} \displaystyle\int_{-\tau_{2n}}^{0} e^{-st}\phi_n(t)dt, \\ \qquad \vdots \\ d_n(s) = s^{q-1}\phi_n(0) + \overline{c_{n1}}e^{-s\tau_{n1}} \displaystyle\int_{-\tau_{n1}}^{0} e^{-st}\phi_1(t)dt + \overline{c_{n2}}e^{-s\tau_{n2}} \displaystyle\int_{-\tau_{n2}}^{0} e^{-st}\phi_2(t)dt \\ \qquad + \cdots + \overline{c_{nn}}e^{-s\tau_{nn}} \displaystyle\int_{-\tau_{nn}}^{0} e^{-st}\phi_n(t)dt, \end{cases}$$

$$\Delta(s) = \begin{pmatrix} s^q - \overline{c_{11}}e^{-s\tau_{11}} - \overline{b_{11}} + a_1 & -\overline{c_{12}}e^{-s\tau_{12}} - \overline{b_{12}} & \cdots & -\overline{c_{1n}}e^{-s\tau_{1n}} - \overline{b_{1n}} \\ -\overline{c_{21}}e^{-s\tau_{21}} - \overline{b_{21}} & s^q - \overline{c_{22}}e^{-s\tau_{22}} - \overline{b_{22}} + a_2 & \cdots & -\overline{c_{2n}}e^{-s\tau_{2n}} - \overline{b_{2n}} \\ \vdots & \vdots & & \vdots \\ -\overline{c_{n1}}e^{-s\tau_{n1}} - \overline{b_{n1}} & -\overline{c_{n2}}e^{-s\tau_{n2}} - \overline{b_{n2}} & \cdots & s^q - \overline{c_{nn}}e^{-s\tau_{nn}} - b_{nn} + a_n \end{pmatrix},$$

这里 $\Delta(s)$ 称为方程 (6.4) 的特征矩阵, $\det(\Delta(s))$ 记为方程 (6.4) 的特征多项式, 且方程 (6.4) 的稳定性由 $\det(\Delta(s))$ 决定.

如果 $\tau_{ij} = 0$, 方程 (6.4) 可以写成

$$^{C}D_t^q X(t) = -AX(t) + \overline{B}X(t) + \overline{C}X(t) = MX(t), \tag{6.7}$$

其中

$$M = -A + \overline{B} + \overline{C} = \begin{pmatrix} \overline{c_{11}} + \overline{b_{11}} - a_1 & \overline{c_{12}} + \overline{b_{12}} & \cdots & \overline{c_{1n}} + \overline{b_{1n}} \\ \overline{c_{21}} + \overline{b_{21}} & \overline{c_{22}} + \overline{b_{22}} - a_2 & \cdots & \overline{c_{2n}} + \overline{b_{2n}} \\ \vdots & \vdots & & \vdots \\ \overline{c_{n1}} + \overline{b_{n1}} & \overline{c_{n2}} + \overline{b_{n2}} & \cdots & \overline{c_{nn}} + \overline{b_{nn}} - a_n \end{pmatrix}.$$

**注 6.1.2** 由方程 (6.5) 和方程 (6.7) 可知, 方程 (6.2) 存在零平衡点.

根据 Lyapunov 方法及定理 3.3.3 和定理 3.3.4, 对于时滞分数阶神经网络有如下结论.

**定理 6.1.3** 如果 $q \in (0,1)$, $\det(\Delta(s)) = 0$ 的所有特征根都有负实部, 则方程 (6.2) 的零平衡点是 Lyapunov 渐近稳定的.

**证明** 方程 (6.2) 的所有特征根都有负实部, 即满足 $|\arg(\lambda)| > \frac{\pi}{2} > \frac{q\pi}{2}(q \in (0,1))$, 则知方程 (6.2) 满足稳定性条件, 故方程 (6.2) 的零平衡点是 Lyapunov 渐近稳定的. 定理得证.

**定理 6.1.4** 如果 $q \in (0,1)$, $M$ 的所有特征根满足 $|\arg(\lambda)| > \frac{\pi}{2}$, $\Delta(s)$ 的特征方程对所有的 $\tau_{ij} > 0$ 没有纯虚根, 则方程 (6.2) 的零平衡点是 Lyapunov 渐近稳定的.

**证明** 由定理 3.3.4 可得结论.

## 6.2 二维时滞分数阶神经网络

本节主要讨论二维时滞分数阶神经网络的稳定性, 根据不同的参数, 得到了相应的稳定性条件. 此外, 数值实验很好地验证了所给条件的正确性.

### 6.2.1 稳定性分析

考虑如下的时滞分数阶神经网络

$$\begin{cases} {}^{C}D_t^q x_1(t) = -a_1x_1(t) + b_{11}f_1(x_1(t)) + b_{12}f_2(x_2(t)) + c_{11}g_1(x_1(t-\tau)) \\ \qquad\qquad + c_{12}g_2(x_2(t-\tau)), \\ {}^{C}D_t^q x_2(t) = -a_2x_2(t) + b_{21}f_1(x_1(t)) + b_{22}f_2(x_2(t)) + c_{21}g_1(x_1(t-\tau)) \\ \qquad\qquad + c_{22}g_2(x_2(t-\tau)). \end{cases} \tag{6.8}$$

可得到方程 (6.8) 线性形式为

$$ {}^{C}D_t^q X(t) = -AX(t) + \overline{B}X(t) + \overline{C}X(t-\tau), \tag{6.9}$$

其中 $A = \begin{pmatrix} -a_1 & 0 \\ 0 & -a_2 \end{pmatrix}$, $\overline{B} = \begin{pmatrix} \overline{b_{11}} & \overline{b_{12}} \\ \overline{b_{21}} & \overline{b_{22}} \end{pmatrix}$ 和 $\overline{C} = \begin{pmatrix} \overline{c_{11}} & \overline{c_{12}} \\ \overline{c_{21}} & \overline{c_{22}} \end{pmatrix}$.

当方程 (6.8) 取不同的参数时, 方程 (6.8) 有不同的稳定性条件, 下面将给出不同参数的稳定性条件, 最后给出一般的二维时滞分数阶神经网络的稳定性条件.

**定理 6.2.1** 如果 $q \in (0,1)$, $a_1 = a_2 = a > 0$, $\overline{b_{11}} = \overline{b_{22}} = b$, $\overline{b_{12}} = \overline{b_{21}} = -b$, $\overline{c_{11}} = \overline{c_{22}} = c$, $\overline{c_{12}} = \overline{c_{21}} = -c$, $\sin^2\frac{q\pi}{2} > \frac{4c^2}{(a-2b)^2}$ 且 $a > 2(b+c)$, 则方程 (6.8) 的

零解是 Lyapunov 渐近稳定的.

**证明** 如果 $a_1 = a_2 = a$, $\overline{b_{11}} = \overline{b_{22}} = b$, $\overline{b_{12}} = \overline{b_{21}} = -b$, $\overline{c_{11}} = \overline{c_{22}} = c$, $\overline{c_{12}} = \overline{c_{21}} = -c$, 则方程 (6.8) 的线性化方程 (6.9) 为

$$\begin{cases} {}^{C}D_t^q x_1(t) = -ax_1(t) + bx_1(t) - bx_2(t) + cx_1(t-\tau) - cx_2(t-\tau), \\ {}^{C}D_t^q x_2(t) = -ax_2(t) - bx_1(t) + bx_2(t) - c_{21}x_1(t-\tau) + cx_2(t-\tau). \end{cases} \tag{6.10}$$

对方程 (6.10) 两边进行 Laplace 变换, 并由同样的推导过程可计算方程 (6.10) 的特征矩阵 $\Delta(s)$, 为

$$\Delta(s) = \begin{pmatrix} s^q - ce^{-s\tau} - b + a & b + ce^{-s\tau} \\ b + ce^{-s\tau} & s^q - ce^{-s\tau} - b + a \end{pmatrix}.$$

可计算特征多项式

$$\det(\Delta(s)) = (s^q + a)(s^q - 2ce^{-s\tau} - 2b + a) = 0.$$

我们要证明特征方程 $\det(\Delta(s)) = 0$ 对任意的 $\tau > 0$ 没有纯虚根. 下面用反证法, 假设 $s = \omega i = |\omega|\left(\cos\frac{\pi}{2} + i\sin\left(\pm\frac{\pi}{2}\right)\right)$ 是式 $s^q - 2ce^{-s\tau} - 2b + a = 0$ 的一个根, 其中 $\omega$ 为一个实数. 如果 $\omega > 0$, 令 $s = \omega i = |\omega|\left(\cos\frac{\pi}{2} + i\sin\left(\frac{\pi}{2}\right)\right)$, 如果 $\omega < 0$, 取 $s = \omega i = |\omega|\left(\cos\frac{\pi}{2} - i\sin\left(\frac{\pi}{2}\right)\right)$, 把 $s = \omega i = |\omega|\left(\cos\frac{\pi}{2} + i\sin\left(\pm\frac{\pi}{2}\right)\right)$ 代入 $s^q - 2ce^{-s\tau} - 2b + a = 0$, 可得

$$|\omega|^q\left(\cos\frac{q\pi}{2} + i\sin\left(\pm\frac{q\pi}{2}\right)\right) + a - 2b - 2c(\cos\omega\tau - i\sin\omega\tau) = 0. \tag{6.11}$$

分离方程 (6.11) 的实部和虚部可得

$$|\omega|^q\cos\frac{q\pi}{2} + a - 2b = 2c\cos\omega\tau$$

和

$$|\omega|^q\sin\left(\pm\frac{q\pi}{2}\right) = -2c\sin\omega\tau.$$

从上面的两个等式, 计算可得

$$\left(|\omega|^q\cos\frac{q\pi}{2} + a - 2b\right)^2 + \left(|\omega|^q\sin\left(\pm\frac{q\pi}{2}\right)\right)^2 = 4c^2,$$

即

$$|\omega|^{2q} + 2(a-2b)|\omega|^q\cos\frac{q\pi}{2} + (a-2b)^2 - 4c^2 = 0. \tag{6.12}$$

显然, 当 $0<q<1$ 且 $\sin^2\dfrac{q\pi}{2}>\dfrac{4c^2}{(a-2b)^2}$ 时, 方程 (6.12) 没有实数解, 即特征多项式 $\det(\Delta(s))=0$ 对任意的 $\tau>0$ 无纯虚根.

当 $\tau=0$ 时, 方程 (6.10) 的系数矩阵 $M$ 满足

$$M=\begin{pmatrix} c+b-a & -b-c \\ -b-c & c+b-a \end{pmatrix}.$$

选择参数满足 $a>2(b+c)$ 和 $a>0$, 系数矩阵 $M$ 的两个特征值具有负实部, 即 $M$ 的所有特征根满足 $|\arg(\lambda)|>\dfrac{\pi}{2}$, 定理得证.

**定理 6.2.2**　如果 $q\in(0,1)$, $a_1=a_2=a$, $\overline{b_{11}}=\overline{b_{22}}=b$, $\overline{b_{12}}=\overline{b_{21}}=-b_1$, $\overline{c_{11}}=\overline{c_{22}}=d$, $\overline{c_{12}}=\overline{c_{21}}=-c$, $(c+d)^2-(a-b-b_1)^2\sin^2\dfrac{q\pi}{2}<0$ 或 $(c-d)^2-(a-b+b_1)^2\sin^2\dfrac{q\pi}{2}<0$, $b+a+b_1>\max\{c+d,c-d\}$, 则方程 (6.8) 的零解是 Lyapunov 渐近稳定的.

**证明**　如果 $a_1=a_2=a$, $\overline{b_{11}}=\overline{b_{22}}=b$, $\overline{b_{12}}=\overline{b_{21}}=-b_1$, $\overline{c_{11}}=\overline{c_{22}}=d$, $\overline{c_{12}}=\overline{c_{21}}=-c$, 则方程 (6.9) 变为

$$\begin{cases} {}^C D_t^q x_1(t)=-ax_1(t)+bx_1(t)-b_1x_2(t)+dx_1(t-\tau)-cx_2(t-\tau), \\ {}^C D_t^q x_2(t)=-ax_2(t)-b_1x_1(t)+bx_2(t)-cx_1(t-\tau)+dx_2(t-\tau). \end{cases} \tag{6.13}$$

对方程 (6.13) 两边进行 Laplace 变换, 可得特征矩阵 $\Delta(s)$ 为

$$\Delta(s)=\begin{pmatrix} s^q-de^{-s\tau}-b+a & b_1+ce^{-s\tau} \\ b_1+ce^{-s\tau} & s^q-de^{-s\tau}-b+a \end{pmatrix}.$$

特征多项式 $\det(\Delta(s))$ 为

$$\det(\Delta(s))=(s^q+a-b-b_1-(c+d)e^{-s\tau})(s^q+a-b+b_1+(c-d)e^{-s\tau})=0.$$

由定理 6.2.1 及同样推导方法, 经简单的计算可得结论, 定理得证.

**定理 6.2.3**　如果 $q\in(0,1)$, $a_1=a_2=a$, $\overline{b_{11}}=\overline{b_{22}}=b$, $-\overline{b_{12}}=\overline{b_{21}}=b$, $\overline{c_{11}}=\overline{c_{22}}=c$, $-\overline{c_{12}}=\overline{c_{21}}=c$, $\cos(q\pi\mp\psi)<1-\dfrac{4c^2}{(a-b)^2+b^2}$ 且 $c<a-b$, 则方程 (6.8) 的零解是 Lyapunov 渐近稳定的, 其中 $\psi$ 满足 $\tan\psi=\dfrac{2(ab-b^2)}{a^2-2ab}$.

**证明**　如果 $a_1=a_2=a$, $\overline{b_{11}}=\overline{b_{22}}=b$, $-\overline{b_{12}}=\overline{b_{21}}=b$, $\overline{c_{11}}=\overline{c_{22}}=c$, $-\overline{c_{12}}=\overline{c_{21}}=c$, 则方程 (6.8) 的线性化方程 (6.9) 为

$$\begin{cases} {}^C D_t^q x_1(t)=-ax_1(t)+bx_1(t)+bx_2(t)+cx_1(t-\tau)+cx_2(t-\tau), \\ {}^C D_t^q x_2(t)=-ax_2(t)-bx_1(t)+bx_2(t)-cx_1(t-\tau)+cx_2(t-\tau). \end{cases} \tag{6.14}$$

对方程 (6.14) 两边进行 Laplace 变换, 并用同样的推导过程可计算方程 (6.14) 的特征矩阵 $\Delta(s)$, 为

$$\Delta(s)=\begin{pmatrix} s^q-ce^{-s\tau}-b+a & -b-ce^{-s\tau} \\ b+ce^{-s\tau} & s^q-ce^{-s\tau}-b+a \end{pmatrix}.$$

可得特征方程 $\det(\Delta(s))$ 为

$$\begin{aligned}\det(\Delta(s))&=(s^q-ce^{-s\tau}-b+a)^2+(b+ce^{-s\tau})^2\\&=(s^q-ce^{-s\tau}-b+a+i(b+ce^{-s\tau}))(s^q-ce^{-s\tau}-b+a-i(b+ce^{-s\tau}))\\&=0,\end{aligned}$$

由上式可得 $s^q-ce^{-s\tau}-b+a\pm i(b+ce^{-s\tau})=0$. 同理下面用反证法, 假设 $s=\omega i=|\omega|\left(\cos\frac{\pi}{2}+i\sin\left(\pm\frac{\pi}{2}\right)\right)$ 是方程 $s^q-ce^{-s\tau}-b+a\pm i(b+ce^{-s\tau})=0$ 的一个根, 其中 $\omega$ 为实数. 如果 $\omega>0$, 取 $s=\omega i=|\omega|\left(\cos\frac{\pi}{2}+i\sin\frac{\pi}{2}\right)$, 若 $\omega<0$, 则取 $s=\omega i=|\omega|\left(\cos\frac{\pi}{2}-i\sin\frac{\pi}{2}\right)$.

将 $s=\omega i=|\omega|\left(\cos\frac{\pi}{2}+i\sin\pm\frac{\pi}{2}\right)$ 代入 $s^q-ce^{-s\tau}-b+a\pm i(b+ce^{-s\tau})=0$, 可得

$$|\omega|^q\left(\cos\frac{q\pi}{2}+i\sin\left(\pm\frac{q\pi}{2}\right)\right)+a-b-c(\cos\omega\tau-i\sin\omega\tau)\pm bi\pm ic(\cos\omega\tau-i\sin\omega\tau)=0. \tag{6.15}$$

分离方程 (6.15) 的实部和虚部可得

$$|\omega|^q\cos\frac{q\pi}{2}+a-b-c\cos\omega\tau\pm c\sin\omega\tau=0$$

和

$$|\omega|^q\sin\left(\pm\frac{q\pi}{2}\right)\pm b\pm c\cos\omega\tau+c\sin\omega\tau=0.$$

从上式可得

$$|\omega|^{2q}+2|\omega|^q\left((a-b)\cos\frac{q\pi}{2}\pm b\sin\left(\pm\frac{q\pi}{2}\right)\right)+(a-b)^2+b^2-2c^2=0, \tag{6.16}$$

当 $0<q<1$ 且 $\Delta=\left((a-b)\cos\frac{q\pi}{2}\pm b\sin\left(\pm\frac{q\pi}{2}\right)\right)^2-((a-b)^2+b^2-2c^2)<0$ 时, 有下式成立

$$(a^2-2ab)\cos^2\frac{q\pi}{2}\pm(a-b)b\sin(\pm q\pi)+b^2\sin^2\pm\frac{q\pi}{2}-(a-b)^2+b^2+2c^2<0. \tag{6.17}$$

由倍角公式, 方程 (6.17) 可化简为

$$(a^2-2ab)\cos q\pi \pm 2(a-b)b\sin(\pm q\pi) < (a-b)^2+b^2-4c^2.$$

进一步可得 $\cos(q\pi \mp \psi) < 1-\dfrac{4c^2}{(a-b)^2+b^2}$, 其中 $\psi$ 满足 $\tan\psi=\dfrac{2(ab-b^2)}{a^2-2ab}$, 则可知方程 (6.16) 没有实数解, 即特征方程 $\det(\Delta(s))=0$ 对所有的 $\tau>0$ 无纯虚根.

当 $\tau=0$ 时, 方程 (6.10) 系数矩阵 $M$ 满足

$$M=\begin{pmatrix} c+b-a & -b-c \\ b+c & c+b-a \end{pmatrix},$$

计算系数矩阵 $M$ 的特征方程为

$$f(\lambda)=(\lambda-c-b+a)^2+(b+c)^2.$$

可得其特征值 $\lambda_{1,2}=c+b-a+i(b+c)$. 当 $c<a-b$ 时, 系数矩阵 $M$ 的两个特征根的实部小于零. 定理得证.

**定理 6.2.4**　*如果* $q\in(0,1)$, $a_1=a_2=a$, $\overline{b_{11}}=\overline{b_{22}}=b$, $-\overline{b_{12}}=\overline{b_{21}}=b_1$, $\overline{c_{11}}=\overline{c_{22}}=d$, $-\overline{c_{12}}=\overline{c_{21}}=c$, *当* $\cos(q\pi\mp\psi)<1-\dfrac{2(c^2+d^2)}{(a-b)^2+b_1^2}$ *且* $d<a-b$, *则方程* (6.8) *的零解是* Lyapunov *渐近稳定的, 其中* $\psi$ *满足* $\tan\psi=\dfrac{2(a-b)b_1}{(a-b)^2-b_1^2}$.

**证明**　由定理 6.2.3 及同样推导方法, 经简单的计算可得结论, 定理得证.

**定理 6.2.5**　*如果* $q\in(0,1)$, $\overline{c_{11}c_{22}}-\overline{c_{12}c_{21}}=0$, *当* $P>0$, $Q<0$ *且* $\bar{b}-4y-2\bar{c}+\dfrac{\bar{b}^3-4\bar{b}\bar{c}+8\bar{d}}{\sqrt{8y+\bar{b}^2-4\bar{c}}}<0$ *或* $\bar{b}-4y-2\bar{c}-\dfrac{\bar{b}^3-4\bar{b}\bar{c}+8\bar{d}}{\sqrt{8y+\bar{b}^2-4\bar{c}}}<0$, *则方程* (6.8) *的零解是* Lyapunov *渐近稳定的, 其中* $y$ *满足方程*

$$8y^3-4\bar{c}y^2+(2\bar{b}\bar{d}-8\bar{e})y+\bar{e}(4\bar{c}-\bar{b}^2)-\bar{d}^2=0,$$

$$P=a_1+a_2-\overline{b_{11}}-\overline{b_{22}}-\overline{c_{11}}-\overline{c_{22}},$$

$$\begin{aligned}Q=&a_1a_2-a_1\overline{b_{22}}-a_1\overline{c_{22}}-a_2\overline{b_{11}}+\overline{b_{11}b_{22}}+\overline{b_{11}}\overline{c_{22}}-a_2\overline{c_{11}}\\&+\overline{b_{22}}\overline{c_{11}}-\overline{b_{12}b_{21}}-\overline{b_{12}}\overline{c_{21}}-\overline{b_{21}}\overline{c_{12}},\end{aligned}$$

$$\bar{b}=-2\overline{a_3}\left(\cos q\pi\cos\frac{q\pi}{2}+\sin(\pm q\pi)\sin\left(\pm\frac{q\pi}{2}\right)\right),\quad \bar{c}=\overline{a_3}+2\overline{a_4}\cos q\pi-\overline{c_3}^2,$$

$$\overline{d} = -(\overline{a_3 a_4} - 2\overline{c_3 c_4})\cos\frac{q\pi}{2},$$

$$\overline{e} = \overline{a_4}^2 - \overline{c_4}^2, \quad \overline{a_3} = \overline{b_{11}} + \overline{b_{22}} - a_1 - a_2, \quad \overline{a_4} = (\overline{b_{11}} - a_1)(\overline{b_{22}} - a_2) - \overline{b_{21} b_{12}},$$

$$\overline{c_3} = \overline{c_{11}} + \overline{c_{22}} \quad \overline{c_4} = (\overline{b_{11}} - a_1)\overline{c_{22}} + (\overline{b_{22}} - a_2)\overline{c_{11}} - \overline{c_{21}}\overline{b_{12}} - \overline{c_{12}}\overline{b_{21}}.$$

**证明** 对方程 (6.9) 两边进行 Laplace 变换, 可计算方程 (6.9) 的特征矩阵 $\Delta(s)$ 为

$$\Delta(s) = \begin{pmatrix} s^q + a_1 - \overline{b_{11}} - \overline{c_{11}}e^{-s\tau} & -\overline{b_{12}} - \overline{c_{12}}e^{-s\tau} \\ -\overline{b_{21}} - \overline{c_{21}}e^{-s\tau} & s^q + a_2 - \overline{b_{22}} - \overline{c_{22}}e^{-s\tau} \end{pmatrix}.$$

可得 $\Delta(s)$ 的特征方程为

$$\begin{aligned} \det(\Delta(s)) =& (s^q + a_1 - \overline{b_{11}} - \overline{c_{11}}e^{-s\tau})(s^q + a_2 - \overline{b_{22}} - \overline{c_{22}}e^{-s\tau}) \\ & - (\overline{b_{12}} + \overline{c_{12}}e^{-s\tau})(\overline{b_{21}} + \overline{c_{21}}e^{-s\tau}) \\ =& s^{2q} - \overline{a_3}s^q - \overline{c_3}e^{-s\tau}s^q + \overline{c_4}e^{-s\tau}\overline{a_4} + (\overline{c_{11}c_{22}} - \overline{c_{12}c_{21}})e^{-2s\tau} = 0, \end{aligned} \tag{6.18}$$

其中

$$\overline{a_3} = \overline{b_{11}} + \overline{b_{22}} - a_1 - a_2, \quad \overline{a_4} = (\overline{b_{11}} - a_1)(\overline{b_{22}} - a_2) - \overline{b_{21} b_{12}},$$

$$\overline{c_3} = \overline{c_{11}} + \overline{c_{22}}, \quad \overline{c_4} = (\overline{b_{11}} - a_1)\overline{c_{22}} + (\overline{b_{22}} - a_2)\overline{c_{11}} - \overline{c_{21}}\overline{b_{12}} - \overline{c_{12}}\overline{b_{21}}.$$

取 $\overline{c_{11}c_{22}} - \overline{c_{12}c_{21}} = 0$, 同理, 假设 $s = \omega i = |\omega|\left(\cos\frac{\pi}{2} + i\sin\left(\pm\frac{\pi}{2}\right)\right)$ 是方程 (6.18) 的一个根, 代入可得

$$\begin{aligned} & |\omega|^{2q}(\cos q\pi + i\sin(\pm q\pi)) - \overline{a_3}|\omega|^q\left(\cos\frac{q\pi}{2} + i\sin\left(\pm\frac{q\pi}{2}\right)\right) \\ & - \overline{c_3}|\omega|^q\left(\cos\frac{q\pi}{2} + i\sin\left(\pm\frac{q\pi}{2}\right)\right)(\cos\omega\tau - i\sin\omega\tau) \\ & + \overline{c_4}(\cos\omega\tau - i\sin\omega\tau) + \overline{a_4} = 0. \end{aligned} \tag{6.19}$$

分离方程 (6.19) 的实部和虚部可得

$$\begin{aligned} |\omega|^{2q}\cos q\pi - \overline{a_3}|\omega|^q\cos\frac{q\pi}{2} + \overline{a_4} =& \left(\overline{c_3}|\omega|^q\cos\frac{q\pi}{2} - \overline{c_4}\right)\cos\omega\tau \\ & + \overline{c_3}|\omega|^q\sin\left(\pm\frac{q\pi}{2}\right)\sin\omega\tau \end{aligned}$$

和

$$\begin{aligned} |\omega|^{2q}\sin(\pm q\pi) - \overline{a_3}|\omega|^q\sin\left(\pm\frac{q\pi}{2}\right) =& \left(\overline{c_4} - \overline{c_3}|\omega|^q\cos\frac{q\pi}{2}\right)\sin\omega\tau \\ & + \overline{c_3}|\omega|^q\sin\left(\pm\frac{q\pi}{2}\right)\sin\omega\tau. \end{aligned}$$

记 $\rho_1=\overline{c_3}|\omega|^q\cos\frac{q\pi}{2}-\overline{c_4}$, $\rho_2=\overline{c_3}|\omega|^q\sin\left(\pm\frac{q\pi}{2}\right)$, $\beta_1=|\omega|^{2q}\cos q\pi-\overline{a_3}|\omega|^q\cos\frac{q\pi}{2}+\overline{a_4}$ 和 $\beta_2=|\omega|^{2q}\sin q\pi-\overline{a_3}|\omega|^q\sin\frac{q\pi}{2}$, 则从上述方程可得

$$\begin{aligned}\rho_1\cos\omega\tau+\rho_2\sin\omega\tau&=\beta_1,\\-\rho_1\sin\omega\tau+\rho_2\cos\omega\tau&=\beta_2.\end{aligned}\tag{6.20}$$

由式 (6.20), 可得

$$(\rho_1^2+\rho_2^2)^2=(\rho_1^2+\rho_2^2)(\beta_1^2+\beta_2^2).$$

若 $\rho_1^2+\rho_2^2=0$, 则 $\rho_1=\rho_2=0$, 即可知 $\overline{c_3}=\overline{c_4}=0$. 在这种情况下, 可知方程 (6.8) 时滞项的系数都为零, 故可知 $\rho_1^2+\rho_2^2\neq 0$. 因此可得下式

$$\rho_1^2+\rho_2^2=\beta_1^2+\beta_2^2,$$

进一步可得

$$|\omega|^{4q}+\overline{b}|\omega|^{3q}+\overline{c}|\omega|^{2q}+\overline{d}|\omega|^q+\overline{e}=0,\tag{6.21}$$

其中

$$\overline{b}=-2\overline{a_3}\left(\cos q\pi\cos\frac{q\pi}{2}+\sin(\pm q\pi)\sin\left(\pm\frac{q\pi}{2}\right)\right),\quad \overline{c}=\overline{a_3}+2\overline{a_4}\cos q\pi-\overline{c_3}^2,$$

$$\overline{d}=-(\overline{a_3a_4}-2\overline{c_3c_4})\cos\frac{q\pi}{2},\quad \overline{e}=\overline{a_4}^2-\overline{c_4}^2.$$

若 $0<q<1$ 且 $y$ 满足不等式 $\overline{b}-4y-2\overline{c}+\dfrac{\overline{b}^3-4\overline{b}\overline{c}+8\overline{d}}{\sqrt{8y+\overline{b}^2-4\overline{c}}}<0$ 或 $\overline{b}-4y-2\overline{c}-\dfrac{\overline{b}^3-4\overline{b}\overline{c}+8\overline{d}}{\sqrt{8y+\overline{b}^2-4\overline{c}}}<0$, 则方程 (6.21) 没有实根, 即 $\det(\Delta(s))=0$ 对任意的 $\tau>0$ 没有纯虚根, 其中 $y$ 为方程 $8y^3-4\overline{c}y^2+(2\overline{bd}-8\overline{e})y+\overline{e}(4\overline{c}-\overline{b}^2)-\overline{d}^2=0$ 的任一实根.

当 $\tau=0$ 时, 方程 (6.10) 系数矩阵 $M$ 满足

$$M=\begin{pmatrix}-a_1+\overline{b_{11}}+\overline{c_{11}} & \overline{b_{12}}+\overline{c_{12}}\\ \overline{b_{21}}+\overline{c_{21}} & -a_2+\overline{b_{22}}+\overline{c_{22}}\end{pmatrix},$$

计算可得其特征方程为

$$f(\lambda)=\lambda^2+P\lambda+Q,$$

其中 $P=a_1+a_2-\overline{b_{11}}-\overline{b_{22}}-\overline{c_{11}}-\overline{c_{22}}$, $Q=a_1a_2-a_1\overline{b_{22}}-a_1\overline{c_{22}}-a_2\overline{b_{11}}+\overline{b_{11}}\overline{b_{22}}+\overline{b_{11}}\overline{c_{22}}-a_2\overline{c_{11}}+\overline{b_{22}}\overline{c_{11}}-\overline{b_{12}}\overline{b_{21}}-\overline{b_{12}}\overline{c_{21}}-\overline{b_{21}}\overline{c_{12}}$. 如果 $P>0$ 且 $Q<0$, 系数矩阵 $M$ 的两个特征根的实部小于零. 定理得证.

根据方程 (6.21), 若 $\overline{b}=\overline{d}$ 且 $\overline{e}=1$, 可得 $|\omega|^{4q}+\overline{b}|\omega|^{3q}+\overline{c}|\omega|^{2q}+\overline{b}|\omega|^{q}+1=0$, 则有下列结论成立.

**定理 6.2.6** 如果 $q\in(0,1)$, $\overline{c_{11}c_{22}}-\overline{c_{12}c_{21}}=0$, $P>0$, $Q<0$ 且 $\overline{a_4}^2-\overline{c_4}^2=1$, $2\overline{a_3}\left(\cos q\pi\cos\frac{q\pi}{2}+\sin q\pi\sin\frac{q\pi}{2}\right)=(\overline{a_3a_4}-2\overline{c_3c_4})\cos\frac{q\pi}{2}$, $\overline{a_3}^2\left(\cos q\pi\cos\frac{q\pi}{2}+\sin q\pi\sin\frac{q\pi}{2}\right)^2-\overline{a_3}-2\overline{a_4}\cos q\pi+\overline{c_3}^2+2<0$, 则方程 (6.8) 的零解是 Lyapunov 渐近稳定的, 其中

$$P=a_1+a_2-\overline{b_{11}}-\overline{b_{22}}-\overline{c_{11}}-\overline{c_{22}},$$

$$\begin{aligned}Q=&a_1a_2-a_1\overline{b_{22}}-a_1\overline{c_{22}}-a_2\overline{b_{11}}+\overline{b_{11}b_{22}}+\overline{b_{11}}\,\overline{c_{22}}-a_2\overline{c_{11}}\\&+\overline{b_{22}}\,\overline{c_{11}}-\overline{b_{12}b_{21}}-\overline{b_{12}}\,\overline{c_{21}}-\overline{b_{21}}\,\overline{c_{12}},\end{aligned}$$

$$\overline{a_3}=\overline{b_{11}}+\overline{b_{22}}-a_1-a_2,\quad \overline{a_4}=(\overline{b_{11}}-a_1)(\overline{b_{22}}-a_2)-\overline{b_{21}b_{12}},$$

$$\overline{c_3}=\overline{c_{11}}+\overline{c_{22}},\quad \overline{c_4}=(\overline{b_{11}}-a_1)\overline{c_{22}}+(\overline{b_{22}}-a_2)\overline{c_{11}}-\overline{c_{21}}\,\overline{b_{12}}-\overline{c_{12}}\,\overline{b_{21}}.$$

**证明** 由定理 6.2.5 可得结论.

### 6.2.2 数值仿真

本节主要给出满足定理 6.2.1—定理 6.2.6 的条件的数值仿真, 计算方法用时滞分数阶预估校正算法, 步长选取 $h=0.01$.

**例 6.2.7** 文献 [178] 给出了具有自连接和抑制–兴奋型他连接的两个同性神经元模型. 其中自连接是由兴奋型的突触产生, 而他连接则分别对应于两神经元兴奋、抑制型的突触. 这里给出分数阶自连接和抑制–兴奋型他连接的两个同性神经元模型, 模型如下

$$\left\{\begin{aligned}&{}^CD_t^qx_1(t)=-ax_1(t)+b\tanh\left[(x_1(t))-\frac{c}{b}(x_1(t-\tau))\right]\\&\qquad\qquad+k\tanh\left[-x_2(t)+\frac{d}{k}(x_2(t-\tau))\right],\\&{}^CD_t^qx_2(t)=-ax_2(t)+k\tanh\left[(x_1(t))-\frac{d}{k}(x_1(t-\tau))\right]\\&\qquad\qquad+b\tanh\left[x_2(t)-\frac{c}{b}(x_2(t-\tau))\right],\\&x_1(t)=x_1(0),\quad x_2(t)=x_2(0),\quad t\in[-\tau,0].\end{aligned}\right.\tag{6.22}$$

方程 (6.22) 的线性形式为

$$\left\{\begin{aligned}&{}^CD_t^qx_1(t)=-ax_1(t)+bx_1(t)-cx_1(t-\tau)-kx_2(t)+dx_2(t-\tau),\\&{}^CD_t^qx_2(t)=-ax_2(t)+kx_1(t)-dx_1(t-\tau)+bx_2(t)-cx_2(t-\tau),\\&x_1(t)=x_1(0),\quad x_2(t)=x_2(0),\quad t\in[-\tau,0].\end{aligned}\right.\tag{6.23}$$

方程 (6.22) 的系统参数选为 $q=0.9, \tau=2, a=2, b=k=0.5$ 和 $c=0.4$. 容易验证参数满足定理 6.2.1, 初始条件 $x_1(0)$ 和 $x_2(0)$ 选取为 $x_1(0)=0.5$ 和 $x_2(0)=0.6$. 方程 (6.22) 的收敛时间响应图可见图 6.1 (a).

如果方程 (6.22) 的系统参数选为 $q=0.98, \tau=2, a=2, b=k=-1$ 和 $c=-0.5$. 容易验证参数满足定理 6.2.3, 初始条件 $x_1(0)$ 和 $x_2(0)$ 选取为 $x_1(0)=0.5$ 和 $x_2(0)=0.6$. 方程 (6.22) 的收敛时间响应图可见图 6.1(b).

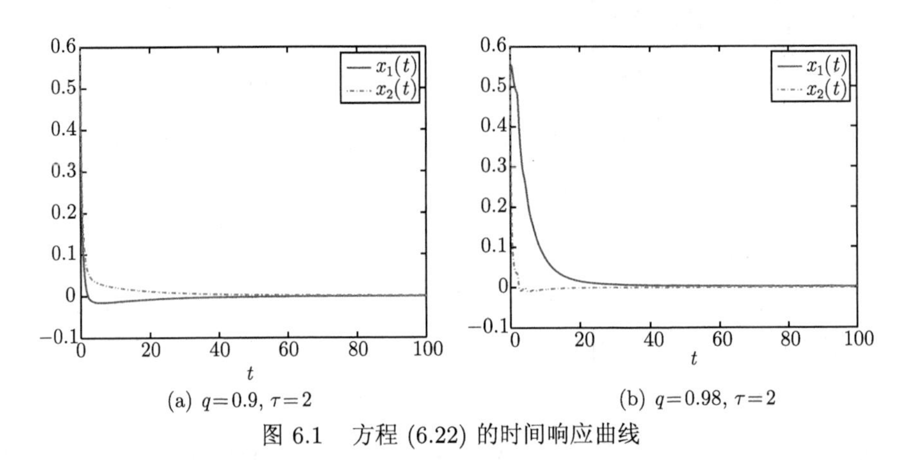


(a) $q=0.9, \tau=2$　　(b) $q=0.98, \tau=2$

图 6.1　方程 (6.22) 的时间响应曲线

**注 6.2.8**　在实际的神经网络中, 自连接是一种普遍存在的现象, 其动力学的研究对于揭示实际神经元网络的协同性质、人工神经网络的设计与制造有着重要的意义. 不同性的他连接互连接也是很普遍的一种现象. 分数阶自连接和抑制–兴奋型他连接的两个同性神经元模型作为第一个例子, 注意到它并不是方程 (6.8) 的形式, 但是并不影响我们研究它的稳定性, 因为它的线性方程符合方程 (6.9) 的线性形式. 所以, 当分数阶神经网络具有相同的线性形式时, 可以通过它们的线性方程去研究它们的稳定性, 不管原来的方程有多么复杂. 基于这个事实, 我们只需给出定理 6.2.1 和定理 6.2.3 较简单的情况, 复杂的类似可得, 故定理 6.2.2 和定理 6.2.4 数值仿真省略.

**例 6.2.9**　考虑一般的二维时滞分数阶神经网络

$$
\begin{cases}
{}^{C}D_t^q x_1(t) = -a_1 x_1(t) + b_{11}\tanh(x_1(t)) + b_{12}\tanh(x_2(t)) \\
\qquad\qquad + c_{11}\tanh(x_1(t-\tau)) + c_{12}\tanh(x_2(t-\tau)), \\
{}^{C}D_t^q x_2(t) = -a_2 x_2(t) + b_{21}\tanh(x_1(t)) + b_{22}\tanh(x_2(t)) \\
\qquad\qquad + c_{21}\tanh(x_1(t-\tau)) + c_{22}\tanh(x_2(t-\tau)), \\
x_1(t) = x_1(0), \quad x_2(t) = x_2(0), \quad t\in[-\tau, 0].
\end{cases}
\tag{6.24}
$$

方程 (6.24) 的系统参数选为 $q=0.9$, $\tau=0.8$, $a_1=a_2=1$, $b_{11}=0.5$, $b_{12}=1$, $b_{21}=-1$, $b_{22}=-0.5$, $c_{11}=0.5$, $c_{12}=1$, $c_{21}=-0.5$ 和 $c_{22}=-1$. 容易验证参数满足定理 6.2.5, 初始条件 $x_1(0)$ 和 $x_2(0)$ 选取为 $x_1(0)=0.5$ 和 $x_2(0)=0.6$. 方程 (6.24) 收敛时间响应图可见图 6.2.

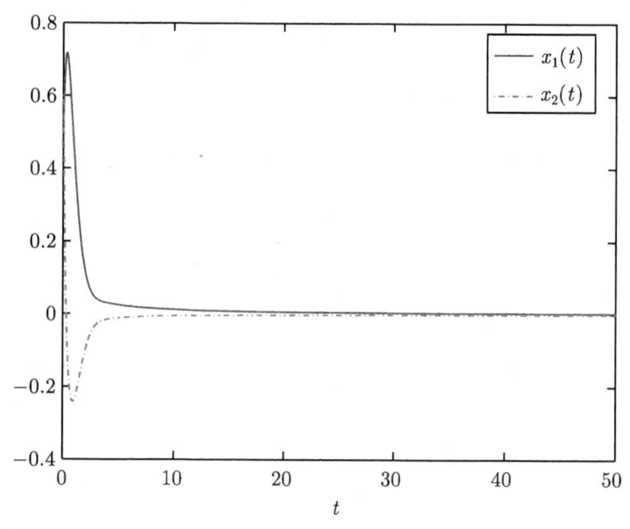


图 6.2 方程 (6.24) 的时间响应曲线 $q=0.9,\tau=0.8$

## 6.3 环结构的时滞分数阶神经网络

各种各样的神经结构中都发现有环状结构, 如脑海马体, 小脑, 皮层, 甚至在化学和电气工程中也有环结构的存在. 从上面的讨论中可见, 环结构是常见和基本的神经网络. 通过研究这些简化连接结构, 研究人员可以洞察机制复杂的神经网络的动力学行为, 这将有助于研究更复杂的神经网络. 本节首先给出三维环结构的时滞分数阶神经网络模型, 并给出了其稳定性条件. 此外, 还给出了一类环结构的时滞分数阶神经网络模型, 并考虑了时滞反馈环作用, 得到了其稳定条件.

### 6.3.1 三维环结构时滞分数阶神经网络的稳定性分析

本节主要讨论两类不同的三维环结构的时滞分数阶神经网络模型, 并给出其稳定性条件. 首先考虑三维环结构的时滞分数阶神经网络模型, 在该环结构网络中的每个神经元仅连接到其最接近的神经元. 另外, 环结构延时反馈也具有相同的环结构, 模型如下

$$\begin{cases} {}^C D_t^q x_1(t) = -a_1 x_1(t) + b_{11} f_1(x_1(t)) + b_{12} f_2(x_2(t)) \\ \qquad\qquad + c_{11} g_1(x_1(t-\tau)) + c_{12} g_2(x_2(t-\tau)), \\ {}^C D_t^q x_2(t) = -a_2 x_2(t) + b_{22} f_2(x_2(t)) + b_{23} f_3(x_3(t)) \\ \qquad\qquad + c_{22} g_2(x_2(t-\tau)) + c_{23} g_3(x_3(t-\tau)), \\ {}^C D_t^q x_3(t) = -a_3 x_3(t) + b_{31} f_1(x_1(t)) + b_{33} f_3(x_3(t)) \\ \qquad\qquad + c_{33} g_3(x_3(t-\tau)) + c_{31} g_1(x_1(t-\tau)). \end{cases} \tag{6.25}$$

可得系统 (6.25) 的线性形式为

$${}^C D_t^q X(t) = -AX(t) + \overline{B}X(t) + \overline{C}X(t-\tau), \tag{6.26}$$

其中

$$A=\begin{pmatrix} -a_1 & 0 & 0 \\ 0 & -a_2 & 0 \\ 0 & 0 & -a_3 \end{pmatrix}, \quad \overline{B}=\begin{pmatrix} \overline{b_{11}} & \overline{b_{12}} & 0 \\ 0 & \overline{b_{22}} & \overline{b_{23}} \\ \overline{b_{31}} & 0 & \overline{b_{33}} \end{pmatrix}, \quad \overline{C}=\begin{pmatrix} \overline{c_{11}} & \overline{c_{12}} & 0 \\ 0 & \overline{c_{22}} & \overline{c_{23}} \\ \overline{c_{31}} & 0 & \overline{c_{33}} \end{pmatrix}.$$

**定理 6.3.1**　(1) 若 $\overline{b_{12}} = \overline{b_{23}} = \overline{b_{31}} = 0$, $\overline{c_{11}} = \overline{c_{22}} = \overline{c_{33}} = 0$, $\overline{a_1} > \max\left\{c, \dfrac{c}{2}\right\}$, $c^2 - \overline{a_1}^2 \sin^2 \dfrac{q\pi}{2} < 0$, 则方程 (6.25) 的零解是 Lyapunov 渐近稳定的, 其中 $q \in (0,1)$, $\overline{a_1} = a_1 - \overline{b_{11}} = a_2 - \overline{b_{22}} = a_3 - \overline{b_{33}}$, $c = \sqrt[3]{\overline{c_{12}}\,\overline{c_{23}}\,\overline{c_{31}}}$.

(2) 如果 $\overline{b_{12}} = \overline{b_{23}} = \overline{b_{31}} = b$, $\overline{c_{11}} = \overline{c_{22}} = \overline{c_{33}} = c_1$, $\overline{c_{12}} = \overline{c_{23}} = \overline{c_{31}} = c$,

$$\overline{a_1} > \max\left\{c + c_1 + b, c_1 - \frac{1}{2}(b+c)\right\},$$

(i) $(c_1+c)^2-(\overline{a_1}-b)^2 \sin^2 \dfrac{q\pi}{2} < 0$ 或 (ii) $\cos(q\pi \mp \psi) < 1-\dfrac{2(c^2 - c_1 c + c_1^2)}{\left(\overline{a}+\dfrac{b}{2}\right)^2 + \dfrac{3b^2}{4}}$,

当条件 (i) 或 (ii) 成立时, 方程 (6.25) 的零解是 Lyapunov 渐近稳定的, 其中 $q \in (0,1)$, $\psi$ 满足 $\tan\psi = \dfrac{\sqrt{3}\left(\overline{a}b + \dfrac{b}{2}^2\right)}{\left(\overline{a}+\dfrac{b}{2}\right)^2 - \dfrac{3b^2}{4}}$, $\overline{a_1} = a_1 - \overline{b_{11}} = a_2 - \overline{b_{22}} = a_3 - \overline{b_{33}}$.

**证明**　首先考虑定理的情况 (1). 记 $\overline{b_{12}} = \overline{b_{23}} = \overline{b_{31}} = 0$, $\overline{c_{11}} = \overline{c_{22}} = \overline{c_{33}} = 0$, $c = \sqrt[3]{\overline{c_{12}}\,\overline{c_{23}}\,\overline{c_{31}}}$, 对方程 (6.26) 两边进行 Laplace 变换, 可计算方程 (6.26) 的特征矩阵 $\Delta(s)$ 为

$$\Delta(s) = \begin{pmatrix} s^q + \overline{a_1} & -\overline{c_{12}}e^{-s\tau} & 0 \\ 0 & s^q + \overline{a_1} & -\overline{c_{23}}e^{-s\tau} \\ -\overline{c_{31}}e^{-s\tau} & 0 & s^q + \overline{a_1} \end{pmatrix},$$

其中 $\overline{a_1} = a_1 - \overline{b_1} = a_2 - \overline{b_{22}} = a_3 - \overline{b_{33}}$.

可得 $\Delta(s)$ 的特征方程为

$$\det(\Delta(s)) = (s^q + \overline{a_1} - ce^{-s\tau})((s^q + \overline{a_1})^2 + ce^{-s\tau}(s^q + \overline{a_1}) + c^2e^{-2s\tau}) = 0.$$

可得 $s^q+\overline{a_1}-ce^{-s\tau} = 0$ 或 $(s^q+\overline{a_1})^2+ce^{-s\tau}(s^q+\overline{a_1})+c^2e^{-2s\tau} = 0$. 如果 $s^q+\overline{a_1}-ce^{-s\tau} = 0$, 假设 $s = \omega i = |\omega|\left(\cos\dfrac{\pi}{2} + i\sin\left(\pm\dfrac{\pi}{2}\right)\right)$ 是 $s^q + \overline{a_1} - ce^{-s\tau} = 0$ 的一个根, 代入可得 $c^2-\overline{a_1}^2\sin^2\dfrac{q\pi}{2} < 0$. 同理可得 $(s^q + \overline{a_1})^2+ce^{-s\tau}(s^q+\overline{a_1})+c^2e^{-2s\tau} = 0$, 即

$$\left(s^q + \overline{a_1} + \frac{1}{2}ce^{-s\tau}\right)^2 = -\frac{3}{4}c^2e^{-2s\tau},$$

用同样的方法可得 $c^2 - \overline{a_1}^2\sin^2\dfrac{q\pi}{2} < 0$.

当 $\tau = 0$ 时, 方程 (6.25) 系数矩阵 $M$ 满足

$$M = \begin{pmatrix} -\overline{a_1} & -c & 0 \\ 0 & -\overline{a_1} & -c \\ -c & 0 & -\overline{a_1} \end{pmatrix},$$

可得特征值方程为

$$f(\lambda) = (\lambda + \overline{a_1})^3 - c^3.$$

当 $\overline{a_1} > \max\left\{c, \dfrac{c}{2}\right\}$, 系数矩阵 $M$ 的特征根具有负实部, 即系数矩阵 $M$ 满足 $|\arg(\lambda)| > \dfrac{\pi}{2}$.

考虑定理的情况 (2). 记 $\overline{b_{12}} = \overline{b_{23}} = \overline{b_{31}} = b$, $\overline{c_{11}} = \overline{c_{22}} = \overline{c_{33}} = c_1$, $\overline{c_{12}} = \overline{c_{23}} = \overline{c_{31}} = c$, $\overline{a_1} = a_1 - \overline{b_{11}} = a_2 - \overline{b_{22}} = a_3 - \overline{b_{33}}$, 对方程 (6.26) 两边进行 Laplace 变换, 可得

$$\Delta(s) = \begin{pmatrix} s^q + \overline{a_1} - c_1e^{-s\tau} & -b - ce^{-s\tau} & 0 \\ 0 & s^q + \overline{a_1} - c_1e^{-s\tau} & -b - ce^{-s\tau} \\ -b - ce^{-s\tau} & 0 & s^q + \overline{a_1} - c_1e^{-s\tau} \end{pmatrix},$$

其中 $\overline{a_1} = a_1 - \overline{b_1} = a_2 - \overline{b_{22}} = a_3 - \overline{b_{33}}$.

可得 $\Delta(s)$ 的特征方程为

$$\begin{aligned}\det(\Delta(s)) =& (s^q + \overline{a_1} - c_1e^{-s\tau} - b - ce^{-s\tau})((s^q + \overline{a_1} - c_1e^{-s\tau})^2 \\ &+ (s^q + \overline{a_1} - c_1e^{-s\tau})(b + ce^{-s\tau}) + (b + ce^{-s\tau})^2) = 0.\end{aligned}$$

计算可得 $s^q+\overline{a_1}-c_1e^{-s\tau}-b-ce^{-s\tau}=0$ 或 $(s^q+\overline{a_1}-c_1e^{-s\tau})^2+(s^q+\overline{a_1}-c_1e^{-s\tau})(b+ce^{-s\tau})+(b+ce^{-s\tau})^2=0$. 用上述方法, 如果 $s^q+\overline{a_1}-c_1e^{-s\tau}-b-ce^{-s\tau}=0$, 可得条件 (i) 为 $(c_1+c)^2-(\overline{a_1}-b)^2\sin^2\dfrac{q\pi}{2}<0$. 同理, 若 $(s^q+\overline{a_1}-c_1e^{-s\tau})^2+(s^q+\overline{a_1}-c_1e^{-s\tau})(b+ce^{-s\tau})+(b+ce^{-s\tau})^2=0$, 可得条件 (ii) 为 $\cos(q\pi\mp\psi)<1-\dfrac{2(c^2-c_1c+c_1^2)}{\left(\overline{a}+\dfrac{b}{2}\right)^2+\dfrac{3b^2}{4}}$, 其中 $\psi$ 满足 $\tan\psi=\dfrac{\sqrt{3}\left(\overline{a}b+\dfrac{b^2}{2}\right)}{\left(\overline{a}+\dfrac{b}{2}\right)^2-\dfrac{3b^2}{4}}$, 因此特征方程 $\det(\Delta(s))=0$ 对任意的 $\tau>0$ 都没有纯虚根.

当 $\tau=0$ 时, 方程 (6.25) 系数矩阵 $M$ 满足

$$M=\begin{pmatrix}-\overline{a_1}+c_1 & -b-c & 0\\ 0 & -\overline{a_1}+c_1 & -b-c\\ -b-c & 0 & -\overline{a_1}+c_1\end{pmatrix}.$$

可得特征值方程为

$$f(\lambda)=(\lambda+\overline{a_1}-c_1)^3-(b+c)^3.$$

当 $\overline{a_1}>\max\left\{c+c_1+b,c_1-\dfrac{1}{2}(b+c)\right\}$, 系数矩阵 $M$ 的特征根具有负实部, 即系数矩阵 $M$ 满足 $|\arg(\lambda)|>\dfrac{\pi}{2}$. 定理得证.

考虑另一个三维环结构的时滞分数阶神经网络模型, 在该环结构网络中, 第一个神经元连接到其相邻的两个神经元, 而另外两个神经元彼此相连但不连接第一个神经元, 与此同时考虑时滞反馈作用.

$$\begin{cases}{}^CD_t^qx_1(t)=-a_1x_1(t)+b_{11}f_1(x_1(t))+b_{13}f_3(x_3(t))+cg_1(x_1(t-\tau)),\\ {}^CD_t^qx_2(t)=-a_2x_2(t)+b_{12}f_1(x_2(t))+b_{22}f_2(x_2(t))+b_{23}f_3(x_3(t))\\ \qquad\qquad +cg_2(x_2(t-\tau)),\\ {}^CD_t^qx_3(t)=-a_3x_3(t)+b_{31}f_1(x_1(t))+b_{33}f_3(x_3(t))+c_1g_3(x_1(t-\tau)).\end{cases}\tag{6.27}$$

可得系统 (6.27) 的线性形式为

$${}^CD_t^qX(t)=-AX(t)+\overline{B}X(t)+\overline{C}X(t-\tau),\tag{6.28}$$

其中

$$A=\begin{pmatrix}-a_1 & 0 & 0\\ 0 & -a_2 & 0\\ 0 & 0 & -a_3\end{pmatrix},\quad \overline{B}=\begin{pmatrix}\overline{b_{11}} & 0 & \overline{b_{13}}\\ \overline{b_{21}} & \overline{b_{22}} & \overline{b_{23}}\\ \overline{b_{31}} & 0 & \overline{b_{33}}\end{pmatrix},\quad \overline{C}=\begin{pmatrix}c & 0 & 0\\ 0 & c & 0\\ c_1 & 0 & 0\end{pmatrix}.$$

**定理 6.3.2** 如果 $q_1=q_2=q_3=q(q\in(0,1))$, $c<\overline{a_1}+\overline{a_2}$, $\overline{a_1}=\overline{a_2}$, $c\overline{a_3}+\overline{b}+\overline{b_{13}}c_1<0$,

(1) $c^2-\overline{a_1}^2\sin^2\dfrac{q\pi}{2}<0$;

(2) $\overline{a_1}+\overline{a_3}=0$, $\overline{a_3}+\overline{b_{13}}c_1=0$, $c^4+(\overline{a_1}^2+\overline{b})^2\sin^2 q\pi+(a_1^2+\overline{b})c^2\cos q\pi>0$, 当条件 (1) 或 (2) 成立时, 方程 (6.27) 的零解是 Lyapunov 渐近稳定的, 其中 $\overline{a_1}=a_1-\overline{b_{11}}$, $\overline{a_2}=a_2-\overline{b_{22}}$, $\overline{a_3}=a_3-\overline{b_{33}}$, $\overline{b}=\overline{b_{13}b_{31}}$.

**证明** 对方程 (6.28) 两边进行 Laplace 变换, 可得

$$\Delta(s)=\begin{pmatrix} s^q+\overline{a_1}-ce^{-s\tau} & 0 & -\overline{b_{13}} \\ -\overline{b_{21}} & s^q+\overline{a_2}-ce^{-s\tau} & -\overline{b_{23}} \\ -\overline{b_{31}}-c_1e^{-s\tau} & 0 & s^q+\overline{a_3} \end{pmatrix},$$

其中 $\overline{a_1}=a_1-\overline{b_{11}}$, $\overline{a_2}=a_2-\overline{b_{22}}$, $\overline{a_3}=a_3-\overline{b_{33}}$, $\overline{a_1}=\overline{a_2}$, $\overline{b}=\overline{b_{13}b_{31}}$.

可得 $\Delta(s)$ 的特征方程为

$$\det(\Delta(s))=(s^q+\overline{a_1}-ce^{-s\tau})((s^q+\overline{a_1}-ce^{-s\tau})(s^q+\overline{a_3})-\overline{b}-\overline{b_{13}}c_1e^{-s\tau})=0.$$

可得 $s^q+\overline{a_1}-ce^{-s\tau}=0$ 或 $(s^q+\overline{a_1}-ce^{-s\tau})(s^q+\overline{a_3})-\overline{b}-\overline{b_{13}}c_1e^{-s\tau}=0$. 如果 $s^q+\overline{a_1}-ce^{-s\tau}=0$, 用上述方法可得 $c^2-\overline{a_1}^2\sin^2\dfrac{q\pi}{2}<0$.

当 $(s^q+\overline{a_1}-ce^{-s\tau})(s^q+\overline{a_3})-\overline{b}-\overline{b_{13}}c_1e^{-s\tau}=0$ 时, 即

$$s^{2q}+(\overline{a_1}+\overline{a_3})s^q-cs^qe^{-s\tau}-\overline{a_3}ce^{-s\tau}-\overline{b_{13}}c_1e^{-s\tau}+\overline{a_1a_3}-\overline{b}=0.$$

同理, 假设 $s=\omega i=|\omega|\left(\cos\dfrac{\pi}{2}+i\sin\left(\pm\dfrac{\pi}{2}\right)\right)$ 为方程 $(s^q+\overline{a_1}-ce^{-s\tau})(s^q+\overline{a_3})-\overline{b}-\overline{b_{13}}c_1e^{-s\tau}=0$ 的一个根, 代入并分离实部和虚部可得

$$|\omega|^{4q}+\widetilde{b}|\omega|^{3q}+\widetilde{c}|\omega|^{2q}+\widetilde{d}|\omega|^q+\widetilde{e}=0, \tag{6.29}$$

其中

$$\widetilde{b}=2(\overline{a_1}+\overline{a_3})\left(\cos q\pi\cos\frac{q\pi}{2}+\sin(\pm q\pi)\sin\left(\pm\frac{q\pi}{2}\right)\right),$$

$$\widetilde{c}=(\overline{a_1}+\overline{a_3})^2+2(\overline{a_1a_3}-\overline{b})\cos q\pi-c^2,$$

$$\widetilde{d}=2((\overline{a_1}+\overline{a_3})(\overline{a_1a_3}-\overline{b})-c(\overline{a_3}+\overline{b_{13}}c_1))\cos\frac{q\pi}{2},\quad \widetilde{e}=(\overline{a_1a_3}-\overline{b})^2-(\overline{a_3}+\overline{b_{13}}c_1)^2.$$

由定理 6.2.5, 若 $0<q<1$ 和 $y$ 满足 $\widetilde{b}-4y-2\widetilde{c}+\dfrac{\widetilde{b}^3-4\widetilde{b}\widetilde{c}+8\widetilde{d}}{\sqrt{8y+\widetilde{b}^2-4\widetilde{c}}}<$

0 或 $\widetilde{b}-4y-2\widetilde{c}-\dfrac{\widetilde{b}^3-4\widetilde{b}\widetilde{c}+8\widetilde{d}}{\sqrt{8y+\widetilde{b}^2-4\widetilde{c}}}<0$, 其中 $y$ 是方程 $8y^3-4\widetilde{c}y^2+(2\widetilde{b}\widetilde{d}-8\widetilde{e})y+\widetilde{e}(4\widetilde{c}-\widetilde{b}^2)-\widetilde{d}^2=0$ 的任一实根, 则方程 (6.29) 没有实解, 即特征方程 $\det(\Delta(s))=0$ 对任意的 $\tau>0$ 没有纯虚根. 这里给出一个特殊的情况, 令方程 (6.29) 中的系数 $\overline{b}=0$, $\overline{d}=0$, 可得 $\overline{a_1}+\overline{a_3}=0$, $\overline{a_3}+\overline{b_{13}}c_1=0$, $c^4+(\overline{a_1}^2+\overline{b})^2\sin^2 q\pi+(a_1^2+\overline{b})c^2\cos q\pi>0$, 则方程 (6.29) 没有实解, 即特征方程 $\det(\Delta(s))=0$ 对任意的 $\tau>0$ 没有纯虚根.

当 $\tau=0$ 时, 方程 (6.27) 系数矩阵 $M$ 满足

$$M=\begin{pmatrix} -\overline{a_1}+c & 0 & \overline{b_{13}} \\ \overline{b_{21}} & -\overline{a_2}+c & \overline{b_{23}} \\ \overline{b_{31}}+c_1 & 0 & -\overline{a_3} \end{pmatrix}.$$

可得系数矩阵的特征方程为

$$f(\lambda)=(\lambda+\overline{a_1}-c)((\lambda+\overline{a_1}-c)(\lambda+\overline{a_3})-\overline{b}-b_{13}c_1).$$

若 $c<\overline{a_1}+\overline{a_2}$, $\overline{a_1}=\overline{a_2}$ 且 $c\overline{a_3}+\overline{b}+\overline{b_{13}}c_1<0$, 系数矩阵 $M$ 的特征根具有负实部, 即系数矩阵 $M$ 满足 $|\arg(\lambda)|>\dfrac{\pi}{2}$. 定理得证.

### 6.3.2　高维环结构时滞分数阶神经网络的稳定性分析

本节首先给出一类高维环结构的时滞分数阶神经网络模型, 在该环结构网络中的每个神经元仅连接到其最接近的一个神经元. 另外, 环结构延时反馈也具有相同的环结构, 即除了自身的反馈作用还有最接近的一个神经元的反馈作用, 形成和原环结构相同的环时滞反馈作用. 此外, 扩展了一类环结构的时滞分数阶神经网络模型, 在该环结构网络中的每个神经元仅连接到其最接近的两个神经元, 并考虑自身的反馈作用, 给出了其相应的稳定条件.

考虑带有环结构延时反馈的环结构分数阶神经网络模型

$$\begin{cases} {}^CD_t^q x_i(t)=-a_ix_1(t)+b_{ii}f_i(x_i(t))+b_{ii+1}f_{i+1}(x_{i+1}(t))+c_ig_i(x_i(t-\tau)) \\ \qquad\qquad +c_{ii+1}g_{i+1}(x_{i+1}(t-\tau)) \quad (i=1,2,\cdots,n-1), \\ {}^CD_t^q x_n(t)=-a_nx_n(t)+b_{nn}f_n(x_n(t))+b_{n1}f_1(x_1(t))+c_ng_n(x_n(t-\tau)) \\ \qquad\qquad +c_{n1}g_1(x_1(t-\tau)). \end{cases} \tag{6.30}$$

可得系统 (6.30) 的线性形式为

$${}^CD_t^qX(t)=-AX(t)+\overline{B}X(t)+\overline{C}X(t-\tau), \tag{6.31}$$

其中

$$A=\begin{pmatrix} -a_1 & 0 & 0 & \cdots & 0 & 0 \\ 0 & -a_2 & 0 & \cdots & 0 & 0 \\ 0 & 0 & -a_3 & \cdots & 0 & 0 \\ \vdots & \vdots & \vdots & & \vdots & \vdots \\ 0 & 0 & 0 & \cdots & -a_{n-1} & 0 \\ 0 & 0 & 0 & \cdots & 0 & -a_n \end{pmatrix},$$

$$\overline{B}=\begin{pmatrix} \overline{b_{11}} & \overline{b_{12}} & 0 & \cdots & 0 & 0 \\ 0 & \overline{b_{22}} & \overline{b_{23}} & \cdots & 0 & 0 \\ 0 & 0 & \overline{b_{33}} & \cdots & 0 & 0 \\ \vdots & \vdots & \vdots & & \vdots & \vdots \\ 0 & 0 & 0 & \cdots & \overline{b_{n-1n-1}} & \overline{b_{n-1n}} \\ \overline{b_{n1}} & 0 & 0 & \cdots & 0 & \overline{b_{nn}} \end{pmatrix},$$

$$\overline{C}=\begin{pmatrix} \overline{c_{11}} & \overline{c_{12}} & 0 & \cdots & 0 & 0 \\ 0 & \overline{c_{22}} & \overline{c_{23}} & \cdots & 0 & 0 \\ 0 & 0 & \overline{c_{33}} & \cdots & 0 & 0 \\ \vdots & \vdots & \vdots & & \vdots & \vdots \\ 0 & 0 & 0 & \cdots & \overline{c_{n-1n-1}} & \overline{c_{n-1n}} \\ \overline{c_{n1}} & 0 & 0 & \cdots & 0 & \overline{c_{nn}} \end{pmatrix}.$$

**定理 6.3.3** 若 $q\in(0,1)$, $\overline{b_{ii+1}}(i=1,\cdots,n-1)=\overline{b_{n1}}=b$, $\overline{c_{ii+1}}(i=1,\cdots,n-1)=\overline{c_{n1}}=c$, $\overline{c_{ii}}(i=1,\cdots,n)=c_1$, $\overline{a}-c_1-|b+c|>0$, $(c_1+c)^2-(\overline{a}-b)^2\sin^2\dfrac{q\pi}{2}<0$, 其中 $\overline{a}=a_i-\overline{b_{ii}}$, 则方程 (6.30) 的零解是 Lyapunov 渐近稳定的.

**证明** 若 $q\in(0,1)$, $\overline{b_{ii+1}}(i=1,\cdots,n-1)=\overline{b_{n1}}=b$, $\overline{c_{ii+1}}(i=1,\cdots,n-1)=\overline{c_{n1}}=c$, $\overline{c_{ii}}(i=1,\cdots,n)=c_1$, 对方程 (6.31) 两边进行 Laplace 变换, 并由 6.1 节的推导过程可计算方程 (6.31) 的特征矩阵 $\Delta(s)$ 为

$$\Delta(s)$$
$$=\begin{pmatrix} s^q+\overline{a}-c_1e^{-s\tau} & -(b+ce^{-s\tau}) & 0 & \cdots & 0 & 0 \\ 0 & s^q+\overline{a}-c_1e^{-s\tau} & -(b+ce^{-s\tau}) & \cdots & 0 & 0 \\ 0 & 0 & s^q+\overline{a}-c_1e^{-s\tau} & \cdots & 0 & 0 \\ \vdots & \vdots & \vdots & & \vdots & \vdots \\ 0 & 0 & 0 & \cdots & s^q+\overline{a}-c_1e^{-s\tau} & -(b+ce^{-s\tau}) \\ -(b+ce^{-s\tau}) & 0 & 0 & \cdots & 0 & s^q+\overline{a}-c_1e^{-s\tau} \end{pmatrix},$$

其中 $\overline{a} = a_i - \overline{b_{ii}}$.

可得 $\Delta(s)$ 的特征方程为

$$\det(\Delta(s)) = (s^q + \overline{a} - c_1 e^{-s\tau})^n - (b + ce^{-s\tau})^n,$$

故可得

$$\begin{aligned}\det(\Delta(s)) &= (s^q + \overline{a} - c_1 e^{-s\tau})^n - (b + ce^{-s\tau})^n \\ &= (s^q + \overline{a} - c_1 e^{-s\tau} - (b + ce^{-s\tau}))^k F(s,\tau) = 0,\end{aligned} \tag{6.32}$$

其中 $k$ 为公因子 $(s^q + \overline{a} - c_1 e^{-s\tau} - (b + ce^{-s\tau}))$ 的最大重数.

我们要证明特征方程 $\det(\Delta(s)) = 0$ 对任意的 $\tau > 0$ 没有纯虚根. 这里用反证法, 假设存在 $s = \omega i = |\omega|\left(\cos\frac{\pi}{2} + i\sin\left(\pm\frac{\pi}{2}\right)\right)$ 是特征方程 $s^q + \overline{a} - c_1 e^{-s\tau} - (b + ce^{-s\tau}) = 0$ 的一个纯虚根, 其中 $\omega$ 是一实数. 当 $\omega > 0$ 时, $s = \omega i = |\omega|\left(\cos\frac{\pi}{2} + i\sin\left(\frac{\pi}{2}\right)\right)$, 当 $\omega < 0$ 时, $s = \omega i = |\omega|\left(\cos\frac{\pi}{2} - i\sin\left(\frac{\pi}{2}\right)\right)$. 将 $s = \omega i = |\omega|\left(\cos\frac{\pi}{2} + i\sin\left(\pm\frac{\pi}{2}\right)\right)$ 代入 $s^q + \overline{a} - c_1 e^{-s\tau} - (b + ce^{-s\tau}) = 0$ 可得 $(c_1 + c)^2 - (\overline{a} - b)^2 \sin^2\frac{q\pi}{2} < 0$.

当 $\tau = 0$ 时, 方程 (6.30) 系数矩阵 $M$ 满足

$$M = \begin{pmatrix} -\overline{a} + c_1 & -(b+c) & 0 & \cdots & 0 & 0 \\ 0 & -\overline{a} + c_1 & -(b+c) & \cdots & 0 & 0 \\ 0 & 0 & -\overline{a} + c_1 & \cdots & 0 & 0 \\ \vdots & \vdots & \vdots & & \vdots & \vdots \\ 0 & 0 & 0 & \cdots & -\overline{a} + c_1 & -(b+c) \\ -(b+c) & 0 & 0 & \cdots & 0 & -\overline{a} + c_1 \end{pmatrix},$$

可得系数矩阵的特征方程为

$$f(\lambda) = (\lambda + \overline{a} - c_1)^n - (b + c)^n.$$

当 $\overline{a} - c_1 - |b + c| > 0$ 时, 系数矩阵 $M$ 的特征根具有负实部, 系数矩阵 $M$ 满足 $|\arg(\lambda)| > \frac{\pi}{2}$. 定理得证.

**注 6.3.4**　注意到定理 6.3.3 为充分条件, 在考虑特征方程 $\det(\Delta(s)) = 0$ 时, 我们需要考虑以下三种情况:

(1) $(s^q + \overline{a} - c_1 e^{-s\tau} - (b + ce^{-s\tau}))^k = 0$ 且 $F(s,\tau) \neq 0$;

(2) $(s^q + \overline{a} - c_1 e^{-s\tau} - (b + ce^{-s\tau}))^k = 0$ 且 $F(s,\tau) = 0$;

(3) $(s^q+\overline{a}-c_1e^{-s\tau}-(b+ce^{-s\tau}))^k\neq 0$ 且 $F(s,\tau)=0$.
这里只考虑情况 (1), 因为情况 (2) 成立可以得到情况 (1) 一定成立. 但是这里没有考虑情况 (3). 实际上, 当神经元数量很大的时候, 方程 $F(s,\tau)=0$ 变得很复杂, 其条件也变得很复杂, 而且不易验证. 当 $n=3$ 时, 可以计算得到方程 $F(s,\tau)=0$ 为 $F(s,\tau)=(s^q+\overline{a_1}-c_1e^{-s\tau})^2+(s^q+\overline{a_1}-c_1e^{-s\tau})(b+ce^{-s\tau})+(b+ce^{-s\tau})^2=0$ 相对应定理 6.3.1的稳定性条件.

下面考虑双向耦合的环结构的时滞分数阶神经网络模型

$$\begin{cases} {}^CD_t^qx_1(t)=-a_1x_1(t)+b_{11}f_1(x_1(t))+b_{12}f_2(x_2(t))+b_{1n}f_n(x_n(t)) \\ \qquad\qquad +cg_1(x_1(t-\tau)), \\ {}^CD_t^qx_i(t)=-a_ix_i(t)+b_{ii-1}f_{i-1}(x_{i-1}(t))+b_{ii}f_i(x_i(t))+b_{ii+1}f_{i+1}(x_{i+1}(t)) \\ \qquad\qquad +cg_i(x_i(t-\tau)),\quad i=2,\cdots,n-1, \\ {}^CD_t^qx_n(t)=-a_nx_n(t)+b_{n1}f_1(x_1(t))+b_{nn-1}f_{n-1}(x_{n-1}(t))+b_{nn}f_n(x_n(t)) \\ \qquad\qquad +cg_n(x_n(t-\tau)). \end{cases} \tag{6.33}$$

可得系统 (6.33) 的线性形式为

$$ {}^CD_t^qX(t)=-AX(t)+\overline{B}X(t)+\overline{C}X(t-\tau), \tag{6.34}$$

其中

$$A=\begin{pmatrix} -a_1 & 0 & 0 & \cdots & 0 & 0 \\ 0 & -a_2 & 0 & \cdots & 0 & 0 \\ 0 & 0 & -a_3 & \cdots & 0 & 0 \\ \vdots & \vdots & \vdots & & \vdots & \vdots \\ 0 & 0 & 0 & \cdots & -a_{n-1} & 0 \\ 0 & 0 & 0 & \cdots & 0 & -a_n \end{pmatrix},$$

$$\overline{B}=\begin{pmatrix} \overline{b_{11}} & \overline{b_{12}} & 0 & \cdots & 0 & \overline{b_{1n}} \\ \overline{b_{21}} & \overline{b_{22}} & \overline{b_{23}} & \cdots & 0 & 0 \\ 0 & \overline{b_{32}} & \overline{b_{33}} & \cdots & 0 & 0 \\ \vdots & \vdots & \vdots & & \vdots & \vdots \\ 0 & 0 & 0 & \cdots & \overline{b_{n-1n-1}} & \overline{b_{n-1n}} \\ \overline{b_{n1}} & 0 & 0 & \cdots & \overline{b_{nn-1}} & \overline{b_{nn}} \end{pmatrix},$$

$$\overline{C} = \begin{pmatrix} c & 0 & 0 & \cdots & 0 & 0 \\ 0 & c & 0 & \cdots & 0 & 0 \\ 0 & 0 & c & \cdots & 0 & 0 \\ \vdots & \vdots & \vdots & & \vdots & \vdots \\ 0 & 0 & 0 & \cdots & c & 0 \\ 0 & 0 & 0 & \cdots & 0 & c \end{pmatrix}.$$

**定理 6.3.5**　如果 $q \in (0,1)$ 且 $\alpha + |\beta + \gamma| < 0$, 当 $\cos(q\pi + \psi) < 1 - \dfrac{2c^2}{(|\overline{\alpha}| + |\beta + \gamma|)^2}$, 则方程 (6.33) 的零解是 Lyapunov 渐近稳定的, 其中 $\psi$ 满足 $\tan\psi = \dfrac{2k_1k_2}{k_1^2 - k_2^2}$, $\alpha = -a_i + \overline{b_{ii}} + c$, $\overline{\alpha} = -a_i + \overline{b_{ii}}$, $\beta = \overline{b_{ii+1}}$, $\gamma = \overline{b_{ii-1}}$, 这里 $k_1 = \left(\overline{\alpha} - (\beta + \gamma)\cos\dfrac{2p\pi}{n}\right)$ 和 $k_2 = (\beta - \gamma)\sin\dfrac{2p\pi}{n}$ $(p = 0, 1, \cdots, n-1)$.

**证明**　取 $\alpha = -a_i + \overline{b_{ii}} + c$, $\overline{\alpha} = -a_i + \overline{b_{ii}}$, $\beta = \overline{b_{ii+1}}$, $\gamma = \overline{b_{ii-1}}$, 方程 (6.34) 两边进行拉普拉斯变换, 并由 6.1 节的推导过程可计算方程 (6.33) 的特征矩阵 $\Delta(s)$ 为

$$\Delta(s) =$$
$$\begin{pmatrix} s^q - \overline{\alpha} - ce^{-s\tau} & -\beta & 0 & \cdots & 0 & -\gamma \\ -\gamma & s^q - \overline{\alpha} - ce^{-s\tau} & -\beta & \cdots & 0 & 0 \\ 0 & -\gamma & s^q - \overline{\alpha} - ce^{-s\tau} & \cdots & 0 & 0 \\ \vdots & \vdots & \vdots & & \vdots & \vdots \\ 0 & 0 & 0 & \cdots & s^q - \overline{\alpha} - ce^{-s\tau} & -\beta \\ -\beta & 0 & 0 & \cdots & -\gamma & s^q - \overline{\alpha} - ce^{-s\tau} \end{pmatrix}$$

可得 $\Delta(s)$ 的特征方程为

$$\det(\Delta(s)) = \left|(s^q - ce^{-s\tau})I - \begin{pmatrix} \overline{\alpha} & \beta & 0 & \cdots & 0 & \gamma \\ \gamma & \overline{\alpha} & \beta & \cdots & 0 & 0 \\ 0 & \gamma & \overline{\alpha} & \cdots & 0 & 0 \\ \vdots & \vdots & \vdots & & \vdots & \vdots \\ 0 & 0 & 0 & \cdots & \overline{\alpha} & \beta \\ \beta & 0 & 0 & \cdots & \gamma & \overline{\alpha} \end{pmatrix}\right| = 0. \tag{6.35}$$

记 $\lambda' = s^q - ce^{-s\tau}$ 和 $M' = \begin{pmatrix} \overline{\alpha} & \beta & 0 & \cdots & 0 & \gamma \\ \gamma & \overline{\alpha} & \beta & \cdots & 0 & 0 \\ 0 & \gamma & \overline{\alpha} & \cdots & 0 & 0 \\ \vdots & \vdots & \vdots & & \vdots & \vdots \\ 0 & 0 & 0 & \cdots & \overline{\alpha} & \beta \\ \beta & 0 & 0 & \cdots & \gamma & \overline{\alpha} \end{pmatrix}$, 则方程 (6.35) 可化为

$$\det(\Delta(s)) = |\lambda' I - M'| = 0. \tag{6.36}$$

由式 (6.36) 可知 $M'$ 为一个三参数循环的矩阵 (可见参考文献 [179]), 且其形式为 $M' = \text{circ}(\overline{\alpha}, \beta, 0, \cdots, 0, \gamma)$. 可计算循环的矩阵 $M'$ 的 $n$ 个特征值为

$$\lambda'_p = \overline{\alpha} + (\beta+\gamma)\cos\frac{2p\pi}{n} + i(\beta-\gamma)\sin\frac{2p\pi}{n} \quad (p \in \{0, 1, \cdots, n-1\}),$$

由式 (6.36), 可知 $\lambda'$ 为循环的矩阵 $M'$ 的特征值.

对 $p = 0, 1, \cdots, n-1$, 若

$$\lambda' = s^q - ce^{-s\tau} = \overline{\alpha} + (\beta+\gamma)\cos\frac{2p\pi}{n} + i(\beta-\gamma)\sin\frac{2p\pi}{n}$$

对任意 $\tau > 0$ 没有纯虚根, 则方程 (6.36) 没有纯虚根, 即特征方程 $\det(\Delta(s)) = 0$ 对任意的 $\tau > 0$ 没有纯虚根.

下面具体计算 $\det(\Delta(s)) = 0$ 对任意的 $\tau > 0$ 没有纯虚根的条件. 这里用反证法, 假设存在 $s = \omega i = |\omega|\left(\cos\frac{\pi}{2} + i\sin\left(\pm\frac{\pi}{2}\right)\right)$ 是特征方程 $s^q - ce^{-s\tau} = \overline{\alpha} + (\beta+\gamma)\cos\frac{2p\pi}{n} + i(\beta-\gamma)\sin\frac{2p\pi}{n}$ 的一个纯虚根, 其中 $\omega$ 是一实数. 当 $\omega > 0$ 时, $s = \omega i = |\omega|\left(\cos\frac{\pi}{2} + i\sin\left(\frac{\pi}{2}\right)\right)$, 当 $\omega < 0$, $s = \omega i = |\omega|\left(\cos\frac{\pi}{2} - i\sin\left(\frac{\pi}{2}\right)\right)$.

将 $s = \omega i = |\omega|\left(\cos\frac{\pi}{2} + i\sin\left(\pm\frac{\pi}{2}\right)\right)$ 代入 $s^q - ce^{-s\tau} = \overline{\alpha} + (\beta+\gamma)\cos\frac{2p\pi}{n} + i(\beta-\gamma)\sin\frac{2p\pi}{n}$ 可得

$$\begin{aligned} &|\omega|^q\left(\cos\frac{q\pi}{2} + i\sin\left(\pm\frac{q\pi}{2}\right)\right) \\ &- \overline{\alpha} - c(\cos\omega\tau - i\sin\omega\tau) - (\beta+\gamma)\cos\frac{2p\pi}{n} - i(\beta-\gamma)\sin\frac{2p\pi}{n} = 0. \end{aligned}$$

经简单的计算, 可知

$$\begin{aligned} &|\omega|^{2q} + 2|\omega|^q\left(\left(\overline{\alpha} - (\beta+\gamma)\cos\frac{2p\pi}{n}\right)\cos\frac{q\pi}{2} - (\beta-\gamma)\sin\frac{2p\pi}{n}\sin\left(\pm\frac{q\pi}{2}\right)\right) \\ &+ \left(\overline{\alpha} - (\beta+\gamma)\cos\frac{2p\pi}{n}\right)^2 + (\beta-\gamma)^2\sin^2\frac{2p\pi}{n} - c^2 = 0. \end{aligned} \tag{6.37}$$

当 $0 < q < 1$ 且方程 (6.37) 的 $\Delta < 0$, 由倍角公式可得

$$\cos(q\pi + \psi) < 1 - \frac{2c^2}{k_1^2 + k_2^2} < 1 - \frac{2c^2}{(|\overline{\alpha}| + |\beta+\gamma|)^2},$$

其中 $\psi$ 满足 $\tan\psi = \frac{2k_1k_2}{k_1^2 - k_2^2}$, $k_1 = \left(\overline{\alpha} - (\beta+\gamma)\cos\frac{2p\pi}{n}\right)$, $k_2 = (\beta-\gamma)\sin\frac{2p\pi}{n}$,

$p = 0, 1, \cdots, n-1$, 则方程 (6.37) 没有实数解, 即特征方程 $\det(\Delta(s)) = 0$ 对任意的 $\tau > 0$ 没有纯虚根.

当 $\tau = 0$, 方程 (6.33) 系数矩阵 $M$ 满足

$$M = \begin{pmatrix} \alpha & \beta & 0 & \cdots & 0 & \gamma \\ \gamma & \alpha & \beta & \cdots & 0 & 0 \\ 0 & \gamma & \alpha & \cdots & 0 & 0 \\ \vdots & \vdots & \vdots & & \vdots & \vdots \\ 0 & 0 & 0 & \cdots & \alpha & \beta \\ \beta & 0 & 0 & \cdots & \gamma & \alpha \end{pmatrix}.$$

由参考文献 [115, 179], 可以得到

$$\lambda_p = \alpha + (\beta + \gamma)\cos\frac{2p\pi}{n} + i(\beta - \gamma)\sin\frac{2p\pi}{n} \quad (p \in \{0, 1, \cdots, n-1\}).$$

当 $\alpha + |\beta + \gamma| < 0$, 系数矩阵 $M$ 的特征根具有负实部, 系数矩阵 $M$ 满足 $|\arg(\lambda)| > \dfrac{\pi}{2}$. 定理得证.

**注 6.3.6** 从方程 (6.36) 可知, $\lambda' = s^q - ce^{-s\tau}$ 是关于 $s$ 和 $\tau$ 的连续函数, 这里 $s$ 和 $\tau$ 在空间里任意的取得, 故特征值 $\lambda'$ 可以取到矩阵 $M'$ 的所有特征值. 假如 $M'$ 的特征值关于某个 $p \in \{0, 1, \cdots, n-1\}$ 没有取到, 但是这里可以要求 $\lambda'_p = \overline{\alpha} + (\beta+\gamma)\cos\dfrac{2p\pi}{n} + i(\beta-\gamma)\sin\dfrac{2p\pi}{n}$ 对任意 $p \in \{0, 1, \cdots, n-1\}$ 都没有纯虚根. 其中条件为 $\cos(q\pi + \psi) < 1 - \dfrac{2c^2}{(|\,\overline{\alpha}\,| + |\,\beta + \gamma\,|)^2}$ 对任意的 $p \in \{0, 1, \cdots, n-1\}$ 都成立且不包含时滞 $\tau$. 这里断定 $det(\Delta(s))$ 对所有的 $\tau > 0$ 和 $p \in \{0, 1, \cdots, n-1\}$ 都没有纯虚根.

**注 6.3.7** 注意到以上结果都考虑在零平衡点处的稳定性, 若神经网络只有零平衡点, 则零平衡点是全局一致渐近稳定的. 事实上神经网络有很多非零平衡点, 在 Caputo 分数阶微分定义下, 可以平移到零平衡点, 用同样的方法可得相似的稳定性条件.

### 6.3.3 数值仿真

本节主要给出满足环结构时滞分数阶网络的稳定性条件的神经网络, 计算方法仍用时滞分数阶预估校正算法, 步长选取 $h = 0.01$.

**例 6.3.8** 考虑三维环结构并带有环结构延时反馈的时滞分数阶单向链接的神经网络模型

$$\begin{cases} {}^C D_t^q x_1(t) = -a_1 x_1(t) + b_{11}\sin(x_1(t)) + b_{12}\sin(x_2(t)) + c_{11}\tanh(x_1(t-\tau)) \\ \qquad\qquad + c_{12}\tanh(x_2(t-\tau)), \\ {}^C D_t^q x_2(t) = -a_2 x_2(t) + b_{22}\sin(x_2(t)) + b_{23}\sin(x_3(t)) + c_{22}\tanh(x_2(t-\tau)) \\ \qquad\qquad + c_{23}\tanh(x_3(t-\tau)), \\ {}^C D_t^q x_3(t) = -a_3 x_3(t) + b_{31}\sin(x_1(t)) + b_{33}\sin(x_3(t)) + c_{33}\tanh(x_3(t-\tau)) \\ \qquad\qquad + c_{31}\tanh(x_1(t-\tau)), \\ x_1(t) = x_1(0), \quad x_2(t) = x_2(0), \quad x_3(t) = x_3(0), \quad t \in [-\tau, 0]. \end{cases} \tag{6.38}$$

方程 (6.38) 的系数选为 $q = 0.96$, $\tau = 0.7$, $a_1 = 3$, $b_{11} = 2$, $a_2 = 2$, $b_{22} = 1$, $a_3 = 0.5$, $b_{33} = -0.5$, $b_{12} = b_{23} = b_{31} = 0$, $c_{11} = c_{22} = c_{33} = 0$, $c_{12} = -1$, $c_{23} = 1$ 和 $c_{31} = 1$. 容易验证参数满足定理 6.3.1 (1). 初始条件 $x_1(0)$, $x_2(0)$ 和 $x_3(0)$ 选取为 $x_1(0) = 0.1$, $x_2(0) = 0.2$ 和 $x_3(0) = 0.3$. 方程 (6.38) 的零解是 Lyapunov 渐近稳定的, 方程 (6.38) 收敛时间响应图可见图 6.3(a).

方程 (6.38) 系数选为 $q = 0.92$, $\tau = 0.5$, $a_1 = 4$, $b_{11} = 2$, $a_2 = 1$, $b_{22} = -1$, $a_3 = 3$, $b_{33} = 1$, $b_{12} = b_{23} = b_{31} = 0.8$, $c_{11} = c_{22} = c_{33} = 1$ 和 $c_{12} = c_{23} = c_{31} = -2$. 容易验证参数满足定理 6.3.1 (2). 初始条件 $x_1(0)$, $x_2(0)$ 和 $x_3(0)$ 选取为 $x_1(0) = 0.5$, $x_2(0) = 0.2$ 和 $x_3(0) = 0.1$. 方程 (6.38) 收敛时间响应图可见图 6.3(b).

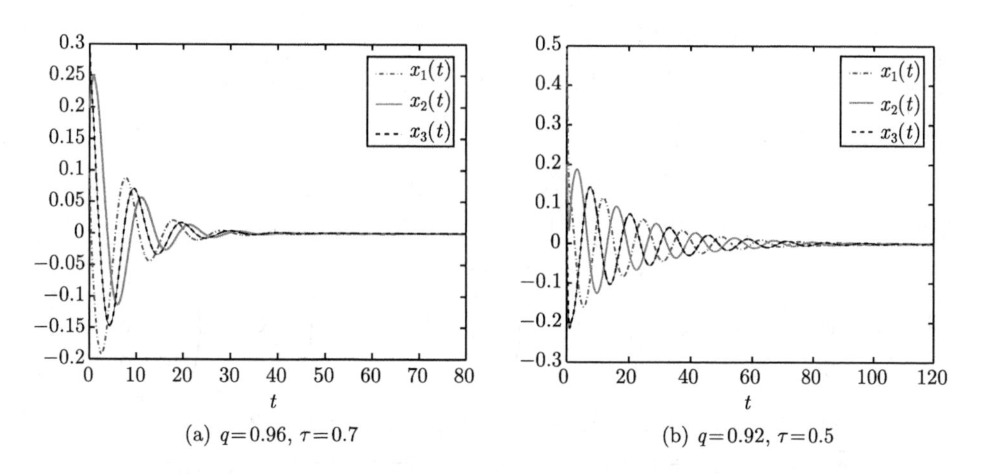


(a) $q$=0.96, $\tau$=0.7

(b) $q$=0.92, $\tau$=0.5

图 6.3 方程 (6.38) 在不同参数下的时间响应曲线

**例 6.3.9**　考虑另一个三维环结构的时滞分数阶神经网络模型, 在该环结构网络中的第一个神经元连接到其相邻的两个神经元, 而另外两个神经元彼此相连但不连接第一个神经元

$$\begin{cases} {}^{C}D_t^q x_1(t) = -a_1x_1(t) + b_{11}\sin(x_1(t)) + b_{13}\sin(x_3(t)) + c\tanh(x_1(t-\tau)), \\ {}^{C}D_t^q x_2(t) = -a_2x_2(t) + b_{12}\sin(x_2(t)) + b_{22}\sin(x_2(t)) + b_{23}\sin(x_3(t)) \\ \qquad\qquad + c\tanh(x_2(t-\tau)), \\ {}^{C}D_t^q x_3(t) = -a_3x_3(t) + b_{31}\sin(x_1(t)) + b_{33}\sin(x_3(t)) + c_1\tanh(x_1(t-\tau)), \\ x_1(t) = x_1(0), \quad x_2(t) = x_2(0), \quad x_3(t) = x_3(0), t \in [-\tau, 0], \end{cases} \tag{6.39}$$

方程 (6.39) 系数选为 $q = 0.96$, $\tau = 0.5$, $a_1 = 2$, $b_{11} = 0.5$, $a_2 = 2.5$, $b_{22} = 1$, $a_3 = 3$, $b_{33} = 2.5$, $b_{12} = -1$, $b_{23} = -0.5$, $b_{31} = -2$, $c = -1$, $c_1 = 1$ 和 $c_{23} = 1$, 容易验证参数满足定理 6.3.2. 初始条件 $x_1(0)$, $x_2(0)$ 和 $x_3(0)$ 选取为 $x_1(0) = 0.1$, $x_2(0) = 0.2$ 和 $x_3(0) = 0.3$. 方程 (6.39) 收敛时间响应图可见图 6.4(a).

**例 6.3.10**　考虑双向耦合的环结构的时滞分数阶神经网络模型

$$\begin{cases} {}^{C}D_t^q x_1(t) = -a_1x_1(t) + b_{11}\sin(x_1(t)) + b_{12}\sin(x_2(t)) + b_{13}\sin(x_3(t)) \\ \qquad\qquad + c_{11}\tanh(x_1(t-\tau)), \\ {}^{C}D_t^q x_2(t) = -a_2x_2(t) + b_{21}\sin(x_2(t)) + b_{22}\sin(x_2(t)) + b_{23}\sin(x_3(t)) \\ \qquad\qquad + c_{22}\tanh(x_2(t-\tau)), \\ {}^{C}D_t^q x_3(t) = -a_3x_3(t) + b_{31}\sin(x_1(t)) + b_{23}\sin(x_2(t)) + b_{33}\sin(x_3(t)) \\ \qquad\qquad + c_{33}\tanh(x_3(t-\tau)). \\ x_1(t) = x_1(0), \quad x_2(t) = x_2(0), \quad x_3(t) = x_3(0), \quad t \in [-\tau, 0], \end{cases} \tag{6.40}$$

可得系统 (6.40) 的线性形式为

$$ {}^{C}D^q X(t) = -AX(t) + \overline{B}X(t) + \overline{C}X(t-\tau), $$

其中

$$ A = \begin{pmatrix} -a_1 & 0 & 0 \\ 0 & -a_2 & 0 \\ 0 & 0 & -a_3 \end{pmatrix}, \quad \overline{B} = \begin{pmatrix} \overline{b_{11}} & \beta & \gamma \\ \gamma & \overline{b_{22}} & \beta \\ \beta & \gamma & \overline{b_{33}} \end{pmatrix}, \quad \overline{C} = \begin{pmatrix} c & 0 & 0 \\ 0 & c & 0 \\ 0 & 0 & c \end{pmatrix}. $$

验证定理 6.3.5, 方程 (6.40) 系数选为 $q = 0.9$, $\tau = 0.7$, $a_1 = 3$, $\overline{b_{11}} = -1$, $a_2 = 4.5$, $\overline{b_{22}} = 0.5$, $a_3 = 6$, $\overline{b_{33}} = 2$, $\overline{b_{12}} = \overline{b_{23}} = \overline{b_{31}} = \beta = 1$, $\overline{b_{21}} = \overline{b_{32}} = \overline{b_{13}} = \gamma = 2$ 和 $c = -1$. 容易验证参数满足定理 6.3.5. 初始条件 $x_1(0)$, $x_2(0)$ 和 $x_3(0)$ 选取为 $x_1(0) = 0.1$, $x_2(0) = 0.4$ 和 $x_3(0) = 0.5$. 方程 (6.40) 收敛时间响应图可见图 6.4(b).

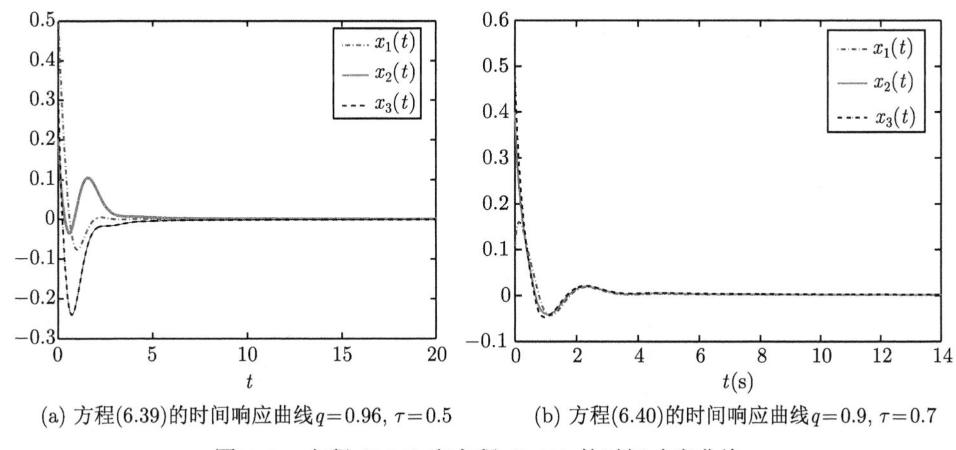


(a) 方程(6.39)的时间响应曲线$q=0.96$, $\tau=0.5$ (b) 方程(6.40)的时间响应曲线$q=0.9$, $\tau=0.7$

图 6.4 方程 (6.39) 和方程 (6.40) 的时间响应曲线

## 6.4 中心结构的时滞分数阶神经网络

众所周知, 建立适当神经元网络, 协调的连接是至关重要的. 理论上, 高度和长远连接的神经元被称为"中心神经元", 它是编排网络同步性的最有效的方式. 在无标度网络中, 一些节点被称为"枢纽", 它有比其他节点更多的连接, 且整个网络为幂律分布地连接到一个节点 (中心). 中心结构的存在是一种常见的特性, 在定义无标度网络的连通性和描述它们的动力学行为中发挥着根本性作用. 因此研究中心结构的时滞分数阶神经网络的动力学性质具有很重要的理论意义及应用价值.

### 6.4.1 稳定性分析

中心结构的神经网络是神经网络中常见和基础的结构, 研究中心结构的神经网络可知最基本的网络性质及机制, 可以更好地帮助研究者研究更复杂的神经网络. 理论和实践证实, 时滞是客观存在的, 同时时滞对神经网络的稳定性有着重要的影响——产生振荡行为或其他不稳定现象, 甚至出现复杂的动力学行为. 本节主要讨论带有中心结构的时滞分数阶神经网络的稳定性.

考虑高维 ($n>3$) 中心结构的时滞分数阶神经网络, 模型如下

$$\begin{cases} {}^CD_t^q x_1(t) = -a_1x_1(t) + \sum\limits_{k=1}^{n} b_{1k}f_k(x_k(t)) + c_1g_1(x_1(t-\tau_1)), \\ {}^CD_t^q x_i(t) = -a_ix_2(t) + b_{i1}f_1(x_1(t)) + b_{ii}f_i(x_i(t)) \\ \qquad\qquad + cg_i(x_i(t-\tau)), \quad i=2,\cdots,n, \end{cases} \tag{6.41}$$

其中 $a_i>0$, 在系统 (6.41) 中, 第一个神经元为中心节点, 其他 $n-1$ 个神经元与中心神经元连接, 并且考虑自身时滞反馈作用.

可得系统 (6.41) 的线性形式为

$$
{}^{C}D_t^qX(t)=-AX(t)+\overline{B}X(t)+\overline{C}X(t-\overline{\tau}), \tag{6.42}
$$

其中

$$
A=\begin{pmatrix} -a_1 & 0 & 0 & \cdots & 0 \\ 0 & -a_2 & 0 & \cdots & 0 \\ 0 & 0 & -a_3 & \cdots & 0 \\ \vdots & \vdots & \vdots & & \vdots \\ 0 & 0 & 0 & \cdots & -a_n \end{pmatrix},
$$

$$
\overline{B}=\begin{pmatrix} \overline{b_{11}} & \overline{b_{12}} & \overline{b_{13}} & \cdots & \overline{b_{1n}} \\ \overline{b_{21}} & \overline{b_{22}} & 0 & \cdots & 0 \\ \overline{b_{31}} & 0 & \overline{b_{33}} & \cdots & 0 \\ \vdots & \vdots & \vdots & & \vdots \\ \overline{b_{n1}} & 0 & 0 & \cdots & \overline{b_{nn}} \end{pmatrix},
$$

$$
\overline{C}=\begin{pmatrix} c_1 & 0 & 0 & \cdots & 0 \\ 0 & c & 0 & \cdots & 0 \\ 0 & 0 & c & \cdots & 0 \\ \vdots & \vdots & \vdots & & \vdots \\ 0 & 0 & 0 & \cdots & c \end{pmatrix}.
$$

**定理 6.4.1**　如果 $q\in(0,1)$, $\overline{a_2}-c>0$, $\overline{a_1}+\overline{a_2}-c_1-c>0$, $(\overline{a_1}-c_1)(\overline{a_2}-c)-\gamma>0$,

(1) 当 $\gamma=0$, $\tau_1=\tau$ 和 $c^2-\overline{a_2}^2\sin^2\dfrac{q\pi}{2}<0$ 或 $c_1^2-\overline{a_1}^2\sin^2\dfrac{q\pi}{2}<0$ 成立时, 方程 (6.41) 的零解是 Lyapunov 渐近稳定的;

(2) 当 $\gamma=0$, $\tau_1\neq\tau$ 和 $c^2-\overline{a_2}^2\sin^2\dfrac{q\pi}{2}<0$ 且 $c_1^2-\overline{a_1}^2\sin^2\dfrac{q\pi}{2}<0$ 时, 方程 (6.41) 的零解是 Lyapunov 渐近稳定的;

(3) 当 $\gamma\neq0$ 和 $\tau_1=\tau$ 且 $c^2-\overline{a_2}^2\sin^2\dfrac{q\pi}{2}<0$ 时, 方程 (6.41) 的零解是 Lyapunov 渐近稳定的,

其中 $\overline{a_1}=a_1-\overline{b_{11}}$, $\overline{a_2}=a_i-\overline{b_{ii}}(i=2,\cdots,n)$, $\gamma=\sum\limits_{i=2}^{n}\overline{b_{i1}b_{1i}}$.

**证明**　对方程 (6.42) 两边进行 Laplace 变换, 可计算方程 (6.42) 的特征矩

阵 $\Delta(s)$ 为

$$\Delta(s)=\begin{pmatrix} s^q+\overline{a_1}-c_1e^{-s\tau_1} & -\overline{b_{12}} & -\overline{b_{13}} & \cdots & -\overline{b_{1n}} \\ -\overline{b_{21}} & s^q+\overline{a_2}-ce^{-s\tau} & 0 & \cdots & 0 \\ -\overline{b_{31}} & 0 & s^q+\overline{a_2}-ce^{-s\tau} & \cdots & 0 \\ \vdots & \vdots & \vdots & & \vdots \\ -\overline{b_{n1}} & 0 & 0 & \cdots & s^q+\overline{a_2}-ce^{-s\tau} \end{pmatrix},$$

其中 $\overline{a_1}=a_1-\overline{b_{11}}, \overline{a_2}=a_i-\overline{b_{ii}}(i=2,\cdots,n)$.

可得 $\Delta(s)$ 的特征方程为

$$\det(\Delta(s))=(s^q+\overline{a_2}-ce^{-s\tau})^{n-2}((s^q+\overline{a_2}-ce^{-s\tau})(s^q+\overline{a_1}-c_1e^{-s\tau_1})-\gamma)=0. \quad (6.43)$$

由方程 (6.43) 可知, 当 $\gamma=0$ 且 $\tau_1=\tau$ 时, 可得 $s^q+\overline{a_2}-ce^{-s\tau}=0$ 或 $s^q+\overline{a_1}-c_1e^{-s\tau}=0$, 其中 $\gamma=\sum\limits_{i=2}^{n}\overline{b_{i1}b_{1i}}$.

我们要证明特征方程 $\det(\Delta(s))=0$ 对任意的 $\tau>0$ 没有纯虚根. 这里用反证法, 假设存在 $s=\omega i=|\omega|\left(\cos\frac{\pi}{2}+i\sin\left(\pm\frac{\pi}{2}\right)\right)$ 是特征方程 $s^q+\overline{a_2}-ce^{-s\tau}=0$ 的一个纯虚根, 其中 $\omega$ 是一实数. 当 $\omega>0$ 时, $s=\omega i=|\omega|\left(\cos\frac{\pi}{2}+i\sin\frac{\pi}{2}\right)$, 当 $\omega<0$ 时, $s=\omega i=|\omega|\left(\cos\frac{\pi}{2}-i\sin\frac{\pi}{2}\right)$. 将 $s=\omega i=|\omega|\left(\cos\frac{\pi}{2}+i\sin\left(\pm\frac{\pi}{2}\right)\right)$ 代入 $s^q+\overline{a_2}-ce^{-s\tau}=0$ 可得

$$|\omega|^q\left(\cos\frac{q\pi}{2}+i\sin\left(\pm\frac{q\pi}{2}\right)\right)+\overline{a_2}-c(\cos\omega\tau-i\sin\omega\tau)=0. \quad (6.44)$$

分离方程 (6.44) 的实部和虚部可得

$$|\omega|^q\cos\frac{q\pi}{2}+\overline{a_2}=c\cos\omega\tau$$

和

$$|\omega|^q\sin\left(\pm\frac{q\pi}{2}\right)=-c\sin\omega\tau,$$

故可得

$$\left(|\omega|^q\cos\frac{q\pi}{2}+\overline{a_2}\right)^2+\left(|\omega|^q\sin\left(\pm\frac{q\pi}{2}\right)\right)^2=c^2,$$

即有

$$|\omega|^{2q}+2\overline{a_2}|\omega|^q\cos\frac{q\pi}{2}+\overline{a_2}^2-c^2=0. \quad (6.45)$$

显然, 当 $0<q<1$ 和 $c^2-\overline{a_2}^2\sin^2\frac{q\pi}{2}<0$ 时, 方程 (6.45) 没有实解, 即特征方程 $\det(\Delta(s))=0$ 对任意的 $\tau>0$ 没有纯虚根. 同理, 如果 $s^q+\overline{a_1}-c_1e^{-s\tau}=0$,

可得 $c_1^2-\overline{a_1}^2\sin^2\dfrac{q\pi}{2}<0$. 因此, 得到定理的情况 (1).

同理, 由上述过程可知若 $\gamma=0$ 且 $\tau_1\neq\tau$, 可得$s^q+\overline{a_2}-ce^{-s\tau}=0$ 和 $s^q+\overline{a_1}-c_1e^{-s\tau_1}=0$. 进一步可得 $c^2-\overline{a_2}^2\sin^2\dfrac{q\pi}{2}<0$ 和 $c_1^2-\overline{a_1}^2\sin^2\dfrac{q\pi}{2}<0$. 因此, 得到定理的情况 (2).

当 $\gamma\neq 0$ 且 $\tau_1=\tau$, 由方程 (6.43), 可得 $s^q+\overline{a_2}-ce^{-s\tau}=0$ 和 $(s^q+\overline{a_2}-ce^{-s\tau})(s^q+\overline{a_1}-c_1e^{-s\tau})-\gamma\neq 0$. 进一步可得 $c^2-\overline{a_2}^2\sin^2\dfrac{q\pi}{2}<0$. 因此, 得到定理的情况 (3).

当 $\tau=0$ 时, 方程 (6.41) 系数矩阵 $M$ 满足

$$M=\begin{pmatrix}-\overline{a_1}+c_1 & \overline{b_{12}} & \overline{b_{13}} & \cdots & \overline{b_{1n}}\\ \overline{b_{21}} & -\overline{a_2}+c & 0 & \cdots & 0\\ \overline{b_{31}} & 0 & -\overline{a_2}+c & \cdots & 0\\ \vdots & \vdots & \vdots & & \vdots\\ \overline{b_{n1}} & 0 & 0 & \cdots & -\overline{a_2}+c\end{pmatrix}.$$

当 $\overline{a_2}-c>0$, $\overline{a_1}+\overline{a_2}-c_1-c>0$ 且 $(\overline{a_1}-c_1)(\overline{a_2}-c)-\gamma>0$ 时, 系数矩阵 $M$ 的特征根具有负实部, 即系数矩阵 $M$ 满足 $|\arg(\lambda)|>\dfrac{\pi}{2}$. 定理得证.

### 6.4.2 数值仿真

本节主要给出中心结构的时滞分数阶神经网络模型的数值仿真, 计算方法依然是用时滞分数阶预估校正算法, 步长选取 $h=0.01$.

**例 6.4.2** 考虑四维中心结构的时滞分数阶神经网络模型如下

$$\begin{cases}{}^CD_t^qx_1(t)=-a_1x_1(t)+b_{11}\sin(x_1(t))+b_{12}\sin(x_2(t))+b_{13}\sin(x_3(t))\\ \qquad\qquad +b_{14}\sin(x_4(t))+c_1\tanh(x_1(t-\tau_1)),\\ {}^CD_t^qx_2(t)=-a_2x_2(t)+b_{21}\sin(x_1(t))+b_{22}\sin(x_2(t))+c\tanh(x_2(t-\tau)),\\ {}^CD_t^qx_3(t)=-a_3x_3(t)+b_{31}\sin(x_1(t))+b_{33}\sin(x_3(t))+c\tanh(x_3(t-\tau)),\\ {}^CD_t^qx_4(t)=-a_4x_3(t)+b_{41}\sin(x_1(t))+b_{44}\sin(x_3(t))+c\tanh(x_4(t-\tau)),\\ x_1(t)=x_1(0),\quad t\in[-\tau_1,0],\\ x_2(t)=x_2(0),\quad x_3(t)=x_3(0),\quad x_4(t)=x_4(0),\quad t\in[-\tau,0].\end{cases}\tag{6.46}$$

可知方程 (6.46) 的线性形式的系数矩阵为

$$A=\begin{pmatrix}-a_1 & 0 & 0 & 0\\ 0 & -a_2 & 0 & 0\\ 0 & 0 & -a_3 & 0\\ 0 & 0 & 0 & -a_4\end{pmatrix},$$

$$\overline{B}=\begin{pmatrix}\overline{b_{11}} & \overline{b_{12}} & \overline{b_{13}} & \overline{b_{14}}\\ \overline{b_{21}} & \overline{b_{22}} & 0 & 0\\ \overline{b_{31}} & 0 & \overline{b_{33}} & 0\\ \overline{b_{n1}} & 0 & 0 & \overline{b_{44}}\end{pmatrix},$$

$$\overline{C}=\begin{pmatrix}c_1 & 0 & 0 & 0\\ 0 & c & 0 & 0\\ 0 & 0 & c & 0\\ 0 & 0 & 0 & c\end{pmatrix}.$$

**情况 1** 先考虑定理 6.4.1 (1), 方程 (6.46) 的系数选为 $q=0.9$, $\tau=\tau_1=0.2$, $a_1=2$, $a_2=4$, $a_3=3$, $a_4=1.5$, $b_{11}=-1$, $b_{22}=2$, $b_{33}=1$, $b_{44}=-0.5$, $b_{12}=-2$, $b_{21}=1$, $b_{13}=3$, $b_{31}=1$, $b_{14}=1$, $b_{41}=-1$, $c_1=2$ 和 $c=-1$. 容易验证参数满足定理 6.4.1 (1). 初始条件 $x_1(0)$, $x_2(0)$, $x_3(0)$ 和 $x_4(0)$ 选取为 $x_1(0)=0.1$, $x_2(0)=0.2$, $x_3(0)=0.3$ 和 $x_4(0)=0.1$. 方程 (6.46) 的零解是 Lyapunov 渐近稳定的, 方程 (6.46) 收敛时间响应图可见图 6.5(a).

**情况 2** 考虑定理 6.4.1 (2), 方程 (6.46) 系数选为 $q=0.9$, $\tau_1=0.8$, $\tau=0.3$, $a_1=2$, $a_2=4$, $a_3=3$, $a_4=1.5$, $b_{11}=-1$, $b_{22}=2$, $b_{33}=1$, $b_{44}=-0.5$, $b_{12}=-2$, $b_{21}=1$, $b_{13}=3$, $b_{31}=1$, $b_{14}=1$, $b_{41}=-1$, $c_1=-1$ 和 $c=-1$. 容易验证参数满足定理 6.4.1 (2). 初始条件 $x_1(0)$, $x_2(0)$, $x_3(0)$ 和 $x_4(0)$ 选取为 $x_1(0)=0.2$, $x_2(0)=0.2$, $x_3(0)=0.3$ 和 $x_4(0)=0.1$. 方程 (6.46) 的零解是 Lyapunov 渐近稳定的, 方程 (6.46) 收敛时间响应图可见图 6.5(b).

**情况 3** 最后考虑定理 6.4.1 (3), 方程 (6.46) 系数选为 $q=0.92$, $\tau=\tau_1=0.9$, $a_1=2$, $a_2=4$, $a_3=-3$, $a_4=1.5$, $b_{11}=-1$, $b_{22}=-2$, $b_{33}=1$, $b_{44}=-0.5$, $b_{12}=-2$, $b_{21}=1$, $b_{13}=3$, $b_{31}=1$, $b_{14}=1$, $b_{41}=-1$, $c_1=2$ 和 $c=-1$.

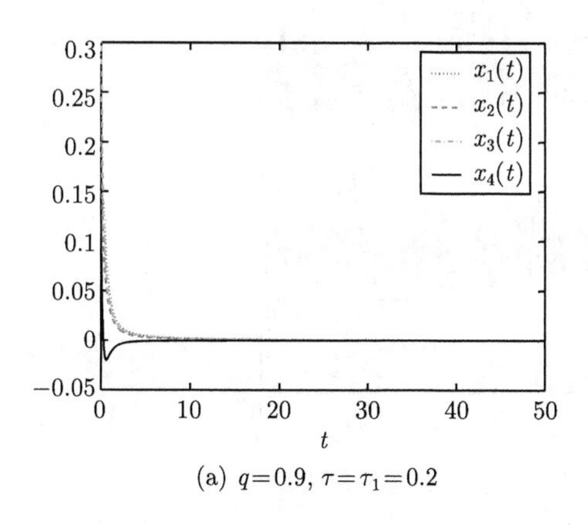


(a) $q=0.9$, $\tau=\tau_1=0.2$

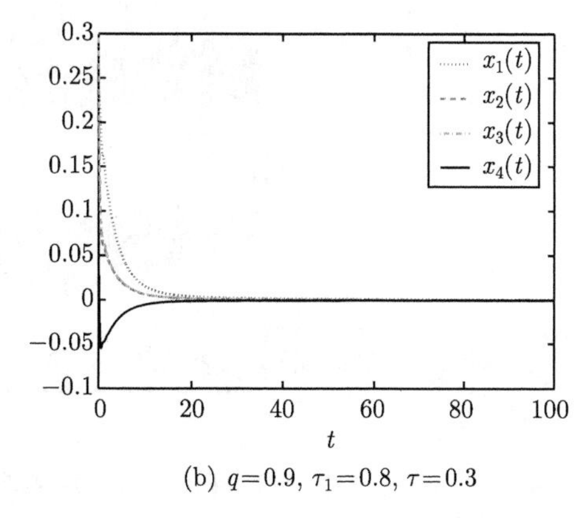


(b) $q=0.9$, $\tau_1=0.8$, $\tau=0.3$

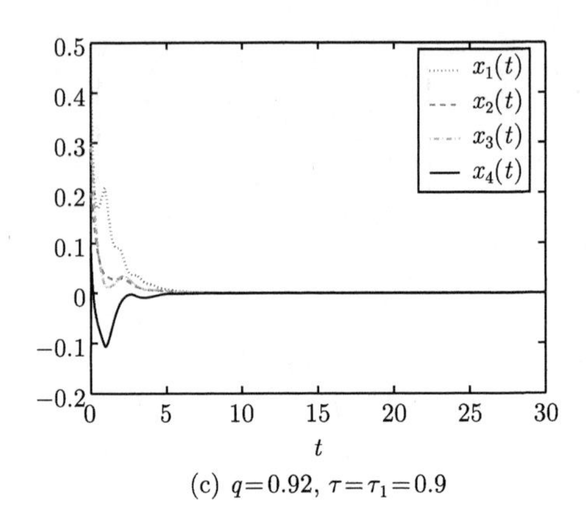


(c) $q=0.92,\ \tau=\tau_1=0.9$

图 6.5　方程 (6.46) 在不同情况下的时间响应曲线

容易验证参数满足定理 6.4.1 (3). 初始条件 $x_1(0)$ , $x_2(0)$ , $x_3(0)$ 和 $x_4(0)$ 选取为 $x_1(0)=0.5$, $x_2(0)=0.2$, $x_3(0)=0.3$ 和 $x_4(0)=0.1$. 方程 (6.46) 的零解是 Lyapunov 渐近稳定的, 方程 (6.46) 收敛时间响应图可见图 6.5(c).

### 6.4.3　讨论

注意到之前已有的工作 [122,180,181], 及数值仿真例 6.2.9, 例 6.3.8, 例 6.3.9, 例 6.4.2 中的初始条件都为常数, 即时滞部分为一个常数. 然而实际中初始条件往往是更加复杂的函数, 例如随机函数 (白噪声, [0,1] 内的均匀随机函数)、周期函数 (三角函数), 具体的函数图像可见图 6.6. 本节主要讨论如果初始条件变得复杂, 在所给的稳定条件包括二维时滞分数阶神经网络的稳定性条件及环状结构和中心结构的时滞分数阶神经网络的稳定条件下, 神经网络是否依然稳定. 这里主要用数值仿真的方法, 模型主要用四维的时滞分数阶神经网络 (方程 (6.46)).

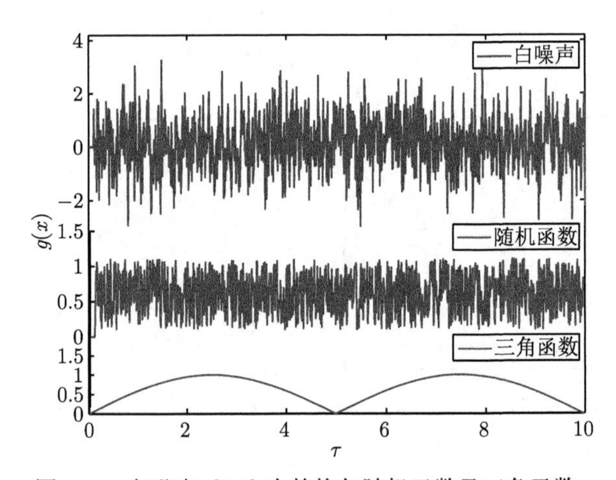


图 6.6　白噪声, [0,1] 内的均匀随机函数及三角函数

方程 (6.46) 系数选择数值仿真例 6.4.2 的情况 1, 为 $q = 0.9$, $\tau = \tau_1 = 0.2$, $a_1 = 2$, $a_2 = 4$, $a_3 = 3$, $a_4 = 1.5$, $b_{11} = -1$, $b_{22} = 2$, $b_{33} = 1$, $b_{44} = -0.5$, $b_{12} = -2$, $b_{21} = 1$, $b_{13} = 3$, $b_{31} = 1$, $b_{14} = 1$, $b_{41} = -1$, $c_1 = 2$ 和 $c = -1$, 满足定理 6.4.1 (1). 首先, 方程 (6.46) 初始条件选为 $x_1(t) = x_2(t) = x_3(t) = x_4(t) = g(t) + 0.1$, $t \in [-\tau, 0]$, 其中 $g(t)$ 表示白噪声. 方程 (6.46) 收敛时间响应图可见图 6.7(a). 其次, 方程 (6.46) 初始条件选为 $x_1(t) = x_3(t) = \widetilde{g}(t) = |\sin(a\pi(t/n))|$, $x_2(t) = x_4(t) = \overline{g}(t) = |\cos(a\pi(t/n))|$ $(t \in [-\tau, 0])$, 其中 $a \in (0, 2]$, $n = \tau/h$, 方程 (6.46) 收敛时间响应图可见图 6.7(b).

方程 (6.46) 系数选择数值仿真例 6.4.2 的情况 2, 为 $q = 0.9$, $a_1 = 2$, $a_2 = 4$, $a_3 = 3$, $a_4 = 1.5$, $b_{11} = -1$, $b_{22} = 2$, $b_{33} = 1$, $b_{44} = -0.5$, $b_{12} = -2$, $b_{21} = 1$, $b_{13} = 3$, $b_{31} = 1$, $b_{14} = 1$, $b_{41} = -1$, $c_1 = -1$ 和 $c = -1$, 时滞选择 $\tau_1 = 2$, $\tau = 0.8$, 因稳定性条件与时滞无关. 故此参数满足定理 6.4.1 (2). 首先, 方程 (6.46) 初始条件选为 $x_1(t) = g(t)$ 和 $x_2(t) = x_3(t) = x_4(t) = \widehat{g}(t) + 0.1$, $t \in [-\tau, 0]$, 其中 $\widehat{g}(t)$ 表示 [0,1] 内的均匀随机函数. 方程 (6.46) 收敛时间响应图可见图 6.7(c). 其次, 方程 (6.46) 初始条件选为 $x_1(t) = x_3(t) = \widetilde{g}(t) = |\sin(a\pi(t/n))|$, $x_2(t) = x_4(t) = \overline{g}(t) = |\cos(a\pi(t/n))|$ $(t \in [-\tau, 0])$, 其中 $a \in (0, 2]$, $n = \tau/h$, 方程 (6.46) 收敛时间响应图可见图 6.7(d).

同理, 方程 (6.46) 系数选择数值仿真例 6.4.2 的情 3, 为 $q = 0.92$, $a_1 = 2$, $a_2 = 4$, $a_3 = -3$, $a_4 = 1.5$, $b_{11} = -1$, $b_{22} = -2$, $b_{33} = 1$, $b_{44} = -0.5$, $b_{12} = -2$, $b_{21} = 1$, $b_{13} = 3$, $b_{31} = 1$, $b_{14} = 1$, $b_{41} = -1$, $c_1 = 2$ 和 $c = -1$, 时滞选择 $\tau_1 = \tau = 3$, 因稳定性条件与时滞无关, 故此参数满足定理 6.4.1 (3). 首先, 方程 (6.46) 初始条件选为 $x_1(t) = x_2(t) = x_3(t) = x_4(t) = g(t) + 0.1$, $t \in [-\tau, 0]$, 其中 $g(t)$ 表示白噪声. 方程 (6.46) 收敛时间响应图可见图 6.7(e). 其次, 方程 (6.46) 初始条件选为 $x_1(t) = x_3(t) = \widetilde{g}(t) = |\sin(a\pi(t/n))|$, $x_2(t) = x_4(t) = \overline{g}(t) = |\cos(a\pi(t/n))|$ $(t \in [-\tau, 0])$, $a \in (0, 2]$, $n = \tau/h$, 方程 (6.46) 收敛时间响应图可见图 6.7(f).

由上述讨论和数值仿真可知在所给的稳定条件下, 即使初始条件变得复杂, 包括随机函数和周期函数, 四维的中心时滞分数阶神经网络在给定的稳定性条件下依然稳定.

此外, 本章所给的稳定性条件都不包含时滞 $\tau$, 即稳定性条件与时滞 $\tau$ 无关, 可知稳定性条件独立于时滞 $\tau$, 但是收敛时间与时滞 $\tau$ 有关, 时滞 $\tau$ 影响收敛时间, 当时滞 $\tau$ 增大时, 收敛时间也会增加. 我们用数值仿真的方法给出时滞 $\tau$ 对收敛时间的影响.

这里选取数值仿真例 6.4.2 的情况 3, 情况 3 的时滞 $\tau_1 = \tau$, 故计算量比较小, 其他情况类似. 方程 (6.46) 系数选数值仿真 6.4.2 的情况 3 的系数. 时滞取 $\tau_1 = \tau \in (0, 10]$ 并取误差为 $10^{-4}$. 初始条件选为白噪声 $(g(t))$, [0,1] 内的均匀

随机函数 ($\widehat{g}(t)$), 三角函数 ($\widetilde{g}(t)$ 和 $\overline{g}(t)$). 方程 (6.46) 在不同的初始条件下随着时滞 $\tau$ 增加的收敛时间图可见图 6.8, 从图 6.8 可知时滞 $\tau$ 影响收敛时间, 当时滞 $\tau$ 增大时, 收敛时间增加.

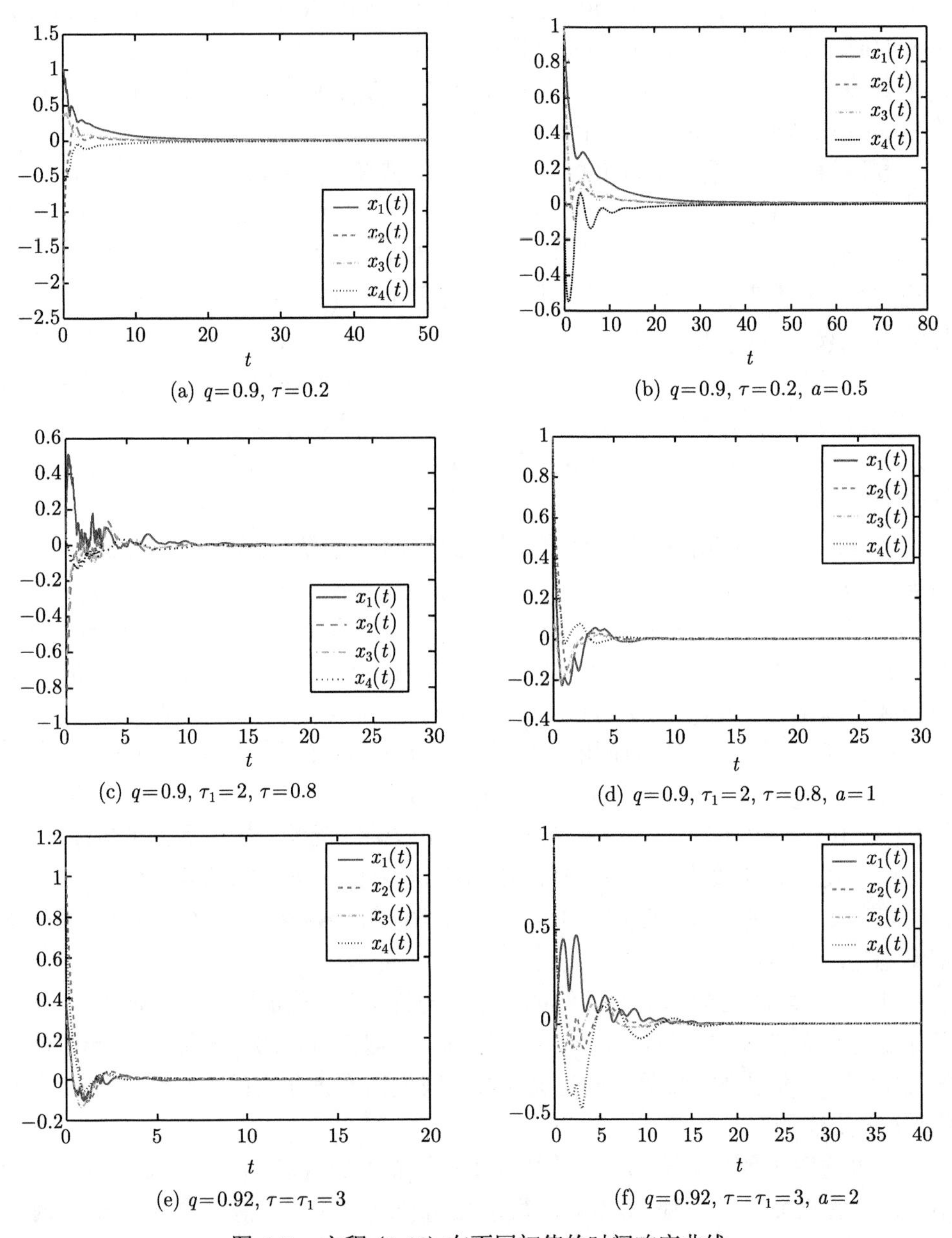


(a) $q=0.9$, $\tau=0.2$　(b) $q=0.9$, $\tau=0.2$, $a=0.5$

(c) $q=0.9$, $\tau_1=2$, $\tau=0.8$　(d) $q=0.9$, $\tau_1=2$, $\tau=0.8$, $a=1$

(e) $q=0.92$, $\tau=\tau_1=3$　(f) $q=0.92$, $\tau=\tau_1=3$, $a=2$

图 6.7　方程 (6.46) 在不同初值的时间响应曲线

图 6.8 (a) 为收敛时间与时滞 $\tau$ 的关系图, 初值为白噪声, 由图可知: 当时滞 $\tau$ 增加时, 收敛时间表现出随机性, 但随着时滞 $\tau$ 的增加, 收敛时间增加, 由于随机性的影响, 收敛时间表现出一定的随机性, 但是总体上是增加的.

图 6.8 (b) 为收敛时间与时滞 $\tau$ 的关系图, 初值为 [0,1] 内的均匀随机函数, 由图可知: 当时滞 $\tau$ 增加时, 收敛时间表现出随机性, 但随着时滞 $\tau$ 的增加, 收敛时间增加, 由于随机性的影响, 收敛时间表现出一定的随机性, 但是总体上是增加的. 由于初值为 [0,1] 内的均匀随机函数, 所以要比初始为白噪声的收敛时间增加的明显.

图 6.8(c) 为收敛时间与时滞 $\tau$ 的关系图, 初值为周期函数, 这里的周期函数为 $|\sin(a\pi(t/n))|$ 或 $|\cos(a\pi(t/n))|$, 其中参数 $a \in (0,2]$ 为周期控制参数, 且三角函数的时间增加为时滞 $\tau$ 的平均值 $(t/n)$, 控制其不超过一个周期. 由图可知: 当时滞 $\tau$ 增加时, 收敛时间表现为先减小, 但随后随着时滞 $\tau$ 的增大而增加, 但总的表现为收敛时间增加.

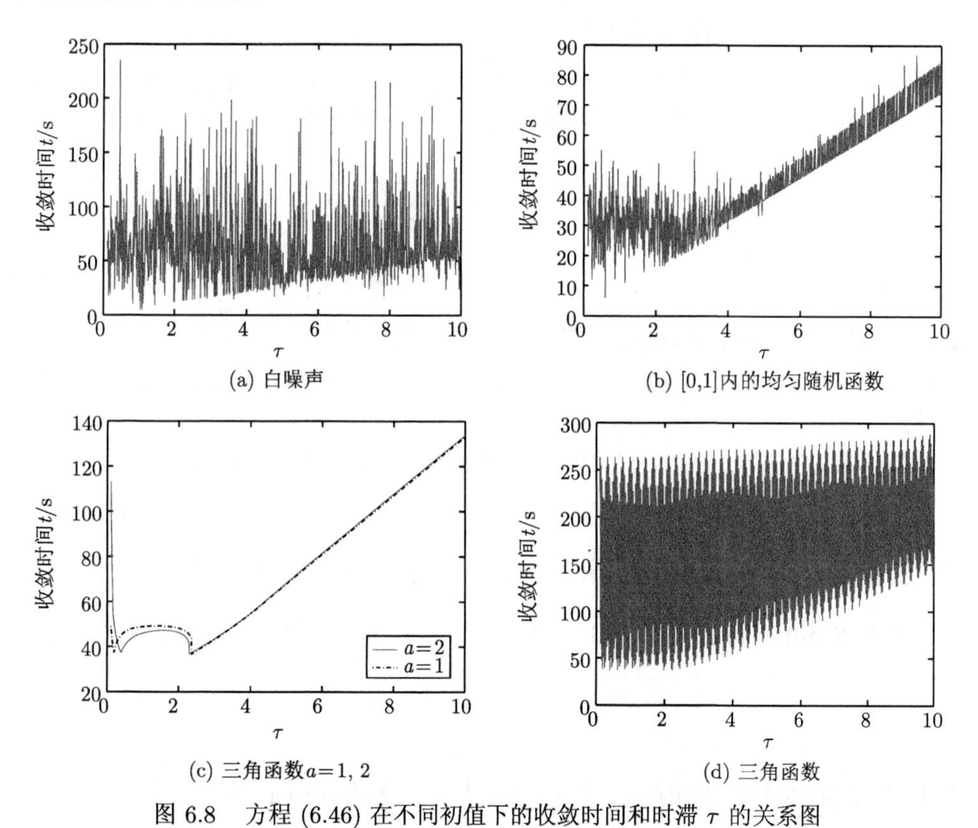


图 6.8 方程 (6.46) 在不同初值下的收敛时间和时滞 $\tau$ 的关系图

图 6.8(d) 为收敛时间与时滞 $\tau$ 的关系图, 初值为周期函数, 这里的周期函数

没有周期控制参数 $a$, 且三角函数取为 $|\sin(t)|$ 或 $|\cos(t)|$, 故随着时滞 $\tau$ 的增大三角函数周期增加. 由图可知: 当时滞 $\tau$ 增加时, 收敛时间表现振荡, 但随着时滞 $\tau$ 的增加, 收敛时间总体上是增加的.

## 6.5 时滞分数阶神经网络的全局稳定性分析

稳定性是保证实际系统正常运行的基本条件, 在实际应用中占有重要的地位, 尤其在控制理论等方面有着首要的位置. 实际应用中, 渐近稳定比稳定更为重要, 渐近稳定即为工程意义下的稳定, 故研究时滞分数阶神经网络的一致渐近稳定性很有必要, 而且全局一致渐近稳定性对神经网络更加重要. 本节主要讨论时滞分数阶 Hopfield 神经网络的全局一致渐近稳定性. 给出了时滞分数阶 Hopfield 神经网络全局一致渐近稳定的稳定性条件, 并证明了平衡解的存在唯一性. 最后数值仿真验证了理论的正确性.

### 6.5.1 全局一致渐近稳定性分析

本节给出了时滞分数阶 Hopfield 神经网络全局一致渐近稳定的稳定性条件, 并证明了平衡解的存在唯一性. 这里考虑如下的时滞分数阶 Hopfield 神经网络

$$
{}^C D_t^q x_i(t) = -a_i x_i(t) + \sum_{j=1}^{n} b_{ij} f_j(x_j(t)) + \sum_{j=1}^{n} c_{ij} g_j(x_j(t-\tau_{ij})) + d_i,
$$

$$
i = 1, 2, \cdots, n, \quad t > 0, \tag{6.47}
$$

其中 $d_i$ 是一个有界的外界输入, 其他参数同方程 (6.1).

为了证明分数阶 Hopfield 神经网络是全局一致渐近稳定的, 给出下面两个条件.

**条件 6.5.1** 假设方程 (6.47) 中传递函数 $f_j, g_j$ 满足 Lipschitz 条件, 即存在正常数 $L_j$ 和 $K_j$ 满足

$$
| f_j(u) - f_j(v) | < L_j \, | u - v |, \quad | g_j(u) - g_j(v) | < K_j \, | u - v |, \quad u, v \in R.
$$

**条件 6.5.2** 假设方程 (6.47) 中 $a_i, b_{ij}$ , $c_{ij}$ 和正常数 $L_j$ 和 $K_j$ 满足

$$
\widehat{K} < \lambda \sin\left(\frac{q\pi}{2}\right), \quad 0 < q \leqslant 1,
$$

其中 $\widehat{K} = \max\limits_{1\leqslant i\leqslant n}\left(\sum\limits_{j=1}^{n} |c_{ji}| K_i\right)$, $\lambda = \min\limits_{1\leqslant i\leqslant n}\left(a_i - \sum\limits_{j=1}^{n} |b_{ji}| L_i\right)$.

**定理 6.5.3** 如果条件 6.5.1 和条件 6.5.2 都成立, 则方程 (6.47) 存在唯一的平衡解.

**证明** 令 $a_i x_i^* = u_i^*$, 取映射 $\Phi: R^n \to R^n$, 有

$$\Phi_i u_i = \sum_{j=1}^{n} b_{ij} f_j\left(\frac{u_j^*}{a_j}\right) + \sum_{j=1}^{n} c_{ij} g_j\left(\frac{u_j^*}{a_j}\right) + \widehat{d}_i, \tag{6.48}$$

其中 $\Phi(u) = (\Phi_1(u), \Phi_2(u), \cdots, \Phi_n(u))^{\mathrm{T}}$.

下面证明 $\Phi(u)$ 是一个压缩映射, 由条件 6.5.2 可知

$$\max_{1\leqslant i\leqslant n}\left(\sum_{j=1}^{n}|c_{ji}|K_i\right) < \left(a_i - \sum_{j=1}^{n}|b_{ji}|L_i\right), \quad 1 \leqslant i \leqslant n.$$

取

$$\theta = \max_{1\leqslant i\leqslant n}\left(\frac{\max\limits_{1\leqslant i\leqslant n}\left(\sum\limits_{j=1}^{n}|c_{ji}|K_i\right) + \sum\limits_{j=1}^{n}|b_{ji}|L_i}{a_i}\right),$$

显然可得 $\theta < 1$.

对于不同的两个向量 $u = (u_1, u_2, \cdots, u_n)^{\mathrm{T}}$ 和 $v = (v_1, v_2, \cdots, v_n)^{\mathrm{T}}$,

$$\begin{aligned}
\|\Phi(u) - \Phi(v)\| &= \sum_{i=1}^{n}|\Phi_i(u) - \Phi_i(v)| \\
&= \sum_{i=1}^{n}\left|\sum_{j=1}^{n} b_{ij}\left[f_j\left(\frac{u_j}{a_j}\right) - f_j\left(\frac{v_j}{a_j}\right)\right]\right. \\
&\quad \left. + \sum_{j=1}^{n} c_{ij}\left[g_j\left(\frac{u_j}{a_j}\right) - g_j\left(\frac{v_j}{a_j}\right)\right]\right| \\
&\leqslant \sum_{i=1}^{n}\left(\sum_{j=1}^{n}\left(\frac{b_{ij}L_j + c_{ij}K_j}{a_i}\right)|u_j(t) - v_j|\right) \\
&\leqslant \theta\sum_{i=1}^{n}|u_i(t) - v_i(t)| \\
&= \theta\|u(t) - v(t)\|.
\end{aligned} \tag{6.49}$$

由条件 6.5.2, 式 (6.49) 有

$$\|\Phi(u) - \Phi(v)\| < \theta\|u(t) - v(t)\|,$$

故有 $\Phi(u)$ 是一个压缩映射, 由压缩映射定理可知, 存在唯一的平衡点 $u^* \in R^n$ 满足 $\Phi(u^*) = u^*$, 且有

$$u_i^* = \sum_{j=1}^{n} b_{ij} f_j \left(\frac{u_j^*}{a_j}\right) + \sum_{j=1}^{n} c_{ij} g_j \left(\frac{u_j^*}{a_j}\right) + \widehat{d}_i.$$

即有

$$-a_i x_i^* + \sum_{j=1}^{n} b_{ij} f_j(x_j^*) + \sum_{j=1}^{n} c_{ij} g_j(x_j^*) + d_i = 0,$$

可知 $u^* = x^*$ 为方程 (6.47) 的平衡点, 故方程 (6.47) 存在唯一的平衡解 $x^*$. 定理得证.

**定理 6.5.4**　如果条件 6.5.1 和条件 6.5.2 都成立, 则方程 (6.47) 是全局一致渐近稳定, 并且方程 (6.47) 的所有解都收敛于唯一平衡点 $x^*$.

**证明**　首先证明方程 (6.47) 的所有解都收敛于唯一的平衡点 $x^*$.

设 $y(t) = (y_1(t), y_2(t), \cdots, y_n(t))^{\mathrm{T}}$ 和 $x(t) = (x_1(t), x_2(t), \cdots, x_n(t))^{\mathrm{T}}$ 是方程 (6.47) 任意两个不同初值的解. 记 $e_i(t) = y_i(t) - x_i(t)$, 则可得 $e_i(t-\tau) = y_i(t-\tau) - x_i(t-\tau), i = 1, 2, \cdots, n$.

由方程 (6.47), 可得

$$\begin{aligned} {}^C D_t^q e_i(t) = & -a_i e_i(t) + \sum_{j=1}^{n} b_{ij}(f_j(y_j(t)) - f_j(x_j(t))) \\ & + \sum_{j=1}^{n} c_{ij}(g_j(y_j(t-\tau_{ij})) - g_j(x_j(t-\tau_{ij}))), \end{aligned} \tag{6.50}$$

根据定理 3.2.7, $e_i(t)$ 满足

$${}^C D_t^q |e_i(t)| \leqslant \operatorname{sgn}(e_i(t)) {}^C D_t^q e_i(t), \quad 0 < q \leqslant 1.$$

令 $\tau_{ij} = \tau$ 和 $V(t) = \sum\limits_{i=1}^{n} |e_i(t)|$, 则可知 $V(t-\tau) = \sum\limits_{i=1}^{n} |e_i(t-\tau)|$.

计算 $V(t)$ 沿方程 (6.47) 分数阶导数, 根据定理 3.2.7, 可得

$$\begin{aligned} {}_0^C D_t^q V(t) = & \sum_{i=1}^{n} ({}_0^C D_t^q |e_i(t)|) \\ \leqslant & \sum_{i=1}^{n} \operatorname{sgn}(e_i(t)) {}_0^C D_t^q e_i(t) \\ = & \sum_{i=1}^{n} \operatorname{sgn}(e_i(t)) \Bigg\{ -a_i e_i(t) + \sum_{j=1}^{n} b_{ij}(f_j(y_j(t)) - f_j(x_j(t))) \end{aligned}$$

$$
\begin{aligned}
&+\sum_{j=1}^{n} c_{ij}(g_j(y_j(t-\tau_{ij}))-g_j(x_j(t-\tau_{ij})))\Bigg\}\\
\leqslant&\sum_{i=1}^{n}(-a_i|e_i(t)|+\sum_{j=1}^{n}|b_{ij}L_j||e_j(t)|+\sum_{j=1}^{n}|c_{ij}K_j||e_j(t-\tau)|)\\
=&\sum_{i=1}^{n}(-a_i|e_i(t)|+\sum_{j=1}^{n}|b_{ji}L_i||e_i(t)|)+\sum_{i=1}^{n}\sum_{j=1}^{n}|c_{ji}K_i||e_i(t-\tau)|\\
=&\sum_{i=1}^{n}(-a_i+\sum_{j=1}^{n}|b_{ji}L_i|)|e_i(t)|+\sum_{i=1}^{n}\sum_{j=1}^{n}|c_{ji}K_i||e_i(t-\tau)|\\
\leqslant&-\lambda V(t)+\widehat{K}V(t-\tau),
\end{aligned}
$$

其中 $\widehat{K}=\max\limits_{1\leqslant i\leqslant n}\left(\sum\limits_{j=1}^{n}|c_{ji}|K_i\right)$, $\lambda=\min\limits_{1\leqslant i\leqslant n}\left(a_i-\sum\limits_{j=1}^{n}|b_{ji}|L_i\right)$.

考虑如下分数阶

$$
{}_0^CD_t^qW(t)=-\lambda W(t)+\widehat{K}W(t-\tau), \tag{6.51}
$$

其中 $W(t)\geqslant 0(W(t)\in R)$, 取与 $V(t)$ 同样的初值. 则

$$
{}_0^CD_t^qV(t)\leqslant {}_0^CD_t^qW(t).
$$

由定理 3.4.2, 可得

$$
0<V(t)\leqslant W(t)\quad (\forall t\in[0,+\infty)).
$$

注意到方程 (6.51) 只有零平衡点.

当

$$
\widehat{K}<\lambda\sin\left(\frac{q\pi}{2}\right),\quad 0<q\leqslant 1
$$

时, 特征方程 (6.51) 的 $\det(\Delta(s))=0$ 对任意的 $\tau>0$ 没有纯虚根. 若 $\tau=0$, 可知

$$
\widehat{K}<\lambda\sin\left(\frac{q\pi}{2}\right)\leqslant\lambda,\quad 0<q\leqslant 1,
$$

则 $\widehat{K}<\lambda$, $0<q\leqslant 1$. 由定理 3.3.4 可得, 方程 (6.51) 的零解是 Lyapunov 全局一致渐近稳定的.

因为 $0<V(t)\leqslant W(t)$, 故 $V(t)$ 是 Lyapunov 全局一致渐近稳定的, 即 $V(t)\to 0(t\to+\infty)$. 则 $V(t)=\sum\limits_{i=1}^{n}|e_i(t)|\to 0$, 并且 $|e_i(t)|\to 0$, 可得方程 (6.47) 的所有解收敛于同一个解.

根据定理 6.5.3 可知方程 (6.47) 存在唯一的平衡解 $x^*(t)$, 故 $x^*(t)$ 也是方程 (6.47) 的解. 取 $x(t)=x^*(t)$, 可得

$$\|y(t)-x^*(t)\| \ \to 0 \quad (t\to+\infty).$$

由上可知 $x^*(t)$ 是一致吸引的, 故方程 (6.47) 的所有解都收敛于 $x^*(t)$.

考虑方程 (6.47) 的所有解在条件 6.5.1 和条件 6.5.2 下是有界的, 设 $x(t)=(x_1(t),x_2(t),\cdots,x_n(t))^{\mathrm{T}}$ 是方程 (6.47) 的任意一个解, 只要证明 $x(t)=(x_1(t),x_2(t),\cdots,x_n(t))^{\mathrm{T}}$ 有界即可.

令 $\tau_{ij}=\tau$ 和 $\widehat{V}(t)=\sum\limits_{i=1}^{n}|x_i(t)|$, 则 $\widehat{V}(t-\tau)=\sum\limits_{i=1}^{n}|x_i(t-\tau)|$. 同理, 计算 $V(t)$ 沿方程 (6.47) 分数阶导数, 根据定理 3.2.7, 可得

$$\begin{aligned}
{}^{C}D_t^q\widehat{V}(t)&=\sum_{i=1}^{n}({}^{C}D_t^q|x_i(t)|)\\
&\leqslant\sum_{i=1}^{n}\operatorname{sgn}(x_i(t))^{C}D_t^qx_i(t)\\
&=\sum_{i=1}^{n}\operatorname{sgn}(x_i(t))\left\{-a_ix_i(t)+\sum_{j=1}^{n}b_{ij}f_j(x_j(t))+\sum_{j=1}^{n}c_{ij}g_j(x_j(t-\tau_{ij}))+d_i\right\}\\
&\leqslant\sum_{i=1}^{n}\left(-a_i|x_i(t)|+\sum_{j=1}^{n}|b_{ij}L_j||x_j(t)|+\sum_{j=1}^{n}|c_{ij}K_j||x_j(t-\tau)|+d_i\right)\\
&=\sum_{i=1}^{n}\left(-a_i|x_i(t)|+\sum_{j=1}^{n}|b_{ji}L_i||x_i(t)|\right)+\sum_{i=1}^{n}\sum_{j=1}^{n}|c_{ji}K_i||x_i(t-\tau)|+d\\
&=\sum_{i=1}^{n}\left(-a_i+\sum_{j=1}^{n}|b_{ji}L_i|\right)|x_i(t)|+\sum_{i=1}^{n}\sum_{j=1}^{n}|c_{ji}K_i||x_i(t-\tau)|+d\\
&\leqslant-\lambda\widehat{V}(t)+\widehat{K}V(t-\tau)+d,
\end{aligned}\tag{6.52}$$

其中 $\widehat{K}=\max\limits_{1\leqslant i\leqslant n}\left(\sum\limits_{j=1}^{n}|c_{ji}|K_i\right)$, $\lambda=\min\limits_{1\leqslant i\leqslant n}\left(a_i-\sum\limits_{j=1}^{n}|b_{ji}|L_i\right)$ 和 $d=\max\limits_{1\leqslant i\leqslant n}d_i$.

考虑如下系统

$${}^{C}D_t^q\overline{W}(t)=-\lambda\overline{W}(t)+\widehat{K}\overline{W}(t-\tau)+d,\tag{6.53}$$

其中 $\overline{W}(t)\geqslant0(\overline{W}(t)\in R)$. 取与 $\widehat{V}(t)$ 同样的初值.

由定理 3.4.2, 可得

$${}^{C}D_t^q\widehat{V}(t)\leqslant{}^{C}D_t^q\overline{W}(t),$$

则

$$0 < \widehat{V}(t) \leqslant \overline{W}(t) \quad (\forall t \in [0, +\infty)).$$

根据 Caputo 分数阶导数的性质, 可得

$$^{C}D_t^q(\overline{W}(t) - \tilde{d}) = -\lambda(\overline{W}(t) - \tilde{d}) + \widehat{K}(\overline{W}(t-\tau) - \tilde{d}). \tag{6.54}$$

其中 $\tilde{d} = \dfrac{d}{\lambda - \widehat{K}}$.

取 $\hat{W}(t) = \overline{W}(t) - \tilde{d}$, 则方程 (6.53) 可化为

$$^{C}D_t^q\hat{W}(t) = -\lambda\hat{W}(t) + \widehat{K}\hat{W}(t-\tau). \tag{6.55}$$

当

$$\widehat{K} < \lambda\sin\left(\frac{q\pi}{2}\right), \quad 0 < q \leqslant 1$$

时, 特征方程 (6.55) 的 $\det(\Delta(s)) = 0$ 对任意的 $\tau > 0$ 没有纯虚根. 当 $\tau = 0$ 时, 可得

$$\widehat{K} < \lambda\sin\left(\frac{q\pi}{2}\right) \leqslant \lambda, \quad 0 < q \leqslant 1,$$

则 $\widehat{K} < \lambda$, $0 < q \leqslant 1$. 由定理 3.3.4 可得, 方程 (6.55) 的零解是 Lyapunov 全局一致渐近稳定的.

因此

$$\overline{W}(t) - \tilde{d} \to 0 \quad (t \to +\infty).$$

因 $0 < \overline{W}(t)$ 和 $\forall \epsilon > 0$, 其中 $\epsilon > 0$ 为一个充分小的正常数,

$$\overline{W}(t) < \tilde{d} + \epsilon.$$

又因

$$0 < \widehat{V}(t) \leqslant \overline{W}(t) < \tilde{d} + \epsilon,$$

可得

$$0 < \widehat{V}(t) \leqslant \tilde{d}. \tag{6.56}$$

因此由之前的条件可知 $\widehat{V}(t) = \sum\limits_{i=1}^{n} |x_i(t)| \leqslant \tilde{d}$, 当 $t \to +\infty$ 时, 有 $\|x(t)\| \leqslant \tilde{d}$, 其中 $\|\cdot\| \in l_1$, $l_1$ 为范数空间, 故可知 $x(t) = (x_1(t), x_2(t), \cdots, x_n(t))^{\mathrm{T}}$ 有界.

综上所述, 方程 (6.47) 的所有解在条件 6.5.2 和条件 6.5.2 下是有界的, 并且所有解都收敛于唯一的平衡点 $x^*$. 定理得证.

**注 6.5.5**　根据 Caputo 分数阶导数的性质, 如果方程 (6.50) 中的 $|e_i(t)|$ 为几乎处处可微的函数, 由定理 3.2.7 可知 ${}^{C}D_t^q|e_i(t)| \leqslant \operatorname{sgn}(e_i(t)){}^{C}D_t^q e_i(t)$ 满足定理的条件. 如果 $|e_i(t)|$ 不满足定理 3.2.7, 即 $|e_i(t)|$ 为一个几乎处处不可微的函数, 这时 $|e_i(t)|$ 满足全局一致稳定的条件. 若 $e_i(t)$ 为连续可微的函数, 则 $|e_i(t)|$ 不可能为一个几乎处处不可微的函数, 但是这里只做一个讨论, 如果 $|e_i(t)|$ 为一个几乎处处不可微的函数, 结论是否成立.

如果 $|e_i(t)|$ 为一个几乎处处不可微的函数, 则不可微的点只在 $|e_i(s)| = 0$, $s \in \Omega$, 其中 $\Omega \subset [0, +\infty)$ 为 $|e_i(t)|$ 不可微的集合. 从图 6.9 可知不可微点只有类似于 $A$ 和 $B$ 这样的点, 也就是说 $|e_i(s)| = 0$ 在 $\Omega$ 上几乎成立. 由鲁津定理[182]可知, 在集合 $\Omega$ 上存在一个函数 $r(s) \equiv 0$ 使得 $|e_i(s)| = r(s)$ 几乎处处成立. 故

$$\begin{aligned}
{}^{C}D_t^q|e_i(t)| =& \frac{1}{\Gamma(1-q)} \int_0^t \frac{|e_i'(t)|}{(t-\tau)^q} d\tau \\
=& \frac{1}{\Gamma(1-q)} \int_{[0,t]/\Omega} \frac{|e_i'(t)|}{(t-\tau)^q} d\tau + \frac{1}{\Gamma(1-q)} \int_{\Omega} \frac{|r'(t)|}{(t-\tau)^q} d\tau \\
=& \frac{1}{\Gamma(1-q)} \int_{[0,t]/\Omega} \frac{|e_i'(t)|}{(t-\tau)^q} d\tau.
\end{aligned}$$

因此, 如果 $|e_i(t)|$ 为一个几乎处处不可微的函数, 结论依然成立, 但是这里默认了一个事实就是不可微点区域是一个不可测集, 在这个不可测集上用一个可微的函数代替了原来的函数, 这里不具有一般性. 因为 $|e_i(t)|$ 不可测的点为 $|e_i(s)| = 0$, $s \in \Omega$, 那就是说 $e_i(s) = 0$ 在 $s \in \Omega$ 几乎处处成立, 则这时可得结论, 因为结论要证明 $e_i(t) = 0$. 进一步说如果集合 $s \in \Omega$ 在有限时间处, 则不影响结论, 因为这里讨论的是一致渐近稳定, 若在无穷远处, 则 $e_i(t) = 0$ 也可得结论.

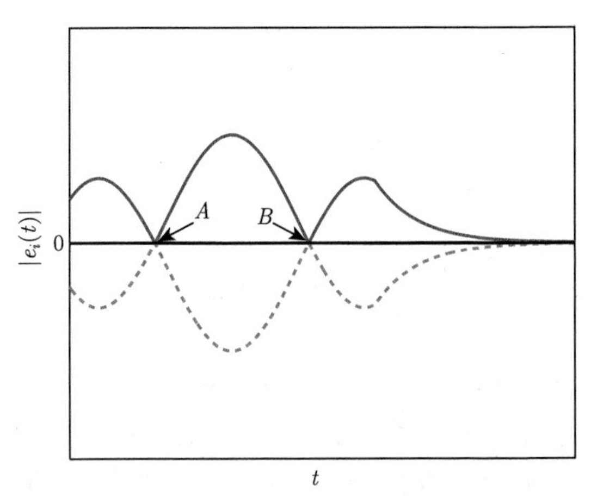


图 6.9　$|e_i(t)|$ 的一个简单的例子

**注 6.5.6** 在定理 6.5.4 中对 $|e_i(s)|(s \in \Omega)$ 进行光滑化, 事实上, 光滑处理是处理不可微问题的一般方法. 此外, 方程 (6.50) 中的 $e_i(t)$ 为连续可微的函数, 且 $e_i(t)$ 是渐近稳定的, 则 $|e_i(t)|$ 是一个几乎处处可微的函数. 若 $e_i(t)$ 为连续可微的函数, 可得到 $|e_i(s)|$ 的不可微点的个数至多为 $\sum\limits_{i=1}^{n-2} C_n^i (n > 2)$, 其中 $C_n^i$ 为组合数.

**注 6.5.7** 方程 (6.47) 解的有界性需要考虑, 在条件 6.5.1 和条件 6.5.2 下是有界的, 根据方程 (6.49), (6.50) 和 (6.53), 如果外界输入 $d_i$ 是一个无界输入, 平衡点 $x^* = \infty$, 方程 (6.47) 的解依然收敛于 $x^*$, 然而 $x^* = \infty$ 对神经网络没有意义.

**注 6.5.8** 由条件 6.5.2 可知, 条件 6.5.2 完全包含文献 [180] 中所给的条件

$$\begin{aligned}\max_{1\leqslant i\leqslant n}\left(\sum_{j=1}^{n}|c_{ji}|K_i\right) &< \min_{1\leqslant i\leqslant n}(a_i) - \max_{1\leqslant i\leqslant n}\left(\sum_{j=1}^{n}|b_{ji}|L_i\right)\\ &< \min_{1\leqslant i\leqslant n}\left(a_i - \sum_{j=1}^{n}|b_{ji}|L_i\right).\end{aligned}$$

故定理 6.5.4 中的条件比文献中的结果更具有一般性. 其次, 文献 [180] 中要求初值在 $t = 0$ 时为零, 但是我们这里没有要求初始条件, 故对任意初值都是满足的, 这样我们得到的结果更具一般性. 此外, 文献 [180] 中的稳定是一致稳定, 这里的结论是全局一致渐近稳定的. 注意到条件 6.5.2 里 $\widehat{K} < \lambda \sin\left(\frac{q\pi}{2}\right)$ 包含分数阶阶数 $q$, 因为分数阶系统里分数阶对系统的作用完全不同于整数阶, 而之前的工作都没有包含分数阶 $q$ 的条件, 故这里得到的条件是符合分数阶的系统且更具有一般性, 当 $q = 1$ 时, 可以得到整数阶稳定的条件, 因此整数阶为分数阶稳定条件的特例.

**注 6.5.9** 在条件 6.5.1 和条件 6.5.2 下, 方程 (6.47) 是全局一致渐近稳定的, 并且稳定性条件不包含初始条件和时滞 $\tau$. 因此稳定性条件独立于初始条件和时滞 $\tau$.

### 6.5.2 数值仿真

本节主要验证时滞分数阶网络的全局一致渐近稳定的条件, 计算方法同样是用时滞分数阶预估校正算法, 步长选取 $h = 0.01$.

**例 6.5.10**　考虑一个四维的时滞分数阶神经网络模型如下

$$
\begin{cases}
{}^{C}D_t^q x_1(t) = -a_1x_1(t) + b_{11}\sin(x_1(t)) + b_{12}\sin(x_2(t)) + b_{13}\sin(x_3(t)) \\
\qquad\qquad + b_{14}\sin(x_4(t)) + c_{11}\tanh(x_1(t-\tau)) + c_{12}\tanh(x_2(t-\tau)) \\
\qquad\qquad + c_{13}\tanh(x_3(t-\tau)) + c_{14}\tanh(x_4(t-\tau)) + d_1, \\
{}^{C}D_t^q x_2(t) = -a_2x_2(t) + b_{21}\sin(x_1(t)) + b_{22}\sin(x_2(t)) + b_{23}\sin(x_3(t)) \\
\qquad\qquad + b_{24}\sin(x_4(t)) + c_{21}\tanh(x_1(t-\tau)) + c_{22}\tanh(x_2(t-\tau)) \\
\qquad\qquad + c_{23}\tanh(x_3(t-\tau)) + c_{24}\tanh(x_4(t-\tau)) + d_2, \\
{}^{C}D_t^q x_3(t) = -a_3x_3(t) + b_{31}\sin(x_1(t)) + b_{32}\sin(x_2(t)) + b_{33}\sin(x_3(t)) \\
\qquad\qquad + b_{34}\sin(x_4(t)) + c_{31}\tanh(x_1(t-\tau)) + c_{32}\tanh(x_2(t-\tau)) \\
\qquad\qquad + c_{33}\tanh(x_3(t-\tau)) + c_{34}\tanh(x_4(t-\tau)) + d_3, \\
{}^{C}D_t^q x_4(t) = -a_4x_4(t) + b_{41}\sin(x_1(t)) + b_{42}\sin(x_2(t)) + b_{43}\sin(x_3(t)) \\
\qquad\qquad + b_{44}\sin(x_4(t)) + c_{41}\tanh(x_1(t-\tau)) + c_{42}\tanh(x_2(t-\tau)) \\
\qquad\qquad + c_{43}\tanh(x_3(t-\tau)) + c_{44}\tanh(x_4(t-\tau)) + d_4
\end{cases}
\tag{6.57}
$$

方程 (6.57) 系数选取为 $q = 0.96$, $\tau = 3$, $d_1 = 0.3$, $d_2 = -0.2$, $d_3 = -0.1$, $d_3 = 0.4$,

$$
A = \begin{pmatrix} -3 & 0 & 0 & 0 \\ 0 & -4 & 0 & 0 \\ 0 & 0 & -2.5 & 0 \\ 0 & 0 & 0 & -3.8 \end{pmatrix}, \quad
B = \begin{pmatrix} 1 & -1.2 & 0.5 & 0.3 \\ -0.4 & 0.8 & -0.4 & -1 \\ 0.4 & -0.1 & -0.1 & 1.1 \\ -0.2 & 0.4 & -5.8 & 0.4 \end{pmatrix},
$$

$$
C = \begin{pmatrix} 0.1 & -0.5 & 0.15 & -0.2 \\ 0.3 & 0.1 & -0.25 & -0.5 \\ -0.1 & 0.15 & 0.1 & 0.1 \\ -0.4 & 0.2 & -0.4 & -0.15 \end{pmatrix}.
$$

容易验证参数满足定理 6.5.3 的条件. 初始条件 $x_1(t)$, $x_2(t)$, $x_3(t)$ 和 $x_4(t)$ 选为 $x_1(t) = \widetilde{h}_1(t)$, $x_2(t) = \widetilde{h}_2(t)$, $x_3(t) = \widetilde{h}_3(t)$ 和 $x_4(t) = \widetilde{h}_4(t)$, $t \in [-\tau, 0]$, 其中, $\widetilde{h}_i(t)(i = 1,2,3,4)$ 随机函数, 这里 $\widetilde{h}_i(t)(i = 1,2,3,4)$ 选为高斯白噪声. 此外, 其他初始条件选为 $\widehat{x}_1(t)$, $\widehat{x}_2(t)$, $\widehat{x}_3(t)$ 和 $\widehat{x}_4(t)$, $\widehat{x}_1(t) = \widehat{h}_1(t)$, $\widehat{x}_2(t) = \widehat{h}_2(t)$, $\widehat{x}_3(t) = \widehat{h}_3(t)$ 和 $\widehat{x}_4(t) = \widehat{h}_4(t)$, $t \in [-\tau, 0]$, 其中, $\widehat{h}_i(t)(i = 1,2,3,4)$ 是一个周期函数. 取 $\widehat{h}_1(t) = \widehat{h}_3(t) = |\sin(t)|$ 和 $\widehat{h}_2(t) = \widehat{h}_4(t) = |\cos(t)|$. 可以计算平衡点为 $x^* = (0.2582, -0.0871, 0.0561, 0.0978)$. 方程 (6.57) 收敛时间响应图可见图 6.10.

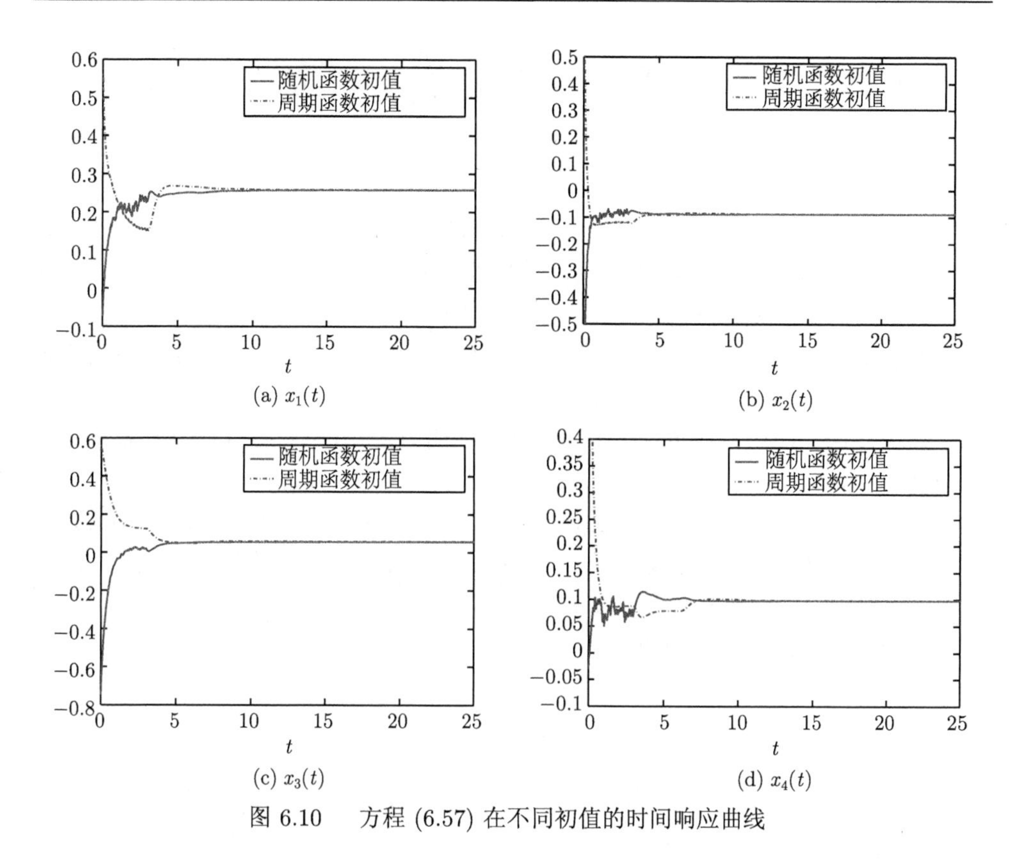


图 6.10 方程 (6.57) 在不同初值的时间响应曲线

## 6.6 有界扰动的时滞分数阶神经网络稳定性分析

外界扰动对系统的影响不可忽视, 尤其对生物神经系统的影响是不可避免的. 本节主要用分数阶定性理论研究了带有有界扰动的时滞分数阶神经网络模型的稳定性. 主要运用比较定理和时滞系统的稳定性定理给出了系统全局一致稳定的条件. 实际应用中, 渐近稳定比稳定更为重要, 渐近稳定即为工程意义下的稳定, 故研究有界扰动的时滞分数阶神经网络的渐近稳定很有必要. 然而, 因为有界扰动的时滞分数阶神经网络是一个时滞且带有非线性时间项的分数阶微分系统, 很难得到一致渐近稳定性的条件, 这里我们用一个一致渐近稳定的时滞分数阶神经网络去估计它稳定的范围.

### 6.6.1 全局一致稳定性分析

本节给出了有界扰动的时滞分数阶 Hopfield 神经网络全局一致稳定的稳定性条件, 下面给出有界扰动的时滞分数阶神经网络:

$$
\begin{aligned}
{}^C D_t^q x_i(t) = &- a_i x_i(t) + \sum_{j=1}^{n} b_{ij} f_j(x_j(t)) + \sum_{j=1}^{n} c_{ij} g_j(x_j(t-\tau_{ij})) + d_i \omega_i(t), \\
&i = 1, 2, \cdots, n, \quad t > 0,
\end{aligned} \tag{6.58}
$$

其中 $q \in (0,1)$, $a_i > 0$ 是神经元自动调节的参数, $d_i$ 是一个外界输入的强度, $\omega_i(t)$ 为一个有界的函数, 其界为 $M_i$, 其他变量同方程 (6.1).

这里用的条件和方法同 6.5 节, 稳定性条件为条件 6.5.1 和条件 6.5.2.

**定理 6.6.1** 如果条件 6.5.1 和条件 6.5.2 都成立, 则方程 (6.58) 的解是全局一致稳定.

**证明** 这里证明过程同 6.5.1 节, 首先证明方程 (6.58) 的所有解都收敛于同一个解.

设 $y(t) = (y_1(t), y_2(t), \cdots, y_n(t))^{\mathrm{T}}$ 和 $x(t) = (x_1(t), x_2(t), \cdots, x_n(t))^{\mathrm{T}}$ 是方程 (6.58) 任意两个不同初值的解. 记 $e_i(t) = y_i(t) - x_i(t)$, 则可得 $e_i(t-\tau) = y_i(t-\tau) - x_i(t-\tau), i = 1, 2, \cdots, n$.

根据定理 3.2.7, $e_i(t)$ 满足

$$
{}^C D_t^q |e_i(t)| \leqslant \operatorname{sgn}(e_i(t)) {}^C D_t^q e_i(t), \quad 0 < q \leqslant 1.
$$

令 $\tau_{ij} = \tau$ 和 $V(t) = \sum\limits_{i=1}^{n} |e_i(t)|$, 则可知 $V(t-\tau) = \sum\limits_{i=1}^{n} |e_i(t-\tau)|$. 由方程 (6.58), 可得

$$
\begin{aligned}
{}^C D_t^q e_i(t) = &- a_i e_i(t) + \sum_{j=1}^{n} b_{ij} (f_j(y_j(t)) - f_j(x_j(t))) \\
&+ \sum_{j=1}^{n} c_{ij} (g_j(y_j(t-\tau_{ij})) - g_j(x_j(t-\tau_{ij}))),
\end{aligned} \tag{6.59}
$$

令 $\tau_{ij} = \tau$ 和 $V(t) = \sum\limits_{i=1}^{n} |e_i(t)|$, 则可知 $V(t-\tau) = \sum\limits_{i=1}^{n} |e_i(t-\tau)|$.

计算 $V(t)$ 沿方程 (6.59) 分数阶导数, 根据定理 3.2.7, 可得

$$
\begin{aligned}
{}^C D_t^q V(t) = &\sum_{i=1}^{n} ({}^C D_t^q |e_i(t)|) \\
\leqslant &\sum_{i=1}^{n} \operatorname{sgn}(e_i(t)) {}^C D_t^q e_i(t) \\
= &\sum_{i=1}^{n} \operatorname{sgn}(e_i(t)) \bigg\{ - a_i e_i(t) + \sum_{j=1}^{n} b_{ij} (f_j(y_j(t)) - f_j(x_j(t)))
\end{aligned}
$$

$$
\begin{aligned}
&+\sum_{j=1}^{n} c_{ij}(g_j(y_j(t-\tau_{ij}))-g_j(x_j(t-\tau_{ij})))\Bigg\} \\
\leqslant &\sum_{i=1}^{n}\left(-a_i|e_i(t)|+\sum_{j=1}^{n}|b_{ij}L_j||e_j(t)|+\sum_{j=1}^{n}|c_{ij}K_j||e_j(t-\tau)|\right) \\
= &\sum_{i=1}^{n}\left(-a_i|e_i(t)|+\sum_{j=1}^{n}|b_{ji}L_i||e_i(t)|\right)+\sum_{i=1}^{n}\sum_{j=1}^{n}|c_{ji}K_i||e_i(t-\tau)| \\
= &\sum_{i=1}^{n}\left(-a_i+\sum_{j=1}^{n}|b_{ji}L_i|\right)|e_i(t)|+\sum_{i=1}^{n}\sum_{j=1}^{n}|c_{ji}K_i||e_i(t-\tau)| \\
\leqslant &-\lambda V(t)+\widehat{K}V(t-\tau),
\end{aligned}
$$

其中 $\widehat{K}=\max\limits_{1\leqslant i\leqslant n}\left(\sum\limits_{j=1}^{n}|c_{ji}|K_i\right)$, $\lambda=\min\limits_{1\leqslant i\leqslant n}\left(a_i-\sum\limits_{j=1}^{n}|b_{ji}|L_i\right)$.

考虑如下分数阶系统

$$
{}^{C}D_t^{q}W(t)=-\lambda W(t)+\widehat{K}W(t-\tau), \tag{6.60}
$$

其中 $W(t)\geqslant 0(W(t)\in R)$, 取与 $V(t)$ 同样的初始值.

则

$$
{}^{C}D_t^{q}V(t)\leqslant {}^{C}D_t^{q}W(t).
$$

由定理 3.4.2, 可得

$$
0<V(t)\leqslant W(t)\quad (\forall t\in[0,+\infty)).
$$

当

$$
\widehat{K}<\lambda\sin\left(\frac{q\pi}{2}\right),\quad 0<q\leqslant 1
$$

时, 特征方程 (6.60) 的 $\det(\Delta(s))=0$ 对任意的 $\tau>0$ 没有纯虚根. 若 $\tau=0$, 可知

$$
\widehat{K}<\lambda\sin\left(\frac{q\pi}{2}\right)\leqslant\lambda,\quad 0<q\leqslant 1,
$$

则 $\widehat{K}<\lambda$, $0<q\leqslant 1$. 由定理 3.3.4 可得, 方程 (6.60) 的零解是 Lyapunov 全局一致渐近稳定的.

又因为 $0<V(t)\leqslant W(t)$, 故 $V(t)$ 是 Lyapunov 全局一致渐近稳定的, 即 $V(t)\to 0(t\to+\infty)$. 则 $V(t)=\sum\limits_{i=1}^{n}|e_i(t)|\to 0$, 并且 $|e_i(t)|\to 0$, 可得方程 (6.58) 的所有解收敛于同一个解.

考虑方程 (6.58) 的所有解在条件 6.5.1 和条件 6.5.2 下是有界的, 设 $x(t) = (x_1(t), x_2(t), \cdots, x_n(t))^{\mathrm{T}}$ 是方程 (6.47) 的任意一个解, 同理证明 $x(t) = (x_1(t), x_2(t), \cdots, x_n(t))^{\mathrm{T}}$ 有界即可.

令 $\tau_{ij} = \tau$ 和 $\widehat{V}(t) = \sum\limits_{i=1}^{n}|x_i(t)|$, 则 $\widehat{V}(t-\tau) = \sum\limits_{i=1}^{n}|x_i(t-\tau)|$. 同理, 计算 $V(t)$ 沿方程 (6.59) 分数阶导数, 根据定理 3.2.7, 可得

$$\begin{aligned}
{}^{C}D_t^q\widehat{V}(t) &= \sum_{i=1}^{n}({}^{C}D_t^q|x_i(t)|)\\
&\leqslant \sum_{i=1}^{n}\operatorname{sgn}(x_i(t))^{C}D_t^q x_i(t)\\
&= \sum_{i=1}^{n}\operatorname{sgn}(x_i(t))\left\{-a_ix_i(t)+\sum_{j=1}^{n}b_{ij}f_j(x_j(t))+\sum_{j=1}^{n}c_{ij}g_j(x_j(t-\tau_{ij}))+d_i\right\}\\
&\leqslant \sum_{i=1}^{n}\left(-a_i|x_i(t)|+\sum_{j=1}^{n}|b_{ij}L_j||x_j(t)|+\sum_{j=1}^{n}|c_{ij}K_j||x_j(t-\tau)|+d_i\right)\\
&= \sum_{i=1}^{n}\left(-a_i|x_i(t)|+\sum_{j=1}^{n}|b_{ji}L_i||x_i(t)|\right)+\sum_{i=1}^{n}\sum_{j=1}^{n}|c_{ji}K_i||x_i(t-\tau)|+d\\
&= \sum_{i=1}^{n}\left(-a_i+\sum_{j=1}^{n}|b_{ji}L_i|\right)|x_i(t)|+\sum_{i=1}^{n}\sum_{j=1}^{n}|c_{ji}K_i||x_i(t-\tau)|+d\\
&\leqslant -\lambda\widehat{V}(t)+\widehat{K}V(t-\tau)+d,
\end{aligned}$$

其中 $\widehat{K} = \max\limits_{1\leqslant i\leqslant n}\left(\sum\limits_{j=1}^{n}|c_{ji}|K_i\right)$, $\lambda = \min\limits_{1\leqslant i\leqslant n}\left(a_i - \sum\limits_{j=1}^{n}|b_{ji}|L_i\right)$ 和 $d = \max\limits_{1\leqslant i\leqslant n} d_i$.

考虑如下系统

$$ {}^{C}D_t^q\overline{W}(t) = -\lambda\overline{W}(t) + \widehat{K}\overline{W}(t-\tau) + d, \tag{6.61}$$

其中 $\overline{W}(t) \geqslant 0(\overline{W}(t) \in R)$, 取与 $\widehat{V}(t)$ 同样的初值.

由定理 3.4.2, 可得

$$ {}^{C}D_t^q\widehat{V}(t) \leqslant {}^{C}D_t^q\overline{W}(t),$$

则

$$0 < \widehat{V}(t) \leqslant \overline{W}(t) \quad (\forall t \in [0, +\infty)).$$

根据 Caputo 分数阶导数的性质, 可得

$$ {}^{C}D_t^q(\overline{W}(t) - \tilde{d}) = -\lambda(\overline{W}(t) - \tilde{d}) + \widehat{K}(\overline{W}(t-\tau) - \tilde{d}). \tag{6.62}$$

其中 $\tilde{d}=\dfrac{d}{\lambda-\widehat{K}}$.

取 $\hat{W}(t)=\overline{W}(t)-\tilde{d}$, 则方程 (6.62) 可化为

$$^{C}D_t^q\hat{W}(t)=-\lambda\hat{W}(t)+\widehat{K}\hat{W}(t-\tau). \tag{6.63}$$

当

$$\widehat{K}<\lambda\sin\left(\frac{q\pi}{2}\right),\quad 0<q\leqslant 1$$

时, 特征方程 (6.63) 的 $\det(\Delta(s))=0$ 对任意的 $\tau>0$ 没有纯虚根. 当 $\tau=0$ 时, 可得

$$\widehat{K}<\lambda\sin\left(\frac{q\pi}{2}\right)\leqslant\lambda,\quad 0<q\leqslant 1,$$

则 $\widehat{K}<\lambda$, $0<q\leqslant 1$. 由定理 3.3.4 可得, 方程 (6.63) 的零解是 Lyapunov 全局一致渐近稳定的.

因此

$$\overline{W}(t)-\tilde{d}\to 0\quad (t\to+\infty).$$

因 $0<\overline{W}(t)$ 和 $\forall\epsilon>0$, 其中 $\epsilon>0$ 为一个充分小的正常数,

$$\overline{W}(t)<\tilde{d}+\epsilon.$$

又因

$$0<\widehat{V}(t)\leqslant\overline{W}(t)<\tilde{d}+\epsilon,$$

可得

$$0<\widehat{V}(t)\leqslant\tilde{d}. \tag{6.64}$$

因此由之前的条件可知 $\widehat{V}(t)=\sum\limits_{i=1}^{n}|x_i(t)|\leqslant\tilde{d}$, 当 $t\to+\infty$ 时, 有 $\|x(t)\|\leqslant\tilde{d}$, 其中 $\|\cdot\|\in l_1$, $l_1$ 为范数空间, 故可知 $x(t)=(x_1(t),x_2(t),\cdots,x_n(t))^{\mathrm{T}}$ 有界.

综上所述, 方程 (6.58) 的所有解在条件 6.5.1 和条件 6.5.2 下是有界的, 并且所有解都收敛. 定理得证.

**注 6.6.2** 当条件 6.5.1 和条件 6.5.2 成立时, 方程 (6.47) 是全局一致渐近稳定, 但是方程 (6.58) 是全局一致稳定, 因为在条件 6.5.1 和条件 6.5.2 成立时, 方程 (6.47) 存在唯一常数平衡解, 所有解都一致渐近地收敛于平衡解. 注意到方程 (6.58) 不存在唯一的常数平衡解. 方程 (6.47) 存在唯一的平衡解 $x^*$ 是一个常数, 由 Caputo 分数阶微分的性质可知 $^{C}D_t^q x^*=0$, 如果 $x^*$ 是一个常数, 使 $-a_ix_i^*+\sum\limits_{j=1}^{n}b_{ij}f_j(x_j^*)+\sum\limits_{j=1}^{n}c_{ij}g_j(x_j^*)+\widehat{d_i}=0$. 但是对方程 (6.58), 不存在唯一

的常数解, 因为如果存在 $x^*$ 是一个常数, 则 $-a_ix_i^*+\sum\limits_{j=1}^{n}b_{ij}f_j(x_j^*)+\sum\limits_{j=1}^{n}c_{ij}g_j(x_j^*)+d_i\omega_i(t)\neq 0$ . 如果平衡解 $x^*=x^*(t)$, 则 $x^*(t-\tau)=x^*(t)$ 对 $\forall\tau$ 成立, 则 $x^*$ 是一个常数. 方程 (6.58) 不存在唯一的常数解, 故方程 (6.58) 只是全局一致稳定, 而不是全局一致渐近稳定.

**注 6.6.3** 若有界函数 $\omega_i(t)$ 取常数, 不妨取 $\omega_i(t)=1$, 则方程 (6.58) 变为方程 (6.47), 故当条件 6.5.1 和条件 6.5.2 成立时, 定理 6.5.3和定理 6.5.4 依然成立.

### 6.6.2 有界扰动时滞分数阶神经网络解区域的估计

稳定性是保证实际系统正常运行的基本条件, 在实际应用中占有重要的地位, 尤其在控制理论等方面有着首要的位置, 如果有外界扰动, 就算神经网络是全局一致稳定的, 但是由于外界扰动的不确定性, 很难知道其解收敛的范围. 因此, 很有必要估计其解的收敛范围. 在 6.6.1 节, 我们分析了带有有界扰动的时滞分数阶神经网络的一致稳定性, 这样我们只知道带有有界扰动的时滞分数阶神经网络的相对稳定性, 因为带有有界扰动的时滞分数阶神经网络是一个时滞且带有非线性时间项的分数阶微分系统, 很难得到解的性质, 这里我们需找一个一致渐近稳定的时滞分数阶神经网络去估计它稳定的范围.

考虑如下的时滞分数阶神经网络

$$
\begin{aligned}
{}^{C}D_t^qx_i(t)=&-a_ix_i(t)+\sum_{j=1}^{n}b_{ij}f_j(x_j(t))+\sum_{j=1}^{n}c_{ij}g_j(x_j(t-\tau_{ij}))+\widehat{d}_i,\\
&i=1,2,\cdots,n,\quad t>0,
\end{aligned}\tag{6.65}
$$

其中系数同方程 (6.58), $\widehat{d}_i=d_iM_i$, $M_i$ 为 $\omega_i(t)$ 的界.

用方程 (6.65) 解的性质去估计方程 (6.58) 解的范围, 这里用的条件和方法同 6.5.1 节, 稳定性条件为条件 6.5.1 和条件 6.5.2. 注意到方程 (6.65) 是全局一致渐近稳定的, 且存在唯一平衡点. 实际中扰动函数的界可以测到, 又因为如果知道扰动函数的界, 那么在条件 6.5.1 和条件 6.5.2 下, 方程 (6.65) 的唯一平衡点可以计算, 通过方程 (6.65) 的解对性质去估计方程 (6.58) 解的范围.

**定理 6.6.4** 如果条件 6.5.1 和条件 6.5.2 都成立, 则方程 (6.58) 的解在区域 $O(x^*,\tilde{r})$ 内, 其中 $x^*$ 为方程 (6.65) 的平衡点, $\tilde{r}=\dfrac{r}{\lambda-\widehat{K}}$, $r=\max\limits_{1\leqslant i\leqslant n}|d_iM_i-d_i\omega_i(t)|(t\in[0,+\infty])$.

**证明** 这里证明过程同 6.6.1 节.

设 $y(t)=(y_1(t),y_2(t),\cdots,y_n(t))^{\mathrm{T}}$ 和 $x(t)=(x_1(t),x_2(t),\cdots,x_n(t))^{\mathrm{T}}$ 分别是方程 (6.58) 和方程 (6.65) 的解. 记 $e_i(t)=y_i(t)-x_i(t)$, 则可得 $e_i(t-\tau)=$

$y_i(t-\tau)-x_i(t-\tau), i=1,2,\cdots,n$.

由方程 (6.65) 和方程 (6.58), 可得

$$\begin{aligned}{}^C D_t^q e_i(t)=&-a_i e_i(t)+\sum_{j=1}^n b_{ij}(f_j(y_j(t))-f_j(x_j(t)))+\sum_{j=1}^n c_{ij}(g_j(y_j(t-\tau_{ij}))\\&-g_j(x_j(t-\tau_{ij})))+(d_i M_i-d_i\omega_i(t)).\end{aligned}\tag{6.66}$$

记 $\tau_{ij}=\tau$, 取 $V(t)=\sum\limits_{i=1}^n|e_i(t)|$, 则 $V(t-\tau)=\sum\limits_{i=1}^n|e_i(t-\tau)|$. 同理, 计算 $V(t)$ 沿方程 (6.59) 分数阶导数, 根据定理 3.2.7, 可得

$$\begin{aligned}{}^C D_t^q V(t)=&\sum_{i=1}^n({}^C D_t^q|e_i(t)|)\\\leqslant&\sum_{i=1}^n\operatorname{sgn}(e_i(t)){}^C D_t^q e_i(t)\\=&\sum_{i=1}^n\operatorname{sgn}(e_i(t))\Big\{-a_i e_i(t)+\sum_{j=1}^n b_{ij}(f_j(y_j(t))-f_j(x_j(t)))\\&+\sum_{j=1}^n c_{ij}(g_j(y_j(t-\tau_{ij}))-g_j(x_j(t-\tau_{ij})))+(d_i M_i-d_i\omega(t))\Big\}\\\leqslant&\sum_{i=1}^n\left(-a_i|e_i(t)|+\sum_{j=1}^n|b_{ij}L_j||e_j(t)|+\sum_{j=1}^n|c_{ij}K_j||e_j(t-\tau)|\right)+r\\=&\sum_{i=1}^n\left(-a_i|e_i(t)|+\sum_{j=1}^n|b_{ji}L_i||e_i(t)|\right)+\sum_{i=1}^n\sum_{j=1}^n|c_{ji}K_i||e_i(t-\tau)|+r\\=&\sum_{i=1}^n\left(-a_i+\sum_{j=1}^n|b_{ji}L_i|\right)|e_i(t)|+\sum_{i=1}^n\sum_{j=1}^n|c_{ji}K_i||e_i(t-\tau)|+r\\\leqslant&-\lambda V(t)+\widehat{K}V(t-\tau)+r,\end{aligned}$$

其中 $\widehat{K}=\max\limits_{1\leqslant i\leqslant n}\left(\sum\limits_{j=1}^n|c_{ji}|K_i\right)$, $\lambda=\min\limits_{1\leqslant i\leqslant n}\left(a_i-\sum\limits_{j=1}^n|b_{ji}|L_i\right)$ 和 $r=\max\limits_{1\leqslant i\leqslant n}|d_i M_i-d_i\omega_i(t)|(t\in[0,T_i])$.

取函数 $W(t)$ 与 $V(t)$ 同样的初值, 且满足

$${}^C D_t^q W(t)=-\lambda W(t)+\widehat{K}W(t-\tau)+r.$$

根据定理 3.4.2, 可得

$${}^C D_t^q V(t)\leqslant{}^C D_t^q W(t),$$

则

$$0 < V(t) \leqslant W(t).$$

考虑如下系统

$$^{C}D_t^q W(t) = -\lambda W(t) + \widehat{K} W(t-\tau) + r. \tag{6.67}$$

根据 Caputo 分数阶导数的性质, 可得

$$^{C}D_t^q (W(t) - \tilde{r}) = -\lambda (W(t) - \tilde{r}) + \widehat{K}(W(t-\tau) - \tilde{r}),$$

其中 $\tilde{r} = \dfrac{r}{\lambda - \widehat{K}}$.

取 $\hat{W}(t) = W(t) - \tilde{r}$, 方程 (6.67) 变为

$$^{C}D_t^q \hat{W}(t) = -\lambda \hat{W}(t) + \widehat{K} \hat{W}(t-\tau). \tag{6.68}$$

在条件 6.5.1 和条件 6.5.2 下, 由定理 6.5.3 和定理 6.5.4 可得

$$W(t) - \tilde{r} \to 0 \quad (t \to +\infty).$$

因 $0 < \overline{W}(t)$ 和 $\forall \epsilon > 0$, 其中 $\epsilon > 0$ 为一个充分小的正常数,

$$W(t) < \tilde{r} + \epsilon,$$

且由

$$0 < V(t) \leqslant W(t) < \tilde{r} + \epsilon,$$

可得

$$0 < V(t) \leqslant \tilde{r}.$$

如果条件 6.5.1 和条件 6.5.2 都成立, 由定理 6.5.3 可知方程 (6.65) 存在唯一的平衡解, 记为 $x^*(t)$, 由定理 6.5.4 可知方程 (6.65) 的解都收敛到平衡点 $x^*(t)$, 故这里的 $x(t)$ 取为 $x^*(t)$, 因此可知 $V(t) = \sum\limits_{i=1}^{n} |e_i(t)| = \sum\limits_{i=1}^{n} |y_i(t) - x_i(t)| \leqslant \tilde{r}$, 当 $t \to +\infty$ 时, 可得 $\|y(t) - x^*(t)\| \leqslant \tilde{r}$.

总之, 方程 (6.58) 的解在区域 $O(x^*, \tilde{r})$ 内, 其中 $x^*$ 为方程 (6.65) 的平衡点, $\tilde{r} = \dfrac{r}{\lambda - \widehat{K}}$, $r = \max\limits_{1 \leqslant i \leqslant n} |d_i M_i - d_i \omega_i(t)| (t \in [0, +\infty])$. 定理得证.

**注 6.6.5**　注意到方程 (6.65) 为全局一致渐近稳定的, 存在唯一的平衡点并且所有的解都收敛到平衡点, 故用方程 (6.65) 去估计方程 (6.58) 的解在区域是合理的, 如果 $\omega_i(t)$ 可以用梯形函数去逼近, 这时定理 6.6.4 的结果显得有意义, 因为

在每一段区间都可以估计方程 (6.65) 解的范围, 这就间接得到了带有有界扰动的时滞分数阶网络的解及其性质. 实际上, 外界扰动是未知的, 但是我们可以分阶段测得其扰动的范围, 也就是扰动函数的界, 这种情况下, 可以用无扰动的时滞分数阶网络的解去估计扰动的范围, 如果扰动很小的话, 由定理 6.6.4 可知, 我们直接考虑无扰动的系统就足够了.

### 6.6.3 数值仿真

本节主要验证带有有界扰动的时滞分数阶神经网络的全局一致稳定条件, 计算方法是用时滞分数阶预估校正算法, 步长选取 $h = 0.01$. 这里得到的稳定性条件都不含初始条件及时滞 $\tau$, 故这里的初始条件都用随机函数和周期函数.

**例 6.6.6** 考虑一个三维带有有界周期函数扰动的时滞分数阶神经网络模型:

$$
\begin{cases}
{}^C D_t^q x_1(t) = -a_1 x_1(t) + b_{11}\sin(x_1(t)) + b_{12}\sin(x_2(t)) + b_{13}\sin(x_3(t)) \\
\qquad + c_{11}\tanh(x_1(t-\tau)) + c_{12}\tanh(x_2(t-\tau)) + c_{13}\tanh(x_3(t-\tau)) \\
\qquad + d_1\omega_1(t), \\
{}^C D_t^q x_2(t) = -a_2 x_2(t) + b_{21}\sin(x_1(t)) + b_{22}\sin(x_2(t)) + b_{23}\sin(x_3(t)) \\
\qquad + c_{21}\tanh(x_1(t-\tau)) + c_{22}\tanh(x_2(t-\tau)) + c_{23}\tanh(x_3(t-\tau)) \\
\qquad + d_2\omega_2(t), \\
{}^C D_t^q x_3(t) = -a_3 x_3(t) + b_{31}\sin(x_1(t)) + b_{32}\sin(x_2(t)) + b_{33}\sin(x_3(t)) \\
\qquad + c_{31}\tanh(x_1(t-\tau)) + c_{32}\tanh(x_2(t-\tau)) + c_{33}\tanh(x_3(t-\tau)) \\
\qquad + d_3\omega_3(t), \\
x_1(t) = x_1(0), \quad x_2(t) = x_2(0), \quad x_3(t) = x_3(0), \quad t \in [-\tau, 0].
\end{cases}
\tag{6.69}
$$

这里的扰动 $\omega_3(t)$ 为有界的连续的三角函数. 方程 (6.69) 系数选择为 $q = 0.9$, $\tau = 2$,

$$
A = \begin{pmatrix} -2 & 0 & 0 \\ 0 & -3 & 0 \\ 0 & 0 & -2 \end{pmatrix},
$$

$$
B = \begin{pmatrix} 0.6 & -0.7 & 0.1 \\ -0.5 & -0.6 & 0.6 \\ 0.3 & 1.2 & 0.8 \end{pmatrix} \quad 和 \quad C = \begin{pmatrix} 0.2 & -0.22 & 0.1 \\ -0.1 & 0.01 & -0.2 \\ -0.05 & 0.2 & -0.1 \end{pmatrix},
$$

且扰动强度为 $d_1 = 1$, $d_2 = -0.5$, $d_3 = 0.5$, 扰动函数 $\omega_1 = \sin(\alpha t)$, $\omega_2 = \cos(\alpha t)$, $\omega_3 = \sin(\alpha t)$, 其中 $\alpha = \dfrac{1}{400}$. 初始条件 $x_1(0)$, $x_2(0)$ 和 $x_3(0)$ 选为 $x_1(0) = \overline{g}_1(t)$, $x_2(0) = \overline{g}_2(t)$, $x_3(0) = \overline{g}_3(t)$, 其中, $\overline{g}_1(t)$ 和 $\overline{g}_3(t)$ 为 [0,1] 内的均匀随机函数, $\overline{g}_2(t)$ 为高斯白噪声. 此外, 其他初始条件 $\widehat{x}_1(0)$, $\widehat{x}_2(0)$ 和 $\widehat{x}_3(0)$ 选为 $\widehat{x}_1(0) =$

$\widehat{g}_1(t)$, $\widehat{x}_2(0) = \widehat{g}_2(t)$ 和 $\widehat{x}_3(0) = \widehat{g}_3(t)$, 其中 $\widehat{g}_1(t) = \widehat{g}_3(t) = |\sin(t)|$ 和 $\widehat{g}_2(t) = |\cos(t)|$. 方程 (6.69) 收敛时间响应图可见图 6.11.

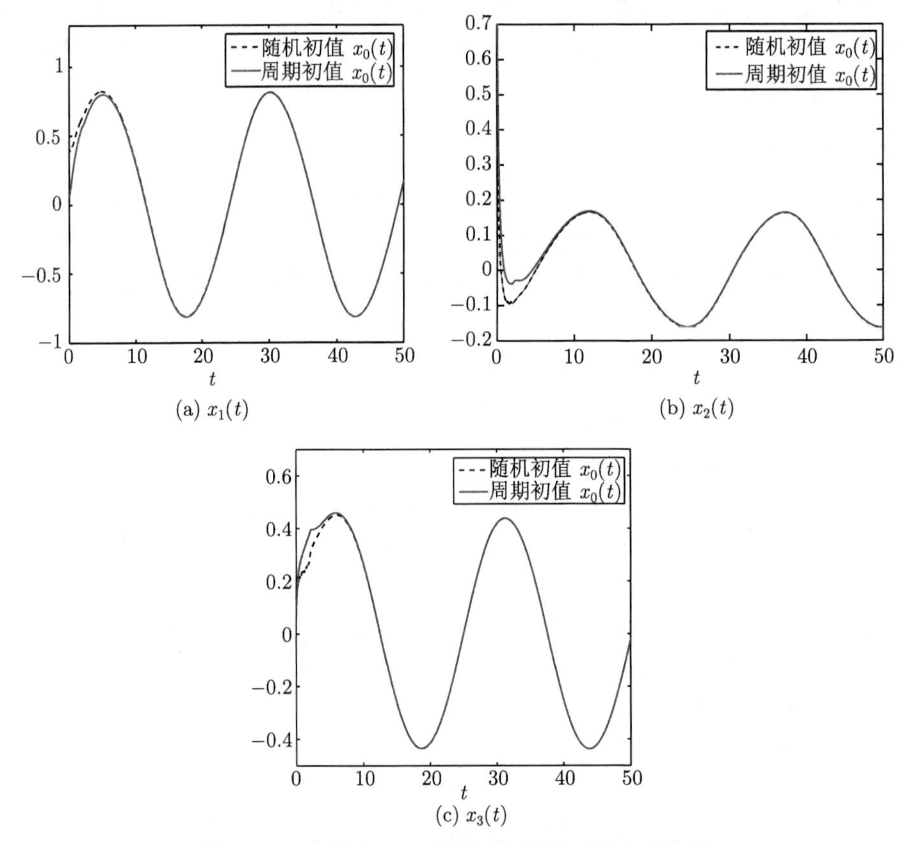


图 6.11　方程 (6.69) 在不同初值的时间响应曲线

考虑扰动 $\omega_3(t)$ 为有界的不连续函数. 这里有界的不连续函数选为方波脉冲函数 $Y(t)$ 且周期 $T = 4$, 方程 (6.69) 系数选择和初始条件同上, 方程 (6.69) 收敛时间响应图可见图 6.12.

注意到图 6.11 和图 6.12, 这里的扰动强度取的比较大一些, 这样可以清楚地看到扰动对系统的影响, 如果扰动为三角函数, 那么其最终表现为一些三角函数的振荡性, 如果为扰动为方波脉冲函数 $Y(t)$, 其最终表现为脉冲振荡性, 这里系统在完全不同的初值下均收敛到某一个解, 但是这里只是全局一致稳定.

接下来, 用一个全局一致渐近稳定的无扰动的时滞分数阶神经网络去估计带有有界扰动的时滞分数阶网络解的范围. 这里仍然考虑方程 (6.69), 扰动函数为波脉冲函数 $Y(t)$ 且周期 $T = 4$, 方程 (6.69) 系数选择同上, 但这里的强度取为 $d_1 = 0.01$, $d_2 = -0.03$, $d_3 = 0.05$, 由定理 6.6.4, 可以计算 $\tilde{r} = \max\limits_{1\leqslant i\leqslant 3} |d_iM_i -$

$d_i\omega(t)|/(\lambda - \widehat{K}) = 0.83$. 这里带有扰动的系统初值选为周期函数, 没有扰动的系统为随机函数, 这里初值选为白噪声. 带有扰动时滞分数阶神经网络和无扰动的时滞分数阶神经网络收敛时间响应图可见图 6.13.

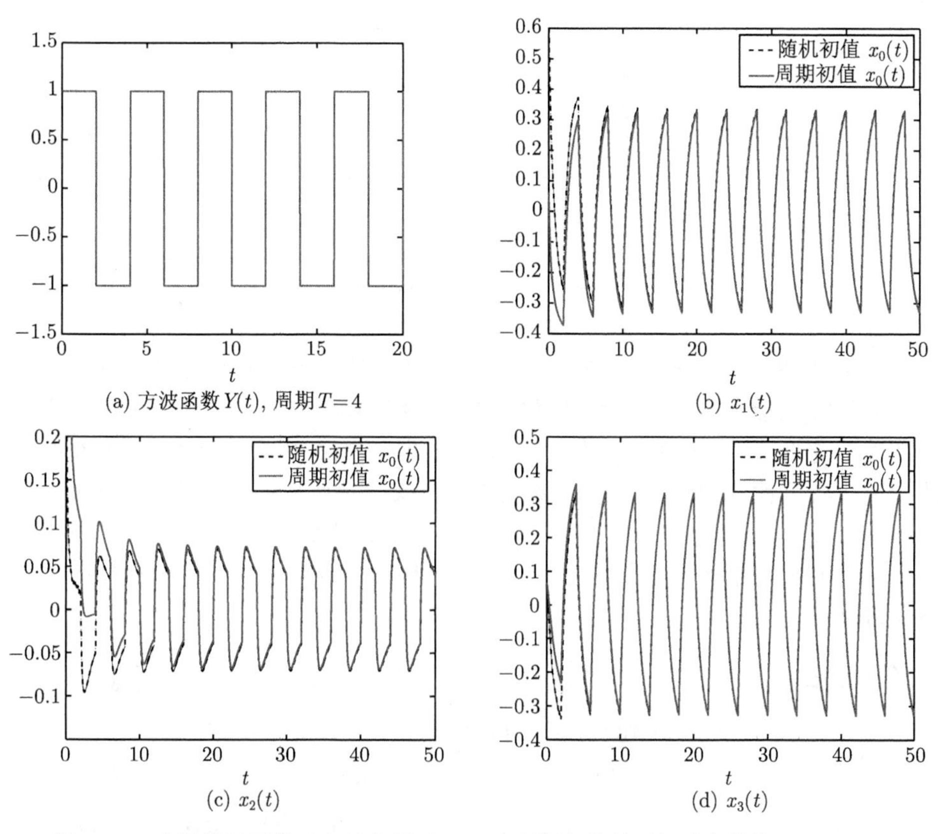


(a) 方波函数 $Y(t)$, 周期 $T=4$ (b) $x_1(t)$

(c) $x_2(t)$ (d) $x_3(t)$

图 6.12 方波脉冲函数 (a) 及方程 (6.46) 在不同初值的时间响应曲线 (b)—(d)

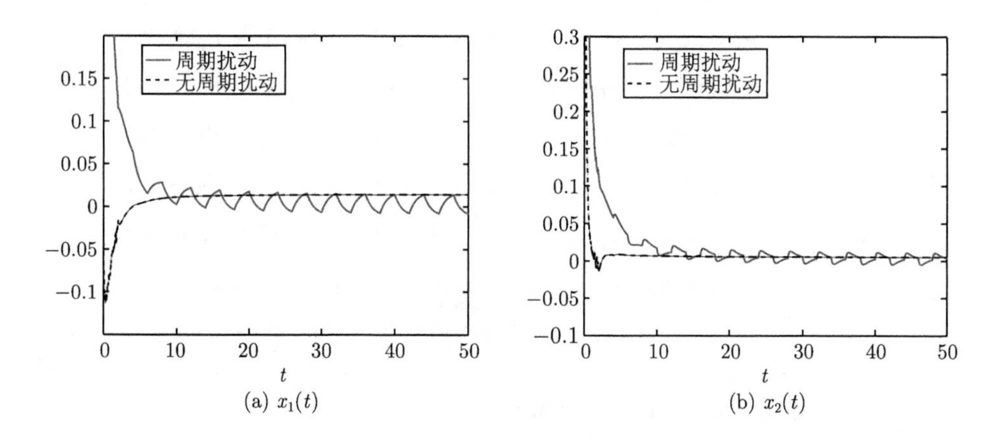


(a) $x_1(t)$ (b) $x_2(t)$

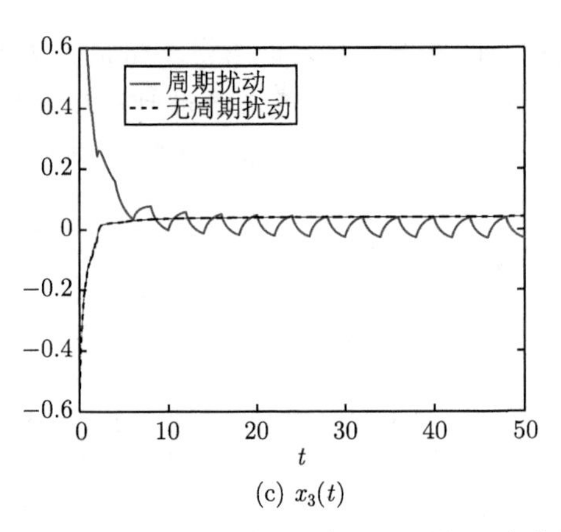


(c) $x_3(t)$

图 6.13　方程 (6.69) 在不同初值的时间响应曲线

由图 6.13 可知, 当扰动很小的时候, 无扰动的时滞分数阶神经网络可以很好地逼近带有扰动时滞分数阶神经网络的. 这里可以计算 $\tilde{r}=0.83$, 注意到这里的结果并不是很精确, 且由扰动强度 $d_i(i=1,2,\cdots,n)$ 决定. 但是, 对于有界扰动的时滞分数阶神经网络是一个时滞且带有非线性时间项的分数阶微分系统, 很难得到解的性质, 这里我们至少给出一种方法去研究其解的性质.

**例 6.6.7**　考虑四维带有混合连续有界扰动和方波脉冲有界扰动时滞分数阶神经网络

$$\begin{cases} {}^CD_t^q x_1(t)=-a_1x_1(t)+b_{11}\sin(x_1(t))+b_{12}\sin(x_2(t))+b_{13}\sin(x_3(t)) \\ \qquad +b_{14}\sin(x_4(t))+c_{11}\tanh(x_1(t-\tau))+c_{12}\tanh(x_2(t-\tau)) \\ \qquad +c_{13}\tanh(x_3(t-\tau))+c_{14}\tanh(x_4(t-\tau))+d_1\omega_1(t), \\ {}^CD_t^q x_2(t)=-a_2x_2(t)+b_{21}\sin(x_1(t))+b_{22}\sin(x_2(t))+b_{23}\sin(x_3(t)) \\ \qquad +b_{24}\sin(x_4(t))+c_{21}\tanh(x_1(t-\tau))+c_{22}\tanh(x_2(t-\tau)) \\ \qquad +c_{23}\tanh(x_3(t-\tau))+c_{24}\tanh(x_4(t-\tau))+d_2\omega_2(t), \\ {}^CD_t^q x_3(t)=-a_3x_3(t)+b_{31}\sin(x_1(t))+b_{32}\sin(x_2(t))+b_{33}\sin(x_3(t)) \\ \qquad +b_{34}\sin(x_4(t))+c_{31}\tanh(x_1(t-\tau))+c_{32}\tanh(x_2(t-\tau)) \\ \qquad +c_{33}\tanh(x_3(t-\tau))+c_{34}\tanh(x_4(t-\tau))+d_3\omega_3(t), \\ {}^CD_t^q x_4(t)=-a_4x_4(t)+b_{41}\sin(x_1(t))+b_{42}\sin(x_2(t))+b_{43}\sin(x_3(t)) \\ \qquad +b_{44}\sin(x_4(t))+c_{41}\tanh(x_1(t-\tau))+c_{42}\tanh(x_2(t-\tau)) \\ \qquad +c_{43}\tanh(x_3(t-\tau))+c_{44}\tanh(x_4(t-\tau))+d_4\omega_4(t), \end{cases} \tag{6.70}$$

方程 (6.70) 系数选择为 $q=0.96$, $\tau=3$,

$$A=\begin{pmatrix} -3 & 0 & 0 & 0 \\ 0 & -4 & 0 & 0 \\ 0 & 0 & -2.5 & 0 \\ 0 & 0 & 0 & -3.8 \end{pmatrix},$$

$$B=\begin{pmatrix} 1 & -1.2 & 0.5 & 0.3 \\ -0.4 & 0.8 & -0.4 & -1 \\ 0.4 & -0.1 & -0.1 & 1.1 \\ -0.2 & 0.4 & -5.8 & 0.4 \end{pmatrix}, \quad C=\begin{pmatrix} 0.1 & -0.5 & 0.15 & -0.2 \\ 0.3 & 0.1 & -0.25 & -0.5 \\ -0.1 & 0.15 & 0.1 & 0.1 \\ -0.4 & 0.2 & -0.4 & -0.15 \end{pmatrix}.$$

$d_1 = 0.3$, $d_2 = -0.2$, $d_3 = -0.1$, $d_3 = 0.4$, $\omega_1 = Y(t)$, $\omega_2 = \sin(\alpha t)$, $\omega_3 = Y(t)$, $\omega_4 = \cos(\alpha t)$, 其中 $\alpha = \dfrac{1}{500}$, $Y(t)$ 为方波脉冲函数且周期 $T = 4$. 初始条件 $x_1(0)$, $x_2(0)$, $x_3(0)$ 和 $x_4(0)$ 选为 $x_1(0) = \overline{g}_1(t)$, $x_2(0) = \overline{g}_2(t)$, $x_3(0) = \overline{g}_3(t)$ 和 $x_4(0) = \overline{g}_4(t)$, 其中 $\overline{g}_i(t)(i = 1,2,3,4)$ 为高斯白噪声. 此外, 其他初始条件为 $\widehat{x}_1(0)$, $\widehat{x}_2(0)$, $\widehat{x}_3(0)$ 和 $\widehat{x}_4(0)$ 选为 $\widehat{x}_1(0) = \widehat{g}_1(t)$, $\widehat{x}_2(0) = \widehat{g}_2(t)$, $\widehat{x}_3(0) = \widehat{g}_3(t)$ 和 $\widehat{x}_4(0) = \widehat{g}_4(t)$ 其中 $\widehat{g}_1(t) = \widehat{g}_3(t) = |\sin(t)|$ 和 $\widehat{g}_2(t) = \widehat{g}_4(t) = |\cos(t)|$. 方程 (6.70) 收敛时间响应图可见图 6.14.

**注 6.6.8** 在例 6.6.6 和 例 6.6.7, 初值选为随机函数和周期函数, 带有有界扰动时滞分数阶神经网络在给定的稳定性条件下依然稳定, 且稳定条件不包含时滞 $\tau$, 故有界扰动时滞分数阶神经网络在给定的稳定性条件下是全局一致稳定的. 这里的扰动强度取的比较大一些, 这样可以清楚地看到扰动对系统的影响. 如果无有界扰动时滞分数阶神经网络在给定的稳定性条件下是全局一致渐近稳定的, 但是加入有界扰动后, 分数阶神经网络的性质发生了变化, 换个角度考虑, 如果分数阶神经网络需要一些振荡, 甚至是周期振荡, 可以加一些有界函数, 使得分数阶神经网络出现振荡.

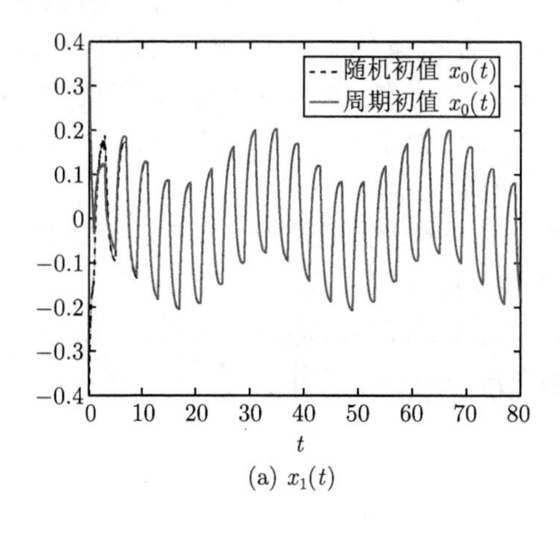


(a) $x_1(t)$

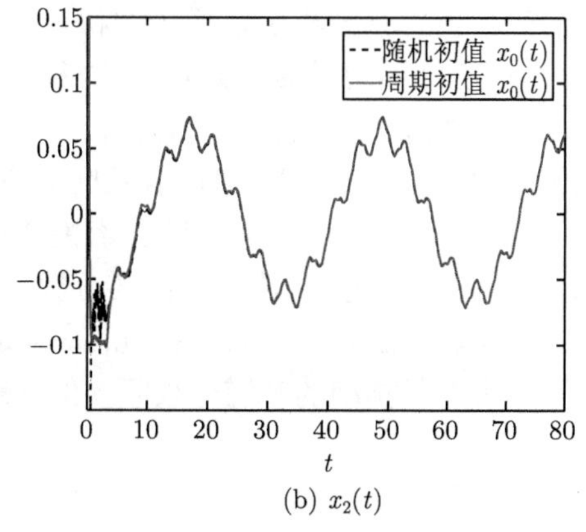


(b) $x_2(t)$

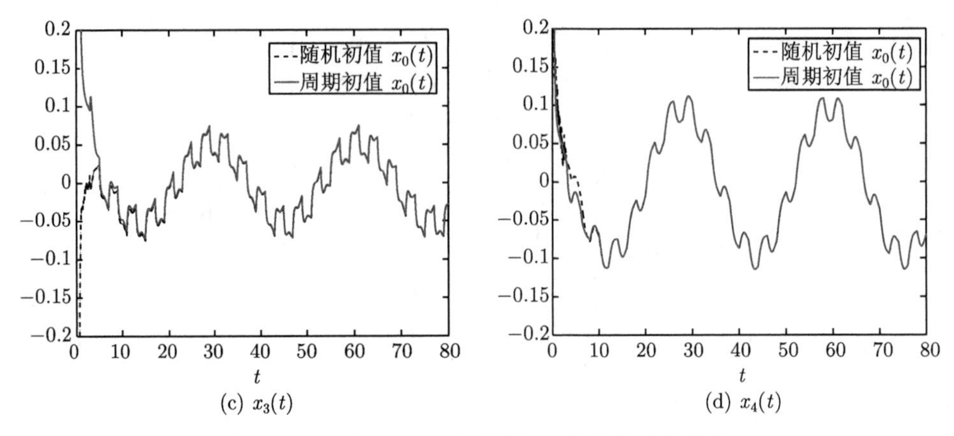


(c) $x_3(t)$　　(d) $x_4(t)$

图 6.14　方程 (6.70) 在不同初值的时间响应曲线

## 6.7 本章小结

本章主要研究了时滞分数阶 Hopfield 神经网络的稳定性.

首先, 基于时滞分数阶稳定性定理, 讨论二维时滞分数阶神经网络的稳定性, 根据不同的参数, 得到了相应的稳定性条件, 并给出自连接和抑制–兴奋型他连接的两个同性分数阶神经元模型, 给出了其稳定性条件. 此外, 研究了两类环结构的时滞分数阶神经网络模型稳定性. 其一, 在该环结构网络中的每个神经元仅连接到其最接近的一个神经元, 环结构延时反馈也具有相同的环结构, 即除了自身的反馈作用还有最接近的一个神经元的反馈作用, 形成和原环结构相同的环时滞反馈作用, 并得到了其稳定条件. 另外一类环结构的时滞分数阶神经网络模型, 在该环结构网络中的每个神经元仅连接到其最接近的两个神经元, 并考虑自身的反馈作用, 得到了其相应的稳定条件.

其次, 研究了中心结构的时滞分数阶神经网络的稳定性, 给出了稳定性条件. 并通过数值仿真分析了在所给的稳定条件下, 初始条件变得复杂包括随机和周期函数, 中心结构的时滞分数阶神经网络依然稳定. 此外, 稳定性条件都不包含时滞 $\tau$, 即稳定性条件与时滞 $\tau$ 无关, 可知稳定性条件独立于时滞 $\tau$, 但是时滞 $\tau$ 影响收敛时间, 当时滞 $\tau$ 增大时, 收敛时间也会增加.

最后, 讨论了时滞分数阶神经网络的全局一致渐近稳定性, 基于比较原理和 Lyapunov 稳定定理, 给出了时滞分数阶神经网络全局一致渐近稳定的条件, 并证明了平衡解的存在唯一性. 因此, 本章运用比较原理和时滞系统的稳定性定理给出了带有有界扰动的时滞分数阶神经网络全局一致稳定条件.

# 第 7 章　基于忆阻器的分数阶神经网络的稳定性与控制研究

## 7.1　基于忆阻器的分数阶神经网络的稳定性分析

美国加州大学的 Leon O. Chua 教授基于电路变量关系的完备性 (图 7.1), 从理论上预言, 除了电阻 $R$, 电容 $C$ 和电感 $L$ 外, 还应该存在体现磁通量与电量间关系的第四个基本元件——忆阻器[183]. 如图 7.2 所示, 忆阻器由特殊非线性的电阻器构成, 其结构简单却拥有非易失性的存储器功能, 能够在低耗能的条件下存储或处理信息. 因此忆阻器在实际的物理系统中有很多的应用和很好的表现, 当电场作用消失时有滞后产生, 且其阻值可以随施加电压的变化而发生变化, 并能够记住改变的状态. 这与生物大脑中神经突触的工作原理类似, 因此, 模拟神经元之间的突触是忆阻器的一个重要应用. 除此以外, 忆阻器在生物行为模拟、保密通信、新型存储器、模拟电路、人工智能计算机、人工神经网络等领域有着广泛的应用[185-187]. 本章主要关注其在神经网络动力学中的应用.

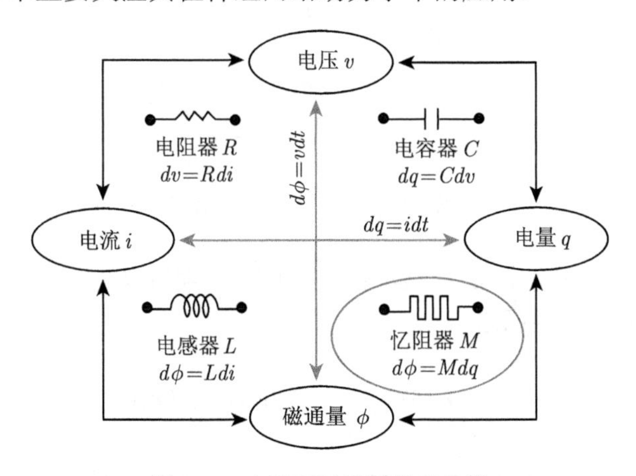


图 7.1　电路变量关系的完备性

在神经网络中, 传统上用电阻器刻画神经网络的自反馈的权重, 而使用忆阻器替代电阻器使其自反馈的权重能够依赖状态切换, 进而全面地加强神经网络在预测学习上的智能水平. 因此, 忆阻器神经网络受到了一些国内外学者的关注[127,129,134,184]. 由于忆阻器神经网络中自反馈的权重会根据状态切换, 本质上来说, 其数学模型带有不连续参数变量, 即忆阻器神经网络属于不连续神经网络中的特例. 本小节将分析分数阶忆阻器神经网络 Filippov 解的动力学性质, 首先讨论和保证其 Filippov 解的存在性, 其次分析其稳定性、有界性和吸引性条件.

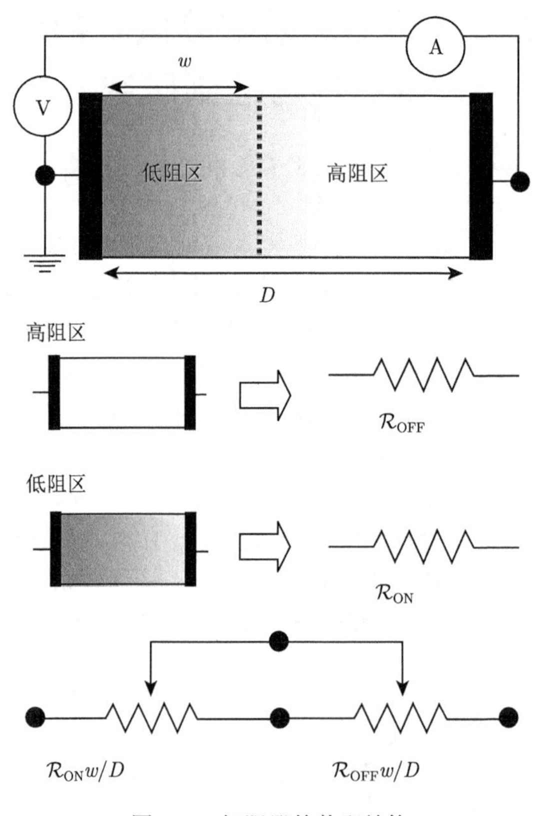


图 7.2　忆阻器的装配结构

在分数阶神经网络 (4.3) 的基础上, 使用忆阻器替换电阻器[188-191], 可得到如下的分数阶忆阻器神经网络

$$
{}_0^C D_t^q x_i(t) = -c_i x_i(t) + \sum_{j=1}^{n} a_{ij}(x_j(t)) f_j(x_j(t)) + I_i, \tag{7.1}
$$

其中 $a_{ij}(x_j(t))$ 是基于忆阻器的神经元连接权重, 其定义为

$$
a_{ij}(x_j) = \begin{cases} \hat{a}_{ij}, & |x_j| > T_j, \\ \check{a}_{ij}, & |x_j| < T_j, \end{cases}
$$

且 $a_{ij}(\pm T_j) = \hat{a}_{ij}$ 或 $\check{a}_{ij}$, $T_j > 0$, $\hat{a}_{ij}$ 和 $\check{a}_{ij}$ 是两个常数. 系统 (7.1) 其他变量参数的定义和性质与系统 (4.3) 相同. 则系统 (7.1) 的向量形式可表示为

$$ {}_0^C D_t^q x(t) = -Cx(t) + A(x(t))f(x(t)) + I, \tag{7.2} $$

其中 $A(x) = (a_{ij}(x_j))_{n\times n}$.

根据 Filippov 解的定义和系统 (7.2) 的性质, 定义如下的映射集

$$ \begin{aligned} G(x) &\triangleq \mathrm{co}[A(x)] = \big(\mathrm{co}[a_{ij}(x_j)]\big)_{n\times n}, \\ F(x) &\triangleq \mathrm{co}[f(x)] = \big(\mathrm{co}[f_1(x_1)], \cdots, \mathrm{co}[f_n(x_n)]\big). \end{aligned} $$

由 $a_{ij}(\cdot)$ 和 $f_i(\cdot)$ 的不连续条件可得

$$ \mathrm{co}[a_{ij}(x_j)] = \begin{cases} \hat{a}_{ij}, & |x_j(t)| > T_j, \\ [\min\{\hat{a}_{ij}, \check{a}_{ij}\}, \max\{\hat{a}_{ij}, \check{a}_{ij}\}], & |x_j(t)| = T_j, \\ \check{a}_{ij}, & |x_j(t)| < T_j, \end{cases} $$

以及

$$ \mathrm{co}[f_i(x_i)] = [\min\{f_i(x_i^-), f_i(x_i^+)\}, \max\{f_i(x_i^-), f_i(x_i^+)\}]. $$

则系统 (7.2) 的 Filippov 解可由如下的定义给出.

**定义 7.1.1** 如果 $x(t)$ 在任意 $[0,T)$ 的紧区间内绝对连续, 且满足

$$ {}_0^C D_t^q x(t) \in -Cx(t) + G(x(t))F(x(t)) + I \tag{7.3} $$

在 $t \in [0,T)$ 上几乎处处成立; 等价地说存在可测函数 $\kappa = (\kappa_{ij})_{n\times n} : R^n \to R^{n\times n}$ 和 $\gamma = (\gamma_1, \cdots, \gamma_n)^{\mathrm{T}} : R^n \to R^n$, 使得 $\kappa(x) \in G(x)$, $\gamma(x) \in F(x)$, 且

$$ {}_0^C D_t^q x(t) = -Cx(t) + \kappa(x(t))\gamma(x(t)) + I \tag{7.4} $$

在 $t \in [0,T)$ 上几乎处处成立, 其中单值函数 $\kappa$ 和 $\gamma$ 分别为 $G$ 和 $F$ 中的可测函数元素, 则 $x(t)$ 即为 $[0,T)$ 上系统 (7.2) 的 Filippov 解.

首先给出系统 (7.2) 的 Filippov 解存在性的条件.

**定理 7.1.2** 若条件 4.4.5 满足, 对任意初值 $x(0)$, 系统 (7.2) 存在至少一个 Filippov 解.

**证明** 由于 $x(t) \hookrightarrow -Cx(t) + G(x(t))F(x(t)) + I$ 于非空紧的凸值处上半连续, 故其解的局部存在性可以保证.

定义 $\underline{a}_{ij} \triangleq \min\{|\hat{a}_{ij}|, |\check{a}_{ij}|\}$ 以及 $\overline{a}_{ij} \triangleq \max\{|\hat{a}_{ij}|, |\check{a}_{ij}|\}$. 根据条件 4.4.5 和定义 7.1.1, 对于 a.e. $t \in [0, +\infty)$, 方程 (7.2) 的右端满足

$$ \begin{aligned} & \|-Cx(t) + G(x(t))F(x(t)) + I\|_1 \\ \leqslant\ & \|C\|_1\|x(t)\|_1 + \|G(x(t))\|_1(K\|x(t)\|_1 + H) + \|I\|_1 \\ \leqslant\ & (\|C\|_1 + \overline{G}K)\|x(t)\|_1 + \overline{G}H + \|I\|_1 \end{aligned} $$

$$= \overline{K}\|x(t)\|_1 + \overline{H},$$

其中 $\bar{G} = \max\left\{\sum_{i=1}^{n} \bar{a}_{i1}, \cdots, \sum_{i=1}^{n} \bar{a}_{in}\right\}$, $K = \max\{k_1, \cdots, k_n\}$, $\overline{K} = \|C\|_1 + \overline{G}K$, $H = \max\{h_1, \cdots, h_n\}$, $\overline{H} = \overline{G}H + \|I\|_1$. 根据条件 4.4.5 并仿照定理 4.4.6 的证明, 系统 (7.2) Filippov 解的存在性得证.

**注 7.1.3** 由于分数阶忆阻器神经网络 (7.2) 连接权重的不连续性 (非 Lipschitz 连续), 其解的存在性应先通过给定的条件保证, 如定理 7.1.2. 而在其他相关文献中 [127,129,134,184], 并没有相关网络解存在性的讨论, 因此定理 7.1.2 弥补了这方面的空缺.

下面分析系统 (7.2) 的相关动力学性质, 首先给出两个条件.

**条件 7.1.4** 存在区域 $D \subseteq R^n$, 使得所有的激励函数在区域 $D$ 上满足局部的 Lipschitz 连续性, 即存在常数 $l_i > 0$ 使得对任意 $x, y \in D$ 和 $i = 1, 2, \cdots, n$, 满足

$$|f_i(x) - f_i(y)| \leqslant l_i|x - y|.$$

**条件 7.1.5** 存在常数 $d_i$ 使得下式成立

$$d_i = c_i - \sum_{j=1}^{n} \overline{a}_{ji} l_i > 0, \tag{7.5}$$

其中 $i = 1, 2, \cdots, n$.

**定理 7.1.6** 如果条件 4.4.5, 条件 7.1.4, 条件 7.1.5 均满足, 且系统 (7.2) 有一个平衡点 $\bar{x} \in D$ 且满足 $f(\bar{x}) = 0$, 则 $\bar{x}$ 在 $D$ 上是 Mittag-Leffler 稳定的.

**证明** 由条件 4.4.5, 系统 (7.2) 的解存在. 定义变换 $\eta(t) = x(t) - \bar{x}$ $(x(t) \in D)$, 则系统 (7.2) 可转化成

$${}_{0}^{C}D_t^q \eta(t) = -C(\eta(t) + \bar{x}) + \kappa(\eta(t) + \bar{x}) f(\eta(t) + \bar{x}) + I, \tag{7.6}$$

其中 $\eta(t) + \bar{x} \in D$, $\kappa(\eta(t) + \bar{x}) \in G(\eta(t) + \bar{x})$. 因为 $\bar{x}$ 是系统 (7.2) 的平衡点且满足 $f(\bar{x}) = 0$, 则存在 $\bar{\kappa}(\bar{x}) \in G(\bar{x})$ 使得

$$-C\bar{x} + \bar{\kappa}(\bar{x}) f(\bar{x}) + I = 0, \quad 即 \quad -C\bar{x} + I = 0.$$

因此, 系统 (7.6) 可表示为

$${}_{0}^{C}D_t^q \eta(t) = -C\eta(t) + \kappa(\eta(t) + \bar{x}) f(\eta(t) + \bar{x}), \tag{7.7}$$

其中 $\kappa(\eta(t) + \bar{x}) \in G(\eta(t) + \bar{x})$.

构造 Lyapunov 函数

$$V(t,\eta(t)) = \|\eta(t)\|_1 = \sum_{i=1}^{n} |\eta_i(t)|.$$

根据条件 7.1.4, 条件 7.1.5 以及定理 3.2.7, 对于任意的 $\kappa(\eta(t)+\bar{x}) \in G(\eta(t)+\bar{x})$ 下式成立

$$\begin{aligned}
{}_0^C D_t^q V(t^+,\eta(t^+)) &= \sum_{i=1}^{n} {}_0^C D_t^q |\eta_i(t^+)| \overset{\text{a.e.}}{\leqslant} \sum_{i=1}^{n} \operatorname{sgn}(\eta_i(t)) {}_0^C D_t^q \eta_i(t) \\
&= \sum_{i=1}^{n} \operatorname{sgn}(\eta_i(t)) \left[ -c_i \eta_i(t) + \sum_{j=1}^{n} \kappa_{ij}(\eta_j(t)+\bar{x}_j) f_j(\eta_j(t)+\bar{x}_j) \right] \\
&\overset{\text{a.e.}}{\leqslant} \sum_{i=1}^{n} \left[ -c_i|\eta_i(t)| + \sum_{j=1}^{n} l_j |\kappa_{ij}(\eta_j(t)+\bar{x}_j)||\eta_j(t)| \right] \\
&= \sum_{i=1}^{n} \left[ -c_i|\eta_i(t)| + \sum_{j=1}^{n} l_i |\kappa_{ji}(\eta_i(t)+\bar{x}_i)||\eta_i(t)| \right] \\
&\leqslant -\sum_{i=1}^{n} \left[ c_i - \sum_{j=1}^{n} l_i \overline{a}_{ji} \right] |\eta_i(t)| \\
&\leqslant -d\|\eta(t)\|_1,
\end{aligned}$$

其中 $d = \min\{d_1, \cdots, d_n\}$. 根据上式以及定理 3.2.11 可得, 对所有的 $\kappa(\eta(t)+\bar{x}) \in G(\eta(t)+\bar{x})$, 系统 (7.7) 的平衡点 $\bar{\eta} = 0$ 是 Mittag-Leffler 稳定的. 即系统 (7.2) 的平衡点 $\bar{x}$ 在 $D$ 上是 Mittag-Leffler 稳定的. 定理得证.

**注 7.1.7** 注意到定理 7.1.6 研究的是分数阶忆阻器神经网络的局部稳定性, 且为了实现其稳定性提出了条件 $f(\bar{x}) = 0$. 为了得到其全局稳定性, 文献 [127,184] 提出了一个很特殊的条件 $f_j(\pm T_j) = 0$, $i, j = 1, \cdots, n$. 而文献 [129, 134] 提出的条件

$$\operatorname{co}[\hat{a}_{ij}, \check{a}_{ij}] f_j(y_j) - \operatorname{co}[\hat{a}_{ij}, \check{a}_{ij}] f_j(x_j) = \operatorname{co}[\hat{a}_{ij}, \check{a}_{ij}](f_j(y_j) - f_j(x_j))$$

也被认为很难实现 [192]. 相较于以上结果, 本章给的条件更具一般性, 且下面将通过分析分数阶忆阻器神经网络的全局有界性和吸引性, 得到相应的全局动力学结论.

下面分析分数阶忆阻器神经网络的全局有界性. 先给出如下条件.

**条件 7.1.8** 存在正常数 $\phi_i$ 使得下式成立

$$\phi_i = c_i - \sum_{j=1}^{n} \overline{a}_{ji} k_i > 0, \tag{7.8}$$

其中 $i=1,\cdots,n$, $k_i$ 是条件 4.4.5 中的参数.

**定理 7.1.9**　如果条件 4.4.5, 条件 7.1.8 均满足, 则系统 (7.2) 是一致有界的, 且满足对任意的 $\epsilon>0$, 存在 $T\geqslant 0$, 使得对任意的 $t\geqslant T$ 满足

$$\|x(t)\|_1\leqslant\frac{\sigma}{\phi}+\epsilon,$$

其中 $\phi=\min\{\phi_1,\phi_2,\cdots,\phi_n\}$, $\sigma=\sum\limits_{i=1}^{n}\left(|I_i|+\sum\limits_{j=1}^{n}\overline{a}_{ij}h_j\right)$.

**证明**　构建 Lyapunov 函数

$$V(t,x(t))=\|x(t)\|_1=\sum_{i=1}^{n}|x_i(t)|.$$

根据条件 4.4.5, 条件 7.1.8 以及定理 3.2.7, 可得对所有的 $\kappa(x)\in G(x)$ 和 $\gamma(x)\in F(x)$ 满足

$$\begin{aligned}
{}_0^CD_t^qV(t^+,x(t^+))&=\sum_{i=1}^{n}{}_0^CD_t^q|x_i(t^+)|\overset{\text{a.e.}}{\leqslant}\sum_{i=1}^{n}\operatorname{sgn}(x_i(t)){}_0^CD_t^qx_i(t)\\
&=\sum_{i=1}^{n}\operatorname{sgn}(x_i(t))\left[-c_ix_i(t)+\sum_{j=1}^{n}\kappa_{ij}(x_j(t))\gamma_j(x_j(t))+I_i\right]\\
&\overset{\text{a.e.}}{\leqslant}\sum_{i=1}^{n}\left[-c_i|x_i(t)|+\sum_{j=1}^{n}|\kappa_{ij}(x_j(t))||\gamma_j(x_j(t))|+|I_i|\right]\\
&\leqslant\sum_{i=1}^{n}\left[-c_i|x_i(t)|+\sum_{j=1}^{n}\overline{a}_{ij}(t)|k_jx_j(t)+h_j|+|I_i|\right]\\
&\leqslant-\sum_{i=1}^{n}\left[c_i-\sum_{j=1}^{n}k_i\overline{a}_{ji}\right]|x_i(t)|+\sum_{i=1}^{n}\left(|I_i|+\sum_{j=1}^{n}\overline{a}_{ij}h_j\right)\\
&\leqslant-\phi V(t,x(t))+\sigma.
\end{aligned}$$

根据定理 3.2.13, 定理得证.

为了得到分数阶忆阻器神经网络的全局吸引性条件, 给出如下条件.

**条件 7.1.10**　对不连续的 $f_i$, 存在常数 $\lambda_i>0$ 和 $r>\dfrac{\sigma}{\phi}$, 使得对任意的 $x,y\in[-r,r]$, $i=1,2,\cdots,n$, 满足

$$|f_i(x)-f_i(y)|\leqslant\lambda_i|x-y|,$$

其中 $\phi=\min\{\phi_1,\phi_2,\cdots,\phi_n\}$, $\sigma=\sum\limits_{i=1}^{n}\left(|I_i|+\sum\limits_{j=1}^{n}\overline{a}_{ij}h_j\right)$.

**条件 7.1.11** 存在正常数 $\varphi_i$ 使得对 $i=1,\cdots,n$ 满足

$$\varphi_i = c_i - \sum_{j=1}^{n} |\check{a}_{ji}|\lambda_i > 0.$$

**条件 7.1.12** 存在常数 $\varphi_i > 0$ 使得对 $i=1,\cdots,n$ 满足

$$\varphi_i = c_i - \sum_{j=1}^{n} \overline{a}_{ji}\lambda_i > 0.$$

**定理 7.1.13** 若 $T_j > \dfrac{\sigma}{\phi}$, $j=1,\cdots,n$, 系统 (7.2) 有一个平衡点 $\bar{x}$, 并且条件 4.4.5, 条件 7.1.8, 条件 7.1.10, 条件 7.1.11 均满足, 则系统 (7.2) 是全局吸引的, 即

$$\lim_{t\to+\infty} x(t) = \bar{x}.$$

**证明** 根据定理 7.1.9, 系统 (7.2) 的任意解都是有界的, 且对任意正常数 $\epsilon \ll r - \dfrac{\sigma}{\phi}$, 存在 $T \geqslant 0$, 对所有的 $t \geqslant T$ 使得

$$\|x(t)\|_1 \leqslant \frac{\sigma}{\phi} + \epsilon.$$

因此 $\|\bar{x}\|_1 \leqslant \dfrac{\sigma}{\phi}$. 根据条件 7.1.11 以及 $T_j > \dfrac{\sigma}{\phi}$ 可得

$$-C\bar{x} + \check{A}f(\bar{x}) + I = 0, \tag{7.9}$$

可得 $\check{A} = (\check{a}_{ij})_{n\times n}$. 当 $t \geqslant T$ 时, 系统 (7.2) 的任意解满足 $\|x(t)\|_1 < r$ 以及 $\|x(t)\|_1 < T_j$, 即得

$${}_0^C D_t^q x(t) = -Cx(t) + \check{A}f(x(t)) + I, \quad t \geqslant T. \tag{7.10}$$

因此, 分数阶微分 ${}_0^C D_t^q x(t)$ 在 $t \geqslant T$ 时是连续唯一的. 定义变换 $\eta(t) = x(t) - \bar{x}$, 则上式可改写为

$${}_0^C D_t^q \eta(t) = -C\eta(t) + \check{A}[f(x(t)) - f(\bar{x})], \quad t \geqslant T.$$

构建 Lyapunov 函数

$$V(t,\eta(t)) = \|\eta(t)\|_1 = \sum_{i=1}^{n} |\eta_i(t)|.$$

根据条件 7.1.10, 条件 7.1.11 以及定理 3.2.7 可得当 $t \in [T,+\infty)$ 时下式成立

$${}_0^C D_t^q V(t^+, \eta(t^+))$$

$$
\begin{aligned}
&= \sum_{i=1}^{n} {}_0^C D_t^q |\eta_i(t^+)| \overset{\text{a.e.}}{\leqslant} \sum_{i=1}^{n} \operatorname{sgn}(\eta_i(t)) {}_0^C D_t^q \eta_i(t) \\
&= \sum_{i=1}^{n} \operatorname{sgn}(\eta_i(t)) \left[ -c_i \eta_i(t) + \sum_{j=1}^{n} \breve{a}_{ij} (f_j(x_j(t)) - f_j(\bar{x}_j)) \right] \\
&\overset{\text{a.e.}}{\leqslant} \sum_{i=1}^{n} \left[ -c_i |\eta_i(t)| + \sum_{j=1}^{n} \lambda_j |\breve{a}_{ij}| |\eta_j(t)| \right] \\
&= \sum_{i=1}^{n} \left[ -c_i |\eta_i(t)| + \sum_{j=1}^{n} \lambda_i |\breve{a}_{ji}| |\eta_i(t)| \right] \\
&= -\sum_{i=1}^{n} \left[ c_i - \sum_{j=1}^{n} \lambda_i |\breve{a}_{ji}| \right] |\eta_i(t)| \\
&\leqslant -\varphi \|\eta(t)\|_1,
\end{aligned}
$$

其中 $\varphi = \min\{\varphi_1, \varphi_2, \cdots, \varphi_n\}$. 因此, 对任意的 $\kappa(x) \in G(x)$, $\gamma(x) \in F(x)$, 存在函数 $h_{\kappa,\gamma}(t, x(t))$ 使得当 $t \in [0, +\infty)$ 时下式成立

$$
{}_0^C D_t^q V(t^+, \eta(t^+)) \leqslant -\varphi \|\eta(t)\|_1 + h_{\kappa,\gamma}(t, x(t)).
$$

由上两式可得当 $t \in [T, +\infty)$ 时, $h_{\kappa,\gamma}(t, x(t)) = 0$. 再由 $x(t)$ 和 $h_{\kappa,\gamma}(t, x(t))$ 的有界性可得对所有的 $\kappa(x) \in G(x)$ 以及 $\gamma(x) \in F(x)$ 满足

$$
\int_0^{+\infty} |h_{\kappa,\gamma}(t, x(t))| dt < +\infty.
$$

再根据推论 3.2.17 可得对任意的 $\kappa(x) \in G(x)$ 和 $\gamma(x) \in F(x)$, 下式成立

$$
\lim_{t \to +\infty} \eta(t) = \lim_{t \to +\infty} x(t) - \bar{x} = 0.
$$

即 $\lim\limits_{t \to +\infty} x(t) = \bar{x}$, 系统 (7.2) 的吸引性得证.

**定理 7.1.14**　若 $f(\bar{x}) = 0$, 系统 (7.2) 有一个平衡点 $\bar{x}$, 并且对于系统 (7.2) 条件 4.4.5, 条件 7.1.8, 条件 7.1.10, 条件 7.1.12 均满足, 则系统 (7.2) 是全局吸引的, 即

$$
\lim_{t \to +\infty} x(t) = \bar{x}.
$$

**证明**　该定理的证明可以结合定理 7.1.6, 定理 7.1.13 的证明得出, 此处不再赘述.

为了验证本节所得的结论, 考虑一个带有两个神经元的神经网络模型

$$
\begin{cases}
{}_0^C D_t^q x_1(t) = -c_1 x_1(t) + a_{11}(x_1(t)) f_1(x_1(t)) + a_{12}(x_2(t)) f_2(x_2(t)) + I_1, \\
{}_0^C D_t^q x_2(t) = -c_2 x_2(t) + a_{21}(x_1(t)) f_1(x_1(t)) + a_{22}(x_2(t)) f_2(x_2(t)) + I_2,
\end{cases}
\tag{7.11}
$$

例 7.1.15—例 7.1.17 分别验证其稳定性、有界性和吸引性结论.

**例 7.1.15** 针对系统 (7.11), 选取一组参数如下

$$q = 0.7, \quad C = \operatorname{diag}\{2, 2\}, \quad I = (0, \pi)^{\mathrm{T}},$$

$$a_{11}(x_1) = \begin{cases} -0.5, & |x_1| > 1, \\ 0.5, & |x_1| < 1, \end{cases} \quad a_{12}(x_2) = \begin{cases} 0.6, & |x_2| > 2, \\ -0.6, & |x_2| < 2, \end{cases}$$

$$a_{21}(x_1) = \begin{cases} 0.4, & |x_1| > 1, \\ -0.4, & |x_1| < 1, \end{cases} \quad a_{22}(x_2) = \begin{cases} -0.3, & |x_2| > 2, \\ 0.3, & |x_2| < 2, \end{cases}$$

$$f_1(x_1) = \sin(x_1), \quad f_2(x_2) = \cos(x_2).$$

即得 $l_1 = l_2 = 1$ 以及 $d_1 = d_2 = 0.1 > 0$. 此外条件 4.4.5, 条件 7.1.4, 条件 7.1.5 在 $D = R^n$ 上均满足, 且系统 (7.11) 有一个平衡点 $\bar{x} = \left(0, \frac{\pi}{2}\right)^{\mathrm{T}}$ 满足 $f(\bar{x}) = 0$. 根据定理 7.1.6, $\bar{x} = \left(0, \frac{\pi}{2}\right)^{\mathrm{T}}$ 是系统 (7.11) 的平衡点且其是全局 Mittag-Leffler 稳定的. 图 7.3 给出了不同初值下系统 (7.11) 解的时间历程图, 以及相应忆阻器参数的凸闭包曲线 $\operatorname{co}[A(x(t))]$. 当时间大于 25 时, 系统 (7.11) 的解收敛于 $\bar{x} = \left(0, \frac{\pi}{2}\right)^{\mathrm{T}}$, 验证了定理 7.1.6 的有效性.

**例 7.1.16** 针对系统 (7.11), 选取参数 $q = 0.8$, $C = \operatorname{diag}\{3, 3\}$, $I = (0, 0)^{\mathrm{T}}$,

$$a_{11}(x_1) = \begin{cases} 0.2, & |x_1| > 0.1, \\ 0.4, & |x_1| < 0.1, \end{cases} \quad a_{12}(x_2) = \begin{cases} -0.8, & |x_2| > 0.1, \\ -0.4, & |x_2| < 0.1, \end{cases}$$

$$a_{21}(x_1) = \begin{cases} 0.5, & |x_1| > 0.1, \\ 0.7, & |x_1| < 0.1, \end{cases} \quad a_{22}(x_2) = \begin{cases} -0.1, & |x_2| > 0.1, \\ 0.3, & |x_2| < 0.1, \end{cases}$$

$$f_i(x_i) = \begin{cases} \tanh(x_i) - x_i + 1, & x_i > 0, \\ \sin(x_i) + x_i - 1, & x_i \leqslant 0, \end{cases} \quad i = 1, 2.$$

计算得 $k_1 = k_2 = 2$, $\phi = 0.8$, $\sigma = 2.2$, 且条件 4.4.5, 条件 7.1.8 均满足. 根据定理 7.1.9, 系统 (7.11) 的解有界, 且对任意的 $\epsilon > 0$, 存在 $T \geqslant 0$ 使得对所有 $t \geqslant T$ 满足 $\|x(t)\|_1 \leqslant 2.75 + \epsilon$. 图 7.4 是系统 (7.11) 的解, 当 $t > 5$ 时满足 $\|x(t)\|_1 \leqslant 2.75$, 这即验证了定理 7.1.9. 图 7.5 是系统 (7.11) 对应图 7.4 中解的忆阻器参数和激励函数的时间历程图.

**例 7.1.17** 对于系统 (7.11), 选取如下参数 $q = 0.9$, $C = \operatorname{diag}\{3, 3\}$, $I = (0, 0)^{\mathrm{T}}$,

$$a_{11}(x_1)=\begin{cases}-0.3, & |x_1|>2,\\ 0.2, & |x_1|<2,\end{cases}\qquad a_{12}(x_2)=\begin{cases}0.5, & |x_2|>1,\\ -0.4, & |x_2|<1,\end{cases}$$

$$a_{21}(x_1)=\begin{cases}0.1, & |x_1|>2,\\ 0.4, & |x_1|<2,\end{cases}\qquad a_{22}(x_2)=\begin{cases}-0.1, & |x_2|>1,\\ 0.2, & |x_2|<1,\end{cases}$$

$$f_i(x_i)=\begin{cases}\arctan(x_i)-x_i+1, & x_i>1,\\ \cos(x_i)+x_i-1, & x_i\leqslant 1,\end{cases}\qquad i=1,2.$$

可得 $k_1=k_2=2$, $\phi=1.6$, $\sigma=1.4$, $r=1>\dfrac{\sigma}{\phi}=0.875$, $T_1=2>\dfrac{\sigma}{\phi}$, $T_2=1>\dfrac{\sigma}{\phi}$, $\lambda_1=\lambda_2=2$, $\varphi_1=\varphi_2=1.8>0$, 以及条件 4.4.5, 条件 7.1.8, 条件 7.1.10, 条件 7.1.11 均满足. 系统 (7.11) 有一个平衡点 $\bar{x}=(0,0)^{\mathrm{T}}$, 根据定理 7.1.13, 系统 (7.11) 是全局吸引的, 即 $\lim\limits_{t\to+\infty}x(t)=\bar{x}=(0,0)^{\mathrm{T}}$. 图 7.6 是系统 (7.11) 的解, 当 $t>10$ 时已收敛到 $\bar{x}=(0,0)^{\mathrm{T}}$, 即验证了定理 7.1.13. 图 7.7 是系统 (7.11) 对应图 7.6 中解的忆阻器参数和激励函数的时间历程图.

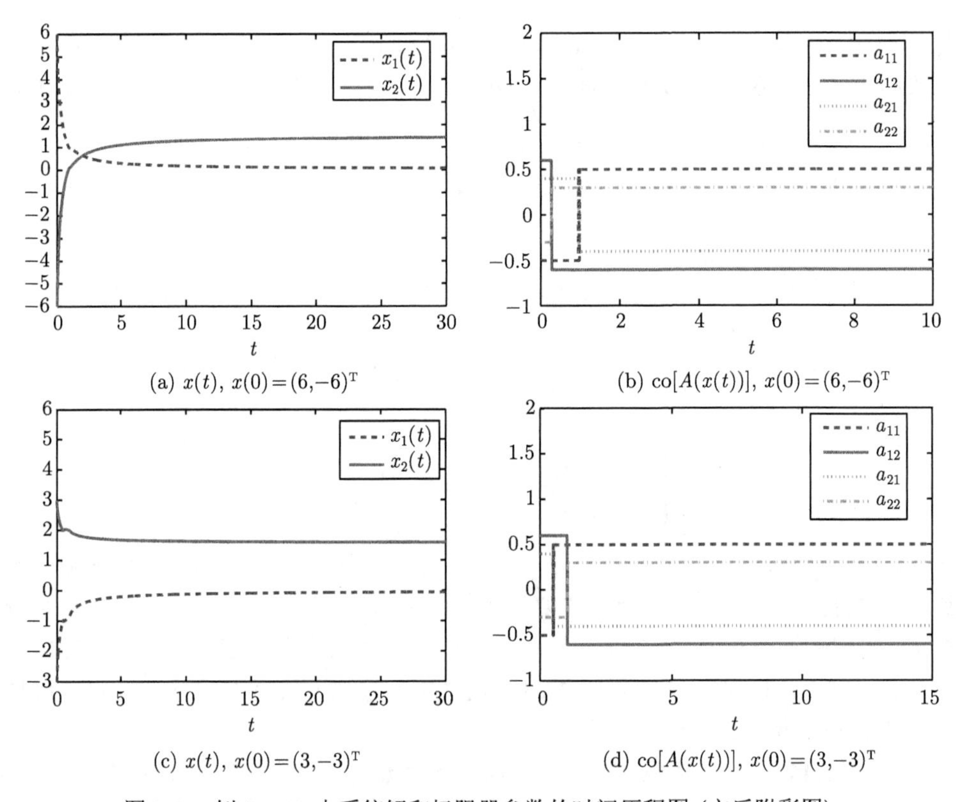


(a) $x(t)$, $x(0)=(6,-6)^{\mathrm{T}}$　　(b) $\mathrm{co}[A(x(t))]$, $x(0)=(6,-6)^{\mathrm{T}}$

(c) $x(t)$, $x(0)=(3,-3)^{\mathrm{T}}$　　(d) $\mathrm{co}[A(x(t))]$, $x(0)=(3,-3)^{\mathrm{T}}$

图 7.3　例 7.1.15 中系统解和忆阻器参数的时间历程图 (文后附彩图)

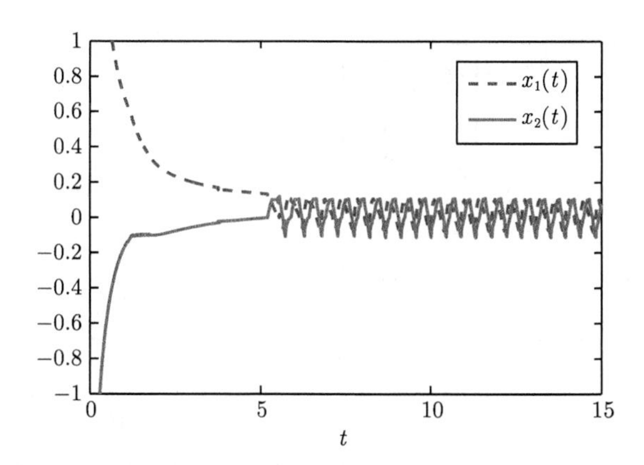


图 7.4 例 7.1.16 中系统解的时间历程图

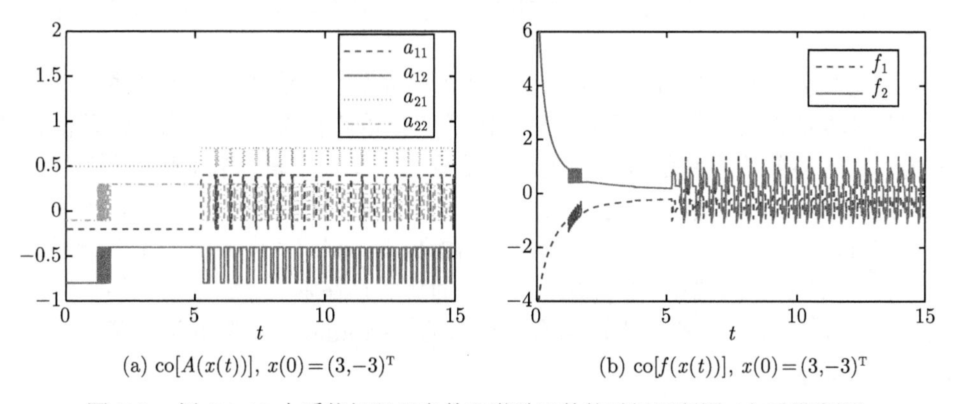


(a) co$[A(x(t))]$, $x(0)=(3,-3)^{\mathrm{T}}$ (b) co$[f(x(t))]$, $x(0)=(3,-3)^{\mathrm{T}}$

图 7.5 例 7.1.16 中系统忆阻器参数和激励函数的时间历程图 (文后附彩图)

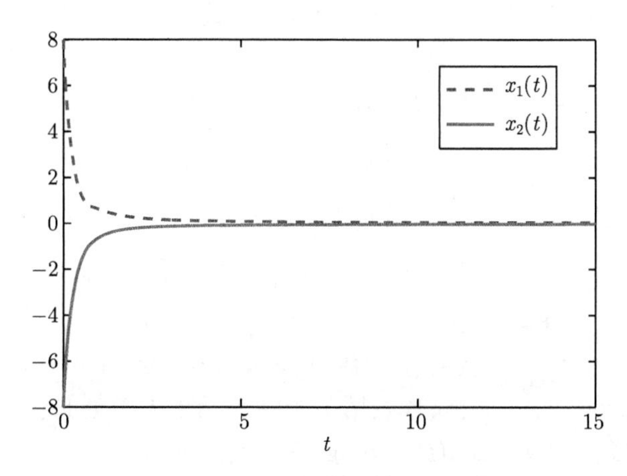


图 7.6 例 7.1.17 中系统解的时间历程图

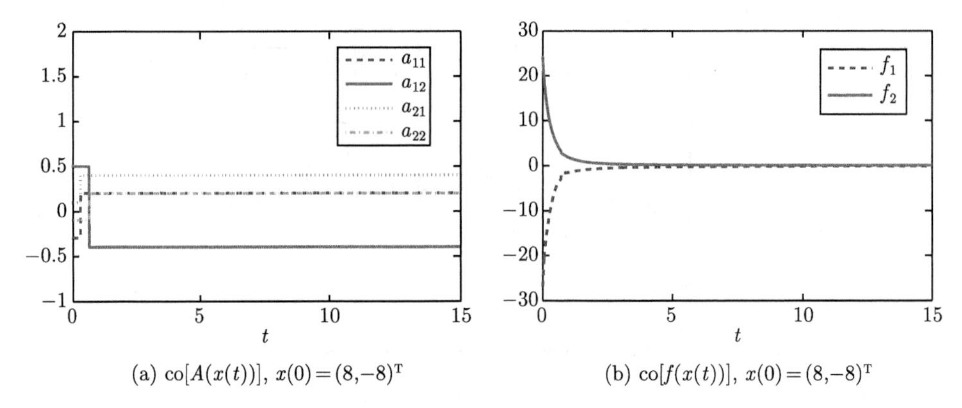


(a) $\mathrm{co}[A(x(t))]$, $x(0)=(8,-8)^{\mathrm{T}}$　　(b) $\mathrm{co}[f(x(t))]$, $x(0)=(8,-8)^{\mathrm{T}}$

图 7.7　例 7.1.17 中系统忆阻器参数和激励函数的时间历程图 (文后附彩图)

## 7.2　基于忆阻器的分数阶不确定神经网络稳定性分析

稳定性分析是非线性控制领域的重点研究话题, 系统稳定是保证系统正常运行的最主要的条件, 因此, 研究基于忆阻器的分数阶神经网络的稳定性是很有必要的. 对于整数阶系统的稳定性定理和结论已经比较丰富, 并且整数阶系统的稳定性定理是不能直接推广到分数阶系统中来的. 本节首先给出了基于忆阻器的分数阶带有参数不确定的 Hopfield 神经网络的模型. 利用压缩映射的不动点定理方法, 进一步证明了系统在 Filippov 意义下的解的存在唯一性. 然后利用推广改进的分数阶 Lyapunov 第二方法构造了合适的 Lyapunov 函数并给出了系统实现稳定的相关条件.

### 7.2.1　系统模型介绍

考虑下面 $n$ 维基于忆阻器的分数阶带有参数不确定的 Hopfield 神经网络模型

$$ {}_0^C D_t^q x(t) = -(A+\Delta A(t))x(t) + (B+\Delta B(t))f(x(t)) + w, \tag{7.12}$$

$$ b_{ij} = \begin{cases} b_{ij}^{'}, & |x_i(t)| \leqslant T_i, \\ b_{ij}^{''}, & |x_i(t)| > T_i. \end{cases} $$

其中 $q \in (0,1)$, $x(t) = (x_1(t), x_2(t), \cdots, x_n(t))^{\mathrm{T}} \in R^n$, $f(x(t)) = (f_1(x_1), f_2(x_2), \cdots, f_n(x_n))^{\mathrm{T}} \in R^n$, $A = \mathrm{diag}\{a_1, a_2, \cdots, a_n\}$, $a_i > 0$ 代表第 $i$ 个神经元的自反馈系数, $B = (b_{ij})_{n\times n}$, $b_{ij}^{'}, b_{ij}^{''}$ 是任意常数, 代表第 $j$ 个神经元和 $i$ 个神经元之间的反馈系数, $i, j = 1, 2, \cdots, n$, $x_i(t)$ 代表第 $i$ 个神经元在 $t$ 时刻的状态值, $f_i(x_i)$ 表示第 $i$ 个神经元的激励函数, $\Delta A(t) = \mathrm{diag}\{\Delta a_1(t), \Delta a_2(t), \cdots, \Delta a_n(t)\}$ 和 $\Delta B(t) = (\Delta b_{ij}(t))_{n\times n}$ 是随时间变化的扰动矩阵. $w = (w_1, w_2, \cdots, w_n)^{\mathrm{T}}$ 是外界常数输入.

本节中, $\|Q\|$ 分别表示向量 $Q$ 或者矩阵 $Q$ 的范数. 若 $Q=(Q_1,Q_2,\cdots,Q_m)^{\mathrm{T}}\in R^m$ 是一个向量, $\|Q\|=\sqrt{Q_1^2+Q_2^2+\cdots+Q_m^2}$. 若 $Q\in R^{m\times m}$ 是一个矩阵, $\|Q\|=\lambda_{\max}(A)$, $\lambda_{\max}(A)$ 代表矩阵 $A$ 的最大特征值.

### 7.2.2 鲁棒稳定性分析

本节主要是分析系统的稳定性. 在证明稳定性之前, 我们首先需要证明系统解的存在唯一性, 然后在解的存在唯一性下给出了系统鲁棒稳定的理论证明.

将系统 (7.12) 等价写成如下的向量形式

$$ {}_0^CD_t^qx_i(t)=-(a_i+\Delta(a_i(t))x_i(t))+\sum_{j=1}^n(b_{ij}(x_i(t))+\Delta b_{ij}(t))f_j(x_j(t))+w_i. \quad (7.13) $$

通过运用 Filippov 意义解的概念和集值映射理论, 给出系统 (7.13) 的集值映射

$$ K(b_{ij}(x_i(t)))=\begin{cases} b_{ij}^{'}, & |x_i(t)|<T_j, \\ \mathrm{co}\{b_{ij}^{'},b_{ij}^{''}\}, & |x_i(t)|=T_j, \\ b_{ij}^{''}, & |x_i(t)|>T_j. \end{cases} $$

其中 $i,j=1,2,\cdots,n$. 则系统 (7.13) 的在 Filippov 意义下的解可以如下定义.

**定义 7.2.1** 向量值函数 $x(t)$ 称为系统 (7.13) 在初值条件 $x(0)=x_0$ 下区间 $[0,T)$ 上的解, 当且仅当 $x(t)$ 在 $[0,T)$ 的任意的子区间上均是绝对连续的, 并且满足

$$ {}_0^CD_t^qx_i(t)\in-(a_i+\Delta(a_i(t))x_i(t))+\sum_{j=1}^n(K(b_{ij}(x_i(t)))+\Delta b_{ij}(t))f_j(x_j(t))+w_i, $$

其中 $t\geqslant0$, $i=1,2,\cdots,n$, $0<q<1$, 也就是存在 $\delta_{ij}(x_j(t))\in K(b_{ij}(x_i(t)))$, 有

$$ {}_0^CD_t^qx_i(t)=-(a_i+\Delta(a_i(t))x_i(t))+\sum_{j=1}^n(\delta_{ij}(x_i(t))+\Delta b_{ij}(t))f_j(x_j(t))+w_i, \quad (7.14) $$

$i=1,2,\cdots,n$, 对于任意的 $t\in[0,T)$ 均成立.

由集值映射定理和分数阶微分包含理论可知, 系统 (7.12), (7.13) 和系统 (7.14) 在 Filippov 意义下是等价的[118].

为了得到系统 (7.13) 的鲁棒稳定, 我们假设下面四个条件成立.

**条件 7.2.2** 扰动矩阵 $\Delta A(t)$ 和 $\Delta B(t)$ 是有界的: 也就是存在常数 $M_A$, $M_B>0$ 满足 $\|\Delta A(t)\|\leqslant M_A$, $\|\Delta B(t)\|\leqslant M_B$.

**条件 7.2.3**　激励函数 $f_i$ 是连续的并且在 $R$ 上满足 Lipschitz 条件, $l_i > 0$ 为 Lipschitz 常数:

$$f_j(\pm T_j) = 0 \quad (j = 1, 2, \cdots, n),$$

$$|f_i(x) - f_i(y)| \leqslant l_i|x - y|$$

对所有 $x, y \in R$ 和 $i = 1, 2, \cdots, n$ 均成立.

**条件 7.2.4**　存在正常数 $\lambda\ (i = 1, 2, \cdots, n)$ 满足

$$(A - L|B_{\max}|^{\mathrm{T}}) \geqslant (M_A + M_B\|L\| + \lambda)(1, 1, \cdots, 1)^{\mathrm{T}},$$

其中 $A = \mathrm{diag}\{a_1, a_2, \cdots, a_n\}$, $L = \mathrm{diag}\{l_1, l_2, \cdots, l_n\}$, $|B_{\max}| = (\max\{|b'_{ij}|, |b''_{ij}|\})_{n\times n}$.

**条件 7.2.5**　对于 $i, j = 1, 2, \cdots, n$,

$$b_{ij}(y_i(t))f(y_j(t)) - b_{ij}(x_i(t))f(x_j(t)) \subseteq [\underline{b_{ij}}, \overline{b_{ij}}](f(y_j(t)) - f(x_j(t))).$$

$\overline{b_{ij}} = \max\{b'_{ij}, b''_{ij}\}$, $\underline{b_{ij}} = \min\{b'_{ij}, b''_{ij}\}$.

**定理 7.2.6**　在假设条件 7.2.3 和条件 7.2.4 下, 系统 (7.13) 的解存在唯一.

**证明**　在假设条件 7.2.3 下, 我们就可以得到系统解的存在唯一性, 然后我们将借助压缩映射定理来进一步证明系统解确实是存在唯一的. 首先我们将定义一个映射函数 $H(\mu) = (H_1(\mu), H_2(\mu), \cdots, H_n(\mu))^{\mathrm{T}}$, 其中 $\mu = (\mu_1, \mu_2, \cdots, \mu_n)^{\mathrm{T}} \in R^n$, 且

$$H_i(\mu) = \frac{-\Delta a_i(t)\mu_i}{a_i} + \sum_{j=1}^{n}\left(K\left(b_{ij}\left(\frac{\mu_i}{a_i}\right)\right) + \Delta b_{ij}(t)\right) f_j\left(\frac{\mu_j}{a_j}\right) + w_i \quad (i = 1, 2, \cdots, n).$$

根据假设条件 7.2.3, 对于任意两个向量 $\mu, v \in R^n$, 我们有

$$\begin{aligned}
&|H_i(\mu) - H_i(\nu)| \\
\leqslant\ & \frac{|\Delta a_i(t)|}{a_i}|\mu_i - \nu_i| + \left|\sum_{j=1}^{n}\left[\left(K\left(b_{ij}\left(\frac{\mu_i}{a_i}\right)\right) + \Delta b_{ij}(t)\right) f_j\left(\frac{\mu_j}{a_j}\right)\right.\right. \\
&\left.\left. - \left(K\left(b_{ij}\left(\frac{\nu_i}{a_i}\right)\right) + \Delta b_{ij}(t)\right) f_j\left(\frac{\nu_j}{a_j}\right)\right]\right| \\
\leqslant\ & \frac{|\Delta a_i(t)|}{a_i}|\mu_i - \nu_i| + \left|\sum_{j=1}^{n}\left[K\left(b_{ij}\left(\frac{\mu_i}{a_i}\right)\right) f_j\left(\frac{\mu_j}{a_j}\right)\right.\right. \\
&\left.\left. - K\left(b_{ij}\left(\frac{\nu_i}{a_i}\right)\right) f_j\left(\frac{\nu_j}{a_j}\right) + \Delta b_{ij}(t)\left(f_j\left(\frac{\mu_j}{a_j}\right) - f_j\left(\frac{\nu_j}{a_j}\right)\right)\right]\right|.
\end{aligned}$$

进一步有

$$
\begin{aligned}
&|H_i(\mu) - H_i(\nu)| \\
\leqslant & \frac{|\Delta a_i(t)|}{a_i}|\mu_i - \nu_i| + \sum_{j=1}^{n}\left[\overline{|b_{ij}|}l_j\left|\left(\frac{\mu_j}{a_j}\right) - \left(\frac{\nu_j}{a_j}\right)\right| + \left|\Delta b_{ij}(t)|l_j|\left(\frac{\mu_j}{a_j}\right) - \left(\frac{\nu_j}{a_j}\right)\right|\right] \\
= & \frac{|\Delta a_i(t)|}{a_i}|\mu_i - \nu_i| + \sum_{j=1}^{n}\frac{(\overline{|b_{ij}|} + |\Delta b_{ij}(t)|)l_j}{a_j}|\mu_j - \nu_j|.
\end{aligned}
$$

然后

$$
\begin{aligned}
\|H(\mu) - H(\nu)\| &= \sum_{i=1}^{n}|H_i(\mu) - H_i(\nu)| \\
&\leqslant \sum_{i=1}^{n}\frac{|\Delta a_i(t)|}{a_i}|\mu_i - \nu_i| + \sum_{i=1}^{n}\sum_{j=1}^{n}\frac{(\overline{|b_{ij}|} + |\Delta b_{ij}(t)|)l_j}{a_j}\cdot|\mu_j - \nu_j| \\
&= \sum_{i=1}^{n}\frac{|\Delta a_i(t)|}{a_i}|\mu_i - \nu_i| + \sum_{i=1}^{n}\sum_{j=1}^{n}\frac{(\overline{|b_{ji}|} + |\Delta b_{ji}(t)|)l_i}{a_i}\cdot|\mu_i - \nu_i| \\
&= \sum_{i=1}^{n}\frac{|\Delta a_i(t)| + \sum\limits_{j=1}^{n}(\overline{|b_{ji}|} + |\Delta b_{ji}(t)|)l_i}{a_i}|\mu_i - \nu_i|.
\end{aligned}
$$

根据假设条件 7.2.4,

$$
\|H(\mu) - H(\nu)\| < \sum_{i=1}^{n}|\mu_i - \nu_i| = \|\mu - \nu\|, \tag{7.15}
$$

这就意味着 $H$: $R^n \to R^n$ 在 $R^n$ 上是一个压缩映射. 因此存在一个唯一的不动点 $\mu^* \in R^n$, $\mu^* \in H(\mu^*)$ 有

$$
\begin{aligned}
\mu_i^* \in & \frac{-\Delta a_i(t)\mu_i^*}{a_i} + \sum_{j=1}^{n}\left(K\left(b_{ij}\left(\frac{\mu_i^*}{a_i}\right)\right) + \Delta b_{ij}(t)\right)f_j\left(\frac{\mu_j^*}{a_j}\right) \\
& + w_i \quad (i = 1, 2, \cdots, n).
\end{aligned}
$$

现在令 $x_i^* = \dfrac{\mu_i^*}{a_i}$, 则有

$$
0 \in -(a_i + \Delta(a_i(t)))x_i^* + \sum_{j=1}^{n}(K(b_{ij}(x_i^*)) + \Delta b_{ij}(t))f_j(x_j^*) + w_i,
$$

其中 $i=1,2,\cdots,n$, 则 $\mu^*$ 的存在唯一性就意味着系统 (7.13) 有唯一的解 $x^*$. 定理得证.

利用压缩映射定理证明了系统解的存在唯一性, 下面将证明系统 (7.13) 是稳定的, 进一步分析得到系统是鲁棒稳定的.

**定理 7.2.7** 在假设条件 7.2.2—条件 7.2.5 下, 系统 (7.13) 是全局渐近鲁棒稳定的.

**证明** 在证明了系统解的存在唯一性以后, 现在我们将证明系统的鲁棒稳定性. 令 $x(t)$ 和 $y(t)$ 是系统 (7.13) 任意两个在不同初始条件下的解, 这样我们可以得到误差系统 $e(t)=(e_1(t),e_2(t),\cdots,e_n(t))^{\mathrm{T}}=y(t)-x(t)$, 即

$$\begin{aligned}{}_{t_0}^{C}D_t^q e_i(t)=&-(a_i+\Delta a_i(t))e_i(t)+\sum_{j=1}^{n}(b_{ij}(y_i(t))f_j(y_j(t))-b_{ij}(x_i(t))f_j(x_j(t)))\\&+\Delta b_{ij}(t)(f_j(y_j(t))-f_j(x_j(t))).\end{aligned}$$

由假设条件 7.2.5, 上面的误差系统可以化简为

$$\begin{aligned}{}_{0}^{C}D_t^q e_i(t)\in&-(a_i+\Delta a_i(t))e_i(t)+\sum_{j=1}^{n}[\underline{b_{ij}},\overline{b_{ij}}](f_j(y_j(t))-f_j(x_j(t)))\\&+\Delta b_{ij}(t)(f_j(y_j(t))-f_j(x_j(t))),\end{aligned}$$

现在令 $\theta_{ij}\in[\underline{b_{ij}},\overline{b_{ij}}]$, 我们有

$${}_{0}^{C}D_t^q e_i(t)=-(a_i+\Delta a_i(t))e_i(t)+\sum_{j=1}^{n}(\theta_{ij}+\Delta b_{ij}(t))(f_j(y_j(t))-f_j(x_j(t))),$$

然后有

$${}_{0}^{C}D_t^q e(t)=-(A+\Delta A(t))e(t)+(\Theta+\Delta B(t))(f(y(t))-f(x(t))).$$

根据分数阶 Lyapunov 第二方法, 构造了如下的 Lyapunov 函数

$$V(t,e(t))=\frac{1}{2}\sum_{i=1}^{n}e_i(t)^2. \tag{7.16}$$

从 Caputo 分数阶微分定义和 $e_i(t)\in C^1([0,+\infty),R)$, 并由假设条件 7.2.2—条件 7.2.5 和定理 3.5.1, 有下面的不等式几乎处处成立:

$$\begin{aligned}&{}_{0}^{C}D_t^q V(t,e(t))\\=&\frac{1}{2}\sum_{i=1}^{n}{}_{0}^{C}D_t^q e_i(t)^2\leqslant\sum_{i=1}^{n}e_i(t)\,{}_{0}^{C}D_t^q e_i(t)\end{aligned}$$

$$
\begin{aligned}
&= \sum_{i=1}^{n} e_i(t)\left[-(a_i+\Delta a_i(t))e_i(t)+\sum_{j=1}^{n}(\theta_{ij}+\Delta b_{ij}(t))(f_j(y_j(t))-f_j(x_j(t)))\right] \\
&\leqslant \sum_{i=1}^{n}\left[-a_i e_i(t)^2+|\Delta a_i(t)|e_i(t)^2+\sum_{j=1}^{n} l_j(|\theta_{ij}|+|\Delta b_{ij}(t)|)e_j(t)^2\right] \\
&= \sum_{i=1}^{n}(-a_i e_i(t)^2+|\Delta a_i(t)|e_i(t)^2)+\sum_{i=1}^{n}\sum_{j=1}^{n} l_i(|\theta_{ji}|+|\Delta b_{ji}(t)|)e_i(t)^2 \\
&= -\sum_{i=1}^{n}\left(a_i-\sum_{j=1}^{n}|\theta_{ji}|l_i-|\Delta a_i(t)|-\sum_{j=1}^{n}|\Delta b_{ji}(t)|l_i\right)e_i(t)^2 \\
&\leqslant -\sum_{i=1}^{n}\left(a_i-\sum_{j=1}^{n}|\theta_{ji}|l_i-\|\Delta A(t)\|-\|\Delta B(t)L\|\right)e_i(t)^2 \\
&\leqslant -\sum_{i=1}^{n}\left(a_i-\sum_{j=1}^{n}|\theta_{ji}|l_i-M_A-M_B\|L\|\right)e_i(t)^2.
\end{aligned}
$$

根据假设条件 7.2.4, 我们最后可以得到

$$
\begin{aligned}
{}_0^C D_t^q V(t,e(t)) &\leqslant -\sum_{i=1}^{n}\left(a_i-\sum_{j=1}^{n}|\theta_{ji}|l_i-M_A-M_B\|L\|\right)e_i(t)^2 \\
&\leqslant -\lambda\|e(t)\|^2.
\end{aligned}
$$

由定理 3.2.4 可以得到误差系统是 Mittag-Leffler 稳定的, 也就是满足

$$
\|e(t)\| \leqslant V(0,e(0))E_q(-\lambda t^q), \tag{7.17}
$$

因为 $x^*$ 是系统 (7.13) 的唯一平衡点, 则有

$$
\|x(t)-x^*\| \leqslant V(0,x(0)-x^*)E_q(-\lambda t^q)
$$

对系统 (7.13) 的任意解均成立.

因此, 根据上面的结果, 我们可以得出系统 (7.13)的唯一平衡点 $x^*$ 是全局 Mittag-Leffler 稳定的, 因为系统中有参数不确定的干扰, 则原系统——基于忆阻器的分数阶带有参数不确定的 Hopfield 神经网络是鲁棒稳定的, 系统在参数干扰下仍能实现稳定, 因此系统具有较好的鲁棒性. 定理得证.

### 7.2.3 数值仿真

**例 7.2.8** 对于系统 (7.13), 考虑下面三维 ($n=3$) 神经网络系统. 让 $f(x)=(\sin(x_1),\tanh(x_2),\tanh(x_3))^{\mathrm{T}}$, $w=(8\pi,0,0)^{\mathrm{T}}$, $A=\mathrm{diag}\{7,7,7\}$, $\Delta A(t)=\mathrm{diag}\{0,$

$0.1\sin(t), 0.1\cos(t)\}$, $B=(b_{ij})_{3\times 3}$,

$$b_{11}=\begin{cases}3, & |x_1(t)|\leqslant 1,\\ 1, & |x_1(t)|>1.\end{cases}\quad b_{12}=\begin{cases}-2, & |x_1(t)|\leqslant 1,\\ -1, & |x_1(t)|>1.\end{cases}$$

$$b_{13}=\begin{cases}-2, & |x_1(t)|\leqslant 1,\\ -1, & |x_1(t)|>1.\end{cases}\quad b_{21}=\begin{cases}1, & |x_2(t)|\leqslant 1,\\ 0, & |x_2(t)|>1.\end{cases}$$

$$b_{22}=\begin{cases}1, & |x_2(t)|\leqslant 1,\\ -1, & |x_2(t)|>1.\end{cases}\quad b_{23}=\begin{cases}0, & |x_2(t)|\leqslant 1,\\ 0, & |x_2(t)|>1.\end{cases}$$

$$b_{31}=\begin{cases}1, & |x_3(t)|\leqslant 1,\\ 0.5, & |x_3(t)|>1.\end{cases}\quad b_{32}=\begin{cases}0, & |x_3(t)|\leqslant 1,\\ 0, & |x_3(t)|>1.\end{cases}$$

$$b_{33}=\begin{cases}1, & |x_3(t)|\leqslant 1,\\ -1, & |x_3(t)|>1.\end{cases}$$

$$\Delta B(t)=\begin{pmatrix}0 & 0 & 0.2\cos(t)\\ 0.2\arctan(t) & 0.2\cos(t) & 0\\ 0.2\cos(t) & 0 & 0.2\cos(t)\end{pmatrix}.$$

这时系统 (7.13) 可以写成如下:

$$\begin{cases}{}_0^C D_t^q x_1 = -7x_1+b_{11}\sin(x_1)+b_{12}\tanh(x_2)+(b_{13}+0.8\sin(t))\tanh(x_3)+8\pi,\\ {}_0^C D_t^q x_2 = -(7+0.1\sin(t))x_2+(b_{21}+0.2\arctan(t))\sin(x_1)\\ \qquad\qquad +(b_{22}+0.2\cos(t))\tanh(x_2)+b_{23}\tanh(x_3),\\ {}_0^C D_t^q x_3 = -(7+0.1\cos(t))x_3+(b_{31}+0.2\cos(t))\sin(x_1)\\ \qquad\qquad +b_{32}\tanh(x_2)+(b_{33}+0.2\cos(t))\tanh(x_3).\end{cases}\tag{7.18}$$

选择 $L=\mathrm{diag}\{1,1,1\}$, $\|L\|=1$, 则当 $\lambda=0.1$ 时, 假设条件 7.2.2—条件 7.2.5 均成立. 选取初值 $(x_1(t),x_2(t),x_3(t))^{\mathrm{T}}$ 分别为 $(2,-3,3)^{\mathrm{T}}$, $(5,2,1)^{\mathrm{T}}$, $(-2,6,-3)^{\mathrm{T}}$, 则在定理 7.2.7 下, 取分数阶导数为 $q=0.9$, 分别作出三个状态向量随时间变化的轨迹图, 见图 7.8: 从图 7.8 可以知道, 状态向量值 $x_1(t),x_2(t),x_3(t)$ 均随着时间 $t\to\infty$ 而趋于零, 因此, 基于忆阻器的分数阶带有参数不确定的 Hopfield 神经网络实现了鲁棒稳定.

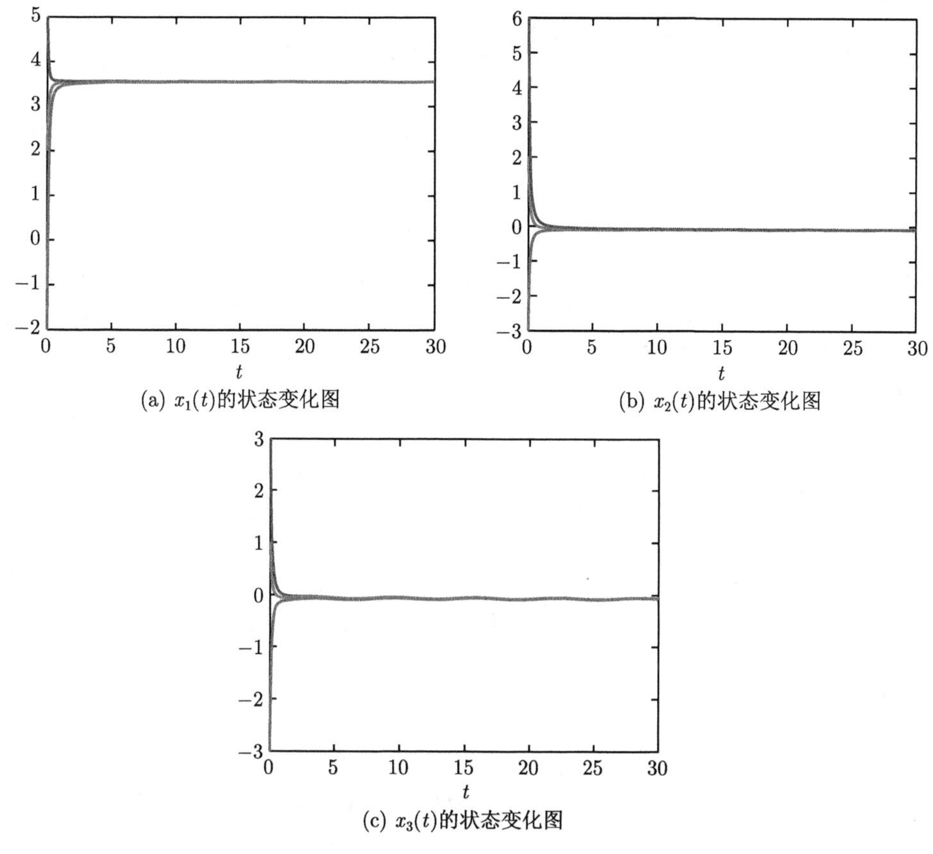

(a) $x_1(t)$的状态变化图

(b) $x_2(t)$的状态变化图

(c) $x_3(t)$的状态变化图

图 7.8 系统 (7.18) 的状态变化图

## 7.3 基于忆阻器的时滞分数阶神经网络的稳定性分析

稳定性是控制理论研究的主要内容, 是保证系统运行的首要条件. 由前面的分析可知时滞对神经网络的影响很重要. 因此, 研究基于忆阻器的时滞分数阶神经网络系统的稳定性是非常必要的. 本节基于集值映射与微分包含理论, 在 Filippov 意义下, 运用分数阶系统比较原理以及时滞系统的稳定性理论, 讨论了基于忆阻器的时滞分数阶神经网络系统的局部渐近稳定性. 此外, 由于外界干扰的存在, 讨论了该系统在外界干扰下的一致稳定性, 然后利用一个全局渐近稳定的系统估计了该系统的收敛范围. 本节主要讨论当外界输入为常数时, 基于忆阻器的时滞分数阶神经网络系统的动力学行为.

### 7.3.1 Lyapunov 局部渐近稳定性分析

考虑如下的基于忆阻器的时滞分数阶神经网络模型:

$$
\begin{aligned}
{}_{t_0}^{C}D_t^q x_i(t) = & -d_i(x_i(t))x_i(t) + \sum_{j=1}^{n} a_{ij}(x_i(t))f_j(x_j(t)) \\
& + \sum_{j=1}^{n} b_{ij}(x_i(t))g_j(x_j(t-\tau)) + I_i, \quad i=1,2,\cdots,n, \quad t \geqslant 0, \quad (7.19)
\end{aligned}
$$

其中 $q \in (0,1)$, $n$ 表示神经元的个数, $x(t) = (x_1(t), x_2(t), \cdots, x_n(t))^{\mathrm{T}}$, $x_i(t)$ 是第 $i$ 个神经元在时间 $t$ 的状态向量, $I_i$ 是常值的外界输入, $f_j(\cdot)$ 和 $g_j(\cdot)$ 是第 $j$ 个神经元在时间 $t$ 与 $t-\tau$ 的传递函数, $d_i(x_i(t))$ 表示神经元的自动调节参数, $a_{ij}(x_i(t))$, $b_{ij}(x_i(t))$ 是第 $j$ 个神经元到第 $i$ 个神经元在时间 $t$ 与 $t-\tau$ 的突触传递强度, 其定义如下:

$$
d_i(x_i(t)) = \begin{cases} \hat{d}_i, & |x_i| < T_i, \\ \check{d}_i, & |x_i| > T_i, \end{cases} \qquad a_{ij}(x_i(t)) = \begin{cases} \hat{a}_{ij}, & |x_i| < T_i, \\ \check{a}_{ij}, & |x_i| > T_i, \end{cases}
$$

$$
b_{ij}(x_i(t)) = \begin{cases} \hat{b}_{ij}, & |x_i| < T_i, \\ \check{b}_{ij}, & |x_i| > T_i, \end{cases}
$$

切换跳 $T_i > 0$, 权重 $\hat{a}_{ij}$, $\check{a}_{ij}$, $\hat{b}_{ij}$, $\check{b}_{ij}$ 均为常数.

$$
\begin{gathered}
\bar{d}_i = \max\{\hat{d}_i, \check{d}_i\}, \quad \underline{d}_i = \min\{\hat{d}_i, \check{d}_i\}, \quad \bar{a}_{ij} = \max\{\hat{a}_{ij}, \check{a}_{ij}\}, \\
\underline{a}_{ij} = \min\{\hat{a}_{ij}, \check{a}_{ij}\}, \quad \bar{b}_{ij} = \max\{\hat{b}_{ij}, \check{b}_{ij}\}, \quad \underline{b}_{ij} = \min\{\hat{b}_{ij}, \check{b}_{ij}\}.
\end{gathered}
$$

利用微分包含与集值映射理论[118], 当 $t \geqslant 0$ 时, 系统 (7.19) 有微分包含:

$$
{}_{t_0}^{C}D_t^q x_i(t) \in -\mathrm{co}[\underline{d}_i, \bar{d}_i]x_i(t) + \sum_{j=1}^{n} \mathrm{co}[\underline{a}_{ij}, \bar{a}_{ij}]f_j(x_j) + \sum_{j=1}^{n} \mathrm{co}[\underline{b}_{ij}, \bar{b}_{ij}]g_j(x_j) + I_i, \tag{7.20}
$$

与系统 (7.20) 等价, 对 $i,j = 1,2,\cdots,n$, 存在 $\widetilde{d}_i \in \mathrm{co}[\underline{d}_i, \bar{d}_i]$, $\widetilde{a}_{ij} \in \mathrm{co}[\underline{a}_{ij}, \bar{a}_{ij}]$, $\widetilde{b}_{ij} \in \mathrm{co}[\underline{b}_{ij}, \bar{b}_{ij}]$, 当 $t \geqslant 0$ 时, 有

$$
{}_{t_0}^{C}D_t^q x_i(t) = -\widetilde{d}_i x_i(t) + \sum_{j=1}^{n} \widetilde{a}_{ij} f_j(x_j(t)) + \sum_{j=1}^{n} \widetilde{b}_{ij} g_j(x_j(t-\tau)) + I_i. \tag{7.21}
$$

若 $x^* = (x_1^*, x_2^*, \cdots, x_n^*)^{\mathrm{T}}$ 是系统 (7.18) 的平衡点, 对 $i,j = 1,2,\cdots,n$, 存在 $\widetilde{d}_i \in \mathrm{co}[\underline{d}_i, \bar{d}_i]$, $\widetilde{a}_{ij} \in \mathrm{co}[\underline{a}_{ij}, \bar{a}_{ij}]$, $\widetilde{b}_{ij} \in \mathrm{co}[\underline{b}_{ij}, \bar{b}_{ij}]$, 当 $t \geqslant 0$ 时, 有

$$
-\widetilde{d}_i x_i^* + \sum_{j=1}^{n} \widetilde{a}_{ij} f_j(x_j^*) + \sum_{j=1}^{n} \widetilde{b}_{ij} g_j(x_j^*) + I_i = 0, \tag{7.22}
$$

作变换: $y_i(t) = x_i(t) - x_i^*$, $i = 1, 2, \cdots, n$. 当 $t \geqslant 0$ 时, 利用系统 (7.21) 与系统 (7.22) 可得如下结果:

$$ {}_{t_0}^{C}D_t^q y_i(t) \in -\mathrm{co}[\underline{d}_i, \bar{d}_i] y_i(t) + \sum_{j=1}^{n} \mathrm{co}[\underline{a}_{ij}, \bar{a}_{ij}] \bar{f}_j(y_j(t)) + \sum_{j=1}^{n} \mathrm{co}[\underline{b}_{ij}, \bar{b}_{ij}] \bar{g}_j(y_j(t-\tau)), \tag{7.23} $$

与系统 (7.23) 等价, 对 $i, j = 1, 2, \cdots, n$, 存在 $\widetilde{d}_i \in \mathrm{co}[\underline{d}_i, \bar{d}_i]$, $\widetilde{a}_{ij} \in \mathrm{co}[\underline{a}_{ij}, \bar{a}_{ij}]$, $\widetilde{b}_{ij} \in \mathrm{co}[\underline{b}_{ij}, \bar{b}_{ij}]$, 当 $t \geqslant 0$ 时, 有

$$ {}_{t_0}^{C}D_t^q y_i(t) = -\widetilde{d}_i y_i(t) + \sum_{j=1}^{n} \widetilde{a}_{ij} \bar{f}_j(y_j(t)) + \sum_{j=1}^{n} \widetilde{b}_{ij} \bar{g}_j(y_j(t-\tau)), \tag{7.24} $$

其中 $\bar{f}_j(y_j(t)) = f_j(y_j(t) + x_j^*) - f_j(x_j^*)$, $\bar{g}_j(y_j(t)) = g_j(y_j(t) + x_j^*) - g_j(x_j^*)$.

为了保证所研究系统 (7.19) 的渐近稳定性, 给出如下的条件.

**条件 7.3.1** 假设系统 (7.19) 的传递函数 $f_i(x_i)$ 和 $g_i(x_i)$ 是有界的, 并且存在正常数 $\sigma_i$ 和 $\rho_i$, 对 $i = 1, 2, \cdots, n$ 满足

$$ 0 \leqslant \frac{f_i(x_1) - f_i(x_2)}{x_1 - x_2} \leqslant \sigma_i, \quad 0 \leqslant \frac{g_i(x_1) - g_i(x_2)}{x_1 - x_2} \leqslant \rho_i, \quad x_1, x_2 \in R. $$

**条件 7.3.2** 假设系统所给参数 $\underline{d}_j$, $\widetilde{a}_{ij}$, $\widetilde{b}_{ij}$, $\sigma_i$, $\rho_i$ 满足下面条件:

$$ \hat{K} < \lambda \sin\left(\frac{q\pi}{2}\right), \quad 0 < q \leqslant 1, $$

其中 $\hat{K} = 2\sum\limits_{j=1}^{n}\sum\limits_{k=1}^{n} \dfrac{1}{\underline{d}_j} \widetilde{b}_{jk}^2 \rho_k^2$, $\lambda = \min\limits_{1\leqslant i\leqslant n}\left(\underline{d}_i - 2\sum\limits_{j=1}^{n}\sum\limits_{k=1}^{n} \dfrac{1}{\underline{d}_j} \widetilde{a}_{jk}^2 \sigma_k^2\right)$.

**定理 7.3.3** 若条件 7.3.1 成立, 则系统 (7.19) 至少存在一个平衡解.

**证明** 在条件 7.3.1 下, 系统 (7.19) 的传递函数 $f_i(x_i)$ 和 $g_i(x_i)$ 满足 Lipschitz 条件、有界. 并且 $\hat{d}_i$, $\check{d}_i$, $\hat{a}_{ij}$, $\check{a}_{ij}$, $\hat{b}_{ij}$, $\check{b}_{ij}$, $I_i$ 均为常数, 可以证明系统 (7.22) 至少存在一个平衡解, 也就是说, 系统 (7.19) 至少存在一个平衡解. 定理得证.

**定理 7.3.4** 若条件 7.3.1 和条件 7.3.2 成立, $x^*$ 是系统 (7.19) 的平衡解, 则 $x^*$ 是局部渐近稳定的.

**证明** 设 $x(t) = (x_1(t), x_2(t), \cdots, x_n(t))^{\mathrm{T}}$ 是系统 (7.19) 满足初值条件的解, $x^* = (x_1^*, x_2^*, \cdots, x_n^*)^{\mathrm{T}}$ 是系统 (7.19) 的平衡点, 作变换 $y_i(t) = x_i(t) - x_i^*$, 选取 Lyapunov 函数 $V(t) = \sum\limits_{i=1}^{n} \dfrac{1}{2} y_i^2(t)$, 利用定理 3.6.1, 可得

$$ {}_{t_0}^{C}D_t^q V(t^-) = {}_{t_0}^{C}D_t^q \sum_{i=1}^{n} \frac{1}{2} y_i^2(t^-) \leqslant \sum_{i=1}^{n} y_i(t) {}_{t_0}^{C}D_t^q y_i(t^-) $$

$$
\begin{aligned}
&= \sum_{i=1}^{n} y_i(t)\left[-\widetilde{d}_i y_i(t) + \sum_{j=1}^{n} \widetilde{a}_{ij}\bar{f}_j(y_j(t)) + \sum_{j=1}^{n} \widetilde{b}_{ij}\bar{g}_j(y_j(t-\tau))\right] \\
&\in \sum_{i=1}^{n} y_i(t)\Bigg[ -\operatorname{co}[\underline{d}_i, \bar{d}_i] y_i(t) + \sum_{j=1}^{n} \operatorname{co}[\underline{a}_{ij}, \bar{a}_{ij}]\bar{f}_j(y_j(t)) \\
&\quad + \sum_{j=1}^{n} \operatorname{co}[\underline{b}_{ij}, \bar{b}_{ij}]\bar{g}_j(y_j(t-\tau))\Bigg],
\end{aligned}
$$

因此

$$
\begin{aligned}
{}_{t_0}^{C}D_t^q V(t^-) &\leqslant \sum_{i=1}^{n}\left[-\underline{d}_i y_i^2(t) + |y_i(t)|\sum_{j=1}^{n}\widetilde{a}_{ij}\sigma_j|y_i(t)| + |y_i(t)|\sum_{j=1}^{n}\widetilde{b}_{ij}\rho_j|y_i(t-\tau)|\right] \\
&= \sum_{i=1}^{n}\Bigg[ -\frac{1}{2}\underline{d}_i y_i^2(t) + |y_i(t)|\sum_{j=1}^{n}\widetilde{a}_{ij}\sigma_j|y_i(t)| \\
&\quad - \frac{1}{2}\underline{d}_i y_i^2(t) + |y_i(t)|\sum_{j=1}^{n}\widetilde{b}_{ij}\rho_j|y_i(t-\tau)|\Bigg].
\end{aligned}
$$

利用均值不等式与 Cauchy-Schwarz 不等式:

$$
\begin{aligned}
&{}_{t_0}^{C}D_t^q V(t^-) \\
&\leqslant \sum_{i=1}^{n}\left[-\frac{1}{4}\underline{d}_i y_i^2(t) + \frac{1}{\underline{d}_i}\left(\sum_{j=1}^{n}\widetilde{a}_{ij}\sigma_j y_i(t)\right)^2 - \frac{1}{4}\underline{d}_i y_i^2(t) + \frac{1}{\underline{d}_i}\left(\sum_{j=1}^{n}\widetilde{b}_{ij}\rho_j y_i(t-\tau)\right)^2\right] \\
&= \sum_{i=1}^{n}\left[-\frac{1}{2}\underline{d}_i y_i^2(t) + \frac{1}{\underline{d}_i}\left(\sum_{j=1}^{n}\widetilde{a}_{ij}\sigma_j y_i(t)\right)^2 + \frac{1}{\underline{d}_i}\left(\sum_{j=1}^{n}\widetilde{b}_{ij}\rho_j y_i(t-\tau)\right)^2\right] \\
&\leqslant \sum_{i=1}^{n}\left[-\frac{1}{2}\underline{d}_i y_i^2(t) + \frac{1}{\underline{d}_i}\sum_{k=1}^{n}\widetilde{a}_{ik}^2\sigma_k^2\sum_{j=1}^{n}y_j^2(t) + \frac{1}{\underline{d}_i}\sum_{k=1}^{n}\widetilde{b}_{ik}^2\rho_k^2\sum_{j=1}^{n}y_j^2(t-\tau)\right] \\
&= \sum_{i=1}^{n}\left[-\frac{1}{2}\underline{d}_i + \sum_{j=1}^{n}\sum_{k=1}^{n}\frac{1}{\underline{d}_j}\widetilde{a}_{jk}^2\sigma_k^2\right] y_i^2(t) + \sum_{i=1}^{n}\sum_{j=1}^{n}\sum_{k=1}^{n}\frac{1}{\underline{d}_j}\widetilde{b}_{jk}^2\rho_k^2 y_i^2(t-\tau) \\
&\leqslant \sum_{i=1}^{n}\left[-\frac{1}{2}\underline{d}_i + \sum_{j=1}^{n}\sum_{k=1}^{n}\frac{1}{\underline{d}_j}\widetilde{a}_{jk}^2\sigma_k^2 + \frac{1}{2}\right] y_i^2(t) + \sum_{i=1}^{n}\sum_{j=1}^{n}\sum_{k=1}^{n}\frac{1}{\underline{d}_j}\widetilde{b}_{jk}^2\rho_k^2 y_i^2(t-\tau) \\
&\leqslant -\lambda V(t) + \hat{K}V(t-\tau),
\end{aligned}
$$

其中

$$
\bar{f}_j(y_j(t)) = f_j(y_j(t)+x_j^*) - f_j(x_j^*), \quad \bar{g}_j(y_j(t)) = g_j(y_j(t)+x_j^*) - g_j(x_j^*),
$$

$$y_i(t) = x_i(t) - x_i^*, \quad i = 1, 2, \cdots, n, \quad \hat{K} = 2\sum_{j=1}^{n}\sum_{k=1}^{n}\frac{1}{\underline{d}_j}\widetilde{b}_{jk}^2\rho_k^2,$$

$$\lambda = \min_{1\leqslant i\leqslant n}\left(\underline{d}_i - 2\sum_{j=1}^{n}\sum_{k=1}^{n}\frac{1}{\underline{d}_j}\widetilde{a}_{jk}^2\sigma_k^2\right).$$

考虑如下的分数阶系统:

$$ {}_{t_0}^{C}D_t^q W(t) = -\lambda W(t) + \hat{K}W(t-\tau), \tag{7.25}$$

其中 $W(t) \geqslant 0$ $(W(t) \in R)$, 与 $V(t)$ 取相同的初值条件.

由定理 3.4.2,

$$0 < V(t) \leqslant W(t), \quad \forall\, t \in (0, +\infty).$$

由条件 7.3.2, 系统 (7.25) 的 $\det(\Delta(s)) = 0$ 对任意的 $\tau > 0$ 没有纯虚根. 当 $\tau = 0$ 时, 有 $\hat{K} < \lambda \sin\left(\frac{q\pi}{2}\right) \leqslant \lambda$, $0 < q \leqslant 1$. 根据定理 3.3.4, 系统 (7.25) 的零解是 Lyapunov 全局渐近稳定的.

因为

$$0 < V(t) \leqslant W(t),$$

所以 $V(t)$ 是 Lyapunov 全局渐近稳定的, 即

$$V(t) \to 0 \quad (t \to \infty).$$

因为 $V(t) = \sum\limits_{i=1}^{n}\frac{1}{2}y_i^2(t)$, 则 $||y(t)|| \to 0$, 等价于 $||x_i(t) - x_i^*|| \to 0$, 因此可得系统 (7.19) 的平衡解是 Lyapunov 局部渐近稳定的. 定理得证.

### 7.3.2 数值仿真

依旧利用时滞分数阶系统的预估校正算法, 使用 MATLAB 软件, 验证 7.3.1 节所得结论, 选取步长 $h = 0.01$.

**例 7.3.5** 考虑如下的二维的基于忆阻器的时滞分数阶神经网络系统:

$$\begin{cases} {}_{t_0}^{C}D_t^q x_1(t) = -\,d_1(x_1(t))x_1(t) + a_{11}(x_1(t))f_1(x_1(t)) + a_{12}(x_1(t))f_2(x_2(t)) \\ \qquad\qquad + b_{11}(x_1(t))g_1(x_1(t-\tau)) + b_{12}(x_1(t))g_2(x_2(t-\tau)) + I_1, \\ {}_{t_0}^{C}D_t^q x_2(t) = -\,d_2(x_2(t))x_2(t) + a_{21}(x_2(t))f_1(x_1(t)) + a_{22}(x_2(t))f_2(x_2(t)) \\ \qquad\qquad + b_{21}(x_2(t))g_1(x_1(t-\tau)) + b_{22}(x_2(t))g_2(x_2(t-\tau)) + I_2. \end{cases} \tag{7.26}$$

系统 (7.26) 的参数设置如下: $q = 0.69$, $I_1 = 9$, $I_2 = -10$, $\tau = 0.5$,

$$d_1(x_1(t)) = \begin{cases} 1.2, & |x_1| < 1, \\ 1, & |x_1| > 1, \end{cases} \quad d_2(x_2(t)) = \begin{cases} 1, & |x_2| < 1, \\ 1.2, & |x_2| > 1, \end{cases}$$

$$a_{11}(x_1(t)) = \begin{cases} \frac{1}{6}, & |x_1| < 1, \\ -\frac{1}{6}, & |x_1| > 1, \end{cases} \quad a_{12}(x_1(t)) = \begin{cases} \frac{1}{5}, & |x_1| < 1, \\ -\frac{1}{5}, & |x_1| > 1, \end{cases}$$

$$a_{21}(x_2(t)) = \begin{cases} \frac{1}{5}, & |x_2| < 1, \\ -\frac{1}{5}, & |x_2| > 1, \end{cases} \quad a_{22}(x_2(t)) = \begin{cases} \frac{1}{8}, & |x_2| < 1, \\ -\frac{1}{8}, & |x_2| > 1, \end{cases}$$

$$b_{11}(x_1(t)) = \begin{cases} \frac{1}{4}, & |x_1| < 1, \\ -\frac{1}{4}, & |x_1| > 1, \end{cases} \quad b_{12}(x_1(t)) = \begin{cases} \frac{1}{6}, & |x_1| < 1, \\ -\frac{1}{6}, & |x_1| > 1, \end{cases}$$

$$b_{21}(x_2(t)) = \begin{cases} \frac{1}{7}, & |x_2| < 1, \\ -\frac{1}{7}, & |x_2| > 1, \end{cases} \quad b_{22}(x_2(t)) = \begin{cases} \frac{1}{3}, & |x_2| < 1, \\ -\frac{1}{3}, & |x_2| > 1, \end{cases}$$

选取 $(x_1(t), x_2(t))^{\mathrm{T}}$ 的初值: $(-5,5)^{\mathrm{T}}$, $(-6,6)^{\mathrm{T}}$, $(15,-15)^{\mathrm{T}}$, $(18,-18)^{\mathrm{T}}$. 基于定理 7.3.3 的结论, 系统 (7.26) 的状态图像如图 7.9 所示.

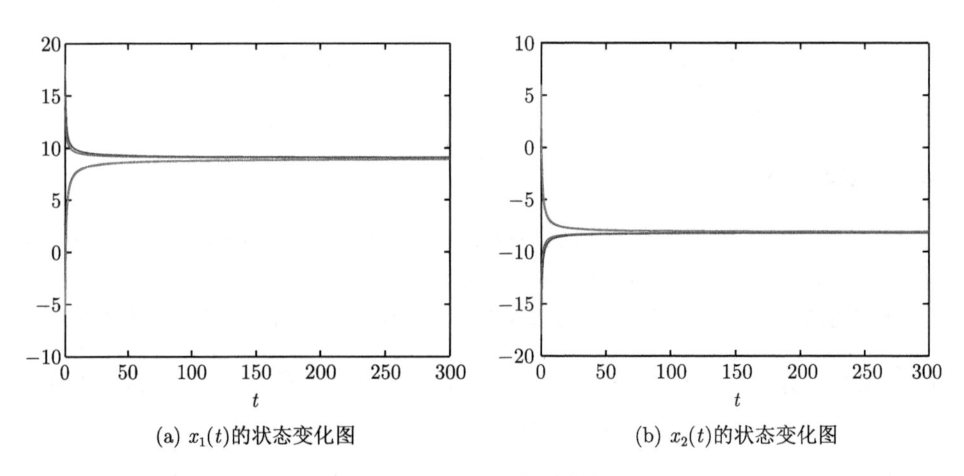


(a) $x_1(t)$的状态变化图 (b) $x_2(t)$的状态变化图

图 7.9 系统 (7.26) 的状态变化图

# 7.4 有界扰动下基于忆阻器的时滞分数阶神经网络的稳定性分析

外界扰动对神经网络系统的影响是不可避免的. 本节主要考虑当外界输入为一个有界扰动时, 基于忆阻器的时滞分数阶神经网络系统的一致稳定性, 并且估计其一致稳定的范围.

## 7.4.1 Lyapunov 一致稳定性分析

当外界输入为有界的时变扰动时, 考虑如下的基于忆阻器的时滞分数阶神经网络系统:

$$
{}_{t_0}^{C}D_t^q x_i(t)=-d_i(x_i(t))x_i(t)+\sum_{j=1}^{n}a_{ij}(x_i)f_j(x_j(t))+\sum_{j=1}^{n}b_{ij}(x_i)g_j(x_j(t-\tau))+I_i(t), \tag{7.27}
$$

其中 $i=1,2,\cdots,n$, $t\geqslant 0$, $0<q<1$, $I_i(t)$ 是时变的外界输入, 满足 $|I_i(t)|\leqslant M_i$, 其他参数与系统 (7.19) 相同.

为了保证所研究系统 (7.27) 的一致稳定性, 给出如下的条件.

**条件 7.4.1** 假设系统所给参数 $\underline{d}_j$, $\widetilde{a}_{ij}$, $\widetilde{b}_{ij}$, $\sigma_i$, $\rho_i$ 满足下面条件:

$$
\hat{K}<\overline{\lambda}\sin\left(\frac{q\pi}{2}\right),\quad 0<q\leqslant 1,
$$

其中 $\hat{K}=2\sum\limits_{j=1}^{n}\sum\limits_{k=1}^{n}\dfrac{1}{\underline{d}_j}\widetilde{b}_{jk}^2\rho_k^2$, $\overline{\lambda}=\min\limits_{1\leqslant i\leqslant n}\left(\underline{d}_i-2\sum\limits_{j=1}^{n}\sum\limits_{k=1}^{n}\dfrac{1}{\underline{d}_j}\widetilde{a}_{jk}^2\sigma_k^2-1\right)$.

**定理 7.4.2** 若条件 7.3.1 与条件 7.4.1 成立, 则系统 (7.27) 是一致稳定的.

**证明** 在假设条件 7.3.1 下, 取 $x(t)$ 和 $y(t)$ 为系统 (7.27) 在不同初值条件下的解. 令 $e_i(t)=y_i(t)-x_i(t)$, $e_i(t-\tau)=y_i(t-\tau)-x_i(t-\tau)$, $i=1,2,\cdots,n$. 当 $t\geqslant 0$ 时, 应用微分包含与集值映射原理:

$$
{}_{t_0}^{C}D_t^q x_i(t)\in -\mathrm{co}[\underline{d}_i,\bar{d}_i]x_i(t)+\sum_{j=1}^{n}\mathrm{co}[\underline{a}_{ij},\bar{a}_{ij}]f_j(x_j)+\sum_{j=1}^{n}\mathrm{co}[\underline{b}_{ij},\bar{b}_{ij}]g_j(x_j)+I_i(t), \tag{7.28}
$$

与系统 (7.27) 等价, 对 $i,j=1,2,\cdots,n$, 存在 $\widetilde{d}_i\in\mathrm{co}[\underline{d}_i,\bar{d}_i]$, $\widetilde{a}_{ij}\in\mathrm{co}[\underline{a}_{ij},\bar{a}_{ij}]$, $\widetilde{b}_{ij}\in\mathrm{co}[\underline{b}_{ij},\bar{b}_{ij}]$, 当 $t\geqslant 0$ 时,

$$
{}_{t_0}^{C}D_t^q x_i(t)=-\widetilde{d}_i x_i(t)+\sum_{j=1}^{n}\widetilde{a}_{ij}f_j(x_j(t))+\sum_{j=1}^{n}\widetilde{b}_{ij}g_j(x_j(t-\tau))+I_i(t), \tag{7.29}
$$

同理, 对 $y_i(t)$, 当 $t \geqslant 0$ 时,

$$
{}_{t_0}^{C}D_t^q y_i(t) \in -\mathrm{co}[\underline{d}_i, \bar{d}_i]y_i(t) + \sum_{j=1}^{n} \mathrm{co}[\underline{a}_{ij}, \bar{a}_{ij}]f_j(y_j) + \sum_{j=1}^{n} \mathrm{co}[\underline{b}_{ij}, \bar{b}_{ij}]g_j(y_j) + I_i(t), \tag{7.30}
$$

对 $i,j = 1,2,\cdots,n$, 存在 $\widetilde{d}_i \in \mathrm{co}[\underline{d}_i, \bar{d}_i]$, $\widetilde{a}_{ij} \in \mathrm{co}[\underline{a}_{ij}, \bar{a}_{ij}]$, $\widetilde{b}_{ij} \in \mathrm{co}[\underline{b}_{ij}, \bar{b}_{ij}]$, 当 $t \geqslant 0$ 时,

$$
{}_{t_0}^{C}D_t^q y_i(t) = -\widetilde{d}_i y_i(t) + \sum_{j=1}^{n} \widetilde{a}_{ij} f_j(y_j(t)) + \sum_{j=1}^{n} \widetilde{b}_{ij} g_j(y_j(t-\tau)) + I_i(t), \tag{7.31}
$$

则当 $t \geqslant 0$ 时,

$$
\begin{aligned}
{}_{t_0}^{C}D_t^q e_i(t) \in & -\mathrm{co}[\underline{d}_i, \bar{d}_i]e_i(t) + \sum_{j=1}^{n} \mathrm{co}[\underline{a}_{ij}, \bar{a}_{ij}](f_j(y_j(t)) - f_j(x_j(t))) \\
& + \sum_{j=1}^{n} \mathrm{co}[\underline{b}_{ij}, \bar{b}_{ij}](g_j(y_j(t-\tau)) - g_j(x_j(t-\tau))),
\end{aligned} \tag{7.32}
$$

同理

$$
\begin{aligned}
{}_{t_0}^{C}D_t^q e_i(t) = & -\widetilde{d}_i e_i(t) + \sum_{j=1}^{n} \widetilde{a}_{ij}(f_j(y_j(t)) - f_j(x_j(t))) \\
& + \sum_{j=1}^{n} \widetilde{b}_{ij}(g_j(y_j(t-\tau)) - g_j(x_j(t-\tau))),
\end{aligned} \tag{7.33}
$$

其中 $i = 1,2,\cdots,n,\ t \geqslant 0$.

选取 Lyapunov 函数 $V(t) = \sum\limits_{i=1}^{n} \frac{1}{2} e_i^2(t)$, 利用定理 3.6.1:

$$
\begin{aligned}
{}_{t_0}^{C}D_t^q V(t^-) = & {}_{t_0}^{C}D_t^q \sum_{i=1}^{n} \frac{1}{2} e_i^2(t^-) \leqslant \sum_{i=1}^{n} e_i(t) {}_{t_0}^{C}D_t^q e_i(t^-) \\
= & \sum_{i=1}^{n} e_i(t) \Bigg[ -\widetilde{d}_i e_i(t) + \sum_{j=1}^{n} \widetilde{a}_{ij}(f_j(y_j(t)) - f_j(x_j(t))) \\
& + \sum_{j=1}^{n} \widetilde{b}_{ij}(g_j(y_j(t-\tau)) - g_j(x_j(t-\tau))) \Bigg] \\
\leqslant & \sum_{i=1}^{n} e_i(t) \left[ -\underline{d}_i e_i(t) + \sum_{j=1}^{n} \widetilde{a}_{ij}\sigma_j |e_j(t)| + \sum_{j=1}^{n} \widetilde{b}_{ij}\rho_j |e_j(t-\tau)| \right].
\end{aligned}
$$

由均值不等式及 Cauchy-Schwarz 不等式:

$$
\begin{aligned}
&{}_{t_0}^{C}D_t^q V(t^-)\\
\leqslant&\sum_{i=1}^{n}\left[-\frac{1}{4}\underline{d}_i e_i^2(t)+\frac{1}{\underline{d}_i}\left(\sum_{j=1}^{n}\widetilde{a}_{ij}\sigma_j e_j(t)\right)^2-\frac{1}{4}\underline{d}_i e_i^2(t)+\frac{1}{\underline{d}_i}\left(\sum_{j=1}^{n}\widetilde{b}_{ij}\rho_j e_j(t-\tau)\right)^2\right]\\
=&\sum_{i=1}^{n}\left[-\frac{1}{2}\underline{d}_i e_i^2(t)+\frac{1}{\underline{d}_i}\left(\sum_{j=1}^{n}\widetilde{a}_{ij}\sigma_j e_j(t)\right)^2+\frac{1}{\underline{d}_i}\left(\sum_{j=1}^{n}\widetilde{b}_{ij}\rho_j e_j(t-\tau)\right)^2\right]\\
\leqslant&\sum_{i=1}^{n}\left[-\frac{1}{2}\underline{d}_i e_i^2(t)+\frac{1}{\underline{d}_i}\sum_{k=1}^{n}\widetilde{a}_{ik}^2\sigma_k^2\sum_{j=1}^{n}e_j^2(t)+\frac{1}{\underline{d}_i}\sum_{k=1}^{n}\widetilde{b}_{ik}^2\rho_k^2\sum_{j=1}^{n}e_j^2(t-\tau)\right]\\
=&\sum_{i=1}^{n}\left[-\frac{1}{2}\underline{d}_i+\sum_{j=1}^{n}\sum_{k=1}^{n}\frac{1}{\underline{d}_j}\widetilde{a}_{jk}^2\sigma_k^2\right]e_i^2(t)+\sum_{i=1}^{n}\sum_{j=1}^{n}\sum_{k=1}^{n}\frac{1}{\underline{d}_j}\widetilde{b}_{jk}^2\rho_k^2 e_i^2(t-\tau)\\
\leqslant&\sum_{i=1}^{n}\left[-\frac{1}{2}\underline{d}_i+\sum_{j=1}^{n}\sum_{k=1}^{n}\frac{1}{\underline{d}_j}\widetilde{a}_{jk}^2\sigma_k^2+\frac{1}{2}\right]e_i^2(t)+\sum_{i=1}^{n}\sum_{j=1}^{n}\sum_{k=1}^{n}\frac{1}{\underline{d}_j}\widetilde{b}_{jk}^2\rho_k^2 e_i^2(t-\tau)\\
\leqslant&-\overline{\lambda}V(t)+\hat{K}V(t-\tau),
\end{aligned}
$$

其中 $\hat{K}=2\sum\limits_{j=1}^{n}\sum\limits_{k=1}^{n}\frac{1}{\underline{d}_j}\widetilde{b}_{jk}^2\rho_k^2$, $\overline{\lambda}=\min\limits_{1\leqslant i\leqslant n}\left(\underline{d}_i-2\sum\limits_{j=1}^{n}\sum\limits_{k=1}^{n}\frac{1}{\underline{d}_j}\widetilde{a}_{jk}^2\sigma_k^2-1\right)$, $M=\max\limits_{1\leqslant i\leqslant n}M_i$, $N=\frac{nM^2}{2}$.

考虑函数 $Z(t)$:

$$
{}_{t_0}^{C}D_t^q Z(t)=-\overline{\lambda}Z(t)+\hat{K}Z(t-\tau)+N, \tag{7.34}
$$

其中 $Z(t)\geqslant 0$ $(Z(t)\in R)$ 与 $V(t)$ 有相同的初值条件.

利用定理 3.4.2,

$$
0<V(t)\leqslant Z(t),\quad \forall t\in(0,+\infty).
$$

由 Caputo 分数阶微分的性质, 令 $\widetilde{N}=\frac{N}{\lambda-\hat{K}}$, 则

$$
{}_{t_0}^{C}D_t^q(Z(t)-\widetilde{N})=-\overline{\lambda}(Z(t)-\widetilde{N})+\hat{K}(Z(t-\tau)-\widetilde{N}),
$$

通过变换 $\widetilde{Z}(t)=Z(t)-\widetilde{N}$,

$$
{}_{t_0}^{C}D_t^q\widetilde{Z}(t)=-\overline{\lambda}\widetilde{Z}(t)+\hat{K}\widetilde{Z}(t-\tau), \tag{7.35}
$$

由假设条件 7.4.1, $\hat{K} < \overline{\lambda}\sin\left(\frac{q\pi}{2}\right)$, $0 < q \leqslant 1$, 则 $\det(\Delta(s)) = 0$ 对任意的 $\tau > 0$ 没有纯虚根. 当 $\tau = 0$ 时, 有 $\hat{K} < \overline{\lambda}$, $0 < q \leqslant 1$, 根据定理 3.3.4, 系统 (7.35) 的零解是 Lyapunov 全局渐近稳定的. 即

$$Z(t) - \widetilde{N} \to 0, \quad t \to \infty.$$

对 $\forall\, \delta > 0$, $\delta$ 是任意小的正数. 因为

$$Z(t) > 0, \quad Z(t) < \widetilde{N} + \delta,$$

所以

$$0 < V(t) \leqslant Z(t) < \widetilde{N} + \delta,$$

即

$$0 < V(t) \leqslant \widetilde{N}.$$

因为 $V(t) = \sum\limits_{i=1}^{n} \frac{1}{2} x_i^2(t)$, 有 $\|x(t)\| \leqslant \widetilde{N}$, $t \to \infty$. 所以可以得到系统 (7.35) 的解均是有界并且收敛的. 定理得证.

**注 7.4.3**　当 $I_i(t)$, $i = 1, 2, \cdots, n$ 是常值的外界输入时, 系统 (7.19) 是系统 (7.27) 的一种特殊情况, 因此在条件 7.3.1 与条件 7.4.1 成立时, 定理 7.3.4 与定理 7.4.2 仍然成立.

### 7.4.2　有界扰动情况下系统解区间的估计

前面讨论了基于忆阻器的时滞分数阶神经网络系统解的一致稳定性, 对该非线性分数阶微分系统, 研究其解一致稳定的范围是非常困难的. 下面我们利用一个渐近稳定基于忆阻器的时滞分数阶神经网络系统估计其稳定范围.

考虑下面基于忆阻器的时滞分数阶神经网络系统:

$$ {}_{t_0}^{C}D_t^q x_i(t) = -d_i(x_i(t))x_i(t) + \sum_{j=1}^{n} a_{ij}(x_i(t)) f_j(x_j) + \sum_{j=1}^{n} b_{ij}(x_i(t)) g_j(x_j) + M_i, \tag{7.36}$$

其系数与系统 (7.19) 中定义相同, $M_i$ 是系统中 $I_i(t)$, $i = 1, 2, \cdots, n$, $t \geqslant 0$ 的界.

**定理 7.4.4**　若条件 7.3.1 与条件 7.4.1 成立, 设 $x^*$ 是系统 (7.36) 的平衡解, 则系统 (7.27) 的解在区间 $O(x^*, \widetilde{T})$ 内, $\widetilde{T} = \dfrac{T}{\overline{\lambda} - \widetilde{K}}$, $T = \dfrac{nr^2}{2}$, $r = \max\limits_{1 \leqslant i \leqslant n} |M_i - I_i(t)|$, $(t \in [0, \infty))$.

**证明**　假设 $y(t) = (y_1(t), y_2(t), \cdots, y_n(t))^{\mathrm{T}}$ 和 $x(t) = (x_1(t), x_2(t), \cdots, x_n(t))^{\mathrm{T}}$ 分别是系统 (7.27) 与系统 (7.36) 的解. 令 $e_i(t) = x_i(t) - y_i(t)$, 则 $e_i(t - \tau) = x_i(t - \tau) - y_i(t - \tau)$, $i = 1, 2, \cdots, n$.

当 $t \geqslant 0$ 时, 利用微分包含与集值映射原理:

$$
{}_{t_0}^{C}D_t^q x_i(t) \in -\mathrm{co}[\underline{d}_i, \bar{d}_i]x_i(t) + \sum_{j=1}^{n}\mathrm{co}[\underline{a}_{ij}, \bar{a}_{ij}]f_j(x_j) + \sum_{j=1}^{n}\mathrm{co}[\underline{b}_{ij}, \bar{b}_{ij}]g_j(x_j) + M_i, \tag{7.37}
$$

与系统 (7.36) 等价, 对 $i, j = 1, 2, \cdots, n$, 存在 $\widetilde{d}_i \in \mathrm{co}[\underline{d}_i, \bar{d}_i]$, $\widetilde{a}_{ij} \in \mathrm{co}[\underline{a}_{ij}, \bar{a}_{ij}]$, $\widetilde{b}_{ij} \in \mathrm{co}[\underline{b}_{ij}, \bar{b}_{ij}]$, 当 $t \geqslant 0$ 时,

$$
{}_{t_0}^{C}D_t^q x_i(t) = -\widetilde{d}_i x_i(t) + \sum_{j=1}^{n}\widetilde{a}_{ij}f_j(x_j(t)) + \sum_{j=1}^{n}\widetilde{b}_{ij}g_j(x_j(t-\tau)) + M_i. \tag{7.38}
$$

同理, 对 $y_i(t)$, 当 $t \geqslant 0$ 时,

$$
{}_{t_0}^{C}D_t^q y_i(t) \in -\mathrm{co}[\underline{d}_i, \bar{d}_i]y_i(t) + \sum_{j=1}^{n}\mathrm{co}[\underline{a}_{ij}, \bar{a}_{ij}]f_j(y_j) + \sum_{j=1}^{n}\mathrm{co}[\underline{b}_{ij}, \bar{b}_{ij}]g_j(y_j) + I_i(t), \tag{7.39}
$$

及对 $i, j = 1, 2, \cdots, n$, 存在 $\widetilde{d}_i \in \mathrm{co}[\underline{d}_i, \bar{d}_i]$, $\widetilde{a}_{ij} \in \mathrm{co}[\underline{a}_{ij}, \bar{a}_{ij}]$, $\widetilde{b}_{ij} \in \mathrm{co}[\underline{b}_{ij}, \bar{b}_{ij}]$, 当 $t \geqslant 0$ 时,

$$
{}_{t_0}^{C}D_t^q y_i(t) = -\widetilde{d}_i y_i(t) + \sum_{j=1}^{n}\widetilde{a}_{ij}f_j(y_j(t)) + \sum_{j=1}^{n}\widetilde{b}_{ij}g_j(y_j(t-\tau)) + I_i(t), \quad t \geqslant 0. \tag{7.40}
$$

由系统 (7.40) 与系统 (7.38),

$$
\begin{aligned}
{}_{t_0}^{C}D_t^q e_i(t) \in & -\mathrm{co}[\underline{d}_i, \bar{d}_i]e_i(t) + \sum_{j=1}^{n}\mathrm{co}[\underline{a}_{ij}, \bar{a}_{ij}](f_j(x_j(t)) - f_j(y_j(t))) \\
& + \sum_{j=1}^{n}\mathrm{co}[\underline{b}_{ij}, \bar{b}_{ij}](g_j(x_j(t-\tau)) - g_j(y_j(t-\tau))) + M_i - I_i(t),
\end{aligned}
$$

同理, 对 $i, j = 1, 2, \cdots, n$, 存在 $\widetilde{d}_i \in \mathrm{co}[\underline{d}_i, \bar{d}_i]$, $\widetilde{a}_{ij} \in \mathrm{co}[\underline{a}_{ij}, \bar{a}_{ij}]$, $\widetilde{b}_{ij} \in \mathrm{co}[\underline{b}_{ij}, \bar{b}_{ij}]$, 当 $t \geqslant 0$ 时,

$$
\begin{aligned}
{}_{t_0}^{C}D_t^q e_i(t) = & -\widetilde{d}_i e_i(t) + \sum_{j=1}^{n}\widetilde{a}_{ij}(f_j(x_j(t)) - f_j(y_j(t))) \\
& + \sum_{j=1}^{n}\widetilde{b}_{ij}(g_j(x_j(t-\tau)) - g_j(y_j(t-\tau))) + M_i - I_i(t).
\end{aligned} \tag{7.41}
$$

选取 Lyapunov 函数 $V(t) = \sum\limits_{i=1}^{n}\frac{1}{2}e_i^2(t)$, 利用定理 3.6.1, 可得

$$
{}_{t_0}^{C}D_t^q V(t^-)
$$

$$
\begin{aligned}
&= {}_{t_0}^{C}D_t^q \sum_{i=1}^{n} \frac{1}{2} e_i^2(t^-) \leqslant \sum_{i=1}^{n} e_i(t) {}_{t_0}^{C}D_t^q e_i(t^-) \\
&= \sum_{i=1}^{n} e_i(t) \Bigg[ -\widetilde{d}_i e_i(t) + \sum_{j=1}^{n} \widetilde{a}_{ij} (f_j(x_j(t)) - f_j(y_j(t))) \\
&\quad + \sum_{j=1}^{n} \widetilde{b}_{ij} (g_j(x_j(t-\tau)) - g_j(y_j(t-\tau))) + M_i - I_i(t) \Bigg] \\
&\leqslant \sum_{i=1}^{n} e_i(t) \left[ -\underline{d}_i e_i(t) + \sum_{j=1}^{n} \widetilde{a}_{ij} \sigma_j |e_j(t)| + \sum_{j=1}^{n} \widetilde{b}_{ij} \rho_j |e_j(t-\tau)| + r \right] \\
&\leqslant \sum_{i=1}^{n} \left[ -\frac{1}{2} \underline{d}_i + \sum_{j=1}^{n} \sum_{k=1}^{n} \frac{1}{\underline{d}_j} \widetilde{a}_{jk}^2 \sigma_k^2 \right] e_i^2(t) + \sum_{i=1}^{n} \sum_{j=1}^{n} \sum_{k=1}^{n} \frac{1}{\underline{d}_j} \widetilde{b}_{jk}^2 \rho_k^2 e_i^2(t-\tau) \\
&\quad + \sum_{i=1}^{n} \frac{e_i^2(t)}{2} + \frac{nr^2}{2} \\
&\leqslant \sum_{i=1}^{n} \left[ -\frac{1}{2} \underline{d}_i + \sum_{j=1}^{n} \sum_{k=1}^{n} \frac{1}{\underline{d}_j} \widetilde{a}_{jk}^2 \sigma_k^2 + \frac{1}{2} \right] e_i^2(t) + \sum_{i=1}^{n} \sum_{j=1}^{n} \sum_{k=1}^{n} \frac{1}{\underline{d}_j} \widetilde{b}_{jk}^2 \rho_k^2 e_i^2(t-\tau) + T \\
&\leqslant -\overline{\lambda} V(t) + \hat{K} V(t-\tau) + T,
\end{aligned}
$$

其中 $\hat{K} = 2\sum_{j=1}^{n}\sum_{k=1}^{n} \frac{1}{\underline{d}_j} \widetilde{b}_{jk}^2 \rho_k^2$, $\overline{\lambda} = \min\limits_{1\leqslant i\leqslant n} \left( \underline{d}_i - 2\sum_{j=1}^{n}\sum_{k=1}^{n} \frac{1}{\underline{d}_j} \widetilde{a}_{jk}^2 \sigma_k^2 - 1 \right)$, $T = \frac{nr^2}{2}$, $r = \max\limits_{1\leqslant i\leqslant n} |M_i - I_i(t)|$, $t \in [0, \infty)$.

考虑如下的系统, 取 $Z(t)$ 与 $V(t)$ 有相同的初值:

$$
{}_{t_0}^{C}D_t^q Z(t) = -\overline{\lambda} Z(t) + \hat{K} Z(t-\tau) + T, \tag{7.42}
$$

其中 $Z(t) \geqslant 0$ $(Z(t) \in R)$. 利用定理 3.4.2 可得: $0 < V(t) \leqslant Z(t)$ $(\forall t \in [0, \infty))$. 作变换, 令 $\widetilde{T} = \frac{T}{\overline{\lambda} - \widetilde{K}}$, 得

$$
{}_{t_0}^{C}D_t^q (Z(t) - \widetilde{T}) = -\overline{\lambda}(Z(t) - \widetilde{T}) + \hat{K}(Z(t-\tau) - \widetilde{T}),
$$

令 $\widetilde{Z}(t) = Z(t) - \widetilde{T}$,

$$
{}_{t_0}^{C}D_t^q \widetilde{Z}(t) = -\overline{\lambda} \widetilde{Z}(t) + \hat{K} \widetilde{Z}(t-\tau), \tag{7.43}
$$

基于假设条件 7.3.1 与条件 7.4.1 成立, 得到

$$
Z(t) - \widetilde{T} \to 0, \quad t \to \infty.
$$

因此, 对 $\forall\delta > 0$, $\delta$ 为任意小的正常数, 可得

$$Z(t) < \widetilde{T} + \delta,$$

又 $0 < V(t) \leqslant Z(t) < \widetilde{T} + \delta$, 则 $0 < V(t) < \widetilde{T} + \delta$, 因此

$$0 < V(t) \leqslant \widetilde{T},$$

由 Lyapunov 函数定义 $V(t) = \sum\limits_{i=1}^{n} \frac{1}{2} e_i^2(t)$, 可得

$$V(t) = \sum_{i=1}^{n} \frac{1}{2}(y_i - x_i)^2 \leqslant \widetilde{T},$$

当 $t \to \infty$ 时,

$$||y(t) - x^*(t)|| \leqslant \widetilde{T},$$

因此可得结论: 系统 (7.27) 的解在区间 $O(x^*, \widetilde{T})$ 内, 其中 $\widetilde{T} = \dfrac{T}{\overline{\lambda} - \widetilde{K}}$, $T = \dfrac{nr^2}{2}$, $r = \max\limits_{1 \leqslant i \leqslant n} |M_i - I_i(t)|$ $(t \in [0, \infty))$. 定理得证.

### 7.4.3 数值仿真

同样用时滞系统的预估校正算法, 验证上面所得结论, 选取步长 $h = 0.01$.

**例 7.4.5** 当外界输入为时变时, 考虑如下的二维的基于忆阻器的时滞分数阶神经网络系统:

$$\begin{cases} {}_{t_0}^{C}D_t^q x_1(t) = -d_1(x_1(t))x_1(t) + a_{11}(x_1(t))f_1(x_1(t)) + a_{12}(x_1(t))f_2(x_2(t)) \\ \qquad + b_{11}(x_1(t))g_1(x_1(t-\tau)) + b_{12}(x_1(t))g_2(x_2(t-\tau)) + I_1(t), \\ {}_{t_0}^{C}D_t^q x_2(t) = -d_2(x_2(t))x_2(t) + a_{21}(x_2(t))f_1(x_1(t)) + a_{22}(x_2(t))f_2(x_2(t)) \\ \qquad + b_{21}(x_2(t))g_1(x_1(t-\tau)) + b_{22}(x_2(t))g_2(x_2(t-\tau)) + I_2(t). \end{cases} \tag{7.44}$$

在系统 (7.44) 的中: $I_1(t) = \sin(t)$, $I_2(t) = \cos(t)$, $t \in [-\tau \ \ 0]$,

$$d_1(x_1(t)) = \begin{cases} 4, & |x_1| < 1, \\ 3, & |x_1| > 1, \end{cases} \qquad d_2(x_2(t)) = \begin{cases} 3, & |x_2| < 1, \\ 2, & |x_2| > 1, \end{cases}$$

其他参数与系统 (7.26) 相同. 选取 $(x_1(t), x_2(t))^{\mathrm{T}}$ 的初值为 $(-5, 5)^{\mathrm{T}}$, $(15, -15)^{\mathrm{T}}$. 满足由定理 7.4.2 与定理 7.3.3, 系统 (7.44) 是一致稳定的. 状态图像如图 7.10 所示.

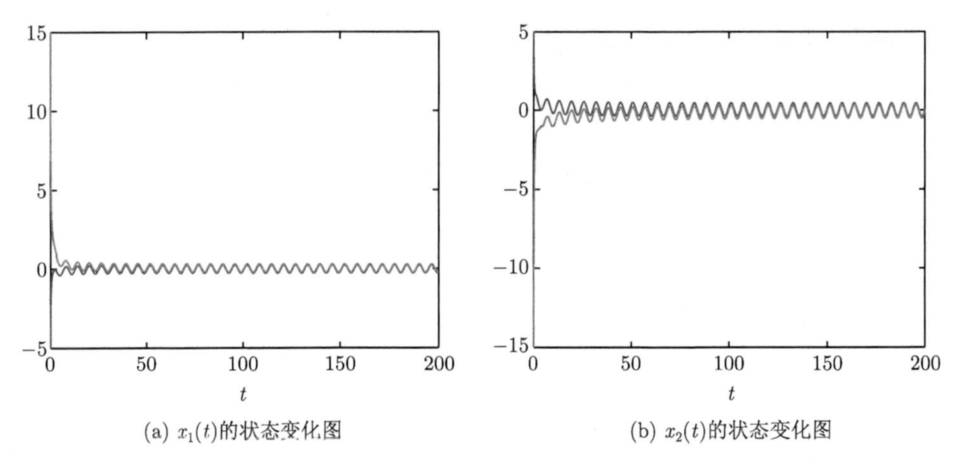


(a) $x_1(t)$的状态变化图 (b) $x_2(t)$的状态变化图

图 7.10 系统 (7.44) 的状态变化图 (一致稳定行为)

## 7.5 基于忆阻器的分数阶不确定神经网络鲁棒同步研究

经过观察研究, 科学家们在人类大脑神经系统发现了混沌现象, 自然就可以解释人类出现的一些无规律的举动. 神经网络是仿真人类大脑而抽象建模出来的大型复杂网络系统, 同时由于系统中参数的波动, 系统会产生一些复杂的并且不可预测的行为, 例如混沌吸引子, 因此研究混沌的神经网络系统是很有意义的. 对于基于忆阻器的分数阶混沌神经网络来说, 研究它的同步也是我们关注的热点. 本节及本节之后主要研究基于忆阻器的分数阶混沌神经网络各种各样的同步问题, 包括鲁棒同步、滞后同步、射影同步、参数不确定的分数阶神经网络的同步、参数未知的 R-L 分数阶神经网络的同步. 本节主要研究神经网络的鲁棒同步问题.

首先我们将先给出所研究的 $n$ 维驱动系统, 具体如下

$$
\begin{aligned}
&{}_0^C D_t^q x(t) = -(A+\Delta A(t))x(t) + (B+\Delta B(t))f(x(t)) + w,\\
&a_i = \begin{cases} a_i^{'}, & |x_i(t)| \leqslant T, \\ a_i^{''}, & |x_i(t)| > T. \end{cases} \quad b_{ij} = \begin{cases} b_{ij}^{'}, & |x_i(t)| \leqslant T, \\ b_{ij}^{''}, & |x_i(t)| > T, \end{cases}
\end{aligned}
\tag{7.45}
$$

其中 $q \in (0,1)$, 参数同系统 (7.12).

然后对应地给出响应系统:

$$
\begin{aligned}
&{}_0^C D_t^q y(t) = -(A+\Delta A(t))y(t) + (B+\Delta B(t))f(y(t)) + w + u(t),\\
&a_i = \begin{cases} a_i^{'}, & |y_i(t)| \leqslant T, \\ a_i^{''}, & |y_i(t)| > T. \end{cases} \quad b_{ij} = \begin{cases} b_{ij}^{'}, & |y_i(t)| \leqslant T, \\ b_{ij}^{''}, & |y_i(t)| > T. \end{cases}
\end{aligned}
\tag{7.46}
$$

响应系统中的参数 $A=\mathrm{diag}\{a_1,a_2,\cdots,a_n\}$, $B=(b_{ij})_{n\times n}$, $\Delta A(t)=\mathrm{diag}\{\Delta a_1(t),\Delta a_2(t),\cdots,\Delta a_n(t)\}$, $\Delta B(t)=(\Delta b_{ij}(t))_{n\times n}$, $w=(w_1,w_2,\cdots,w_n^{\mathrm{T}})$ 同驱动系统是一样的, $y(t)=(y_1(t),y_2(t),\cdots,y_n(t))^{\mathrm{T}}\in R^n$, $f(y(t))=(f_1(y_1),f_2(y_2),\cdots,f_n(y_n))^{\mathrm{T}}\in R^n$, 对于 $i,j=1,2,\cdots,n$, $y_i(t)$ 表示系统 (7.46) 在 $t$ 时刻的第 $i$ 个状态向量, $f_i(y_i)$ 表示第 $i$ 个神经元的激励函数, $u(t)=(u_1(t),u_2(t),\cdots,u_n(t))^{\mathrm{T}}$ 为控制器:

$$u(t)=-k(y(t)-x(t)),$$

其中 $k$ 为一个正常数.

### 7.5.1 鲁棒同步

这一节我们将对系统的鲁棒同步做出理论证明, 我们将给出鲁棒同步的定义, 以及相应的假设条件, 构造合适的 Lyapunov 函数, 并对函数进行分数阶求导, 利用分数阶 Lyapunov 第二方法得到系统的鲁棒同步.

**定义 7.5.1** (鲁棒同步) 如果两个不确定系统之间的误差系统 $e(t)=y(t)-x(t)$ 在时间 $t\to+\infty$ 时趋于零, 则这两个系统就实现了鲁棒同步, 也就是满足

$$\lim_{t\to+\infty}||e(t)||=\lim_{t\to+\infty}||y(t)-x(t)||=0.$$

为了实现驱动 (7.45) 和响应系统 (7.46) 之间的鲁棒同步, 同鲁棒稳定性一样假设下面四个条件成立.

**条件 7.5.2** 扰动矩阵是有界的, 也就是存在常数 $M_A,M_B>0$, 满足 $\|\Delta A(t)\|\leqslant M_A$, $\|\Delta B(t)\|\leqslant M_B$.

**条件 7.5.3** 激励函数 $f_i$ 是连续的并且在整个定义域上满足 Lipschitz 条件, 其中 Lipschitz 常数 $l_i>0$, 即

$$|f_i(x)-f_i(y)|\leqslant l_i|x-y|$$

对所有 $x,y\in R$, $i=1,2,\cdots,n$ 均成立.

**条件 7.5.4** 存在正常数 $\lambda$, $\beta_i(i=1,2,\cdots,n)$ 和 $k$, 有下面的不等式成立

$$(kI+\underline{A}-L|B_{\max}|^{\mathrm{T}})\begin{pmatrix}\beta_1\\\beta_2\\\vdots\\\beta_n\end{pmatrix}\geqslant(M_A\|\beta\|+M_B\|L\|\|\beta\|+\lambda)\begin{pmatrix}1\\1\\\vdots\\1\end{pmatrix},\tag{7.47}$$

其中 $\underline{A}=\mathrm{diag}\{\underline{a_1},\underline{a_2},\cdots,\underline{a_n}\}$, $\underline{a_i}=\min\{a_i^{'},a_i^{''}\}$. $|B_{\max}|=(\max\{|b_{ij}^{'}|,|b_{ij}^{''}|\})_{n\times n}=(|b_{ij}|_{\max})_{n\times n}$, $L=\mathrm{diag}\{l_1,l_2,\cdots,l_n\}$, $\beta=\mathrm{diag}\{\beta_1,\beta_2,\cdots,\beta_n\}$.

**条件 7.5.5**　对于 $i,j=1,2,\cdots,n$,

$$a_i(y_i(t))y_i(t)-a_i(x_i(t))x_i(t)\subseteq[\underline{a_i},\overline{a_i}](y_i(t)-x_i(t)),$$

$$b_{ij}(y_i(t))f(y_j(t))-b_{ij}(x_i(t))f(x_j(t))\subseteq[\underline{b_{ij}},\overline{b_{ij}}](f(y_j(t))-f(x_j(t))). \tag{7.48}$$

$\underline{a_i}=\min\{a_i^{'},a_i^{''}\}$, $\overline{a_i}=\max\{a_i^{'},a_i^{''}\}$, $\underline{b_{ij}}=\min\{b_{ij}^{'},b_{ij}^{''}\}$, $\overline{b_{ij}}=\max\{b_{ij}^{'},b_{ij}^{''}\}$.

**定理 7.5.6**　在假设条件 7.5.2—条件 7.5.5 下, 系统 (7.45) 和系统 (7.46) 之间实现了鲁棒同步.

**证明**　首先对于系统 (7.45) 和系统 (7.46), 我们可以得到对应的误差系统

$$\begin{aligned}{}_0^CD_t^qe_i(t)=&-(a_i(y_i(t))y_i(t)-a_i(x_i(t))x_i(t))-\Delta a_i(t)(y_i(t)\\&-x_i(t))+\sum_{j=1}^{n}[(b_{ij}(y_i(t))f_j(y_j(t))-b_{ij}(x_i(t))f_j(x_j(t)))\\&+\Delta b_{ij}(t)(f_j(y_j(t))-f_j(x_j(t)))]-k(y_i(t)-x_i(t)).\end{aligned}$$

由假设条件 7.5.5, 上面的误差系统可以化简如下

$$\begin{aligned}{}_0^CD_t^qe_i(t)\in&-[\underline{a_i},\overline{a_i}]e_i(t)-\Delta a_i(t)e_i(t)\sum_{j=1}^{n}[[\underline{b_{ij}},\overline{b_{ij}}](f_j(y_j(t))-f_j(x_j(t)))\\&+\Delta b_{ij}(t)(f_j(y_j(t))-f_j(x_j(t)))]-ke_i(t).\end{aligned}$$

现在令 $\theta_i\in[\underline{a_i},\overline{a_i}]$, $\nu_{ij}\in[\underline{b_{ij}},\overline{b_{ij}}]$, 有

$$\begin{aligned}{}_0^CD_t^qe_i(t)=&-(k+\theta_i+\Delta a_i(t))e_i(t)\\&+\sum_{j=1}^{n}(\nu_{ij}+\Delta b_{ij}(t))(f_j(y_j(t))-f_j(x_j(t))),\end{aligned} \tag{7.49}$$

即

$${}_0^CD_t^qe(t)=-(kI+\theta+\Delta A(t))e(t)+(\nu+\Delta b(t))(f(y_j(t))-f(x_j(t))).$$

根据分数阶 Lyapunov 第二方法, 构造如下的 Lyapunov 函数

$$V(t,e(t))=\sum_{i=1}^{n}\beta_i|e_i(t)|. \tag{7.50}$$

由 Caputo 分数阶微分定义和 $e_i(t)\in C^1([0,+\infty),R)$, 假设条件 7.5.2—条件 7.5.4 以及定理 3.2.7, 下面的不等式几乎处处成立:

$${}_0^CD_t^qV(t,e(t))$$

$$
\begin{aligned}
&= \sum_{i=1}^{n} \beta_i \, {}_0^C D_t^q |e_i(t)| \leqslant \sum_{i=1}^{n} \beta_i \mathrm{sgn}(e_i(t)) \, {}_0^C D_t^q e_i(t) \\
&= \sum_{i=1}^{n} \beta_i \mathrm{sgn}(e_i(t)) \Bigg[ -(k+\theta_i+\Delta a_i(t)) e_i(t) \\
&\quad + \sum_{j=1}^{n} (\nu_{ij}+\Delta b_{ij}(t))(f_j(y_j(t)) - f_j(x_j(t))) \Bigg] \\
&\leqslant \sum_{i=1}^{n} \beta_i \Bigg[ -k|e_i(t)| - \theta_i |e_i(t)| + |\Delta a_i(t)||e_i(t)| \\
&\quad + \sum_{j=1}^{n} l_j (|\nu_{ij}| + |\Delta b_{ij}(t)|)|e_j(t)| \Bigg] \\
&= \sum_{i=1}^{n} \beta_i (-k|e_i(t)| - \theta_i |e_i(t)| + |\Delta a_i(t)||e_i(t)|) \\
&\quad + \sum_{i=1}^{n} \sum_{j=1}^{n} \beta_j l_i (|\nu_{ji}| + |\Delta b_{ji}(t)|)|e_i(t)| \\
&= -\sum_{i=1}^{n} \left( k\beta_i + \theta_i\beta_i - \sum_{j=1}^{n} |\nu_{ji}|\beta_j l_i - |\Delta a_i(t)|\beta_i - \sum_{j=1}^{n} |\Delta b_{ji}(t)|\beta_j l_i \right) |e_i(t)| \\
&\leqslant -\sum_{i=1}^{n} \left( k\beta_i + \theta_i\beta_i - \sum_{j=1}^{n} |\nu_{ji}|\beta_j l_i - \|\Delta A(t)\beta\| - \|\beta \Delta B(t) L\| \right) |e_i(t)| \\
&\leqslant -\sum_{i=1}^{n} \left( k\beta_i + \theta_i\beta_i - \sum_{j=1}^{n} |\nu_{ji}|\beta_j l_i - M_A\|\beta\| - M_B\|L\|\|\beta\| \right) |e_i(t)|.
\end{aligned}
$$

根据假设条件 7.5.4, 我们有

$$
k\beta_i + \underline{a_i}\beta_i - \sum_{j=1}^{n} |b_{ji}|_{\max} l_i \beta_i \geqslant (M_A\|\beta\| + M_B\|L\|\|\beta\| + \lambda).
$$

则

$$
\begin{aligned}
k\beta_i + \theta_i\beta_i - \sum_{j=1}^{n} l_i |\nu_{ji}| \beta_j &\geqslant k\beta_i + \underline{a_i}\beta_j - \sum_{j=1}^{n} l_i |b_{ji}|_{\max} \beta_j \\
&\geqslant M_A\|\beta\| + M_B\|L\|\|\beta\| + \lambda.
\end{aligned}
$$

因此有

$$
{}_0^C D_t^q V(t, e(t))
$$

$$
\begin{aligned}
&\leqslant -\sum_{i=1}^{n}\left(k\beta_i+\theta_i\beta_i-\sum_{j=1}^{n}|\nu_{ji}|\beta_j l_i - M_A\|\beta\| - M_B\|L\|\|\beta\|\right)|e_i(t)| \\
&\leqslant -\lambda\|e(t)\|.
\end{aligned}
$$

所以由定理 3.2.4, 误差系统 (7.49) 是 Mittag-Leffler 稳定, 则有

$$
\|e(t)\| \leqslant V(0,e(0))E_q(-\lambda t^q). \tag{7.51}
$$

从而可以知道误差系统的平衡点 $\overline{e}=0$ 是 Mittag-Leffler 稳定的, 因此可以得到误差系统也是渐近稳定的, 则可得

$$
\lim_{t\to+\infty} ||e(t)|| = 0. \tag{7.52}
$$

综上, 根据定义 7.5.1, 系统 (7.45) 和系统 (7.46) 之间实现了鲁棒同步. 定理得证.

### 7.5.2 数值仿真

利用时滞分数阶系统的预估校正算法, 使用 MATLAB 软件, 验证 7.5.1 节所得结论, 选取步长 $h=0.01$. 首先我们将给出例子来证明研究的基于忆阻器的分数阶带有参数不确定的 Hopfield 神经网络的是混沌的.

**例 7.5.7** 对于系统 (7.45) 和系统 (7.46), 取 $n=3$, $w=(0,0,0)^{\mathrm{T}}$, $f(x)=(\tanh(x_1),\tanh(x_2),\tanh(x_3))^{\mathrm{T}}$, $A=\mathrm{diag}\{a_1,a_2,a_3\}$, $B=(b_{ij})_{n\times n}$, $\Delta A=\Delta B=0.1e^{-t}I$,

$$
a_1=\begin{cases}1.00, & |x_1(t)|\leqslant 1,\\ 1.05, & |x_1(t)|>1.\end{cases}\quad
a_2=\begin{cases}1.00, & |x_2(t)|\leqslant 1,\\ 0.95, & |x_2(t)|>1.\end{cases}
$$

$$
a_3=\begin{cases}1.00, & |x_3(t)|\leqslant 1,\\ 0.95, & |x_3(t)|>1.\end{cases}\quad
b_{11}=\begin{cases}2.00, & |x_1(t)|\leqslant 1,\\ 2.05, & |x_1(t)|>1.\end{cases}
$$

$$
b_{12}=\begin{cases}-1.2, & |x_1(t)|\leqslant 1,\\ -1.1, & |x_1(t)|>1.\end{cases}\quad
b_{13}=\begin{cases}0, & |x_1(t)|\leqslant 1,\\ 0, & |x_1(t)|>1.\end{cases}
$$

$$
b_{21}=\begin{cases}1.80, & |x_2(t)|\leqslant 1,\\ 1.75, & |x_2(t)|>1.\end{cases}\quad
b_{22}=\begin{cases}1.710, & |x_2(t)|\leqslant 1,\\ 1.715, & |x_2(t)|>1.\end{cases}
$$

$$
b_{23}=\begin{cases}1.15, & |x_2(t)|\leqslant 1,\\ 1.10, & |x_2(t)|>1.\end{cases}\quad
b_{31}=\begin{cases}-4.75, & |x_3(t)|\leqslant 1,\\ -4.70, & |x_3(t)|>1.\end{cases}
$$

$$b_{32}=\begin{cases}0, & |x_3(t)|\leqslant 1,\\ 0, & |x_3(t)|>1.\end{cases}\quad b_{33}=\begin{cases}1.10, & |x_3(t)|\leqslant 1,\\ 1.05, & |x_3(t)|>1.\end{cases}$$

可得到此时对应的驱动–响应系统如下:

$$\begin{cases}{}_0^C D_t^q x_1 = -(a_1+0.1e^{-t})x_1+(b_{11}+0.1e^{-t})\tanh(x_1)+b_{12}\tanh(x_2),\\ {}_0^C D_t^q x_2 = -(a_2+0.1e^{-t})x_2+b_{21}\tanh(x_1)+(b_{22}+0.1e^{-t})\tanh(x_2)\\ \qquad\qquad +b_{23}\tanh(x_3),\\ {}_0^C D_t^q x_3 = -(a_3+0.1e^{-t})x_3+b_{31}\tanh(x_1)+(b_{33}+0.1e^{-t})\tanh(x_3).\end{cases}\tag{7.53}$$

$$\begin{cases}{}_0^C D_t^q y_1 = -(a_1+0.1e^{-t})y_1+(b_{11}+0.1e^{-t})\tanh(y_1)+b_{12}\tanh(y_2)\\ \qquad\qquad -k(y_1-x_1),\\ {}_0^C D_t^q y_2 = -(a_2+0.1e^{-t})y_2+b_{21}\tanh(y_1)+(b_{22}+0.1e^{-t})\tanh(y_2)\\ \qquad\qquad +b_{23}\tanh(y_3)-k(y_2-x_2),\\ {}_0^C D_t^q y_3 = -(a_3+0.1e^{-t})y_3+b_{31}\tanh(y_1)+(b_{33}+0.1e^{-t})\tanh(y_3)\\ \qquad\qquad -k(y_3-x_3).\end{cases}\tag{7.54}$$

取初值条件 $x(0)=(2,-5,3)^{\mathrm{T}}$, $y(0)=(10,8,-9)^{\mathrm{T}}$, $L=\mathrm{diag}\{1,1,1\}$, $\|L\|=1$, $\beta=\mathrm{diag}\{3,1,1\}$, $\|\beta\|=3$, $k=5$, $\lambda=1.7$, 分数阶导数为 $q=0.98$, 系统 (7.53) 为混沌的, 见图 7.11. 由误差系统的状态图 (图 7.12) 可以看出误差系统的状态值随着时间 $t\to\infty$ 而趋于零, 证明了系统间实现了同步.

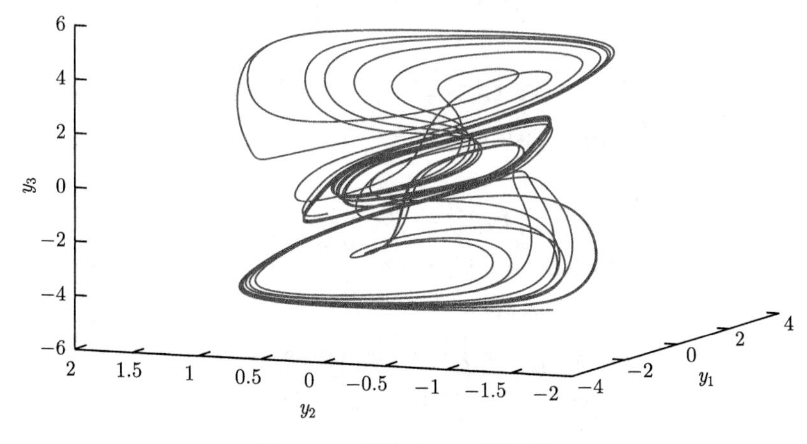


图 7.11 系统 (7.53) 混沌图

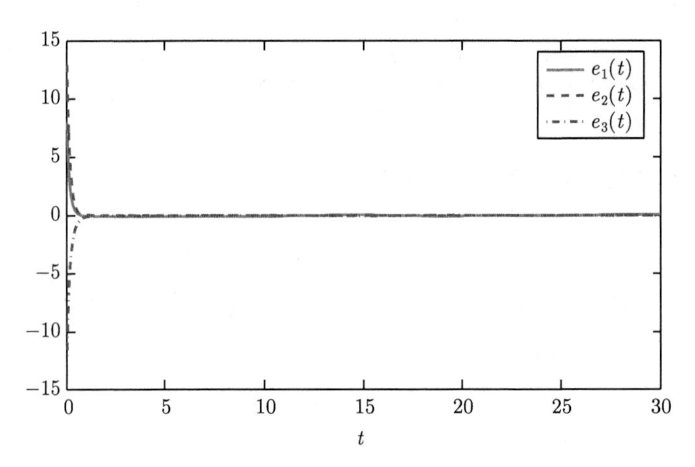


图 7.12 误差系统的状态变化图

进一步给出例子证明两个系统间确实实现了鲁棒同步. 对于系统 (7.53) 和系统 (7.54), 取 $n=3$, $w=(0,0,0)^{\mathrm{T}}$, $f(x)=(\tanh(x_1),\tanh(x_2),\tanh(x_3))^{\mathrm{T}}$,

$$a_i=\begin{cases}1.0, & |x_i(t)|\leqslant 1,\\ 1.1, & |x_i(t)|>1.\end{cases}\quad A=\operatorname{diag}\{a_1,a_2,a_3\}.$$

$$b_{11}=\begin{cases}2.0, & |x_1(t)|\leqslant 1,\\ 1.9, & |x_1(t)|>1.\end{cases}\quad b_{12}=\begin{cases}-1.1, & |x_1(t)|\leqslant 1,\\ -1.2, & |x_1(t)|>1.\end{cases}$$

$$b_{13}=\begin{cases}0, & |x_1(t)|\leqslant 1,\\ 0, & |x_1(t)|>1.\end{cases}\quad b_{21}=\begin{cases}1.80, & |x_2(t)|\leqslant 1,\\ 1.75, & |x_2(t)|>1.\end{cases}$$

$$b_{22}=\begin{cases}1.71, & |x_2(t)|\leqslant 1,\\ 1.70, & |x_2(t)|>1.\end{cases}\quad b_{23}=\begin{cases}1.15, & |x_2(t)|\leqslant 1,\\ 1.10, & |x_2(t)|>1.\end{cases}$$

$$b_{31}=\begin{cases}-4.75, & |x_3(t)|\leqslant 1,\\ -4.70, & |x_3(t)|>1.\end{cases}\quad b_{32}=\begin{cases}0, & |x_3(t)|\leqslant 1,\\ 0, & |x_3(t)|>1.\end{cases}$$

$$b_{33}=\begin{cases}1.0, & |x_3(t)|\leqslant 1,\\ 1.1, & |x_3(t)|>1.\end{cases}$$

$$\Delta A(t)=\operatorname{diag}\{0.5\sin(t),0,0.2\cos(t)\},$$

$$\Delta B=\begin{pmatrix}0 & 0.2\cos(t) & 0\\ 0.1\sin(t) & 0 & 0\\ 0 & 0 & 0.3\cos(t)\end{pmatrix}.$$

则可得到此时的驱动–响应系统:

$$\begin{cases}{}_0^CD_t^q x_1=-(a_1+0.5\sin(t))x_1+b_{11}\tanh(x_1)+(b_{12}+0.2\cos(t))\tanh(x_2),\\ {}_0^CD_t^q x_2=-a_2x_2+(b_{21}+0.1\sin(t))\tanh(x_1)+b_{22}+\tanh(x_2)+b_{23}\tanh(x_3),\\ {}_0^CD_t^q x_3=-(a_3+0.2\sin(t))x_3+b_{31}\tanh(x_1)+(b_{33}+0.3\cos(t))\tanh(x_3).\end{cases}\tag{7.55}$$

$$\begin{cases}{}_0^CD_t^q y_1=-(a_1+0.5\sin(t))y_1+b_{11}\tanh(y_1)+(b_{12}-0.2\cos(t))\tanh(y_2)-ke_1,\\ {}_0^CD_t^q y_2=-a_2y_2+(b_{21}+0.1\sin(t))\tanh(y_1)+b_{22}\tanh(y_2)+b_{23}\tanh(y_3)-ke_2,\\ {}_0^CD_t^q y_3=-(a_3+0.2\sin(t))y_3+b_{31}\tanh(y_1)+(b_{33}+0.3\cos(t))\tanh(y_3)-ke_3.\end{cases}\tag{7.56}$$

取初值 $x(0)=(3,-4,2)^{\mathrm{T}}$, $y(0)=(-4,1,-1)^{\mathrm{T}}$, $L=\mathrm{diag}\{1,1,1\}$, $\|L\|=1$, $q=0.98$, $\beta=\mathrm{diag}\{3,1,1\}$, $\|\beta\|=3$, 对于控制器, 取 $k=5$, $\lambda=0.69$, 可容易得到假设条件 7.5.2—条件 7.5.4 是成立的.

由图 7.13 和图 7.14 可以看出驱动系统和响应系统的状态轨迹随时间基本一致. 最后从图 7.15 误差系统的状态轨迹图进一步可以看出, 在时间 $t\to\infty$ 时, 误差系统状态值趋于零, 有效地证明了驱动–响应系统之间实现了鲁棒同步.

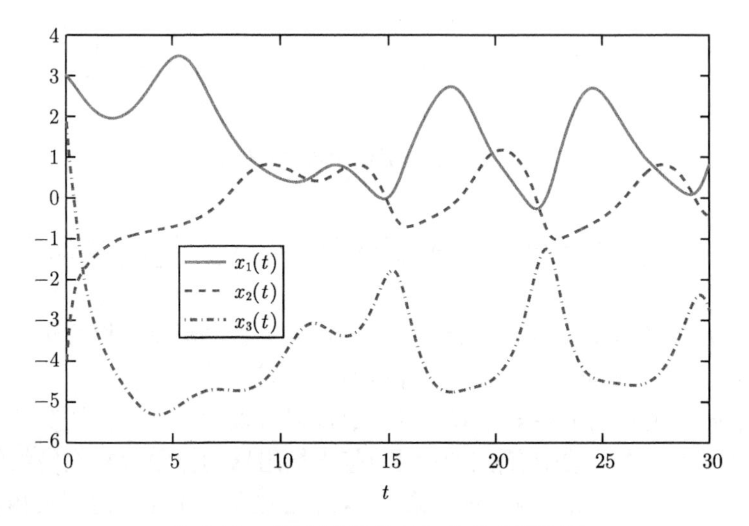


图 7.13 驱动系统 (7.55) 的状态变化图

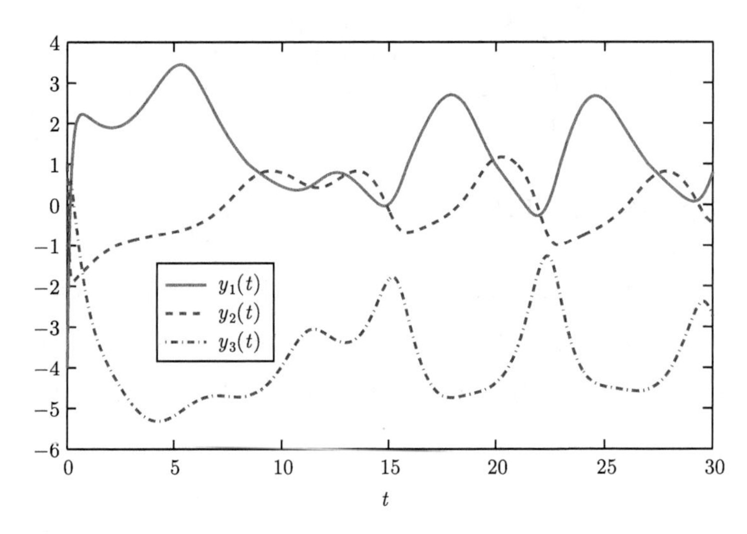


图 7.14　响应系统 (7.56) 的状态变化图

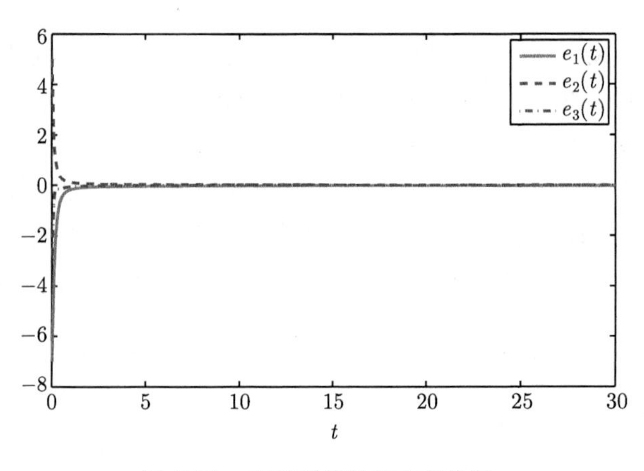


图 7.15　误差系统的状态变化图

## 7.6　基于忆阻器的分数阶神经网络系统的滞后同步

人工神经网络因为自适应等优良特性, 对人工智能科学、模式识别、预测估计等领域产生了深远的影响, 而人工神经网络的同步问题是在研究人工智能时不可避免的, 同时也是当下许多专家学者的热门研究课题. 在很多情况下时滞都是不可忽略的, 所以本节就带有泄露时滞的基于忆阻器的分数阶神经网络的滞后同步进行了研究, 主要应用 Lyapunov 第二方法, 通过分数阶比较定理及相关的不等式放缩技巧给出了分数阶神经网络实现滞后同步的充分条件.

### 7.6.1 模型建立

本节主要研究系统中的混合时滞即泄露时滞、传输时滞和不同神经网络间的时滞, 其中泄露时滞是指自反馈项中的时滞, 传输时滞为神经元之间进行信号传输时产生的时滞. 另外, 本节考虑的是分数阶神经网络, 且在每两个相邻的神经网络之间都相差同一个时滞, 即不同神经网络间的时滞.

具体的带有泄露时滞和传输时滞的分数阶神经网络模型为

$$\begin{cases} {}^C D_t^q z_i^m(t) = -\, c_i z_i^m(t-\tau_1) + \sum\limits_{j=1}^{n} a_{ij} f_j(z_j^m(t)) \\ \qquad\qquad + \sum\limits_{j=1}^{n} b_{ij} g_j(z_j^m(t-\tau_2)) + I_i + U_i^m, \\ z_i^m(t) = \varphi_i^m(t), \quad t \in [-\tau, 0], \quad i = 1, 2, \cdots, n. \end{cases} \tag{7.57}$$

其向量表达式为

$$\begin{cases} {}^C D_t^q Z^m(t) = -CZ^m(t-\tau_1) + AF(Z^m(t)) + BG(Z^m(t-\tau_2)) + I + U^m(t), \\ Z_i^m(t) = \phi_i^m(t), \quad t \in [-\tau, 0], \quad i = 1, 2, \cdots, n. \end{cases} \tag{7.58}$$

在系统 (7.57) 和 (7.58) 中, $-c_i z_i^m(t-\tau_1)$ 和 $-CZ^m(t-\tau_1)$ 为泄露项[193, 194]或自反馈项, 所以称 $\tau_1$ 为泄露时滞, 其中 $q \in (0,1)$, $t \geqslant 0$, $\tau = \max\{\tau_1, \tau_2\}$, $m$ 表示第 $m$ 个神经网络, 且 $m \in Z^+$, $\tau_2$ 是传输时滞. $Z^m(t) = (z_1^m(t),\ z_2^m(t), \cdots, z_n^m(t))^{\mathrm{T}} \in R^n$, $Z^m(t-\tau_1) = (z_1^m(t-\tau_1),\ z_2^m(t-\tau_1), \cdots, z_n^m(t-\tau_1))^{\mathrm{T}} \in R^n$, $z_i^m(t)$ 和 $z_i^m(t-\tau)$ 为第 $m$ 个神经网络在时刻 $t$ 和 $t-\tau$ 的第 $i$ 个神经元的状态变量, $C = \mathrm{diag}\{c_1, c_2, \cdots, c_n\} \in R^{n\times n}$ 是自反馈连接权重矩阵且 $c_i > 0$ $(i = 1, 2, \cdots, n)$, $A = (a_{ij})_{n\times n} \in R^{n\times n}$ 和 $B = (b_{ij})_{n\times n} \in R^{n\times n}$ 连接权重矩阵, 具体表示为

$$a_{ij} = \begin{cases} \hat{a}_{ij}, & |x_i| < T_i, \\ \check{a}_{ij}, & |x_i| > T_i, \end{cases} \qquad b_{ij} = \begin{cases} \hat{b}_{ij}, & |x_i| < T_i, \\ \check{b}_{ij}, & |x_i| > T_i. \end{cases}$$

$F(Z^m(t)) = (f_1(z_1^m(t)),\ f_2(z_2^m(t)), \cdots,\ f_n(z_n^m(t)))$ 和 $G(Z^m(t-\tau_2)) = (g_1(z_1^m(t-\tau_2)),\ g_2(z_2^m(t-\tau_2)), \cdots,\ g_n(z_n^m(t-\tau_2)))$ 是在时刻 $t$ 和 $t-\tau_2$, $j = 1, 2, \cdots, n$ 的激励函数. $I = (I_1, I_2, \cdots, I_n) \in R^n$ 是外部常输入, $U(t) = (0, U_2^m(t), \cdots, U_n^m(t)) \in R^n$ 为控制器. 规定状态变量范数的表达式为 $\|z_i^m(t)\| = \sup\limits_{-\tau\leqslant s\leqslant 0} |\varphi_i^m(s)|$, $\|Z^m(t)\| = \sup\limits_{-\tau\leqslant s\leqslant 0} |\phi^m(s)|$, $i = 1, 2, \cdots, n$.

对于式 (7.57) 的误差系统为

$$\begin{cases} e_i^m(t) = z_i^m(t) - z_i^{m-1}(t-\tau_3), \\ e_i^m(t) = \varphi_i^m(t) - \varphi_i^{m-1}(t-\tau_3), \quad t \in [-\tau, 0], \quad i = 1, 2, \cdots, n. \end{cases} \tag{7.59}$$

其中 $e_i^1 = 0, i = 1, 2, \cdots, n$, $\tau_3, 0 \leqslant \tau_3 \leqslant \tau$ 是神经网络间的时滞.

误差系统的向量表达式为

$$\begin{cases} E^m(t) = Z^m(t) - Z^{m-1}(t-\tau_3), \\ E^m(t) = \phi^m(t) - \phi^{m-1}(t-\tau_3), \quad t \in [-\tau, 0], \end{cases} \tag{7.60}$$

且同样规定误差系统的范数表达式

$$\|E^m(t)\| = \sup_{-\tau \leqslant t \leqslant 0} |\, \phi^m(t) - \phi^{m-1}(t-\tau_3)\, |, \quad t \in [-\tau, 0].$$

那么对于 $m$ 个神经网络的总误差系统为

$$E(t) = \sum_{m=1}^{\infty} E^m(t).$$

控制器表达式为

$$U^m(t) = U^{m-1}(t-\tau_3) - KE^m(t), \tag{7.61}$$

其中 $K = (k_1, k_2, \cdots, k_n)$ 为控制增益矩阵且 $k_i > 0$.

在给出带有时滞的、基于忆阻器的分数阶神经网络滞后同步的充分条件之前, 要求系统的激励函数应满足以下假设条件.

**条件 7.6.1** 对任意的 $j \in \{1, 2, \cdots, n\}$, $f_j(\cdot)$, $g_j(\cdot)$, $F(\cdot)$ 和 $G(\cdot)$ 均满足

$$|f_j(u) - f_j(v)| \leqslant l_{fj}|u - v|, \quad |g_j(u) - g_j(v)| \leqslant l_{gj}|u - v|.$$

$$|F(\boldsymbol{u}) - F(\boldsymbol{v})| \leqslant L_f|\boldsymbol{u} - \boldsymbol{v}|, \quad |G(\boldsymbol{u}) - G(\boldsymbol{v})| \leqslant L_g|\boldsymbol{u} - \boldsymbol{v}|,$$

其中 $L_f = (l_{f1}, l_{f2}, \cdots, l_{fn})$, $L_g = (l_{g1}, l_{g2}, \cdots, l_{gn})$.

### 7.6.2 系统的滞后同步

**定理 7.6.2** 在假设条件 7.6.1 成立的条件下, 若

(a) $\lambda_i, i = 1, 2, \cdots, n$ 为 $-H$ 的特征值, 且满足 $|\arg(\lambda_i)| < \pi/2$;

(b) 方程 ${}^C D_t^q(W(t) - H^{-1}Q) = -H(W(t) - H^{-1}Q)$ 的特征方程没有纯虚根

两个条件成立, 则系统(7.58) 能够达到滞后同步.

**证明** 令 Lyapunov 函数为

$$V(t)=\sum_{m=1}^{\infty}|E^m(t)|, \tag{7.62}$$

$$\begin{aligned}{}^CD_t^qV(t)&={}^CD_t^q\sum_{m=1}^{\infty}|E^m(t)|\\&\leqslant \operatorname{sgn}(E^m(t))\sum_{m=1}^{\infty}{}^CD_t^qE^m(t),\end{aligned} \tag{7.63}$$

其中

$$\begin{aligned}{}^CD_t^qE^m(t)=&{}^CD_t^qZ^m(t)-{}^CD_t^qZ^{m-1}(t-\tau_3)\\=&-CZ^m(t-\tau_1)+AF(Z^m(t))+BG(Z^m(t-\tau_2))+I\\&+U^m(t)+CZ^{m-1}(t-\tau_1-\tau_3)\\&-AF(Z^{m-1}(t-\tau_3))-BG(Z^{m-1}(t-\tau_2-\tau_3))-I-U^m(t-\tau_3)\\=&-CE^m(t-\tau_1)+AL_f^m|E^m(t)|+BL_g^m|E^m(t-\tau_2)|\\&+U^m(t)+U^{m-1}(t-\tau_3).\end{aligned} \tag{7.64}$$

由等式 (7.62)—(7.64) 可知

$$\begin{aligned}{}^CD_t^qV(t)\leqslant \operatorname{sgn}E^m(t)&\sum_{m=1}^{\infty}(-CE^m(t-\tau_1)+AL_f^m|E^m(t)|\\&+BL_g^m|E^m(t-\tau_2)|-KE^m(t)),\end{aligned} \tag{7.65}$$

$$\begin{aligned}E^m(t-\tau_1)&\leqslant \sup_{-\tau\leqslant s\leqslant t}|E^m(s)|\leqslant \sup_{-\tau\leqslant s\leqslant 0}|E^m(s)|+\sup_{0\leqslant s\leqslant t}|E^m(s)|\\&=\|\psi^m(t)\|+\|E^m(t)\|,\end{aligned} \tag{7.66}$$

$$\begin{aligned}E^m(t-\tau_2)&\leqslant \sup_{-\tau\leqslant s\leqslant t}|E^m(s)|\leqslant \sup_{-\tau\leqslant s\leqslant 0}|E^m(s)|+\sup_{0\leqslant s\leqslant t}|E^m(s)|\\&=\|\psi^m(t)\|+\|E^m(t)\|,\end{aligned} \tag{7.67}$$

将方程 (7.67) 和 (7.66) 代入 (7.65) 中有

$${}^CD_t^qV(t)\leqslant \operatorname{sgn}E^m(t)\sum_{m=1}^{\infty}(-C(\|\psi^m(t)\|+\|E^m(t)\|)+AL_f^m\|E^m(t)\|$$

$$+ BL_g^m(\|\psi^m(t)\| + \|E^m(t)\|) - KE^m(t))$$

$$\leqslant \sum_{m=1}^{\infty}(BL_g - C)\|\psi^m(t)\| + (AL_f + BL_g - C - K)\|E^m(t)\|, \tag{7.68}$$

即

$${}^C D_t^q E^m(t) \leqslant (BL_g - C)\|\psi^m(t)\| + (AL_f + BL_g - C - K)\|E^m(t)\|. \tag{7.69}$$

令 $H = -AL_f - BL_g + C + K$, $Q = (BL_g - C)\|\psi^m(t)\|$, 则方程 (7.68) 和 (7.69) 可以写为

$${}^C D_t^q V(t) \leqslant -HV(t) + Q, \tag{7.70}$$

$${}^C D_t^q E^m(t) \leqslant -H\|E^m(t)\| + Q. \tag{7.71}$$

现在给出下面的线性系统:

$${}^C D_t^q W(t) = -HW(t) + Q, \tag{7.72}$$

其中 $W(t) \geqslant 0$, 且其初值条件与 (7.70) 式相同. (7.72) 式还可以写成如下形式:

$${}^C D_t^q (W(t) - H^{-1}Q) = -H(W(t) - H^{-1}Q), \tag{7.73}$$

则由定理的两个条件知道 $|\arg(\lambda_i)| < \pi/2$, 而且式 (7.73) 的特征方程没有纯虚根, 那么由定理 3.3.4 知 (7.73) 的零解是渐近稳定的, 即系统 (7.58) 达到了滞后同步. 定理得证.

### 7.6.3 数值仿真

本节由 MATLAB 给出数值仿真, 选取的步长为 $h = 0.01$.

**例 7.6.3** 考虑如下系统:

$$\begin{aligned} {}^C D_t^q Z^m(t) = & - CZ^m(t - \tau_1) + A(Z^m(t))F(Z^m(t)) \\ & + B(Z^m(t))G(Z^m(t - \tau_2)) + I + U^m(t), \end{aligned} \tag{7.74}$$

其中 $m = 1, 2, 3, 4$ 表示有四个神经元. 激励函数选取如下:

$$f_j(z_j(t)) = \frac{1 - \exp(-z_j)}{1 + \exp(-z_j)}, \quad g_j(z_j(t)) = \frac{1}{1 + \exp(-z_j)}, \quad j = 1, 2.$$

选取得参数为

$$a_{11} = \begin{cases} 2, & |x_1| < 1, \\ 1, & |x_1| > 1, \end{cases} \quad a_{12} = \begin{cases} 1, & |x_1| < 1, \\ \dfrac{1}{6}, & |x_1| > 1, \end{cases}$$

$$a_{21}=\begin{cases}\dfrac{3}{5}, & |x_1|<1,\\ \dfrac{1}{2}, & |x_1|>1,\end{cases}\quad a_{22}=\begin{cases}-\dfrac{4}{5}, & |x_1|<1,\\ \dfrac{7}{10}, & |x_1|>1.\end{cases}$$

$$b_{11}=\begin{cases}\dfrac{1}{10}, & |x_1|<1,\\ \dfrac{1}{5}, & |x_1|>1,\end{cases}\quad b_{12}=\begin{cases}\dfrac{1}{8}, & |x_1|<1,\\ 1, & |x_1|>1,\end{cases}$$

$$b_{21}=\begin{cases}2, & |x_1|<1,\\ 4, & |x_1|>1,\end{cases}\quad b_{22}=\begin{cases}\dfrac{1}{2}, & |x_1|<1,\\ \dfrac{3}{5}, & |x_1|>1.\end{cases}$$

$$C=\begin{pmatrix}2 & 0\\ 0 & 2\end{pmatrix},\quad I=(0.5,0.5,0.5,0.5)^{\mathrm{T}}.$$

该仿真系统的误差图像为图 7.16, 误差系统趋于零, 这说明了系统 (7.74) 实现了滞后同步.

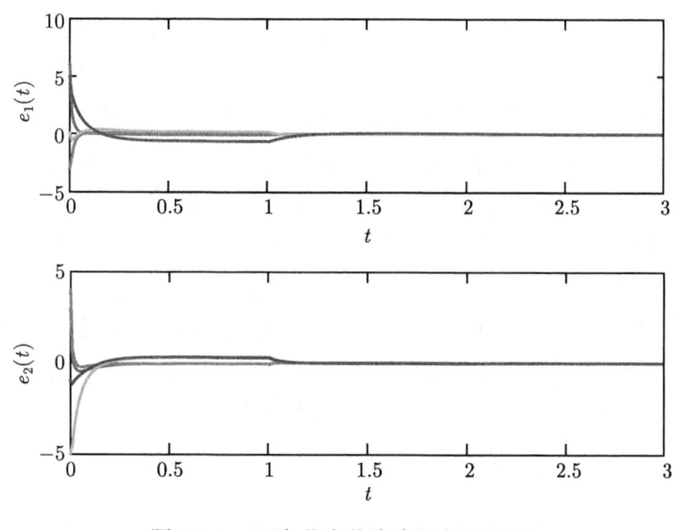


图 7.16 两个节点状态变量的误差图

## 7.7 基于忆阻器的分数阶神经网络的射影同步

基于忆阻器的神经网络的同步研究已经有很多成果[129, 189, 196, 197], 文献 [196] 研究了基于忆阻器的耦合的递归神经网络的同步条件, 文献 [129] 研究了基于忆

阻器的 Caputo 型分数阶神经网络的同步条件. 这些研究成果都是基于以下假设条件的:

$$\mathrm{co}[\underline{b}_{ij},\bar{b}_{ij}]f_j(x_j(t))-\mathrm{co}[\underline{b}_{ij},\bar{b}_{ij}]f_j(y_j(t))\subseteq\mathrm{co}[\underline{b}_{ij},\bar{b}_{ij}](f_j(x_j(t))-f_j(y_j(t))).$$

注意到该条件过于严苛, 当且仅当 $f_j(x_j(t))$ 与 $f_j(y_j(t))$ 异号或同时为零时才成立. 本节研究 Caputo 型分数阶忆阻器神经网络的射影同步, 不依赖该条件, 因此, 更具有理论价值与实际意义.

### 7.7.1 射影同步条件

考虑如下的时滞分数阶忆阻器神经网络

$$\begin{aligned}{}_0D_t^{\alpha}x_i(t)=&-c_ix_i(t)+\sum_{j=1}^{n}b_{ij}(x_j(t))f_j(x_j(t))\\&+\sum_{j=1}^{n}d_{ij}(x_j(t))g_j(x_j(t-\tau_j))+I_i(t),\end{aligned}\tag{7.75}$$

其中 $\alpha\in(0,1)$, $b_{ij}(x_i(t))$ 和 $d_{ij}(x_i(t))$ 是基于忆阻器的神经元连接权重, 其定义为

$$b_{ij}(x_j)=\begin{cases}\hat{b}_{ij}, & |x_j(t)|<T_j,\\ \check{b}_{ij}, & |x_j(t)|>T_j,\end{cases}\qquad d_{ij}(x_j)=\begin{cases}\hat{d}_{ij}, & |x_j(t)|<T_j,\\ \check{d}_{ij}, & |x_j(t)|>T_j,\end{cases}$$

且 $b_{ij}(\pm T_j)=\hat{b}_{ij}$ 或 $\check{b}_{ij}$, $d_{ij}(\pm T_j)=\hat{d}_{ij}$ 或 $\check{d}_{ij}$, $T_j>0$ 是切换跳, $\hat{b}_{ij},\check{b}_{ij},\hat{c}_{ij},\check{c}_{ij}$ 是常数, 记 $\underline{b}_{ij}=\min\{\hat{b}_{ij},\check{b}_{ij}\}$, $\bar{b}_{ij}=\max\{\hat{b}_{ij},\check{b}_{ij}\}$, $\underline{d}_{ij}=\min\{\hat{d}_{ij},\check{d}_{ij}\}$, $\bar{d}_{ij}=\max\{\hat{d}_{ij},\check{d}_{ij}\}$, $b_{ij}^{+}=\max\{|\underline{b}_{ij}|,|\bar{b}_{ij}|\}$, $d_{ij}^{+}=\max\{|\underline{d}_{ij}|,|\bar{d}_{ij}|\}$, $c_i>0$ 表示第 $i$ 个神经元在无任何连接情况下恢复到静息状态的速率, $I_i(t)$ 是外部输入. 其他参数的定义与系统 (7.19) 相同.

系统 (7.75) 的初始条件为 $x(t)=(x_1(t),x_2(t),\cdots,x_n(t))^{\mathrm{T}}=h(t)$, $t\in[-\tau,0]$, 其中 $\tau=\max\{\tau_1,\tau_2,\cdots,\tau_n\}$.

系统 (7.75) 的 Filippov 解可由如下的定义给出.

**定义 7.7.1** 如果 $x_i(t)$ 在任意 $[0,T)$ 的紧区间内绝对连续, 且满足

$${}_0D_t^{\alpha}x_i(t)\in-c_ix_i(t)+\sum_{j=1}^{n}S_{ij}(x)f_j(x_j(t))+\sum_{j=1}^{n}G_{ij}(x)g_j(x_j(t-\tau))+I_i(t)\tag{7.76}$$

在 $t\in[0,T)$ 上几乎处处成立; 等价地说存在可测函数 $\gamma_{ij}(t)\in S_{ij}(x)$ 和 $\sigma_{ij}(t)\in G_{ij}(x)$ 使得

$${}_0D_t^{\alpha}x_i(t)=-c_ix_i(t)+\sum_{j=1}^{n}\gamma_{ij}(t)f_j(x_j(t))+\sum_{j=1}^{n}\sigma_{ij}(t)g_j(x_j(t-\tau_j))+I_i(t)\tag{7.77}$$

在 $t \in [0,T)$ 上几乎处处成立, 则 $x_i(t)$ 为 $[0,T)$ 上系统 (7.75) 的 Filippov 解.

将系统 (7.75) 作为驱动系统, 响应系统为

$$\begin{aligned}{}_0^C D_t^q y_i(t) =& - c_i y_i(t) + \sum_{j=1}^n b_{ij}(y_j(t)) f_j(y_j(t)) \\ &+ \sum_{j=1}^n d_{ij}(y_j(t)) g_j(y_j(t-\tau_j)) + I_i(t) + u_i(t),\end{aligned} \tag{7.78}$$

其中

$$b_{ij}(y_j) = \begin{cases} \hat{b}_{ij}, & |y_j(t)| < T_j, \\ \check{b}_{ij}, & |y_j(t)| > T_j, \end{cases} \quad d_{ij}(y_j) = \begin{cases} \hat{d}_{ij}, & |y_j(t)| < T_j, \\ \check{d}_{ij}, & |y_j(t)| > T_j. \end{cases}$$

根据集值映射与微分包含理论, 响应系统 (7.78) 等价为

$$\begin{aligned}{}_0^C D_t^q y_i(t) =& - c_i y_i(t) + \sum_{j=1}^n \bar{\gamma}_{ij}(t) f_j(y_j(t)) \\ &+ \sum_{j=1}^n \bar{\sigma}_{ij}(t) g_j(y_j(t-\tau_j)) + I_i(t) + u_i(t).\end{aligned} \tag{7.79}$$

定义驱动系统与响应系统的误差是 $e_i(t) = y_i(t) - \beta x_i(t)$. 根据方程 (7.77) 和 (7.79), 误差系统为

$$\begin{aligned}&{}_0^C D_t^q e_i(t) \\ =& {}_0^C D_t^q y_i(t) - \beta {}_0^C D_t^q x_i(t) \\ =& - c_i e_i(t) + \sum_{j=1}^n \bar{\gamma}_{ij}(t) \tilde{f}_j(e_j(t)) + \sum_{j=1}^n \bar{\sigma}_{ij}(t) \tilde{g}_j(e_j(t-\tau_j)) \\ &+ \sum_{j=1}^n \bar{\gamma}_{ij}(t)(f_j(\beta x_j(t)) - f_j(x_j(t))) \\ &+ \sum_{j=1}^n (\bar{\gamma}_{ij}(t) - \beta \gamma_{ij}(t)) f_j(x_j(t)) + \sum_{j=1}^n \bar{\sigma}_{ij}(t)(g_j(\beta x_j(t-\tau_j)) - g_j(x_j(t-\tau_j))) \\ &+ \sum_{j=1}^n (\bar{\sigma}_{ij}(t) - \beta \sigma_{ij}(t)) g_j(x_j(t-\tau_j)) + u_i(t) - (\beta - 1) I_i(t),\end{aligned} \tag{7.80}$$

其中

$$\begin{cases} \tilde{f}_j(e_j(t)) = f_j(e_j(t) + \beta x_j(t)) - f_j(\beta x_j(t)), \\ \tilde{g}_j(e_j(t-\tau_j)) = g_j(e_j(t-\tau_j) + \beta x_j(t-\tau_j)) - g_j(\beta x_j(t-\tau_j)). \end{cases}$$

设计如下的反馈控制器:

$$\begin{cases} u_i(t) = v_i(t) + w_i(t), \\ v_i(t) = -\sum_{j=1}^{n} \bar{\gamma}_{ij}(t)(f_j(\beta x_j(t)) - f_j(x_j(t))) - \sum_{j=1}^{n} \bar{\sigma}_{ij}(t)(g_j(\beta x_j(t-\tau_j)) \\ \qquad - g_j(x_j(t-\tau_j))) - (1-\beta)I_i(t), \\ w_i(t) = -p_i e_i(t) - \epsilon_i e_i(t-\tau_i) - \eta_i \mathrm{sign} e_i(t), \end{cases} \tag{7.81}$$

其中控制强度 $p_i$, $\epsilon_i$ 和 $\eta_i$ 待定.

**定理 7.7.2** 假设条件 5.3.1 与条件 5.3.2 成立, 选择合适的控制强度 $p_i$, $\epsilon_i$ 和 $\eta_i$, 满足以下关系:

$$\begin{cases} \eta_i \geqslant \sum_{j=1}^{n}(b_{ij}^{+} + |\beta \underline{b}_{ij}|)M_j + \sum_{j=1}^{n}(d_{ij}^{+} + |\beta \underline{d}_{ij}|)N_j, \\ \sum_{j=1}^{n} \delta_j < \lambda \sin \frac{q\pi}{2}, \end{cases}$$

其中 $\delta_j = \sum_{i=1}^{n} K_j d_{ij}^{+} + |\epsilon_j|$, $\lambda = \min_{1 \leqslant i \leqslant n}\left\{2(c_i + p_i) - |\epsilon_i| - \sum_{j=1}^{n}(L_j b_{ij}^{+} + K_j d_{ij}^{+} + L_i b_{ji}^{+})\right\} > 0$, 则响应系统 (7.78) 与驱动系统 (7.75) 达成全局射影同步.

**证明** 选择正定的 Lyapunov 函数

$$V(t) = \sum_{i=1}^{n} \frac{1}{2} e_i^2(t).$$

沿着误差系统 (7.80) 的轨线计算 $V(t)$ 的分数阶导数, 根据定理 3.6.1, 可得

$$\begin{aligned} & {}_0^C D_t^q V(t^-) \\ \leqslant & \sum_{i=1}^{n} e_i(t) {}_0^C D_t^q e_i(t^-) \\ = & \sum_{i=1}^{n} e_i(t) \Bigg\{ -c_i e_i(t) + \sum_{j=1}^{n} \bar{\gamma}_{ij}(t) \tilde{f}_j(e_j(t)) + \sum_{j=1}^{n} \bar{\sigma}_{ij}(t) \tilde{g}_j(e_j(t-\tau_j)) \\ & + \sum_{j=1}^{n} \bar{\gamma}_{ij}(t)(f_j(\beta x_j(t)) - f_j(x_j(t))) + \sum_{j=1}^{n}(\bar{\gamma}_{ij}(t) - \beta \gamma_{ij}(x)) f_j(x_j(t)) \\ & + \sum_{j=1}^{n} \bar{\sigma}_{ij}(t)(g_j(\beta x_j(t-\tau_j)) - g_j(x_j(t-\tau_j))) \end{aligned}$$

$$
\begin{aligned}
&+\sum_{j=1}^{n}(\bar{\sigma}_{ij}(t)-\beta\sigma_{ij}(t))g_j(x_j(t-\tau_j))\\
&+u_i(t)-(\beta-1)I_i(t)\Bigg\}\\
\leqslant&\sum_{i=1}^{n}e_i(t)\Bigg\{-c_ie_i(t)+\sum_{j=1}^{n}\bar{\gamma}_{ij}(t)\tilde{f}_j(e_j(t))+\sum_{j=1}^{n}\bar{\sigma}_{ij}(t)\tilde{g}_j(e_j(t-\tau_j))\\
&+\sum_{j=1}^{n}(\bar{\gamma}_{ij}(t)-\beta\gamma_{ij}(t))f_j(x_j(t))+\sum_{j=1}^{n}(\bar{\sigma}_{ij}(t)-\beta\sigma_{ij}(t))g_j(x_j(t-\tau_j))\\
&-p_ie_i(t)-\epsilon_ie_i(t-\tau_i)-\eta_i\mathrm{sign}e_i(t)\Bigg\}\\
\leqslant&\sum_{i=1}^{n}\Bigg\{-c_ie_i^2(t)+\sum_{j=1}^{n}|e_i(t)\bar{\gamma}_{ij}(t)\tilde{f}_j(e_j(t))|+\sum_{j=1}^{n}|e_i(t)\bar{\sigma}_{ij}(t)\tilde{g}_j(e_j(t-\tau_j))|\\
&+\sum_{j=1}^{n}|e_i(t)(\bar{\gamma}_{ij}(t)-\beta\gamma_{ij}(t))f_j(x_j(t))|\\
&+\sum_{j=1}^{n}|e_i(t)(\bar{\sigma}_{ij}(t)-\beta\sigma_{ij}(t))g_j(x_j(t-\tau_j))|\\
&+|e_i(t)\epsilon_ie_i(t-\tau_i)|-p_ie_i^2(t)-\eta_i|e_i(t)|\Bigg\}.
\end{aligned}
\tag{7.82}
$$

根据条件 5.3.1 与条件 5.3.2, 我们有

$$
\begin{aligned}
&|e_i(t)\bar{\gamma}_{ij}(t)\tilde{f}_j(e_j(t))|\leqslant L_j|\bar{\gamma}_{ij}(t)e_i(t)e_j(t)|\leqslant\frac{L_jb_{ij}^{+}}{2}(e_i^2(t)+e_j^2(t)),\\
&|e_i(t)\bar{\sigma}_{ij}(t)\tilde{g}_j(e_j(t-\tau_j))|\leqslant K_j|\bar{\sigma}_{ij}(t)e_i(t)e_j(t-\tau_j)|\leqslant\frac{K_jd_{ij}^{+}}{2}(e_i^2(t)+e_j^2(t-\tau_j)),\\
&|e_i(t)(\bar{\gamma}_{ij}(t)-\beta\gamma_{ij}(t))f_j(x_j(t))|\leqslant(b_{ij}^{+}+|\beta\underline{b}_{ij}|)M_j|e_i(t)|,\\
&|e_i(t)(\bar{\sigma}_{ij}(t)-\beta\sigma_{ij}(t))g_j(x_j(t-\tau_j))|\leqslant(d_{ij}^{+}+|\beta\underline{d}_{ij}|)N_j|e_i(t)|,\\
&|e_i(t)\epsilon_ie_i(t-\tau_i)|\leqslant\frac{|\epsilon_i|}{2}(e_i^2(t)+e_i^2(t-\tau_i)),\\
&e_j^2(t-\tau_j)\leqslant(e_1(t-\tau_j),e_2(t-\tau_j),\cdots,e_n(t-\tau_j))\\
&\qquad\qquad\quad *(e_1(t-\tau_j),e_2(t-\tau_j),\cdots,e_n(t-\tau_j))^{\mathrm{T}}\\
&\qquad\qquad=e(t-\tau_j)e(t-\tau_j)^{\mathrm{T}}.
\end{aligned}
\tag{7.83}
$$

把 (7.83) 式代入 (7.82) 式, 得到

$$
\begin{aligned}
&{}_0^C D_t^q V(t^-) \\
\leqslant & \sum_{i=1}^n \Bigg\{ -c_i e_i^2(t) + \sum_{j=1}^n \frac{L_j b_{ij}^+}{2}(e_i^2(t)+e_j^2(t)) + \sum_{j=1}^n \frac{K_j d_{ij}^+}{2}(e_i^2(t)+e_j^2(t-\tau_j)) \\
& + \frac{|\epsilon_i|}{2}(e_i^2(t)+e_i^2(t-\tau_i)) - p_i e_i^2(t) + \Bigg[\sum_{j=1}^n (b_{ij}^+ + |\beta \underline{b}_{ij}|)M_j \\
& + \sum_{j=1}^n (d_{ij}^+ + |\beta \underline{d}_{ij}|)N_j - \eta_i \Bigg] |e_i(t)| \Bigg\} \\
= & \sum_{i=1}^n \Bigg\{ -\Bigg( c_i + p_i - \frac{|\epsilon_i|}{2} - \sum_{j=1}^n \frac{L_j b_{ij}^+}{2} - \sum_{j=1}^n \frac{K_j d_{ij}^+}{2} \Bigg) e_i^2(t) \\
& + \sum_{j=1}^n \frac{L_j b_{ij}^+}{2} e_j^2(t) + \frac{|\epsilon_i|}{2} e_i^2(t-\tau_i) \\
& + \sum_{j=1}^n \frac{K_j d_{ij}^+}{2} e_j^2(t-\tau_j) + \Bigg[\sum_{j=1}^n (b_{ij}^+ + |\beta \underline{b}_{ij}|)M_j + (d_{ij}^+ + |\beta \underline{d}_{ij}|)N_j - \eta_i \Bigg] |e_i(t)| \Bigg\},
\end{aligned}
$$

选择合适的 $\eta_i$, $p_i$, $\epsilon_i$, 使得

$$
\begin{cases}
\eta_i \geqslant \displaystyle\sum_{j=1}^n (b_{ij}^+ + |\beta \underline{b}_{ij}|)M_j + \sum_{j=1}^n (d_{ij}^+ + |\beta \underline{d}_{ij}|)N_j, \\
\lambda = \displaystyle\min_{1 \leqslant i \leqslant n} \left\{ 2(c_i+p_i) - |\epsilon_i| - \sum_{j=1}^n (L_j b_{ij}^+ + K_j d_{ij}^+ + L_i b_{ji}^+) \right\} > 0.
\end{cases}
$$

令 $\delta_j = \sum\limits_{i=1}^n K_j d_{ij}^+ + |\epsilon_j|$, 则

$$
\begin{aligned}
{}_0^C D_t^q V(t^-) \leqslant & -\sum_{j=1}^n \left\{ c_i + p_i - \frac{|\epsilon_i|}{2} - \sum_{j=1}^n \frac{L_j b_{ij}^+ + K_j d_{ij}^+ + L_i b_{ji}^+}{2} \right\} e_i^2(t) \\
& + \sum_{j=1}^n \sum_{i=1}^n \frac{K_j d_{ij}^+ + |\epsilon_j|}{2} e_j^2(t-\tau_j) \\
\leqslant & -\lambda V(t) + \sum_{j=1}^n \delta_j V(t-\tau_j). 
\end{aligned} \tag{7.84}
$$

考虑下列线性分数阶系统

$$ {}_0^C D_t^q W(t) = -\lambda W(t) + \sum_{j=1}^{n} \delta_j W(t-\tau_j), \tag{7.85} $$

其中 $W(t) \geqslant 0$, $W(t)$ 与 $V(t)$ 具有相同的初值.

根据定理 3.4.4, 可以得到

$$ 0 < V(t) \leqslant W(t). $$

注意到系统 (7.85) 存在唯一的零平衡点, 接下来, 我们将证明系统 (7.85) 的零解全局 Lyapunov 渐近稳定, 即 $W(t) \to 0 (t \to +\infty)$.

对系统 (7.85) 左右两侧作 Laplace 变换, 经过计算, 可以得到系统 (7.85) 的特征方程为

$$ \det(\Delta(s)) = s^q + \lambda - \sum_{j=1}^{n} \delta_j e^{-s\tau_j} = 0. \tag{7.86} $$

下面, 我们将利用反证法证明, 对于 $\tau_j > 0$, 特征方程 (7.86) 没有纯虚根.

假设方程 (7.86) 存在纯虚根 $s = \omega i = |\omega|\left(\cos\frac{\pi}{2} + i\sin\left(\pm\frac{\pi}{2}\right)\right)$, 其中 $\omega$ 是实数. 若 $\omega > 0$, 则 $s = \omega i = |\omega|\left(\cos\frac{\pi}{2} + i\sin\frac{\pi}{2}\right)$, 若 $\omega < 0$, 则 $s = \omega i = |\omega|\left(\cos\frac{\pi}{2} - i\sin\frac{\pi}{2}\right)$. 把 $s = \omega i = |\omega|\left(\cos\frac{\pi}{2} + i\sin\left(\pm\frac{\pi}{2}\right)\right)$ 代入 (7.86) 得到

$$ |\omega|^q \left(\cos\frac{q\pi}{2} + i\sin\left(\pm\frac{q\pi}{2}\right)\right) + \lambda - \sum_{j=1}^{n} \delta_j (\cos\omega\tau_j - i\sin\omega\tau_j) = 0. \tag{7.87} $$

将方程 (7.87) 的实部和虚部进行分离, 得到

$$ |\omega|^q \cos\frac{q\pi}{2} + \lambda = \sum_{j=1}^{n} \delta_j \cos\omega\tau_j $$

和

$$ |\omega|^q \sin(\pm\frac{q\pi}{2}) = -\sum_{j=1}^{n} \delta_j \sin\omega\tau_j. $$

根据这两个方程, 可以得到

$$ |\omega|^{2q} + 2\lambda|\omega|^q \cos\frac{q\pi}{2} + \lambda^2 - \left(\sum_{j=1}^{n} \delta_j \cos\omega\tau_j\right)^2 - \left(\sum_{j=1}^{n} \delta_j \sin\omega\tau_j\right)^2 = 0. \tag{7.88} $$

由于

$$\begin{aligned}&\left(\sum_{j=1}^{n}\delta_j\cos\omega\tau_j\right)^2+\left(\sum_{j=1}^{n}\delta_j\sin\omega\tau_j\right)^2\\=&\sum_{i=1}^{n}\sum_{j=1}^{n}\delta_i\delta_j\cos\omega\tau_i\cos\omega\tau_j+\sum_{i=1}^{n}\sum_{j=1}^{n}\delta_i\delta_j\sin\omega\tau_i\sin\omega\tau_j\\=&\sum_{i=1}^{n}\sum_{j=1}^{n}\delta_i\delta_j\cos\omega(\tau_i-\tau_j).\end{aligned}\tag{7.89}$$

若 $\sum\limits_{j=1}^{n}\delta_j<\lambda\sin\dfrac{q\pi}{2}$, 当 $\tau_j>0$ 时, 方程 (7.88) 没有实根, 即 $\det(\Delta(s))=0$ 没有纯虚根, 当 $\tau_j=0$ 时, $\sum\limits_{j=1}^{n}\delta_j<\lambda$, 根据定理 3.3.4, 系统 (7.85) 的零解是全局 Lyapunov 渐近稳定的, 即 $W(t)\to 0(t\to+\infty)$.

根据 $0<V(t)\leqslant W(t)$, 则 $V(t)$ 也是全局 Lyapunov 渐近稳定的, 即 $V(t)\to 0(t\to+\infty)$. 由于 $V(t)=\sum\limits_{i=1}^{n}\dfrac{1}{2}e_i^2(t)\to 0$, 则 $e_i(t)\to 0$, 即驱动系统 (7.75) 和响应系统 (7.78) 可以实现全局渐近射影同步. 定理得证.

**注 7.7.3**　控制器 (7.81) 是一个混合控制器, 包含一个开环控制器 $v_i(t)$ 和一个时滞反馈控制器 $w_i(t)$. 控制器 (7.81) 包含了时滞区间内的信息, 是一类有记忆的状态反馈控制器[198]. 与无记忆的反馈控制器相比, 当时滞区间内的信息可知时, 有记忆的反馈控制器能达到更好的效果.

**注 7.7.4**　射影同步的实现依赖于控制器的设计, 即控制参数 $p_i$, $\epsilon_i$ 和 $\eta_i$ 的取值. 对于一个给定的驱动系统, $\eta_i$ 容易确定, $\epsilon_i$ 和 $p_i$ 的选取方法为, $\epsilon_i$ 取值尽可能小, $p_i$ 的取值尽可能大, 则可满足定理对参数的要求条件. 定理 7.7.2 对参数的要求条件, 形式上看起来比较复杂, 实际上易于实现.

**注 7.7.5**　同步条件包含分数阶阶数 $q$, 因此, 时滞分数阶神经网络的同步受到分数阶系统的阶数的影响.

### 7.7.2　数值仿真

**例 7.7.6**　考虑包含 3 个神经元的 Caputo 型分数阶忆阻器神经网络:

$$\begin{cases}{}_0^C D_t^q x_1(t)=-c_1x_1(t)+\sum\limits_{j=1}^{3}b_{1j}f_j(x_j(t))+\sum\limits_{j=1}^{3}d_{1j}g_j(x_j(t-\tau_j))+I_1(t),\\{}_0^C D_t^q x_2(t)=-c_2x_2(t)+\sum\limits_{j=1}^{3}b_{2j}f_j(x_j(t))+\sum\limits_{j=1}^{3}d_{2j}g_j(x_j(t-\tau_j))+I_2(t),\\{}_0^C D_t^q x_3(t)=-c_3x_3(t)+\sum\limits_{j=1}^{3}b_{3j}f_j(x_j(t))+\sum\limits_{j=1}^{3}d_{3j}g_j(x_j(t-\tau_j))+I_3(t),\end{cases}\tag{7.90}$$

其中 $q=0.96$, $\tau_1=1$, $\tau_2=2$, $\tau_3=3$, $I_1(t)=0.2\sin(t)$, $I_2(t)=0.3\cos(t)$, $I_3(t)=0.1\cos(t)$, $c_1=c_2=c_3=1$,

$$b_{11}=\begin{cases}3.1, & |x_1(t)|<1,\\ 3, & |x_1(t)|>1,\end{cases}\quad b_{12}=\begin{cases}0.09, & |x_2(t)|<1,\\ 1, & |x_2(t)|>1,\end{cases}$$

$$b_{13}=\begin{cases}-3, & |x_3(t)|<1,\\ -4, & |x_3(t)|>1,\end{cases}\quad b_{21}=\begin{cases}1, & |x_1(t)|<1,\\ 0.09, & |x_1(t)|>1,\end{cases}$$

$$b_{22}=\begin{cases}2.0, & |x_2(t)|<1,\\ 2.1+\dfrac{\pi}{4}, & |x_2(t)|>1,\end{cases}\quad b_{23}=\begin{cases}-1, & |x_3(t)|<1,\\ -6, & |x_3(t)|>1,\end{cases}$$

$$b_{31}=\begin{cases}3, & |x_1(t)|<1,\\ 6, & |x_1(t)|>1,\end{cases}\quad b_{32}=\begin{cases}-1, & |x_2(t)|<1,\\ -1.8, & |x_2(t)|>1,\end{cases}$$

$$b_{33}=\begin{cases}-2, & |x_3(t)|<1,\\ -1, & |x_3(t)|>1,\end{cases}\quad d_{11}=\begin{cases}-2.4, & |x_1(t)|<1,\\ -2.5, & |x_1(t)|>1,\end{cases}$$

$$d_{12}=\begin{cases}0.1, & |x_2(t)|<1,\\ 0.2, & |x_2(t)|>1,\end{cases}\quad d_{13}=\begin{cases}0.8, & |x_3(t)|<1,\\ 0.9, & |x_3(t)|>1,\end{cases}$$

$$d_{21}=\begin{cases}-1.9, & |x_1(t)|<1,\\ -1.5, & |x_1(t)|>1,\end{cases}\quad d_{22}=\begin{cases}-1.6, & |x_2(t)|<1,\\ -1.7, & |x_2(t)|>1,\end{cases}$$

$$d_{23}=\begin{cases}0.1, & |x_3(t)|<1,\\ 0.3, & |x_3(t)|>1,\end{cases}\quad d_{31}=\begin{cases}-2.2, & |x_1(t)|<1,\\ -2.1, & |x_1(t)|>1,\end{cases}$$

$$d_{32}=\begin{cases}4, & |x_2(t)|<1,\\ 3, & |x_2(t)|>1,\end{cases}\quad d_{33}=\begin{cases}-1, & |x_3(t)|<1,\\ -1.5, & |x_3(t)|>1.\end{cases}$$

激励函数 $f_j(\cdot)=\tanh(\cdot)$ 与 $g_j(\cdot)=\sin(\cdot)$ 的 Lipschitz 常数为 $K_j=1$ 与 $L_j=1$, 且 $M_j=N_j=1$. 系统 (7.90) 的初始条件为 $x_1(t)=1.5\cos(t)$, $x_2(t)=\sin(t)$, $x_3(t)=1.3\sin(3t)$, $t\in[-3,0]$.

经计算, 系统 (7.90) 的最大 Lyapunov 指数 $L_{\max}=0.0339>0$, 系统 (7.90) 有混沌吸引子, 如图 7.17 所示.

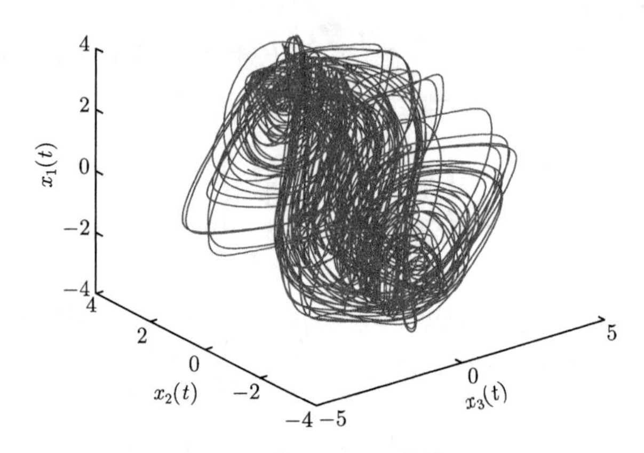


图 7.17 系统 (7.90) 的轨迹图

响应系统为

$$
\begin{cases}
{}_0^C D_t^q y_1(t) = -c_1 y_1(t) + \sum\limits_{j=1}^{3} b_{1j} f_j(x_j(t)) + \sum\limits_{j=1}^{3} d_{1j} g_j(x_j(t-\tau_j)) + I_1(t) + u_1(t), \\
{}_0^C D_t^q y_2(t) = -c_2 y_2(t) + \sum\limits_{j=1}^{3} b_{2j} f_j(x_j(t)) + \sum\limits_{j=1}^{3} d_{2j} g_j(x_j(t-\tau_j)) + I_2(t) + u_2(t), \\
{}_0^C D_t^q y_3(t) = -c_3 y_3(t) + \sum\limits_{j=1}^{3} b_{3j} f_j(x_j(t)) + \sum\limits_{j=1}^{3} d_{3j} g_j(x_j(t-\tau_j)) + I_3(t) + u_3(t),
\end{cases}
\tag{7.91}
$$

其中

$$
b_{11} = \begin{cases} 3.1, & |y_1(t)| < 1, \\ 3, & |y_1(t)| > 1, \end{cases} \qquad b_{12} = \begin{cases} 0.09, & |y_2(t)| < 1, \\ 1, & |y_2(t)| > 1, \end{cases}
$$

$$
b_{13} = \begin{cases} -3, & |y_3(t)| < 1, \\ -4, & |y_3(t)| > 1, \end{cases} \qquad b_{21} = \begin{cases} 1, & |y_1(t)| < 1, \\ 0.09, & |y_1(t)| > 1, \end{cases}
$$

$$
b_{22} = \begin{cases} 2.0, & |y_2(t)| < 1, \\ 2.1 + \dfrac{\pi}{4}, & |y_2(t)| > 1, \end{cases} \qquad b_{23} = \begin{cases} -1, & |y_3(t)| < 1, \\ -6, & |y_3(t)| > 1, \end{cases}
$$

$$
b_{31} = \begin{cases} 3, & |y_1(t)| < 1, \\ 6, & |y_1(t)| > 1, \end{cases} \qquad b_{32} = \begin{cases} -1, & |y_2(t)| < 1, \\ -1.8, & |y_2(t)| > 1, \end{cases}
$$

$$
b_{33} = \begin{cases} -2, & |y_3(t)| < 1, \\ -1, & |y_3(t)| > 1, \end{cases} \qquad d_{11} = \begin{cases} -2.4, & |y_1(t)| < 1, \\ -2.5, & |y_1(t)| > 1, \end{cases}
$$

$$
d_{12} = \begin{cases} 0.1, & |y_2(t)| < 1, \\ 0.2, & |y_2(t)| > 1, \end{cases} \qquad d_{13} = \begin{cases} 0.8, & |y_3(t)| < 1, \\ 0.9, & |y_3(t)| > 1, \end{cases}
$$

$$d_{21}=\begin{cases}-1.9, & |y_1(t)|<1,\\ -1.5, & |y_1(t)|>1,\end{cases}\quad d_{22}=\begin{cases}-1.6, & |y_2(t)|<1,\\ -1.7, & |y_2(t)|>1,\end{cases}$$

$$d_{23}=\begin{cases}0.1, & |y_3(t)|<1,\\ 0.3, & |y_3(t)|>1,\end{cases}\quad d_{31}=\begin{cases}-2.2, & |y_1(t)|<1,\\ -2.1, & |y_1(t)|>1,\end{cases}$$

$$d_{32}=\begin{cases}4, & |y_2(t)|<1,\\ 3, & |y_2(t)|>1,\end{cases}\quad d_{33}=\begin{cases}-1, & |y_3(t)|<1,\\ -1.5, & |y_3(t)|>1.\end{cases}$$

其他参数取值与系统 (7.90) 相同.

系统 (7.91) 的初始条件为 $y_1(t)=\sin(t)$, $y_2(t)=\cos(t)$, $y_3(t)=1.5\cos(0.5t)$, $t\in[-3,0]$, 射影系数取 $\beta=2$, 控制器 (7.81) 中参数 $p_i$, $\epsilon_i$, $\eta_i$ 取值为 $p_1=14.6$, $p_2=20$, $p_3=26$, $\eta_1=14.6$, $\eta_2=20$, $\eta_3=23.4$, $\epsilon_1=\epsilon_2=\epsilon_3=1$. 容易验证参数取值满足定理 7.7.2 的条件, 驱动系统 (7.90) 和响应系统 (7.91) 可以达成全局渐近射影同步, 如图 7.18 和图 7.19 所示.

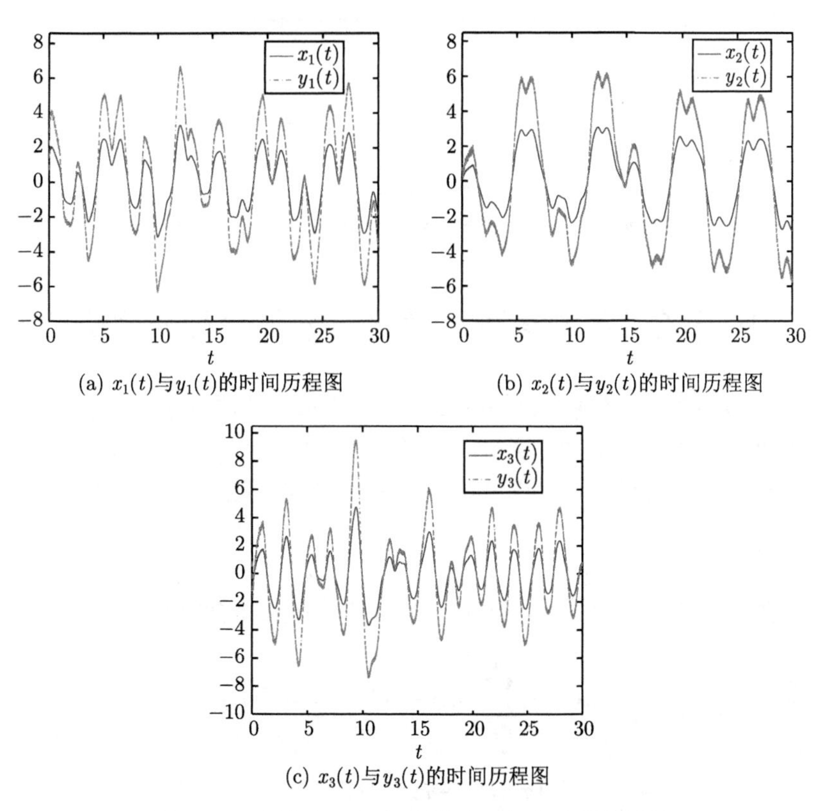


(a) $x_1(t)$与$y_1(t)$的时间历程图 (b) $x_2(t)$与$y_2(t)$的时间历程图

(c) $x_3(t)$与$y_3(t)$的时间历程图

图 7.18 系统 (7.90) 与系统 (7.91) 的时间历程图

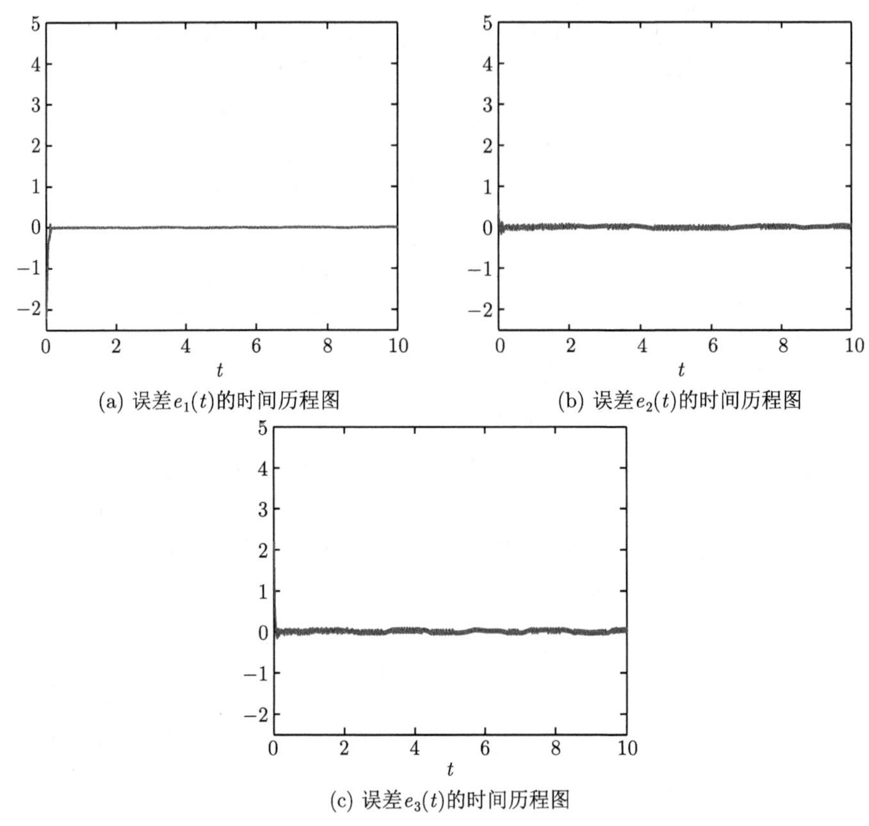


(a) 误差$e_1(t)$的时间历程图

(b) 误差$e_2(t)$的时间历程图

(c) 误差$e_3(t)$的时间历程图

图 7.19 系统 (7.90) 与系统 (7.91) 的误差图

## 7.8 基于忆阻器的参数不确定的分数阶神经网络的同步

在实际应用中, 系统建模误差以及外部干扰都会造成参数取值的不确定性, 进而影响非线性系统的稳定性, 影响甚至破坏系统的同步. 本节给出的参数不确定的 Caputo 型分数阶忆阻器神经网络的同步条件, 具有重要的理论与应用价值.

### 7.8.1 同步条件

考虑如下的参数不确定的 Caputo 型分数阶忆阻器神经网络:

$$\begin{aligned}{}_0^CD_t^q x_i(t) =& -c_i x_i(t) + \sum_{j=1}^{n}(b_{ij}(x_j(t)) + \Delta b_{ij}(t)) f_j(x_j(t)) \\ &+ \sum_{j=1}^{n}(d_{ij}(x_j(t)) + \Delta d_{ij}(t)) g_j(x_j(t-\tau_j)) + I_i(t),\end{aligned} \tag{7.92}$$

其中 $\Delta b_{ij}(t)$ 和 $\Delta d_{ij}(t)$ 分别表示 $b_{ij}(x_j(t))$ 和 $d_{ij}(x_j(t))$ 的偏差, 且 $|\Delta b_{ij}(t)| \leqslant \kappa_{ij}$, $|\Delta d_{ij}(t)| \leqslant \rho_{ij}$.

根据集值映射与微分包含理论, 系统 (7.92) 等价为

$$
\begin{aligned}
{}_0^C D_t^q x_i(t) = & - c_i x_i(t) + \sum_{j=1}^{n} (\gamma_{ij}(t) + \Delta b_{ij}(t)) f_j(x_j(t)) \\
& + \sum_{j=1}^{n} (\sigma_{ij}(t) + \Delta d_{ij}(t)) g_j(x_j(t-\tau_j)) + I_i(t).
\end{aligned} \tag{7.93}
$$

考虑驱动–响应同步, 驱动系统 (7.92) 对应的响应系统为

$$
\begin{aligned}
{}_0^C D_t^q y_i(t) = & - c_i y_i(t) + \sum_{j=1}^{n} (b_{ij}(y_i(t)) + \Delta \bar{b}_{ij}(t)) f_j(y_j(t)) \\
& + \sum_{j=1}^{n} (d_{ij}(y_i(t)) + \Delta \bar{d}_{ij}(t)) g_j(y_j(t-\tau_j)) + I_i(t) + u_i(t).
\end{aligned} \tag{7.94}
$$

其中 $|\Delta \bar{b}_{ij}(t)| \leqslant \bar{\kappa}_{ij}$, $|\Delta \bar{d}_{ij}(t)| \leqslant \bar{\rho}_{ij}$.

根据集值映射与微分包含理论, 系统 (7.94) 等价为

$$
\begin{aligned}
{}_0^C D_t^q y_i(t) = & - c_i y_i(t) + \sum_{j=1}^{n} (\bar{\gamma}_{ij}(t) + \Delta \bar{b}_{ij}(t)) f_j(y_j(t)) + \sum_{j=1}^{n} (\bar{\sigma}_{ij}(t) \\
& + \Delta \bar{d}_{ij}(t)) g_j(y_j(t-\tau_j)) + I_i(t) + u_i(t).
\end{aligned} \tag{7.95}
$$

根据 (7.93) 和 (7.95), 可以得到误差系统:

$$
\begin{aligned}
& {}_0^C D_t^q e_i(t) = {}_0^C D_t^q y_i(t) - {}_0^C D_t^q x_i(t) \\
= & - c_i e_i(t) + \sum_{j=1}^{n} (\bar{\gamma}_{ij}(t) + \Delta \bar{b}_{ij}(t)) \Delta f_j + \sum_{j=1}^{n} (\bar{\sigma}_{ij}(t) + \Delta \bar{d}_{ij}(t)) \Delta g_j \\
& + \sum_{j=1}^{n} (\bar{\gamma}_{ij}(t) - \gamma_{ij}(t) + \Delta \bar{b}_{ij}(t) - \Delta b_{ij}(t)) f_j(x_j(t)) \\
& + \sum_{j=1}^{n} (\bar{\sigma}_{ij}(t) - \sigma_{ij}(t) + \Delta \bar{d}_{ij}(t) - \Delta d_{ij}(t)) g_j(x_j(t-\tau_j)) + u_i(t),
\end{aligned} \tag{7.96}
$$

其中 $e_i(t) = y_i(t) - x_i(t), \Delta f_j = f_j(y_j(t)) - f_j(x_j(t)), \Delta g_j = g_j(y_j(t-\tau_j)) - g_j(x_j(t-\tau_j))$.

**定理 7.8.1** 假设条件 5.3.1 与条件 5.3.2 成立, 设计如下的反馈控制器:

$$
u_i(t) = -p_i e_i(t) - \eta_i \mathrm{sign} e_i(t), \tag{7.97}
$$

其中 $p_i$ 和 $\eta_i$ 是待定的控制强度, 且满足

$$\begin{cases}\eta_i \geqslant \sum_{j=1}^{n}|\bar{b}_{ij}-\underline{b}_{ij}+\bar{\kappa}_{ij}+\kappa_{ij}|M_j+\sum_{j=1}^{n}|\bar{d}_{ij}-\underline{d}_{ij}+\bar{\rho}_{ij}+\rho_{ij}|N_j,\\ \sum_{j=1}^{n}\delta_j<\lambda\sin\frac{q\pi}{2},\end{cases}$$

其中 $\lambda=\min\limits_{1\leqslant i\leqslant n}\left\{2(c_i+p_i)-\sum\limits_{j=1}^{n}L_j(b_{ij}^{+}+\bar{\kappa}_{ij})-\sum\limits_{j=1}^{n}K_j(d_{ij}^{+}+\bar{\rho}_{ij})-\sum\limits_{j=1}^{n}L_i(b_{ji}^{+}+\bar{\kappa}_{ji})\right\}>0$, $\delta_j=\sum\limits_{i=1}^{n}K_j(d_{ij}^{+}+\bar{\rho}_{ij})$, 则响应系统 (7.94) 将与驱动系统 (7.92) 达成完全同步.

**证明** 选择正定的 Lyapunov 函数

$$V(t)=\sum_{i=1}^{n}\frac{1}{2}e_i^2(t).$$

沿着误差系统 (7.96) 的轨线计算 $V(t)$ 的分数阶导数, 根据定理 3.6.1, 可得

$$\begin{aligned}
&{}_0^CD_t^qV(t^-)\\
\leqslant&\sum_{i=1}^{n}e_i(t){}_0^CD_t^qe_i(t^-)\\
=&\sum_{i=1}^{n}e_i(t)\Bigg\{-c_ie_i(t)+\sum_{j=1}^{n}(\bar{\gamma}_{ij}(t)+\Delta\bar{b}_{ij}(t))\Delta f_j+\sum_{j=1}^{n}(\bar{\sigma}_{ij}(t)+\Delta\bar{d}_{ij}(t))\Delta g_j\\
&+\sum_{j=1}^{n}(\bar{\gamma}_{ij}(t)-\gamma_{ij}(t)+\Delta\bar{b}_{ij}(t)-\Delta b_{ij}(t))f_j(x_j(t))\\
&+\sum_{j=1}^{n}(\bar{\sigma}_{ij}(t)-\sigma_{ij}(t)+\Delta\bar{d}_{ij}(t)-\Delta d_{ij}(t))g_j(x_j(t-\tau_j))+u_i(t)\Bigg\}\\
=&\sum_{i=1}^{n}\Bigg\{-c_ie_i^2(t)+\sum_{j=1}^{n}e_i(t)(\bar{\gamma}_{ij}(t)+\Delta\bar{b}_{ij}(t))\Delta f_j+\sum_{j=1}^{n}e_i(t)(\bar{\sigma}_{ij}(t)\\
&+\Delta\bar{d}_{ij}(t))\Delta g_j+\sum_{j=1}^{n}e_i(t)(\bar{\gamma}_{ij}(t)-\gamma_{ij}(t)+\Delta\bar{b}_{ij}(t)-\Delta b_{ij}(t))f_j(x_j(t))\\
&+\sum_{j=1}^{n}e_i(t)(\bar{\sigma}_{ij}(t)-\sigma_{ij}(t)+\Delta\bar{b}_{ij}(t)-\Delta d_{ij}(t))g_j(x_j(t-\tau_j))+e_i(t)u_i(t)\Bigg\}\\
\leqslant&\sum_{i=1}^{n}\Bigg\{-c_ie_i^2(t)+\sum_{j=1}^{n}|e_i(t)(\bar{\gamma}_{ij}(t)+\Delta\bar{b}_{ij}(t))\Delta f_j|+\sum_{j=1}^{n}|e_i(t)(\bar{\sigma}_{ij}(t)
\end{aligned}$$

$$
\begin{aligned}
&+\Delta\bar{d}_{ij}(t))\Delta g_j|+\sum_{j=1}^{n}|e_i(t)(\bar{\gamma}_{ij}(t)-\gamma_{ij}(t)+\Delta\bar{b}_{ij}(t)-\Delta b_{ij}(t))f_j(x_j(t))|\\
&\left.+\sum_{j=1}^{n}|e_i(t)(\bar{\sigma}_{ij}(t)-\sigma_{ij}(t)+\Delta\bar{d}_{ij}(t)-\Delta d_{ij}(t))g_j(x_j(t-\tau_j))|+e_i(t)u_i(t)\right\}.
\end{aligned}
\tag{7.98}
$$

根据条件 5.3.1 与条件 5.3.2, 可以得到

$$
\begin{aligned}
&|e_i(t)(\bar{\gamma}_{ij}(t)+\Delta\bar{b}_{ij}(t))\Delta f_j|\\
&\leqslant L_j|e_i(t)(\bar{\gamma}_{ij}(t)+\bar{\kappa}_{ij})e_j(t)|\\
&\leqslant\frac{L_j(b_{ij}^{+}+\bar{\kappa}_{ij})}{2}(e_i^2(t)+e_j^2(t)),\\
&|e_i(t)(\bar{\sigma}_{ij}(t)+\Delta\bar{d}_{ij}(t))\Delta g_j|\\
&\leqslant K_j|e_i(t)(\bar{\sigma}_{ij}(t)+\bar{\rho}_{ij})e_j(t-\tau_j)|\\
&\leqslant\frac{K_j(d_{ij}^{+}+\bar{\rho}_{ij})}{2}(e_i^2(t)+e_j^2(t-\tau_j)),\\
&|e_i(t)(\bar{\gamma}_{ij}(t)-\gamma_{ij}(t)+\Delta\bar{b}_{ij}(t)-\Delta b_{ij}(t))f_j(x_j(t))|\\
&\leqslant|\bar{b}_{ij}-\underline{b}_{ij}+\bar{\kappa}_{ij}+\kappa_{ij}|M_j|e_i(t)|,\\
&|e_i(t)(\bar{\sigma}_{ij}(t)-\sigma_{ij}(t)+\Delta\bar{d}_{ij}(t)-\Delta d_{ij}(t))g_j(x_j(t-\tau_j))|\\
&\leqslant|\bar{d}_{ij}-\underline{d}_{ij}+\bar{\rho}_{ij}+\rho_{ij}|N_j|e_i(t)|,\\
e_j^2(t-\tau_j)&\leqslant(e_1(t-\tau_j),e_2(t-\tau_j),\cdots,e_n(t-\tau_j))\\
&\quad*(e_1(t-\tau_j),e_2(t-\tau_j),\cdots,e_n(t-\tau_j))^{\mathrm{T}}\\
&=e(t-\tau_j)e(t-\tau_j)^{\mathrm{T}}.
\end{aligned}
\tag{7.99}
$$

把 (7.99) 代入 (7.98) 得到

$$
\begin{aligned}
&{}_0^C D_t^q V(t^-)\\
&\leqslant\sum_{i=1}^{n}\left\{-c_ie_i^2(t)+\sum_{j=1}^{n}\frac{L_j(b_{ij}^{+}+\bar{\kappa}_{ij})}{2}(e_i^2(t)+e_j^2(t))\right.\\
&\quad+\sum_{j=1}^{n}\frac{K_j(d_{ij}^{+}+\bar{\rho}_{ij})}{2}(e_i^2(t)+e_j^2(t-\tau_j))\\
&\quad+\sum_{j=1}^{n}|\bar{b}_{ij}-\underline{b}_{ij}+\bar{\kappa}_{ij}+\kappa_{ij}|M_j|e_i(t)|
\end{aligned}
$$

$$
\begin{aligned}
&+\sum_{j=1}^{n}|\bar{d}_{ij}-\underline{d}_{ij}+\bar{\rho}_{ij}+\rho_{ij}|N_j|e_i(t)|+e_i(t)u_i(t)\Bigg\} \\
\leqslant&\sum_{i=1}^{n}\Bigg\{-c_ie_i^2(t)+\sum_{j=1}^{n}\frac{L_j(b_{ij}^{+}+\bar{\kappa}_{ij})}{2}(e_i^2(t)+e_j^2(t)) \\
&+\sum_{j=1}^{n}\frac{K_j(d_{ij}^{+}+\bar{\rho}_{ij})}{2}(e_i^2(t)+e_j^2(t-\tau_j)) \\
&+\sum_{j=1}^{n}|\bar{b}_{ij}-\underline{b}_{ij}+\bar{\kappa}_{ij}+\kappa_{ij}|M_j|e_i(t)| \\
&+\sum_{j=1}^{n}|\bar{d}_{ij}-\underline{d}_{ij}+\bar{\rho}_{ij}+\rho_{ij}|N_j|e_i(t)|-p_ie_i^2(t)-\eta_i|e_i(t)|\Bigg\} \\
=&\sum_{i=1}^{n}\Bigg\{-\left(c_i+p_i-\sum_{j=1}^{n}\frac{L_j(b_{ij}^{+}+\bar{\kappa}_{ij})}{2}-\sum_{j=1}^{n}\frac{K_j(d_{ij}^{+}+\bar{\rho}_{ij})}{2}-\sum_{j=1}^{n}\frac{L_i(b_{ji}^{+}+\bar{\kappa}_{ji})}{2}\right)e_i^2(t) \\
&+\left(\sum_{j=1}^{n}|\bar{b}_{ij}-\underline{b}_{ij}+\bar{\kappa}_{ij}+\kappa_{ij}|M_j+\sum_{j=1}^{n}|\bar{d}_{ij}-\underline{d}_{ij}+\bar{\rho}_{ij}+\rho_{ij}|N_j-\eta_i\right)|e_i(t)| \\
&+\sum_{j=1}^{n}\frac{K_j(d_{ij}^{+}+\bar{\rho}_{ij})}{2}e_j^2(t-\tau_j)\Bigg\}.
\end{aligned}
\tag{7.100}
$$

选择合适的参数 $p_i, \eta_i, \lambda$ 满足以下关系

$$
\begin{cases}
\eta_i\geqslant\displaystyle\sum_{j=1}^{n}|\bar{b}_{ij}-\underline{b}_{ij}+\bar{\kappa}_{ij}+\kappa_{ij}|M_j+\sum_{j=1}^{n}|\bar{d}_{ij}-\underline{d}_{ij}+\bar{\rho}_{ij}+\rho_{ij}|N_j, \\
\delta_j=\displaystyle\sum_{i=1}^{n}K_j(d_{ij}^{+}+\bar{\rho}_{ij}), \\
\lambda=\displaystyle\min_{1\leqslant i\leqslant n}\Bigg\{2(c_i+p_i)-\sum_{j=1}^{n}L_j(b_{ij}^{+}+\bar{\kappa}_{ij})-\sum_{j=1}^{n}K_j(d_{ij}^{+}+\bar{\rho}_{ij}) \\
\qquad\displaystyle-\sum_{j=1}^{n}L_i(b_{ji}^{+}+\bar{\kappa}_{ji})\Bigg\}>0,
\end{cases}
$$

则

$$
{}_0^C D_t^q V(t^-)\leqslant-\lambda V(t)+\sum_{j=1}^{n}\delta_j V(t-\tau_j),
\tag{7.101}
$$

类似定理 7.7.2, 可以证明响应系统 (7.94) 将与驱动系统 (7.92) 达成完全同步. 定理得证.

**定理 7.8.2** 假设条件 5.3.1 与条件 5.3.2 成立, 设计时滞反馈控制器

$$u_i(t) = -p_i e_i(t) - \eta_i \text{sign} e_i(t) - \epsilon_i e_i(t-\tau_i), \tag{7.102}$$

其中 $p_i, \eta_i, \epsilon_i$ 是待定的控制强度, 满足以下关系:

$$\begin{cases} \eta_i \geqslant \sum_{j=1}^{n} |\bar{b}_{ij} - \underline{b}_{ij} + \bar{\kappa}_{ij} + \kappa_{ij}| M_j + \sum_{j=1}^{n} |\bar{c}_{ij} - \underline{c}_{ij} + \bar{\rho}_{ij} + \rho_{ij}| N_j, \\ \sum_{j=1}^{n} \delta_j < \lambda \sin \dfrac{q\pi}{2}, \end{cases}$$

其中

$$\begin{aligned} \lambda = \min_{1\leqslant i\leqslant n} \Bigg\{ & 2(c_i + p_i) - |\epsilon_i| - \sum_{j=1}^{n} L_j(b_{ij}^{+} + \bar{\kappa}_{ij}) \\ & - \sum_{j=1}^{n} K_j(d_{ij}^{+} + \bar{\rho}_{ij}) - \sum_{j=1}^{n} L_i(b_{ji}^{+} + \bar{\kappa}_{ji}) \Bigg\} > 0, \end{aligned}$$

$\delta_j = \sum\limits_{i=1}^{n} K_j(d_{ij}^{+} + \bar{\rho}_{ij}) + |\epsilon_j|$, 则驱动系统 (7.92) 将与响应系统 (7.94) 达成完全同步.

### 7.8.2 数值仿真

**例 7.8.3** 研究如下的参数不确定的 Caputo 型分数阶忆阻器神经网络:

$$\begin{cases} {}_0^C D_t^q x_1(t) = & -c_1 x_1(t) + \sum_{j=1}^{3} (b_{1j} + \Delta b_{1j}) f_j(x_j(t)) \\ & + \sum_{j=1}^{3} (d_{1j} + \Delta d_{1j}) g_j(x_j(t-\tau_j)) + I_1(t), \\ {}_0^C D_t^q x_2(t) = & -c_2 x_2(t) + \sum_{j=1}^{3} (b_{2j} + \Delta b_{2j}) f_j(x_j(t)) \\ & + \sum_{j=1}^{3} (d_{2j} + \Delta d_{2j}) g_j(x_j(t-\tau_j)) + I_2(t), \\ {}_0^C D_t^q x_3(t) = & -c_3 x_3(t) + \sum_{j=1}^{3} (b_{3j} + \Delta b_{3j}) f_j(x_j(t)) \\ & + \sum_{j=1}^{3} (d_{3j} + \Delta d_{3j}) g_j(x_j(t-\tau_j)) + I_3(t), \end{cases} \tag{7.103}$$

其中 $q=0.96$, $\tau_1=1$, $\tau_2=2$, $\tau_3=3$, $c_1=c_2=c_3=1$, $I_1(t)=0.2\sin(t)$, $I_2(t)=0.3\cos(t)$, $I_3(t)=0.1\cos(t)$,

$$b_{11}=\begin{cases}3.1, & |x_1(t)|<1,\\ 3, & |x_1(t)|>1,\end{cases}\qquad b_{12}=\begin{cases}0.09, & |x_2(t)|<1,\\ 1, & |x_2(t)|>1,\end{cases}$$

$$b_{13}=\begin{cases}-3, & |x_3(t)|<1,\\ -4, & |x_3(t)|>1,\end{cases}\qquad b_{21}=\begin{cases}1, & |x_1(t)|<1,\\ 0.9, & |x_1(t)|>1,\end{cases}$$

$$b_{22}=\begin{cases}2, & |x_2(t)|<1,\\ 2.1+\dfrac{\pi}{4}, & |x_2(t)|>1,\end{cases}\qquad b_{23}=\begin{cases}-1, & |x_3(t)|<1,\\ -6, & |x_3(t)|>1,\end{cases}$$

$$b_{31}=\begin{cases}3, & |x_1(t)|<1,\\ 6, & |x_1(t)|>1,\end{cases}\qquad b_{32}=\begin{cases}-1, & |x_1(t)|<1,\\ -1.8, & |x_1(t)|>1,\end{cases}$$

$$b_{33}=\begin{cases}-2, & |x_3(t)|<1,\\ -1, & |x_3(t)|>1,\end{cases}\qquad d_{11}=\begin{cases}-2.4, & |x_1(t)|<1,\\ -2.5, & |x_1(t)|>1,\end{cases}$$

$$d_{12}=\begin{cases}0.1, & |x_2(t)|<1,\\ 0.2, & |x_2(t)|>1,\end{cases}\qquad d_{13}=\begin{cases}0.8, & |x_3(t)|<1,\\ 0.9, & |x_3(t)|>1,\end{cases}$$

$$d_{21}=\begin{cases}-1.9, & |x_1(t)|<1,\\ -1.5, & |x_1(t)|>1,\end{cases}\qquad d_{22}=\begin{cases}-1.6, & |x_2(t)|<1,\\ -1.7, & |x_2(t)|>1,\end{cases}$$

$$d_{23}=\begin{cases}0.1, & |x_3(t)|<1,\\ 0.3, & |x_3(t)|>1,\end{cases}\qquad d_{31}=\begin{cases}-2.1, & |x_1(t)|<1,\\ -2.2, & |x_1(t)|>1,\end{cases}$$

$$d_{32}=\begin{cases}4, & |x_2(t)|<1,\\ 3, & |x_2(t)|>1,\end{cases}\qquad d_{33}=\begin{cases}-1, & |x_3(t)|<1,\\ -1.5, & |x_3(t)|>1,\end{cases}$$

$$\Delta B=(\Delta b_{ij})_{n\times n}=\begin{pmatrix}-0.1\sin(t) & 0.2\cos(t) & 0.2\sin(t)\\ 0 & 0.3\sin(t) & 0\\ 0.08\cos(t) & 0.1\sin(t) & 0.4\sin(t)\end{pmatrix},$$

$$\Delta D=(\Delta d_{ij})_{n\times n}=\begin{pmatrix}0.05\cos(t) & -0.2\sin(t) & 0.1\sin(t)\\ 0.06\sin(t) & 0.1\cos(t) & 0\\ 0 & -0.1\sin(t) & 0.5\cos(t)\end{pmatrix}.$$

激励函数 $f_j(\cdot)=\tanh(\cdot)$ 与 $g_j(\cdot)=\sin(\cdot)$ 的 Lipschitz 常数为 $K_j=1$ 与 $L_j=1$, 且 $M_j=N_j=1$. 系统 (7.103) 的初始条件为 $x_1(t)=1.5\cos(0.05t)$, $x_2(t)=$

$-2\sin(t)$, $x_3(t) = 1.3\sin(2t)$, $t \in [-3, 0]$. 经计算, 系统 (7.103) 的最大 Lyapunov 指数为 $L_{\max} = 0.0339 > 0$, 系统 (7.103) 有混沌吸引子, 如图 7.20(a) 所示.

响应系统为

$$
\begin{cases}
{}_0^C D_t^q y_1(t) = -c_1 y_1(t) + \sum_{j=1}^{3}(b_{1j} + \Delta\bar{b}_{1j}) f_j(y_j(t)) \\
\qquad + \sum_{j=1}^{3}(d_{1j} + \Delta\bar{d}_{1j}) g_j(y_j(t-\tau_j)) + I_1(t) + u_1(t), \\
{}_0^C D_t^q y_2(t) = -c_2 y_2(t) + \sum_{j=1}^{3}(b_{2j} + \Delta\bar{b}_{2j}) f_j(y_j(t)) \\
\qquad + \sum_{j=1}^{3}(d_{2j} + \Delta\bar{d}_{2j}) g_j(y_j(t-\tau_j)) + I_2(t) + u_2(t), \\
{}_0^C D_t^q y_3(t) = -c_3 y_3(t) + \sum_{j=1}^{3}(b_{3j} + \Delta\bar{b}_{3j}) f_j(y_j(t)) \\
\qquad + \sum_{j=1}^{3}(d_{3j} + \Delta\bar{d}_{3j}) g_j(y_j(t-\tau_j)) + I_3(t) + u_3(t),
\end{cases}
\tag{7.104}
$$

其中

$$
b_{11} = \begin{cases} 3.1, & |y_1(t)| < 1, \\ 3, & |y_1(t)| > 1, \end{cases} \quad b_{12} = \begin{cases} 0.09, & |y_2(t)| < 1, \\ 1, & |y_2(t)| > 1, \end{cases}
$$

$$
b_{13} = \begin{cases} -3, & |y_3(t)| < 1, \\ -4, & |y_3(t)| > 1, \end{cases} \quad b_{21} = \begin{cases} 1, & |y_1(t)| < 1, \\ 0.9, & |y_1(t)| > 1, \end{cases}
$$

$$
b_{22} = \begin{cases} 2, & |y_2(t)| < 1, \\ 2.1 + \dfrac{\pi}{4}, & |y_2(t)| > 1, \end{cases} \quad b_{23} = \begin{cases} -1, & |y_3(t)| < 1, \\ -6, & |y_3(t)| > 1, \end{cases}
$$

$$
b_{31} = \begin{cases} 3, & |y_1(t)| < 1, \\ 6, & |y_1(t)| > 1, \end{cases} \quad b_{32} = \begin{cases} -1, & |y_2(t)| < 1, \\ -1.8, & |y_2(t)| > 1, \end{cases}
$$

$$
b_{33} = \begin{cases} -2, & |y_3(t)| < 1, \\ -1, & |y_3(t)| > 1, \end{cases} \quad d_{11} = \begin{cases} -2.4, & |y_1(t)| < 1, \\ -2.5, & |y_1(t)| > 1, \end{cases}
$$

$$
d_{12} = \begin{cases} 0.1, & |y_2(t)| < 1, \\ 0.2, & |y_2(t)| > 1, \end{cases} \quad d_{13} = \begin{cases} 0.8, & |y_3(t)| < 1, \\ 0.9, & |y_3(t)| > 1, \end{cases}
$$

$$d_{21}=\begin{cases}-1.9, & |y_1(t)|<1,\\ -1.5, & |y_1(t)|>1,\end{cases}\qquad d_{22}=\begin{cases}-1.6, & |y_2(t)|<1,\\ -1.7, & |y_2(t)|>1,\end{cases}$$

$$d_{23}=\begin{cases}0.1, & |y_1(t)|<1,\\ 0.3, & |y_1(t)|>1,\end{cases}\qquad d_{31}=\begin{cases}-2.1, & |y_1(t)|<1,\\ -2.2, & |y_1(t)|>1,\end{cases}$$

$$d_{32}=\begin{cases}4, & |y_2(t)|<1,\\ 3, & |y_2(t)|>1,\end{cases}\qquad d_{33}=\begin{cases}-1, & |y_3(t)|<1,\\ -1.5, & |y_3(t)|>1,\end{cases}$$

$$\Delta\bar{B}=(\Delta\bar{b}_{ij})_{n\times n}=\begin{pmatrix}-0.3\cos(2t) & 0.1\sin(t) & 0.4\cos(0.5t)\\ 0.05\sin(t) & 0.5\cos(t) & 0\\ 0.01\cos(t) & 0.3\cos(t) & 0.6\sin(t)\end{pmatrix},$$

$$\Delta\bar{D}=(\Delta\bar{d}_{ij})_{n\times n}=\begin{pmatrix}0.01\cos(t) & -0.4\sin(t) & 0.1\cos(t)\\ 0.3\sin(t) & 0 & 0.2\cos(t)\\ 0.4\sin(t) & -0.1\sin(t) & 0\end{pmatrix}.$$

其他参数与系统 (7.103) 相同.

系统 (7.104) 的初始条件取为 $y_1(t)=\sin(2t)$, $y_2(t)=\cos(t)$, $y_3(t)=2\cos(0.8t)$, $t\in[-3,0]$, 系统 (7.104) 在不施加控制器的情况下, 轨迹如图 7.20(b) 所示. 如图 7.21 所示, 在不施加控制器的情况下, 响应系统 (7.104) 与驱动系统 (7.103) 无法达成同步.

设计控制器 $u_i(t)=-p_ie_i(t)-\eta_i\text{sign}e_i(t)$, 其中 $\eta_1=4.47$, $\eta_2=4.02$, $\eta_3=3$, $p_1=18.6$, $p_2=17.02$, $p_3=17$. 容易验证参数取值满足定理 7.8.1 的条件. 如图 7.22 和图 7.23 所示, 驱动系统 (7.103) 与响应系统 (7.104) 达成全局渐近同步.

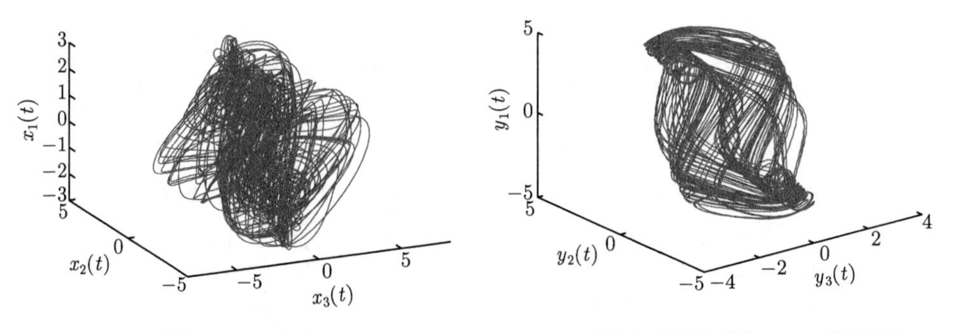


(a) 系统(7.103)的轨迹图　　(b) 不施加控制器的系统(7.104)的轨迹图

图 7.20　系统 (7.103) 与不施加控制器的系统 (7.104) 的轨迹图

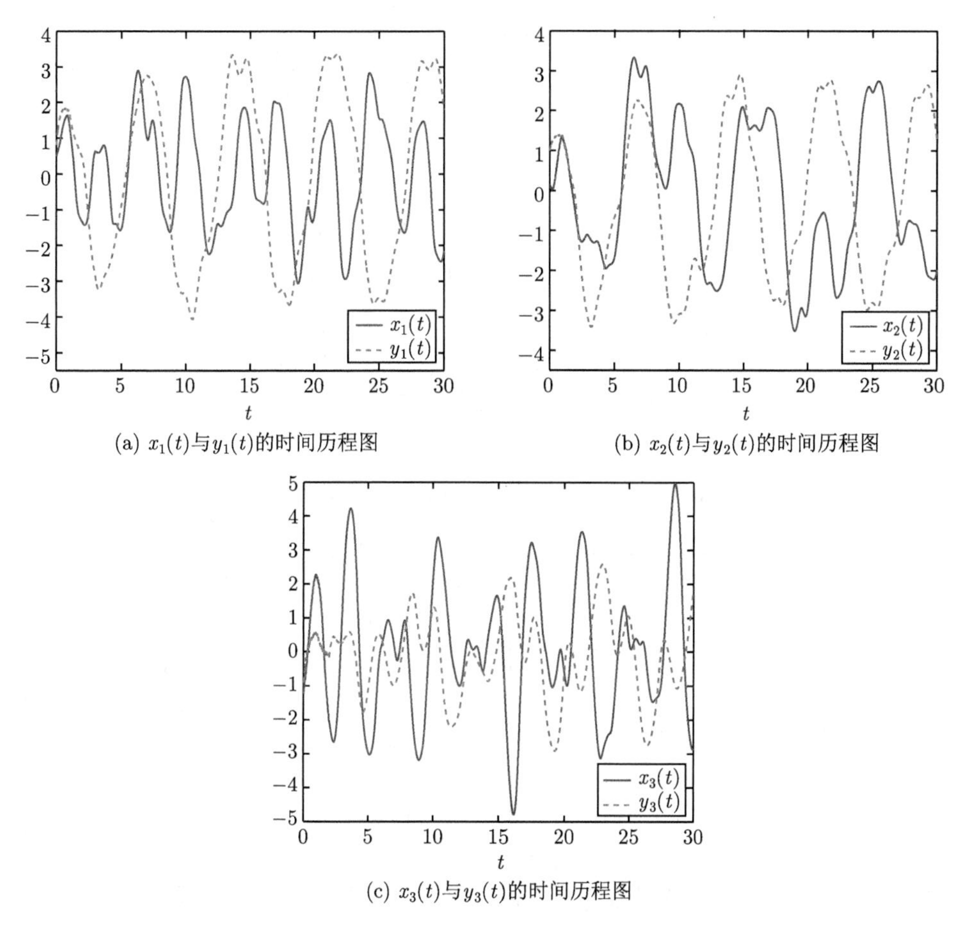


(a) $x_1(t)$与$y_1(t)$的时间历程图　　(b) $x_2(t)$与$y_2(t)$的时间历程图

(c) $x_3(t)$与$y_3(t)$的时间历程图

图 7.21　系统 (7.103) 与不施加控制器的系统 (7.104) 的时间历程图

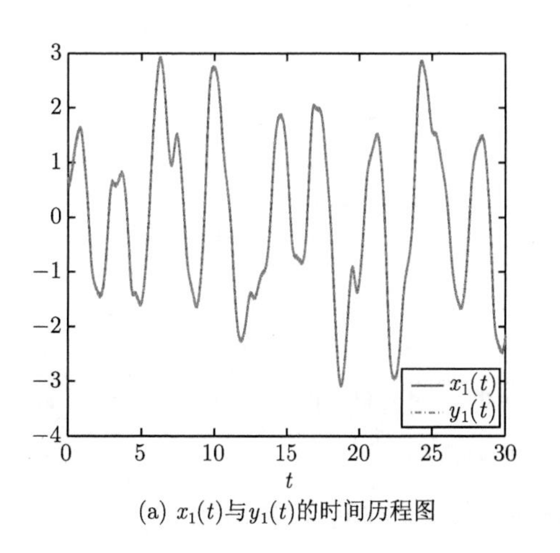


(a) $x_1(t)$与$y_1(t)$的时间历程图

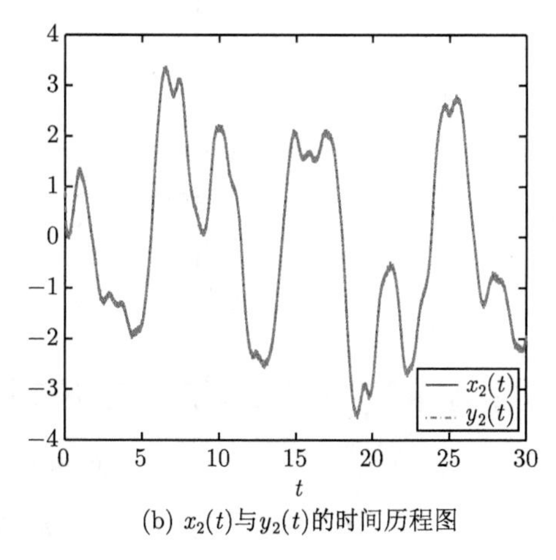


(b) $x_2(t)$与$y_2(t)$的时间历程图

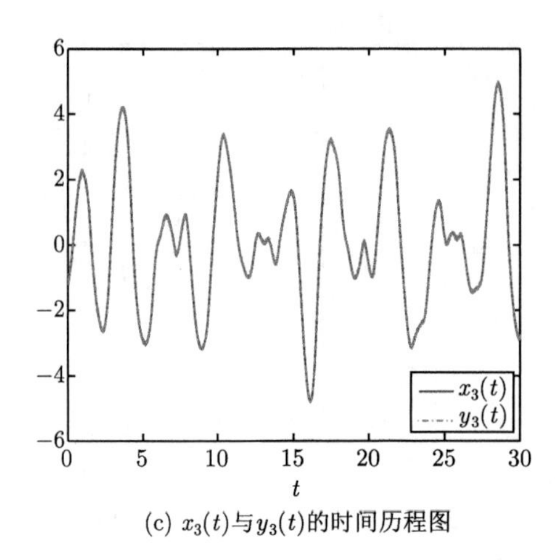


(c) $x_3(t)$与$y_3(t)$的时间历程图

图 7.22　系统 (7.103) 与施加控制器的系统 (7.104) 的时间历程图 (文后附彩图)

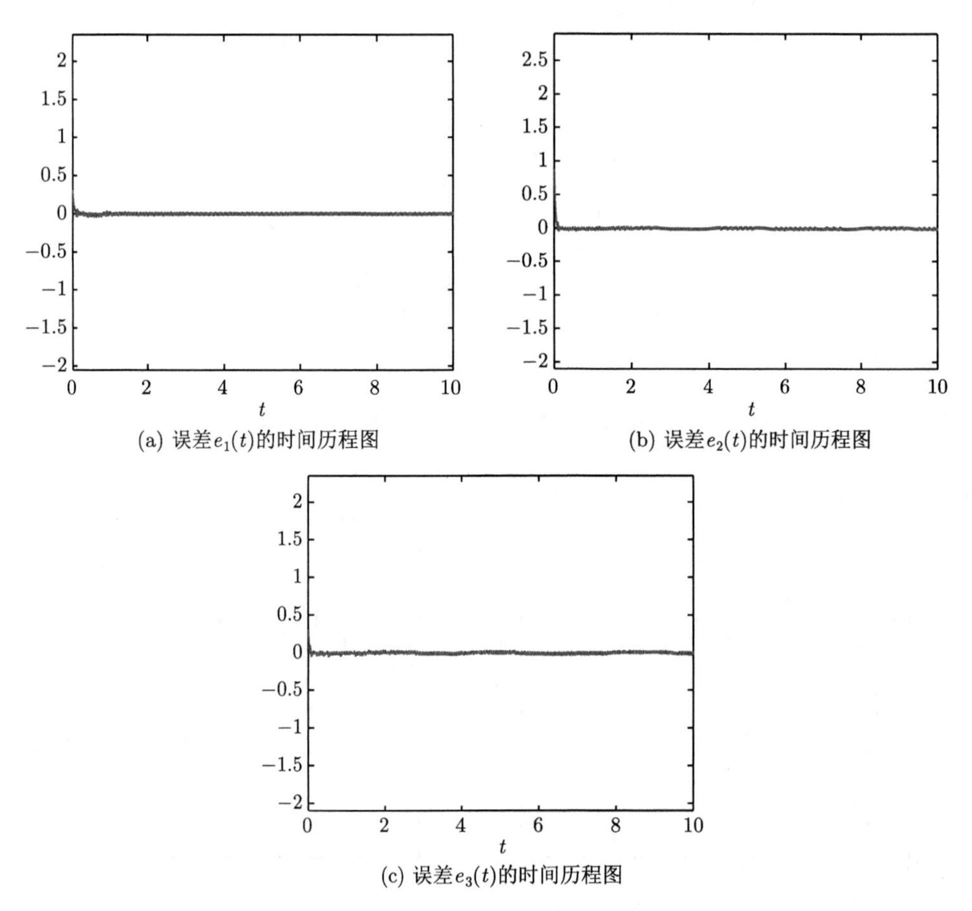


(a) 误差$e_1(t)$的时间历程图　　(b) 误差$e_2(t)$的时间历程图

(c) 误差$e_3(t)$的时间历程图

图 7.23　系统 (7.103) 与施加控制器的系统 (7.104) 的误差图

**注 7.8.4** 设计控制器 $u_i(t)=-p_ie_i(t)-\eta_i\text{sign}e_i(t)$, 参数 $p_i$ 和 $\eta_i$ 的取值, 能够影响驱动系统与响应系统的同步. 从数值仿真来看, 受到符号函数 $\text{sign}e_i(t)$ 的影响, 同步误差近似于 0, 但不会到达 0. 同步误差范围与控制强度 $p_i$ 与 $\eta_i$ 的取值有关. 如图 7.24 所示, 当 $p_3=17$, $p_3=51$, $p_3=150$ 时, 同步误差 $e_3(t)$ 的范围分别为 $(-0.08, 0.08)$, $(-0.05, 0.05)$ 与 $(-0.02, 0.02)$. 从数值仿真的结果来看, 不难发现, 当系统参数不变的情况下, 控制强度 $p_i$ 越大, 误差的波动范围越小.

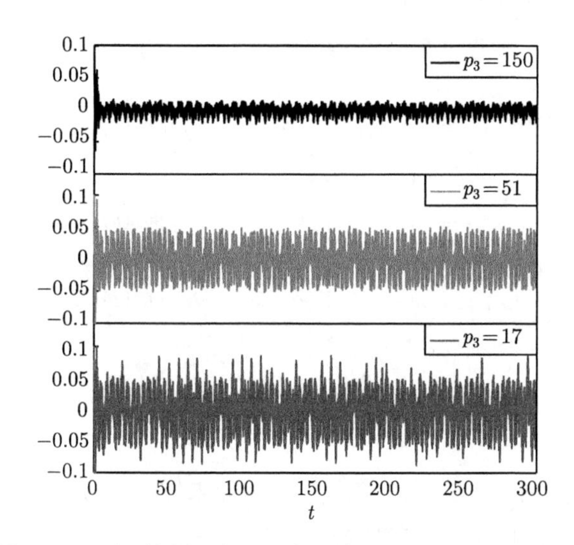


图 7.24 不同控制强度下同步误差对比图 (以 $e_3(t)$ 为例)

## 7.9 参数未知的 R-L 型分数阶忆阻器神经网络同步

由于忆阻器神经网络的突触连接值随系统状态发生切换, 因此, 分数阶忆阻器神经网络的动力学微分方程的右端函数不连续. 因此, 本节在 Filippov 解的意义下, 根据集值映射与微分包含理论, 研究了参数未知的 R-L 型分数阶忆阻器神经网络的同步问题. 我们设计了一个自适应控制器和参数更新律, 使得驱动系统与响应系统可以达成同步, 同时驱动系统的未知参数也可以被准确估计.

### 7.9.1 同步条件

考虑参数未知的 R-L 型分数阶忆阻器神经网络:

$$
{}_0^RD_t^qx_i(t)=-c_ix_i(t)+\sum_{j=1}^{n}a_{ij}(x_j(t))f_j(x_j(t))+I_i(t), \tag{7.105}
$$

其中 $q \in (0,1)$, $a_{ij}(x_i(t))$ 是基于忆阻器的神经元连接权重, 其定义为

$$a_{ij}(x_j) = \begin{cases} \hat{a}_{ij}, & |x_j(t)| < X_j, \\ \check{a}_{ij}, & |x_j(t)| > X_j, \end{cases}$$

且 $a_{ij}(\pm X_j) = \hat{a}_{ij}$ 或 $\check{a}_{ij}$, $X_j > 0$ 是切换跳, $\hat{a}_{ij}, \check{a}_{ij}$ 是常数, 记 $\underline{a}_{ij} = \min\{\hat{a}_{ij}, \check{a}_{ij}\}$, $\bar{a}_{ij} = \max\{\hat{a}_{ij}, \check{a}_{ij}\}$, $a_{ij}^{+} = \max\{|\underline{a}_{ij}|, |\bar{a}_{ij}|\}$, $I_i(t)$ 是随时间变化胡外界输入, 其他变量和参数的定义与系统 (7.1) 相同.

根据集值映射与微分包含理论, 系统 (7.105) 等价为

$$ {}_{0}^{R}D_{t}^{q} x_i(t) = -c_i x_i(t) + \sum_{j=1}^{n} \gamma_{ij}(t) f_j(x_j(t)) + I_i(t). \tag{7.106}$$

其中 $\gamma_{ij}(t) \in S_{ij}(x) = \mathrm{co}[\underline{a}_{ij}, \bar{a}_{ij}] = \begin{cases} \hat{a}_{ij}, & |x_j(t)| < X_j, \\ [\underline{a}_{ij}, \bar{a}_{ij}], & |x_j(t)| = X_j, \\ \check{a}_{ij}, & |x_j(t)| > X_j. \end{cases}$

响应系统为

$$ {}_{0}^{R}D_{t}^{q} y_i(t) = -c_i y_i(t) + \sum_{j=1}^{n} b_{ij}(t) f_j(y_j(t)) + I_i(t) + u_i(t), \tag{7.107}$$

其中 $u_i(t)$ 是待定的控制器, 用参数 $b_{ij}(t)$ 估计未知参数 $a_{ij}(x_j(t))$.

根据 (7.106) 与 (7.107) 得到误差系统

$$\begin{aligned} {}_{0}^{R}D_{t}^{q} e_i(t) &= {}_{0}^{R}D_{t}^{q} y_i(t) - {}_{0}^{R}D_{t}^{q} x_i(t) \\ &= -c_i e_i(t) + \sum_{j=1}^{n} (b_{ij}(t) f_j(y_j(t)) - \gamma_{ij}(t) f_j(x_j(t))) + u_i(t). \end{aligned} \tag{7.108}$$

**定理 7.9.1** 假设条件 5.3.1 与条件 5.3.2 成立, 设计自适应控制器

$$u_i(t) = \epsilon_i(t) e_i(t), \tag{7.109}$$

其中控制强度和参数满足如下的自适应更新律:

$$\begin{cases} {}_{0}^{R}D_{t}^{q}(\epsilon_i(t) - p_i) = -d_i e_i^2(t), \\ {}_{0}^{R}D_{t}^{q}(b_{ij}(t^-) - \gamma_{ij}(t^-)) = -\eta_{ij} e_i(t) f_j(y_j(t)), \end{cases}$$

其中 $b_{ij}(t^-) = \lim\limits_{s \to t^-} b_{ij}(s)$, $\gamma_{ij}(t^-) = \lim\limits_{s \to t^-} \gamma_{ij}(s)$, $d_i$ 与 $\eta_{ij}$ 是任意正数, $p_i < c_i - \sum\limits_{j=1}^{n} \dfrac{a_{ij}^{+} L_j + a_{ji}^{+} L_i}{2}$, 响应系统 (7.107) 将与驱动系统 (7.105) 达成同步, 响应系统 (7.107) 的参数 $b_{ij}(t)$ 将逼近于驱动系统 (7.105) 的参数 $a_{ij}(x_j(t))$.

**证明** 构造正定的 Lyapunov 函数:

$$V(t) = \frac{1}{2}{}_0^R D_t^{q-1}(e^{\mathrm{T}}(t)e(t)) + \frac{1}{2}{}_0^R D_t^{q-1}(\hat{\epsilon}^T(t)P\hat{\epsilon}(t)) + \frac{1}{2}\sum_{i=1}^{n}{}_0^R D_t^{q-1}(\hat{b}_i^{\mathrm{T}}(t^-)Q_i\hat{b}_i(t^-)), \tag{7.110}$$

其中

$$\hat{\epsilon}(t) = (\hat{\epsilon}_1(t), \hat{\epsilon}_2(t), \cdots, \hat{\epsilon}_n(t))^{\mathrm{T}}, \quad \hat{\epsilon}_i(t) = \epsilon_i(t) - p_i,$$
$$\hat{b}_i(t^-) = (\hat{b}_{i1}(t^-), \hat{b}_{i2}(t^-), \cdots, \hat{b}_{in}(t^-))^{\mathrm{T}},$$
$$\hat{b}_{ij}(t^-) = b_{ij}(t^-) - \gamma_{ij}(t^-), \quad P = \mathrm{diag}\left\{\frac{1}{d_1}, \frac{1}{d_2}, \cdots, \frac{1}{d_n}\right\},$$
$$Q_i = \mathrm{diag}\left\{\frac{1}{\eta_{i1}}, \frac{1}{\eta_{i2}}, \cdots, \frac{1}{\eta_{in}}\right\}.$$

沿着误差系统 (7.108) 的轨线计算 $\dot{V}(t)$, 根据 R-L 分数阶微积分的性质以及定理 3.6.6, 可得

$$\begin{aligned}
\dot{V}(t) &= \frac{1}{2}{}_0^R D_t^q(e^{\mathrm{T}}(t)e(t)) + \frac{1}{2}{}_0^R D_t^q(\hat{\epsilon}^{\mathrm{T}}(t)P\hat{\epsilon}(t)) + \frac{1}{2}\sum_{i=1}^{n}{}_0^R D_t^q(\hat{b}_i^{\mathrm{T}}(t^-)Q_i\hat{b}_i(t^-)) \\
&\leqslant e^{\mathrm{T}}(t){}_0^R D_t^q e(t) + \hat{\epsilon}^{\mathrm{T}}(t)P{}_0^R D_t^q\hat{\epsilon}(t) + \sum_{i=1}^{n}\hat{b}_i^{\mathrm{T}}(t^-)Q_i{}_0^R D_t^q\hat{b}_i(t^-) \\
&= \sum_{i=1}^{n} e_i(t){}_0^R D_t^q e_i(t) + \sum_{i=1}^{n}\frac{\epsilon_i(t) - p_i}{d_i}{}_0^R D_t^q(\epsilon_i(t) - p_i) \\
&\quad + \sum_{i=1}^{n}\sum_{j=1}^{n}\frac{b_{ij}(t^-) - \gamma_{ij}(t^-)}{\eta_{ij}}{}_0^R D_t^q(b_{ij}(t^-) - \gamma_{ij}(t^-)) \\
&= \sum_{i=1}^{n} e_i(t)\left\{-c_i e_i(t) + \sum_{j=1}^{n}(b_{ij}(t)f_j(y_j(t)) - \gamma_{ij}(t)f_j(x_j(t))) + \epsilon_i(t)e_i(t)\right\} \\
&\quad - \sum_{i=1}^{n}(\epsilon_i(t) - p_i)e_i^2(t) - \sum_{i=1}^{n}\sum_{j=1}^{n}(b_{ij}(t^-) - \gamma_{ij}(t^-))e_i(t)f_j(y_j(t)) \\
&\overset{\text{a.e.}}{=} \sum_{i=1}^{n}(-c_i + p_i)e_i^2(t) + \sum_{i=1}^{n}\sum_{j=1}^{n}\gamma_{ij}(t^-)(f_j(y_j(t)) - f_j(x_j(t)))e_i(t).
\end{aligned}$$

根据条件 5.3.1, $|f_j(y_j(t)) - f_j(x_j(t))| \leqslant L_j|e_j(t)|$, 可以得到

$$\dot{V}(t) \leqslant \sum_{i=1}^{n}(-c_i + p_i)e_i^2(t) + \sum_{i=1}^{n}\sum_{j=1}^{n} a_{ij}^{+}L_j|e_j(t)e_i(t)|$$

$$
\begin{aligned}
&\leqslant \sum_{i=1}^{n}(-c_i+p_i)e_i^2(t)+\sum_{i=1}^{n}\sum_{j=1}^{n}\frac{a_{ij}^{+}L_j}{2}(e_i^2(t)+e_j^2(t))\\
&\leqslant \sum_{i=1}^{n}(-c_i+p_i)e_i^2(t)+\sum_{i=1}^{n}\sum_{j=1}^{n}\frac{a_{ij}^{+}L_j+a_{ji}^{+}L_i}{2}e_i^2(t)\\
&=-\sum_{i=1}^{n}\left(c_i-p_i-\sum_{j=1}^{n}\frac{a_{ij}^{+}L_j+a_{ji}^{+}L_i}{2}\right)e_i^2(t).
\end{aligned}
$$

选择合适的参数 $p_i$ 使得 $\lambda=\min\limits_{1\leqslant i\leqslant n}\left\{c_i-p_i-\sum\limits_{j=1}^{n}\frac{a_{ij}^{+}L_j+a_{ji}^{+}L_i}{2}\right\}>0.$

令 $W(t)=\sum\limits_{i=1}^{n}e_i^2(t)$, 则

$$
\dot{V}(t)\leqslant-\lambda W(t).
$$

对上式从 0 到 $t$ 积分, 可以得到

$$
V(t)+\lambda\int_0^t W(u)du\leqslant V(0).
$$

由于 $V(t)>0$ 且 $V(0)$ 有界, 容易得到

$$
\lim_{t\to+\infty}\int_0^t W(u)du\leqslant V(0),
$$

从而可以得到 $W(t)$ 和 $e_i(t)$ 都是有界的.

根据条件 5.3.1, 条件 5.3.2 与 (7.108) 式, ${}_0^RD_t^qe_i(t)$ 是有界的. 由定理 3.6.4 可得

$$
{}_0^RD_t^qW(t)\leqslant\sum_{i=1}^{n}2e_i(t){}_0^RD_t^qe_i(t),
$$

从而可以得到 ${}_0^RD_t^qW(t)$ 有界. 也就是说, 存在常数 $\theta>0$, 使得

$$
|{}_0^RD_t^qW(t)|<\theta.
$$

下面将证明 $W(t)$ 是一致连续的. 对于 $0\leqslant T_1<T_2$, 由引理 1.2.7 可得

$$
\begin{aligned}
&|W(T_1)-W(T_2)|\\
&=|{}_0^RD_t^{-q}{}_0^RD_t^qW(T_1)-{}_0^RD_t^{-q}{}_0^RD_t^qW(T_2)|\\
&=\frac{1}{\Gamma(q)}\left|\int_0^{T_1}(T_1-u)^{q-1}{}_0^RD_t^qW(u)du-\int_0^{T_2}(T_2-u)^{q-1}{}_0^RD_t^qW(u)du\right|
\end{aligned}
$$

$$
\begin{aligned}
&= \frac{1}{\Gamma(q)} \left| \int_0^{T_1} [(T_1-u)^{q-1} - (T_2-u)^{q-1}] {}_0^R D_t^q W(u) du \right. \\
&\quad \left. - \int_{T_1}^{T_2} (T_2-u)^{q-1} {}_0^R D_t^q W(u) du \right| \\
&\leqslant \frac{1}{\Gamma(q)} \left\{ \left| \int_0^{T_1} [(T_1-u)^{q-1} - (T_2-u)^{q-1}] {}_0^R D_t^q W(u) du \right| \right. \\
&\quad \left. + \left| \int_{T_1}^{T_2} (T_2-u)^{q-1} {}_0^R D_t^q W(u) du \right| \right\} \\
&\leqslant \frac{\theta}{\Gamma(q)} \left\{ \left| \int_0^{T_1} [(T_1-u)^{q-1} - (T_2-u)^{q-1}] du \right| + \left| \int_{T_1}^{T_2} (T_2-u)^{q-1} du \right| \right\} \\
&\leqslant \frac{\theta}{\Gamma(q+1)} (T_1^q - T_2^q + 2(T_2-T_1)^q) \\
&\leqslant \frac{2\theta}{\Gamma(q+1)} (T_2-T_1)^q \\
&\leqslant \varepsilon,
\end{aligned}
$$

其中 $0 < T_2 - T_1 < \left( \frac{\varepsilon\Gamma(q+1)}{2\theta} \right)^{\frac{1}{q}}$.

根据函数一致连续的定义, 可得 $W(t)$ 是一致连续的. 根据引理 3.6.7, 可得

$$
\lim_{t\to+\infty} W(t) = 0,
$$

从而可以得到 $\lim\limits_{t\to+\infty} e_i(t) = 0$. 这说明在自适应控制器的作用下, 驱动系统 (7.107) 与响应系统 (7.105) 可以达成全局渐近同步.

类似定理 5.2.1, 根据线性代数理论及混沌系统的遍历性, 可以证明当 $t \to +\infty$ 时, 参数 $b_{ij}(t) \to \gamma_{ij}(t)$. 注意到 $\gamma_{ij}(t) = a_{ij}(x_j(t))$ 几乎处处成立. 因此, 当 $t \to +\infty$ 时, $b_{ij}(t) \to a_{ij}(x_j(t))$, 定理得证.

**注 7.9.2** 在实现同步和参数估计的过程中, 参数更新律发挥了重要作用. 下面我们将说明参数更新律的理论合理性及实现过程.

(一) 讨论 ${}_0^R D_t^q(b_{ij}(t^-) - \gamma_{ij}(t^-))$ 的存在性.

由于

$$
S_{ij}(x) = \mathrm{co}[\underline{a}_{ij}, \bar{a}_{ij}] = \begin{cases} \hat{a}_{ij}, & |x_j(t)| < X_j, \\ [\underline{a}_{ij}, \bar{a}_{ij}], & |x_j(t)| = X_j, \\ \check{a}_{ij}, & |x_j(t)| > X_j, \end{cases}
$$

以及 $\gamma_{ij}(t) \in S_{ij}(x)$, 所以 $\gamma_{ij}(t^-)$ 在区间 $[0, +\infty)$ 上除 $|x_j(t)| = X_j$ 的可列个跳跃间断点之外都是连续的. 尽管这些跳跃间断点的准确时刻是未知的, 我们可以记作 $t_1, t_2, \cdots, t_n, \cdots$, 其中 $0 < t_1 < t_2 < \cdots < t_n < \cdots$.

由于 $\gamma_{ij}(t^-)$ 的值在 $\hat{a}_{ij}$ 和 $\check{a}_{ij}$ 之间切换, 不失一般性, 我们假设

$$\gamma_{ij}(t^-) = \begin{cases} \hat{a}_{ij}, & t \in (0, t_1] \cap (t_2, t_3] \cap \cdots \cap (t_{2k-2}, t_{2k-1}] \cap \cdots, \\ \check{a}_{ij}, & t \in (t_1, t_2] \cap (t_3, t_4] \cap \cdots \cap (t_{2k-1}, t_{2k}] \cap \cdots, \end{cases}$$

用响应系统的参数 $b_{ij}(t)$ 来估计 $\gamma_{ij}(t)$, 即 $a_{ij}(x_j(t))$. 所以可以设计 $b_{ij}(t)$ 保证在 $[0, +\infty)$ 上除了可数个跳跃间断点之外都是连续的. 这些跳跃间断点是可以观测的, 记作 $t_1^*, t_2^*, \cdots, t_n^*, \cdots$, 其中 $0 < t_1^* < t_2^* < \cdots < t_n^* < \cdots$.

将这两个时间序列重新排列得到一个新的时间序列 $\{T_1, T_2, \cdots, T_n, \cdots\}$, 其中 $0 < T_1 < T_2 < \cdots < T_n \cdots$, $T_i = t_j$ 或 $T_i = t_j^*$ $(i, j = 1, 2, \cdots, n, \cdots)$

不失一般性, 如图 7.25 所示, 我们假设 $T_1 = t_1, T_2 = t_2, T_3 = t_1^*$, 其他情况可以类似分析.

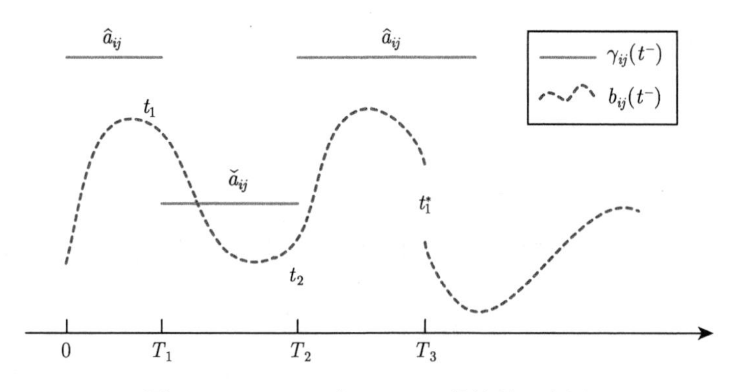


图 7.25　$\gamma_{ij}(t^-)$ 与 $b_{ij}(t^-)$ 的简单示意图

(i) 若 $t \in (0, T_1]$, $b_{ij}(t^-)$ 连续且 $\gamma_{ij}(t^-) = \hat{a}_{ij}$, 则 ${}_0^R D_t^q(b_{ij}(t^-) - \gamma_{ij}(t^-)) = {}_0^R D_t^q(b_{ij}(t^-) - \hat{a}_{ij})$ 存在.

(ii) 若 $t \in (T_1, T_2]$, 则

$$\begin{aligned} & {}_0^R D_t^q(b_{ij}(t^-) - \gamma_{ij}(t^-)) \\ = & \frac{1}{\Gamma(1-q)} \frac{d}{dt} \int_0^t \frac{b_{ij}(u^-) - \gamma_{ij}(u^-)}{(t-u)^q} du \\ = & \frac{1}{\Gamma(1-q)} \frac{d}{dt} \left\{ \int_0^{T_1} \frac{b_{ij}(u^-) - \gamma_{ij}(u^-)}{(t-u)^q} du + \int_{T_1}^t \frac{b_{ij}(u^-) - \gamma_{ij}(u^-)}{(t-u)^q} du \right\} \\ = & \frac{1}{\Gamma(1-q)} \frac{d}{dt} \left\{ \int_0^{T_1} \frac{b_{ij}(u^-) - \hat{a}_{ij}}{(t-u)^q} du + \int_{T_1}^t \frac{b_{ij}(u^-) - \check{a}_{ij}}{(t-u)^q} du \right\}. \end{aligned}$$

所以, ${}_0^R D_t^q(b_{ij}(t^-) - \gamma_{ij}(t^-))$ 存在.

(iii) 若 $t \in (T_2, T_3]$, 则

$$
\begin{aligned}
&{}_0^RD_t^q(b_{ij}(t^-)-\gamma_{ij}(t^-))\\
=&\frac{1}{\Gamma(1-q)}\frac{d}{dt}\int_0^t\frac{b_{ij}(u^-)-\gamma_{ij}(u^-)}{(t-u)^q}du\\
=&\frac{1}{\Gamma(1-q)}\frac{d}{dt}\left\{\int_0^{T_1}\frac{b_{ij}(u^-)-\gamma_{ij}(u^-)}{(t-u)^q}du+\int_{T_1}^{T_2}\frac{b_{ij}(u^-)-\gamma_{ij}(u^-)}{(t-u)^q}du\right\}\\
&+\frac{1}{\Gamma(1-q)}\frac{d}{dt}\left\{\int_{T_2}^t\frac{b_{ij}(u^-)-\gamma_{ij}(u^-)}{(t-u)^q}du\right\}\\
=&\frac{1}{\Gamma(1-q)}\frac{d}{dt}\left\{\int_0^{T_1}\frac{b_{ij}(u^-)-\hat{a}_{ij}}{(t-u)^q}du+\int_{T_1}^{T_2}\frac{b_{ij}(u^-)-\check{a}_{ij}}{(t-u)^q}du\right.\\
&\left.+\int_{T_2}^t\frac{b_{ij}(u^-)-\hat{a}_{ij}}{(t-u)^q}du\right\}.
\end{aligned}
$$

所以, ${}_0^RD_t^q(b_{ij}(t^-)-\gamma_{ij}(t^-))$ 存在.

(iv) 类似地, 若 $t \in (T_n, T_{n+1}]$, 则 ${}_0^RD_t^q(b_{ij}(t^-)-\gamma_{ij}(t^-))$ 存在. 因此, 对所有 $t>0$, ${}_0^RD_t^q(b_{ij}(t^-)-\gamma_{ij}(t^-))$ 存在.

(二) 参数更新律 ${}_0^RD_t^q(b_{ij}(t^-)-\gamma_{ij}(t^-))=-\eta_{ij}e_i(t)f_j(y_j(t))$ 的实现.

(i) 5.2 节研究了 Caputo 型分数阶神经网络的参数估计问题, 其中驱动系统的参数 $b_{ij}$ 为未知的常数, 响应系统中的参数 $b_{ij}(t)$ 用于估计未知参数 $b_{ij}$. 参数更新律设计为

$$
{}_0^CD_t^q(b_{ij}(t)-b_{ij})={}_0^CD_t^qb_{ij}(t)=-\eta_{ij}e_i(t)f_j(y_j(t)),
$$

其中 $\eta_{ij}$ 为任意正数. 根据自适应控制器与参数更新律, 当驱动系统与响应系统达成同步时, 未知参数可以实现准确估计.

(ii) 下面, 我们将证明参数更新律

$$
{}_0^RD_t^q(b_{ij}(t^-)-\gamma_{ij}(t^-))=-\eta_{ij}e_i(t)f_j(y_j(t))
$$

可以通过

$$
{}_0^CD_t^qb_{ij}(t^-)=-\eta_{ij}e_i(t)f_j(y_j(t))
$$

来实现.

根据 R-L 分数阶微分与 Caputo 分数阶微分的关系, 可以得到

$$
\begin{aligned}
&{}_0^RD_t^q(b_{ij}(t^-)-\gamma_{ij}(t^-))\\
=&{}_0^CD_t^q(b_{ij}(t^-)-\gamma_{ij}(t^-))+\frac{t^{-q}}{\Gamma(1-q)}(b_{ij}(0)-\gamma_{ij}(0))
\end{aligned}
$$

$$= {}_0^C D_t^q b_{ij}(t^-) - {}_0^C D_t^q \gamma_{ij}(t^-) + \frac{t^{-q}}{\Gamma(1-q)}(b_{ij}(0) - \gamma_{ij}(0)).$$

接下来, 我们将证明 ${}_0^C D_t^q \gamma_{ij}(t^-) = 0$.

(i) 若 $t \in (0, t_1]$, $\gamma_{ij}(t^-) = \hat{a}_{ij}$, 则 ${}_0^C D_t^q \gamma_{ij}(t^-) = {}_0^C D_t^q \hat{a}_{ij} = 0$.

(ii) 若 $t \in (t_1, t_2]$, 则

$$\begin{aligned}
&{}_0^C D_t^q \gamma_{ij}(t^-) \\
&= \frac{1}{\Gamma(1-q)} \int_0^t \frac{\gamma'_{ij}(u^-)}{(t-u)^q} du \\
&= \frac{1}{\Gamma(1-q)} \left\{ \int_0^{t_1} \frac{\gamma'_{ij}(u^-)}{(t-u)^q} du + \int_{t_1}^t \frac{\gamma'_{ij}(u^-)}{(t-u)^q} du \right\} \\
&= \frac{1}{\Gamma(1-q)} \left\{ \int_0^{t_1} \frac{(\hat{a}_{ij})'}{(t-u)^q} du + \int_{t_1}^t \frac{(\check{a}_{ij})'}{(t-u)^q} du \right\} \\
&= 0.
\end{aligned}$$

(iii) 类似地, 若 $t \in (t_n, t_{n+1}]$, 则 ${}_0^C D_t^q \gamma_{ij}(t^-) = 0$. 因此

$${}_0^R D_t^q (b_{ij}(t^-) - \gamma_{ij}(t^-)) = {}_0^C D_t^q b_{ij}(t^-) + \frac{t^{-q}}{\Gamma(1-q)}(b_{ij}(0) - \gamma_{ij}(0)).$$

尽管 $\gamma_{ij}(0)$ 未知, 但是 $b_{ij}(0) - \gamma_{ij}(0)$ 是常数, 所以, 当 $t \to \infty$ 时,

$$\frac{t^{-q}}{\Gamma(1-q)}(b_{ij}(0) - \gamma_{ij}(0)) \to 0.$$

因此, 我们可以得到当 $t \to \infty$ 时,

$${}_0^R D_t^q (b_{ij}(t^-) - \gamma_{ij}(t^-)) \to {}_0^C D_t^q b_{ij}(t^-).$$

由于参数更新律 ${}_0^R D_t^q (b_{ij}(t^-) - \gamma_{ij}(t^-)) = -\eta_{ij} e_i(t) f_j(y_j(t))$ 中 $\eta_{ij}$ 是任意正数. 所以, $\eta_{ij}$ 的取值只影响参数识别的速度, 但不会影响参数识别的准确性.

因此, 在具体实现过程中, 参数更新律

$${}_0^R D_t^q (b_{ij}(t^-) - \gamma_{ij}(t^-)) = -\eta_{ij} e_i(t) f_j(y_j(t))$$

可以通过

$${}_0^C D_t^q b_{ij}(t^-) = -\eta_{ij} e_i(t) f_j(y_j(t))$$

来实现.

**注 7.9.3** 控制强度更新律以及参数更新律中的 $p_i$, $d_i$, $\eta_{ij}$ 可以控制同步和参数识别的速度.

### 7.9.2 数值仿真

**例 7.9.4** 考虑一个由 4 个神经元组成的 R-L 型分数阶忆阻器神经网络:

$$\begin{cases} {}_0^RD_t^q x_1(t)=-c_1x_1(t)+a_{11}f_1(x_1(t))+a_{12}f_2(x_2(t))+a_{13}f_3(x_3(t))+a_{14}f_4(x_4(t)), \\ {}_0^RD_t^q x_2(t)=-c_2x_2(t)+a_{21}f_1(x_1(t))+a_{22}f_2(x_2(t))+a_{23}f_3(x_3(t))+a_{24}f_4(x_4(t)), \\ {}_0^RD_t^q x_3(t)=-c_3x_3(t)+a_{31}f_1(x_1(t))+a_{32}f_2(x_2(t))+a_{33}f_3(x_3(t))+a_{34}f_4(x_4(t)), \\ {}_0^RD_t^q x_4(t)=-c_4x_4(t)+a_{41}f_1(x_1(t))+a_{42}f_2(x_2(t))+a_{43}f_3(x_3(t))+a_{44}f_4(x_4(t)), \end{cases} \tag{7.111}$$

其中 $q=0.98$, $c_1=c_2=c_3=1$,

$$A=\begin{pmatrix} a_{11} & a_{12} & a_{13} & a_{14} \\ a_{21} & a_{22} & a_{23} & a_{24} \\ a_{31} & a_{32} & a_{33} & a_{34} \\ a_{41} & a_{42} & a_{43} & a_{44} \end{pmatrix}$$

$$=\begin{pmatrix} a_{11}(x_1(t)) & a_{12}(x_2(t)) & a_{13}(x_3(t)) & a_{14}(x_4(t)) \\ a_{21}(x_1(t)) & a_{22}(x_2(t)) & a_{23}(x_3(t)) & a_{24}(x_4(t)) \\ a_{31}(x_1(t)) & a_{32}(x_2(t)) & a_{33}(x_3(t)) & a_{34}(x_4(t)) \\ a_{41}(x_1(t)) & a_{42}(x_2(t)) & a_{43}(x_3(t)) & a_{44}(x_4(t)) \end{pmatrix},$$

$$a_{11}=\begin{cases} 4, & |x_1(t)|<1, \\ 2, & |x_1(t)|>1, \end{cases} \quad a_{12}=\begin{cases} 2, & |x_2(t)|<1, \\ 4, & |x_2(t)|>1, \end{cases}$$

$$a_{13}=\begin{cases} -18, & |x_3(t)|<1, \\ -8, & |x_3(t)|>1, \end{cases} \quad a_{14}=\begin{cases} 4, & |x_4(t)|<1, \\ -1, & |x_4(t)|>1, \end{cases}$$

$$a_{21}=\begin{cases} 7, & |x_1(t)|<1, \\ 20, & |x_1(t)|>1, \end{cases} \quad a_{22}=\begin{cases} 1, & |x_2(t)|<1, \\ 2, & |x_2(t)|>1, \end{cases}$$

$$a_{23}=\begin{cases} -1, & |x_3(t)|<1, \\ 1, & |x_3(t)|>1, \end{cases} \quad a_{24}=\begin{cases} -1, & |x_4(t)|<1, \\ 2, & |x_4(t)|>1, \end{cases}$$

$$a_{31}=\begin{cases} 1, & |x_1(t)|<1, \\ 3, & |x_1(t)|>1, \end{cases} \quad a_{32}=\begin{cases} 17, & |x_2(t)|<1, \\ 10, & |x_2(t)|>1, \end{cases}$$

$$a_{33}=\begin{cases} 1, & |x_3(t)|<1, \\ -1, & |x_3(t)|>1, \end{cases} \quad a_{34}=\begin{cases} 2, & |x_4(t)|<1, \\ -1, & |x_4(t)|>1, \end{cases}$$

$$a_{41}=\begin{cases} 2, & |x_1(t)|<1, \\ 1, & |x_1(t)|>1, \end{cases} \quad a_{42}=\begin{cases} 1, & |x_2(t)|<1, \\ 19.5, & |x_2(t)|>1, \end{cases}$$

$$a_{43}=\begin{cases} 20, & |x_3(t)|<1, \\ 1, & |x_3(t)|>1, \end{cases} \quad a_{44}=\begin{cases} 2, & |x_4(t)|<1, \\ -2, & |x_4(t)|>1. \end{cases}$$

激励函数 $f_j(\cdot) = \sin(\cdot)$ 的 Lipschitz 常数为 $L_j = 1$, 系统 (7.111) 的初始条件为 $x(0) = (3.1, 1.35, 1.2, 2.2)^{\mathrm{T}}$, 计算最大 Lyapunov 指数为 $L_{\max} = 0.0130 > 0$, 系统 (7.111) 有混沌吸引子, 如图 7.26 所示.

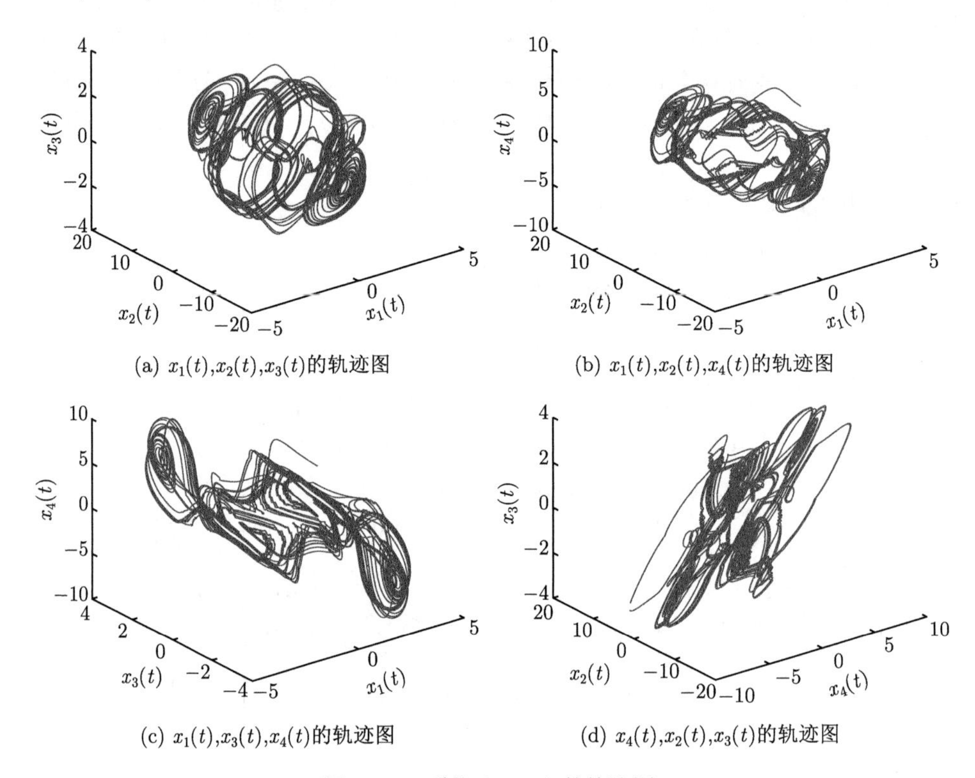


(a) $x_1(t),x_2(t),x_3(t)$的轨迹图　　(b) $x_1(t),x_2(t),x_4(t)$的轨迹图

(c) $x_1(t),x_3(t),x_4(t)$的轨迹图　　(d) $x_4(t),x_2(t),x_3(t)$的轨迹图

图 7.26　系统 (7.111) 的轨迹图

简便起见, 只假定系统参数 $a_{11}(x_1(t))$, $a_{22}(x_2(t))$, $a_{33}(x_3(t))$ 和 $a_{44}(x_4(t))$ 未知.

响应系统设计为

$$
\begin{cases}
{}_0^R D_t^q y_1(t) = -\, c_1 y_1(t) + b_{11} f_1(y_1(t)) + b_{12} f_2(y_2(t)) + b_{13} f_3(y_3(t)) \\
\qquad\qquad\quad + b_{14} f_4(y_4(t)) + u_1(t), \\
{}_0^R D_t^q y_2(t) = -\, c_2 y_2(t) + b_{21} f_1(y_1(t)) + b_{22} f_2(y_2(t)) + b_{23} f_3(y_3(t)) \\
\qquad\qquad\quad + b_{24} f_4(y_4(t)) + u_2(t), \\
{}_0^R D_t^q y_3(t) = -\, c_3 y_3(t) + b_{31} f_1(y_1(t)) + b_{32} f_2(y_2(t)) + b_{33} f_3(y_3(t)) \\
\qquad\qquad\quad + b_{34} f_4(y_4(t)) + u_3(t), \\
{}_0^R D_t^q y_4(t) = -\, c_4 y_4(t) + b_{41} f_1(y_1(t)) + b_{42} f_2(y_2(t)) + b_{43} f_3(y_3(t)) \\
\qquad\qquad\quad + b_{44} f_4(y_4(t)) + u_4(t),
\end{cases}
\tag{7.112}
$$

其中

$$B=\begin{pmatrix} b_{11} & b_{12} & b_{13} & b_{14} \\ b_{21} & b_{22} & b_{23} & b_{24} \\ b_{31} & b_{32} & b_{33} & b_{34} \\ b_{41} & b_{42} & b_{43} & b_{44} \end{pmatrix}=\begin{pmatrix} b_{11}(t) & b_{12}(y_2(t)) & b_{13}(y_3(t)) & b_{14}(y_4(t)) \\ b_{21}(y_1(t)) & b_{22}(t) & b_{23}(y_3(t)) & b_{24}(y_4(t)) \\ b_{31}(y_1(t)) & b_{32}(y_2(t)) & b_{33}(t) & b_{34}(y_4(t)) \\ b_{41}(y_1(t)) & b_{42}(y_2(t)) & b_{43}(y_3(t)) & b_{44}(t) \end{pmatrix},$$

$$b_{12}=\begin{cases} 2, & |y_2(t)|<1, \\ 4, & |y_2(t)|>1, \end{cases} \quad b_{13}=\begin{cases} -18, & |y_3(t)|<1, \\ -8, & |y_3(t)|>1, \end{cases}$$

$$b_{14}=\begin{cases} 4, & |y_4(t)|<1, \\ -1, & |y_4(t)|>1, \end{cases} \quad b_{21}=\begin{cases} 7, & |y_1(t)|<1, \\ 20, & |y_1(t)|>1, \end{cases}$$

$$b_{23}=\begin{cases} -1, & |y_3(t)|<1, \\ 1, & |y_3(t)|>1, \end{cases} \quad b_{24}=\begin{cases} -1, & |y_4(t)|<1, \\ 2, & |y_4(t)|>1, \end{cases}$$

$$b_{31}=\begin{cases} 1, & |y_1(t)|<1, \\ 3, & |y_1(t)|>1, \end{cases} \quad b_{32}=\begin{cases} 17, & |y_2(t)|<1, \\ 10, & |y_2(t)|>1, \end{cases}$$

$$b_{34}=\begin{cases} 2, & |y_4(t)|<1, \\ -1, & |y_4(t)|>1, \end{cases} \quad b_{41}=\begin{cases} 2, & |y_1(t)|<1, \\ 1, & |y_1(t)|>1, \end{cases}$$

$$b_{42}=\begin{cases} 1, & |y_2(t)|<1, \\ 19.5, & |y_2(t)|>1, \end{cases} \quad b_{43}=\begin{cases} 20, & |y_3(t)|<1, \\ 1, & |y_3(t)|>1, \end{cases}$$

系统 (7.112) 的其他参数取值与系统 (7.111) 相同.

响应系统 (7.112) 的初始条件为 $y(0)=(2,0.3,3,1.1)^{\mathrm{T}}$. 条件 5.3.1 与条件 5.3.2 成立, 根据定理 7.9.1, 设计自适应控制器: $u_i(t)=\epsilon_i(t)(y_i(t)-x_i(t))$, 其中控制强度以及参数满足以下更新律:

$$\begin{cases} {}_0^RD_t^q(\epsilon_1(t)-p_1)=-8(y_1(t)-x_1(t))^2, \\ {}_0^RD_t^q(\epsilon_2(t)-p_2)=-9(y_2(t)-x_2(t))^2, \\ {}_0^RD_t^q(\epsilon_3(t)-p_3)=-9(y_3(t)-x_3(t))^2, \\ {}_0^RD_t^q(\epsilon_4(t)-p_4)=-10(y_4(t)-x_4(t))^2, \\ {}_0^RD_t^q(b_{11}(t^-)-\gamma_{11}(t^-))=-19(y_1(t)-x_1(t))\sin(y_1(t)), \\ {}_0^RD_t^q(b_{22}(t^-)-\gamma_{22}(t^-))=-15(y_2(t)-x_2(t))\sin(y_2(t)), \\ {}_0^RD_t^q(b_{33}(t^-)-\gamma_{33}(t^-))=-11(y_3(t)-x_3(t))\sin(y_3(t)), \\ {}_0^RD_t^q(b_{44}(t^-)-\gamma_{44}(t^-))=-18(y_4(t)-x_4(t))\sin(y_4(t)), \end{cases}$$

其中 $p_1=-29.5$, $p_2=-34$, $p_3=-31.5$, $p_4=-29$.

如图 7.27 所示, 在控制器的作用下, 驱动系统 (7.111) 与响应系统 (7.112) 达成全局渐近同步, 同步误差很快收敛到 0 附近. 由于驱动系统 (7.111) 与响应系统 (7.112) 都是不连续系统, 因此, 误差在 0 附近小范围内波动. 如图 7.28 所示,

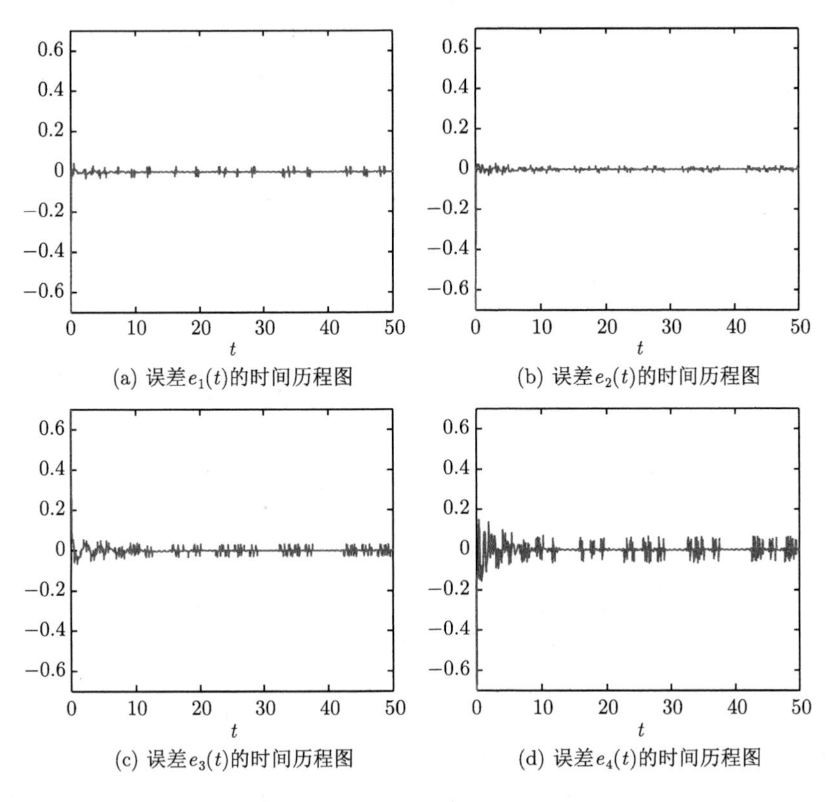

(a) 误差 $e_1(t)$ 的时间历程图　(b) 误差 $e_2(t)$ 的时间历程图

(c) 误差 $e_3(t)$ 的时间历程图　(d) 误差 $e_4(t)$ 的时间历程图

图 7.27　系统 (7.111) 与 (7.112) 的误差图 ($p_1 = -29.5, p_2 = -34, p_3 = -31.5, p_4 = -29$)

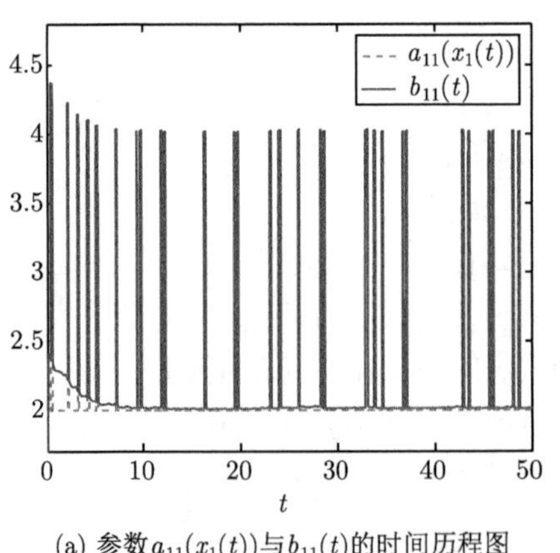


(a) 参数 $a_{11}(x_1(t))$ 与 $b_{11}(t)$ 的时间历程图

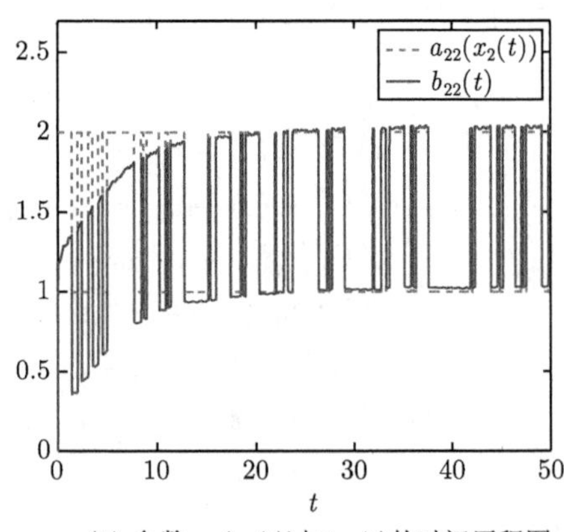


(b) 参数 $a_{22}(x_2(t))$ 与 $b_{22}(t)$ 的时间历程图

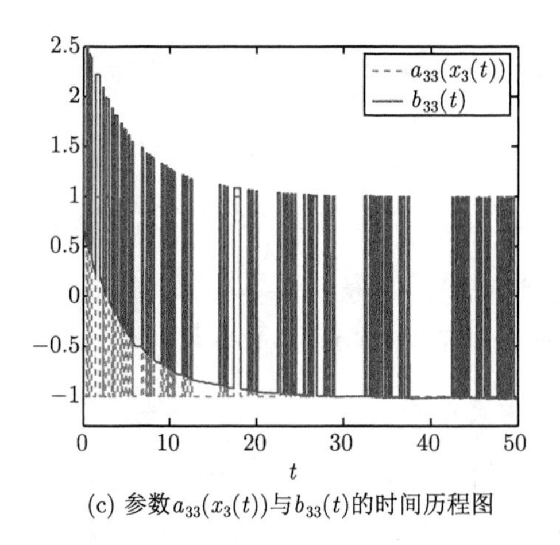


(c) 参数$a_{33}(x_3(t))$与$b_{33}(t)$的时间历程图

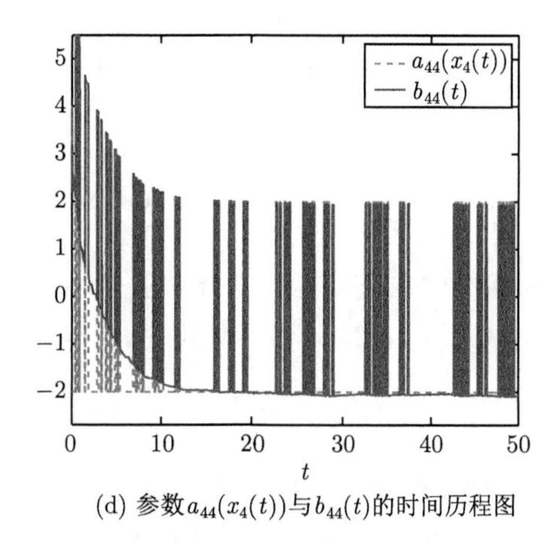


(d) 参数$a_{44}(x_4(t))$与$b_{44}(t)$的时间历程图

图 7.28 $a_{ii}(x_i(t))$ 与 $b_{ii}(t)$ 的时间历程图 ($p_1 = -29.5, p_2 = -34, p_3 = -31.5, p_4 = -29$)

响应系统的参数 $b_{11}(t)$, $b_{22}(t)$, $b_{33}(t)$, $b_{44}(t)$ 随着系统状态发生切换, 并分别与驱动系统中忆阻器的连接权重 $a_{11}(x_1(t))$, $a_{22}(x_2(t))$, $a_{33}(x_3(t))$, $a_{44}(x_4(t))$ 一致. 这就证明了该方法对于解决参数未知的 R-L 型分数阶忆阻器神经网络的同步与参数识别问题是有效的, 图 7.29 表明, 控制强度 $\epsilon_i(t)$ 收敛到 $p_i$.

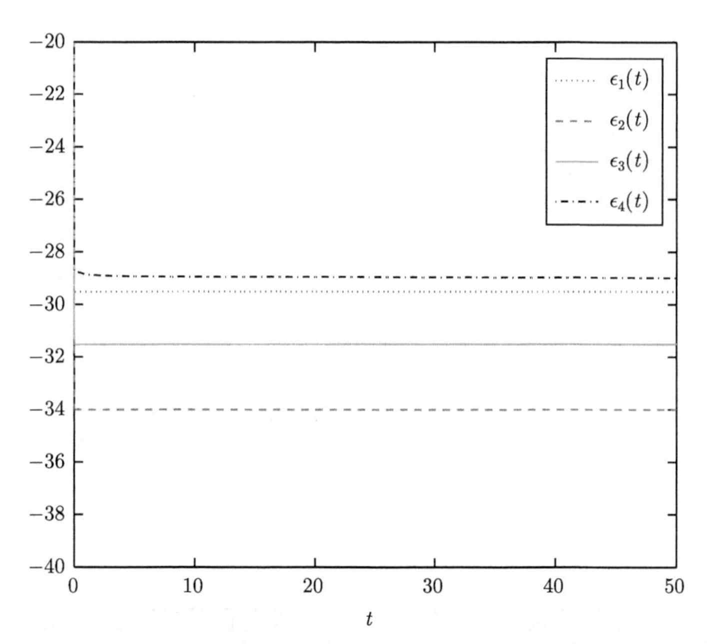


图 7.29 控制强度 $\epsilon_i(t)$ 的时间历程图 ($p_1 = -29.5, p_2 = -34, p_3 = -31.5, p_4 = -29$) (文后附彩图)

**注 7.9.5** 注意到定理 7.9.1 的条件 $p_i < c_i - \sum_{j=1}^{n} \frac{a_{ij}^{+}L_j + a_{ji}^{+}L_i}{2}$ 是充分条件，但不是必要条件. 当参数 $p_i$ 取值 $p_1 = -29.5$, $p_2 = -34$, $p_3 = -31.5$, $p_4 = -29$ 时, 满足条件 $p_i < c_i - \sum_{j=1}^{n} \frac{a_{ij}^{+}L_j + a_{ji}^{+}L_i}{2}$, 同步误差在很短的时间内收敛到 0, 如图 7.27 所示, 参数估计如图 7.28 所示, 当参数 $p_i$ 取值 $p_1 = -4$, $p_2 = -8$, $p_3 = -9$, $p_4 = -13$, 其他参数不变时, 同步误差见图 7.30 所示, 参数估计如图 7.31 所示, 图 7.32 表明, 控制强度 $\epsilon_i(t)$ 收敛到 $p_i$. 但是条件 $p_i < c_i - \sum_{j=1}^{n} \frac{a_{ij}^{+}L_j + a_{ji}^{+}L_i}{2}$ 并不满足, 而驱动系统与响应系统也可以达成同步, 如图 7.30 所示, 只是花费的时间更长; 参数估计也可以实现, 如图 7.31 所示, 只是准确性较图 7.28 有所降低.

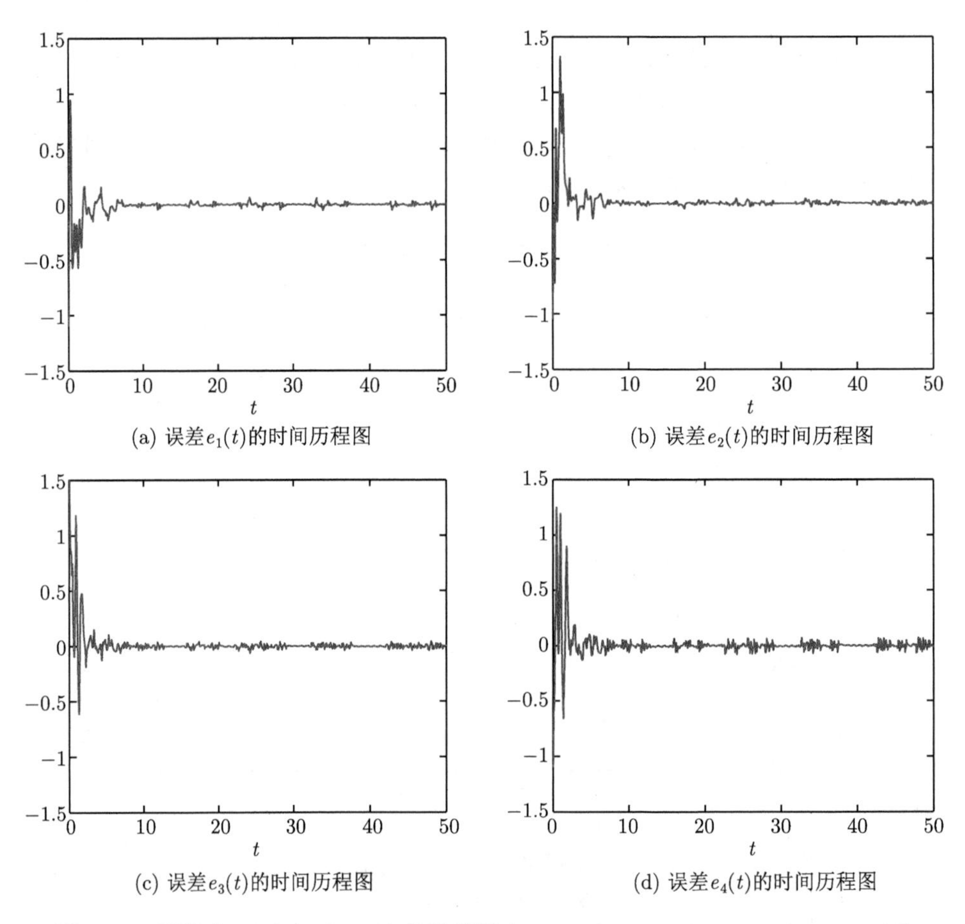


(a) 误差 $e_1(t)$ 的时间历程图

(b) 误差 $e_2(t)$ 的时间历程图

(c) 误差 $e_3(t)$ 的时间历程图

(d) 误差 $e_4(t)$ 的时间历程图

图 7.30 系统 (7.111) 与 (7.112) 的误差图 ($p_1 = -4, p_2 = -8, p_3 = -9, p_4 = -13$)

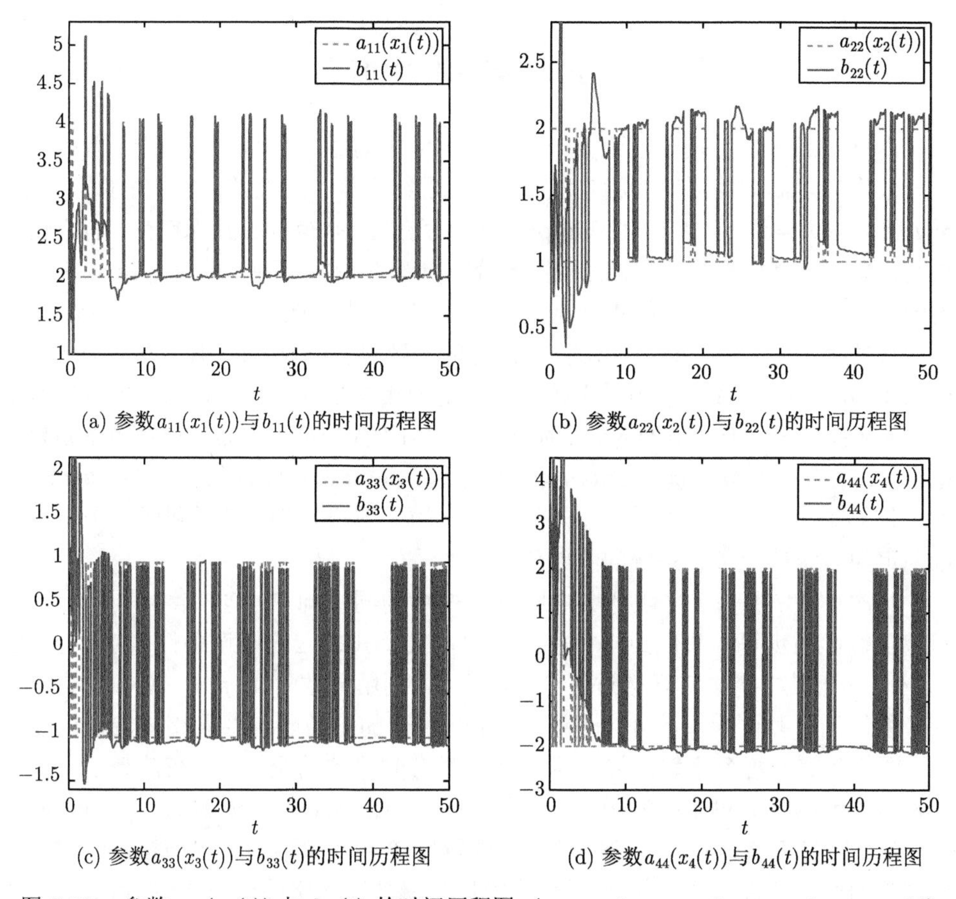


(a) 参数$a_{11}(x_1(t))$与$b_{11}(t)$的时间历程图

(b) 参数$a_{22}(x_2(t))$与$b_{22}(t)$的时间历程图

(c) 参数$a_{33}(x_3(t))$与$b_{33}(t)$的时间历程图

(d) 参数$a_{44}(x_4(t))$与$b_{44}(t)$的时间历程图

图 7.31 参数 $a_{ii}(x_i(t))$ 与 $b_{ii}(t)$ 的时间历程图 $(p_1 = -4, p_2 = -8, p_3 = -9, p_4 = -13)$

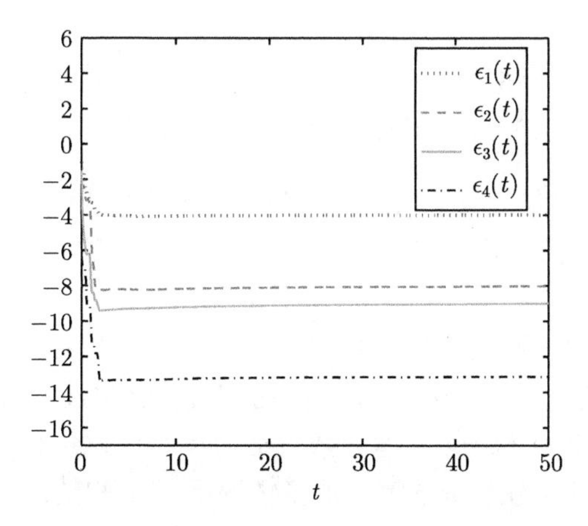


图 7.32 控制强度 $\epsilon_i(t)$ 的时间历程图 $(p_1 = -4, p_2 = -8, p_3 = -9, p_4 = -13)$

## 7.10 本章小结

本章重点讨论了基于忆阻器分数阶神经网络的稳定性与同步问题. 首先讨论了分数阶忆阻器神经网络的稳定性. 因为忆阻结构是不连续的, 故分析了其 Filippov 解的动力学性质, 保证其 Filippov 解的存在性, 并得到了其稳定性、有界性和吸引性条件. 接着考虑了基于忆阻器的分数阶带有参数不确定的 Hopfield 神经网络的模型. 利用压缩映射的不动点定理方法, 进一步证明了系统在 Filippov 意义下的解的存在唯一性. 然后利用推广改进的分数阶 Lyapunov 第二方法构造了合适的 Lyapunov 函数并给出了系统实现稳定的相关条件. 注意到系统中有参数不确定的干扰, 则基于忆阻器的分数阶带有参数不确定的 Hopfield 神经网络是鲁棒稳定的, 系统在参数干扰下仍能实现稳定, 因此系统具有较好的鲁棒性. 此外, 考虑了外界干扰, 讨论了该系统在外界干扰下的一致稳定性, 然后利用一个全局渐近稳定的系统估计了该系统的收敛范围.

其次, 研究了基于忆阻器分数阶神经网络的同步问题, 包括鲁棒同步、滞后同步、射影同步等. 我们给出鲁棒同步的定义及其成立的假设条件, 构造合适的 Lyapunov 函数, 通过对函数进行分数阶求导, 利用分数阶 Lyapunov 第二方法得到了系统的鲁棒同步. 此外, 研究了基于忆阻器的分数阶神经网络的滞后同步问题, 并考虑了每两个相邻的神经网络之间都有时滞的情况, 而且在此基础上本章还考虑了泄露时滞对系统的影响. 构造相应的 Lyapunov 函数, 通过 Lyapunov 第二方法, 且在 Filippov 意义下, 利用分数阶比较定理和不等式放缩技巧给出了滞后同步的充分条件. 进一步, 研究分数阶忆阻器神经网络的射影同步, 得到了射影同步的条件. 注意到以往成果都是基于以下假设条件:

$$
\begin{aligned}
&\mathrm{co}[\underline{b}_{ij},\bar{b}_{ij}]f_j(x_j(t))-\mathrm{co}[\underline{b}_{ij},\bar{b}_{ij}]f_j(y_j(t))\\
\subseteq\ &\mathrm{co}[\underline{b}_{ij},\bar{b}_{ij}](f_j(x_j(t))-f_j(y_j(t))).
\end{aligned}
$$

该条件过于严苛, 当且仅当 $f_j(x_j(t))$ 与 $f_j(y_j(t))$ 异号或同时为零时才成立. 注意到本章所研究的分数阶忆阻器神经网络的射影同步, 不依赖该条件, 因此, 更具有理论价值与实际意义.

最后, 注意到在实际应用中, 由于系统建模误差以及外部干扰都会造成参数取值的不确定性, 进而影响非线性系统的稳定性, 影响甚至破坏系统的同步. 本章给出的参数不确定的 Caputo 型分数阶忆阻器神经网络的同步条件. 此外, 注意到有时系统的参数不仅仅是扰动, 很多情况下是未知的, 故如何识别未知的参数有重要的研究价值. 注意到因为忆阻结构是不连续的, 随状态而切换, 基于连续不可微的 Lyapunov 函数的 R-L 分数阶微分不等式. 进一步研究了参数未知的 R-L 型分数阶忆阻器神经网络的同步问题, 在参数未知的分数阶忆阻器神经网络中, 忆阻器的连接权重不是固定值, 而是随着系统状态的变化发生切换, 通过设计有效的自适应控制器及参数更新律, 得到了系统的同步条件, 同时估计了未知参数.

# 第 8 章　分数阶复值神经网络的稳定性分析

注意到前面的章节内容都是关于分数阶神经网络在实数域上的研究, 这并不能解决信号处理时出现复值的情况. 可是在实际生活中却会遇到一些信号传输比较复杂的情况, 如当传输的信号是复值的时候, 这就需要我们将研究范围从实数域扩充到复数域上, 一些学者研究了分数阶神经网络在复数域的同步、完全稳定分析、全局指数稳定及其相关动力学分析[199-203]. 然而却没有考虑时滞现象、脉冲现象或者参数扰动的影响, 为了使模型更好地适应实际过程, 更加符合实际, 还需要将这些因素考虑到模型中. 因此本章主要基于忆阻器的参数不确定情况下时滞分数阶复值神经网络系统. 首先在参数不确定条件下, 利用 $M$-矩阵、同态原理, 在复平面内, 当神经网络系统的复值传递函数可以转化为实部与虚部时, 得出了系统存在唯一平衡点的条件, 在此基础上, 证明了平衡点的全局渐近稳定性. 其次研究了当神经网络系统的复值传递函数有界时, 系统的局部渐近稳定性. 最后考虑了不确定参数的脉冲复值时滞分数阶神经网络的稳定性问题, 研究了系统解的存在唯一性, 进而讨论了系统唯一解的渐近稳定性.

## 8.1　分数阶复值神经网络可分时系统的稳定性分析

参数不确定性现象是控制系统研究的重要问题, 对于实际运行的系统具有非常重要的影响. 在实际研究中, 由于系统包含复数值信号, 并且相较于实值神经网络系统, 复数值系统有更加复杂的行为, 所以研究复平面上的神经网络系统是很有必要的. 在 Filippov 意义下, 本节基于分数阶系统的比较原理、时滞系统的稳定性理论, 利用 $M$-矩阵、同态原理, 研究了在复平面上, 参数不确定情况下, 基于忆阻器的时滞分数阶神经网络系统的动力学行为, 包括了系统平衡点的存在唯一性及全局渐近稳定性. 其次讨论了当神经网络的复值传递函数有界时, 系统的全局渐近稳定性.

本节主要讨论的是在参数不确定情况下, 所给系统平衡点的存在唯一性, 且当所给系统的复值传递函数可分为实部与虚部时的复值神经网络系统的动力学行为.

### 8.1.1　Lyapunov 全局渐近稳定性分析

考虑如下的基于忆阻器的参数不确定情况下时滞分数阶复值神经网络系统:

$$
\begin{aligned}
{}_0^C D_t^q z_i(t) = & - d_i z_i + \sum_{j=1}^{n} (a_{ij}(z_i) + \Delta a_{ij}) f_j(z_j(t)) \\
& + \sum_{j=1}^{n} (b_{ij}(z_i) + \Delta b_{ij}) g_j(z_j(t-\tau)) + U_i, \quad i = 1, 2, \cdots, n, \ t \geqslant 0.
\end{aligned} \tag{8.1}
$$

系统 (8.1) 的向量形式为

$$
\begin{aligned}
{}_0^C D_t^q z(t) = & - D z(t) + (A(z(t)) + \Delta A(t)) f(z(t)) \\
& + (B(z(t)) + \Delta B(t)) g(z(t-\tau)) + U,
\end{aligned} \tag{8.2}
$$

其中 $q \in (0,1)$, $n$ 表示神经元的个数, $z(t) = (z_1(t), z_2(t), \cdots, z_n(t))^{\mathrm{T}}$, $z_i(t)$ 是第 $i$ 个神经元在时间 $t$ 的状态向量, $D = \mathrm{diag}\{d_1, d_2, \cdots, d_n\} \in R^{n\times n}$ 表示自反馈连接矩阵, 满足 $d_i > 0$ $(i = 1, 2, \cdots, n)$. $\Delta A(t) = (\Delta a_{ij}(t))_{n\times n} \in R^{n\times n}$ 和 $\Delta B(t) = (\Delta b_{ij}(t))_{n\times n} \in R^{n\times n}$ 表示时变的参数不确定的矩阵. $A(z(t)) = (a_{ij}(z_i(t)))_{n\times n} \in C^{n\times n}$, $B(z(t)) = (b_{ij}(z_i(t)))_{n\times n} \in C^{n\times n}$, $a_{ij}(z_i(t))$ 和 $b_{ij}(z_i(t))$ 是第 $j$ 个神经元到第 $i$ 个神经元在时间 $t$ 与 $t-\tau$ 的突触传递强度, 并且 $a_{ij}(z_i(t))$ 和 $b_{ij}(z_i(t))$ 定义如下:

$$
\begin{aligned}
a_{ij}(z_i(t)) &= a_{ij}^R(x_i(t), y_i(t)) + i a_{ij}^I(x_i(t), y_i(t)), \\
b_{ij}(z_i(t)) &= b_{ij}^R(x_i(t), y_i(t)) + i b_{ij}^I(x_i(t), y_i(t)),
\end{aligned}
$$

$$
a_{ij}^R(x_i(t), y_i(t)) = \begin{cases} \hat{a}_{ij}^R, & |x_i| < T_i, \\ \check{a}_{ij}^R, & |x_i| > T_i, \end{cases} \qquad a_{ij}^I(x_i(t), y_i(t)) = \begin{cases} \hat{a}_{ij}^I, & |y_i| < T_i, \\ \check{a}_{ij}^I, & |y_i| > T_i, \end{cases}
$$

$$
b_{ij}^R(x_i(t), y_i(t)) = \begin{cases} \hat{b}_{ij}^R, & |x_i| < T_i, \\ \check{b}_{ij}^R, & |x_i| > T_i, \end{cases} \qquad b_{ij}^I(x_i(t), y_i(t)) = \begin{cases} \hat{b}_{ij}^I, & |y_i| < T_i, \\ \check{b}_{ij}^I, & |y_i| > T_i, \end{cases}
$$

$$
\overline{a}_{ij}^R = \max\{\hat{a}_{ij}^R, \check{a}_{ij}^R\}, \quad \underline{a}_{ij}^R = \min\{\hat{a}_{ij}^R, \check{a}_{ij}^R\}, \quad \overline{a}_{ij}^I = \max\{\hat{a}_{ij}^I, \check{a}_{ij}^I\},
$$

$$
\underline{a}_{ij}^I = \min\{\hat{a}_{ij}^I, \check{a}_{ij}^I\},
$$

$$
\overline{b}_{ij}^R = \max\{\hat{b}_{ij}^R, \check{b}_{ij}^R\}, \quad \underline{b}_{ij}^R = \min\{\hat{b}_{ij}^R, \check{b}_{ij}^R\}, \quad \overline{b}_{ij}^I = \max\{\hat{b}_{ij}^I, \check{b}_{ij}^I\}, \quad \underline{b}_{ij}^I = \min\{\hat{b}_{ij}^I, \check{b}_{ij}^I\}.
$$

为了保证所研究系统 (8.1) 的渐近稳定性, 给出如下的条件.

**条件 8.1.1** 令 $z = x + iy$, $i$ 表示虚数单位. $f_j(z(t))$ 和 $g_j(z(t-\tau))$ 可以分成如下实部与虚部形式:

$$
f_j(z(t)) = f_j^R(x, y) + i f_j^I(x, y),
$$

$$
g_j(z(t-\tau)) = g_j^R(x(t-\tau), y(t-\tau)) + i g_j^I(x(t-\tau), y(t-\tau)),
$$

其中 $f_j^R(\cdot,\cdot): R^2 \longrightarrow R$, $f_j^I(\cdot,\cdot): R^2 \longrightarrow R$, $g_j^R(\cdot,\cdot): R^2 \longrightarrow R$ 和 $g_j^I(\cdot,\cdot): R^2 \longrightarrow R$. $f_j(\cdot,\cdot)$ 和 $g_j(\cdot,\cdot)$ 关于 $x,y$ 的偏导数 $\partial f_j^R/\partial x$, $\partial f_j^R/\partial y$, $\partial f_j^I/\partial x$, $\partial f_j^I/\partial y$, $\partial g_j^R/\partial x$, $\partial g_j^I/\partial x$, $\partial g_j^R/\partial y$ 和 $\partial g_j^I/\partial y$ 是存在并且连续的. 其偏导数有界并且存在正常数 $\lambda_j^{RR}$, $\lambda_j^{RI}$, $\lambda_j^{IR}$, $\lambda_j^{II}$, $\mu_j^{RR}$, $\mu_j^{RI}$, $\mu_j^{IR}$ 和 $\mu_j^{II}$ 使如下不等式成立:

$$\left|\frac{\partial f_j^R}{\partial x}\right| \leqslant \lambda_j^{RR}, \quad \left|\frac{\partial f_j^R}{\partial y}\right| \leqslant \lambda_j^{RI}, \quad \left|\frac{\partial f_j^I}{\partial x}\right| \leqslant \lambda_j^{IR}, \quad \left|\frac{\partial f_j^I}{\partial y}\right| \leqslant \lambda_j^{II}.$$

$$\left|\frac{\partial g_j^R}{\partial x}\right| \leqslant \mu_j^{RR}, \quad \left|\frac{\partial g_j^R}{\partial y}\right| \leqslant \mu_j^{RI}, \quad \left|\frac{\partial g_j^I}{\partial x}\right| \leqslant \mu_j^{IR}, \quad \left|\frac{\partial g_j^I}{\partial y}\right| \leqslant \mu_j^{II},$$

则对任意的 $x, x', y, y' \in R^n$:

$$|f_j^R(x,y) - f_j^R(x',y')| \leqslant \lambda_j^{RR}|x - x'| + \lambda_j^{RI}|y - y'|,$$

$$|f_j^I(x,y) - f_j^I(x',y')| \leqslant \lambda_j^{IR}|x - x'| + \lambda_j^{II}|y - y'|,$$

$$\begin{aligned}&|g_j^R(x(t-\tau),y(t-\tau)) - g_j^R(x'(t-\tau),y'(t-\tau))|\\ \leqslant\ &\mu_j^{RR}|x(t-\tau) - x'(t-\tau)| + \mu_j^{RI}|y(t-\tau) - y'(t-\tau)|,\end{aligned}$$

$$\begin{aligned}&|g_j^I(x(t-\tau),y(t-\tau)) - g_j^I(x'(t-\tau),y'(t-\tau))|\\ \leqslant\ &\mu_j^{IR}|x(t-\tau) - x'(t-\tau)| + \mu_j^{II}|y(t-\tau) - y'(t-\tau)|.\end{aligned}$$

**条件 8.1.2**　传递函数 $f_j^R$, $f_j^I$, $g_j^R$ 及 $g_j^I$ 满足如下条件:

$$f_j^R(\pm T_j) = 0, \quad f_j^I(\pm T_j) = 0, \quad g_j^R(\pm T_j) = 0, \quad g_j^I(\pm T_j) = 0.$$

在假设 8.1.2 条件下, 若 $f_j^R(\pm T_j) = 0$, $f_j^I(\pm T_j) = 0$, $g_j^R(\pm T_j) = 0$, $g_j^I(\pm T_j) = 0$, 可得

$$|\mathrm{co}[\underline{a}_{ij}^R, \overline{a}_{ij}^R] f_j^R(x_j,y_j) - \mathrm{co}[\underline{a}_{ij}^R, \overline{a}_{ij}^R] f_j^R(x_j',y_j')| \leqslant a_{ij}^{R*}(\lambda_j^{RR}|x - x'| + \lambda_j^{RI}|y - y'|),$$

$$|\mathrm{co}[\underline{a}_{ij}^I, \overline{a}_{ij}^I] f_j^I(x_j,y_j) - \mathrm{co}[\underline{a}_{ij}^I, \overline{a}_{ij}^I] f_j^I(x_j',y_j')| \leqslant a_{ij}^{I*}(\lambda_j^{IR}|x - x'| + \lambda_j^{II}|y - y'|),$$

$$|\mathrm{co}[\underline{b}_{ij}^R, \overline{b}_{ij}^R] g_j^R(x_j,y_j) - \mathrm{co}[\underline{b}_{ij}^R, \overline{b}_{ij}^R] g_j^R(x_j',y_j')| \leqslant b_{ij}^{R*}(\mu_j^{RR}|x - x'| + \mu_j^{RI}|y - y'|),$$

$$|\mathrm{co}[\underline{b}_{ij}^I, \overline{b}_{ij}^I] g_j^I(x_j,y_j) - \mathrm{co}[\underline{b}_{ij}^I, \overline{b}_{ij}^I] g_j^I(x_j',y_j')| \leqslant b_{ij}^{I*}(\mu_j^{IR}|x - x'| + \mu_j^{II}|y - y'|).$$

$$a_{ij}^{R*} = \max\{|\hat{a}_{ij}^R|, |\check{a}_{ij}^R|\}, \quad a_{ij}^{I*} = \max\{|\hat{a}_{ij}^I|, |\check{a}_{ij}^I|\},$$

$$b_{ij}^{R*} = \max\{|\hat{b}_{ij}^R|, |\check{b}_{ij}^R|\}, \quad b_{ij}^{I*} = \max\{|\hat{b}_{ij}^I|, |\check{b}_{ij}^I|\}.$$

**定义 8.1.3**[204] 矩阵 $A=(a_{ij})_{n\times n}$ 具有非正非对角元素. 则 $A$ 是非退化的 $M$-矩阵当且仅当下面条件之一成立:

(1) $A$ 的所有主子式都是正的;

(2) $A$ 存在正的对角元素, 并且存在正的对角矩阵 $\Gamma=\mathrm{diag}\{\lambda_1,\lambda_2,\cdots,\lambda_n\}$, 则 $A\Gamma$ 是严格对角占优的:

$$a_{ii}\lambda_i>\sum_{j\neq i}|a_{ij}|\lambda_j,\quad i=1,2,\cdots,n,$$

也可以表示为

$$\sum_{j=1}^{n}a_{ij}\lambda_j>0,\quad i=1,2,\cdots,n;$$

(3) 矩阵 $A=(a_{ij})_{n\times n}$ 的顺序主子式是正定的;

(4) 存在正定对称矩阵 $P$, 使 $AP+PA$ 是正定矩阵.

**注 8.1.4** 在本节中, $(\cdot)^{\mathrm{T}}$ 表示向量的转置. 对任意复数 $z=x+iy$ 有 $|z|_1=|x|+|y|$, 其中 $|\cdot|$ 是绝对值符号.

**定理 8.1.5** 若条件 8.1.1 与条件 8.1.2 成立, 矩阵 $\overline{D}-\overline{AK}-\overline{BL}$ 是 $M$-矩阵条件下, 则系统 (8.1) 存在唯一平衡点. 其中

$$\overline{D}=\begin{pmatrix}D&0\\0&D\end{pmatrix},\quad \overline{A}=\begin{pmatrix}A^{R*}&A^{I*}\\A^{I*}&A^{R*}\end{pmatrix},\quad \overline{B}=\begin{pmatrix}B^{R*}&B^{I*}\\B^{I*}&B^{R*}\end{pmatrix},$$

$$\overline{K}=\begin{pmatrix}K^{RR}&K^{RI}\\K^{IR}&K^{II}\end{pmatrix},\quad \overline{L}=\begin{pmatrix}L^{RR}&L^{RI}\\L^{IR}&L^{II}\end{pmatrix}.$$

$$A^{R*}=(a_{ij}^{R*}+m_{a_{ij}})_{n\times n},\quad A^{I*}=(a_{ij}^{I*})_{n\times n}$$

$$B^{R*}=(b_{ij}^{R*}+m_{b_{ij}})_{n\times n},\quad B^{I*}=(b_{ij}^{I*})_{n\times n}$$

$$K^{RR}=\mathrm{diag}\{\lambda_1^{RR},\lambda_2^{RR},\cdots,\lambda_n^{RR}\},\quad K^{RI}=\mathrm{diag}\{\lambda_1^{RI},\lambda_2^{RI},\cdots,\lambda_n^{RI}\},$$

$$K^{IR}=\mathrm{diag}\{\lambda_1^{IR},\lambda_2^{IR},\cdots,\lambda_n^{IR}\},\quad K^{II}=\mathrm{diag}\{\lambda_1^{II},\lambda_2^{II},\cdots,\lambda_n^{II}\},$$

$$L^{RR}=\mathrm{diag}\{\mu_1^{RR},\mu_2^{RR},\cdots,\mu_n^{RR}\},\quad L^{RI}=\mathrm{diag}\{\mu_1^{RI},\mu_2^{RI},\cdots,\mu_n^{RI}\},$$

$$L^{IR}=\mathrm{diag}\{\mu_1^{IR},\mu_2^{IR},\cdots,\mu_n^{IR}\},\quad L^{II}=\mathrm{diag}\{\mu_1^{II},\mu_2^{II},\cdots,\mu_n^{II}\}.$$

**证明** 基于忆阻器的时滞分数阶复值神经网络 (8.1) 可以分成实部与虚部:

$${}_0^CD_t^qx_i(t)=-d_ix_i(t)+\sum_{j=1}^{n}(a_{ij}^R(x_j(t),y_j(t))+\Delta a_{ij}(t))f_j^R(x_j(t),y_j(t))$$

$$
\begin{aligned}
&-\sum_{j=1}^{n} a_{ij}^{I}(x_j(t),y_j(t))f_j^{I}(x_j(t),y_j(t))\\
&+\sum_{j=1}^{n}(b_{ij}^{R}(x_j(t),y_j(t))+\Delta b_{ij}(t))g_j^{R}(x_j(t-\tau),y_j(t-\tau))\\
&-\sum_{j=1}^{n} b_{ij}^{I}(x_j(t),y_j(t))g_j^{I}(x_j(t-\tau),y_j(t-\tau))+U_i^{R},
\end{aligned}
$$

$$
\begin{aligned}
{}_0^C D_t^q y_i(t) = &-d_i y_i(t)+\sum_{j=1}^{n} a_{ij}^{I}(x_j(t),y_j(t))f_j^{R}(x_j(t),y_j(t))\\
&+\sum_{j=1}^{n}(a_{ij}^{R}(x_j(t),y_j(t))+\Delta a_{ij}(t))f_j^{I}(x_j(t),y_j(t))\\
&+\sum_{j=1}^{n} b_{ij}^{I}(x_j(t),y_j(t))g_j^{R}(x_j(t-\tau),y_j(t-\tau))\\
&+\sum_{j=1}^{n}(b_{ij}^{R}(x_j(t),y_j(t))+\Delta b_{ij}(t))g_j^{I}(x_j(t-\tau),y_j(t-\tau))+U_i^{I}.
\end{aligned} \tag{8.3}
$$

应用集值映射与微分包含理论, 系统 (8.3) 等价于:

$$
\begin{aligned}
{}_0^C D_t^q x_i(t) \in &-d_i x_i(t)+\sum_{j=1}^{n}(\mathrm{co}[\underline{a}_{ij}^{R},\overline{a}_{ij}^{R}]+\Delta a_{ij}(t))f_j^{R}(x_j(t),y_j(t))\\
&-\sum_{j=1}^{n}\mathrm{co}[\underline{a}_{ij}^{I},\overline{a}_{ij}^{I}]f_j^{I}(x_j(t),y_j(t))\\
&+\sum_{j=1}^{n}(\mathrm{co}[\underline{b}_{ij}^{R},\overline{b}_{ij}^{R}]+\Delta b_{ij}(t))g_j^{R}(x_j(t-\tau),y_j(t-\tau))\\
&-\sum_{j=1}^{n}\mathrm{co}[\underline{b}_{ij}^{I},\overline{b}_{ij}^{I}]g_j^{I}(x_j(t-\tau),y_j(t-\tau))+U_i^{R},
\end{aligned}
$$

$$
\begin{aligned}
{}_0^C D_t^q y_i(t) \in &-d_i y_i(t)+\sum_{j=1}^{n}\mathrm{co}[\underline{a}_{ij}^{I},\overline{a}_{ij}^{I}]f_j^{R}(x_j(t),y_j(t))\\
&+\sum_{j=1}^{n}(\mathrm{co}[\underline{a}_{ij}^{R},\overline{a}_{ij}^{R}]+\Delta a_{ij}(t))f_j^{I}(x_j(t),y_j(t))\\
&+\sum_{j=1}^{n}\mathrm{co}[\underline{b}_{ij}^{I},\overline{b}_{ij}^{I}]g_j^{R}(x_j(t-\tau),y_j(t-\tau))
\end{aligned}
$$

$$+\sum_{j=1}^{n}(\mathrm{co}[\underline{b}_{ij}^{R},\overline{b}_{ij}^{R}]+\Delta b_{ij}(t))g_j^I(x_j(t-\tau),y_j(t-\tau))+U_i^I, \tag{8.4}$$

对 $i,j=1,2,\cdots,n$, 存在 $\widetilde{a}_{ij}^R\in\mathrm{co}[\underline{a}_{ij}^R,\overline{a}_{ij}^R]$, $\widetilde{a}_{ij}^I\in\mathrm{co}[\underline{a}_{ij}^I,\overline{a}_{ij}^I]$, $\widetilde{b}_{ij}^R\in\mathrm{co}[\underline{b}_{ij}^R,\overline{b}_{ij}^R]$, $\widetilde{b}_{ij}^I\in\mathrm{co}[\underline{b}_{ij}^I,\overline{b}_{ij}^I]$, 可得

$$\begin{aligned}&{}_0^C D_t^q x_i(t)\\=&-d_ix_i(t)+\sum_{j=1}^{n}(\widetilde{a}_{ij}^R+\Delta a_{ij}(t))f_j^R(x_j(t),y_j(t))-\sum_{j=1}^{n}\widetilde{a}_{ij}^I f_j^I(x_j(t),y_j(t))\\&+\sum_{j=1}^{n}(\widetilde{b}_{ij}^R+\Delta b_{ij}(t))g_j^R(x_j(t-\tau),y_j(t-\tau))-\sum_{j=1}^{n}\widetilde{b}_{ij}^I g_j^I(x_j(t-\tau),y_j(t-\tau))\\&+U_i^R,\end{aligned}$$

$$\begin{aligned}&{}_0^C D_t^q y_i(t)\\=&-d_iy_i(t)+\sum_{j=1}^{n}\widetilde{a}_{ij}^I f_j^R(x_j(t),y_j(t))+\sum_{j=1}^{n}(\widetilde{a}_{ij}^R+\Delta a_{ij}(t))f_j^I(x_j(t),y_j(t))\\&+\sum_{j=1}^{n}\widetilde{b}_{ij}^I g_j^R(x_j(t-\tau),y_j(t-\tau))+\sum_{j=1}^{n}(\widetilde{b}_{ij}^R+\Delta b_{ij}(t))g_j^I(x_j(t-\tau),y_j(t-\tau))\\&+U_i^I.\end{aligned} \tag{8.5}$$

系统 (8.5) 可以转化为

$$\begin{aligned}&{}_0^C D_t^q x(t)\\=&-Dx(t)+(A^R+\Delta A(t))f^R(x(t),y(t))-A^If^I(x(t),y(t))\\&+(B^R+\Delta B(t))g^R(x(t-\tau),y(t-\tau))-B^Ig^I(x(t-\tau),y(t-\tau))+U^R,\end{aligned}$$

$$\begin{aligned}&{}_0^C D_t^q y(t)\\=&-Dy(t)+A^If^R(x(t),y(t))+(A^R+\Delta A(t))f^I(x(t),y(t))\\&+B^Ig^R(x(t-\tau),y(t-\tau))+(B^R+\Delta B(t))g^I(x(t-\tau),y(t-\tau))+U^I.\end{aligned} \tag{8.6}$$

作变换: $w=(x^{\mathrm{T}},y^{\mathrm{T}})^{\mathrm{T}}$, $s=((U^R)^{\mathrm{T}},(U^I)^{\mathrm{T}})^{\mathrm{T}}$, $A^R=(\widetilde{a}_{ij}^R)_{n\times n}$, $A^{\mathrm{I}}=(\widetilde{a}_{ij}^I)_{n\times n}$,

$$B^R=(\widetilde{B}_{ij}^R)_{n\times n},\quad B^I=(\widetilde{B}_{ij}^I)_{n\times n},$$

$$A_1 = \begin{pmatrix} A^R + \Delta A(t) & 0 \\ 0 & A^I \end{pmatrix}, \quad A_2 = \begin{pmatrix} -A^I & 0 \\ 0 & A^R + \Delta A(t) \end{pmatrix},$$

$$B_1 = \begin{pmatrix} B^R + \Delta B(t) & 0 \\ 0 & B^I \end{pmatrix}, \quad B_2 = \begin{pmatrix} -B^I & 0 \\ 0 & B^R + \Delta B(t) \end{pmatrix},$$

$$\overline{f}^R(w) = ((f^R(x,y))^{\mathrm{T}}, (f^R(x,y))^{\mathrm{T}})^{\mathrm{T}}, \quad \overline{f}^I(w) = ((f^I(x,y))^{\mathrm{T}}, (f^I(x,y))^{\mathrm{T}})^{\mathrm{T}},$$

$$\overline{g}^R(w) = ((g^R(x,y))^{\mathrm{T}}, (g^R(x,y))^{\mathrm{T}})^{\mathrm{T}}, \quad \overline{g}^I(w) = ((g^I(x,y))^{\mathrm{T}}, (g^I(x,y))^{\mathrm{T}})^{\mathrm{T}}.$$

有

$${}_0^C D_t^q w(t) = -\overline{D}w(t) + A_1\overline{f}^R(w) + A_2\overline{f}^I(w) + B_1\overline{g}^R(w) + B_2\overline{g}^I(w) + s, \tag{8.7}$$

则系统 (8.1) 和系统 (8.7) 具有相同的平衡点, 定义映射如下:

$$H(w) = -\overline{D}w(t) + A_1\overline{f}^R(w) + A_2\overline{f}^I(w) + B_1\overline{g}^R(w) + B_2\overline{g}^I(w) + s. \tag{8.8}$$

假设存在 $w' = (x'^{\mathrm{T}}, y'^{\mathrm{T}})^{\mathrm{T}}$, 对 $w \neq w'$, 有 $H(w) = H(w')$, 则由映射 (8.8):

$$\begin{aligned} &-\overline{D}(w-w') + A_1(\overline{f}^R(w) - \overline{f}^R(w')) + A_2(\overline{f}^I(w) - \overline{f}^I(w')) \\ &+ B_1(\overline{g}^R(w) - \overline{g}^R(w')) + B_2(\overline{g}^I(w) - \overline{g}^I(w')) = 0, \end{aligned}$$

即

$$\begin{aligned} d_i(x_i - x_i') = &\sum_{j=1}^n (\widetilde{a}_{ij}^R + \Delta a_{ij}(t))(f_j^R(x_j, y_j) - f_j^R(x_j', y_j')) \\ &- \sum_{j=1}^n \widetilde{a}_{ij}^I (f_j^I(x_j, y_j) - f_j^I(x_j', y_j')) \\ &+ \sum_{j=1}^n (\widetilde{b}_{ij}^R + \Delta b_{ij}(t))(g_j^R(x_j, y_j) - g_j^R(x_j', y_j')) \\ &- \sum_{j=1}^n \widetilde{b}_{ij}^I (g_j^I(x_j, y_j) - g_j^I(x_j', y_j')), \end{aligned}$$

$$\begin{aligned} d_i(y_i - y_i') = &\sum_{j=1}^n \widetilde{a}_{ij}^I (f_j^R(x_j, y_j) - f_j^R(x_j', y_j')) \\ &+ \sum_{j=1}^n (\widetilde{a}_{ij}^R + \Delta a_{ij}(t))(f_j^I(x_j, y_j) - f_j^I(x_j', y_j')) \end{aligned}$$

$$
\begin{aligned}
&+\sum_{j=1}^{n}\widetilde{b}_{ij}^{I}(g_j^R(x_j,y_j)-g_j^R(x_j^{'},y_j^{'}))\\
&+\sum_{j=1}^{n}(\widetilde{b}_{ij}^{R}+\Delta b_{ij}(t))(g_j^I(x_j,y_j)-g_j^I(x_j^{'},y_j^{'})),
\end{aligned}
$$

则有

$$
\begin{aligned}
d_i|x_i-x_i^{'}|\leqslant&\sum_{j=1}^{n}(a_{ij}^{R*}+m_{a_{ij}})[\lambda_j^{RR}|x-x^{'}|+\lambda_j^{RI}|y-y^{'}|]\\
&+\sum_{j=1}^{n}a_{ij}^{I*}[\lambda_j^{IR}|x-x^{'}|+\lambda_j^{II}|y-y^{'}|]\\
&+\sum_{j=1}^{n}(b_{ij}^{R*}+m_{b_{ij}})[\mu_j^{RR}|x-x^{'}|+\mu_j^{RI}|y-y^{'}|]\\
&+\sum_{j=1}^{n}b_{ij}^{I*}[\mu_j^{IR}|x-x^{'}|+\mu_j^{II}|y-y^{'}|]\\
=&\sum_{j=1}^{n}[(a_{ij}^{R*}+m_{a_{ij}})\lambda_j^{RR}+a_{ij}^{I*}\lambda_j^{IR}]|x-x^{'}|\\
&+\sum_{j=1}^{n}[(a_{ij}^{R*}+m_{a_{ij}})\lambda_j^{RI}+a_{ij}^{I*}\lambda_j^{II}]|y-y^{'}|\\
&+\sum_{j=1}^{n}[(b_{ij}^{R*}+m_{b_{ij}})\mu_j^{RR}+b_{ij}^{I*}\mu_j^{IR}]|x-x^{'}|\\
&+\sum_{j=1}^{n}[(b_{ij}^{R*}+m_{b_{ij}})\mu_j^{RI}+b_{ij}^{I*}\mu_j^{II}]|y-y^{'}|,\\
d_i|y_i-y_i^{'}|\leqslant&\sum_{j=1}^{n}a_{ij}^{I*}[\lambda_j^{RR}|x-x^{'}|+\lambda_j^{RI}|y-y^{'}|]\\
&+\sum_{j=1}^{n}(a_{ij}^{R*}+m_{a_{ij}})[\lambda_j^{IR}|x-x^{'}|+\lambda_j^{II}|y-y^{'}|]\\
&+\sum_{j=1}^{n}b_{ij}^{I*}[\mu_j^{RR}|x-x^{'}|+\mu_j^{RI}|y-y^{'}|]\\
&+\sum_{j=1}^{n}(b_{ij}^{R*}+m_{b_{ij}})[\mu_j^{IR}|x-x^{'}|+\mu_j^{II}|y-y^{'}|]\\
=&\sum_{j=1}^{n}[a_{ij}^{I*}\lambda_j^{RR}+(a_{ij}^{R*}+m_{a_{ij}})\lambda_j^{IR}]|x-x^{'}|
\end{aligned}
$$

$$+\sum_{j=1}^{n}[a_{ij}^{I*}\lambda_j^{RI}+(a_{ij}^{R*}+m_{a_{ij}})\lambda_j^{II}]|y-y^{'}|$$
$$+\sum_{j=1}^{n}[b_{ij}^{I*}\mu_j^{RR}+(b_{ij}^{R*}+m_{b_{ij}})\mu_j^{IR}]|x-x^{'}|$$
$$+\sum_{j=1}^{n}[b_{ij}^{I*}\mu_j^{RI}+(b_{ij}^{R*}+m_{b_{ij}})\mu_j^{II}]|y-y^{'}|,$$

写成向量形式:

$$\begin{aligned}D|x-x^{'}|\leqslant{}&(A^{R*}K^{RR}+A^{I*}K^{IR})|x-x^{'}|+(A^{R*}K^{RI}+A^{I*}K^{II})|y-y^{'}|\\&+(B^{R*}L^{RR}+B^{I*}L^{IR})|x-x^{'}|+(B^{R*}L^{IR}+B^{I*}L^{II})|y-y^{'}|,\end{aligned}$$

$$\begin{aligned}D|y-y^{'}|\leqslant{}&(A^{I*}K^{RR}+A^{R*}K^{IR})|x-x^{'}|+(A^{I*}K^{RI}+A^{R*}K^{II})|y-y^{'}|\\&+(B^{I*}L^{RR}+B^{R*}L^{IR})|x-x^{'}|+(B^{R*}L^{RI}+B^{I*}L^{II})|y-y^{'}|,\end{aligned}$$

令 $|w-w^{'}|=(|x-x^{'}|^{\mathrm{T}},|y-y^{'}|^{\mathrm{T}})^{\mathrm{T}}$, 则

$$(\overline{D}-\overline{AK}-\overline{BL})|w-w^{'}|\leqslant 0. \tag{8.9}$$

因为 $\overline{D}-\overline{AK}-\overline{BL}$ 是非退化 $M$-矩阵, 则 $\overline{D}-\overline{AK}-\overline{BL}$ 是可逆矩阵, 所以 $|w-w^{'}|=0$, 即 $w=w^{'}$, 可得映射 $H(\cdot)$ 是单射.

记 $[A]^S=\dfrac{A+A^{\mathrm{T}}}{Z}$, 根据定义 8.1.3, 存在一个正定的矩阵 $P$, 对给定的任意小的 $\varepsilon>0$, 下面结论成立:

$$[P(-D+\overline{AK}+\overline{BL})]^S\leqslant-\varepsilon I_n<0. \tag{8.10}$$

定义映射:

$$\begin{aligned}\overline{H}(w)={}&-\overline{D}w(t)+A_1(\overline{f}^R(w)-\overline{f}^R(0))+A_2(\overline{f}^I(w)-\overline{f}^I(0))\\&+B_1(\overline{g}^R(w)-\overline{g}^R(0))+B_2(\overline{g}^I(w)-\overline{g}^I(0)),\end{aligned} \tag{8.11}$$

则

$$\begin{aligned}(Pw)^T\overline{H}(w)={}&(Pw)^{\mathrm{T}}[-\overline{D}w(t)+A_1(\overline{f}^R(w)-\overline{f}^R(0))+A_2(\overline{f}^I(w)-\overline{f}^I(0))\\&+B_1(\overline{g}^R(w)-\overline{g}^R(0))+B_2(\overline{g}^I(w)-\overline{g}^I(0))]\\\leqslant{}&-|w|^{\mathrm{T}}P\overline{D}|w|+|w|^{\mathrm{T}}P\overline{AK}|w|+|w|^{\mathrm{T}}P\overline{BL}|w|\\={}&|w|^{\mathrm{T}}[P(-D+\overline{AK}+\overline{BL})]|w|\end{aligned}$$

$$
\begin{aligned}
&= |w|^{\mathrm{T}}[P(-D+\overline{AK}+\overline{BL})]^{S}|w| \\
&\leqslant -\varepsilon\|w\|^2,
\end{aligned}
$$

可以得到

$$
\varepsilon\|w\|^2 \leqslant \|P\|\|w\|\|\overline{H}(w)\|,
$$

即

$$
\frac{\varepsilon\|w\|}{\|P\|} \leqslant \|\overline{H}(w)\|.
$$

因此可得 $\lim\limits_{\|x\|\to\infty}\|\overline{H}(w)\|\to\infty$, 所以 $\lim\limits_{\|x\|\to\infty}\|H(w)\|\to\infty$.

由引理 3.6.8, $H(\cdot)$ 在 $R^n$ 上同态. 所以 $H(\cdot)$ 在 $R^n$ 上满射. 则存在 $w^*$, 满足 $H(w^*)=0$. 又因为 $H(\cdot)$ 是单射, 可得 $w^*$ 是唯一的, 则系统 (8.1) 存在唯一的平衡点. 定理得证.

**定理 8.1.6** 若定理 8.1.5 的条件成立, 且参数满足 $\mu_2<\mu_1\sin\dfrac{q\pi}{2}$, $0<q\leqslant 1$, 则参数不确定情况下基于忆阻器的时滞分数阶复值神经网络系统 (8.1) 是全局渐近稳定的.

**证明** 设 $\widehat{z}(t)$ 是系统 (8.1) 的唯一平衡点. 作变换: $\widetilde{z}(t)=z(t)-\widehat{z}(t)$, 则系统 (8.1) 有如下形式:

$$
\begin{aligned}
&{}_0^C D_t^q \widetilde{x}_i(t) \\
={}& -d_i\widetilde{x}_i(t)+\sum_{j=1}^{n}(\widetilde{a}_{ij}^R+\Delta a_{ij}(t))\widetilde{f}_j^R(\widetilde{x}_j(t),\widetilde{y}_j(t))-\sum_{j=1}^{n}\widetilde{a}_{ij}^I\widetilde{f}_j^I(\widetilde{x}_j(t),\widetilde{y}_j(t)) \\
&+\sum_{j=1}^{n}(\widetilde{b}_{ij}^R+\Delta b_{ij}(t))\widetilde{g}_j^R(\widetilde{x}_j(t-\tau),\widetilde{y}_j(t-\tau))-\sum_{j=1}^{n}\widetilde{b}_{ij}^I\widetilde{g}_j^I(\widetilde{x}_j(t-\tau),\widetilde{y}_j(t-\tau)), \\
&{}_0^C D_t^q \widetilde{y}_i(t) \\
={}& -d_i\widetilde{y}_i(t)+\sum_{j=1}^{n}\widetilde{a}_{ij}^I\widetilde{f}_j^R(\widetilde{x}_j(t),\widetilde{y}_j(t))+\sum_{j=1}^{n}(\widetilde{a}_{ij}^R+\Delta a_{ij}(t))\widetilde{f}_j^I(\widetilde{x}_j(t),\widetilde{y}_j(t)) \\
&+\sum_{j=1}^{n}\widetilde{b}_{ij}^I\widetilde{g}_j^R(\widetilde{x}_j(t-\tau),\widetilde{y}_j(t-\tau))+\sum_{j=1}^{n}(\widetilde{b}_{ij}^R+\Delta b_{ij}(t))\widetilde{g}_j^I(\widetilde{x}_j(t-\tau),\widetilde{y}_j(t-\tau)),
\end{aligned}
\tag{8.12}
$$

其中

$$
\widetilde{z}(t)=z(t)-\widehat{z}(t)=(x-\widehat{x})+i(y-\widehat{y})=\widetilde{x}+i\widetilde{y},
$$

$$\widetilde{f}^R(\widetilde{x},\widetilde{y}) = f^R(x,y) - f^R(\widehat{x},\widehat{y}), \quad \widetilde{f}^I(\widetilde{x},\widetilde{y}) = f^I(x,y) - f^I(\widehat{x},\widehat{y}),$$
$$\widetilde{g}^R(\widetilde{x},\widetilde{y}) = g^R(x,y) - g^R(\widehat{x},\widehat{y}), \quad \widetilde{g}^I(\widetilde{x},\widetilde{y}) = g^I(x,y) - g^I(\widehat{x},\widehat{y}).$$

选取 Lyapunov 函数:

$$V(t) = \sum_{i=1}^{n} \alpha_i |\widetilde{x}_i(t)| + \sum_{i=1}^{n} \beta_i |\widetilde{y}_i(t)|.$$

进一步可以得到

$$\begin{aligned}
&{}_0^C D_t^q V(t) \\
\leqslant & \sum_{i=1}^{n} \alpha_i \mathrm{sgn}|\widetilde{x}_i(t)| {}_0^C D_t^q \widetilde{x}_i(t) + \sum_{i=1}^{n} \beta_i \mathrm{sgn}|\widetilde{y}_i(t)| {}_0^C D_t^q \widetilde{y}_i(t) \\
\leqslant & \sum_{i=1}^{n} \alpha_i \Bigg[ - d_i \widetilde{x}_i(t) + \sum_{j=1}^{n} (|\widetilde{a}_{ij}^R| + |\Delta a_{ij}(t)|) \widetilde{f}_j^R(\widetilde{x}_j(t), \widetilde{y}_j(t)) \\
& + \sum_{j=1}^{n} |\widetilde{a}_{ij}^I| \widetilde{f}_j^I(\widetilde{x}_j(t), \widetilde{y}_j(t)) \\
& + \sum_{j=1}^{n} (|\widetilde{b}_{ij}^R| + |\Delta b_{ij}(t)|) \widetilde{g}_j^R(\widetilde{x}_j(t-\tau), \widetilde{y}_j(t-\tau)) + \sum_{j=1}^{n} |\widetilde{b}_{ij}^I| \widetilde{g}_j^I(\widetilde{x}_j(t-\tau), \widetilde{y}_j(t-\tau)) \Bigg] \\
& + \sum_{i=1}^{n} \beta_i \Bigg[ - d_i \widetilde{y}_i(t) + \sum_{j=1}^{n} |\widetilde{a}_{ij}^I| \widetilde{f}_j^R(\widetilde{x}_j(t), \widetilde{y}_j(t)) \\
& + \sum_{j=1}^{n} (|\widetilde{a}_{ij}^R| + |\Delta a_{ij}(t)|) \widetilde{f}_j^I(\widetilde{x}_j(t), \widetilde{y}_j(t)) \\
& + \sum_{j=1}^{n} |\widetilde{b}_{ij}^I| \widetilde{g}_j^R(\widetilde{x}_j(t-\tau), \widetilde{y}_j(t-\tau)) + \sum_{j=1}^{n} (|\widetilde{b}_{ij}^R| + |\Delta b_{ij}(t)|) \widetilde{g}_j^I(\widetilde{x}_j(t-\tau), \widetilde{y}_j(t-\tau)) \Bigg] \\
\leqslant & \sum_{i=1}^{n} \alpha_i \Bigg[ - d_i \widetilde{x}_i(t) + \sum_{j=1}^{n} (a_{ij}^{R*} + m_{a_{ij}}) (\lambda_j^{RR} |x_j - \hat{x}_j| + \lambda_j^{RI} |y_j - \hat{y}_j|) \\
& + \sum_{j=1}^{n} a_{ij}^{I*} (\lambda_j^{IR} |x_j - \hat{x}_j| + \lambda_j^{II} |y_j - \hat{y}_j|) \\
& + \sum_{j=1}^{n} (b_{ij}^{R*} + m_{b_{ij}}) (\mu_j^{RR} |x_j(t-\tau) - \hat{x}_j(t-\tau)| + \mu_j^{RI} |y_j(t-\tau) - \hat{y}_j(t-\tau)|) \\
& + \sum_{j=1}^{n} b_{ij}^{I*} (\mu_j^{IR} |x_j(t-\tau) - \hat{x}_j(t-\tau)| + \mu_j^{II} |y_j(t-\tau) - \hat{y}_j(t-\tau)|) \Bigg]
\end{aligned}$$

$$
\begin{aligned}
&+\sum_{i=1}^{n}\beta_i\left[-d_i\widetilde{y}_i(t)+\sum_{j=1}^{n}a_{ij}^{I*}(\lambda_j^{RR}|x_j-\hat{x}_j|+\lambda_j^{RI}|y_j-\hat{y}_j|)\right.\\
&+\sum_{j=1}^{n}(a_{ij}^{R*}+m_{a_{ij}})(\lambda_j^{IR}|x_j-\hat{x}_j|+\lambda_j^{II}|y_j-\hat{y}_j|)\\
&+\sum_{j=1}^{n}b_{ij}^{I*}(\mu_j^{RR}|x_j(t-\tau)-\hat{x}_j(t-\tau)|+\mu_j^{RI}|y_j(t-\tau)-\hat{y}_j(t-\tau)|)\\
&\left.+\sum_{j=1}^{n}(b_{ij}^{R*}+m_{b_{ij}})(\mu_j^{IR}|x_j(t-\tau)-\hat{x}_j(t-\tau)|+\mu_j^{II}|y_j(t-\tau)-\hat{y}_j(t-\tau)|)\right]\\
=&-\sum_{i=1}^{n}\alpha_i d_i\widetilde{x}_i(t)+\sum_{i=1}^{n}\sum_{j=1}^{n}\alpha_i(a_{ij}^{R*}+m_{a_{ij}})(\lambda_j^{RR}|\widetilde{x}_j(t)|+\lambda_j^{RI}|\widetilde{y}_j(t)|)\\
&+\sum_{i=1}^{n}\sum_{j=1}^{n}\alpha_i a_{ij}^{I*}(\lambda_j^{IR}|\widetilde{x}_j(t)|+\lambda_j^{II}|\widetilde{y}_j(t)|)\\
&+\sum_{i=1}^{n}\sum_{j=1}^{n}\alpha_i(b_{ij}^{R*}+m_{b_{ij}})(\mu_j^{RR}|\widetilde{x}_j(t-\tau)|+\mu_j^{RI}|\widetilde{y}_j(t-\tau)|)\\
&+\sum_{i=1}^{n}\sum_{j=1}^{n}\alpha_i b_{ij}^{I*}(\mu_j^{IR}|\widetilde{x}_j(t-\tau)|+\mu_j^{II}|\widetilde{y}_j(t-\tau)|)\\
&-\sum_{i=1}^{n}\beta_i d_i\widetilde{y}_i(t)+\sum_{i=1}^{n}\sum_{j=1}^{n}\beta_i a_{ij}^{I*}(\lambda_j^{RR}|\widetilde{x}_j(t)|+\lambda_j^{RI}|\widetilde{y}_j(t)|)\\
&+\sum_{i=1}^{n}\sum_{j=1}^{n}\beta_i(a_{ij}^{R*}+m_{a_{ij}})(\lambda_j^{IR}|\widetilde{x}_j(t)|+\lambda_j^{II}|\widetilde{y}_j(t)|)\\
&+\sum_{i=1}^{n}\sum_{j=1}^{n}\beta_i b_{ij}^{I*}(\mu_j^{RR}|\widetilde{x}_j(t-\tau)|+\mu_j^{RI}|\widetilde{y}_j(t-\tau)|)\\
&+\sum_{i=1}^{n}\sum_{j=1}^{n}\beta_i(b_{ij}^{R*}+m_{b_{ij}})(\mu_j^{IR}|\widetilde{x}_j(t-\tau)|+\mu_j^{II}|\widetilde{y}_j(t-\tau)|)\\
=&-\sum_{i=1}^{n}\alpha_i d_i\widetilde{x}_i(t)+\sum_{i=1}^{n}\sum_{j=1}^{n}\alpha_j[(a_{ji}^{R*}+m_{a_{ji}})\lambda_i^{RR}+a_{ji}^{I*}\lambda_i^{IR}]|\widetilde{x}_i(t)|\\
&+\sum_{i=1}^{n}\sum_{j=1}^{n}\alpha_j[(a_{ji}^{R*}+m_{a_{ji}})\lambda_i^{RI}+a_{ji}^{I*}\lambda_i^{II}]|\widetilde{y}_i(t)|\\
&+\sum_{i=1}^{n}\sum_{j=1}^{n}\alpha_j[(b_{ji}^{R*}+m_{b_{ji}})\mu_i^{RR}+b_{ji}^{I*}\mu_i^{IR}]|\widetilde{x}_i(t-\tau)|
\end{aligned}
$$

$$
\begin{aligned}
&+\sum_{i=1}^{n}\sum_{j=1}^{n}\alpha_j[(b_{ji}^{R*}+m_{b_{ji}})\mu_i^{RI}+b_{ji}^{I*}\mu_i^{II}]|\widetilde{y}_i(t-\tau)| \\
&-\sum_{i=1}^{n}\beta_i d_i\widetilde{y}_i(t)+\sum_{i=1}^{n}\sum_{j=1}^{n}\beta_j[a_{ji}^{I*}\lambda_i^{RR}+(a_{ji}^{R*}+m_{a_{ji}})\lambda_i^{IR}]|\widetilde{x}_i(t)| \\
&+\sum_{i=1}^{n}\sum_{j=1}^{n}\beta_j[a_{ji}^{I*}\lambda_i^{RI}+(a_{ji}^{R*}+m_{a_{ji}})\lambda_i^{II}]|\widetilde{y}_i(t)| \\
&+\sum_{i=1}^{n}\sum_{j=1}^{n}\beta_j[b_{ji}^{I*}\mu_i^{RR}+(b_{ji}^{R*}+m_{b_{ji}})\mu_i^{IR}]|\widetilde{x}_i(t-\tau)| \\
&+\sum_{i=1}^{n}\sum_{j=1}^{n}\beta_j[b_{ji}^{I*}\mu_i^{RI}+(b_{ji}^{R*}+m_{b_{ji}})\mu_i^{II}]|\widetilde{y}_i(t-\tau)| \\
\leqslant&-\mu_a\sum_{i=1}^{n}\alpha_i|\widetilde{x}_i(t)|-\mu_b\sum_{i=1}^{n}\beta_i|\widetilde{y}_i(t)|+\mu_c\sum_{i=1}^{n}\alpha_i|\widetilde{x}_i(t-\tau)|+\mu_d\sum_{i=1}^{n}\beta_i|\widetilde{y}_i(t-\tau)| \\
\leqslant&-\mu_1V(t)+\mu_2V(t-\tau),
\end{aligned}
$$

其中参数设置:

$$
\begin{aligned}
\mu_a=\min_{1\leqslant i\leqslant n}\Bigg\{&d_i-\sum_{j=1}^{n}\frac{\alpha_j}{\beta_i}((a_{ji}^{R*}+m_{a_{ji}})\lambda_i^{RI}+a_{ji}^{I*}\lambda_i^{II}) \\
&-\sum_{j=1}^{n}\frac{\beta_j}{\beta_i}(a_{ji}^{I*}\lambda_i^{RI}+(a_{ji}^{R*}+m_{a_{ji}})\lambda_i^{II})\Bigg\}, \\
\mu_b=\min_{1\leqslant i\leqslant n}\Bigg\{&d_i-\sum_{j=1}^{n}\frac{\alpha_j}{\beta_i}((a_{ji}^{R*}+m_{a_{ji}})\lambda_i^{RI}+a_{ji}^{I*}\lambda_i^{II}) \\
&-\sum_{j=1}^{n}\frac{\beta_j}{\beta_i}(a_{ji}^{I*}\lambda_i^{RI}+(a_{ji}^{R*}+m_{a_{ji}})\lambda_i^{II})\Bigg\}, \\
\mu_c=\max_{1\leqslant i\leqslant n}&\sum_{j=1}^{n}\frac{\alpha_j}{\alpha_i}((b_{ji}^{R*}+m_{b_{ji}})\mu_i^{RR}+b_{ji}^{I*}\mu_i^{IR}) \\
&+\sum_{j=1}^{n}\frac{\beta_j}{\alpha_i}(b_{ji}^{I*}\mu_i^{RR}+(b_{ji}^{R*}+m_{b_{ji}})\mu_i^{IR}), \\
\mu_d=\max_{1\leqslant i\leqslant n}&\sum_{j=1}^{n}\frac{\alpha_j}{\beta_i}((b_{ji}^{R*}+m_{b_{ji}})\mu_i^{RI}+b_{ji}^{I*}\mu_i^{II}) \\
&+\sum_{j=1}^{n}\frac{\beta_j}{\beta_i}(b_{ji}^{I*}\mu_i^{RI}+(b_{ji}^{R*}+m_{b_{ji}})\mu_i^{II}),
\end{aligned}
$$

$$\mu_1 = \min\{\mu_a, \mu_b\} > 0, \quad \mu_2 = \max\{\mu_c, \mu_d\} > 0.$$

因此, 可以得到下面结论:

$$ {}_0^C D_t^q V(t) \leqslant -\mu_1 V(t) + \mu_2 V(t-\tau). \tag{8.13}$$

考虑系统:

$$ {}_0^C D_t^q W(t) = -\mu_1 W(t) + \mu_2 W(t-\tau), \tag{8.14}$$

其中 $W(t) \geqslant 0$ ($W(t) \in R$), 并且选取与 $V(t)$ 相同的初值.

利用定理 3.4.2, 有

$$0 < V(t) \leqslant W(t), \quad \forall t \in (0, +\infty).$$

在假设条件 8.1.2 下, 系统 (8.14) 的特征方程 $\det(\Delta(s)) = 0$ 对任意 $\tau > 0$ 没有纯虚根. 当 $\tau = 0$, $0 < q \leqslant 1$ 时, $\mu_2 < \mu_1 \sin\left(\frac{q\pi}{2}\right) \leqslant \mu_1$, 利用定理 3.3.4, 系统 (8.14) 的零解是 Lyapunov 全局渐近稳定的.

因为 $0 < V(t) \leqslant W(t)$, 所以 $V(t)$ 是 Lyapunov 全局渐近稳定的, 则 $V(t) \to 0$ $(t \to \infty)$ 几乎处处成立. 又

$$V(t) = \sum_{i=1}^{n} \alpha_i |\widetilde{x}_i(t)| + \sum_{i=1}^{n} \beta_i |\widetilde{y}_i(t)|,$$

可得

$$|\widetilde{x}_i(t)| \to 0, \quad |\widetilde{y}_i(t)| \to 0,$$

因此可得系统 (8.1) 的解收敛于唯一解 $\hat{z}$. 定理得证.

### 8.1.2 数值仿真 (一)

这一节利用 MATLAB 软件进行数值模拟, 给定初值条件是常数, 选取步长 $h = 0.01$.

**例 8.1.7** 考虑下面基于忆阻器的参数不确定的时滞分数阶复值神经网络系统:

$$\begin{aligned} {}_0^C D_t^q z(t) = & -Dz(t) + (A(z(t)) + \Delta A(t)) f(z(t)) \\ & + (B(z(t)) + \Delta B(t)) g(z(t-\tau)) + U, \end{aligned} \tag{8.15}$$

其中传递函数 $f_j(z_j(t))$, $g_j(z_j(t))$ 定义为: 对 $j = 1, 2$,

$$f_j(z_j(t)) = \frac{1-\exp(-x_j)}{1+\exp(-x_j)} + i\frac{1}{1+\exp(-y_j)},$$

$$g_j(z_j(t)) = \frac{1-\exp(-y_j)}{1+\exp(-y_j)} + i\frac{1}{1+\exp(-x_j)},$$

忆阻器及不确定参数有如下定义:

$$a_{11}^R = \begin{cases} 1, & |x_1| < 1, \\ \dfrac{1}{6}, & |x_1| > 1, \end{cases} \quad a_{12}^R = \begin{cases} 2, & |x_1| < 1, \\ 1, & |x_1| > 1, \end{cases} \quad a_{21}^R = \begin{cases} 3, & |x_2| < 1, \\ 2, & |x_2| > 1, \end{cases}$$

$$a_{22}^R = \begin{cases} 0, & |x_2| < 1, \\ -\dfrac{1}{6}, & |x_2| > 1, \end{cases} \quad a_{11}^I = \begin{cases} 3, & |y_1| < 1, \\ 1, & |y_1| > 1, \end{cases} \quad a_{12}^I = \begin{cases} 1, & |y_1| < 1, \\ -\dfrac{1}{8}, & |y_1| > 1, \end{cases}$$

$$a_{21}^I = \begin{cases} 2, & |y_2| < 1, \\ 1, & |y_2| > 1, \end{cases} \quad a_{22}^I = \begin{cases} -\dfrac{1}{6}, & |y_2| < 1, \\ 2, & |y_2| > 1, \end{cases} \quad b_{11}^R = \begin{cases} 0, & |x_1| < 1, \\ -\dfrac{1}{6}, & |x_1| > 1, \end{cases}$$

$$b_{12}^R = \begin{cases} 1, & |x_1| < 1, \\ -1, & |x_1| > 1, \end{cases} \quad b_{21}^R = \begin{cases} 2, & |x_2| < 1, \\ 1, & |x_2| > 1, \end{cases} \quad b_{22}^R = \begin{cases} 1, & |x_2| < 1, \\ 2, & |x_2| > 1, \end{cases}$$

$$b_{11}^I = \begin{cases} 2, & |y_1| < 1, \\ -1, & |y_1| > 1, \end{cases} \quad b_{12}^I = \begin{cases} 1, & |y_1| < 1, \\ -\dfrac{1}{6}, & |y_1| > 1, \end{cases} \quad b_{21}^I = \begin{cases} 4, & |y_2| < 1, \\ 2, & |y_2| > 1, \end{cases}$$

$$b_{22}^I = \begin{cases} 2, & |y_2| < 1, \\ -\dfrac{1}{8}, & |y_2| > 1, \end{cases} \quad U = (-3+i, 2+4i)^{\mathrm{T}},$$

$$m_{a_{11}}(t) = m_{a_{12}}(t) = m_{a_{21}}(t) = m_{a_{22}}(t) = \frac{1}{2}\sin(t),$$

$$m_{b_{11}}(t) = m_{b_{12}}(t) = m_{b_{21}}(t) = m_{b_{22}}(t) = \frac{1}{2}\cos(t),$$

$$D = \begin{pmatrix} 10 & 0 \\ 0 & 10 \end{pmatrix}, \quad A = \begin{pmatrix} 1.5+3i & 2.5-i \\ 3.5-2i & 0.5+2i \end{pmatrix}, \quad B = \begin{pmatrix} -0.5+2i & 1.5+i \\ 2.5-4i & -2.5+2i \end{pmatrix},$$

则

$$\overline{D} = \begin{pmatrix} 10 & 0 & 0 & 0 \\ 0 & 10 & 0 & 0 \\ 0 & 0 & 10 & 0 \\ 0 & 0 & 0 & 10 \end{pmatrix}, \quad \overline{A} = \begin{pmatrix} 2 & 3 & 3 & 1 \\ 4 & 1 & 2 & 2 \\ 3 & 1 & 2 & 3 \\ 2 & 2 & 4 & 1 \end{pmatrix}, \quad \overline{B} = \begin{pmatrix} 1 & 2 & 2 & 1 \\ 4 & 3 & 4 & 2 \\ 2 & 1 & 1 & 2 \\ 4 & 2 & 3 & 3 \end{pmatrix},$$

$$\overline{K} = \begin{pmatrix} 0.25 & 0 & 0 & 0 \\ 0 & 0.25 & 0 & 0 \\ 0 & 0 & 0.25 & 0 \\ 0 & 0 & 0 & 0.25 \end{pmatrix}, \quad \overline{L} = \begin{pmatrix} 0 & 0 & 0.5 & 0 \\ 0 & 0 & 0 & 0.5 \\ 0.25 & 0 & 0 & 0 \\ 0 & 0.25 & 0 & 0 \end{pmatrix}.$$

利用上面的参数定义, 可以得出 $M$-矩阵:

$$\overline{D}-\overline{AK}-\overline{BL}=\begin{pmatrix} 9 & -1 & -2 & -1.5 \\ -2 & 9.25 & -2.5 & -2.5 \\ -1 & -0.75 & 8 & -2 \\ -1.25 & -1.25 & -4 & 8.5 \end{pmatrix}.$$

通过验证, 可以得出 $\overline{D}-\overline{AK}-\overline{BL}$ 是非退化的 $M$-矩阵. 为了分析系统 (8.15) 的全局渐近稳定性, 选取 Lyapunov 函数:

$$V(t)=\alpha_1|\widetilde{x}_1(t)|+\alpha_2|\widetilde{x}_2(t)|+\beta_1|\widetilde{y}_1(t)|+\beta_2|\widetilde{y}_2(t)|,$$

其中 $\alpha_1=0.8,\ \alpha_2=1,\ \beta_1=2.3,\ \beta_2=1.8$, 则 $\mu_1=5.28,\ \mu_2=4.66,\ q=0.96,\ \tau=0.5$. 在给定的参数条件下, 定理 8.1.5 与定理 8.1.6 的条件成立, 系统 (8.15) 是全局渐近稳定的.

给定不同的初值条件:

条件 1: 对 $t\in[-\tau,0]$, 取 $z_1(t)=-4+3i,\ z_2(t)=5-i$;

条件 2: 对 $t\in[-\tau,0]$, 取 $z_1(t)=4-3i,\ z_2(t)=-5+i$;

条件 3: 对 $t\in[-\tau,0]$, 取 $z_1(t)=2-5i,\ z_2(t)=3-2i$;

条件 4: 对 $t\in[-\tau,0]$, 取 $z_1(t)=-2+5i,\ z_2(t)=-3+2i$;

条件 5: 对 $t\in[-\tau,0]$, 取 $z_1(t)=6-3i,\ z_2(t)=4-4i$;

条件 6: 对 $t\in[-\tau,0]$, 取 $z_1(t)=-6+3i,\ z_2(t)=-4+4i$.

系统 (8.15) 的解均趋于平衡点, 如图 8.1 所示.

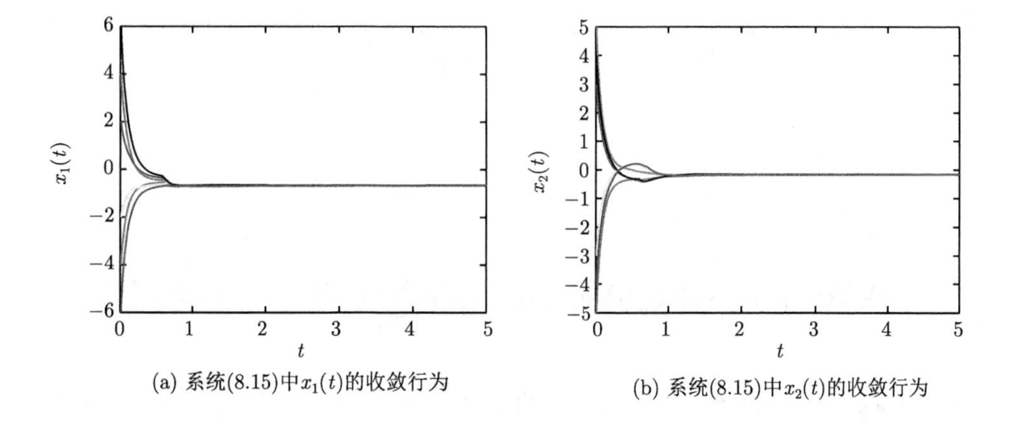


(a) 系统(8.15)中$x_1(t)$的收敛行为 (b) 系统(8.15)中$x_2(t)$的收敛行为

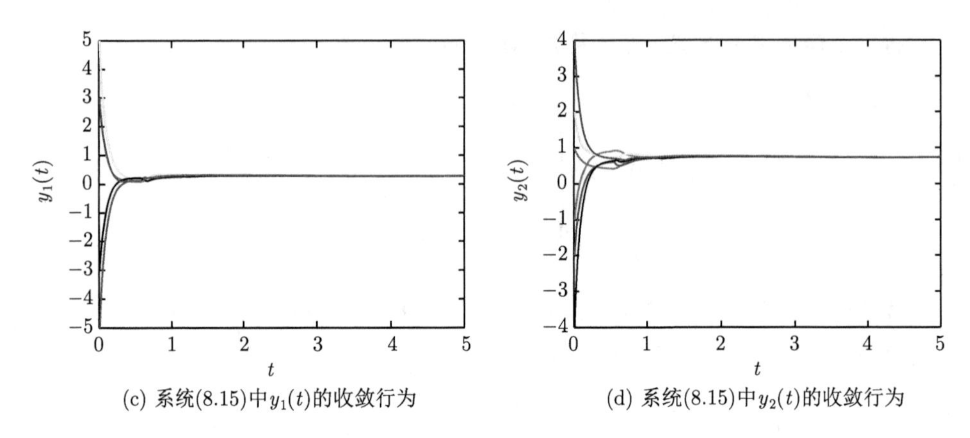


(c) 系统(8.15)中$y_1(t)$的收敛行为　　(d) 系统(8.15)中$y_2(t)$的收敛行为

图 8.1　系统 (8.15) 的解的收敛行为

### 8.1.3　有界时滞系统的稳定性分析

本节主要讨论的是在参数不确定情况下, 所给系统的复值传递函数有界时, 基于忆阻器的时滞分数阶复值神经网络系统的动力学行为.

为了保证所研究系统 (8.1) 的渐近稳定性, 给出如下的条件.

**条件 8.1.8**　对于任意的 $u, v \in C^n$, 传递函数 $f_j(\cdot)$, $g_j(\cdot)$ 在复数值域内满足 Lipschitz 条件, 则存在正的常数 $\lambda_j$, $\mu_j$,

$$\|f_j(u) - f_j(v)\| \leqslant \lambda_j \|u - v\|, \quad \|g_j(u) - g_j(v)\| \leqslant \mu_j \|u - v\|.$$

**定理 8.1.9**　若条件 8.1.8 成立, 传递函数有界并且满足条件 $\bar{\mu}_4 < \bar{\mu}_3 \sin\dfrac{q\pi}{2}$, $0 < q \leqslant 1$, 则系统 (8.1) 是局部渐近稳定的.

**证明**　因为传递函数 $f_j(\cdot)$, $g_j(\cdot)$ 是有界的, 并且参数 $a_{ij}^u = \max\limits_{1\leqslant i,j\leqslant n}\{|\widetilde{a}_{ij}|\}$ 和 $b_{ij}^u = \max\limits_{1\leqslant i,j\leqslant n}\{|\widetilde{b}_{ij}|\}$ 是常数, $\widetilde{a}_{ij} = \widetilde{a}_{ij}^R + i\widetilde{a}_{ij}^I$, $\widetilde{b}_{ij} = \widetilde{b}_{ij}^R + i\widetilde{b}_{ij}^I$. 因此可以得到系统 (8.1) 至少存在一个平衡点. 假设系统 (8.1) 的平衡点是 $\widehat{z}(t)$, 作变换: $\widetilde{z}(t) = z(t) - \widehat{z}(t)$, 应用集值映射与微分包含理论

$$\begin{aligned}
&{}_0^C D_t^q \widetilde{z}_i(t)\\
\in& -d_i\widetilde{z}_i(t) + \sum_{j=1}^n(\mathrm{co}[\underline{a}_{ij}^R, \overline{a}_{ij}^R] + \Delta a_{ij}(t))\widetilde{f}_j(\widetilde{z}_j(t)) + \sum_{j=1}^n i\mathrm{co}[\underline{a}_{ij}^I, \overline{a}_{ij}^I]\widetilde{f}_j(\widetilde{z}_j(t))\\
&+ \sum_{j=1}^n(\mathrm{co}[\underline{b}_{ij}^R, \overline{b}_{ij}^R] + \Delta b_{ij}(t))\widetilde{g}_j(\widetilde{z}_j(t-\tau)) + \sum_{j=1}^n i\mathrm{co}[\underline{b}_{ij}^I, \overline{b}_{ij}^I]\widetilde{g}_j(\widetilde{z}_j(t-\tau)),
\end{aligned}$$

对于 $i$, $j = 1, 2, \cdots, n$, 存在 $\widetilde{a}_{ij}^R \in \mathrm{co}[\underline{a}_{ij}^R, \overline{a}_{ij}^R]$, $\widetilde{a}_{ij}^I \in \mathrm{co}[\underline{a}_{ij}^I, \overline{a}_{ij}^I]$, $\widetilde{b}_{ij}^R \in \mathrm{co}[\underline{b}_{ij}^R, \overline{b}_{ij}^R]$

及 $\widetilde{b}_{ij}^I \in \mathrm{co}[\underline{b}_{ij}^I, \overline{b}_{ij}^I]$, 得到

$$
\begin{aligned}
{}_0^C D_t^q \widetilde{z}_i(t) = & - d_i \widetilde{z}_i(t) + \sum_{j=1}^{n} (\widetilde{a}_{ij} + \Delta a_{ij}(t)) \widetilde{f}_j(\widetilde{z}_j(t)) \\
& + \sum_{j=1}^{n} (\widetilde{b}_{ij} + \Delta b_{ij}(t)) \widetilde{g}_j(\widetilde{z}_j(t-\tau)),
\end{aligned} \tag{8.16}
$$

其中 $\widetilde{a}_{ij} = \widetilde{a}_{ij}^R + i\widetilde{a}_{ij}^I$, $\widetilde{b}_{ij} = \widetilde{b}_{ij}^R + i\widetilde{b}_{ij}^I$.

选取 Lyapunov 函数: $V(t) = \sum\limits_{i=1}^{n} \alpha_i |z_i(t)|$,

$$
\begin{aligned}
& {}_0^C D_t^q V(t) \\
\leqslant & \sum_{i=1}^{n} \alpha_i \mathrm{sgn} |\widetilde{z}_i(t)| {}_0^C D_t^q \widetilde{z}_i(t) \\
\leqslant & \sum_{i=1}^{n} \alpha_i \left[ - d_i |\widetilde{z}_i(t)| + \sum_{j=1}^{n} (|\widetilde{a}_{ij}| + |\Delta a_{ij}(t)|) \widetilde{f}_j(\widetilde{z}_j(t)) \right. \\
& \left. + \sum_{j=1}^{n} (|\widetilde{b}_{ij}| + |\Delta b_{ij}(t)|) \widetilde{g}_j(\widetilde{z}_j(t-\tau)) \right] \\
\leqslant & - \sum_{i=1}^{n} \alpha_i d_i |\widetilde{z}_i(t)| + \sum_{i=1}^{n} \sum_{j=1}^{n} \alpha_i (a_{ij}^u + m_{a_{ij}}) \lambda_j |\widetilde{z}_j(t)| \\
& + \sum_{i=1}^{n} \sum_{j=1}^{n} \alpha_i (b_{ij}^u + m_{b_{ij}}) \mu_j |\widetilde{z}_j(t-\tau)| \\
= & - \sum_{i=1}^{n} \alpha_i d_i |\widetilde{z}_i(t)| + \sum_{i=1}^{n} \sum_{j=1}^{n} \alpha_j (a_{ji}^u + m_{a_{ji}}) \lambda_i |\widetilde{z}_i(t)| \\
& + \sum_{i=1}^{n} \sum_{j=1}^{n} \alpha_j (b_{ji}^u + m_{b_{ji}}) \mu_j |\widetilde{z}_i(t-\tau)| \\
= & - \sum_{i=1}^{n} \alpha_i \left[ d_i - \sum_{j=1}^{n} \frac{\alpha_j}{\alpha_i} (a_{ji}^u + m_{a_{ji}}) \lambda_i \right] |\widetilde{z}_i(t)| \\
& + \sum_{i=1}^{n} \alpha_i \left[ \sum_{j=1}^{n} \frac{\alpha_j}{\alpha_i} (b_{ji}^u + m_{b_{ji}}) \mu_i \right] |\widetilde{z}_i(t-\tau)| \\
\leqslant & - \bar{\mu}_3 \sum_{i=1}^{n} \alpha_i |\widetilde{z}_i(t)| + \bar{\mu}_4 \sum_{i=1}^{n} \alpha_i |\widetilde{z}_i(t-\tau)| \\
= & - \bar{\mu}_3 V(t) + \bar{\mu}_4 V(t-\tau),
\end{aligned}
$$

其中

$$\bar{\mu}_3 = \min_{1\leqslant i\leqslant n}\left\{d_i - \sum_{j=1}^{n}\frac{\alpha_j}{\alpha_i}(a_{ji}^u + m_{a_{ji}})\lambda_i\right\}, \quad \bar{\mu}_4 = \max_{1\leqslant i\leqslant n}\left\{\sum_{j=1}^{n}\frac{\alpha_j}{\alpha_i}(b_{ji}^u + m_{b_{ji}})\mu_i\right\},$$

$$a_{ij}^u = \max_{1\leqslant i,j\leqslant n}\{|\widetilde{a}_{ij}|\}, \quad b_{ij}^u = \max_{1\leqslant i,j\leqslant n}\{|\widetilde{b}_{ij}|\}.$$

考虑如下系统, 其中 $W(t)\geqslant 0\ \ (W(t)\in R)$, 并且与 $V(t)$ 取相同的初值:

$$ {}_{0}^{C}D_t^q W(t) = -\bar{\mu}_3 W(t) + \bar{\mu}_4 W(t-\tau), \tag{8.17}$$

根据定理 3.4.2 可得

$$0 < V(t) \leqslant W(t), \quad \forall t\in(0,+\infty).$$

因为 $\bar{\mu}_4 < \bar{\mu}_3\sin\left(\dfrac{q\pi}{2}\right)$, 则系统 (8.17) 的特征方程 $\det(\Delta(s))=0$ 对于任意的 $\tau>0$ 没有纯虚根. 对 $\tau=0,\ 0<q\leqslant 1,\ \bar{\mu}_4 < \bar{\mu}_3\sin\left(\dfrac{q\pi}{2}\right)\leqslant\bar{\mu}_3$. 则由定理 3.3.4, 系统 (8.17) 的零解是全局 Lyapunov 渐近稳定的. 又 $0<V(t)\leqslant W(t)$, 则 $V(t)$ 是全局 Lyapunov 渐近稳定的, 可得

$$V(t)\to 0 \quad (t\to\infty),$$

$V(t)=\sum\limits_{i=1}^{n}\alpha_i|\widetilde{z}_i(t)|$, 所以

$$|\widetilde{z}_i(t)|\to 0,$$

因此可得系统 (8.1) 的解趋向平衡点 $\hat{z}$. 定理得证.

**注 8.1.10** 在假设条件 8.1.2 下, 若传递函数满足定理 8.1.5 的条件, 则系统存在唯一的平衡点, 此时传递函数不要求有界. 但是在假设条件 8.1.8 下, 传递函数必须要求有界来保证系统存在平衡点.

### 8.1.4 数值仿真 (二)

**例 8.1.11** 考虑下面基于忆阻器的参数不确定的时滞分数阶复值神经网络系统:

$$\begin{aligned}
{}_{0}^{C}D_t^q z_1(t) = &- d_1 z_1(t) + (a_{11}(z_1(t)) + \Delta a_{11}(t))f_1(z_1(t)) + (a_{12}(z_1(t)) \\
&+ \Delta a_{12}(t))f_2(z_2(t)) \\
&+ (b_{11}(z_1(t)) + \Delta b_{11}(t))g_1(z_1(t-\tau)) + (b_{12}(z_1(t)) \\
&+ \Delta b_{12}(t))g_2(z_2(t-\tau)) + u_1,
\end{aligned}$$

$$\begin{aligned}{}_0^C D_t^q z_2(t) =& -d_2 z_2(t) + (a_{21}(z_2(t)) + \Delta a_{21}(t)) f_1(z_1(t)) + (a_{22}(z_2(t)) \\ &+ \Delta a_{22}(t)) f_2(z_2(t)) \\ &+ (b_{21}(z_2(t)) + \Delta b_{21}(t)) g_1(z_1(t-\tau)) + (b_{22}(z_2(t)) \\ &+ \Delta b_{22}(t)) g_2(z_2(t-\tau)) + u_2. \end{aligned} \tag{8.18}$$

对 $j = 1, 2$, 传递函数定义为

$$f_j(z_j) = \frac{1}{1+\exp(-\overline{z}_j)}, \quad g_j(z_j) = \frac{1-\exp(-\overline{z}_j)}{1+\exp(-\overline{z}_j)},$$

忆阻器与变时滞参数定义为

$$a_{11}^R = \begin{cases} 3, & |x_1| < 1, \\ 2, & |x_1| > 1, \end{cases} \quad a_{12}^R = \begin{cases} 4, & |x_1| < 1, \\ 3, & |x_1| > 1, \end{cases} \quad a_{21}^R = \begin{cases} 2, & |x_2| < 1, \\ 1, & |x_2| > 1, \end{cases}$$

$$a_{22}^R = \begin{cases} 1, & |x_2| < 1, \\ \dfrac{1}{2}, & |x_2| > 1, \end{cases} \quad a_{11}^I = \begin{cases} 2, & |y_1| < 1, \\ 1, & |y_1| > 1, \end{cases} \quad a_{12}^I = \begin{cases} 2, & |y_1| < 1, \\ \dfrac{1}{2}, & |y_1| > 1, \end{cases}$$

$$a_{21}^I = \begin{cases} 1, & |y_2| < 1, \\ \dfrac{1}{2}, & |y_2| > 1, \end{cases} \quad a_{22}^I = \begin{cases} 2, & |y_2| < 1, \\ 1, & |y_2| > 1, \end{cases} \quad b_{11}^R = \begin{cases} 1, & |x_1| < 1, \\ \dfrac{1}{2}, & |x_1| > 1, \end{cases}$$

$$b_{12}^R = \begin{cases} 3, & |x_1| < 1, \\ 2, & |x_1| > 1, \end{cases} \quad b_{21}^R = \begin{cases} 2, & |x_2| < 1, \\ 1, & |x_2| > 1, \end{cases} \quad b_{22}^R = \begin{cases} 3, & |x_2| < 1, \\ 2, & |x_2| > 1, \end{cases}$$

$$b_{11}^I = \begin{cases} 1, & |y_1| < 1, \\ \dfrac{1}{2}, & |y_1| > 1, \end{cases} \quad b_{12}^I = \begin{cases} 4, & |y_1| < 1, \\ 3, & |y_1| > 1, \end{cases} \quad b_{21}^I = \begin{cases} 3, & |y_2| < 1, \\ 2, & |y_2| > 1, \end{cases}$$

$$b_{22}^I = \begin{cases} 2, & |y_2| < 1, \\ 1, & |y_2| > 1, \end{cases}$$

$$m_{a_{11}}(t) = m_{a_{12}}(t) = m_{a_{21}}(t) = m_{a_{22}}(t) = \frac{1}{2}\sin(t),$$

$$m_{b_{11}}(t) = m_{b_{12}}(t) = m_{b_{21}}(t) = m_{b_{22}}(t) = \frac{1}{2}\cos(t),$$

$$D = \begin{pmatrix} 10 & 0 \\ 0 & 10 \end{pmatrix}, \quad A = \begin{pmatrix} -3+2i & 4-i \\ 2-i & 1+2i \end{pmatrix}, \quad B = \begin{pmatrix} 1-i & 3+4i \\ 2+3i & -3-22i \end{pmatrix},$$

外界输入 $U = (2-3i, -4+i)^{\mathrm{T}}$, 取 $q = 0.96$. 在给定的参数条件下, 定理 8.1.9 中条件成立, 则系统 (8.18) 是全局渐近稳定的.

利用 MATLAB, 给定以下四种初值条件:

情况 1: 对 $t \in [-\tau_1, 0]$, $z_1(t) = -3 + 2i$, $z_2(t) = 4 - 3i$, $\tau_1 = 0.5$;

情况 2: 对 $t \in [-\tau_2, 0]$, $z_1(t) = 3 - 2i$, $z_2(t) = -4 + 3i$, $\tau_2 = 0.2$;

情况 3: 对 $t \in [-\tau_3, 0]$, $z_1(t) = -5 + 5i$, $z_2(t) = 5 + 5i$, $\tau_3 = 0.3$;

情况 4: 对 $t \in [-\tau_4, 0]$, $z_1(t) = 5 - 5i$, $z_2(t) = -5 - 5i$, $\tau_4 = 0.4$.

则系统 (8.18) 的解收敛于平衡点, 如图 8.2 所示.

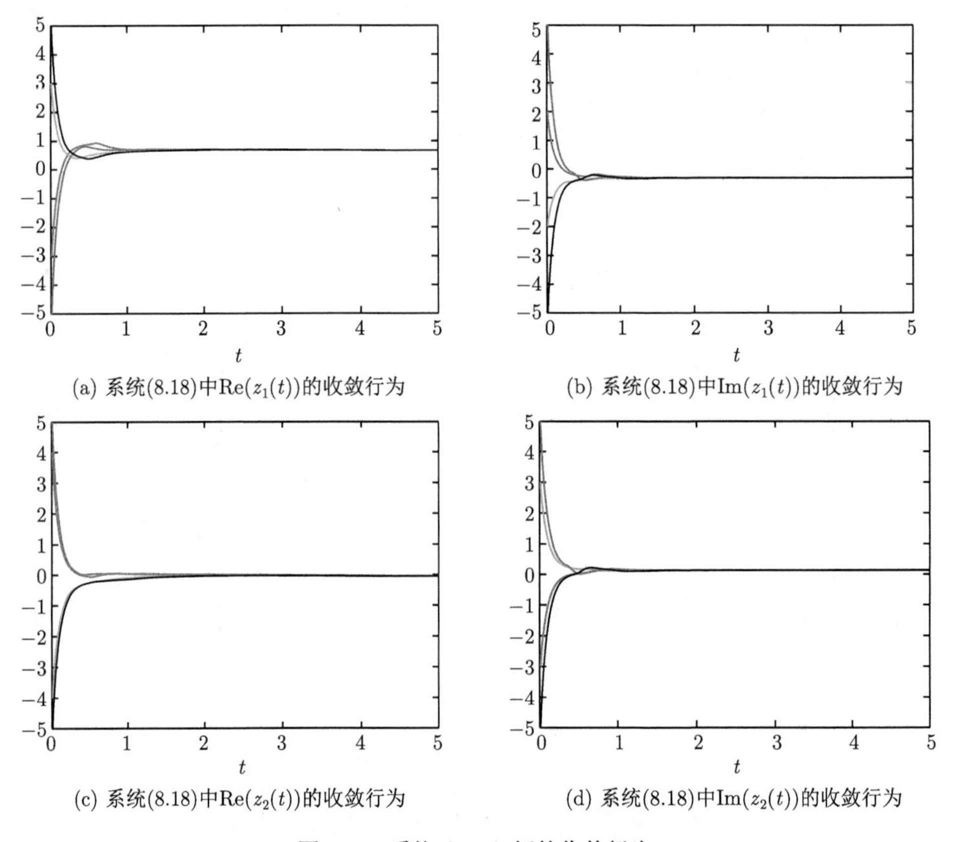


(a) 系统(8.18)中$\mathrm{Re}(z_1(t))$的收敛行为　　(b) 系统(8.18)中$\mathrm{Im}(z_1(t))$的收敛行为

(c) 系统(8.18)中$\mathrm{Re}(z_2(t))$的收敛行为　　(d) 系统(8.18)中$\mathrm{Im}(z_2(t))$的收敛行为

图 8.2　系统 (8.18) 解的收敛行为

## 8.2　不确定参数的脉冲复值时滞分数阶神经网络的稳定性分析

对给定的基于忆阻器的时滞分数阶神经网络, 由在实际生活中的系统传输产生的噪声和测量产生的误差是不可避免的, 所以本节考虑了系统在有界扰动下的稳定条件, 此外, 复信号是处理系统时常常会遇到的问题, 因此本节还考虑了复数域上的情况, 本节主要在 Filippov 意义下, 利分数阶比较原理和 Lyapunov 第二方法, 将复函数转化为实部与虚部, 研究了系统解的存在唯一性. 进而讨论了系统唯一解的渐近稳定性. 在本节最后做了数值仿真实验来验证所得到的结论.

### 8.2.1 模型简介及基本条件

考虑基于忆阻器的带有脉冲和不确定参数的脉冲分数阶复值分数阶神经网络, 数学表示为

$$\begin{cases} {}^C D_t^q z_i(t) = -c_i z_i(t) + \displaystyle\sum_{j=1}^{n}(a_{ij}(z_i(t)) + \Delta a_{ij}) f_j(z_j(t)) \\ \qquad\qquad + \displaystyle\sum_{j=1}^{n}(b_{ij}(z_i(t)) + \Delta b_{ij}) g_j(z_j(t-\tau)) + J_i, \quad t \neq t_k, \\ \Delta z_i(t_k) = z_i(t_k^+) - z_i(t_k^-) = P_{ik}(z_i(t_k)), \end{cases} \tag{8.19}$$

其中 $i = 1, 2, \cdots, n$, $t \geqslant 0$, $z_i(t) \in C$ 是在 $t$ 时刻的第 $i$ 个状态变量; ${}^C D_t^q$ 是阶数为 $q$ $(0 < q < 1)$ 的 Caputo 分数阶导数; $\tau$ 表示时滞; $f_j, g_j: C \to C$ 分别是在时刻 $t$ 和 $t-\tau$ 的第 $j$ 个神经元的激励函数; $c_i > 0$ $(i = 1, 2, \cdots, n)$ 为神经元的自动调节参数; $J_i \in C$ 是外部输入; $t_k$ 表示脉冲时刻且满足: $0 < t_1 < t_2 < \cdots$, $\lim\limits_{t\to\infty} t_k = +\infty$, $k = 1, 2, \cdots$; $z_i(t_k^+)$ 和 $z_i(t_k^-)$ 分别是脉冲时刻前和脉冲时刻后的第 $i$ 个神经元的状态变量, $z_i(t_k^-) = \lim\limits_{t\to t_k^-}(z_i(t))$, $z_i(t_k^+) = \lim\limits_{t\to t_k^+}(z_i(t))$. $a_{ij} \in C$ 和 $b_{ij} \in C$ 是连接权重参数, 它们的向量形式为: $A = (a_{ij})_{n\times n} \in C^{n\times n}, B = (b_{ij})_{n\times n} \in C^{n\times n}$, $\Delta a_{ij} \in R$, $\Delta b_{ij} \in R$, $C = \mathrm{diag}\{c_1, c_2, \cdots, c_n\} \in R^{n\times n}, f(z(t)) = (f_1(z_1(t)), f_2(z_2(t)), \cdots, f_n(z_n(t)))^{\mathrm{T}}$, $g(z(t-\tau)) = (g_1(z_1(t-\tau)), g_2(z_2(t-\tau)), \cdots, g_n(z_n(t-\tau)))^{\mathrm{T}}$; $a_{ij}(z_i(t)), b_{ij}(z_i(t))$ 具体表现形式为

$$a_{ij}(z_i(t)) = a_{ij}^R(x_i(t), y_i(t)) + i a_{ij}^I(x_i(t), y_i(t)),$$

$$b_{ij}(z_i(t)) = b_{ij}^R(x_i(t), y_i(t)) + i b_{ij}^I(x_i(t), y_i(t)),$$

$$a_{ij}^R(x_i(t), y_i(t)) = \begin{cases} \hat{a}_{ij}^R, & |x_i| < T_i, \\ \check{a}_{ij}^R, & |x_i| > T_i, \end{cases} \quad a_{ij}^I(x_i(t), y_i(t)) = \begin{cases} \hat{a}_{ij}^I, & |y_i| < T_i, \\ \check{a}_{ij}^I, & |y_i| > T_i, \end{cases}$$

$$b_{ij}^R(x_i(t), y_i(t)) = \begin{cases} \hat{b}_{ij}^R, & |x_i| < T_i, \\ \check{b}_{ij}^R, & |x_i| > T_i, \end{cases} \quad b_{ij}^I(x_i(t), y_i(t)) = \begin{cases} \hat{b}_{ij}^I, & |y_i| < T_i, \\ \check{b}_{ij}^I, & |y_i| > T_i, \end{cases}$$

$$\overline{a}_{ij}^R = \max\{\hat{a}_{ij}^R, \check{a}_{ij}^R\}, \quad \underline{a}_{ij}^R = \min\{\hat{a}_{ij}^R, \quad \check{a}_{ij}^R\}, \quad \overline{a}_{ij}^I = \max\{\hat{a}_{ij}^I, \check{a}_{ij}^I\},$$

$$\underline{a}_{ij}^I = \min\{\hat{a}_{ij}^I, \check{a}_{ij}^I\},$$

$$\overline{b}_{ij}^R = \max\{\hat{b}_{ij}^R, \check{b}_{ij}^R\}, \quad \underline{b}_{ij}^R = \min\{\hat{b}_{ij}^R, \check{b}_{ij}^R\}, \quad \overline{b}_{ij}^I = \max\{\hat{b}_{ij}^I, \check{b}_{ij}^I\}, \quad \underline{b}_{ij}^I = \min\{\hat{b}_{ij}^I, \check{b}_{ij}^I\}.$$

不失一般性, 我们不妨假设 $z_i(t_k^-) = z_i(t_k)$, 即系统 (8.19) 的解在时刻 $t_k$ 是左连续的. $P_{ik}$ 是函数 $z_i(t)$ 在脉冲时刻 $t_k$ 的变化量. 系统 (8.19) 的初值条件为

$$z_i(s) = \varphi_i(s), \quad s \in [-\tau, 0], \quad p = 1, 2, \cdots, n, \tag{8.20}$$

其中 $\varphi_i(s) = \varphi_i^R(s) + i\varphi_i^I(s)$ 和 $\varphi_i^R(s), \varphi_i^I(s)$ 在 $[-\tau, 0]$ 上是连续的.

**定义 8.2.1** $z^* = (z_1^*, z_1^*, \cdots, z_n^*)^{\mathrm{T}}$ 是系统 (8.19) 的平衡解, 满足条件

$$\begin{cases} -c_i z_i^* + \sum\limits_{j=1}^n (a_{ij} + \Delta a_{ij}) f_j(z_j^*) + \sum\limits_{j=1}^n (b_{ij} + \Delta b_{ij}) g_j(z_j^*) + J_i = 0, \\ P_{ik}(z_i^*) = 0, \end{cases} \tag{8.21}$$

其中 $i = 1, 2, \cdots, n$, $k = 1, 2, \cdots$.

### 8.2.2 全局渐近稳定

在这一节中给出系统 (8.19) 全局渐近稳定的条件, 首先要求出系统 (8.19) 有唯一解, 再证明解的全局渐近稳定性.

**定理 8.2.2** 若参数满足下面的条件, 则系统 (8.19) 存在唯一解,

$$\begin{aligned} \min_{1 \leqslant j \leqslant n} \{c_i\} > \max_{1 \leqslant i \leqslant n} \Bigg\{ & \sum_{j=1}^n ((|a_{ij}^*|_1 + m_{a_{ij}}) F_i^R + (|b_{ij}^*|_1 + m_{b_{ij}}) G_i^R), \\ & \sum_{j=1}^n ((|a_{ij}^*|_1 + m_{a_{ij}}) F_i^I + (|b_{ij}^*|_1 + m_{b_{ij}}) G_i^I) \Bigg\}, \end{aligned} \tag{8.22}$$

$$\begin{aligned} & \min_{1 \leqslant i \leqslant n} \left\{ c_i - F_i^R \sum_{j=1}^n (|a_{ij}^*|_1 + m_{a_{ij}}), c_i - F_i^I \sum_{j=1}^n (|a_{ij}^*|_1 + m_{a_{ij}}) \right\} \\ > & \max_{1 \leqslant i \leqslant n} \left\{ G_i^R \sum_{j=1}^n (|b_{ij}^*|_1 + m_{b_{ij}}), G_i^I \sum_{j=1}^n (|b_{ij}^*|_1 + m_{b_{ij}}) \right\} > 0. \end{aligned} \tag{8.23}$$

其中 $F_j^R = F_j^{RR} + F_j^{IR}$, $F_j^I = F_j^{RI} + F_j^{II}$, $G_j^R = G_j^{RR} + G_j^{IR}$, $G_j^I = G_j^{RI} + G_j^{II}$.

**证明** 由假设条件 8.1.1 和条件 8.1.2, 可以将系统 (8.19) 写成以下形式:

$${}^C D_t^q x_i(t) \in -c_i x_i(t) + \sum_{j=1}^n (\mathrm{co}[\underline{a}_{ij}^R, \ \overline{a}_{ij}^R] + \Delta a_{ij}) f_j^R(x_j(t), \ y_j(t)) - \sum_{j=1}^n \mathrm{co}[\underline{a}_{ij}^I, \ \overline{a}_{ij}^I]$$

$$f_j^I(x_j(t),\ y_j(t))+\sum_{j=1}^{n}(\mathrm{co}[\underline{b}_{ij}^R,\ \overline{b}_{ij}^R]+\Delta b_{ij})g_j^R(x_j(t-\tau),\ y_j(t-\tau))$$
$$-\sum_{j=1}^{n}\mathrm{co}[\underline{b}_{ij}^I,\ \overline{b}_{ij}^I]g_j^I(x_j(t-\tau),\ y_j(t-\tau))+J_i^R,\quad t\neq t_k,$$

$$^C D_t^q y_i(t)\in -c_i y_i(t)+\sum_{j=1}^{n}\mathrm{co}[\underline{a}_{ij}^I,\ \overline{a}_{ij}^I]f_j^R(x_j(t),\ y_j(t))+\sum_{j=1}^{n}(\mathrm{co}[\underline{a}_{ij}^R,\ \overline{a}_{ij}^R]+\Delta a_{ij})$$
$$f_j^I(x_j(t),\ y_j(t))+\sum_{j=1}^{n}\mathrm{co}[\underline{b}_{ij}^I,\ \overline{b}_{ij}^I]g_j^R(x_j(t-\tau),\ y_j(t-\tau))$$
$$+\sum_{j=1}^{n}(\mathrm{co}[\underline{b}_{ij}^R,\ \overline{b}_{ij}^R]+\Delta b_{ij})g_j^I(x_j(t-\tau),\ y_j(t-\tau))+J_i^I,\quad t\neq t_k,$$

那么存在 $\tilde{a}_{ij}^R\in\mathrm{co}[\underline{a}_{ij}^R,\ \overline{a}_{ij}^R]$, $\tilde{a}_{ij}^I\in\mathrm{co}[\underline{a}_{ij}^I,\ \overline{a}_{ij}^I]$, $\tilde{b}_{ij}^R\in\mathrm{co}[\underline{b}_{ij}^R,\ \overline{b}_{ij}^R]$ 和 $\tilde{b}_{ij}^I\in\mathrm{co}[\underline{b}_{ij}^I,\ \overline{b}_{ij}^I]$, $i,j=1,2,\cdots,n$ , 使得 (8.19) 可以写成如下形式:

$$\begin{cases}
^C D_t^q x_i(t)=-c_i x_i(t)+\sum_{j=1}^{n}(\tilde{a}_{ij}^R+\Delta a_{ij})f_j^R(x_j(t),\ y_j(t))\\
\qquad -\sum_{j=1}^{n}\tilde{a}_{ij}^I f_j^I(x_j(t),\ y_j(t))\\
\qquad +\sum_{j=1}^{n}(\tilde{b}_{ij}^R+\Delta b_{ij})g_j^R(x_j(t-\tau),\ y_j(t-\tau))\\
\qquad -\sum_{j=1}^{n}\tilde{b}_{ij}^I g_j^I(x_j(t-\tau),\ y_j(t-\tau))+J_i^R,\quad t\neq t_k,\\
^C D_t^q y_i(t)=-c_i y_i(t)+\sum_{j=1}^{n}\tilde{a}_{ij}^I f_j^R(x_j(t),\ y_j(t))\\
\qquad +\sum_{j=1}^{n}(\tilde{a}_{ij}^R+\Delta a_{ij})f_j^I(x_j(t),\ y_j(t))\\
\qquad +\sum_{j=1}^{n}\tilde{b}_{ij}^I g_j^R(x_j(t-\tau),\ y_j(t-\tau))\\
\qquad +\sum_{j=1}^{n}(\tilde{b}_{ij}^R+\Delta b_{ij})g_j^I(x_j(t-\tau),\ y_j(t-\tau))+J_i^I,\quad t\neq t_k,\\
\Delta x_i(t_k)=x_i(t_k^+)-x_i(t_k^-)=P_{ik}^R(x_i(t_k)),\quad k=1,2,\cdots,\\
\Delta y_i(t_k)=y_i(t_k^+)-y_i(t_k^-)=P_{ik}^I(y_i(t_k)),\quad k=1,2,\cdots.
\end{cases}\tag{8.24}$$

令 $c_ix_i=\mu_i$, $c_iy_i=\nu_i$, 构造映射 $\phi: R^{2n}\to R^{2n}$, $\phi(\mu,\nu)=(\phi_1(\mu,\nu),\cdots,\phi_n(\mu,\nu),$ $\phi_{n+1}(\mu,\nu)\cdots,\phi_{2n}(\mu,\nu))^{\mathrm{T}}$, 其中 $(\mu,\nu)=(\mu_1,\cdots,\mu_n,\nu_1,\cdots,\nu_n)^{\mathrm{T}}$, $i=1,2,\cdots,n$, $t\geqslant 0$, 则有

$$\begin{aligned}
&\phi_i(\mu,\nu)\\
=&\sum_{j=1}^{n}(\mathrm{co}[\underline{a}_{ij}^R,\ \overline{a}_{ij}^R]+\Delta a_{ij})f_j^R\left(\frac{\mu_j}{c_j},\frac{\nu_j}{c_j}\right)-\sum_{j=1}^{n}\mathrm{co}[\underline{a}_{ij}^I,\ \overline{a}_{ij}^I]f_j^I\left(\frac{\mu_j}{c_j},\frac{\nu_j}{c_j}\right)\\
&+\sum_{j=1}^{n}(\mathrm{co}[\underline{b}_{ij}^R,\ \overline{b}_{ij}^R]+\Delta b_{ij})g_j^R\left(\frac{\mu_j}{c_j},\frac{\nu_j}{c_j}\right)-\sum_{j=1}^{n}\mathrm{co}[\underline{b}_{ij}^I,\ \overline{b}_{ij}^I]g_j^I\left(\frac{\mu_j}{c_j},\frac{\nu_j}{c_j}\right)+J_i^R,
\end{aligned}\tag{8.25}$$

$$\begin{aligned}
&\phi_{n+i}(\mu,\nu)\\
=&\sum_{j=1}^{n}\mathrm{co}[\underline{a}_{ij}^I,\ \overline{a}_{ij}^I]f_j^R\left(\frac{\mu_j}{c_j},\frac{\nu_j}{c_j}\right)+\sum_{j=1}^{n}(\mathrm{co}[\underline{a}_{ij}^R,\ \overline{a}_{ij}^R]+\Delta a_{ij})f_j^I\left(\frac{\mu_j}{c_j},\frac{\nu_j}{c_j}\right)\\
&+\sum_{j=1}^{n}\mathrm{co}[\underline{b}_{ij}^I,\ \overline{b}_{ij}^I]g_j^R\left(\frac{\mu_j}{c_j},\frac{\nu_j}{c_j}\right)+\sum_{j=1}^{n}(\mathrm{co}[\underline{b}_{ij}^R,\ \overline{b}_{ij}^R]+\Delta b_{ij})g_j^I\left(\frac{\mu_j}{c_j},\frac{\nu_j}{c_j}\right)\\
&+J_i^I.
\end{aligned}\tag{8.26}$$

对任意 $(\tilde{\mu},\ \tilde{\nu})$ 和 $(\mu,\ \nu)$ 有

$$\begin{aligned}
&\|\phi(\tilde{\mu},\ \tilde{\nu})-\phi(\mu,\ \nu)\|\\
=&\sum_{i=1}^{2n}|\phi_i(\tilde{\mu},\ \tilde{\nu})-\phi_i(\mu,\ \nu)|\\
=&\sum_{i=1}^{n}|\phi_i(\tilde{\mu},\ \tilde{\nu})-\phi_i(\mu,\ \nu)|+\sum_{i=1}^{n}|\phi_{n+i}(\tilde{\mu},\ \tilde{\nu})-\phi_{n+i}(\mu,\ \nu)|\\
=&\sum_{i=1}^{n}\left|\sum_{j=1}^{n}(\mathrm{co}[\underline{a}_{ij}^R,\ \overline{a}_{ij}^R]+\Delta a_{ij})\left(f_j^R\left(\frac{\tilde{\mu}_j}{c_j},\frac{\tilde{\nu}_j}{c_j}\right)-f_j^R\left(\frac{\mu_j}{c_j},\frac{\nu_j}{c_j}\right)\right)\right.\\
&-\sum_{j=1}^{n}\mathrm{co}[\underline{a}_{ij}^I,\ \overline{a}_{ij}^I]\left(f_j^I\left(\frac{\tilde{\mu}_j}{c_j},\frac{\tilde{\nu}_j}{c_j}\right)-f_j^I\left(\frac{\mu_j}{c_j},\frac{\nu_j}{c_j}\right)\right)\\
&+\sum_{j=1}^{n}(\mathrm{co}[\underline{b}_{ij}^R,\ \overline{b}_{ij}^R]+\Delta b_{ij})\left(g_j^R\left(\frac{\tilde{\mu}_j}{c_j},\frac{\tilde{\nu}_j}{c_j}\right)-g_j^R\left(\frac{\mu_j}{c_j},\frac{\nu_j}{c_j}\right)\right)\\
&\left.-\sum_{j=1}^{n}\mathrm{co}[\underline{b}_{ij}^I,\ \overline{b}_{ij}^I]\left(g_j^I\left(\frac{\tilde{\mu}_j}{c_j},\frac{\tilde{\nu}_j}{c_j}\right)-g_j^I\left(\frac{\mu_j}{c_j},\frac{\nu_j}{c_j}\right)\right)\right|
\end{aligned}$$

$$
\begin{aligned}
&+\sum_{p=1}^{n}\left|\sum_{j=1}^{n}\mathrm{co}[\underline{a}_{ij}^{I},\ \overline{a}_{ij}^{I}]\left(f_j^R\left(\frac{\tilde{\mu}_j}{c_j},\frac{\tilde{\nu}_j}{c_j}\right)\right.\right.\\
&\left.-f_j^R\left(\frac{\mu_j}{c_j},\frac{\nu_j}{c_j}\right)\right)-\sum_{j=1}^{n}(\mathrm{co}[\underline{a}_{ij}^{R},\ \overline{a}_{ij}^{R}]+\Delta a_{ij})\left(f_j^I\left(\frac{\tilde{\mu}_j}{c_j},\frac{\tilde{\nu}_j}{c_j}\right)-f_j^I\left(\frac{\mu_j}{c_j},\frac{\nu_j}{c_j}\right)\right)\\
&+\sum_{j=1}^{n}\mathrm{co}[\underline{b}_{ij}^{I},\ \overline{b}_{ij}^{I}]\left(g_j^R\left(\frac{\tilde{\mu}_j}{c_j},\frac{\tilde{\nu}_j}{c_j}\right)-g_j^R\left(\frac{\mu_j}{c_j},\frac{\nu_j}{c_j}\right)\right)\\
&\left.-\sum_{j=1}^{n}(\mathrm{co}[\underline{b}_{ij}^{R},\ \overline{b}_{ij}^{R}]+\Delta a_{ij})\left(g_j^I\left(\frac{\tilde{\mu}_j}{c_j},\frac{\tilde{\nu}_j}{c_j}\right)-g_j^I\left(\frac{\mu_j}{c_j},\frac{\nu_j}{c_j}\right)\right)\right|. \qquad (8.27)
\end{aligned}
$$

由假设条件 8.1.1 有

$$
\begin{aligned}
&\|\phi(\tilde{\mu},\ \tilde{\nu})-\phi(\mu,\ \nu)\|\\
\leqslant&\sum_{i=1}^{n}\left[\sum_{j=1}^{n}(|a_{ij}^{R*}|+m_{a_{ij}})\cdot\frac{1}{c_i}(F_j^{RR}|\tilde{\mu}_j-\mu_j|+F_j^{RI}|\tilde{\nu}_j-\nu_j|)\right.\\
&+\sum_{j=1}^{n}|a_{ij}^{I*}|\cdot\frac{1}{c_i}(F_j^{IR}|\tilde{\mu}_j-\mu_j|\\
&+F_j^{II}|\tilde{\nu}_j-\nu_j|)+\sum_{j=1}^{n}(|b_{ij}^{R*}|+m_{b_{ij}})\cdot\frac{1}{c_i}(G_j^{RR}|\tilde{\mu}_j-\mu_j|+G_j^{RI}|\tilde{\nu}_j-\nu_j|)\\
&+\sum_{j=1}^{n}|b_{ij}^{I*}|\cdot\frac{1}{c_i}(G_j^{IR}|\tilde{\mu}_j-\mu_j|+F_j^{II}|\tilde{\nu}_j-\nu_j|)+\sum_{j=1}^{n}|a_{ij}^{I*}|\cdot\frac{1}{c_i}(F_j^{RR}|\tilde{\mu}_j-\mu_j|\\
&+F_j^{RI}|\tilde{\nu}_j-\nu_j|)+\sum_{j=1}^{n}(|a_{ij}^{R*}|+m_{a_{ij}})\cdot\frac{1}{c_i}(F_j^{IR}|\tilde{\mu}_j-\mu_j|+F_j^{II}|\tilde{\nu}_j-\nu_j|)\\
&+\sum_{j=1}^{n}|b_{ij}^{I*}|\cdot\frac{1}{c_i}(G_j^{RR}|\tilde{\mu}_j-\mu_j|+F_j^{RI}|\tilde{\nu}_j-\nu_j|)\\
&\left.+\sum_{j=1}^{n}(|b_{ij}^{R*}|+m_{b_{ij}})\cdot\frac{1}{c_i}(G_j^{IR}|\tilde{\mu}_j-\mu_j|+G_j^{II}|\tilde{\nu}_j-\nu_j|)\right]\\
=&\sum_{i=1}^{n}\left[\sum_{j=1}^{n}\frac{1}{c_i}((|a_{ij}^{R*}|+m_{a_{ij}})F_j^{RR}+|a_{ij}^{I*}|F_j^{IR}+(|b_{ij}^{R*}|+m_{b_{ij}})G_j^{RR}+|b_{ij}^{I*}|G_j^{IR}\right.\\
&\left.+|a_{ij}^{I*}|F_j^{RR}+(|a_{ij}^{R*}|+m_{a_{ij}})F_j^{IR}+|b_{ij}^{I*}|G_j^{RR}+(|b_{ij}^{R*}|+m_{b_{ij}})G_j^{IR})|\tilde{\mu}_j-\mu_j|\right]\\
&+\sum_{i=1}^{n}\left[\sum_{j=1}^{n}\frac{1}{c_i}((|a_{ij}^{R*}|+m_{a_{ij}})F_j^{RI}+|a_{ij}^{I*}|F_j^{II}+(|b_{ij}^{R*}|+m_{b_{ij}})G_j^{RI}+|b_{ij}^{I*}|G_j^{II}\right.
\end{aligned}
$$

$$+|a_{ij}^{I*}|F_j^{RI}+(|a_{ij}^{R*}|+m_{a_{ij}})F_j^{II}+|b_{ij}^{I*}|G_j^{RI}+(|b_{ij}^{R*}|+m_{b_{ij}})G_j^{II})|\tilde{\nu}_j-\nu_j|\Bigg]$$

$$=\sum_{i=1}^{n}\frac{\sum_{j=1}^{n}((|a_{ij}^*|_1+m_{a_{ij}})F_j^R+(|b_{ij}^*|_1+m_{b_{ij}})G_j^R)}{c_i}|\tilde{\mu}_j-\mu_j|$$

$$+\sum_{i=1}^{n}\frac{\sum_{j=1}^{n}((|a_{ij}^*|_1+m_{a_{ij}})F_j^I+(|b_{ij}^*|_1+m_{b_{ij}})G_j^I)}{c_i}|\tilde{\nu}_j-\nu_j|. \tag{8.28}$$

由式 (8.22) 和 (8.23)可知

$$\frac{\sum_{j=1}^{n}((|a_{ij}^*|_1+m_{a_{ij}})F_j^R+(|b_{ij}^*|_1+m_{b_{ij}})G_j^R)}{c_i}<1, \tag{8.29}$$

$$\frac{\sum_{j=1}^{n}((|a_{ij}^*|_1+m_{a_{ij}})F_j^I+(|b_{ij}^*|_1+m_{b_{ij}})G_j^I)}{c_i}<1, \tag{8.30}$$

则根据不等式 (8.29) 和 (8.30), 式 (8.28) 可表示为

$$\|\phi(\tilde{\mu},\tilde{\nu})-\phi(\mu,\nu)\|<\sum_{i=1}^{n}|\tilde{\mu}_j-\mu_j|+\sum_{i=1}^{n}|\tilde{\nu}_j-\nu_j|=\|(\tilde{\mu},\tilde{\nu})-(\mu,\nu)\|, \tag{8.31}$$

由上式可知 $\phi$ 是 $R^{2n}$ 上的一个压缩映射, 所以由不动点定理可知, 存在唯一的不动点 $(\mu^*,\nu^*)$, 满足 $(\mu^*,\nu^*)=\phi(\mu^*,\nu^*)$, 即

$$\mu_i^*=\sum_{j=1}^{n}(\mathrm{co}[\underline{a}_{ij}^R,\ \overline{a}_{ij}^R]+\Delta a_{ij})f_j^R\left(\frac{\mu_j^*}{c_j},\frac{\nu_j^*}{c_j}\right)-\sum_{j=1}^{n}\mathrm{co}[\underline{a}_{ij}^I,\ \overline{a}_{ij}^I]f_j^I\left(\frac{\mu_j^*}{c_j},\frac{\nu_j^*}{c_j}\right)$$
$$+\sum_{j=1}^{n}(\mathrm{co}[\underline{b}_{ij}^R,\ \overline{b}_{ij}^R]+\Delta b_{ij})g_j^R\left(\frac{\mu_j^*}{c_j},\frac{\nu_j^*}{c_j}\right)-\sum_{j=1}^{n}\mathrm{co}[\underline{b}_{ij}^I,\ \overline{b}_{ij}^I]g_j^I\left(\frac{\mu_j^*}{c_j},\frac{\nu_j^*}{c_j}\right)+J_i^R, \tag{8.32}$$

$$\nu_i^*=\sum_{j=1}^{n}\mathrm{co}[\underline{a}_{ij}^I,\ \overline{a}_{ij}^I]f_j^R\left(\frac{\mu_j^*}{c_j},\frac{\nu_j^*}{c_j}\right)+\sum_{j=1}^{n}(\mathrm{co}[\underline{a}_{ij}^R,\ \overline{a}_{ij}^R]+\Delta a_{ij})f_j^I\left(\frac{\mu_j^*}{c_j},\frac{\nu_j^*}{c_j}\right)$$
$$+\sum_{j=1}^{n}\mathrm{co}[\underline{b}_{ij}^I,\ \overline{b}_{ij}^I]g_j^R\left(\frac{\mu_j^*}{c_j},\frac{\nu_j^*}{c_j}\right)+\sum_{j=1}^{n}(\mathrm{co}[\underline{b}_{ij}^R,\ \overline{b}_{ij}^R]+\Delta b_{ij})g_j^I\left(\frac{\mu_j^*}{c_j},\frac{\nu_j^*}{c_j}\right)+J_i^I, \tag{8.33}$$

将 $\mu_i = c_i x_i$, $\nu_i = c_i y_i$ 代入 (8.32) 和 (8.33) 中, 可知 $(x^*, y^*)$ 是系统 (8.24) 的唯一解, 即 $z^* = x^* + iy^*$ 是系统 (8.19) 的唯一解. 定理得证.

**定理 8.2.3** 在定理 8.2.2 成立的条件下, 若存在常数 $0 < \sigma_{ik}^R$, $\sigma_{ik}^I < 2$ 满足

$$P_{ik}^R(x_i(t_k)) = -\sigma_{ik}^R(x_i(t_k) - x_i^*), \tag{8.34}$$

$$P_{jk}^I(y_j(t_k)) = -\sigma_{ik}^I(y_i(t_k) - y_i^*), \tag{8.35}$$

其中 $i = 1, 2, \cdots, n$, $k = 1, 2, \cdots$, 则系统 (8.19) 的零解具有全局渐近稳定性.

**证明** 令 $e_i(t) = z_i(t) - z_i^*$, 且 $e_i(t) = u_i(t) + iv_i(t)$, 其中 $u_i(t)$, $v_i(t)$ 分别为误差系统的实部和虚部, 即 $u_i(t) = x_i(t) - x_i^*, v_i(t) = y_i(t) - y_i^*$, 则由 (8.24) 式, 误差系统可以写为

$$\begin{cases} {}^C D_t^q u_i(t) = -c_i u_i(t) + \displaystyle\sum_{j=1}^n (\tilde{a}_{ij}^R + \Delta a_{ij})[f_j^R(u_j(t) + x_j^*, v_j(t) + y_j^*) - f_j^R(x_j^*, y_j^*)] \\ \qquad - \displaystyle\sum_{j=1}^n \tilde{a}_{ij}^I [f_j^I(u_j(t) + x_j^*, v_j(t) + y_j^*) - f_j^I(x_j^*, y_j^*)] \\ \qquad + \displaystyle\sum_{j=1}^n (\tilde{b}_{ij}^R + \Delta b_{ij})[g_j^R(u_j(t-\tau) + x_j^*, v_j(t-\tau) + y_j^*) - g_j^R(x_j^*, y_j^*)] \\ \qquad - \displaystyle\sum_{j=1}^n \tilde{b}_{ij}^I [g_j^I(u_j(t-\tau) + x_j^*, v_j(t-\tau) + y_j^*) - g_j^I(x_j^*, y_j^*)], \quad t \neq t_k, \\ {}^C D_t^q v_i(t) = -c_i v_i(t) + \displaystyle\sum_{j=1}^n \tilde{a}_{ij}^I [f_j^R(u_j(t) + x_j^*, v_j(t) + y_j^*) - f_j^R(x_j^*, y_j^*)] \\ \qquad - \displaystyle\sum_{j=1}^n (\tilde{a}_{ij}^R + \Delta a_{ij})[f_j^I(u_j(t) + x_j^*, v_j(t) + y_j^*) - f_j^I(x_j^*, y_j^*)] \\ \qquad + \displaystyle\sum_{j=1}^n \tilde{b}_{ij}^I [g_j^R(u_j(t-\tau) + x_j^*, v_j(t-\tau) + y_j^*) - g_j^R(x_j^*, y_j^*)] \\ \qquad - \displaystyle\sum_{j=1}^n (\tilde{b}_{ij}^R + \Delta b_{ij})[g_j^I(u_j(t-\tau) + x_j^*, v_j(t-\tau) + y_j^*) \\ \qquad - g_j^I(x_j^*, y_j^*)], \quad t \neq t_k, \\ \Delta u_i(t_k) = Q_{ik}^R(u_i(t_k)) = P_{ik}^R(u_i(t_k) + x_i^*), \quad k = 1, 2, \cdots, \\ \Delta v_i(t_k) = Q_{ik}^I(v_i(t_k)) = P_{ik}^I(v_i(t_k) + x_i^*), \quad k = 1, 2, \cdots, \end{cases} \tag{8.36}$$

其中 $i = 1, 2, \cdots, n, t \geqslant 0$, 上式的初值条件为

$$\begin{cases} u_i(s) = \varphi_i^R(s) - x_i^* = \theta_i^R(s), & s \in [-\tau, 0], \\ v_i(s) = \varphi_i^I(s) - y_i^* = \theta_i^I(s), & s \in [-\tau, 0], \end{cases} \tag{8.37}$$

$i = 1, 2, \cdots, n$, 令 $\varpi(s) = (\theta_1^R(s), \cdots, \theta_n^R(s), \theta_1^I(s), \cdots, \theta_n^I(s))^{\mathrm{T}} \in R^{2n}$, $\xi(t) = (u_1(t), \cdots, u_n(t), v_1(t), \cdots, v_n(t))^T \in R^{2n}$, 且有

$$A_1 = \begin{pmatrix} A^R + \Delta A & -A^I \\ A^I & A^R + \Delta A \end{pmatrix}, \quad B_1 = \begin{pmatrix} B^R + \Delta B & -B^I \\ B^I & B^R + \Delta B \end{pmatrix},$$

$$C_1 = \begin{pmatrix} C & 0 \\ 0 & C \end{pmatrix},$$

$$f_1(\xi(t)) = ((f^R(u(t), v(t)))^{\mathrm{T}}, (f^I(u(t), v(t)))^{\mathrm{T}})^{\mathrm{T}},$$
$$g_1(\xi(t-\tau)) = ((g^R(u(t), v(t)))^{\mathrm{T}}, (g^I(u(t-\tau), v(t-\tau)))^{\mathrm{T}})^{\mathrm{T}}.$$

则系统 (8.36) 可表示为

$$\begin{cases} {}^C D_t^q \xi_i(t) = -c_{1i}\xi_i(t) + \sum\limits_{j=1}^{n} (\tilde{a}_{1ij} + \Delta a_{ij})[f_{1j}(\xi_j(t) + \xi_j^*, \xi_{n+j}(t) + \xi_{n+j}^*) \\ \qquad - f_{1j}(\xi_q^*, \xi_{n+j}^*)] \\ \qquad + \sum\limits_{j=n+1}^{2n} \tilde{a}_{1ij}[f_{1j}(\xi_{j-n}(t) + \xi_{j-n}^*, \xi_j(t) + \xi_j^*) - f_{1j}(\xi_{j-n}^*, \xi_j^*)] \\ \qquad + \sum\limits_{j=1}^{n} (\tilde{b}_{1ij} + \Delta b_{ij})[g_{1j}(\xi_j(t-\tau) + \xi_j^*, \xi_{n+j}(t-\tau)\xi_{n+j}^*) \\ \qquad - g_{1j}(\xi_j^*, \xi_{n+j}^*)] \\ \qquad + \sum\limits_{j=n+1}^{2n} \tilde{b}_{1ij}[g_{1j}(\xi_{j-n}(t-\tau) + \xi_{j-n}^*, \xi_j(t-\tau) + \xi_j^*) \\ \qquad - g_{1j}(\xi_{j-n}^*, \xi_j^*)], \quad i = 1, 2, \cdots, 2n, \ t \neq t_k, \\ \Delta\xi_i(t_k) = Q_{ik}^R(\xi_i(t_k)) = P_{ik}^R(\xi_i(t_k) + x_i^*), \quad i = 1, 2, \cdots, n, \ k = 1, 2, \cdots, \\ \Delta\xi_i(t_k) = Q_{i-n,k}^I(\xi_i(t_k)) = P_{i-n,k}^I(\xi_i(t_k) + y_{i-n}^*), \quad i = n+1, n+2, \cdots, 2n, \\ \qquad k = 1, 2, \cdots. \end{cases} \tag{8.38}$$

系统 (8.38) 的初值条件为

$$\xi_i(s) = \varpi_i(s), \quad s \in [-\tau, 0], \quad i = 1, 2, \cdots, 2n, \tag{8.39}$$

下面为了研究系统的稳定性, 构造函数如下

$$V(t)=\sum_{i=1}^{2n}|\xi_i(t)|. \tag{8.40}$$

首先我们考虑 $t>0$ 且 $t=t_k, k=1,2,\cdots$ 的情况, 由方程 (8.38) 可知

$$\begin{aligned}
V(t_k^+)&=\sum_{i=1}^{n}|\xi_i(t_k)+Q_{ik}^R(\xi_i(t_k))|+\sum_{i=n+1}^{2n}|\xi_i(t_k)+Q_{i-n,k}^I(\xi_i(t_k))|\\
&=\sum_{i=1}^{n}|x_i(t_k)-x_i^*+P_{ik}^R(x_i(t_k))|+\sum_{i=1}^{n}|y_i(t_k)-y_i^*+P_{ik}^I(y_i(t_k))|\\
&=\sum_{i=1}^{n}|x_i(t_k)-x_i^*-\sigma_{ik}^R(x_i(t_k)-x_i^*)|+\sum_{i=1}^{n}|y_i(t_k)-y_i^*-\sigma_{ik}^I(y_i(t_k)-y_i^*)|\\
&=\sum_{i=1}^{n}|1-\sigma_{ik}^R||x_i(t_k)-x_i^*|+\sum_{i=1}^{n}|1-\sigma_{ik}^I||y_i(t_k)-y_i^*|\\
&<\sum_{i=1}^{n}|u_i(t_k)|+\sum_{i=1}^{n}|v_i(t_k)|=V(t_k).
\end{aligned} \tag{8.41}$$

其次, 考虑 $t\geqslant 0$ 和 $t\neq t_k$ 的情况, 因为当 $\xi_i(t)>0, i=1,2,\cdots,2n$ 时,

$$\begin{aligned}
{}^CD_t^q|\xi_i(t)|&=\frac{1}{\Gamma(1-q)}\int_0^t\frac{|\xi_i(s)|'}{(t-s)^q}ds\\
&=\frac{1}{\Gamma(1-q)}\int_0^t\frac{\xi_i'(s)}{(t-s)^q}ds={}^CD_t^q\xi_i(t),
\end{aligned}$$

当 $\xi_i(t)=0, i=1,2,\cdots,2n$ 时, ${}^CD_t^q|\xi_i(t)|=0$, 所以有

$${}^CD_t^q|\xi_i(t)|=\operatorname{sgn}(\xi_i(t))^CD_t^q\xi_i(t). \tag{8.42}$$

那么由 (8.42), (8.34) 和 (8.35) 可知

$$\begin{aligned}
&{}^CD_t^qV(t)\\
=&{}^CD_t^q\sum_{i=1}^{2n}|\xi_i(t)|\\
=&\sum_{i=1}^{n}\operatorname{sgn}(u_i(t))^CD_t^qu_i(t)+\sum_{i=1}^{n}\operatorname{sgn}(v_i(t))^CD_t^qv_i(t)\\
\leqslant&\sum_{i=1}^{n}\Bigg\{-c_i|u_i(t)|+\sum_{j=1}^{n}(a_{ij}^{R*}+m_{a_{ij}})|f_j^R(u_j(t)+x_j^*,v_j(t)+y_j^*)-f_j^R(x_j^*,y_j^*)|\\
&+\sum_{j=1}^{n}a_{ij}^{I*}|f_j^I(u_j(t)+x_j^*,v_j(t)+y_j^*)-f_j^I(x_j^*,y_j^*)|
\end{aligned}$$

$$
\begin{aligned}
&+\sum_{j=1}^{n}(b_{ij}^{R*}|+m_{b_{ij}})|g_j^R(u_j(t-\tau)+x_j^*,v_j(t-\tau)+y_j^*)-g_j^R(x_j^*,y_j^*)| \\
&\left.+\sum_{j=1}^{n}b_{ij}^{I*}|g_j^I(u_j(t-\tau)+x_j^*,v_j(t-\tau)+y_j^*)-g_j^I(x_j^*,y_j^*)|\right\} \\
&+\sum_{i=1}^{n}\left\{-c_i|v_i(t)|+\sum_{j=1}^{n}a_{ij}^{I*}|f_j^R(u_j(t)+x_j^*,v_j(t)+y_j^*)-f_j^R(x_j^*,y_j^*)|\right. \\
&+\sum_{j=1}^{n}(a_{ij}^{R*}+m_{a_{ij}})|f_j^I(u_j(t)+x_j^*,v_j(t)+y_j^*)-f_j^I(x_j^*,y_j^*)| \\
&+\sum_{j=1}^{n}b_{ij}^{I*}|g_j^R(u_j(t-\tau)+x_j^*,v_j(t-\tau)+y_j^*)-g_j^R(x_j^*,y_j^*)| \\
&\left.+\sum_{j=1}^{n}(b_{ij}^{R*}+m_{b_{ij}})|g_j^I(u_j(t-\tau)+x_j^*,v_j(t-\tau)+y_j^*)-g_j^I(x_j^*,y_j^*)|\right\}.
\end{aligned} \tag{8.43}
$$

由条件 8.1.1 有

$$
\begin{aligned}
&{}^C D_t^q V(t) \\
\leqslant&\sum_{i=1}^{n}\left\{-c_i|u_i(t)|+\sum_{j=1}^{n}(a_{ij}^{R*}+m_{a_{ij}})(F_j^{RR}|u_j(t)|+F_j^{RI}|v_j(t)|)\right. \\
&+\sum_{j=1}^{n}a_{ij}^{I*}(F_j^{IR}|u_j(t)|+F_j^{II}|v_j(t)|)+\sum_{j=1}^{n}(b_{ij}^{R*}+m_{b_{ij}})(G_j^{RR}|u_j(t-\tau)| \\
&+G_j^{RI}|v_j(t-\tau)|) \\
&+\sum_{j=1}^{n}b_{ij}^{I*}(G_j^{IR}|u_j(t-\tau)|+G_j^{II}|v_j(t-\tau)|)-c_i|v_i(t)| \\
&+\sum_{j=1}^{n}a_{ij}^{I*}(F_j^{RR}|u_j(t)|+F_j^{RI}|v_j(t)|) \\
&+\sum_{j=1}^{n}(a_{ij}^{R*}+m_{a_{ij}})(F_j^{IR}|u_j(t)|+F_j^{II}|v_j(t)|) \\
&+\sum_{j=1}^{n}b_{ij}^{I*}(G_j^{RR}|u_j(t-\tau)|+G_j^{RI}|v_j(t-\tau)|) \\
&\left.+\sum_{j=1}^{n}(b_{ij}^{R*}+m_{b_{ij}})(G_j^{IR}|u_j(t-\tau)|+G_j^{II}|v_j(t-\tau)|)\right\}
\end{aligned}
$$

$$
\begin{aligned}
&= \sum_{i=1}^{n}\Bigg\{ - c_i|u_i(t)| + \sum_{j=1}^{n}((a_{ij}^{R*} + m_{a_{ij}})F_j^{RR} + a_{ij}^{I*}F_j^{IR} + a_{ij}^{I*}F_j^{RR} \\
&\quad + (a_{ij}^{R*} + m_{a_{ij}})F_j^{IR})|u_j(t)| \\
&\quad - c_i|v_i(t)| + \sum_{j=1}^{n}((a_{ij}^{R*} + m_{a_{ij}})F_j^{RI} + a_{ij}^{I*}F_j^{II} + a_{ij}^{I*}F_j^{RI} \\
&\quad + (a_{ij}^{R*} + m_{a_{ij}})F_j^{II})|v_j(t)| \\
&\quad + \sum_{j=1}^{n}((b_{ij}^{R*} + m_{b_{ij}})G_j^{RR} + b_{ij}^{I*}G_j^{IR} + b_{ij}^{I*}G_j^{RR} + (b_{ij}^{R*} + m_{b_{ij}})G_j^{IR})|u_j(t-\tau)| \\
&\quad + \sum_{j=1}^{n}((b_{ij}^{R*} + m_{b_{ij}})G_j^{RI} + b_{ij}^{I*}G_j^{II} + b_{ij}^{I*}G_j^{RI} + (b_{ij}^{R*} + m_{b_{ij}})G_j^{II})|v_j(t-\tau)|\Bigg\} \\
&= -\sum_{i=1}^{n}\left(c_i - F_i^R\sum_{j=1}^{n}(|a_{ij}^*|_1 + m_{a_{ij}})\right)|u_i(t)| \\
&\quad - \sum_{i=1}^{n}\left(c_i - F_i^I\sum_{j=1}^{n}(|a_{ij}^*|_1 + m_{a_{ij}})\right)|v_i(t)| \\
&\quad + \sum_{i=1}^{n}\sum_{j=1}^{n}G_i^R(|b_{ij}^*|_1 + m_{b_{ij}})|u_i(t-\tau)| + \sum_{i=1}^{n}\sum_{j=1}^{n}G_i^I(|b_{ij}^*|_1 + m_{b_{ij}})|v_i(t-\tau)| \\
&\leqslant -\min_{1\leqslant i\leqslant n}\left\{(c_i - F_i^R\sum_{j=1}^{n}(|a_{ij}^*|_1 + m_{a_{ij}})), (c_i - F_i^I\sum_{j=1}^{n}(|a_{ij}^*|_1 + m_{a_{ij}}))\right\} \\
&\quad \cdot\left(\sum_{i=1}^{n}|u_i(t)| + \sum_{i=1}^{n}|v_i(t)|\right) \\
&\quad + \max_{1\leqslant i\leqslant n}\left\{G_i^R\sum_{j=1}^{n}(|b_{ij}^*|_1 + m_{b_{ij}}), G_i^I\sum_{j=1}^{n}(|b_{ij}^*|_1 + m_{b_{ij}})\right\} \\
&\quad \cdot\left(\sum_{i=1}^{n}|u_i(t-\tau)| + \sum_{i=1}^{n}|v_i(t-\tau)|\right).
\end{aligned}
\tag{8.44}
$$

接下来令

$$
\begin{cases}
K_1 = \min\limits_{1\leqslant i\leqslant n}\left\{\left(c_i - F_i^R\sum\limits_{j=1}^{n}(|a_{ij}^*|_1 + m_{a_{ij}})\right),\ \left(c_i - F_i^I\sum\limits_{j=1}^{n}(|a_{ij}^*|_1 + m_{a_{ij}})\right)\right\}, \\
K_2 = \max\limits_{1\leqslant i\leqslant n}\left\{G_i^R\sum\limits_{j=1}^{n}(|b_{ij}^*|_1 + m_{b_{ij}}), G_i^I\sum\limits_{j=1}^{n}(|b_{ij}^*|_1 + m_{b_{ij}})\right\},
\end{cases}
$$

则由定理的不等式条件可知 $K_1 > K_2 > 0$, 所以下面的式子成立:

$$ {}^C D_t^q V(t) \leqslant -K_1 V(t) + K_2 V(t-\tau). \tag{8.45} $$

接下来考虑如下的时滞分数阶系统:

$$ \begin{cases} {}^C D_t^q W(t) = -K_1 W(t) + K_2 W(t-\tau), & t > 0, \\ W(s) = \varpi(s), & s \in [-\tau, 0]. \end{cases} \tag{8.46} $$

这是与系统 (8.45) 有相同初值条件的线性系统. 由定理 3.3.4, 若系统 (8.46) 的特征方程

$$ s^q + K_1 - K_2 e^{-s\tau} = 0 \tag{8.47} $$

没有纯虚根且 $K_1 > K_2$, 那么系统 (8.46) 的零解就是 Lyapunov 全局渐近稳定的. 系统 (8.45) 的零解就是 Lyapunov 全局渐近稳定的. 由定理 3.4.2 可知 $V(t) \leqslant W(t)$, 即 (8.45) 的解 $\sum\limits_{p=1}^{2n} |\xi(t)|$ 是 Lyapunov 全局渐近稳定的. 因此可知系统 (8.19) 零解的稳定性. 所以系统 (8.19) 的零解 $z^*$ 是 Lyapunov 全局渐近稳定的. 定理得证.

### 8.2.3 数值仿真

**例 8.2.4** 考虑如下基于忆阻器时滞的不确定参数脉冲分数阶复值神经网络:

$$ \begin{cases} {}^C D_t^q z_i(t) = -c_i z_i(t) + \sum\limits_{j=1}^{2} (a_{ij}(z_i(t)) + \Delta a_{ij}) f_j(z_j(t)) \\ \qquad\qquad + \sum\limits_{j=1}^{2} (b_{ij}(z_i(t)) + \Delta b_{ij}) g_j(z_j(t-\tau)) + J_i, \quad t \neq t_k, \\ \Delta z_i(t_k) = P_{ik}(z_i(t_k)), \quad k = 1, 2, \cdots. \end{cases} \tag{8.48} $$

其中 $i = 1, 2,\ t \geqslant 0,\ q = 0.9,\ \tau = 0.1,\ \sigma_{1k}^R = 0.8,\ \sigma_{1k}^R = 1.2,\ \sigma_{1k}^I = \sigma_{2k}^I = 0.8$.

$$ f_j(x_j(t), y_j(t)) = \frac{1 - e^{-x^j(t)}}{1 + e^{-x^j(t)}} + i\left(\frac{1}{1 + e^{-y^j(t)}}\right), \quad j = 1, 2, $$

$$ g_j(x_j(t), y_j(t)) = \frac{1 - e^{-y^j(t)}}{1 + e^{-y^j(t)}} + i\left(\frac{1}{1 + e^{-x^j(t)}}\right), \quad j = 1, 2, $$

$$ J = (-3 + i, 2 + 4i)^{\mathrm{T}}, $$

$$ m_{a_{11}}(t) = m_{a_{12}}(t) = m_{a_{21}}(t) = m_{a_{22}}(t) = \frac{1}{2}\sin(t), $$

$$m_{b_{11}}(t) = m_{b_{12}}(t) = m_{b_{21}}(t) = m_{b_{22}}(t) = \frac{1}{2}\cos(t),$$

$$A = \begin{pmatrix} 1.5+3i & 2.5-i \\ 3.5-2i & 0.5+2i \end{pmatrix}, \quad B = \begin{pmatrix} -0.5+2i & 1.5+i \\ 2.5-4i & -2.5+2i \end{pmatrix},$$

$$C = \begin{pmatrix} 10 & 0 \\ 0 & 10 \end{pmatrix}, \quad F^R = F^I = G^R = G^I = 1.5,$$

接下来可求得

$$\begin{aligned}
&\min_{1\leqslant i\leqslant 2} c_i = 10,\\
&\max_{1\leqslant i\leqslant n}\left\{\sum_{j=1}^{2}((|a_{ij}^*|_1 + m_{a_{ij}})F_i^R + (|b_{ij}^*|_1 + m_{b_{ij}})G_i^R),\right.\\
&\left.\sum_{j=1}^{2}((|a_{ij}^*|_1 + m_{a_{ij}})F_i^I + (|b_{ij}^*|_1 + m_{b_{ij}})G_i^I)\right\} = \frac{107}{60},\\
&\min_{1\leqslant i\leqslant 2}\left\{c_i - F_i^R\sum_{j=1}^{2}(|a_{ij}^*|_1 + m_{a_{ij}}), c_i - F_i^I\sum_{j=1}^{2}(|a_{ij}^*|_1 + m_{a_{ij}})\right\} = \frac{553}{60},\\
&\max_{1\leqslant i\leqslant 2}\left\{G_i^R\sum_{j=1}^{2}(|b_{ij}^*|_1 + m_{b_{ij}}), G_i^I\sum_{j=1}^{2}(|b_{ij}^*|_1 + m_{b_{ij}})\right\} = 1.
\end{aligned}$$

图 8.3 为第一个节点状态变量的实部、虚部状态图, 图 8.4 为第二个节点状态变量的实部、虚部状态图, 它们说明了系统 (8.48) 的解是全局渐近稳定的.

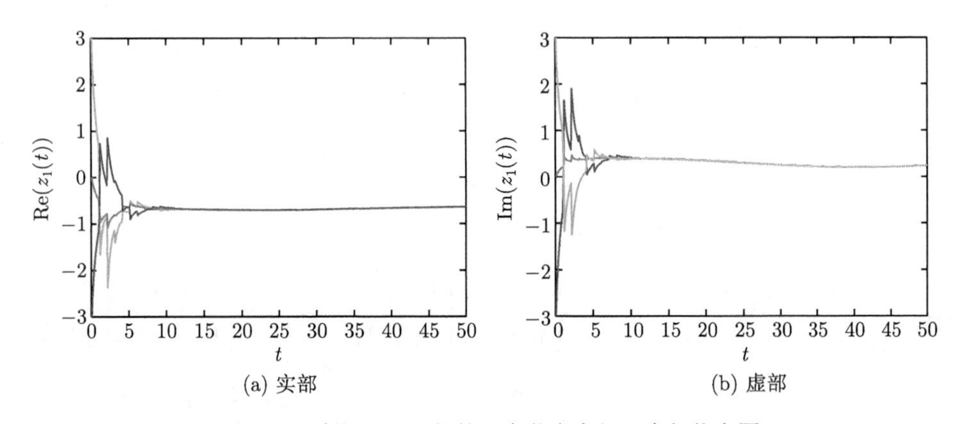

(a) 实部　(b) 虚部

图 8.3　系统 (8.48)的第一个节点实部、虚部状态图

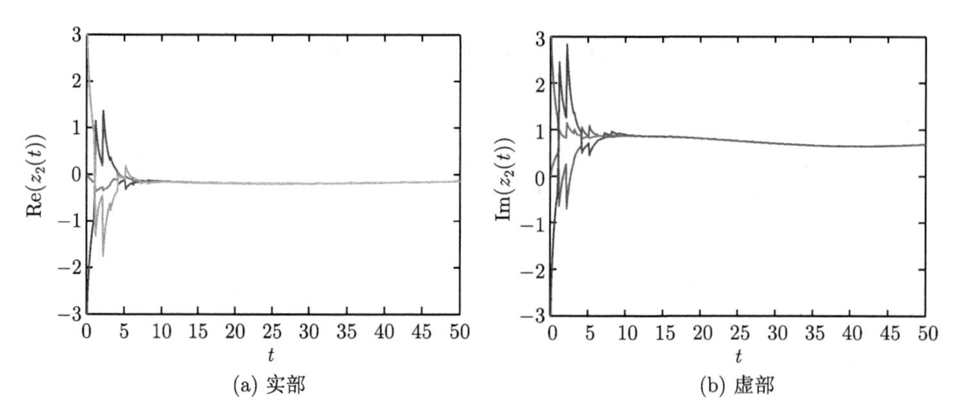


(a) 实部　　(b) 虚部

图 8.4　系统 (8.48) 的第二个节点实部, 虚部状态图

**例 8.2.5**　考虑下如下四维系统:

$$\begin{cases} {}^C D_t^q z_i(t) = -c_i z_i(t) + \displaystyle\sum_{j=1}^{4}(a_{ij}(z_i(t)) + \Delta a_{ij}) f_j(z_j(t)) \\ \qquad + \displaystyle\sum_{j=1}^{4}(b_{ij}(z_i(t)) + \Delta b_{ij}) g_j(z_j(t-\tau)) + J_i, \quad t \neq t_k, \\ \Delta z_i(t_k) = P_{ik}(z_i(t_k)), \quad k = 1,2,3,4\cdots. \end{cases} \tag{8.49}$$

$i = 1,2,3,4, t \geqslant 0$, 其中 $q = 0.96, \tau = 0.1$,

$$f_j(x_j(t), y_j(t)) = \frac{1 - e^{-x^j(t)}}{1 + e^{-x^j(t)}} + i\left(\frac{1}{1 + e^{-y^j(t)}}\right), \quad j = 1,2,3,4,$$

$$g_j(x_j(t), y_j(t)) = \frac{1 - e^{-y^j(t)}}{1 + e^{-y^j(t)}} + i\left(\frac{1}{1 + e^{-x^j(t)}}\right), \quad j = 1,2,3,4,$$

参数扰动上界选取如下:

$$m_{a_{11}}(t) = m_{a_{12}}(t) = m_{a_{21}}(t) = m_{a_{22}}(t) = \frac{1}{2}\sin(t),$$

$$m_{b_{11}}(t) = m_{b_{12}}(t) = m_{b_{21}}(t) = m_{b_{22}}(t) = \frac{1}{2}\cos(t).$$

连接权重参数 $a_{ij}$ 的实部选取如下:

$$a_{11}^R = \begin{cases} -0.3, & |x_1| < 1, \\ 0.3, & |x_1| > 1, \end{cases} \quad a_{12}^R = \begin{cases} -0.4, & |x_1| < 1, \\ 0.4, & |x_1| > 1, \end{cases} \quad a_{13}^R = \begin{cases} -0.3, & |x_1| < 1, \\ 0.3, & |x_1| > 1, \end{cases}$$

$$a_{14}^R = \begin{cases} -0.4, & |x_1| < 1, \\ 0.4, & |x_1| > 1, \end{cases} \quad a_{21}^R = \begin{cases} 0.2, & |x_2| < 1, \\ -0.2, & |x_2| > 1, \end{cases} \quad a_{22}^R = \begin{cases} 0.1, & |x_2| < 1, \\ -0.1, & |x_2| > 1, \end{cases}$$

$$a_{23}^{R}=\begin{cases}-0.1, & |x_1|<1,\\ 0.1, & |x_1|>1,\end{cases}\quad a_{24}^{R}=\begin{cases}0.2, & |x_1|<1,\\ -0.2, & |x_1|>1,\end{cases}\quad a_{31}^{R}=\begin{cases}5.5, & |x_2|<1,\\ -5.5, & |x_2|>1,\end{cases}$$

$$a_{32}^{R}=\begin{cases}9.5, & |x_2|<1,\\ -9.5, & |x_2|>1,\end{cases}\quad a_{33}^{R}=\begin{cases}6, & |x_1|<1,\\ -6, & |x_1|>1,\end{cases}\quad a_{34}^{R}=\begin{cases}5.5, & |x_1|<1,\\ -5.5, & |x_1|>1,\end{cases}$$

$$a_{41}^{R}=\begin{cases}7, & |x_2|<1,\\ -7, & |x_2|>1,\end{cases}\quad a_{42}^{R}=\begin{cases}8, & |x_2|<1,\\ -8, & |x_2|>1,\end{cases}\quad a_{43}^{R}=\begin{cases}7, & |x_1|<1,\\ -7, & |x_1|>1,\end{cases}$$

$$a_{44}^{R}=\begin{cases}8, & |x_1|<1,\\ -8, & |x_1|>1;\end{cases}$$

连接权重参数 $a_{ij}$ 的虚部选取如下:

$$a_{11}^{I}=\begin{cases}0.1, & |y_1|<1,\\ -0.1, & |y_1|>1,\end{cases}\quad a_{12}^{I}=\begin{cases}0.2, & |y_1|<1,\\ -0.2, & |y_1|>1,\end{cases}\quad a_{13}^{I}=\begin{cases}0.1, & |y_1|<1,\\ -0.1, & |y_1|>1,\end{cases}$$

$$a_{14}^{I}=\begin{cases}0.2, & |y_1|<1,\\ -0.2, & |y_1|>1,\end{cases}\quad a_{21}^{I}=\begin{cases}0.1, & |y_2|<1,\\ -0.1, & |y_2|>1,\end{cases}\quad a_{22}^{I}=\begin{cases}0.4, & |y_2|<1,\\ -0.4, & |y_2|>1,\end{cases}$$

$$a_{23}^{I}=\begin{cases}0.5, & |y_1|<1,\\ -0.5, & |y_1|>1,\end{cases}\quad a_{24}^{I}=\begin{cases}0.2, & |y_1|<1,\\ -0.2, & |y_1|>1,\end{cases}\quad a_{31}^{I}=\begin{cases}-1.5, & |y_2|<1,\\ 1.5, & |y_2|>1,\end{cases}$$

$$a_{32}^{I}=\begin{cases}-1.5, & |y_2|<1,\\ 1.5, & |y_2|>1,\end{cases}\quad a_{33}^{I}=\begin{cases}-3.2, & |y_1|<1,\\ 3.2, & |y_1|>1,\end{cases}\quad a_{34}^{I}=\begin{cases}-3.4, & |y_1|<1,\\ 3.4, & |y_1|>1,\end{cases}$$

$${}_{41}^{I}=\begin{cases}0.8, & |y_2|<1,\\ -0.8, & |y_2|>1,\end{cases}\quad a_{42}^{I}=\begin{cases}-1, & |y_2|<1,\\ 1, & |y_2|>1,\end{cases}\quad a_{43}^{I}=\begin{cases}0.8, & |y_1|<1,\\ -0.8, & |y_1|>1,\end{cases}$$

$$a_{44}^{I}=\begin{cases}-1, & |y_1|<1,\\ 1, & |y_1|>1;\end{cases}$$

连接权重参数 $b_{ij}$ 的实部选取如下:

$$b_{11}^{R}=\begin{cases}\dfrac{1}{2}, & |x_1|<1,\\ -\dfrac{1}{4}, & |x_1|>1,\end{cases}\quad b_{12}^{R}=\begin{cases}\dfrac{1}{8}, & |x_1|<1,\\ -\dfrac{1}{8}, & |x_1|>1,\end{cases}\quad b_{13}^{R}=\begin{cases}\dfrac{1}{2}, & |x_1|<1,\\ -\dfrac{1}{4}, & |x_1|>1,\end{cases}$$

$$b_{14}^{R}=\begin{cases}\dfrac{1}{8}, & |x_1|<1,\\ -\dfrac{1}{8}, & |x_1|>1,\end{cases}\quad b_{21}^{R}=\begin{cases}\dfrac{1}{8}, & |x_2|<1,\\ -\dfrac{1}{8}, & |x_2|>1,\end{cases}\quad b_{22}^{R}=\begin{cases}\dfrac{1}{6}, & |x_2|<1,\\ -\dfrac{1}{6}, & |x_2|>1,\end{cases}$$

$$b_{23}^R=\begin{cases}\dfrac{1}{8}, & |x_1|<1,\\ -\dfrac{1}{8}, & |x_1|>1,\end{cases}\quad b_{24}^R=\begin{cases}\dfrac{1}{6}, & |x_1|<1,\\ -\dfrac{1}{6}, & |x_1|>1,\end{cases}\quad b_{31}^R=\begin{cases}-2.5, & |x_2|<1,\\ 2.5, & |x_2|>1,\end{cases}$$

$$b_{32}^R=\begin{cases}-3.5, & |x_2|<1,\\ 3.5, & |x_2|>1,\end{cases}\quad b_{33}^R=\begin{cases}-2.5, & |x_1|<1,\\ 2.5, & |x_1|>1,\end{cases}\quad b_{34}^R=\begin{cases}-2.5, & |x_1|<1,\\ 2.5, & |x_1|>1,\end{cases}$$

$$b_{41}^R=\begin{cases}-3.5, & |x_2|<1,\\ 3.5, & |x_2|>1,\end{cases}\quad b_{42}^R=\begin{cases}-4.5, & |x_2|<1,\\ 4.5, & |x_2|>1,\end{cases}\quad b_{43}^R=\begin{cases}-3.5, & |x_1|<1,\\ 3.5, & |x_1|>1,\end{cases}$$

$$b_{44}^R=\begin{cases}-4.5, & |x_1|<1,\\ 4.5, & |x_1|>1;\end{cases}$$

连接权重参数 $b_{ij}$ 的虚部选取如下:

$$b_{11}^I=\begin{cases}\dfrac{1}{2}, & |y_1|<1,\\ -\dfrac{1}{2}, & |y_1|>1,\end{cases}\quad b_{12}^I=\begin{cases}\dfrac{1}{10}, & |y_1|<1,\\ -\dfrac{1}{10}, & |y_1|>1,\end{cases}\quad b_{13}^I=\begin{cases}\dfrac{1}{2}, & |y_1|<1,\\ -\dfrac{1}{2}, & |y_1|>1,\end{cases}$$

$$b_{14}^I=\begin{cases}\dfrac{1}{10}, & |y_1|<1,\\ -\dfrac{1}{10}, & |y_1|>1,\end{cases}\quad b_{21}^I=\begin{cases}\dfrac{1}{10}, & |y_2|<1,\\ -\dfrac{1}{10}, & |y_2|>1,\end{cases}\quad b_{22}^I=\begin{cases}\dfrac{1}{2}, & |y_2|<1,\\ -\dfrac{1}{2}, & |y_2|>1,\end{cases}$$

$$b_{23}^I=\begin{cases}\dfrac{1}{10}, & |y_1|<1,\\ -\dfrac{1}{10}, & |y_1|>1,\end{cases}\quad b_{24}^I=\begin{cases}\dfrac{1}{2}, & |y_1|<1,\\ -\dfrac{1}{2}, & |y_1|>1,\end{cases}\quad b_{31}^I=\begin{cases}-2.5, & |y_2|<1,\\ 2.5, & |y_2|>1,\end{cases}$$

$$b_{32}^I=\begin{cases}-1.6, & |y_2|<1,\\ 1.6, & |y_2|>1,\end{cases}\quad b_{33}^I=\begin{cases}-1.5, & |y_1|<1,\\ 1.5, & |y_1|>1,\end{cases}\quad b_{34}^I=\begin{cases}-2.6, & |y_1|<1,\\ 2.6, & |y_1|>1\end{cases}$$

$$b_{41}^I=\begin{cases}1.5, & |y_2|<1,\\ -1.5, & |y_2|>1,\end{cases}\quad b_{42}^I=\begin{cases}1.6, & |y_2|<1,\\ -1.6, & |y_2|>1,\end{cases}\quad b_{43}^I=\begin{cases}1.5, & |y_1|<1,\\ -1.5, & |y_1|>1,\end{cases}$$

$$b_{44}^I=\begin{cases}1.6, & |y_1|<1,\\ -1.6, & |y_1|>1.\end{cases}$$

选取的其他参数为 $C=\mathrm{diag}\{10,10,10,10\}$, $J=(1+i,2+i,2+1.5i,-4+5i)^{\mathrm{T}}$, $F^R=F^I=G^R=G^I=1.5$.

图 8.5 为第一个节点状态变量的实部、虚部图, 图 8.6 为第二个节点状态变量的实部、虚部图, 图 8.7 为第三个节点状态变量的实部、虚部图, 图 8.8 为第四个

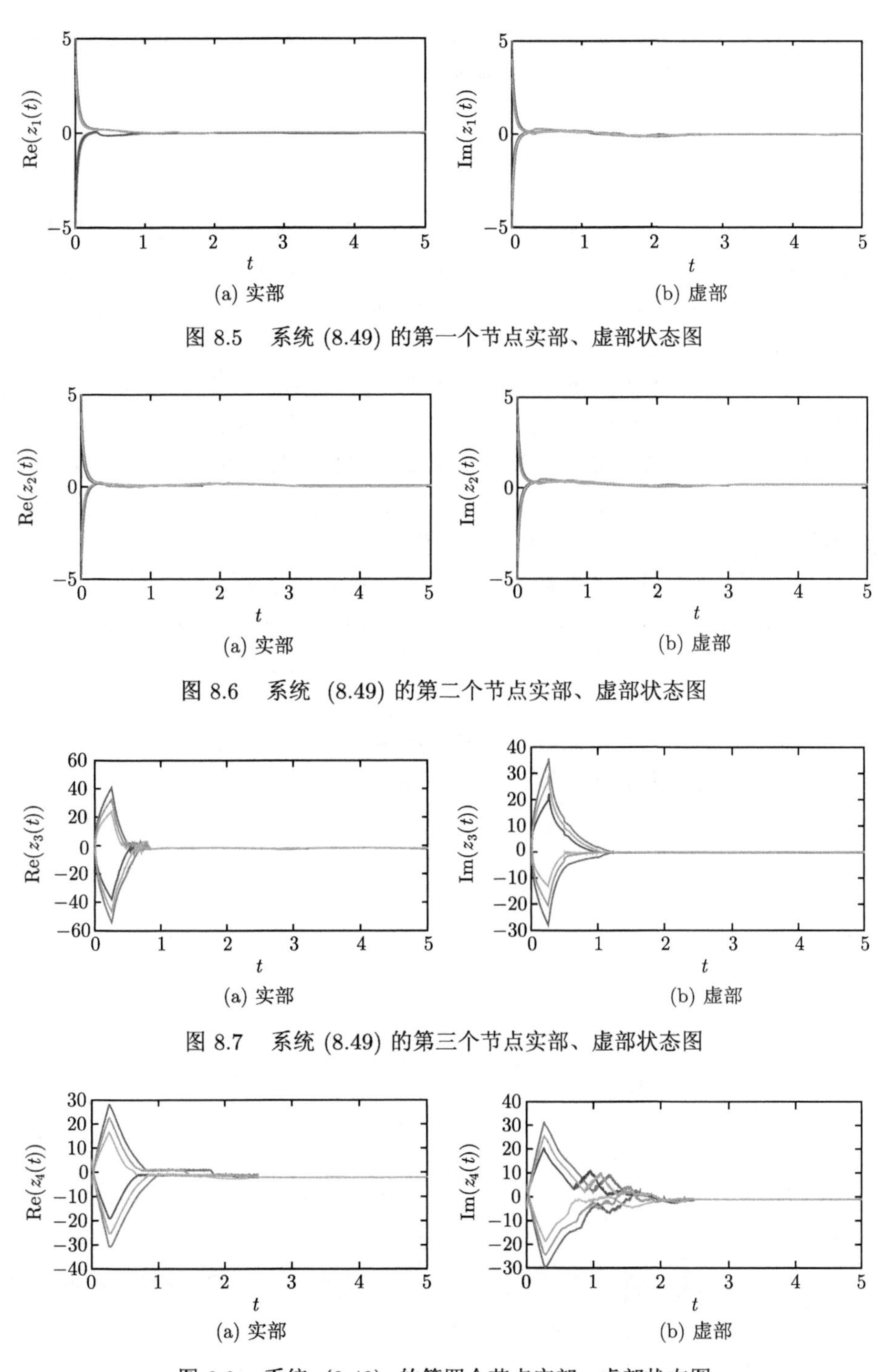


(a) 实部 (b) 虚部

图 8.5 系统 (8.49) 的第一个节点实部、虚部状态图

(a) 实部 (b) 虚部

图 8.6 系统 (8.49) 的第二个节点实部、虚部状态图

(a) 实部 (b) 虚部

图 8.7 系统 (8.49) 的第三个节点实部、虚部状态图

(a) 实部 (b) 虚部

图 8.8 系统 (8.49) 的第四个节点实部、虚部状态图

节点状态变量的实部、虚部图, 由图可知状态变量在经过一段时间后均趋于 0, 这说明系统 (8.49) 的零解实现了全局渐近稳定.

## 8.3 本章小结

本章主要研究了分数阶复值神经网络系统的渐近稳定性. 首先对于控制系统来说, 参数的不确定性是一个重要的现象, 其对于实际运行的系统具有非常重要的影响, 参数的不确定性和参数未知都是本书研究重点内容. 此外, 由于系统包含复数值信号, 并且相较于实值神经网络系统, 复数值系统有更加复杂的行为, 所以研究复平面上的神经网络系统是很有必要的. 在 Filippov 意义下, 基于分数阶比较原理、时滞系统的稳定性理论, 利用 $M$-矩阵、同态原理, 在复平面上, 当复值传递函数可转化为实部与虚部情况下, 证明了在参数未知条件下系统平衡点的存在唯一性, 在此基础上证明了系统的全局渐近稳定性. 然后证明了复值传递函数在有界这一条件下, 系统的局部渐近稳定性.

其次, 对给定的基于忆阻器的时滞分数阶复值神经网络, 由于在实际生活中的系统传输产生的噪声和测量产生的误差是不可避免的, 所以本章考虑的是系统在有界扰动下的稳定. 此外, 复信号是处理系统时常常会遇到的问题, 因此本章还考虑了复数域上的情况. 在 Filippov 意义下, 利用不动点原理等研究了系统解的存在唯一性. 进而由分数阶比较原理和 Lyapunov 第二方法讨论了系统解的渐近稳定性, 并给出数值模拟来证明定理是成立的.

# 参 考 文 献


[1] Podlubny I. Fractional Differential Equations. New York: Academic Press, 1999.

[2] Hilfer R. Applications of Fractional Calculus in Physics. New Jersey: World Scientific, 2001.

[3] Shantanu D. Functional Fractional Calculus. Berlin, Heidelberg: Springer, 2011.

[4] Kilbas A, Srivastava H, Trujillo J. Theory and Applications of Fractional Differential Equations. New York: Elsevier, 2006.

[5] 吴强, 黄建华. 分数阶微积分. 北京: 清华大学出版社, 2016.

[6] 薛定宇. 分数阶微积分学与分数阶控制. 北京: 科学出版社, 2018.

[7] Gorenflo R, Kilbas A A, Mainardi F, Rogosin S. Mittag-Leffler Functions, Related Topics and Applications. Berlin: Springer, 2014.

[8] Li C P, Deng W H. Remarks on fractional derivatives. Appl. Math. Comput., 2007, 187: 777-784.

[9] Leibniz G W. Mathematics Schifte. Hildesheim: Georg Olms Verlagsbuchhandlung, 1962.

[10] Mandelbort B B. The Fractal Geometry of Nature. New York: W. H. Freeman and Company, 1982.

[11] Samko S G, Kilbas A A, Marichev Q I. Fractional Integrals and Derivatives: Theory and Applications. New York: Gordon and Breach, 1993.

[12] Heaviside O. Electromagnetic Theory. New York: Chelsea, 1971.

[13] Mitri F G. Vector wave analysis of an electromagnetic high-order Bessel vortex beam of fractional type $\alpha$. Opt. Lett., 2013, 38: 615-615.

[14] Sun H H, Abdelwahab A A, Onaral B. Linear approximation of transfer function with a pole of fractional power. IEEE Trans. Automat. Control, 1984, 29: 441-444.

[15] Hoffmann R, Obloh H, Tokuda N, Yang N J. Nebel C E. Fractional surface termination of diamond by electrochemical oxidation. Langmuir, 2012, 28: 47-50.

[16] Jesus I S, Tenreiro Machado J A. Application of integer and fractional models in electrochemical systems. Math. Probl. Eng., 2012: 248175.

[17] Koeller R C, Applications of fractional calculus to the theory of viscoelasticity. J. Appl. Mech., 1984, 51: 299-307.

[18] Koeller R C, Calico R A. Fractional order state equations for the control of viscoelastic structures. J. Guidance Control Dyn., 1991, 14: 304-311.

[19] Hajikarimi P, Aflaki S, Hoseini A S. Implementing fractional viscoelastic model to evaluate low temperature characteristics of crumb rubber and gilsonite modified asphalt binders. Constr. Build. Mater., 2013, 49: 682-687.

[20] Hayat T, Nadeem S, Asghar S. Periodic unidirectional flows of a viscoelastic fluid with the fractional Maxwell model. Appl. Math. Comput., 2004, 151: 153-161.

[21] Meral F C, Royston T J, Magin R. Fractional calculus in viscoelasticity: an experimental study. Commun. Nonlinear Sci. Numer. Simulat., 2010, 15: 939-945.

[22] Chen W C. Nonlinear dynamics and chaos in a fractional-order financial system. Chaos, Solitons Fractals, 2008, 36: 1305-1314.

[23] Dadras S, Momeni H R. Control of a fractional-order economical system via sliding mode. Physica A, 2010, 389: 2434-2442.

[24] Bjork T, Hult H. A note on wick products and the fractional Black-Scholes model. Financ. Stoch., 2005, 9: 197-209.

[25] Elliott R J, Van Der Hoek J. A general fractional white noise theory and applications to finance. Math. Financ., 2003, 13: 301-330.

[26] Rostek S, Schoebel R. A note on the use of fractional Brownian motion for financial modeling. Econ. Model., 2013, 30: 30-35.

[27] Anastasio T J. The fractional-order dynamics of brainstem vestibulo-oculomotor neurons. Biolo. Cybern., 1994, 72: 69-79.

[28] Chen Q S, Suki B, An K N. Dynamic mechanical properties of agarose gels modeled by a fractional derivative model. J. Biomech. Eng., 2004, 126: 666-671.

[29] Li T, Guo L, Sun C Y. Robust stability for neural networks with time-varying delays and linear fractional uncertainties. Neurocomput., 2007, 71: 421-427.

[30] Oustaloup A. La Dérivation Non Entière: Théorie, Synthèse et Applications. Paris, France: Editions Hermès, 1995.

[31] Podlubny I. Fractional-order systems and $PI^{\lambda}D^{\mu}$-controllers. IEEE Trans. Automat. Control, 1999, 44: 208-214.

[32] Duarte F B M, Machado J A T. Chaotic phenomena and fractional-order dynamics in the trajectory control of redundant manipulators. Nonlinear Dyn., 2002, 29: 315-342.

[33] Ahn H S, Chen Y Q. Necessary and sufficient stability condition of fractional-order interval linear systems. Automatica, 2008, 44: 2985-2988.

[34] Wang D J, Gao X L. H-infinity design with fractional-order $PD^{\mu}$ controllers. Automatic, 2012, 48: 974-977.

[35] Pearce D J, Williford P M. Another approach to actinic keratosis management using nonablative fractional laser. J. Dermatol. Treat., 2014, 25: 298-298.

[36] Choi J E, Oh G N, Kim J Y, Seo S H, Ahn H H, Kye Y C. Ablative fractional laser treatment for hypertrophic scars: comparison between Er: YAG and $CO_2$ fractional lasers. J. Dermatol. Treat., 2014, 25: 299-303.

[37] Khalil R, Al Horani M, Yousef A, Sababheh M, A new definition of fractional derivative. J. Comput. Appl. Math., 2014, 264: 65-70

[38] Ortigueira M D, Tenreiro Machado J A. What is a fractional derivative? J. Comput. Phys., 2015, 293(15): 4-13.

[39] Caputo M, Fabrizio M. A new definition of fractional derivative without singular kernel. Progress in Fractional Differentiation and Applications, 2015(2): 73-85.

[40] Arran F, Özarslan M A, Dumitru B. On fractional calculus with general analytic kernels. Appl. Math. Comput., 2019, 354(1): 248-265.

[41] Diethelm K, Ford N J, Freed A D. A predictor-corrector approach for the numerical solution of fractional differential equations. Nonlinear Dyn., 2002, 29: 3-22.

[42] Diethelm K, Ford N J, Freed A D. Detailed error analysis for a fractional Adams method. Numer. Algorithms, 2004, 36: 31-52.

[43] Bhalekar S, Daftardar-Gejji V. A predictor-corrector scheme for solving nonlinear delay differential equations of fractional order. J. Fractional Calculus Appl., 2011, 1: 1-8.

[44] Wang H, Gu Y J, Yu Y G. Numerical solution of fractional-order time-varying delayed differential systems using Lagrange interpolation. Nonlinear Dyn., 2019, 95(1): 809-822.

[45] Matignon D. Stability results for fractional differential equations with applications to control processing. Computational Engineering in Systems Applications, 1996, 2: 963-968.

[46] 李岩. 分数阶微积分及其在粘弹性材料和控制理论中的应用. 济南: 山东大学. 2008.

[47] Li Y, Chen Y Q, Podlubny I. Mittag-Leffler stability of fractional order nonlinear dynamic systems. Automatica, 2009, 45: 1965-1969.

[48] Li Y, Chen Y Q, Podlubny I. Stability of fractional-order nonlinear dynamic systems: Lyapunov direct method and generalized Mittag-Leffler stability. Comput. Math. Appl., 2010, 59: 1810-1821.

[49] Deng W H, Li C P, Lü J H. Stability analysis of linear fractional differential system with multiple time delays. Nonlinear Dyn., 2007, 48: 409-416.

[50] Zhang S, Yu Y G, Wang H. Mittag-Leffler stability of fractional-order Hopfield neural networks. Nonlinear Anal. Hybri., 2015, 16: 104-121.

[51] Yu J, Hu C, Jiang H J. $\alpha$-stability and $\alpha$-synchronization for fractional-order neural networks. Neural Netw., 2012, 35: 82-87.

[52] Krstic M, Kanellakopoulos I, Kokotovic P V. Nonlinear and Adaptive Control Design. New York: Wiley, 1995.

[53] 秦元勋, 刘永清, 王联. 带有时滞的动力系统的运动稳定性. 北京: 科学出版社,1989.

[54] Morgado M L, Ford N J, Lima P M. Analysis and numerical methods for fractional differential equations with delay. J. Comput. Appl. Math., 2013, 252: 159-168.

[55] Miller K S, Samko S G. Completely monotonic functions, Integr. Transf. Spec. Funct., 2001, 12(4): 389-402.

[56] Gu Y J, Yu Y G, Wang H. Projective synchronization for fractional-order memristor-based neural networks with time delays. Neural Comput. and Appl., 2019, 31: 6039-6054

[57] Liang S, Wu R, Chen L. Comparison principles and stability of nonlinear fractional-order cellular neural networks with multiple time delays. Neurocomput., 2015, 168: 618-625.

[58] Sabatier J, Moze M, Farges C. LMI stability conditions for fractional order systems. Comput. Math. Appl., 2010, 59(5): 1594-1609.

[59] Aguila-Camacho N, Duarte-Mermoud M A, Gallegos J A. Lyapunov functions for fractional order systems. Commun. Nonlinear Sci. Numer. Simula., 2014, 19(9): 2951-2957.
[60] Yu J, Hu C, Jiang H, Fan X. Projective synchronization for fractional neural networks. Neural Netw., 2014, 49: 87-95.
[61] Pikovsky S A, Rosenblum G M, Osipov V G, Kurths J R. Phase synchronization of chaotic oscillators by external driving. Physic D, 1997, 104: 219-238.
[62] Blondeau F C, Chauvet G. Stable chaotic and oscillatory regimes in the dynamics of small neural network with delay. Neural Netw., 1992, 5: 735-743.
[63] 李传东. 时滞神经网络的稳定性和混沌同步. 重庆: 重庆大学. 2005.
[64] Boyd S P. Linear matrix inequalities in system and control theory. Proc. IEEE Int. Conf. Robotics Automation. 1994, 85(5): 798-799.
[65] Liu S, Wu X, Zhou X, Jiang W. Asymptotical stability of Riemann-Liouville fractional nonlinear systems. Nonlinear Dyn., 2016, 86(1): 65-71.
[66] Liu S, Wu X, Zhang Y, Yang R. Asymptotical stability of Riemann-Liouville fractional neutral systems. Appl. Math. Lett., 2017, 69: 168-173.
[67] Bellman R. Introduction to Matrix Analysis. Philadelphia: Society for Industrial and Applied Mathematics, 1997.
[68] Slotine J E, Li W. Applied Nonlinear Control. New Jersey: Prentice Hall Englewood Cliffs, 1991.
[69] Forti M, Tesi A. New conditions for global stability of neural networks with application to linear and quadratic programming problems. IEEE Trans. on Circuits and Systems I, 1995, 7: 354-366.
[70] Abuteen E, Momani S, Alawneh A. Solving the fractional nonlinear Bloch system using the multi-step generalized differential transform method. Comput. Math. Appl., 2014, 68(12): 2124-2132.
[71] Deseri L, Zingales M. A mechanical picture of fractional-order Darcy equation. Commun. Nonlinear. Sci. Numer. Simulat., 2015, 20(3): 940-949.
[72] Ortigueira M D, Rivero M, Juan J. From a generalised Helmholtz decomposition theorem to fractional Maxwell equations. Commun. Nonlinear. Sci. Numer. Simulat., 2015, 22: 1036-1049.
[73] Mohammed A S, Reihat A, Omar A A. A novel multistep generalized differential transform method for solving fractional-order Lü chaotic and hyperchaotic systems. J. Comput. Anal. Appl., 2015, 19(4); 713-724.
[74] Baliarsingh P, Dutta S. On the classes of fractional order difference sequence spaces and their matrix transformations. Appl. Math. Comput., 2015, 250: 665-674.
[75] Liao H T. Optimization analysis of duffing oscillator with fractional derivatives. Nonlinear Dyn., 2015, 79(2): 1311-1328.
[76] Zhang X G, Liu L S, Wu Y H. The uniqueness of positive solution for a fractional order model of turbulent flow in a porous medium. Appl. Math. Lett., 2014, 37: 26-33.
[77] 王芳. 几类分数阶微分方程解的存在性、唯一性和可控性研究. 长沙: 中南大学, 2013.

[78] Hassan S H, Richard L M, Vinagre M B. Chaos in fractional and integer order NSG systems. Signal Processing, 2015, 107: 302-311.

[79] Liu X J, Hong L, Yang L X. Fractional-order complex T system: bifurcations, chaos control, and synchronization. Nonlinear Dyn., 2014, 75(3): 589-602.

[80] Li X, Wu R C. Hopf bifurcation analysis of a new commensurate fractional-order hyperchaotic system. Nonlinear Dyn., 2014, 78(1): 279-288.

[81] Jia H Y, Chen Z Q, Qi G Y. Chaotic characteristics analysis and circuit implementation for a fractional-order system. IEEE. T. Circuits-I., 2014, 61(3): 845-853.

[82] Sadeghian H, Salarieh H, Alasty A. On the fractional-order extended Kalman filter and its application to chaotic cryptography in noisy environment. Appl. Math. Model., 2014, 38(3): 961-973.

[83] Cafagna D, Grassi G. Chaos in a new fractional-order system without equilibrium points. Commun. Nonlinear. Sci. Numer. Simulat., 2014, 19(9): 2919-2927.

[84] 黄丽莲, 辛方, 王霖郁. 新分数阶超混沌系统的研究与控制及其电路实现. 物理学报, 2011, 1: 67-75.

[85] 王发强, 刘崇新. 分数阶临界混沌系统及电路实验的研究. 物理学报, 2006, 08: 3922-3927.

[86] Manuel A C, Gallegos A J. Using general quadratic Lyapunov functions to prove Lyapunov uniform stability for fractional order systems. Commun. Nonlinear. Sci. Numer. Simulat., 2015, 22(1-3): 650-659.

[87] Ben A, Amairi M, Aoun M. Stability and resonance conditions of the non-commensurate elementary fractional transfer functions of the second kind. Commun. Nonlinear. Sci. Numer. Simulat., 2015, 22(1-3): 842-865.

[88] Afshin M, Haeri M. Stable regions in the parameter space of delays for LTI fractional-order systems with two delays. Signal Process, 2015, 107: 415-424.

[89] Xin B G, Zhang J Y. Finite-time stabilizing a fractional-order chaotic financial system with market confidence. Nonlinear Dyn., 2015, 79(2): 1399-1409.

[90] Gao Z. A graphic stability criterion for non-commensurate fractional-order time-delay systems. Nonlinear Dyn., 2014, 78(3): 2101-2111.

[91] Li Y T, Li J. Stability analysis of fractional order systems based on T-S fuzzy model with the fractional order. Nonlinear Dyn., 2014, 78(4): 2909-2919.

[92] 李丽香, 彭海朋, 罗群, 杨义先, 刘喆. 一种分数阶非线性系统稳定性判定定理的问题及分析. 物理学报, 2013, 02: 80-86.

[93] 申永军, 杨绍普, 邢海军. 含分数阶微分的线性单自由度振子的动力学分析. 物理学报, 2012, 11: 158-163.

[94] 胡建兵, 韩焱, 赵灵冬. 分数阶系统的一种稳定性判定定理及在分数阶统一混沌系统同步中的应用. 物理学报, 2009, 07: 4402-4407.

[95] Wang L M, Tang Y G, Chai Y Q. Generalized projective synchronization of the fractional-order chaotic system using adaptive fuzzy sliding mode control. Chinese Phys. B. 2014, 23(10): 100501.

[96] Padula F, Vilanova R, Visioli A. $H_\infty$ optimization-based fractional-order PID controllers design. Int. J. Robust. Nonlin., 2014, 24(17): 3009-3026.

[97] Danca M. Synchronization of piecewise continuous systems of fractional order. Nonlinear Dyn., 2014, 78(3): 2065-2084.

[98] Aghababa M P. A Lyapunov-based control scheme for robust stabilization of fractional chaotic systems. Nonlinear Dyn., 2014, 78(3): 2129-2140.

[99] Yin C, Chen Y Q, Zhong S M. Fractional-order sliding mode based extremum seeking control of a class of nonlinear systems. Automatica, 2014, 50(12): 3173-3181.

[100] Wang S, Yu Y G, Wen G G. Hybrid projective synchronization of time-delayed fractional order chaotic systems. Nonlinear. Anal. Hybri., 2014, 11: 129-138.

[101] Wang S, Yu Y G, Wang H. Rahmani A. Function projective lag synchronization of fractional order chaotic systems. Chinese Phy. B, 2014, 23: 040502.

[102] Wang S, Yu Y G, Diao M. Hybrid projective synchronization of chaotic fractional order systems with different dimensions. Physica A, 2010, 389: 4981-4988.

[103] 王莎. 非线性分数阶动力系统的控制研究, 北京: 北京交通大学, 2014.

[104] 贾红艳, 陈增强, 薛薇. 分数阶 Lorenz 系统的分析及电路实现. 物理学报, 2013, 14: 56-62.

[105] 孙宁, 张化光, 王智良. 基于分数阶滑模面控制的分数阶超混沌系统的投影同步. 物理学报, 2011, 05: 132-138.

[106] 李东, 邓良明, 杜永霞, 杨媛媛. 分数阶超混沌 Chen 系统和分数阶超混沌 Rossler 系统的异结构同步. 物理学报, 2012, 05: 51-59.

[107] 周平, 邝菲. 分数阶混沌系统与整数阶混沌系统之间的同步. 物理学报, 2010, 10: 6851-6858.

[108] 黄丽莲, 马楠. 一种异结构分数阶混沌系统投影同步的新方法. 物理学报, 2012, 16: 115-120.

[109] 刘勇, 谢勇. 分数阶 FitzHugh-Nagumo 模型神经元的动力学特性及其同步. 物理学报, 2010, 03: 2147-2155.

[110] 刘丁, 闫晓妹. 基于滑模控制实现分数阶混沌系统的投影同步. 物理学报, 2009, 06: 3747-3752.

[111] 陈向荣, 刘崇新, 李永勋. 基于非线性观测器的一类分数阶混沌系统完全状态投影同步. 物理学报, 2008, 03: 1453-1457.

[112] Lundstrom B, Higgs M, Spain W, Fairhall A. Fractional differentiation by neocortical pyramidal neurons. Nat. Neurosci., 2008, 11: 1335-1342.

[113] Hopfield J. Neurons with graded response have collective computational properties like those of two-state neurons. P. Natl. Acad. Sci. USA., 1984, 81: 3088-3092.

[114] Boroomand A, Menhaj M M. Fractional-order Hopfield neural networks. Lect. Notes. Comput. Sci., 2009, 5506: 883-890.

[115] Kaslik E, Sivasundaram S. Nonlinear dynamics and chaos in fractional-order neural networks. Neural Netw., 2012, 32: 245-256.

[116] Filippov A F. Differential equations with discontinuous right-hand side. Matematicheskii Sbornik, 1960, 93(1): 99-128.

[117] Ye H, Gao J, Ding Y. A generalized Gronwall inequality and its application to a fractional differential equation, J. of Math. Anal. Appl., 2007, 328(2): 1075-1081.

[118] Henderson J, Ouahab A. Fractional functional differential inclusions with finite delay. Nonlinear Anal. Theor., 2009, 70(5): 2091-2105.

[119] Xiao J, Zeng Z. Global robust stability of uncertain delayed neural networks with discontinuous neuron activation. Neural Comput. Appl., 2014, 24(5): 1191-1198.

[120] Pecora L M, Carroll T L. Synchronization in chaotic systems. Phys. Rev. Lett., 1990, 64(8): 821-824.

[121] Arena P, Fortuna L, Porto D. Chaotic behavior in noninteger-order cellular neural networks. Phys. Rev. E, 2000, 61(1): 776.

[122] Çelik V, Demir Y. Chaotic fractional order delayed cellular neural network// New Trends in Nanotechnology and Fractional Calculus Applications. Netherlands: Springer, 2010: 313-320.

[123] Huang X, Wang Z, Li Y. Nonlinear dynamics and chaos in fractional-order Hopfield neural networks with delay. Adv. Math. Phy., 2013: 657245.

[124] Chen L, Qu J, Chai Y, Wu R, Qi G. Synchronization of a class of fractional-order chaotic neural networks. Entropy, 2013, 15(8): 3265-3276.

[125] Stamova I. Global Mittag-Leffler stability and synchronization of impulsive fractional-order neural networks with time-varying delays. Nonlinear Dyn., 2014, 77(4): 1251-1260.

[126] Bao H B, Park J H, Cao J D. Synchronization of fractional-order complex-valued neural networks with time delay. Neural Netw., 2016, 81: 16-28.

[127] Chen J, Zeng Z, Jiang P. Global Mittag-Leffler stability and synchronization of memristor-based fractional-order neural networks. Neural Netw., 2014, 51: 1-8.

[128] Ma W, Li C, Wu Y, Wu Y. Adaptive synchronization of fractional neural networks with unknown parameters and time delays. Entropy, 2014, 16(12): 6286-6299.

[129] Bao H B, Cao J D. Projective synchronization of fractional-order memristor-based neural networks. Neural Netw., 2015, 63: 1-9.

[130] Zhou S, Zhu H, Li H. Chaotic synchronization of a fractional neuron network system. Proceedings of 2007 International Conference on Communications, Circuits and Systems, 2007: 1216-1220.

[131] Zhou S, Lin X, Zhang L, Li Y. Chaotic synchronization of a fractional neurons network system with two neurons. Proceedings of 2010 International Conference on Communications, Circuits and Systems, 2010: 773-776.

[132] Velmurugan G, Rakkiyappan R. Hybrid projective synchronization of fractional-order neural networks with time delays//Proceedings of Mathematical Analysis and Its Applications. New Delhi: Springer, 2015: 645-655.

[133] Velmurugan G, Rakkiyappan R, Cao J D. Finite-time synchronization of fractional-order memristor-based neural networks with time delays. Neural Netw., 2016, 73: 36-46.

[134] Velmurugan G, Rakkiyappan R. Hybrid projective synchronization of fractional-order memristor-based neural networks with time delays. Nonlinear Dyn., 2016, 83(1-2): 419-432.

[135] Bao H B, Park J H, Cao J D. Adaptive synchronization of fractional-order memristor-based neural networks with time delay. Nonlinear Dyn., 2015, 82(3): 1343-1354.

[136] Ding Z, Shen Y. Projective synchronization of nonidentical fractional-order neural networks based on sliding mode controller. Neural Netw., 2016, 76: 97-105.

[137] Pei Y. Chaotic evolution: fusion of chaotic ergodicity and evolutionary iteration for optimization. Natural Comput., 2014, 13(1): 79-96.

[138] Meyer-Bäse A, Ohl F, Scheich H. Singular perturbation analysis of competitive neural networks with different time scales. Neural Comput., 1996, 8: 1731-1742.

[139] Fu Z, Xie W, Han X, Luo W. Nonlinear systems identification and control via dynamic multitime scales neural networks. IEEE Trans. Neural Netw. Learn. Syst., 2013, 24(11): 1814-1823.

[140] Yang X, Cao J, Long Y, Rui W. Adaptive lag synchronization for competitive neural networks with mixed delays and uncertain hybrid perturbations. IEEE Trans. Neural Netw., 2010, 21(10): 1656-1667.

[141] Gan Q, Xu R, Kang X. Synchronization of unknown chaotic delayed competitive neural networks with different time scales based on adaptive control and parameter identification. Nonlinear Dyn., 2012, 67(3): 1893-1902.

[142] Yang W, Wang Y, Shen Y, Pan L. Cluster synchronization of coupled delayed competitive neural networks with two time scales. Nonlinear Dyn., 2017, 90: 2767-2782.

[143] Wang F, Yang Y, Hu M, Xu X. Synchronization control of Riemann-Liouville fractional competitive network systems with time-varying delay and different time scales. Int. J. Control Autom., 2018, 16: 1-11.

[144] Liu P, Nie X, Liang J, Cao J. Multiple Mittag-Leffler stability of fractional-order competitive neural networks with Gaussian activation functions. Neural Netw., 2018, 108: 452-465.

[145] Naderi B, Kheiri H. Exponential synchronization of chaotic system and application in secure communication. Optik, 2016, 127: 2407-2412.

[146] Li C, Liao X, Wong K W. Chaotic lag synchronization of coupled time-delayed systems and its applications in secure communication. Physica D, 2004, 194: 187-202.

[147] Babcock K, Westervelt R. Stability and dynamics of simple electronic neural networks with added inertia. Physica D, 1986, 23(1-3): 464-469.

[148] Mauro A, Conti F, Dodge F, Schor R. Subthreshold behavior and phenomenological impedance of the squid giant axon. J. Gen. Physiol., 1970, 55(4): 497-523.

[149] Angelaki D E, Correia M. Models of membrane resonance in pigeon semicircular canal type II hair cells. Biolo. Cybern., 1991, 65(1): 1-10.

[150] Koch C. Cable theory in neurons with active, linearized membranes. Biolo. Cybern., 1984, 50(1): 15-33.

[151] Cui N, Jiang H, Hu C, Abdurahman A. Global asymptotic and robust stability of inertial neural networks with proportional delays. Neurocomput., 2018, 272: 326-333.

[152] Rakkiyappan R, Kumari E U, Chandrasekar A, Krishnasamy R. Synchronization and periodicity of coupled inertial memristive neural networks with supremums. Neurocomput., 2016, 214: 739-749.

[153] Zhang G, Zeng Z, Hu J. New results on global exponential dissipativity analysis of memristive inertial neural networks with distributed time-varying delays. Neural Netw., 2018, 97: 183-191.

[154] Wang J, Tian L. Global Lagrange stability for inertial neural networks with mixed time-varying delays. Neurocomput., 2017, 235: 140-146.

[155] Dharani S, Rakkiyappan R, Park J H. Pinning sampled-data synchronization of coupled inertial neural networks with reaction-diffusion terms and time-varying delays. Neurocomput., 2017, 227: 101-107.

[156] Li X, Li X, Hu C. Some new results on stability and synchronization for delayed inertial neural networks based on non-reduced order method. Neural Netw., 2017, 96: 91-100.

[157] Zhang Z, Ren L. New sufficient conditions on global asymptotic synchronization of inertial delayed neural networks by using integrating inequality techniques. Nonlinear Dyn., 2019, 95(2): 905-917.

[158] Lakshmanan S, Prakash M, Lim C P, Rakkiyappan R, Balasubramaniam P, Nahavandi S. Synchronization of an inertial neural network with time-varying delays and its application to secure communication. IEEE Trans. Neural Netw. Learn. Syst., 2016, 29(1): 195-207

[159] Hu H Y, Wang Z H. Dynamics of Controlled Mechanical Systems with Delayed Feedback. Belin, Heidelberg: Springer, 2002.

[160] Li Q K, Zhao J, Dimirovski G M. Tracking control for switched time-varying delays systems with stabilizable and unstabilizable subsystems. Nonlinear Anal. Hybrid Syst., 2009, 3: 133-142.

[161] Chakraborty K, Chakraborty M, Kar T K. Bifurcation and control of a bioeconomic model of a prey-predator systems with a time-delay. Nonlinear Anal. Hybrid Syst., 2011, 5: 613-625.

[162] Hu J P, Hong Y G. Leader-following coordination of multi-agent systems with coupling time delays. Physica A, 2007, 374: 853-863.

[163] Dhamala M, Jirsa V K, Ding M Z. Enhancement of neural synchrony by time delay. Phys. Rev. Lett., 2004, 92: 074104.

[164] Baek J, Kwon W, Kim B, Han S. A widely adaptive time-delayed control and its application to robot manipulators. IEEE T. Ind. Electron, 2019, 66(7): 5332-5342.

[165] Lin P, Jia Y M. Consensus of second-order discrete-time multi-agent systems with nonuniform time-delays and dynamically changing topologies. Automatica, 2009, 45: 2154-2158.

[166] Liu G P, Mu J X, Rees D, Chai S C. Design and stability analysis of networked control systems with random communication time delay using the modified MPC. Int. J. Control, 2006, 79: 288-297.

[167] Wiedemann C. Neuronal networks: a hub of activity. Nat. Rev. Neurosci., 2010, 11: 74-74.

[168] Fransson P, Thompson W H. Temporal flow of hubs and connectivity in the human brain. Neuroimage, 2020, 223: 117348.

[169] Barabási A L, Albert R. Emergence of scaling in random networks. Science, 1999, 286: 509-512.

[170] Kitajima H, Kurths J. Bifurcation in neuronal networks with hub structure. Physica A, 2009, 388: 4499-4508.

[171] Hirsch M. Convergent activation dynamics in continuous-time networks. Neural Netw., 1989, 2: 331-349.

[172] Guo S. Spatio-temporal patterns of nonlinear oscillations in an excitatory ring network with delay. Nonlinearity, 2005, 18(5): 2391-2407.

[173] Guo S, Huang L. Stability of nonlinear waves in a ring of neurons with delays. J. Differ. Equations, 2007, 236: 343-374.

[174] Bungay S D, Campbell S A. Patterns of oscillation in a ring of identical cells with delayed coupling. Int. J. Bifurcat. Chaos, 2007, 17(9): 3109-3125.

[175] Kaslik E, Balint S. Complex and chaotic dynamics in a discrete time-delayed Hopfield neural network with ring architecture. Neural Netw., 2009, 22: 1411-1418.

[176] Feng C, Plamondon R. An oscillatory criterion for a time delayed neural ring network model. Neural Netw., 2012, 29: 70-79.

[177] Yaghoub J, Jalilian R. Existence of solution for delay fractional differential equations. Mediterr. J. Math., 2013, 10(4): 1731-1747.

[178] Liao X, Wong K, Wu Z. Bifurcation analysis on a two-neuron system with distributed delays. Physica D, 2001, 149: 123-141.

[179] Gray R M. Toeplitz and Circulant Matrices: A Review. Hanover: Now Publishers Inc. 2005.

[180] Chen L P, Chai Y, Wu R C, Ma T D, Zhai H Z. Dynamic analysis of a class of fractional-order neural networks with delay. Neurocomput., 2013, 111(2): 190-194.

[181] Wu R C, Lu Y F, Chen L P. Finite-time stability of fractional delayed neural networks. Neurocomput., 2015, 149: 700-707.

[182] Lusin N. Sur les propriétés des fonctions mesurables. Comptes rendus de l'Académie des Sciences de Paris, 1912, 154: 1688-169.

[183] Chua L. Memristor-the missing circuit element. IEEE Trans. Circ. Theor., 1971, 18(5): 507-519.

[184] Chen L, Wu R, Cao J, Liu J. Stability and synchronization of memristor-based fractional-order delayed neural networks. Neural Netw., 2015, 71: 37-44.

[185] Yan H, Choe H S, Nam S, Hu Y, Das S, Klemic J F, Ellenbogen J C, Lieber C M. Programmable nanowire circuits for nanoprocessors. Nature, 2011, 470(7333): 240-244.

[186] Ventra M D. Memory effects in complex materials and nanoscale systems. Adv. Phys., 2011, 60(2): 145-227.

[187] Merrikh-Bayat F, Shouraki S B. Programming of memristor crossbars by using genetic algorithm. Procedia Computer Science, 2011, 3: 232-237.

[188] Wu A, Zeng Z. Dynamic behaviors of memristor-based recurrent neural networks with time-varying delays. Neural Netw., 2012, 36: 1-10.

[189] Wu A, Zeng Z, Zhu X, Zhang J. Exponential synchronization of memristor-based recurrent neural networks with time delays. Neurocomput., 2011, 74(17): 3043-3050.
[190] Jiang M, Wang S, Mei J, Shen Y. Finite-time synchronization control of a class of memristor-based recurrent neural networks. Neural Netw., 2015, 63: 133-140.
[191] Wang L, Shen Y. Design of controller on synchronization of memristor-based neural networks with time-varying delays. Neurocomput., 2015, 147: 372-379.
[192] Yang X, Cao J, Yu W. Exponential synchronization of memristive cohen-grossberg neural networks with mixed delays. Cogn. Neurodyn., 2014, 8(3): 239-249.
[193] Gopalsamy K. Stability and Oscillations in Delay Differential Equations of Population Dynamics. Netherlands: Springer, 1992.
[194] Li C, Huang T. On the stability of nonlinear systems with leakage delay. J. Frankl. Ins., 2009, 346(4): 366-377.
[195] Wu A, Zeng Z, Fu C. Dynamic analysis of memristive neural system with unbounded time-varying delays. J. Frankl. Ins., 2014, 351: 3032-3041.
[196] Wu A, Wen S, Zeng Z. Synchronization control of a class of memristor-based recurrent neural networks. Inform. Science, 2012, 183: 106-116.
[197] Wen S, Zeng Z, Huang T. Adaptive synchronization of memristor-based Chua's circuits. Phys. Lett. A, 2012, 376(44): 2775-2780.
[198] Zhao J, Wang J, Park J H, Shen H. Memory feedback controller design for stochastic Markov jump distributed delay systems with input saturation and partially known transition rates. Nonlinear Anal. Hybrid Syst., 2015, 15: 52-62.
[199] Hu B X, Song Q K, Zhao Z J. Robust state estimation for fractional-order complex-valued delayed neural networks with interval parameter uncertainties: LMI approach. Appl. Math. Comput, 2020, 373: 125033.
[200] Rakkiyappan R, Velmurugan G, Li X. Complete stability analysis of complex-valued neural networks with time delays and impulses. Neural Process. Lett., 2015, 41(3): 435-468.
[201] Song Q, Yan H, Zhao Z, et al. Global exponential stability of complex-valued neural networks with both time-varying delays and impulsive effects. Neural Netw., 2016, 79: 108-116.
[202] Xu X, Zhang J, Shi J. Dynamical behaviour analysis of delayed complex-valued neural networks with impulsive effect. Int. J. Syst. Sci., 2017, 48(4): 9.
[203] Zhang Y T, Yu Y G, Cui X L. Dynamical behaviors analysis of memristor-based fractional-order complex-valued neural networks with time delay. Appl. Math. Comput., 2018, 339: 242-258.
[204] Berman A, Plemmons R J. Nonnegative Matrices in The Mathematical Sciences. New York: Academic, 1979.

# 彩　　图

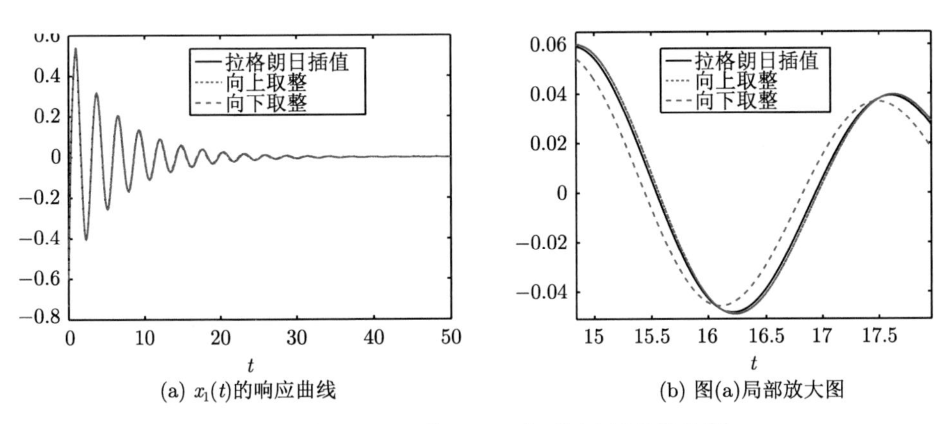

(a) $x_1(t)$的响应曲线　　(b) 图(a)局部放大图

图 2.2　系统 (2.27) 的 $x_1(t)$ 在不同方法的数值解

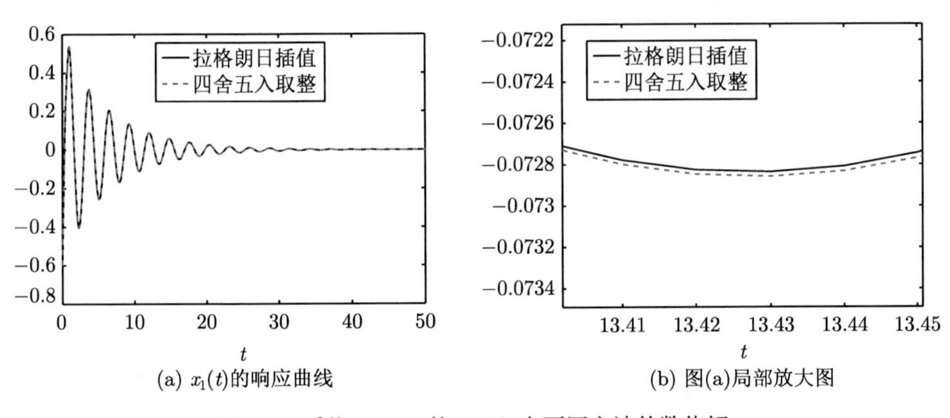

(a) $x_1(t)$的响应曲线　　(b) 图(a)局部放大图

图 2.3　系统 (2.27) 的 $x_1(t)$ 在不同方法的数值解

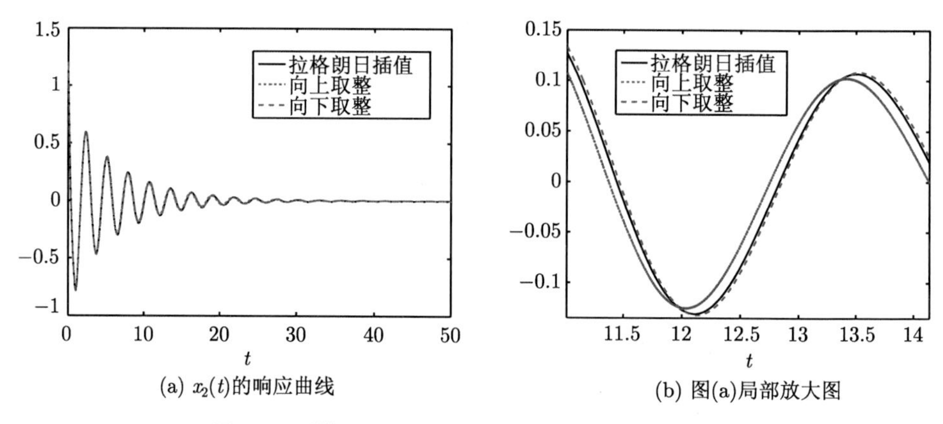


(a) $x_2(t)$的响应曲线 (b) 图(a)局部放大图

图 2.4 系统 (2.27) 的 $x_2(t)$ 在不同方法的数值解

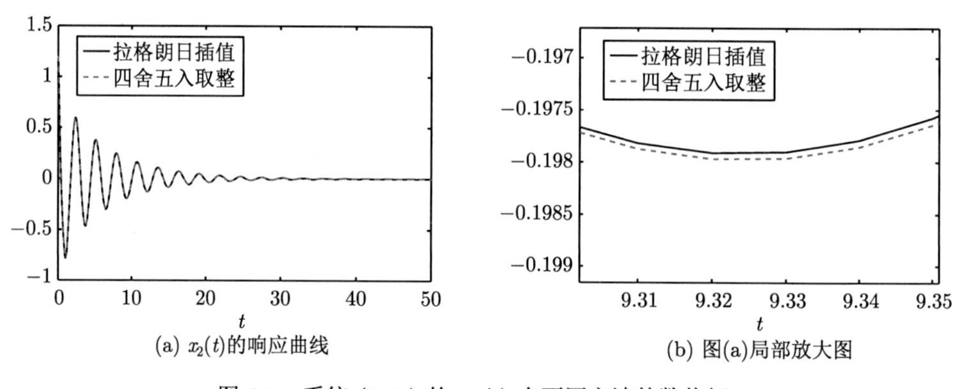


(a) $x_2(t)$的响应曲线 (b) 图(a)局部放大图

图 2.5 系统 (2.27) 的 $x_2(t)$ 在不同方法的数值解

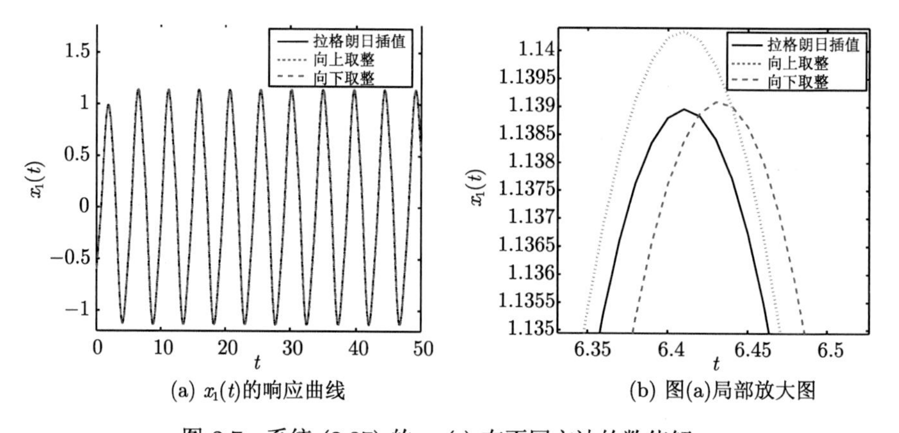


(a) $x_1(t)$的响应曲线 (b) 图(a)局部放大图

图 2.7 系统 (2.27) 的 $x_1(t)$ 在不同方法的数值解

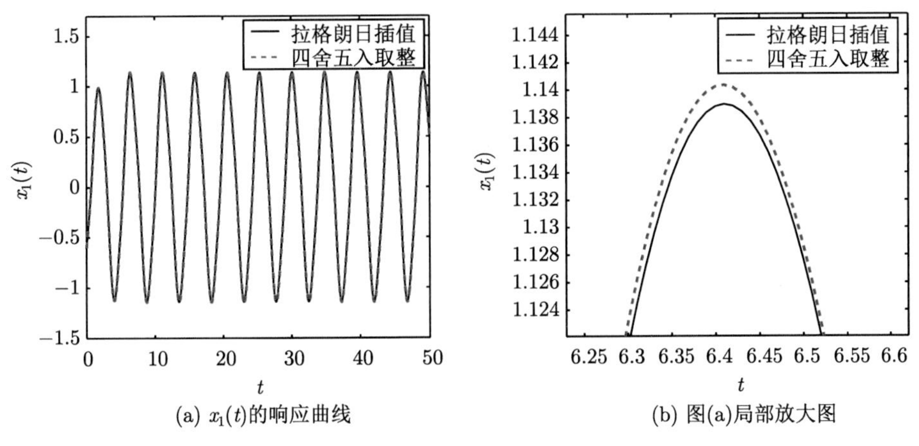


(a) $x_1(t)$的响应曲线　(b) 图(a)局部放大图

图 2.8　系统 (2.27) 的 $x_1(t)$ 在不同方法的数值解

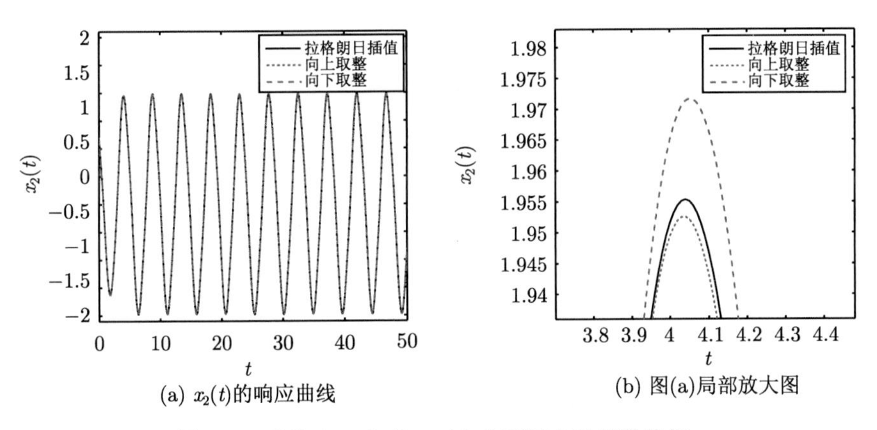


(a) $x_2(t)$的响应曲线　(b) 图(a)局部放大图

图 2.9　系统 (2.27) 的 $x_2(t)$ 在不同方法的数值解

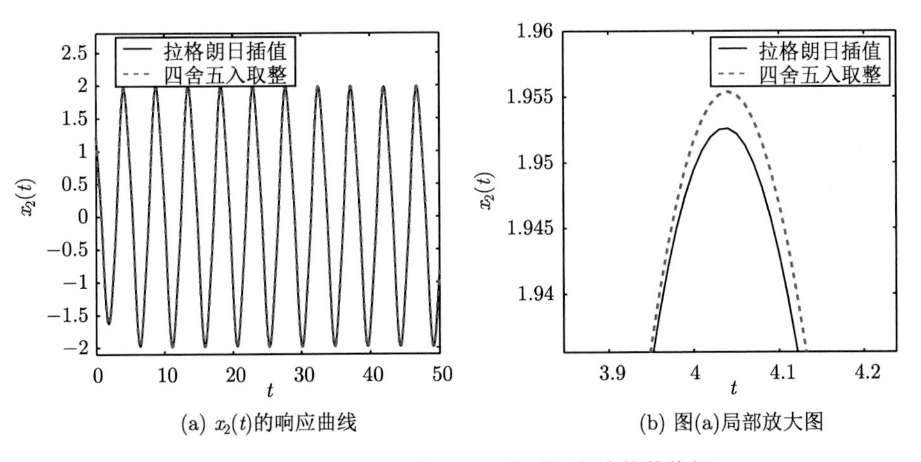


(a) $x_2(t)$的响应曲线　(b) 图(a)局部放大图

图 2.10　系统 (2.27) 的 $x_2(t)$ 在不同方法的数值解

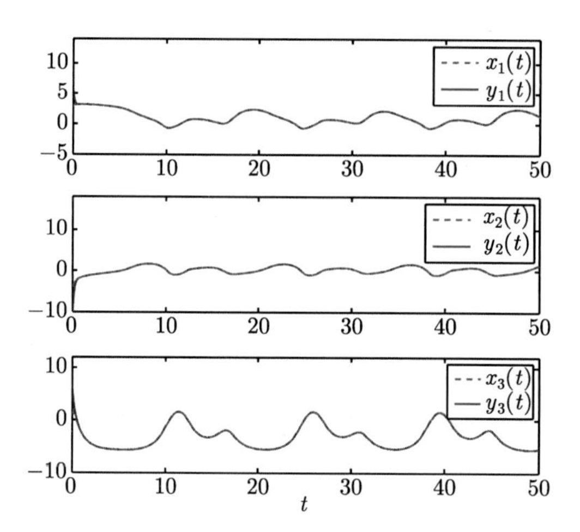


图 5.15 广义参数矩阵为 (5.31) 时, 受控下系统 (5.26) 和系统 (5.27) 状态的时间历程图

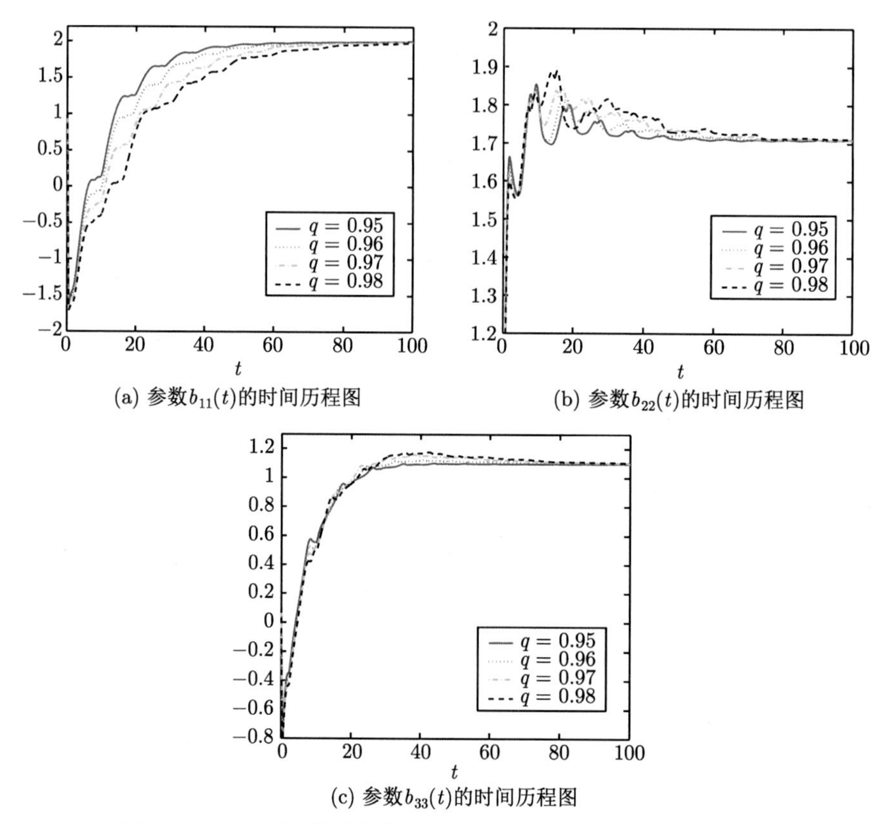


图 5.20 $q$ 取不同值时参数 $b_{11}(t), b_{22}(t), b_{33}(t)$ 的时间历程图

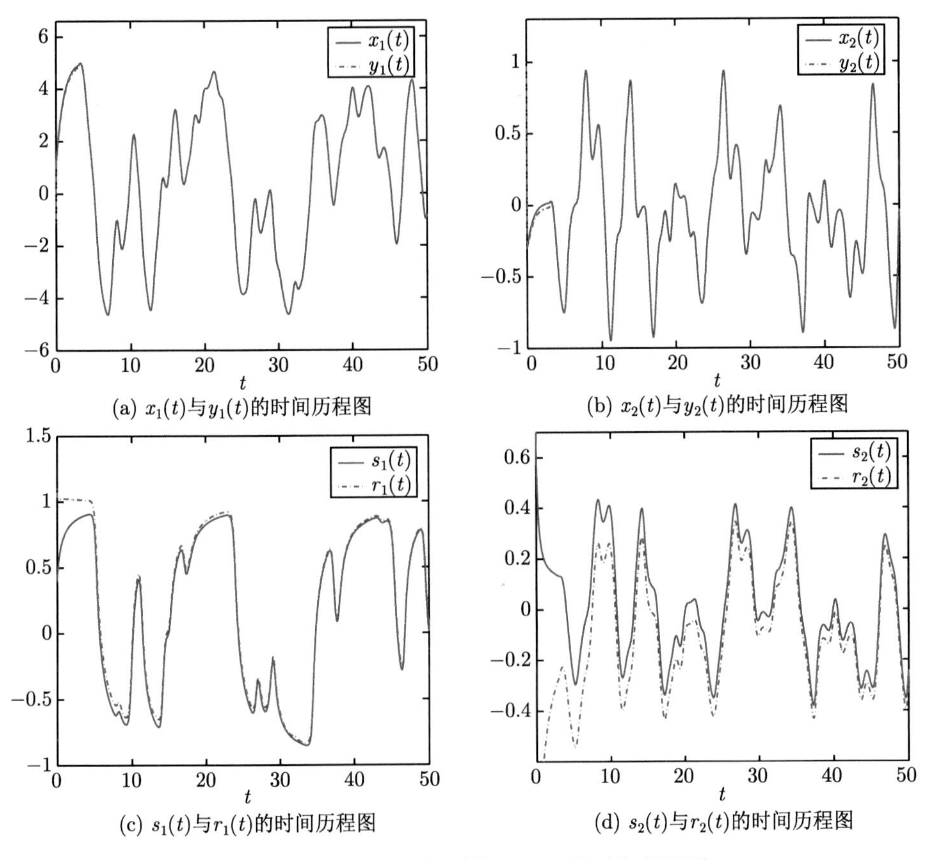


(a) $x_1(t)$与$y_1(t)$的时间历程图

(b) $x_2(t)$与$y_2(t)$的时间历程图

(c) $s_1(t)$与$r_1(t)$的时间历程图

(d) $s_2(t)$与$r_2(t)$的时间历程图

图 5.22　系统 (5.62) 与系统 (5.63) 的时间历程图

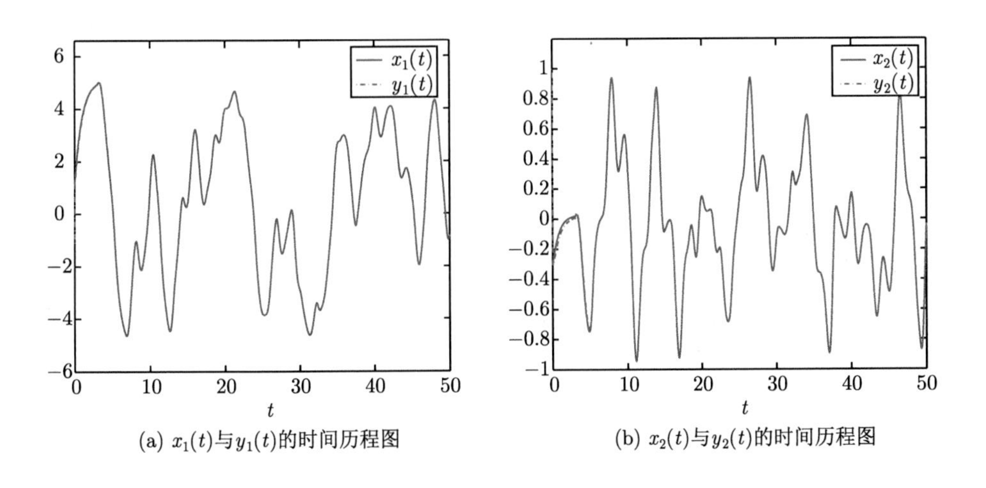


(a) $x_1(t)$与$y_1(t)$的时间历程图

(b) $x_2(t)$与$y_2(t)$的时间历程图

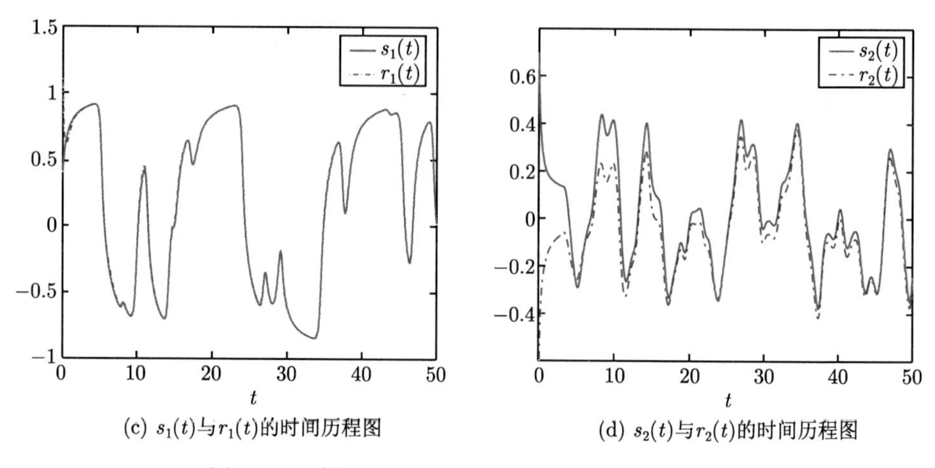


(c) $s_1(t)$与$r_1(t)$的时间历程图　　(d) $s_2(t)$与$r_2(t)$的时间历程图

图 5.24　系统 (5.62) 与系统 (5.63) 的时间历程图

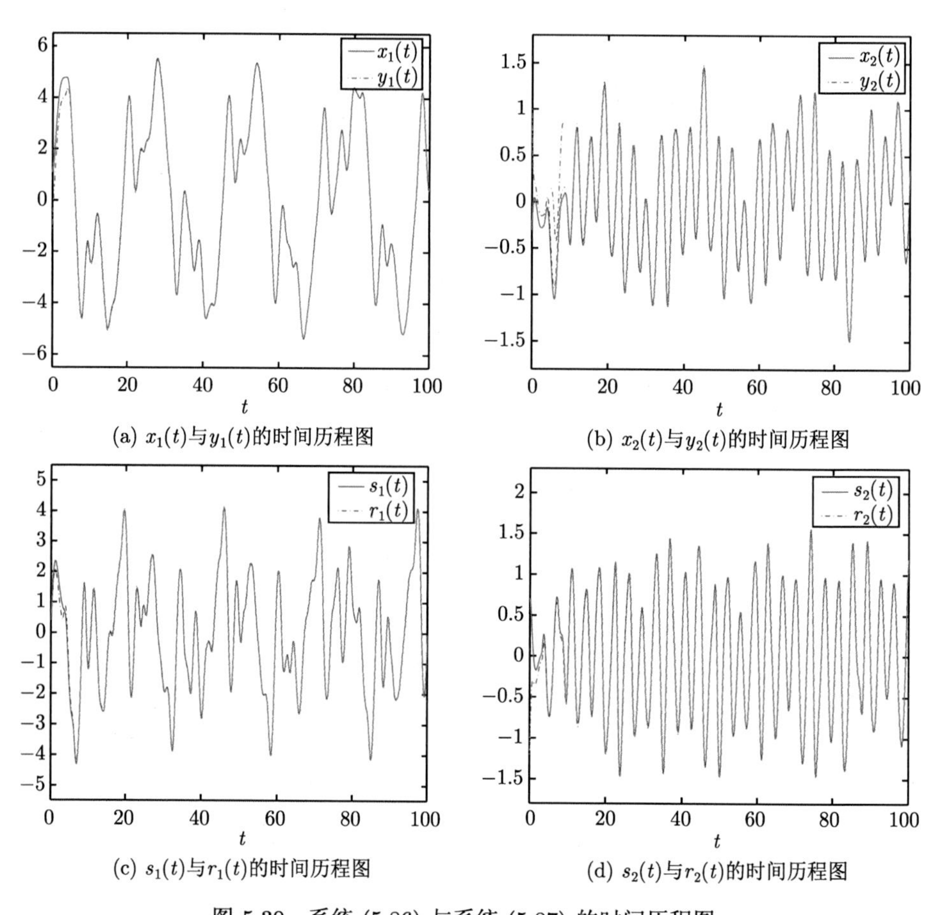


(a) $x_1(t)$与$y_1(t)$的时间历程图　　(b) $x_2(t)$与$y_2(t)$的时间历程图

(c) $s_1(t)$与$r_1(t)$的时间历程图　　(d) $s_2(t)$与$r_2(t)$的时间历程图

图 5.30　系统 (5.86) 与系统 (5.87) 的时间历程图

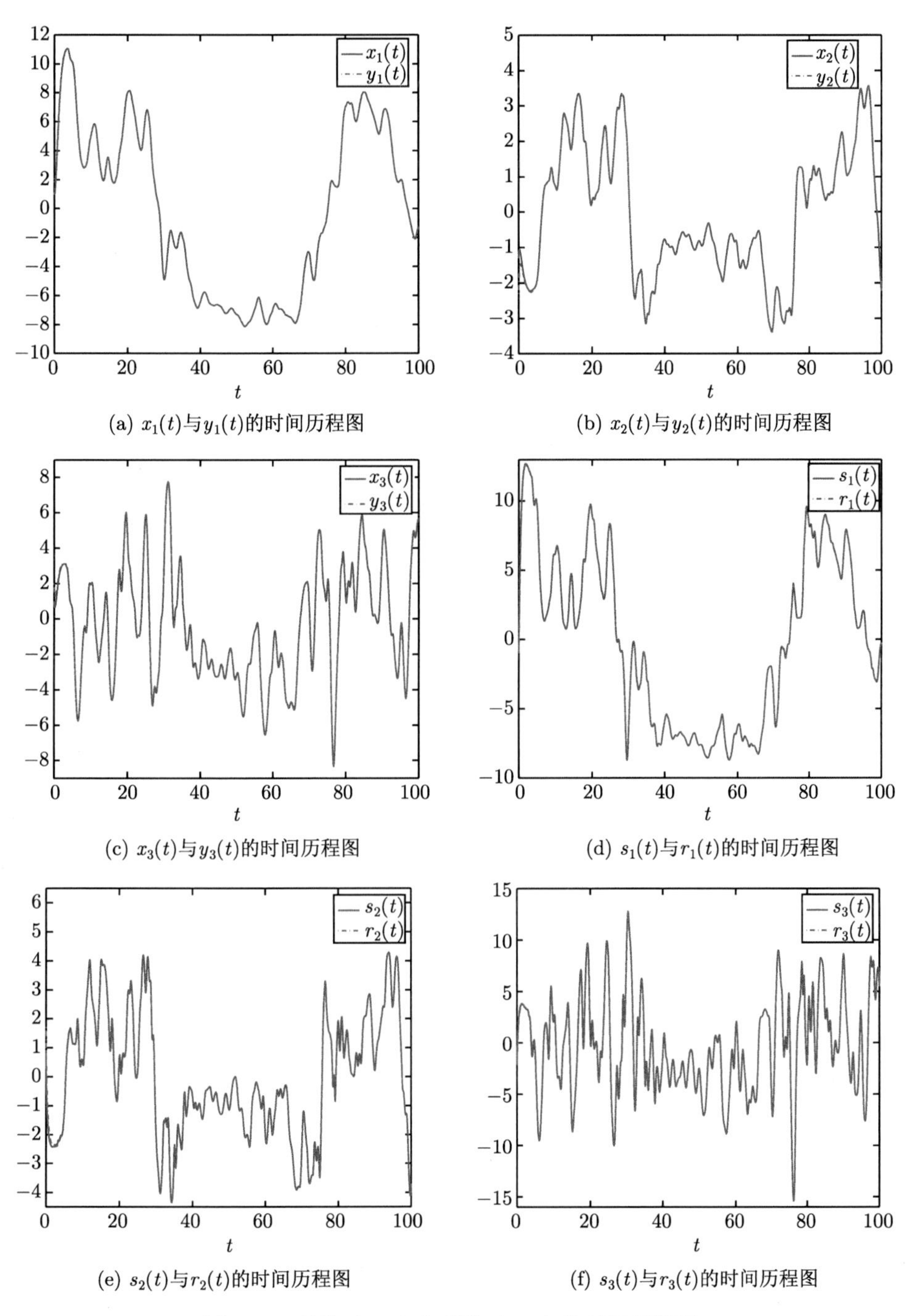


(a) $x_1(t)$与$y_1(t)$的时间历程图

(b) $x_2(t)$与$y_2(t)$的时间历程图

(c) $x_3(t)$与$y_3(t)$的时间历程图

(d) $s_1(t)$与$r_1(t)$的时间历程图

(e) $s_2(t)$与$r_2(t)$的时间历程图

(f) $s_3(t)$与$r_3(t)$的时间历程图

图 5.33 系统 (5.86) 与系统 (5.87) 的时间历程图

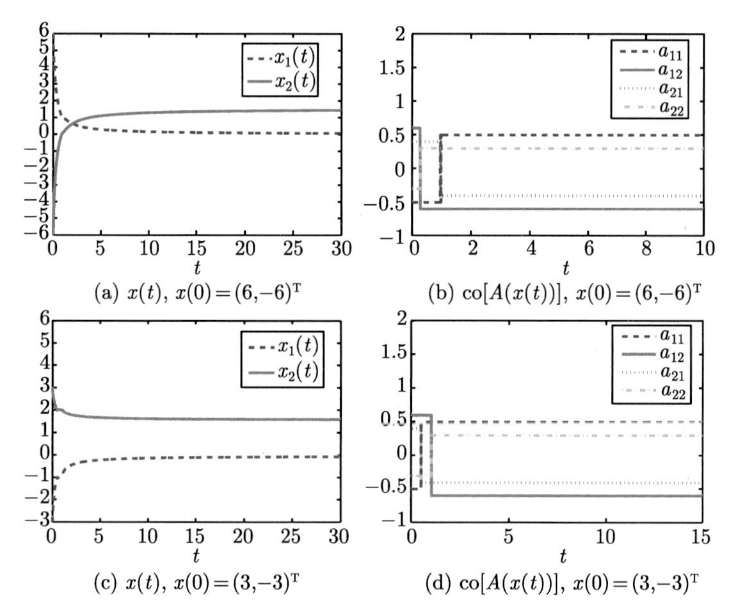


(a) $x(t)$, $x(0)=(6,-6)^{\mathrm{T}}$　(b) $\mathrm{co}[A(x(t))]$, $x(0)=(6,-6)^{\mathrm{T}}$

(c) $x(t)$, $x(0)=(3,-3)^{\mathrm{T}}$　(d) $\mathrm{co}[A(x(t))]$, $x(0)=(3,-3)^{\mathrm{T}}$

图 7.3　例 7.1.15 中系统解和忆阻器参数的时间历程图

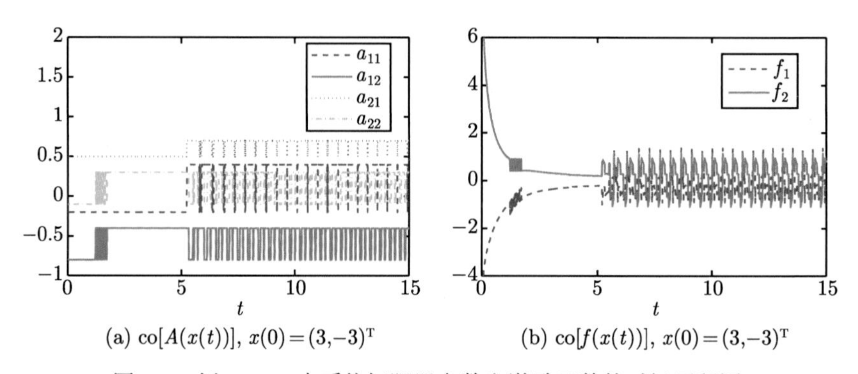


(a) $\mathrm{co}[A(x(t))]$, $x(0)=(3,-3)^{\mathrm{T}}$　(b) $\mathrm{co}[f(x(t))]$, $x(0)=(3,-3)^{\mathrm{T}}$

图 7.5　例 7.1.16 中系统忆阻器参数和激励函数的时间历程图

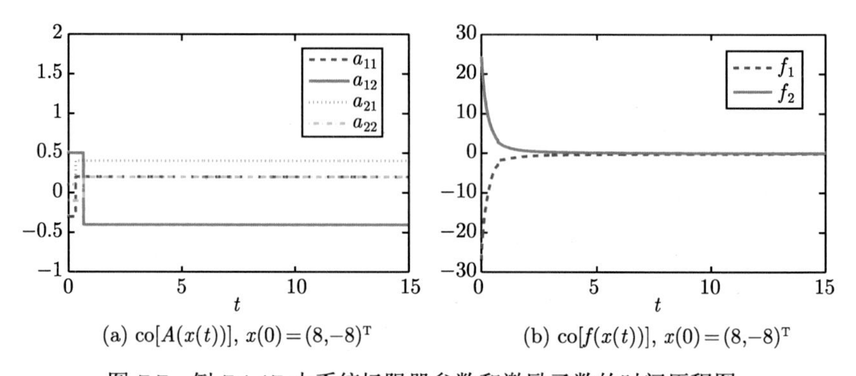


(a) $\mathrm{co}[A(x(t))]$, $x(0)=(8,-8)^{\mathrm{T}}$　(b) $\mathrm{co}[f(x(t))]$, $x(0)=(8,-8)^{\mathrm{T}}$

图 7.7　例 7.1.17 中系统忆阻器参数和激励函数的时间历程图

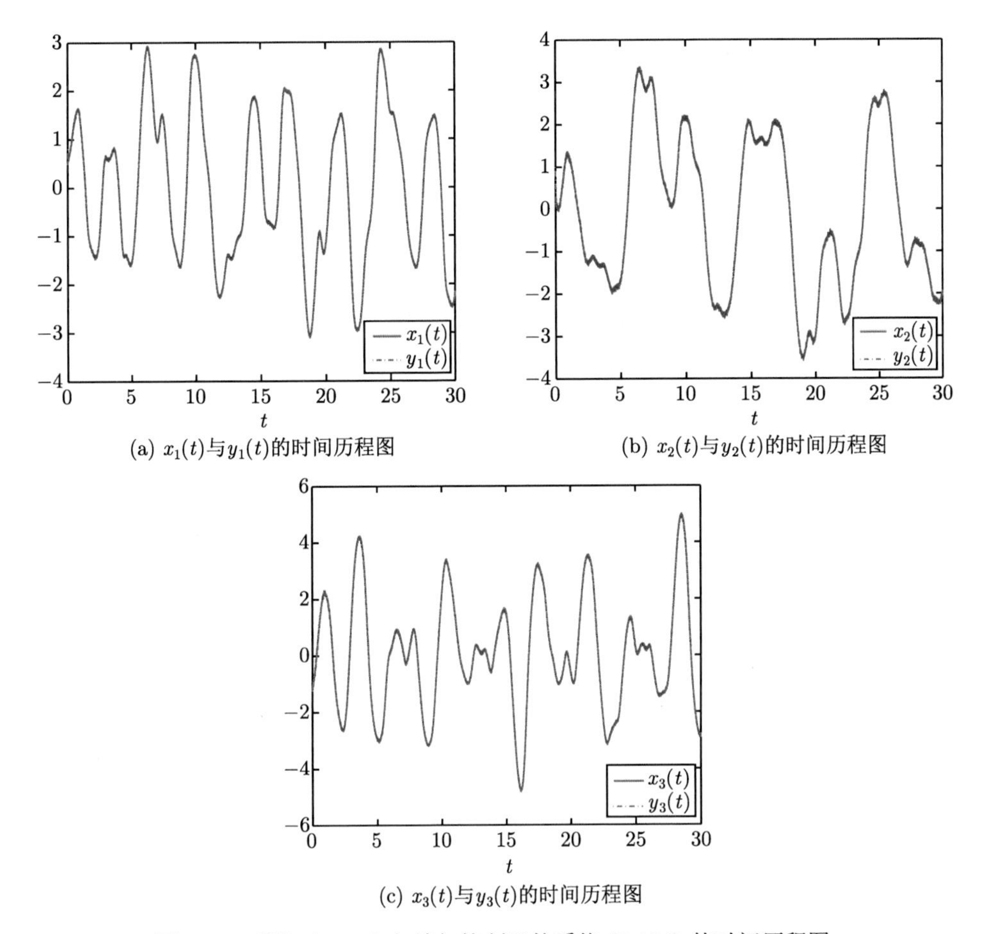


(a) $x_1(t)$与$y_1(t)$的时间历程图

(b) $x_2(t)$与$y_2(t)$的时间历程图

(c) $x_3(t)$与$y_3(t)$的时间历程图

图 7.22　系统 (7.103) 与施加控制器的系统 (7.104) 的时间历程图

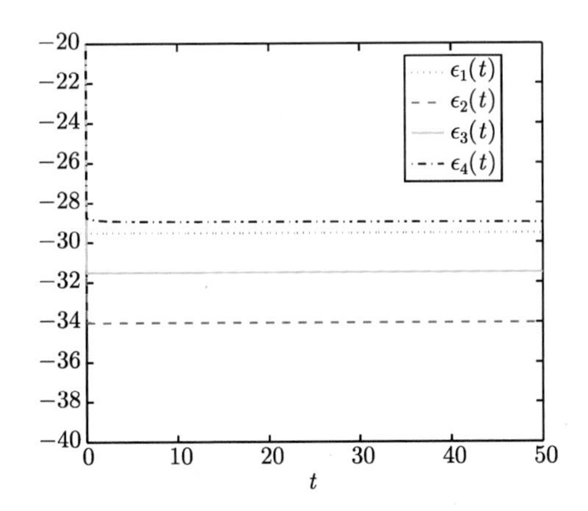


图 7.29　控制强度 $\epsilon_i(t)$ 的时间历程图 $(p_1 = -29.5, p_2 = -34, p_3 = -31.5, p_4 = -29)$